中国科学院科学出版基金资助出版

U0286922

研究生创新教育系列丛书

植物发育生物学

黄学林　编著

科学出版社

北　京

内 容 简 介

植物发育包括完成生命周期的个体发育和体现进化的系统发育,后者在最近十多年来已形成了一个新的研究领域"进化发育生物学"(evolutionary developmental biology)。

本书将侧重被子植物个体发育及其调控机制的内容,并根据植物的个体发育既是一个连续不断的生命周期,又可分成若干相对较独立的阶段的特点而划分章节,将全书分为8章:第1章为绪论,概要介绍被子植物发育过程及有关植物发育生物学的重要概念和学术理论;第2章介绍被子植物胚胎发生和种子的形成,包括体细胞胚胎发生相关内容;第3章介绍苗端分生组织及其侧生器官的发育;第4章介绍根(包括侧根、根毛)的发育及其调控;第5章介绍被子植物的性别决定;第6章介绍配子发生和配子体的发育;第7章介绍花的发育及其调控;第8章介绍果实的发育及其调控。

发育生物学与遗传学及分子生物学的关系最密切,本书在阐述植物发育的过程及其分子遗传调控机制的基础上,贯通形态结构、生理和胚胎学的内容,在各章、节中都着意收集和介绍有代表性的相关突变体,希望通过这种写法将枯燥的基因符号与植物发育的表型联系起来,并以此为切入点论述植物发育的分子遗传调控及其相关的基因功能,介绍相关新进展。

在资料收集上,本书兼顾单子叶、双子叶植物发育及其调控的特点,并尽可能地进行比较性的介绍。

本书可供生物科学和农林及医药相关专业的高年级本科生、研究生、教师和科技工作者参考。

图书在版编目(CIP)数据

植物发育生物学 / 黄学林编著. —北京:科学出版社,2012

(研究生创新教育系列丛书)

ISBN 978-7-03-034141-9

Ⅰ.①植… Ⅱ.①黄… Ⅲ.①植物-发育生物学-研究生-教材 Ⅳ.①Q945.4

中国版本图书馆 CIP 数据核字(2012)第 079275 号

责任编辑:罗 静 王 静 贺窑青 / 责任校对:钟 洋
责任印制:赵 博 / 封面设计:陈 敬

科学出版社 出版

北京东黄城根北街 16 号
邮政编码:100717
http://www.sciencep.com

北京富资园科技发展有限公司印刷
科学出版社发行 各地新华书店经销

*

2012 年 5 月第 一 版 开本:787×1092 1/16
2025 年 1 月第六次印刷 印张:23 1/2
字数:544 000

定价:98.00 元
(如有印装质量问题,我社负责调换)

前　言

　　本书写作的初衷是收集和整理植物发育生物学及其相关领域的基本资料、研究进展，使之成为可供本领域教学和科学研究参考的一本基础理论读物。

　　植物发育生物学最终要回答的一个核心问题是植物如何由一个单细胞（受精卵或体细胞）发育为复杂的多细胞个体；植物发育生物学不但要在各个层次上描述这些变化的过程，也要探明它们的各种调控机制。植物的种子、果实及块茎、块根等多种变异器官乃至其营养体是人类食品、药物和观赏材料最主要的来源，可以说植物是人类赖以生存的最基本的自然资源。植物发育生物学的研究成果不但在理论上使我们对植物的发生、发展及其与环境相互作用的机理有更深层次的认识，也为我们如何有效控制植物生长发育、提高产量和品质提供了新思路和新技术。因此，植物发育生物学的教学及其研究水平将深刻影响本学科乃至相关行业和产业的持续发展。

　　与动物发育生物学相比，植物发育生物学的研究起步较晚。有相当一段时间，在国内外出版的有关发育生物学著作和教学参考书中，都以介绍动物发育生物学的基础知识和研究成果为主，有关归类、整理植物发育生物学的基本科学资料及其研究进展的著作比较缺乏。但近 10 年来，随着拟南芥和水稻等越来越多的植物基因组测序、分子遗传学、分子生物学和生物信息学的理论及其实验技术的进展，植物发育生物学的研究也得到了迅速发展，植物发育生物学已成为生命科学的前沿学科之一，它的内容几乎渗透到植物科学（plant science）所有的相关学科或分支领域。鉴于工作和对自身提高的需要，写作了此书，虽然深知面对资料和信息如此猛增、学科和分支领域的交叉如此纵深复杂、研究进展如此"时新日异"的学科发展势态，要写好此书并非易事，但教与学相长的促进，使我坚持完成了本书的写作。

　　本书侧重于被子植物个体发育及其调控机制的内容。选择这一内容是因为全球现有植物种类中约有一半是被子植物，它们是植物界中最进化和最繁茂的类群，与人类的生存息息相关，对它们的研究也反映着植物发育生物学的研究热点，在相关的研究领域也取得了许多引人瞩目的进展，如小 RNA 和微小 RNA 对植物各个阶段发育的作用、花器官发育的"ABCDE"基因控制模式，以及最近所发现的"FT"蛋白即是研究者苦苦寻觅了近 80 年的"开花素"新角色等研究成果。

　　本书共分成 8 章，希望在内容和结构上能反映出一个比较完整的体系。在第 1 章的绪论中，概要地介绍被子植物发育过程及有关植物发育生物学的重要概念和学术理论，读者从中可获得对植物发育生物学一般性的了解。第 2 章介绍被子植物胚胎发生和种子的形成，包括体细胞胚胎发生内容，写入这一内容是因为体细胞胚胎发生重现了合子胚形态发生的过程，是植物细胞表达全能性再生植株的最常见的一种方式；同时，体细胞胚胎发生在经济作物无性快速繁殖等方面已发挥着重要的作用，也是基因转化、基因功能和生物反应器等研究的理想体系。从第 3 章开始介绍胚胎发生后植物发育的基本内容，包括苗端分生组织及其侧生器官的发育(第 3 章)、根(包括侧根、根毛)的发育及其调控(第 4 章)、被子植物的性别决定(第 5 章)、配子发生和配子体的发育(第 6 章)、花的发育及其调控(第 7 章)和果实的发育及其调控(第 8 章)。

本书的完成得益于许多已发表的研究论文和一些已出版的著作,其中绝大部分被引用的论文和图表都已在相关章节的参考文献中列出,在此,对这些论文的作者及有关杂志和出版部门表示衷心的感谢。

我的妻子(也是我的同事)李筱菊高级工程师是本书的第一个读者,从她本人的业务角度对本书结构体系和文字描述提出了许多很好的建议,特别是在她的精心操持下,使我有了一个温馨的家庭,没有她的支持、帮助和关爱,我难以完成本书的写作。

在本书的完成过程中我要感谢研究组的同事黄霞副教授和陈云凤博士,在她们的努力工作和密切配合下,使实验室的教学和科研工作能有效地运转,使我有更多的时间从事本书的构思和写作。我也要感谢在我实验室从事过学习和工作过的博士后、研究生和本科生,是他(她)们的到来,使实验室充满了青春气息和活力,是他(她)们在完成学位论文和研究课题的过程累积了相关的资料;是他(她)们坚忍不拔的探索和求学精神使我感动,为了他(她)们也是我写作本书的动力之一。同时,我要感谢在国外工作的亲朋好友,是他们及时找来我需要的资料。学院有关领导对本书的出版给予了大力的支持,在此一并感谢。

最后我要衷心感谢许智宏院士和罗达教授,他们在百忙中审阅了本书的相关章节,提出了中肯而宝贵的建议。

感谢中国科学院科学出版基金对本书出版的资助。

由于作者的水平有限,遗漏和不妥之处恐所难免,诚望同行和读者们批评指正。

黄学林
2011 年 8 月于中山大学

目　　录

第1章 绪 论

1.1 被子植物发育过程概要

被子植物发育包括完成生命周期的个体发育和体现进化的系统发育。被子植物遵循其生命周期(life cycle)完成个体发育,经历胚胎发生、种子萌发、营养生长、生殖生长和衰老死亡等发育阶段。尽管被子植物的个体发育是一个连续不断的过程,但根据其发育特点,一般可简单地将被子植物个体发育分为胚胎发生(embryogenesis)和胚后发育(post-embryonic development)。以拟南芥为例(图 1-1),胚胎发生始于双受精(double

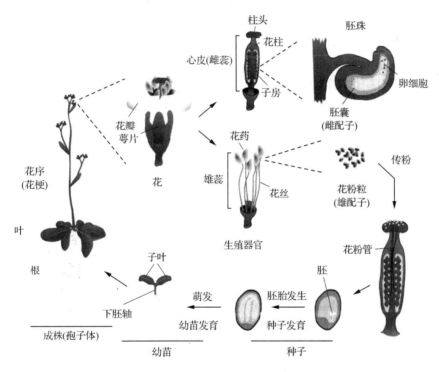

图 1-1 拟南芥生命周期各个阶段示意图(Howell,1998)

左:拟南芥(*Arabidopsis thaliana*)已发育出花序(花梗),基部长出一轮莲座状叶(rosette leaf),当花梗分枝开花时,在花梗上发育出的叶称为茎生叶(cauline leaf)。拟南芥的花具有花萼、花瓣、雄蕊和心皮或雌蕊 4 轮花器官,去掉花萼和花瓣可见雌性生殖器官(心皮或雌蕊)和雄性生殖器官(雄蕊)。两枚心皮构成了位于中央的由柱头、花柱和子房组成的雌蕊。子房具有两个子房室,各有一排胚珠;胚珠内含胚囊(雌配子体),卵细胞(egg cell)着生于胚囊内(图的右上方)。雄性生殖器官由产生花粉粒(雄配子体)的花药和支持花药的花丝组成,授粉时,花药开裂,花粉粒落入充满着乳状突出物的柱头中,花粉粒萌发后,花粉管生长穿过柱头、花丝和子房壁,由胚珠一侧进入胚囊与其中的卵子和中央细胞融合而完成受精过程。受精卵发育成胚,由胚、胚外组织和母体组织形成种子,种子萌发后形成带有子叶、下胚轴和根的幼苗,进而发育成成年植株。从播种到获得种子约需 6 周

fertilization)；此时,雄配子体(花粉粒)产生两个精细胞和一个营养细胞,当花粉粒黏于柱头上,花粉粒与株头表面经过一定的信号相互识别后,花粉萌发,长出的花粉管沿着花柱向下生长进入胚珠,同时两个精子细胞顺着花粉管进入胚囊(embryo sac)(雌配子体),其中的一个精子细胞与卵子融合形成合子,另一个精子细胞与二倍体中央细胞融合形成三倍体的胚乳细胞。这一双受精作用完成后便开始了原胚(proembryo)的发育,此时,胚乳细胞为生长中的胚提供营养,合子发生一系列定型(commitment)的细胞分裂,形成原胚,原胚通过胚柄与胚珠相连。原胚经进一步生长与细胞分裂便形成具顶-基轴性和径向轴性结构的成熟胚结构(见第2章图2-1),结合种皮(一般由珠被发育而成)和胚乳的发育形成种子,此后即开始胚胎后的发育。种子可在适宜的环境条件下萌发(germination),胚芽发育成苗端,长出土壤表面,而胚根(radicle root)产生根系扎于土中,逐步发育成的幼苗分别通过苗端和根端这两个顶端分生组织的细胞分裂、分化和生长,发育出成株的所有器官、组织和结构。因此,被子植物的个体发育可以说是从受精开始,通过细胞分裂与增大、分化和相应细胞的程序死亡(programmed cell death,PCD),经历胚胎发生、胚胎后的器官形成、开花、果实发育和种子形成等预编程序的复杂过程(图1-1),也是内在遗传机制同环境条件相互作用的结果。

1.2　植物发育生物学及其研究的主要范围

植物发育生物学(plant developmental biology)是用现代生物学方法研究植物个体发育与系统发育的学科,后者在最近的十多年来已成了一个新的研究领域“进化发育生物学”(evolutionary developmental biology)。因此一般来说,植物发育生物学所关注的是植物个体生长、分化和不同器官的发育及其遗传调控机制。可以预见,随着有关植物基因组破译的完成,植物生命科学的研究焦点将是揭示植物如何由一个单细胞(受精卵和植物体细胞)发育为复杂的多细胞植物个体的过程及相关的机制。植物发育生物学已成为生命科学几大前沿学科之一。

有相当一段时间,植物发育生物学的研究远落后于动物发育生物学的研究。植物发育生物学的许多研究思路和研究方法,乃至重要的学术概念都借鉴于动物发育生物学,但近10多年来,特别是自从完成了模式植物拟南芥(Arabidopsis thaliana)的全基因组序列测序后,植物发育生物学的研究得到迅速发展,这一点可以从研究模式动物果蝇(Drosophila melanogaster)和模式植物拟南芥所发表的相关论文数目的比较中看出(图1-2)。截至2005年,发表与拟南芥发育有关的论文由1993年的723篇猛增至4137篇(论文数增加约5.7倍),已接近果蝇方面所发表的论文4594篇(论文数增加约1.7倍)。因此,原先主要发表动物发育生物学有关文章的刊物《国际发育生物学杂志》(The International Journal of Developmental Biology),自2005年也开始为植物发育生物学出版专集,邀请有关专家撰写综述,介绍植物发育生物学的新进展和新成就,有一些研究成果也与动物发育生物学密切相关,如微小RNA(microRNA)对发育的调节、基因表达的表观遗传控制(epigenetic control)、RNA加工和远距离信号传导等(Micol and Blázquez,2005)。

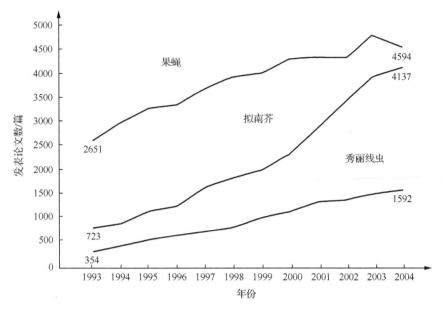

图 1-2　每年发表有关拟南芥、果蝇和秀丽线虫的论文数的比较

所选择的论文是在标题、摘要和关键词中含有"拟南芥、果蝇和秀丽线虫"一词的论文,1993~2004 年对于拟南芥的研究得到了很快的发展(Micol and Blázquez,2005)

植物发育生物学研究范围至少应包括描述植物发育的过程,揭示发育过程中所发生的生化反应、细胞与组织和器官体系的结构建成的规律及其相互作用的分子遗传机制。植物发育生物学还应揭示植物是如何获得其特有功能的。以下介绍植物发育生物学中有关重要概念和所要研究的基本科学问题。

1.2.1　生长

发育包含细胞的生长和细胞增殖。细胞数目的增加可使细胞功能专门化和机体结构的图式形成。机体是靠生长(growth)而不断增大的,生长是细胞分裂和增大的结果。细胞生长是如何被控制的? 这是发育生物学研究的基本内容之一。根据 2005 年的记录,世界最重的南瓜重量可达 667kg(经过 120 天的生长)(Oster,2005),其为何生长如此迅速?

对于植物来说,一般的生长是指有代谢活性的原生质数量的增加而引起植物的体积或重量的增加。生长基本上是不可逆的(不是完全不可逆,因为细胞水分和贮藏物的增减、原生质的代谢和合成都影响生长并造成生长某种程度的可逆性),它可通过细胞分裂增加细胞数目和细胞体积的增大来实现。例如,根、茎、叶、花、果实和种子体积的扩大或重量增加,都是典型的生长现象。当细胞伸长和增大时,细胞壁的构造(architecture)必须改变以适应掺入新物质,增加细胞的表面,诱导原生质体吸水。原生质体所形成的渗透压(turgor)是细胞增大所必需的,该渗透压通常保持相对恒定,以便形成使细胞扩展的张力。对细胞壁松弛的调节是决定细胞增大速率的原初因素。因此,那些调节细胞壁松弛的因素都将影响细胞的增大从而影响植物细胞的生长。细胞通过维持恒定细胞壁的增厚,可使细胞增大数十倍、数百倍乃至数千倍。大多数的植物细胞,其生长和新细胞壁物质的沉积都是非常有规律地沿整个增大的细胞壁进行,而在一些如花粉管、根毛那样具有顶端生长(tip growth)的细胞中,细胞壁新物质沉积和生长则只局限于细胞的顶端。

对生长的测定都是采用对体积和重量的测定。体积增加是通过测定其长度、高度、宽度、半径或面积来完成;重量的增加是通过测量整株或其部分的收获量(鲜重和干重),鲜重常因植物的水分状况而有所差异。但在某些情况下,测干重不能反映生长的增加。例如,种子在黑暗中萌发所形成的黄化幼苗,其体积和鲜重都有所增加,但由于呼吸作用时CO_2的释放,使该幼苗的干重比萌发前的种子干重还轻。此外,当莴苣和小麦的种子用适当强度的放射性同位素钴60(Co-60)照射之后,种子萌发后所成的幼苗,其 DNA 合成、有丝分裂和胞质分裂都将停止,这种幼苗特称为 γ-小植株(gamma plantlet)。该幼苗细胞巨大,可成活 3 周左右(Salisbury and Ross,1978)。这个例子说明,生长有时可以不必有细胞分裂的参加。

有的学者还将生长分为广义生长(或大生长)、有限生长和无限生长、营养生长和生殖生长。广义生长包括从种子(或其他繁殖器官)萌发、直到形成下一代种子的整个过程。这显然是把分化和发育都包括在这一大生长之中。无限生长主要是指植物茎和根的生长,由于有其分生组织的存在,可以在很大范围内能无限制地继续生长。相对而言,叶子、果实和花的生长为有限生长(因为它们在达到一定大小之后便停止生长)。

1.2.2　分化

个体发育的基础是细胞分化(differentiation)。受精卵是一个单细胞,可以产生数百个不同类型的细胞,如表皮细胞、分生细胞、叶肉细胞、纤维细胞、腺细胞、保卫细胞、筛管、导管和石细胞等,这些细胞的差异性就是分化的结果。因此,分化是分生细胞发育成为在结构和功能有特异性的各种类型的细胞、组织或器官的过程。分化可在器官水平、组织水平、细胞水平,甚至分子水平上表现出来。例如,从一个受精卵细胞转变成胚的过程(称为胚胎发生过程);由生长点的分生细胞转变为叶原基和花原基的过程;由形成层细胞转变为输导组织、机械组织和保护组织的过程;在变绿的叶绿体中形成光合基因(在白色体中则无)等过程都是分化现象。一个细胞的结构和功能的特异性取决于蛋白质及其合成。除极少数的例外,一种特定有机体的所有细胞都带有相同的遗传信息,因此分化了的细胞有相同遗传基础,但表达不同的基因,分化过程包含不同基因表达的维持和调控。在细胞分裂中如果某些细胞遗传了不同细胞质成分或它们从其他细胞或环境中获得了信号,这些细胞即可表达不同的基因。

一个单细胞如何通过一系列的细胞分裂和细胞分化产生有机体的所有形态和功能不同的细胞,这些细胞又如何通过细胞之间的相互作用共同构建各种组织、器官和一个有机体并完成各种发育过程,这些都是发育生物学研究的主要任务。

在植物组织培养过程中经常使用脱分化(dedifferentiation)和再分化(redifferentiation)的概念。一般来说,脱分化是指已经分化的细胞、组织和器官在人工培养的条件下变为未分化的类似分生组织那样的细胞或组织。例如,愈伤组织是脱分化的组织。再分化是指已脱分化的组织,如愈伤组织在合适条件下可以再分化为植物的器官和体细胞胚等。细胞分化一般还经过感受态(competence)、定型(commitment)和决定(determination)等过程。感受态是细胞已处于能接受内、外信号的状态,如果细胞已经接受这些内、外信号,即处于定型状态,然后,便会进入新的生化途径并决定了它们的发育命运,在此基础上表现出的变化都是分化。

1.2.3 图式形成

图式形成(pattern formation)是指胚中的细胞开始形成机体发育体制(body plan)的雏形,然后再发育出各个器官的精细结构的过程。为了发育的连续性,每个细胞必须以合适的方式在胚中处于合适的位置,以便在正确区域产生正确分化的细胞类型。类型相同的细胞所形成的结构与其所处区域相统一。细胞根据它们所处的位置所发生的特化过程称为位置特化(regional specification)。图式形成包括位置特化和机体的轴性特化(axis specification)过程,动物胚胎的前-后轴性和背腹轴性及植物胚胎的顶-基轴性和径向轴性的建立是在胚胎中出现的第一个图式形成的事件。

图式形成概念的使用,始于对果蝇突变体的分析。这一概念为分类许多动物发育突变体提供了一个理论框架。在动物中上述的那些轴性可通过源于母体基因产物在卵中的分布而预决定下来,或为了胚胎本身的基因表达或蛋白质活性必须从环境中获得物理信息[如非洲爪蟾属(Xenopus)精子入口];这些基本轴性一旦形成,沿着轴性的各种细胞位置即被特化,这种特化作用常常通过将一个轴分成各种发育的分室(developmental compartment),并分配相应的位置值(positional value)来实现。已经证明位置值可依据细胞在一个形态素梯度(morphogen gradient)中所处的位置加以分配。所谓形态素是一种能影响细胞发育命运的物质,它们往往在轴的一端合成并向轴另一端扩散,这样就形成了形态素梯度并赋予位置信息(positional information)(见 1.2.7 节)。随着该物质的浓度变化可对发育起着不同的作用。

图式形成是由一种分级基因网络所驱动,在这一基因网络中,那些决定机体发育布局最基本状态的最早期的基因是一类母体表达的基因。在这些母体基因作用下所建立的简单的图式形成特点可使合子基因(即在胚中表达的基因)表达进一步的细化完善。从蠕虫至哺乳动物机体发育布局的一个共同特点是模块化(modularity)以及在胚胎发生的早期阶段机体将按各种模块(module)、体节(segment)或副体节(parasegment)进行发育。那些决定体节之间位置关系以及每个体节各自特点(如它们的轴性)的基因进行有序的表达。通过各同源异型选择者基因(homeotic selector gene)的作用后,选择了特定的发育程序,从而使每个模块,如腿节(leg segment)、翅节(wing segment)被打上带有发育各自属性的烙印;然后这些同源异型选择者基因开启了确定体节属性的其他基因,从而形成了各种体节器官的特色。

图式形成这一概念应用于植物的发育也不乏范例。第一个图式形成过程的表现是主要集中在那些干扰花器官正常图式形成的突变体上,特别是那些一轮花器官的发育为另一轮花器官的发育所代替的同源异形突变(homeotic mutant)(见第 7 章)。正如动物中相应的同源异形基因那样,对于各种花轮上的花器官属性的特化,花的同源异形基因(homeotic gene)有其相应选择者基因的功能。花同源异形基因所编码的产物属于

MAD-box转录因子。

　　尽管动物和植物在进化上也有共同的组先,它们的基本代谢和细胞结构非常相似,但它们图式形成的过程却不是完全相同,因为它们在成为多细胞有机体之前的1亿年前就各自进化了。

　　玉米中有一组含同源异形区域(homeodomain)的转录因子,即 knotted 类似(knotted-like)基因家族,它们是首次在玉米中被鉴定与植物胚后发育的图式形成相关的基因(Jackson et al. ,1994),但它们并非以成簇的组织形式在一起,也被证明不具有同源异形选择者的功能,但其中一个在分生组织中表达的转录因子 knox1 亚家族基因,可在细胞增殖的空间上起非常重要的作用。

　　尽管动物发育与植物发育具有差异,一般植物发育生物学家还是接受植物发育具有图式形成这个基本特征的观点。主要是因为图式形成这一概念可超越不同的有机体,因此,在动、植物中就直接采用这一概念去解释有关胚胎发生中的问题(见第 2 章 2.2.2 的第 2 节),这个概念也已成功地应用于花的发育中(Howell,1998;Twyman,2001)(见7.4 节)。

1.2.4　形态发生

　　形态发生(morphogenesis)是指机体结构和外形产生的过程。形态发生的结果形成了各种特化的机能和结构,如在外部分化出各种器官,在内部则形成能执行不同功能的各类细胞、组织和组织系统。在形态发生过程中,已分化的细胞被有组织地组建成精巧复杂的组织和器官,这些器官也按给定的方式排列组合起来。在这一过程中涉及细胞是如何确定其本身的位置并形成精确的细胞结构的问题。在发育的早期,形态发生有助于推动正在进行的发育程序,使细胞集中在一起经历诱导的相互作用(inductive interaction);在发育的后期,形态发生是对发育编程的一种响应,即已分化的细胞可感知自己在胚中的位置并按已编程的发育程序产生适当的位置结构(regionally appreciate structure)。

　　形态发生可以体现在细胞、组织和器官水平上。例如,气孔保卫细胞和根表皮细胞中根毛的形态发生;根、茎中维管组织的形态发生和花器官的形态发生等。在环境因子等外部和体内发育信号的协同作用下,植物根和茎分生组织选择性向外生长中所表现出的不同细胞增殖的速率、不同细胞分裂模式所反映的有丝分裂纺锤体不同取向、叶子发育时细胞分裂由垂周分裂向平周分裂的转变、细胞融合、细胞死亡和细胞形状的改变等都属形态发生的过程。

　　在植物发育过程中,形态发生还涉及植物独有的暗形态建成(skotomorphogenesis)和光形态建成(photomorphogenesis)(图 1-3)。暗形态建成是指在持续黑暗条件下,被子植物会出现黄化现象(etiolation),其形态特点包括根的发育减缓、芽形成一个弯钩、茎或下胚轴迅速伸长、叶片和(或)子叶折叠而不长大、苗端分生组织不活跃和质体黄化(无叶绿素及叶绿体前体)。黄化现象是在土壤表面下种子萌发的一种适应;这种环境可使茎迅速生长,以形成芽的弯钩,这一结构可减轻芽的受损而利于芽伸出土壤,保护苗端分生组织(Howell,1998;Twyman,2001)。

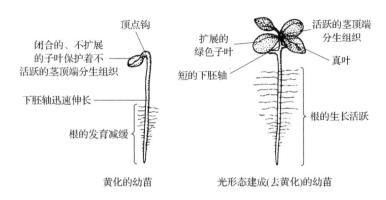

图 1-3 黄化幼苗和光形态建成(去黄化)幼苗的形态特点(Leyser and Day,2003)

与之相对,在光照的条件下,植物也发生一系列的形态发生,植物对光的这种反应与光合作用有所区别,即为光形态建成,也称去黄化(de-etiolation),其形态特征包括根完整的发育、茎伸长受光的抑制、生长缓慢(与黑暗中相比)、叶片和子叶不折叠并长得较大、质体发育成叶绿体、苗端分生组织活跃、色素合成和光合作用所需的基因表达活跃。对这两种形态建成发育机制的研究是一个非常活跃的研究领域,目前已分离、鉴定了各种光的受体及其下游与信号传导相关的突变体及其基因,对所涉及的基因及其功能的正、负调控机制的认识正在不断深入。

1.2.5 性别分化与生殖

大部分的被子植物都是雌雄同花植物,少数为雌雄异花和雌雄异株植物。植物性别的分化和决定与动物有所不同,动物的性别在胚胎发生时就被决定,而植物的性别要在生长、发育甚至成熟的某个阶段才被决定下来,因此,植物的性别分化呈现不稳定性,易受环境因素的影响,这也为人工调控其性别提供了机会。

被子植物的性别分化一般是指雌花和雄花的分化。用于植物性别分化机理研究的材料主要是单性花和两性花的植物。目前的研究表明,被子植物至少存在三种性别决定体系(sex determinating system)(Janousek and Mrackova,2010):性染色体性别决定体系、表观遗传性别决定体系和基因与植物激素及环境因子相互作用的性别决定体系。但目前尚未在性染色体性别决定体系中克隆到性别决定的特异性基因(见第5章)。

花粉和胚珠中的卵子是非常特化的细胞,它们结合后,可按预编的指令形成有机体,并代代相传。在这些发育过程中,细胞是如何传代,在细胞的核质中是什么指令或信息使之具有这一功能。这些问题都是急待回答的发育生物学问题(见第6章)。

1.2.6 发育突变和发育拟表型

鉴定在发育系统上有特异缺陷的突变体是研究发育遗传基础的一个重要手段。因为发育基因控制着诸如图式形成等的发育基本过程,突变可改变细胞发育的命运或干扰除被突变基因以外的其他基因的表达模式。因此,突变体一般都有显著而特别的表型,通过它们表型的变化不但可以了解其形态学的信息,也可以揭示其与发育相关的基因功能。

根据突变体的表型是否是杂合子,可将突变分成隐性突变(recessive mutation)、显性突变(dominant mutation)和半显性突变(semi-dominant)。隐性突变是产生隐性遗传效应的基因突变;突变体与原始亲本杂交的 $F1$ 不表现突变性状,待到 $F2$ 因分离才可产生突变体的表型(突变性状),自然界一般较多地发生隐性突变。显性突变是产生显性遗传效应的基因突变,突变体与原始亲本杂交,$F1$ 表现突变性状,突变通常在一对等位基因的其中之一发生。半显性突变是指在纯合子中的突变性状程度比杂合子中的突变性状表现更强的突变。

根据基因活性突变的效应,突变又可分为失能突变(loss-of-function mutation)、获能突变(gain-of-function mutation)、单倍不足(haplo-insufficiency)和显性负突变(dominant negative mutation)。失能突变将导致基因活性的降低或消除,而获能突变则使基因活性增强或赋予基因全新的功能。获能与失能以及显性与隐性突变并不相互排斥,大部分失能突变是隐性的,因为其突变的影响是数量性的,而野生型等位基因可产生该系统足够的产物以保证功能的正常[即使在基因表达完全被消除的最极端情况下,即在无效突变(null allele)的情况下,野生型中仍有 50% 等位基因产物在起作用,这一作用常足以发挥该基因的正常功能]。如果这一等位基因的功能不足发挥作用,这一失能突变就产生了一个半显性的表型,该突变状态就称为单倍不足。由于基因产物的剂量由 50% 降到零,因此纯合子突变体的表型明显。如果一个等位基因的失能突变产生了定性的而不是定量的效应,则该突变可呈现完全的显性突变,而其突变基因的产物将干扰野生型该基因产物的功能,因此,这种突变也称为显性负突变。获能突变一般属于显性或半显性的突变,同源异型突变(homeotic mutant)即属于这类突变(见第 5 章,花的发育)。

还有许多发育的突变称为致死突变(lethal mutation),因为这些突变引起胚胎死亡;有些基因有一系列的等位基因,突变后也可产生相应的各种缺陷的表型,其等位基因可根据它们存活的可能性分为强致死和弱致死。也有许多发育基因是多效的(pleiotropic),即它们在不同的发育阶段发挥不同的功能。许多发育基因编码转录因子或信号转导成员,并在不同的体系中经常重复使用同样的信号传导途径和转录因子,这些就是基因多效性的反映,但这些突变常产生强胚胎致死的表型,因此也难于观察它们对后期发育阶段的作用。在这种情况下,一种称为条件突变(conditional mutant)的突变体就显得非常有用,这些突变常影响蛋白质的结构,因此在正常的允许的条件(permissive condition)下,这些蛋白质可发挥通常的功能。但在局限的条件(restrictive condition)下,如在高温下诱导的温度敏感突变体(temperature-sensitive mutant,用其词首缩写"ts"表示),其蛋白质变性并出现突变体的表型。

发育的拟表型(phenocopy)是指植株具有突变体表型的形态,但这一表型并非由于基因突变的结果。拟表型的产生是基因的功能受到干扰,而不是基因的表达受到干扰。例如,表观遗传(epigenetic)的作用,即改变的不是基因的核苷酸序列,而是在基因外部的成分。这种作用可以影响许多生命过程,包括 DNA 甲基化、染色质结构改变、RNA 和蛋白质水平的相互作用以及与环境的作用。例如,番茄突变体 lanceolate 具有披针型的单叶(野生型中是羽状复叶),同时植株成为丛生着披针型的单叶和卷须状花序。遗传研究表明,引起该突变的基因在杂合子中是半显性基因,如果将野生型的种子萌发后的幼苗顶端分生组织用生长素极性运输抑制剂 *N*-(1-萘基邻氨基甲酰苯甲酸)［*N*-(1-naphthyl) phthalamic acid,NPA］和 9-羟基-9-芴甲酸(9-hydroxyfluorene-9-carboxylic acid,HFCA) 处理,可将其正常的无限生长的特性转变为有限生长的状态,呈现出 *lanceolate* 纯合子突变体的拟表型,形成显线性的卷须状的苗(tendril-like shoot)(Avasarala et al.,1996),发育的拟表型可为发育突变的表型提供信号,也容易在难于进行基因转移的体系中产生。当不能用基因敲除方法去研究目的基因功能时,也许可通过注射反义 RNA、通过采用与核酶(ribozyme)结合和用抗体对抗目的蛋白的方式进行基因功能的研究。相反,如果注射大量野生型的 mRNA 和蛋白质,可以起类似于基因过量表达的作用,或模拟异位表达突变(ectopic expression mutant)。

有些突变的效应是细胞自主性的(cell autonomous),即其突变表型只局限于表现在细胞。例如,哺乳动物毛发上的色素突变,该突变只自然地发生在滤泡细胞,仅仅是长成头发的这类细胞发生突变,而头发周围的细胞是正常的。而另一些突变是非细胞自主性的(non-cell autonomous)。例如,当所表达的基因是编码信号传导分子,并在一个细胞中完全通过自然变异而被消除掉,该细胞周围的细胞就会因为这个信号分子的突变而受到影响。如果发生这种非细胞自主性突变部位的每一细胞都发生这种突变时,是不可能确定各个细胞的作用。由于起响应的细胞不能接受或加工这一传导信号,这种信号的诱导反应就消失。

1.2.7　细胞层结构与嵌合体现象

大多数双子叶植物的苗端分生组织(shoot apical meristem)由 3 层相互独立的细胞层(cell layer)组成(见第 3 章图 3-1),其中不同层次的细胞分裂取向不同(图 1-4)。最外两层细胞分别称为 L1(第 1 层)和 L2(第 2 层),组成了被称为原套(tunica)的结构,这些细胞垂周分裂后,进行平周方向的细胞增大,故各层次细胞的基因型得以保持不变;而内层细胞 L3(第 3 层)即构成被称为原体(corpus)的结构,其细胞平周分裂后,可进行多向的细胞增大。L3 层细胞实际上不是单一的细胞层,而是由一个层次不分明的细胞群组成。研究表明,第 1 层细胞发育成植物的表皮组织、表皮毛及气孔细胞;第 2 层细胞发育成植物栅栏组织和生殖细胞组织(花粉和卵细胞),因此植物种子由第 2 层细胞发育而成,第 2 层细胞也可同时影响花色的表现;第 3 层细胞则发育成植物内层薄壁组织以及形成扦插植物的根,同时也影响花序及花数(Carles and Fletcher,2003)。

植物嵌合体(chimera)的成因与苗端分生组织的细胞层结构特点密切相关。植物嵌合体是指含有 2 种或 2 种以上基因型的植物组织或植物个体。例如,黄边绿心型天竺葵(*Pelargonium zonale*)的苗端分生组织、茎秆、叶柄和叶均由两种基因型细胞有规律地组成,是植物嵌合体的典型例子。研究植物嵌合体的基础理论及应用在奇花异草的育种上有重要意义。当苗端分生组织的某一细胞在植物生长的过程中发生突变时,它们的细胞变异就只能被限制在其原始层区内进行分裂、增殖和生长,从而导致其所在的层区或部分细胞成为变异体。这种变异细胞和未突变的正常细胞可以形成一个共同的植物苗端分生组织,进而形成特有的植物嵌合体现象,按其结构可分为平周型嵌合体(periclinal chimera)、扇区型嵌合体(sectorial chimera)和混合型嵌合体 (mericlinal chimera)

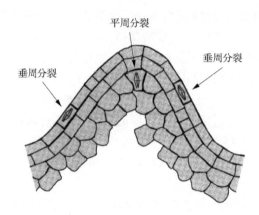

图 1-4　细胞分裂方向图示(Howell,1998)

平周分裂(periclinal division)也称切向分裂,它的细胞分裂面与细胞表面平行(有丝分裂纺锤极与组织细胞表面垂直);垂周分裂(anticlinal division)也称径向分裂,它的分裂面与组织细胞表面垂直(有丝分裂纺锤极与组织细胞表面平行)

(Howell,1998;李明银和何云晓,2005)。

　　平周型嵌合体是指不同的遗传型细胞平周(与表面平行)分布于生长点原基的不同层次中的嵌合体[图 1-5(a)]。平周型嵌合体内外不一,但相对稳定。常见的栽培植物嵌合体均为平周型。平周型嵌合体还可分为单层式、双层式和三层式。单层式是指只有一层细胞发生变异者;双层式则指二层细胞发生变异者;三层式是指所有的三层细胞遗传型互不相同者。其中最为少见的是三层式嵌合体植物。

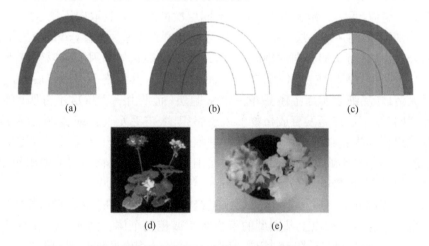

图 1-5　常见的植物嵌合体类型(李明银和何云晓,2005)(另见彩图)

(a) 平周型嵌合体(绿-白-绿);(b) 扇区型嵌合体(绿-白);(c) 混合型嵌合体;(d) 天竺葵异花型嵌合体;(e) 天竺葵异叶型嵌合体

　　扇区型嵌合体是指在生长点原基不同区域内呈现扇区分布着不同的遗传型细胞的嵌合体[图 1-5(b)],形成左右相异的形态。扇区型嵌合体很不稳定,容易因某一基因型的消失而纯化,失去其嵌合性。

　　混合型嵌合体是指在同一生长点原基上出现不同遗传型的细胞平周分布和扇区分布混合的嵌合体[图 1-5(c)]。混合型嵌合体只是一种过渡类型,容易发展成平周型嵌合体。

　　通过嫁接技术,可获得不同细胞层的平周型嵌合体。例如,L1 层细胞可由嫁接的某部分形成,而 L2 层和 L3 层则由其他部分形成,在这样的嵌合体中其细胞层的来源(origin)可用适当的细胞层标记物进行鉴定。Syzmkowiak 和 Sussex(1992)用此法确定了番茄的特异表达 *fasciated* 基因的细胞层,该层细胞将影响每轮花的器官数目。通过嫁接,他们获得了介于野生型番茄与 *fasciated* 突变体之间的嵌合体。又如,突变体 *hairless* 是 L1 层的特异性标记,而突变体 *anthocyamin gainer* 的 L2 层细胞以含花青素为标记。具有 *fasciated* 基因表达的 L3 层细胞对决定营养性分生组织大小及每一轮花的器官数目起着最明显的作用(Syzmkowiak and Susoex,1992)。在比较稳定的细胞层发育中可发生细胞层的细胞转移或其中一层细胞入侵其他细胞现象。当嵌合体内个别具有分裂能力的细胞分裂方向发生改变时,可引起嵌合体内细胞类型的转移,从而形成新的嵌合体类型。细胞可以以穿突、侵入和交换三种不同的方式进行转移。细胞穿突指内层细胞(第 2 层和第 3 层)穿突进入外层细胞并继续增殖形成新的嵌合体;细胞侵入指外层细胞侵入内一层细胞而发展形成新的嵌合体;细胞交换指相邻的不同遗传型细胞层进行位置交换而形成新的嵌合体。细胞类型的转移与细胞的遗传性及生长竞争力强弱有关。例如,在梨树中,尽管维管组织和髓组织常来自于 L3 层,但有时也来自于 L2 层(Dermen,1953)。这一细胞层入侵的频率取决于器官和植物类型。在玉米花药的发育中,每一次细胞分裂细胞层入侵率可达 10^{-3}(Dawe and Freeling,1990)。入侵细胞(或其后代)被赋予被入侵细胞层的细胞特性,并被强迫接受了新的发育命运。这一现象更说明是位置信息而不是细胞谱系决定植物细胞层发育的属性(identity)(见 1.2.8)。

　　与植物嵌合体相对应的是存在于动物发育中的镶嵌体,镶嵌体是由来自一个共同祖先而具有不同基因型的细胞所构成的个体(即是不同基因型细胞无性繁殖体发生的一种突变)。产生镶嵌体有多种途径,如可用 X 射线照射果蝇,引起有丝分裂的重组(mitotic recombination)而产生果蝇的镶嵌体。嵌合体常可通过胚融合、或嫁接、或将 DNA 导入所选胚中的细胞群体中产生。镶嵌体和嵌合体可使不同基因型的组织并列在一起。

1.2.8　细胞谱系与细胞位置信息

　　细胞谱系(cell lineage)与其胚胎发生阶段未分化组织的来源有关。固定的胚胎祖细胞(progenitor)在一定范围内形成分化细胞,理论上任何成年细胞都可追溯其祖细胞。动物发育策略可分为镶嵌发育(mosaic development)和调制式发育(regulative development)。细胞质决定子(cytoplasmic determinant)诱导的信号都可控制细胞的发育命运,如果发育是完全由细胞质决定子所控制,则每个细胞的命运取决于它的细胞谱系,而与它在胚中所处的位置无关,这种发育称为镶嵌发育。与之相反,如果发育完全是由诱导的相互作用所控制,每个细胞的命运则取决于它在胚中所在的位置,而与它的细胞谱系无关,这种发育称为调制式发育。

1. 细胞命运的预示性

细胞命运的预示性(predictability of cell fate)是指当细胞发育命运取决于其细胞谱系时,细胞发育命运所呈现的可预见性。植物发育是否也存在这一特点?其细胞谱系能否用来预测细胞的命运?在许多简单的植物发育体系中,如荠菜(capsella)胚胎发育和拟南芥根的形成,细胞的器官分化是如此地有规律,细胞分裂模式是如此墨守成规以至其细胞谱系极易跟踪。从这些例子中也许可以认为细胞是遵循着指定的方案进行发育,其命运是可预定的(predetermined)。但是,许多事实也说明,尽管在某些植物体系中,其发育倾向常可预知,其细胞谱系并非能决定细胞命运,而且植物发育很大程度上还取决于发育信号及环境因子的影响。植物细胞以往的"历史"并非不可逆地决定它们的命运,若它们处于一个新的环境时便会开始不同的发育命运。植物发育可能是由细胞谱系及其位置影响平衡所决定。要揭示植物发育中细胞谱系的作用,了解它是因果关系中"因"还是"果"的作用,就必须观察细胞谱系能否用来跟踪一个器官及结构的发育命运。通过细胞谱系分析可以获取细胞在何时、何处发生过深刻变化的信息。植物系统特别有利于进行细胞谱系的分析,因为它们不像动物发育过程那样,有许多细胞可在发育时发生迁移。例如,在神经胚形成过程中,当神经盘内卷形成神经管及神经管从外胚层脱离时,一系列细胞可从两侧离开。细胞谱系分析是在发育过程的某些点上标记出"祖细胞"并确定其子代细胞(progeny cell)的发育命运(Howell,1998;Twyman,2001)。

2. 细胞谱系中的细胞标记方法

细胞谱系中的细胞标记(marking cell within a cell linege)方法是采用遗传性的细胞自主性标记物使我们追踪细胞谱系并确定其细胞间的无性相关性(clonal relationship)。为了标记发育过程中某一特定时刻单一细胞的历程。可用射线照射植物或器官使之产生突变或造成染色体低频率的断裂,从而使某些基因失活。例如,这种诱变可使一个色素基因失活,从而使带色组织的周围产生无色的扇形区(sector)。常用的标记方法之一是敲除位于杂合体或一个染色体末端附近的色素基因。例如,将野生型的花青素和叶绿素合成基因所在的染色体末端部的等位基因敲除,可标记该细胞及其子代细胞[图 1-6(a)]。通过 X 射线的辐射诱导细胞学上可见的染色体畸变,或通过秋水仙素处理形成多倍体细胞都可标记细胞,但是通过如此强烈的处理所标记的细胞可能干扰其正常的发育过程。利用细胞中自然发生的转座子(transposable element)删除也可以标记细胞谱系。通过构建融合基因,如将编码 GUS 的 *uidA* 基因与 *Ac* 转座子元件联结插入 35S 的启动子中(35S:*Ac*:GUS)(图 1-6),也用于标记细胞谱系。此时 *GUS* 的表达取决于 *Ac* 转座子的切除。这个方法的优点在于可以在不同的发育时间标记细胞,其前提是 *Ac* 的切除不受发育的调节(Howell,1998)。

3. 植物细胞的位置信息

在理论上,控制细胞发育的信息分为两大类:起源于细胞内部的细胞内源信息和起源于细胞外部的细胞外源信息。细胞内源信息是从单细胞的发育过程中产生的,或者说细

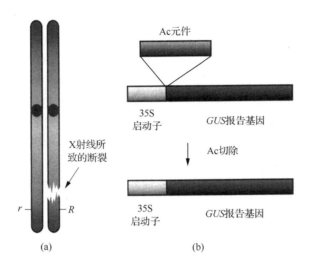

图 1-6　进行细胞谱系分析时用于标记诱导的和自然产生的扇形区的方法图示（Howell，1998）
(a) 一个杂合子色素基因(*Rr*)位于染色体的端部，通过 X 射线照射的诱导，使携带该基因的染色体部位断裂，导致
显性的等位基因 *R* 消失，产生了一个不含该基因的无性细胞所组成的扇形区；(b) 通过基因转化可使转基因植物
自发地产生一个带融合基因(35S；*Ac*；*GUS*)的扇区；转座元件 *Ac* 位于 35S 启动子和 *uidA* 或 *GUS* 的编码区；*Ac* 的
自发剪除将激活 *GUS* 的表达

胞可以从它的祖先那里继承内源信息，如年龄信息、谱系信息等。细胞外源信息可源于植物内部也可源于外部环境。正是细胞的内源和外源信息的相互作用，调节着植物的生长发育过程。位置信息就是细胞外源信息之一。

　　细胞位置信息(positional information)的概念源于动物发育生物学位置信息的概念。对此，不能不提及 Speman 和 Mamgold 的著名实验。他们从 1918 年开始试验到 1924 年发表论文(Speman and Mamgold，1924)，1935 年因上述发现获诺贝尔奖。这种实验是通过显微外科手术从供体胚胎中取下数块组织插入到嵌主胚胎的不同位置，该实验的目的在于找出被移植的组织块是否按它们所处的新位置而发育，即它们是按位置暗示重新编程，还是按其原来遗传性去发育。若为后者则意味着它们的命运是不可逆的。该实验证实了两栖类胚胎中存在的原初组织者(primary organizer)（即胚孔的背唇、胚孔上层）对神经组织有诱导的作用。他们把这一个被移植的上胚孔唇称为组织者(organizer)，因为它诱导嵌入细胞改变其发育命运，并能释放出一个完整的、协调发育的信息，使之形成一个组成良好、完整的新胚胎。现在一般都将一个诱导信号的起源组织称作诱导物或诱导子(inductor)。这就是一种位置信号(Howell，1998)。

　　在植物发育系统中，每一个细胞都占有其特定的位置，许多实验已证实植物发育中存在长距离与短距离的位置效应或位置信息。在一些植物的位置信息中还将涉及生物物理力学。有趣的例子之一是向日葵头状花序小花所呈现的有规律发育模型。例如，用机械力干扰头状花序小花时，它的构成模式将被改变(Hernandez and Green，1993)。小花的形成由向日葵花表面周期性的变形(periodic deformation)所决定，而这种变形是由头状花序表面不一致的扩张所引起的，已发现头状花序的形成与一种机械力作用有关，该花序表面的变形可能通过激活某种受体蛋白或位置传导的其他蛋白质而启动特定模式的基因表达。进一步支持位置信息涉及生物物理力学的试验证据是有关局部使用细胞壁中的蛋白质——伸展蛋白(expansin)的研究,该蛋白催化酸诱导的细胞壁伸展并与细胞壁介质中的纤维素中的微原纤维(microfibril)和多糖交界面相结合。该蛋白被认为是通过可逆性地破坏细胞壁网格中的非共价键而诱导其伸展(McQueen-Mason and Cosgrove,1995)。例如,将从黄瓜下胚轴中分离到的伸展蛋白固化在小的塑料珠上(plastic bead),然后将这些小珠通过手术植入番茄的茎尖中即将预期产生新叶原基的部位,可提早诱发茎尖产生小的凸起并可发育成叶状结构;据此认为茎尖分生组织是处于膨胀力状态,而其下面的组织则处于被压缩的状态,如果从局部植入伸展蛋白(小珠子),该部位细胞壁的伸展力可能会增加,并在该处形成非预期的凸状物随即发育成叶状结构(Fleming et al.,1997)(有关其他例子见第3章图3-19)。这些研究结果意味着在苗端分生组织的表面相应于叶原基将出现的部位上存在着局部膨胀的倾向。然而,在苗端分生组织表面存在的这种生物物理力是位置信息的"因"还是"果"有待进一步证实(Howell,1998)。

　　另有一些植物位置信息可能是可扩散的化学信息,如成浓度梯度分布的植物激素,而经典的根向地性效应和芽鞘的光周期效应都涉及生长素的浓度梯度。生长素的浓度梯度分布是由于生长素载体的极性移动所致。拟南芥 *pin1* 突变体是缺乏生长素的极性运输,并呈现子叶被融合的表型。这一生长素极性运输缺失抑制了叶发育时正常细胞两侧对称性的发育,因此,在 *pin1* 突变体中,子叶发育成颈圈(collar)状。这种现象也见于被培养在含有生长素运输抑制物培养基上的印度芥菜(*Brassica juncen*)胚中。因此,生长素的浓度梯度分布被认为是建立胚正常的两侧对称性,以及胚发育各个子叶所要求的信息。植物激素提供位置信息的另一个例子是拟南芥根根毛的发育。拟南芥的根毛产生于不同的根表皮细胞中,有些细胞可形成根毛,特称为生根毛细胞(trichoblast),这些细胞位于其下方的两个皮层细胞径向细胞壁的交界面上,而仅与位于其下方一个皮层细胞相接触的表皮细胞为不能产生根毛的根表皮细胞称为非生根毛细胞(atrichoblast)(见第4章图4-21),突变体 *root hairless*(如 *rhl1-rhl3*)是无根毛突变体,它们根毛生成的启动被抑制。乙烯对 *rhl* 突变体只有微弱的补偿作用,这说明乙烯是在 *RHL* 的下游起作用。在乙烯组成性三重反应突变体(*ctr1:constitutive*)中所有的表皮细胞都能形成根毛。同时在野生型植株根表皮的生根毛型细胞中,其预定产生根毛的作用可被乙烯抑制剂所抑制。乙烯及其生物合成的前体 1-氨基环丙烷-1-羧酸(1-aminocyclopropane-1-carboxylic acid,ACC)可诱导异位根毛的形成(促进根毛的形成),而乙烯生物合成的抑制剂氨基-乙氧基乙烯基甘氨酸(amino-ethoxyvinylglycine,AVG)和乙烯作用的抑制剂 Ag^+ 可抑制根毛的形成。ACC 和吲哚乙酸处理可补偿突变体 *rhd6* 根毛发育启动的缺陷。这些发现都说明乙烯对根毛的发育有重要的作用。局部产生的乙烯可能是产生根毛所要求的位置信息(Schneider et al.,1997)。

　　还有一些的植物位置信息涉及特异的基因表达。这种位置信息可在细胞层之间传递。如果一个植物器官的发育需要一个基因在所有三层细胞中(L1～L3)表达,那么有些信息必定从一层细胞传递到另一层细胞中去,以便协调这个基因表达过程。开花基因 *floricaula*(*flo*)就是其中的一个例子。*flo* 是一个不稳定的金鱼草突变体所产生的遗传嵌合体。*flo* 的表达是成花所要求的同源异型基因(使苗端分生组织具有开花的特征,见第

7章)，它只在花芽的 L1 层细胞中表达。flo 突变体花序中原有的每朵花为一个无限生长的苗所代替。不稳定的突变体 flo-163 包含一个 Tam-3 转座子插入。这个转座子可自发切除或激活 flo 的表达。若这一自发切除发生在营养生长发育阶段时，在发生切除的那层细胞将形成一个遗传扇区(混合嵌合体)。由于 Tam-3 切除保持了 flo 基因的作用，导致形成开花的扇区，否则就成为突变体的花序。嵌合体产生的花是不完全正常的，因为其中仅有 L1 一层细胞保持有正常的 flo 表达。这一遗传嵌合体表型可分为三类，即近野生型、中间型、极端型。这一表型的变异度与细胞中发生 Tam-3 切除相关。若该转座子的切除作用发生在 L1 层时，嵌合体属近野生型；若在 L2 层时，嵌合体是中间型；如在 L3 层时，嵌合体则是极端型。如果该转座子的切除作用发生在 L2 层时，被激活的 flo 基因将会转递入后代细胞，因为 L2 层的细胞发育成植物栅栏组织和生殖细胞组织(花粉和卵细胞)。flo 的表达决定着下游同源基因的表达，而这些基因决定着各花器官的属性(Carpenter and Coen,1995)。混合嵌合体花(sectored flower)中的花器官特征基因，如 def($deficiens$)和 ple($plena$)的表达检测结果表明，即使 flo 在该嵌合体中一层细胞中表达，def 也会在三层所有细胞中表达，但其表达时间被推迟，在嵌合体中表达的区域也在某种程度上被缩小。因此，flo 在一层细胞中的表达将会给所有三层细胞中的下游基因的表达发出信号，从而导致野生型花的形成(Hantk et al.,1995)。这就意味着，在细胞层之间必定要求信息的传递。这个信息是否可能是 FLO 蛋白本身，有待证明。

1.2.9 不对称细胞分裂

植物在发育过程中可通过不对称细胞分裂(asymmetric cell division)不断地形成各种不同的新细胞、组织和器官。不对称细胞分裂是指一个细胞分裂成两个具有不同发育命运潜能的细胞，这种细胞分裂方式是产生细胞多样性的基本方式(图 1-7)。这种不对称细胞分裂机制包括在细胞分裂之前建立极性、对分裂后子代细胞的行为进行干预等机制；归结起来，这种细胞分裂过程可受控于内因、外因或内、外因的相互作用。所谓外因(extrinsic factor)是指子代细胞开始是相等同的，但在子代细胞之间或与它们的环境相互作用下，子代细胞各自接受了不同的发育命运。所谓内因(intrinsic factor)是指在分裂时母细胞给两个子代细胞分配了各不相同的发育命运决定因子(cell-fate determinate)。这些机制已在细菌、酵母、线虫、果蝇和哺乳动物中做过大量的研究，也已鉴定了一些内在的决定因子，如动物的 PAR 蛋白(partitioning defective protein)，该蛋白质是非常保守的，它的作用是使皮质复合物不对称分布，从而建立了细胞的极性和命运决定因子的不同分配，造成子代细胞发育命运的不对称(Metzinger and Bergmann,2010)。

植物细胞具有细胞壁，并限制了细胞的移动。植物大多数细胞类型的细胞在细胞分裂时细胞板的建立不是取决于纺锤体中央区的位置而是取决于预前期带(pre-prophase band,PPB)这一细胞骨架的排列，PPB 是在有丝分裂以及纺锤体装配之前起作用。细胞分裂的取向对于植物发育中细胞类型的形成起着特别重要的作用。有关植物不对称细胞分裂的研究比较集中的是在胚发育中的合子、胚根原细胞(hypophysis)和原形成层的分裂(procambial division)、根端分生组织中的根冠小柱干细胞(columella stem cell)分裂、皮层和内皮层干细胞子代细胞分裂以及侧根根冠及其表皮干细胞分裂、花粉细胞分裂和

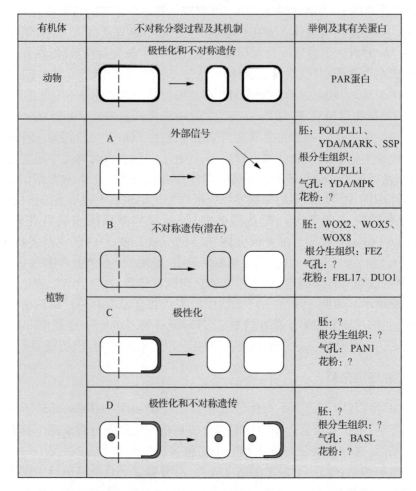

图 1-7　动、植物细胞涉及不对称细胞分裂的各类因子(Metzinger and Bergmann,2010)

BASL:气孔细胞谱系不对称的断裂因子(breaking of asymmetry in the stomatal lineage);DUO1:DUO1(DUO POLEEN 1)蛋白;FBL17:F-框类似蛋白 17(F-box like protein 17);MAPK:有丝分裂激活蛋白激酶(mitogen-actived protein kinase);MPK:拟南芥有丝分裂激活蛋白激酶;PAN1:PAN1(PANGLOSS1)蛋白;PAR:缺陷性分配(partitioning defective)蛋白;PLL1:POL 类似蛋白 1(PLOTERGESIT-like1);SSP:短胚柄因子(SHORT SUSPENSOR);WOX:WUS 相关的同源框蛋白(WUSCHEL-related homeobox);YDA:YDA(YODA)蛋白

气孔细胞谱系的分裂(Abrash and Bergmann,2009)。目前在植物基因组中尚未发现 PAR 的同源物。显然,植物需要发育出一些与动物细胞不同的或多样的控制细胞不对称分裂的机制。如图 1-7 所示,已在胚发育、根分生组织和气孔的不对称分裂中分别发现 POL/PL11、YDA/MAPK 和 SSP 可成为外在信号因子影响细胞的不对称分裂;而 WOX2、WOX5、WOX8(WUSCHEL-相关同源异形框基因蛋白)、FEZ〔no apical meristem(NAM) domain 转录因子家族成员〕、FBL17 和 Duo1 则分别成为影响胚发育、根分生组织和花粉不对称分裂的内在遗传因子(见第 6 章)。生长素转运家族蛋白(PNA1)可作为气孔不对称细胞分裂前的细胞极化因子;而 BASL 在气孔的不对称细胞分裂中可能起着类似于动物 PAR 蛋白的功能,是极化细胞和内在不对称分裂的遗传因子(Dong et al. ,2009)。

在此,以拟南芥气孔细胞不对称分裂为例做一简要的说明。气孔是由植物叶片表皮上成对的保卫细胞及其之间的孔隙组成的结构。研究表明,拟南芥气孔前体细胞的形成涉及拟分生组织母细胞(meristemoid mother cell,MMC)、保卫母细胞(guard mother cell,GMC)和气孔谱系基本细胞(stomatal lineage ground cell,SLGC)。MMC 是从同等的原表皮层细胞区域随机选择分化而成,气孔前体细胞由 MMC 的不对称细胞分裂所产生。分裂后的子代细胞可成为类似于干细胞的拟分生组织(meristemoid)和较大的SLGC。在完成有限次数自我更新的不对称分裂后,这种拟分生组织将分化成一个保卫母细胞,然后进行对称分裂形成一对保卫细胞。SLGC 常会分化成表皮细胞,也会重新进入不对称分裂而成为 MMC 和拟分生组织,其所处的位置可通过其不对称分裂时的准确取向并与附近细胞相协调(Abrash and Bergmann,2009)。

在玉米中已发现 PANGLOSS1(PAN1 同源物)是一个类似受体的蛋白质,可在气孔谱系细胞不对称细胞分裂时被高度极性化。这表明,该蛋白可能对细胞的不对称分裂起着前干预的作用。但目前尚不清楚 PAN1 是否是不对称遗传。另外一个气孔细胞谱系不对称的断裂因子(breaking of asymmetry in the stomatal lineage,BASL),其具有的极性化和不对称分布的两个特性都可遗传给子代细胞(图 1-7D)。在拟分生组织和 MMC进行不对称分裂前,BASL 蛋白位于核中,也在细胞周边区的一侧形成弯月形的极性化分布区(图 1-7D 气孔)。紧随不对称分裂,BASL 可以在比较小的子代细胞核中和在较大子代细胞的周边一侧及其核内出现,BASL 的主要活性源于其细胞周边区活性库。异位表达 BASL 可引起局部区域的外突生长,但并不改变其细胞发育的命运。因此,这一个蛋白质在行为方式上可能与 PAR 的同类物起着不同的作用。BASL 在细胞周边一侧分布区域是如何建立的? BASL 的不对称分布可否产生细胞极性或对此极性起反应? 对此尚不清楚。此外,还发现这一细胞极性建立可能是瞬间的(Metzinger and Bergmann,2010)。因此,进一步寻找 BASL 和 PANGLOSS1 的作用靶物及其与 PPB 出现的关系,将有利于揭示植物细胞不对称分裂的机制。

1.2.10 发育与进化

发育(development)是由一个单细胞开始形成多细胞有机体的过程。发育生命活动的共同属性是从单细胞生物到多细胞生物、从原核生物到真核生物,任何生物体都有一个发生、发展、终结的有序变化过程,其体制、结构和功能亦随之经历由简单到复杂然后衰退的变化。除正常的发育外,胎死腹中与英年早逝、未老先衰、有选择的生与死亦是发育(发育异常)。

从现代遗传学的观点看,发育是基因按特定时空顺序进行选择性表达的结果,是基因型与内外环境相互作用逐步转化为表型的过程。

总体而言,发育是一个构建有机体的过程,是生命中所有事件的总和。这些事件包括有机体的建成,并赋予获得食物、繁殖和处于危险或逆境条件下寻找生存机会的能力。当我们研究一个有机体发育时,我们不但要描述发生了什么变化,更重要的是要分析这一变化进行的过程。例如,植物个体是如何生长? 如何开花? 如何形成种子? 脱水情况下种子如何存活？当重新吸水后种子是如何萌发？这些都是涉及植物发育最基本过程中的问题。

有的学者认为，发育具有广泛的含义，即包含生物界的一切发生与发展。它可以包括个体与生物界的发展变化这两个方面。生物界的发展变化是以基因组的变化为基础，有一定的随机性，而个体发生变化（发育）是受基因组控制下的有序的发展变化，其基因组基本保持不变。在时间上，生物可以有两种改变：单个生物体完成它们生命周期（个体发育）；生物谱系体现出它们的进化历史（系统发育）。进化包括发育中的遗传变化。因此，将个体的发展变化称为个体发育，而生物界的发展变化称为进化（evolution）或系统发育（phylogeny）。最近十多年来才产生的研究领域"进化发育生物学"（evolutionary developmental biology），其研究目的在于揭示发育过程和发育机制在进化中是如何被修饰的，以及曾有或现有的多样性是如何从这些变化中产生的。

无论是发育还是生长和分化都要受时、空的限制，都是基因组中已编制好的程序在外界条件影响下的表达过程。对于绝大多数的胚胎细胞来说，最初，它们可能有过基因组的等同阶段，不久之后，虽然每一个细胞均含一套完整的遗传信息，但在每类已特化的细胞中只使用一小部分的遗传信息，只产生一套特异的蛋白质。即不同的细胞类型表达不同组的基因，基因组中哪些部分被使用，而哪些部分不使用是在细胞决定过程中的程序化所设计好了的。发育生物学的任务之一就是要揭示进行这些程序化设计的物质基础。

研究植物发育生物学可以从不同的水平进行：以种子的发育为例，可在分子和化学水平上研究贮藏蛋白基因是如何被翻译等过程；可在细胞和组织水平揭示哪一类细胞形成种子贮藏蛋白，该类蛋白质的 mRNA 是如何离开细胞核的等过程；可在器官和器官体系的水平上探索维管及输导组织如何形成，它们在植物的各个器官中是如何分支及如何联结；可在生态和进化水平上观察植物的一生是如何受环境因素的影响，由于环境对植物发育有着关键性的作用，这就决定了植物必须对环境条件的变化作出多种反应，以利于其生长发育过程的完成。植物界的生物多样性不仅表现在物种之间的千差万别，而且由于植物生长发育环境的不同，即使是同一物种其形态也可以相差甚大。

1.2.11　体细胞全能性的表达

一般而言，单细胞重演胚胎发生和体细胞图式形成的能力被称为全能性（totipotency），尽管已分化的动物细胞不能重演完整的发育程序，但其细胞核保留着重演完整发育程序的遗传信息。植物细胞的全能性是指植物的每个细胞具有该植物的全部遗传信息，而其离体的细胞在一定培养条件下具有发育成完整植株的潜在能力。

许多处于静止（quiescent）的植物和动物细胞离体培养时，都会重新开始生长和分化。植物组织和细胞培养的理论基础是建立在细胞全能性的概念之上。组织中的细胞与邻近细胞之间的信息交流抑制着不受控制的细胞增殖。许多动物细胞伴随着机体的一生在不断地更新，不同类型的干细胞（stem cell）可产生一定数量的细胞类型，从而对细胞的更新起着调控的作用。但是成熟的植物器官和组织间的细胞是不会发生细胞更新的，植物的干细胞对植物生长起着调控作用，也可产生各种类型的细胞（动物干细胞所产生的细胞类型有限）。嫁接和遗传实验已证实植物细胞的分化不是由细胞谱系所决定，而是由细胞在植物中所处的位置决定。当植物细胞从成年植株的静止组织中分离时，也随之丧失了它们原来的位置属性，在其摆脱与邻近细胞接触的同时也脱离了这些细胞所产生的对它们生长抑制的作用，而恢复基本的生长状态。换言之，在一个完整植株上，某部分的体细胞只表现一定形态，承担一定的功能，这是由于它受到具体器官或组织所在环境的束缚，但其遗传潜力并没有丧失。一旦脱离其原来的器官或组织影响，如处于离体状态时，在一定的培养条件下，就可能表现出全能性，并发育成完整植株。离体培养的植物体细胞常表现出高度的细胞全能性，一个完整的、可育的植物体可从单个体细胞发育而来，克隆植物无须经过受精卵。但是要想用已分化的动物细胞克隆一个完全发育的个体是非常困难的（Howell，1998）。

离体植株再生有两种基本途径：体细胞胚胎发生途径（somatic embryogenesis pathway）（见第2章）和器官发生途径（organogenesis pathway）。器官发生是指离体植物组织（外植体）或细胞（悬浮培养的细胞和原生质体）在组织培养的条件下形成无根苗（shoot）、根和花芽等器官的过程。虽然这种全能性的表达可因植物的种类不同有很大的差别。例如，胡萝卜的体细胞很容易通过体细胞胚胎发生途径再生完整植株。但目前对植物体细胞这一特点的遗传和分子机制的了解还是有限的（见第2章2.4节）。

1.3 模式植物——拟南芥

长久以来，果蝇都是研究动物发育和遗传学的模式材料，并从中发现了许多影响发育的突变体并鉴定了相关的基因，对揭示动物的发育机制起着重要的作用。

拟南芥是研究植物发育一个非常好的模式植物，被誉为"植物果蝇"。它属于十字花科植物，常用生态型有哥伦比亚生态型（Columbia ecotype，Col）、兰兹具格生态型（Landsberg ecotype，Ler）和 Wassilewskija（Ws）生态型。成熟的拟南芥仅有 15～30cm 高，叶小，基部着生的显莲座状（rosette）称莲座叶或基生叶（basal leaf），在成年植株茎上或花序着生的叶，称为茎生叶。一株植物一生可开花 200 多朵，并产生 10 000 多颗种子（每颗种子约 $20\mu g$），因此很容易获得扩增变异株的种子库。最常见的野生型拟南芥生长期很短，下种后 2～3 天就开始萌发，20 天左右植株就开始开花结果，40 天左右第一个种荚中的种子就已成熟并可收获，由此大大缩短了遗传分析的时间。对于拟南芥的形态发生和个体发育过程已有详尽的描述，从而为寻找和确定形态变异株奠定了基础。

2000 年 12 月已绘出拟南芥全部染色单体上的基因图谱。在目前已知基因组大小的植物中，拟南芥的核基因组最小，其单倍体基因组只有 80 000kb 左右。由于其基因组小，基因库的构建、筛选等过程简便、快速；基因组中具高度重复、中度重复及低度重复 DNA 的比例也低，高度重复序列只占 10％～15％、中度重复序列只占 7.5％左右、间隙重复序列（低度重复序列）只占 1％左右，而余下的 80％基本上是用来构建单拷贝基因的序列。

拟南芥对环境变化，如雨淋、风吹、手触摸、创伤和黑暗等变化在生理上都有强烈的响应。例如，对拟南芥幼苗进行触摸，可从其表型上反映出生长减少，被触摸的幼苗叶柄和抽薹变短（图 1-8），还可诱导其表达触摸基因 *TCH*（touch-induced gene）（Braam and Davis，1990）。拟南芥也很容易被人工诱导产生遗传变异。通过物理（如辐射处理）、化学

（如 EMS 处理）及生物（如利用植物内源激素、转座子或外源 DNA 片段插入）等手段进行人工诱变处理，至今已获得大量发生在不同基因座的遗传变异株。例如，在拟南芥中已使用 80 多种化学诱变剂，其中乙基甲烷磺酸盐（ethyl methane sulfonate，EMS）为最常用的，分离鉴定了大量的突变体，包括形态发生突变体（生根、开花）、颜色变异、生化代谢途径、植物激素效应及在器官发生方面的同源异形突变体（homeotic mutant）（如花器官的同源异形突变体）（见第 7 章），这些突变体成为研究植物发育和分子生物学的好材料；它们可以大批量在温室中生长（根据需要，也可以在培养器皿中生长），生长条件比较易于控制，这样在筛选遗传变异株时可以很容易地排除那些由于环境变化导致的植物形态发育的变化。根据遗传分析的需要，其人工杂交也很容易完成。拟南芥也是一种典型的自交繁殖植物，因此人工诱变后可以在子二代中直接筛选变异株的纯合子（曹仪植，2004）。同时也可采用花浸泡法（floral dip）通过农杆菌介导进行基因转化，不必通过组织培养的再生植株的过程就可获得转基因植株，成为研究相关基因功能有效而方便的手段。

图 1-8　雨淋、风吹、手触摸都可以减少拟南芥的生长（Braam and Davis，1990）

植株定期喷洒水（左）和不喷洒水（右）的生长状态

1.4　突变体及其基因命名符号的使用说明

由于历史原因，对于不同生物的基因已产生了不同的记法（genetic notation）。一些命名原则是相同的。例如，基因、基因座（loci）和突变体的名称一般用斜体表示，其所编码的蛋白质则不用斜体表示，本篇比较多的涉及拟南芥和玉米相关的研究内容，均按它们的通用命名规则表示其突变体、基因及其蛋白质。按拟南芥的基因命名法，基因或基因座的名称用大写的斜体表示，如 *SCA* （*SCARECROW*）或 *ABI3* （*ABSCISICACID INDENSITIVE3*）。该基因的突变体或基因座则分别用小写的斜体表示，为 *sca*（*scare crow*）和 *abi3* （*abscisic acid insensitive 3*）。拟南芥的基因及基因座一般以三个字符的斜体来命名,若多于一个基因座但具有同名基因时则按序用数字标出,如 *ABI1*、*ABI2* 和 *ABI3*。单一基因或基因座中出现不同突变的等位基因时,则在"-"后附上数字表不同的突变等位基因,如 *abi1-1*、*abi1-2* 等。如果一个基因座中只含一个等位基因,则该等位基因就不必用数字标记,如 *abi3*。拟南芥的显性相关性不能从其命名中反映出来。因为这一关系复杂,难以用字母的大、小写表示出来。这些基因所编码的蛋白质则用非斜体的大写字母来表示,如 ABI3。

拟南芥的野生型用"wt"或"+"表示。有关突变体植株表示方法,这里以 *abi1* 为例,用 *abi1-1/abi1-1* 或简单一点写成 *abi1-1* 表示该纯合子突变体植株;用 *abi1-1/abi1-2* 或 *abi1+* 表示该杂合子突变体植株。如果双突变是纯合子,则在两个突变体之间留一空格表示,如 *abi1-1 abi2-1*(*Meinke and koornneef*,1997)。

玉米基因或基因座的命名不同于拟南芥,必须用小写的(而不是大写)斜体表示,如,*sh1*(*shrunken1*)或 *adhi*(*alcohol dehydrogeuase1*) 表示。若将基因或基因座用作名词时,其第一字母必须大写,如 *Sh* 基因座或 *Shrunken* 的突变。新的突变体或发生突变基因座用非大写的斜体表示,如 *shrumken2* 或 *abi3*,而显性等位基因则第一个字用大写的斜体表示,如 *Knotted-1* 突变体,其他有关玉米的基因的命名法可参照"玉米通讯"(*Maize Newsletter*)中的玉米命名法规定(其网址:http://www. agron. missouri. edu/maize_nomenclatute. html)。

基因和基因座的概念常是相互换用的,但它们并非同义词,一个基因是 DNA 序列,它包括被转录的区域(带有内含子、外含子)及顺式调控元件(可能位于被转录区的 5′端和 3′端)。等位基因(allele)是相同基因的不同形式,其中的某一个基因的 DNA 序列可能稍有不同(或带有不同的突变)。一个基因座是一个基因位于基因组的位置。同理,突变(mutation)或突变体(mutant)也不是同义词,突变是在一个基因中的某种变化,如一对碱基的替代、删除或插入等;突变体用作名词时,它常意指已发生一个突变的一种生物体,如突变体是白化体。

转基因植株(transgenic plant)是被导入一个基因(常是异源基因)的植株,一个转化基因(transgene)常是嵌合基因,该基因的各个部分与其他基因进行了交换,最常见的例子就是转化基因的启动子已为另一基因的启动子所替代,最常用的启动子是花椰菜花叶病毒(CaMV)RNA35S 启动子(35S)。因此,用 35S:*ADH1* 表示 35S 启动子与基因 *ADH1*(*ALCOTTOL DEHYDROGENASE1*)连接的这一人工构建嵌合基因(Howell,1998)。

参 考 文 献

曹仪植 . 2004. 拟南芥 . 北京:高等教育出版社 .

李明银,何云晓 . 2005. 植物遗传嵌合体及其在观赏植物育种中的应用 . 植物学通报,22:641-647.

Abrash E B,Bergmann D C. 2009. Asymmetric cell divisions: a view from plant development. Developmental Cell,16: 783-796.

Avasarala S,Yang J,Caruso1 J L. 1996. Production of phenocopies of the lanceolate mutant in tomato using polar auxin transport inhibitors. J Exp Bot,47: 709-712.

Braam J，Davis R W. 1990. Rain-，wind-and touch-induced expression of calmodulin and calmodulin-related genes in Arbidopsis. Cell，60：357-364.

Carles C C，Fletcher J C. 2003. Shoot apical meristem maintenance：the art of a dynamic balance. Trends Plant Sci，8：394-401.

Carpenter R，Coen E S. 1995. Transposon induced chimeras show that *floricaula*，a meristem identity gene，acts non-autonomously between cell layers. Develment，21：19-26.

Dawe R K，Freeling M. 1990. Clonal analysis of the cell lineages in the male flower of maize. Devel Biol，142：233-245.

Dermen H. 1953. Periclinal chimeras and origin of tissues in stem and leaf of peach. Am J Bot，40：154-168.

Dong J，MacAlister C A，Bergmann D C. 2009. BASL controls asymmetric cell division in *Arabidopsis*. Cell，137：1320-1330.

Fleming A J，et al. 1997. Induction of leaf primordial by the cell wall protein expensing. Science，276：1415-1418.

Hantke S S，Carpenter R，Coen E S. 1995. Expression of *floricaula* in sigle cell layers of periclkinal chimeras activates downstream homeotic genes in all layers of floral meristem. Development，121：27-35.

Hernandez L，Green P B. 1993. Transduction for the expression of structural pattern：analysis in sunflower. Plant Cell，5：1725-1738.

Howell S H. 1998. Molecular Genetics of Plant Development. Cambridge：Cambridge University Press.

Jackson D，Veit B，Hake S. 1994. Expression of maize *KNOTTED*1 related homeobox genes in the shoot apical meristem predicts patterns of morphogenesis in the vegetative shoot. Development，120：405-413.

Janousek B，Mrackova M. 2010. Sex chromosomes and sex determination pathway dynamics in plant and animal models. Biol J Linnean Soc，100：737-752.

Leyser O，Day S. 2003. 植物发育的机制. 翟礼嘉，邓兴旺译. 2006. 北京：高等教育出版社.

McQueen-Mason S J，Cosgrove D J. 1995. Expansin mode of action on cell walls：analysis of wall hydrolysis，stress relaxation，and binding. Plant Physiol，107：87-100.

Meinke D，Koornneef M. 1997. Community standards for Arabidopsis genetics. Plant J，12：247-253.

Metzinger C A，Bergmann D C. 2010. Plant asymmetric cell division regulators：pinch-hitting for PARs？ F1000 Biology Reports，2：25.

Micol J L，Blázquez M A. 2005. Preface-plant develop and grow. Int J Biol，49：453.

Oster D. 2005. Backyard gardener Doug Oster：how to grow the great pumpkin. www. post-gazette. com/pg/05281/584692-11. stm.

Salisbury F B，Ross C W. 1978. Plant Physiology. 2nd ed. Belmont，California：Wadsworth Publishing Company，Inc. ：225.

Schneider K，et al. 1997. Structural and genetic analysis of epidermal cell differentiation in *Arabidopsis* primary roots. Development，124：1789-1798.

Speman H，Mamgold H. 1924. Uber induckion yon embryonaanlagen durch implanttation artfremder organisation. Arch Mikr Anat Entw Mech，100：599-638.

Syzmkowiak E J，Sussex I M. 1992. The internal meristem layer L3 determines floral meristem size and carpal number in tomato periclineal chimeras. Plant Cell，4：1089-1100.

Twyman R M. 2001. Instant Notes in Development Biology. BIOS Scientific Publishers Limited（发育生物学. 北京：科学出版社，2002 年影印）.

推荐参考读物

白书农. 2003. 植物发育生物学. 北京：北京大学出版社.

崔克明. 2007. 植物发育生物学. 北京：北京大学出版社.

樊启昶,白书农. 2003. 发育生物学原理. 北京:高等教育出版社.

许智宏,刘春明. 1998. 植物发育的分子机理. 北京:科学出版社.

张红卫,2001. 发育生物学. 北京:高等教育出版社.

Gruissem W,Jone R L. 2004. Biochemistry and Molecular Biology of Plant. The American Society of Plant Physiologists
(植物生物化学与分子生物学. 北京:科学出版社,2004 年影印).

Raghavan V. 2000. Developmental Biology of Flowering Plants. Cambridge:Cambridge University Press.

Timmermans M C P. 2010. Plant Development. Current Topics in Developmental Biology,v91. San Diego,CA:
Academic Press,Elsevier Inc.

第 2 章　被子植物胚胎发生和种子的形成

2.1　胚胎、胚乳与种子

种子是由受精的胚珠发育而成。以被子植物的种子为例,种子常由 4 部分组成:①胚胎(简称胚),由胚囊中的卵细胞受精后发育而成;②胚乳,是胚囊中的两个极核与另一个精核相融合的产物;③外胚乳(perisperm)由珠心发育而成;④种皮,由珠被发育而成。在极个别的情况下,种子也可以不经有性生殖形成,如通过无融合生殖(胚珠中的二倍细胞发育而成),这类种子也极易与同物种有性生殖所形成的种子区别。

2.2　胚 胎 发 生

被子植物胚胎发生(也称胚发育)始于卵子受精形成合子,再经过迅速的有丝分裂和细胞分化引发胚的发育,这一过程包括苗端和根端分生组织的形成、初生维管组织的分化,它不仅包括形成胚的形态发生的事件,也包括胚的脱水(desiccation)、休眠和萌发的准备过程。

与动物胚的发育不同,被子植物的胚由胚轴和子叶这两个器官系统组成。成熟胚的胚轴包括苗端分生组织(shoot apical meristem,SAM)、上胚轴和下胚轴、胚根和根端分生组织,但拟南芥的上胚轴不甚发达(图 2-1)。

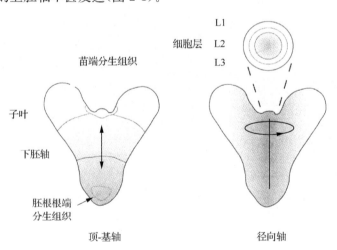

图 2-1　成熟胚的器官组成及其轴性结构(Howell,1998)

植物体的发育在很大程度上是在胚胎发生后才进行的,植物许多器官都是在胚发育后从苗端和根端的分生组织中产生。对胚胎发生的研究,可从活体(*in vivo*)和离体

(*in vitro*)的角度上进行。离体胚胎发生(*in vitro* embryogenesis)包括体细胞胚胎发生
(somatic embryogenesis)(见 2.4 节)、离体胚培养、大孢子、小孢子的培养以及单倍体胚
胎发生。事实上,体细胞胚胎发生不仅发生于植物在离体培养的条件下,也发生在天然
(活体)的条件下,如无融合生殖(apomixis)是不经过雌、雄配子融合而产生种子的生殖
方式。

　　被子植物大孢子母细胞经过减数分裂所形成的成熟胚囊(图 2-2)(见第 6 章)通常由
7 个细胞组成:一个卵细胞、两个助细胞、三个反足细胞(antipodal cell)和一个中央细胞。
其中卵细胞、助细胞和反足细胞都是单倍体。单倍体孤雌生殖和单倍体无配子生殖都起
源于这些单倍体细胞。由卵细胞不经受精而直接发育成个体的生殖方式称为单倍体孤雌
生殖(haploid parthenogenesis),由助细胞或反足细胞直接发育发育成个体的生殖方式则
称为单倍体无配子生殖(haploid apogamy)。还有一种无融合生殖称为半融合生殖
(hemigamy),它是指精子核进入卵细胞后不与卵核融合,后来精核、卵核各自独立分裂,
形成嵌合胚。由半融合生殖产生的植株,常常有些组织或器官具有父本的遗传特征,有些
组织和器官具有母本遗传特征。下面主要介绍被子植物合子胚的胚胎发生。

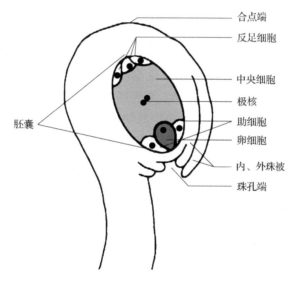

图 2-2　胚珠、胚囊结构示意图(Capron et al.,2009)

2.2.1　合子的形成与胚的发育

　　在雄配子(通常含有一个营养核和两个精核)和雌配子(卵子)经受精作用相融合的过
程中,合子是由精核与卵子结合所形成的二倍体细胞。合子是胚的第一个细胞,卵受精
后,便产生一层纤维素的细胞壁,并进入休眠状态,胚的发育一般较迟于胚乳的发育。随
着合子的伸长,可见皮层微管(cortical microtubule)横向沉积于合子的远珠孔端。在合
子第一次横向分裂成两个细胞时,通常就表现出极性,一个近珠孔的为基细胞(basal
cell),另一个远离珠孔的为顶细胞(apical cell)。顶细胞发育为胚体本身,而基细胞则发
育成具有输送营养功能的胚柄。顶细胞第一次分裂方式最多的是横向,也可能是纵向或

斜向。单子叶、双子叶植物的胚胎发生,可按其形态细胞学特征归纳成三个典型的相互交叉的阶段:组织分化、细胞增大和成熟阶段。在胚胎发生的形态学上研究得最充分的是双子叶植物荠菜的胚;而在胚胎发生的遗传、基因调控上研究得较深入的是拟南芥的胚;单子叶植物胚胎发生研究得比较多的是玉米胚。

1. 拟南芥胚胎发生

不同的突变体的遗传分析表明,植物胚胎发生至少有三个各自独立调节的过程,即图式形成,形态发生和细胞组织分化过程。拟南芥胚胎发生阶段的划分如图 2-3 和图 2-4 所示,它可以代表双子叶植物胚胎发生的主要过程。拟南芥合子经第一次分裂形成了顶细胞和基细胞。它们的内部成分和细胞分裂模式就表现出许多不同。顶细胞的细胞质浓厚、蛋白质合成很活跃,而基细胞及其子代细胞则高度液泡化。顶细胞的第二次分裂面与第一次分裂面相垂直,分裂结果形成了四分体胚(quadrant embryo),在受精 30h 之后,四分体进一步横向分裂形成八分体胚(octant embryo),八分体胚阶段可区分出上层(upper tier)细胞和下层(lower tier)细胞(图 2-3、图 2-4),上层前沿的细胞后来发育成子叶和苗端,下层的 4 个细胞即发育为下胚轴(图 2-4)。此后,胚胎将进入表皮原的发育阶段(dermatogen stage),此时 8 个细胞都进行垂周分裂,这是胚胎进行第一次分化,其表层细胞形成原表皮层(protoderm),它是植物表皮组织的来源。随之,细胞进行不同步的分裂,并在空间上显示出高度的顺序性,原表皮层细胞经过数次分裂后先形成 16 个细胞的未分化的胚,称为原胚(proembryo)。一般认为,原胚期是处于 2 个、4 个、16 个细胞时期的胚,继而形成 32 个细胞的具有原表皮(protoderm)的幼胚[图 2-4(c)],此时,处于中央的细胞也持续分裂,它们先进行纵向再进行横向分裂,在拟南芥受精 60h 后,便形成 32 个原表皮细胞和 32 个细胞处于中央的胚,此时,胚胎发育已达球形胚阶段,形成了球形胚(globular-stage embryo)。当球形胚中的局部细胞开始迅速分裂时,则进入心形胚(heart-stage embryo)的发育阶段。此时两侧细胞分裂形成了子叶原基,子叶原基生长使胚成为心形,苗和根端的分生组织也在此阶段形成。胚发育时也重建了轴的极性。在子叶发育的同时,胚细胞继续分裂和分化形成下胚轴,下胚轴不断伸长,使胚呈现鱼雷状,称为鱼雷形胚(torpedo stage)。

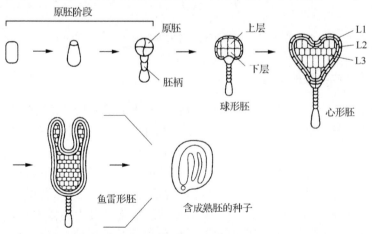

图 2-3　拟南芥胚胎发育的形态发生主要阶段(Twyman,2001)

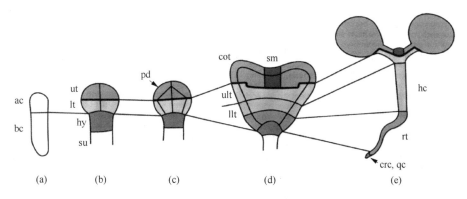

图 2-4 拟南芥胚的图式发育设想示意图(Laux and Jügens,1997)

(a) 胚胎发生的两细胞阶段,合子不对称分裂成为较小的顶细胞(ac)和大的基细胞(bc);(b)八分体阶段,顶细胞产生出 4 个上层细胞(ut)和 4 个下层细胞(lt),而基细胞则形成胚根原(hy)和 胚柄(Su);(c)表皮原阶段,正切方向细胞分裂使原皮层(pd)与内层细胞分开;(d)心形胚阶段,从八分体的上层细胞(ut)所形成的顶区域已分化出子叶(cot)和苗端分生组织原基(sm),而八分体的下层细胞(lt)所形成的中央区,则进一步分出下层上部细胞(ult)和下层下部细胞(llt);(e)幼苗发育阶段,下胚轴(hc)、根(rt)和根分生组织的干细胞群(起始细胞群),由心形胚阶段的下层下部细胞(llt)所产生,而在根分生组织中形成了静止中心(quiescent center,qc)和中心根冠的干细胞群(crc)是从胚根原(hy)分化而来的基部区域所分化出来的

　　此时的胚已可辨认出下胚轴和胚根,其中的维管体系也开始分化,子叶和下胚轴中的颜色变绿,这意味着叶绿体的发育。发育到这一阶段的拟南芥子叶细胞可占胚细胞的80%,并占胚干重的 95%。子叶的发育受生长素极性运输的调控。在印度芥菜(*Brassica juncea*)的胚组织培养中加入生长素运输抑制剂,原先发育为两片的子叶(衣领状的子叶)将发育形成钉形的子叶。

　　成熟胚大部分组织都是源于顶细胞。相比之下,基细胞的发育命运则各不相同,由基细胞所衍生而位于胚柄最顶部的细胞称为胚根源细胞(hypophysis),该细胞经过一系列重复的分裂形成了根端分生组织的组成部分,它包括静止中心(quiescent centre)和根冠小柱(cap columella)的干细胞(起始细胞)(图 2-4,见第 4 章 4.2.2 的第 3 节)。拟南芥胚发育的研究结果表明,在 8 个细胞的原胚阶段不对称分裂的平周分裂形成了胚胎的表皮原、基本分生组织和维管前体细胞,而胚根原(hypophysis)的不对称分裂产生静止中心前体细胞(透镜状细胞)(Jenik et al.,2007)。大多数胚柄细胞与其周围的母体组织联结,可能有利于加速母体组织向胚输送养分。胚与胚柄之间并未发现原生质丝的联结方式,这与胚内广泛分布的共质体联系方式完全不同。因此,那些来源于母体的高分子质量的物质可能并非经胚柄途径向胚中输送(Scheres et al.,1994)。

2. 玉米胚胎发生

　　与双子叶的成熟胚不同,作为吸收组织的盾片(scutellum)是单子叶植物玉米胚显著的胚器官之一,是与双子叶胚对应的子叶器官,即单一子叶;另有两个鞘状的结构分别包裹着胚芽和胚根,称为胚芽鞘(coleoptile)和胚根鞘(coleorhiza);还有一种称为外胚叶(epiblast)的结构,它是位于胚芽鞘起源处一侧突出如口盖状的结构,尽管玉米胚无此结构,但在黍科(Poaceae)大多数成员的胚都具有这一结构。玉米胚胎发生的阶段顺序及其命名如图 2-5 所示(Abbe and Stein,1954)。合子细胞在授粉后 40h 就开始首次分裂形成一个小的顶细胞和一个较大的基细胞,顶细胞经过不规则的细胞分裂形成一个细胞团块,同时,基部的胚柄细胞只有几次分裂,当顶细胞分裂到 16~32 个细胞的球形胚阶段时,在胚的顶侧(apicollateral region)发育成一个难于分辨其界线的突出物即为盾片(也称子叶),通过旺盛的细胞分裂和细胞增大后,随之一起形成的尚有苗端和叶原基的分化,其外包裹着胚芽鞘。在胚胎发生的最后阶段,在盾片节上形成胚根鞘并在内部进行胚根结构的分化。当根发育开始时胚即结束其活跃的生命活动。

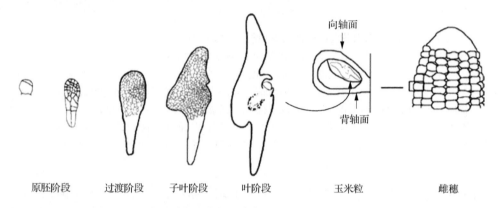

| 原胚阶段 | 过渡阶段 | 子叶阶段 | 叶阶段 | 玉米粒 | 雌穗 |

图 2-5 玉米胚胎发生阶段示意图(Nardmann and Werr,2009)

在原胚阶段,合子受精后,进行不对称分裂,形成小的顶细胞和较大的基细胞(左),顶细胞发育成胚体而基细胞发育成胚柄(右)。在过渡阶段,从组织学上可区分将要分化出盾片和苗端分生组织的细胞,将分化成盾片的细胞较大,而分化成苗端分生组织的细胞较小并富含细胞质。在胚芽鞘(子叶)阶段,在苗端分生组上方出现凹形时是子叶发育的标志。到了叶阶段及其此后发育阶段是根据产生真叶的数目而命名发育阶段的(第 1~6 叶的发育阶段)

由于各种原因对胚胎发生后期阶段的分子机制了解得较多,而对胚胎发生早期阶段的认识较少。这方面的研究主要得益于相关发育阶段的分子标记物的发现和鉴定。目前已知分离鉴定了一些与胚胎发生早期合子和原胚分裂后各细胞的发育命运相关的基因,如 ATML1(ARABIDOPSIS THALIANA MERISTEML1 LAYER)基因编码一个同源异型蛋白质(homeotic protein),在拟南芥合子不对称分裂后,该基因的转录物首先在顶细胞中表达,经历 2~4 个细胞、8 个细胞和 16 个细胞原胚,直到球形胚阶段它依然集中在顶细胞所衍生的细胞中表达。但在球形胚阶段其表达模式发生了改变,只在球形胚的表皮原(protoderm)细胞层表达,而不在其以内的细胞中表达,因此该基因被作为在原胚中的顶-基和径向模式形成的早期分子标记(Lu et al.,1996)。此外,基因 STM(SHOOT MERISTEMLESS)可作为拟南芥苗端分生组织分化的早期分子标记,在球形胚中子叶发育部位即是该基因的特征表达区域,它对球形胚顶端组织的形态改变也十分敏感,它的表达预示着子叶即将向外突出生长(Long and Barton,1998)。

2.2.2 胚胎形态发生的基因调控

胚胎发生过程中的形态发生是指胚胎的器官发生或器官原基的形成过程,是伴随细胞分裂及分化的一系列区域化和功能分化的行为。通过化学诱变剂或离子辐射处理种子或授粉的花粉，或通过农杆菌的 T-DNA 的转化及通过转座子元件插入等诱变，已分别获得了许多涵盖拟南芥和玉米整个胚胎发生进程的突变体。这些突变体的分离与鉴定对揭示胚胎发生时形态发生的遗传调控及其相关功能基因的克隆起着重要的作用。这里重点介绍具有代表性的胚胎缺陷突变体（embryo-defective mutant）和图式形成突变体（pattern formation mutation）及其相关基因。

1. 胚胎缺陷突变体及相关基因

（1）与拟南芥胚柄与胚发育有关的突变体及相关基因：突变体 *rasp*（*raspberry*）、*sus*（*suspernsor*）和 *twn*（*twin*）就属于此类突变体。植物的胚柄显得很精细，大多都在胚胎发生的后期退化，在成熟种子中消失。在胚发育过程中胚柄与母体组织相连，起着为胚的生长与发育输送养分和生长调节物质的作用。突变体 *rasp*（图 2-6）、*sus*（图 2-7）和 *twn* 表现出胚本身的生长受到抑制，而胚柄则超常生长。由于突变体 *rasp* 和 *sus* 胚发育的受阻后代之而起的是胚柄的不正常分裂，形成多细胞结构（而正常的胚柄只有 6～8 个细胞）（图 2-7）。在球形胚阶段，*rasp* 突变体的胚发育停止，胚成为悬钩子状，而胚柄则发生不正常的增大，呈现球形胚类似的特性（图 2-6）（Yadegari et al.，1994）。同时，*rasp* 胚不具有基本分生组织和原形成层细胞这些已完成细胞分化的组织。应用细胞分化特异性的分子标记探针，如脂类转运蛋白的 RNA 探针（lipid transfer protein probe）和几种胚贮藏蛋白 RNA 的探针杂交实验也说明，在 *rasp* 胚中，即使不出现器官形成也会发生正常细胞分化的生物化学过程。因为在 *rasp* 胚中，与这些探针杂交的 RNA 累积的时间和位置都与野生型胚中的相似。另一些研究表明，*SUS* 和 *RASP* 基因是胚本身正常形态发生及持续生长所要求的基因。拟南芥胚柄的发育可能受胚的反向调节，当胚的正常发育被抑制时，胚柄便会增大，呈现出转向胚发育的倾向。只要胚处于正常的生长模式，胚柄的胚发育潜能就难以得到表达。

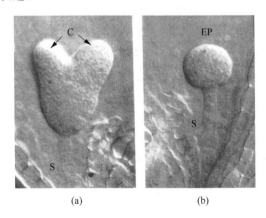

(a) 　　　　　　(b)

图 2-6　拟南芥 *rasp* 突变体胚发育状态（Yadegari et al.，1994）

(a) 野生型胚；(b) 与野生型胚在相同发育阶段且与同一角果中的突变体 *rasp* 自交杂合子胚（rasp/＋）。C：子叶；S：胚柄；EP：胚体或原胚

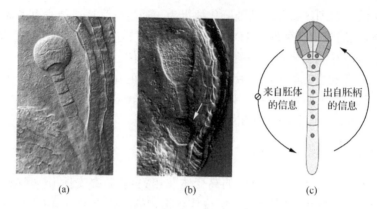

（a）　　　　　　　　　（b）　　　　　　　　　（c）

图 2-7　SUS 基因抑制胚柄的胚胎性发育潜能（Gilbert，1997）

（a）野生型胚及胚柄；（b）突变体 sus 从胚柄中发育出的胚状物（箭头所示）；（c）来自胚体的信息抑制胚柄细胞的胚胎性发育和出自胚柄的信息反馈给胚的模式示意图

　　twn 突变体可产生两个胚，有时甚至三个胚，形成高百分比的双胚苗（twin seedling），twn2 突变体除了正常的合子胚外，还可形成能耐受脱水的次生胚。这是因为在该突变体中，在两细胞的原胚发育阶段的顶细胞发育受阻，代之而起的便是胚柄的增殖以及次生胚（secondary embryo）的形成。这反映胚柄具有类似胚特性的潜能。当这一潜能得到表达时，原先合子第一次分裂所形成的细胞分别向原胚和胚柄的发育命运遭到破坏，在胚发育正常进行时可给胚柄一种信号，使之维持其胚柄属性的发育（Vernon and Meinke，1994）。twn 突变体是通过 T-DAN 插入 valyl-tRNA 合成酶基因（valRS）基因 5′的非翻译区而获得，从而引起该基因的功能缺陷，导致合子顶细胞不能合成足量的信号因子从而抑制胚柄基细胞的增殖潜能（Zhang and Somerville，1997）。

　　（2）与早期胚胎发育有关的突变体及相关基因：Lukowitz 等（2004）在筛选影响拟南芥早期胚胎发育的突变体时，鉴定了一个 yda 突变体，其表型特点是植株异常矮化，并带小的莲座叶，可开不育的花，yda 突变对合子的生长和分裂的影响如图 2-8 所示。图位克隆所得的 YDA 基因（YOAD 的缩写，有 9 个等位基因）编码 MAPKK 激酶蛋白。在该基因的失能突变体中，合子的伸长生长受到抑制，其基细胞谱系的细胞最终将接受胚发育的命运，而不成为胚柄。该基因的获能突变，使胚发育受到不同程度地抑制，其中不能观察到原胚形成的发育阶段，而胚柄细胞特别长（图 2-8）。由此可知，MAP 激酶（YDA）信号传导级联在促进额外胚发育的命运上起着分子开关的作用（Lukowitz et al.，2004）。换而言之，在合子第一次不对称细胞分裂后，基细胞的发育命运是由 YDA 所特化的。已发现在 YDA 途径上，激酶 SHORT SUSPENSOR（类似 Pell 激酶）作为上游的激活因子启动对受精作用的信号传导（Bayer et al.，2009）；目前对 YDA 基因的作用机制尚不明了。

　　另外一些研究表明，WOX 同源框转录因子家族成员（WUSCHEL-related homeobox，WOX），如 WOX2、WOX8 和 WOX9 是合子胚所分裂的顶细胞和基细胞正常发育所要求的基因（WUSCHEL 基因功能见第 3 章 3.1.2 的第 1 节）。因为在突变体 wox2 中，自两细胞的原胚阶段的顶细胞谱系的细胞分裂就会出现各种缺陷，而突变体 wox8 或双突变体 wox8 wox9 的胚发育停止，其胚与胚柄谱系细胞分裂异常（Breuninger

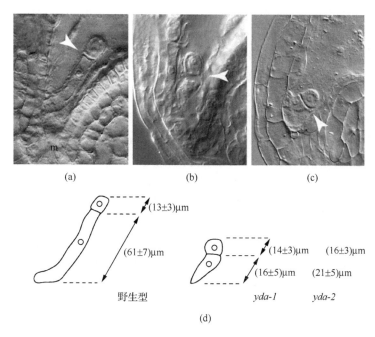

图 2-8　*yda* 突变对合子的生长和分裂的影响(Lukowitz et al. ,2004)

(a) 野生型合子的生长和分裂;(b)、(c) *yda1-2* 变体体合子的生长和分裂[(b),(c)]及其图示(d)。m:珠孔;箭头所示是合子第一次分裂后两个子细胞的分界面

et al. ,2008)。

　　WOX2 和 *WOX8* 在合子中开始时可同时表达,但到了一个细胞胚的发育阶段,即合子分裂成顶细胞和基细胞时的发育阶段,它们便在顶细胞、基细胞中分开表达。这一事实说明,*WOX* 基因家族的 mRNA 或蛋白质可能是分配给顶细胞、基细胞中的不同发育命运的决定因子(Wu et al. ,2007)(见第 1 章 1.2.9 节),但也可能在开始时这一决定因子同等地分给两个子代细胞,但在不久的分化中,一个细胞失去了这一因子。这些推测都有待于进一步的研究验证。

　　许多抑制早期胚胎发育的突变可能通过影响基本的看家功能(basic housekeeping function)基因起的作用,它们在胚胎发生的早期发育阶段中起关键的作用。而这些基因功能的突变是直接与细胞的生长和形态发生相关。生物素的合成 *bio1* 突变体就是一个例子(Patton et al. ,1998)。

　　拟南芥的 *bio1* 突变体的胚胎发生止于早心形胚阶段,属于生物素缺陷(biotin auxotroph)突变体,其种子或胚在基本的培养基中不能生长,但加上生物素及其前体脱硫生物素(dethiobiotin)则可使其生长恢复。其原因是这一突变体在生物素生物合成途径中不能将 7-酮基-8-氨基壬酸(7-keto-8-amino pelargonic acid)转变为 7,8-二氨基壬酸(7,8-diamino pelargonic acid)。7,8-二氨基壬酸是脱硫生物素中间体,该化合物的缺少将导致生物素合成缺陷。*bio2* 突变是在生物素转化的最后一步发生缺陷,因此只需补充生物素即可使突变体恢复生长。为何生物素的缺失可对胚发育的特定阶段产生抑制的机理尚不清楚(Patton et al. ,1998)。

在玉米中也分离了许多此类胚缺陷型的突变体,通过花粉诱变而来的玉米粒缺陷突变体 *dek*(*kernel defective*)、胚胎致死突变体(*defective embryonic lethal*)以及通过转座子标签法而获得的 51 个胚特异性突变体 *emb*(*embryo-specific mutation*)(Clark and Sheridan,1991),它们都是单基因隐性致死突变,其中 21 个突变体的胚发育受阻,表型不正常;分别有 9 个、8 个和 10 个突变体的胚发育止于发育阶段 1、2 和 3(Clark and Sheridan,1991)。突变体 *emp*(*empty pericap*)在形成盾片和胚芽鞘后就停止了生长,并不能通过改变培养基的营养成分而被挽救(Scalon et al.,1997)。应该说,在胚发育上最有意义的突变体,是使胚的生长受阻于胚胎发生的各个阶段,如原胚、胚芽鞘启动和叶原基阶段上的突变体,但这些重要的突变有待进一步的鉴定。

(3) 与拟南芥胚子叶发育有关的突变体及相关基因:突变体 *lec*(*leafy cotyledon*)的表型特点是子叶转变为叶状体,在子叶的近轴面上形成刺状物及气孔,子叶的薄壁细胞形成叶肉细胞的类似物。*lec* 突变体也丧失了成熟胚的耐脱水能力,含有了叶绿素,不能累积贮藏蛋白,不能进入休眠状态。目前对 *LEC* 基因完整的功能尚缺乏了解,但它是完成正常子叶发育和激发胚发育后期程序所必需的基因,*LEC1* 的突变是多效的,它激发胚形态发生及细胞分化所需基因的转录,转化 *LEC1* 基因的拟南芥植株,可较容易诱导其体细胞胚的发生(Lotan et al.,1998)。

突变体 *cuc*(*cup-shaped cotyledon*)的表型特征是子叶连在一起(Adia et al.,1997)。目前已证实 *CUC1-3* 是 NAC 蛋白家族的编码基因,是子叶分开和苗端分生组织形成所要求的基因(Vroemen et al.,2003)。

此外,*fus3*(*fuscab3*)是一类在胚发育时累积过量花青素的幼苗致死突变体。目前已证实,拟南芥 *LEC1*、*FUS3*(*FUSCAB3*)和 *AB13*(*ABA-INSENSITIVE3*)基因主要在胚成熟上起调节作用。这三个基因均特异性促进胚成熟的过程、抑制萌发。它们相互作用调节着胚成熟的各个过程,包括叶绿素的累积、脱水耐力、对 ABA 的敏感性及贮藏蛋白的表达。*FUS3* 和 *LEC1* 还调节着 *AB11* 蛋白的丰度(Kurup et al.,2000)。

2. 图式形成突变体及相关基因

与形态发生的调控与胚致缺陷突变不同,图式形成突变体(pattern mutant)并不干扰胚胎发生的进程,但从它所产生的幼苗中可见带有胚的部分缺失的表型。如前所述,动、植物体都是由单细胞合子发育而成的,合子细胞分裂受严格的调控,从而产生出彼此及其子代细胞各不同的细胞群体,实现胚的发育布局(body plan),这些细胞按三维方向特化的过程称为图式形成。果蝇的胚胎发生过程已体现了这种图式形成的理论(见第 1 章 1.2.3 节)。

拟南芥胚胎图式形成有关的突变主要是由 Jügens 及其同事所筛选和鉴定的(Jügens et al.,1991)。他们认为拟南芥胚的发育呈现顶-基和径向轴的图式形成(Mayer et al.,1991),胚胎发生时,可沿着长轴形成三个区间,即包含子叶、茎尖和胚轴上部分的顶区(apical domain)、包含胚轴的主要部分的中央区(central domain)和包含根的初生结构的基区(basal domain)(图 2-1)。

1）顶-基轴性的图式形成及其相关的突变体

成熟的胚从顶部到基部可分为苗端分生组织、子叶、胚轴、胚根和根端分生组织 5 个部分（图 2-1）。在胚胎发生的原胚细胞阶段，就可划分为顶区、中央区和基区。胚细胞的这种特化过程称为顶-基轴性图式形成（apical-basal pattern formation）。苗端分生组织、子叶和上胚轴来源于顶区，而下胚轴则主要源于中央区，基区则是根端分生组织和根冠的出处（图 2-4）。在 4 细胞的原胚阶段，经过横向分裂，产生 4 个上层细胞（upper tier，ut）和 4 个下层细胞（lower tier，lt）[图 2-4（b）]。上层结构将产生顶端区，该区将形成苗端分生组织和子叶的大部分；下层则产生中央区，它将产生子叶的两端、胚轴，根和根分生组织的近端起始细胞（proximal initial cell），即近端干细胞（proximal intial）（见第 4 章图 4-5）。根分生组织的其他部分、静止中心和中央根冠（crc）的干细胞群则源于胚根原细胞（hypophysis，hy）。胚根原细胞是来自合子胚基细胞最上层的子代细胞（图 2-4）。许多与之相关的突变体也已发现并被鉴定（图 2-9），同时也引起了更多深入的研究（Willemsen and Scheres，2004）。

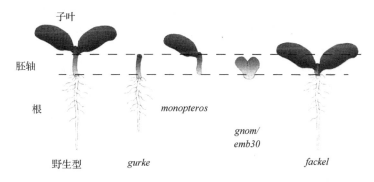

图 2-9　有关胚胎发生图式形成代表性突变体的表型（Howell，1998）

（1）与顶区有关的突变体：如前文所述，占据顶-基轴性部位的胚器官是苗端分生组织、子叶和一部分胚轴。因此，与顶区有关突变体的表型与这些胚器官的缺失或不完整密切相关（图 2-9）。gk(gurke)突变体幼苗的苗端和子叶全缺失，只剩下胚轴和根系。因此，顶区发育需要 GK 基因活化（Torres-Ruiz et al.，1996）。尽管子叶发育对 GK 表达水平显得更加敏感，但 GK 基因座的严重缺失将会失去顶端结构，导致 gk 突变体幼苗顶端只形成一团绿色而无结构分化的细胞团。这一突变最早可出现于心形胚阶段，到了胚发育后期阶段这一形态的突变将变得更为明显，在大部分极典型的 gk 表型上，子叶全无。由于子叶突出的双肩部分来自中间区域，GK 基因被认为不仅是为顶区器官发生所必需，而且也涉及中区的器官发生。GK 编码乙酰辅酶 A 羧化酶（acetyl-CoA carboxylase），该酶催化丙二酸单酰辅酶 A（malonyl-CoA）的合成，由此可以推断由丙二酸单酰辅酶所衍生的代谢物可能参与胚顶区的分区发育控制（Kajiwara et al.，2004）。

gn(gnom)/emb30 突变体的表型特点是只产生子叶，无顶端分生组织，其胚不能形成顶-基极性，合子的首次分裂不是进行不均等分裂，所形成的细胞大小近似相等，因此它是一个合子突变体，GN/EMB30 基因表达也是在合子组织中而不在母体组织中。GN/EMB30 基因所编码的蛋白质与酵母中 Gea2p 基因所编码的蛋白质非常相似，Gea2p 在酵母中的功能是在蛋白质分泌途径上作为鸟嘌呤核苷酸交换因子,参与了高尔基体的小泡运输。一般认为 *GN/EMB30* 在植物中的功能也与其分泌有关。已证实 *GN* 在胚胎发生和胚胎发生后器官发生过程中的生长素极性运输中起作用(Geldner et al.,2004)。

mp(*monopteros*)突变体幼苗缺少根和下胚轴,子叶维管体系也消失。野生型合子顶细胞的分裂是垂周分裂与纵向分裂,而在 *mp* 突变体中则是横向分裂。如上所述,野生型胚在八分体阶段顶细胞就产生出两层细胞:4 个上层细胞(ut),它们将形成上胚轴和子叶;另外 4 个下层细胞(lt)则形成胚根、下胚轴和根[图 2-4(b)]。位于胚柄最顶处的细胞发育成的胚根原与下层细胞一起发育成根分生组织的基本部分。但在原胚阶段 *mp* 胚的下层细胞依然保持等径细胞形态,不伸长,胚细胞只表现出上层细胞的特性,它的胚柄细胞的最顶层细胞不发育成胚根原细胞,而形成扁平细胞堆积在一起。因此 *mp* 胚根的缺失可能是原胚本身的下层细胞不正常发育所引起的直接结果。此外,在胚发育晚期阶段,*mp* 胚中的原形成层细胞出现异常伸长,引起下胚轴和根发育不正常。

另一个突变体 *bdl*(*bodenlos*)与 *mp* 的表型相似,不能形成初生根的分生组织因而缺少胚根,但它胚胎发生后的根可以发育,因此,幼苗可以发育成不育性的成年植株。细胞学的观察发现,在两细胞胚发育阶段 *bdl* 胚的细胞分裂是正常的,但其顶细胞的子代细胞分裂就不像野生型那样进行横向分裂,而是进行纵向分裂;随后由基细胞的子代细胞所衍生的最上层细胞(即胚根原细胞)失去不对称细胞分裂的方式,这种不对称细胞分裂方式是形成根静止中心以及根冠的前提。

MP 和 *BDL* 的突变都影响胚根原细胞的形成。*MP* 基因所编码的产物是一个转录因子,即生长素反应因子 ARF5(auxin response factor 5)。*MP* 基因突变后,*ARF5* 基因功能也随之消失。因此,*mp* 的表型是 *ARF5* 基因的失能突变(loss-of-function mutation)所致。*BDL* 基因编码 IAA12(生长素反应蛋白之一)。*bdl* 突变体是由于 *IAA12* 基因的保守降解域(conserved degradation domain)的得能突变(gain-of-function mutation)所致。

研究表明,在生长素信号转导途径及生长素调节基因表达的机制上至少有两类转录因子基因涉及其中,即生长素反应因子基因(*auxin response factor*,*ARF*)和生长素反应基因(*Aux/IAA* 基因,*IAA12* 是该基因家族的成员之一)。受生长素控制的基因,如生长素反应基因 *BDL/IAA12* 在它们的启动子区有一个生长素反应元件(auxin response element,AuxRE)。生长素反应因子蛋白(如上述的 MP/ARF5)能够与生长素反应元件 AuxRE 结合,而生长素反应蛋白(Aux/IAA protein)能够抑制这种结合(Guilfoyle and Hagen,2007)。BDL 蛋白可能是通过这种机制干预 MP 的功能。酵母双杂交分析也发现 *BDL* 和 *MP* 可以相互作用,这两个基因在胚胎发生的早期阶段可以共表达(coexpressed)。这些结果表明,在根分生组织启动的作用上 BDL 对 MP 蛋白的形成具有抑制作用(Hamann et al.,2002)。在胚胎发育后期,*MP* 基因是维管束持续形成所要求的基因(Hardtke and Berleth,1998)。

(2) 与中央区域有关的突变体:*fk*(*fackelc*)突变体,其特征是胚轴缩短或缺失(缺少中间区),幼苗就像直接与根相连,这一缺陷在球形胚的中间阶段表现得很明显。如前文所述,由八分体胚的下层细胞进一步形成胚的下层上部(ult)细胞和下层下部(llt)细胞[图 2-4(d)]由这些细胞分别形成部分子叶、下胚轴和根及根分生组织远端的干细胞群

（见第 4 章图 4-5）。*fk* 突变体是由于八分体胚的中央区下层下部细胞的功能缺失所至。因此不能产生下胚轴。

遗传分析表明，*fk* 突变体苗端分生组织中这种机体发育布局的缺失可能与植物类固醇的合成有关。植物类固醇与决定植物细胞命运发育的位置信号息息相关。*FK* 基因编码植物类固醇 C-14 还原酶，该基因的突变影响类固醇的组成成分，并导致细胞伸长、细胞分裂、苗端分生组织的编程和成年器官形状的缺陷。但添加油菜素甾醇（brassinosteroid）物质不能挽救 *fk* 突变体的表型，*FK* 基因的具体作用机制有待于进一步阐明（Clouse，2000）。

2）径向图式形成

径向图式形成（the radial pattern formation）是指胚胎发生过程中各细胞按径向的轴性特化各自的属性。在拟南芥胚胎发生过程中，第一个径向图式形成出现在八分体胚以后的表皮原分化阶段的胚，此时，胚表层细胞分化成与内层细胞有明显区分的表皮原细胞。前述的 *ATML1* 基因（见 2.2 节）只在表皮原中表达，因而可成为表皮原的分子标记（Steinmann et al.，1999）。

第二个与径向图式形成有关的分化是维管束与基本分生组织的分化，胚胎发生进入表皮原分化阶段，内层细胞随之严格地沿顶-基轴性的方向进行分裂，从而建立了中柱内外细胞层。第一代原形成层细胞是由八分体胚下层（lt）的中心部位细胞通过垂周分裂而形成的，与这一过程有关的突变体包括 *mp*、*bdl* 和 *axr6*。它们都是与生长素信号传导的接受有关的突变体。研究表明，生长素可促进维管束定向分化。生长素极性运输的信号传导在内层细胞顶-基轴性的建立和径向轴性的图式形成中都起重要作用。对此已提出一个作用模式的设想：在球形胚中存在着生长素浓度梯度的分布，并调节着胚发育的径向对称（radial symmetry）转向双侧对称（bilateral symmetry），最终引起苗端分生组织的形成（Fischer and Neuhaus，1996）。现已证实，在胚胎发生时和胚胎发生后的器官发生过程中，GN 蛋白调节液泡的移动（vesicle trafficking），而它们的流向将协调生长素输出载体（auxin efflux carrier）的极性分布，最终决定生长素的流动方向（Geldner et al.，2004）。此外，在胚胎发生的鱼雷形阶段前后，基本分生组织层的内层细胞经过不对称平周分裂产生了内皮层和皮层薄壁细胞。这一细胞分化也属径向图式形成的发育。在根的组织分化发育过程，已分离鉴定了两个与这种不对称平周分裂相关的基因：*SHORT ROOT*（*SHR*）和 *SCARECROW*（*SCR*）。它们都是编码 GRAS 家族的转录因子。*SCR* 基因对根皮层分化时细胞分裂方向的转换起着重要的作用，而 *SHR* 对内皮层的细胞分裂和分化起作用（见第 4 章图 4-6、图 4-7）。

2.3　胚乳的发育

谷物的贮藏成分累积于胚乳中。胚乳贮藏成分占人类食物来源的 $60\%\sim70\%$。因此，对胚乳发育进行研究具有重要的意义。胚乳是双受精的产物之一，裸子植物的胚乳是从雌配子体延续下来的单倍体；而被子植物的胚乳是由胚囊中央细胞的两个极核和一个精子融合的三倍体。这里主要介绍三倍体胚乳。谷物和一些具有胚乳的豆科植物的成熟胚乳细胞是死细胞。有些双子叶植物的种子(如莴苣和番茄)可保留胚乳,但可能只有数层细胞作为次要贮藏组织,而有些双子叶植物种子的胚乳是主要的贮藏组织。例如,蓖麻种子的胚乳是由活细胞组成的组织,占种子的较大部分,贮藏着油类、蛋白质以及产生动员这些贮藏物质的酶类。有少数被子植物,如兰科、河蒥草科和菱科的种子几乎不形成胚乳,在兰科中,三核融合后,只进行少数几次分裂即停止发育。玉米和小麦种子的胚乳由三种细胞类型组成:位于胚乳基部的转运层(basic transfer layer)细胞、胚乳的淀粉细胞和糊粉层(aleurone layer)。基部转运层细胞的作用是从母体中吸收营养供种子发育;胚乳的淀粉细胞累积贮藏成分;糊粉层在种子萌发时分泌如淀粉酶等水解酶,降解贮藏成分(图 2-10)。

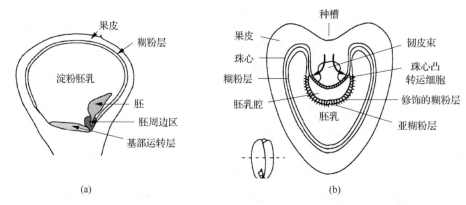

图 2-10　玉米种子的纵切面(a)和小麦种子横切面(b)(Thompson et al.,2001)

谷物胚乳包含糊粉层、淀粉胚乳、基部转运层(basic transfer layer)和胚周边区(embryo surrounding region,ESR)

根据被子植物胚乳初期发育的形态可以将胚乳发育分为核型(nuclear type)、细胞型(cellular type)及沼生目型(helobial type)。胚乳的发育始于双受精后形成三倍体的初生胚乳核,初生胚乳核经多次分裂形成多个胚乳游离核。有些植物[如凤仙花(*Impatiens balsamina*)和番茄等]在初生胚乳核和胚乳游离核分裂后紧跟着形成壁,按这种方式发育的胚乳称为细胞型胚乳,这种胚乳在发育中不存在游离核阶段;有些植物(如玉米、小麦、水稻等)初生胚乳核和胚乳游离核分裂时不伴随着壁的形成,而是形成胚乳多核体(endosperm coenocyte),到胚乳发育后期才进行细胞化,这种胚乳发育类型称为核型胚乳。沼生目型的胚乳发育是介于核型和细胞型胚乳之间的发育类型,也称双型胚乳发育类型。核型胚乳是最常见的胚乳发育类型,它在发育过程可分为游离核期(syncytial)、细胞化期、分化期和成熟期 4 个阶段(Young and Gallie,2000)。

2.3.1　核型胚乳的发育

谷物和拟南芥的核型胚乳发育分别代表着胚乳的前-后轴发育模式[anterior-posterior(AP)pattern](图 2-11)和辐射对称模式(radial symmetry)。AP 发育模式的胚乳主要发生在大多数被子植物种类,如拟南芥[图 2-11、图 2-12(e)、(f)]。拟南芥双受精后,胚囊中中央细胞的两个极核与一个精子融合形成三倍体,胚乳的发育即此开始,以珠孔为前端轴,以胚珠的合点端为后端轴进行分化[图 2-11 和图 2-12(e)~(h)]。因此,从前极(anterior,A)到后极(posterior,P)可出现三个区域性的有丝分裂并形成相应的胚乳区,即在珠孔区(黄色区)所形成的胚乳称珠孔胚乳(micropylar endosperm,MCE);在周边区(橙色区)所形成的胚乳称周边胚乳(peripheral endosperm,PEN);在合点区(粉红色区)所形成的胚乳称合点胚乳(chalazal endosperm,CZE)(图 2-11)。拟南芥胚乳第 8 次分裂周期后便经历游离核期到细胞分化期,开始周边胚乳的细胞化(图 2-11)。从细胞生物学的角度可将其分为 12 个阶段(I～XII),1～VIII 阶段是游离核期,其中 1～V 阶段是单纯核分裂的游离核期(syncytial),而 VI～VIII 阶段是带区域性有丝分裂的游离核期。同时,在 V～IX 阶段,随着种子的生长,拟南芥胚乳多核体的三个区域分布显得越来越明显,受精后胚囊扩张,由于中央液泡增大使胚乳多核体及其周围的细胞质占据着胚囊的周边区域。当发育到球形胚阶段,珠孔胚乳所在的细胞质,成为分散着多核体的薄薄一层细胞质并将发育中的胚包围[图 2-12(h)]。

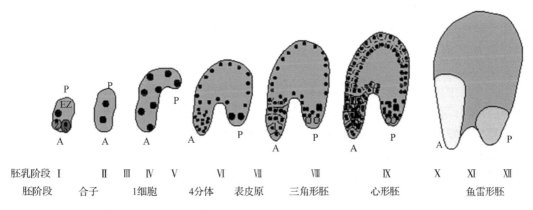

| 胚乳阶段 | I | II | III | IV | V | VI | VII | VIII | | IX | | X | XI | XII |
| 胚阶段 | | 合子 | | 1细胞 | | 4分体 | 表皮原 | 三角形胚 | | 心形胚 | | | 鱼雷形胚 | |

图 2-11　拟南芥胚乳与胚发育主要阶段的划分(Berger,2003 修改)(另见彩图)
雄配子通过助细胞进入胚囊实现双受精,形成一个受精卵[即合子(Z,蓝色部分)]和一个胚乳合子(endosperm zygote,EZ)。胚乳的发育可分为两个主要时期:游离核期和细胞期。图中 12 个阶段是根据连续的准同步有丝分裂划分的。从 A 极到 P 极可分为三个有丝分裂区,即珠孔胚乳区(黄色区)、周边胚乳区(橙色区)和合点胚乳区(粉红色区)。紧接 8 个有丝分裂周期后是周边区核型胚乳的细胞化

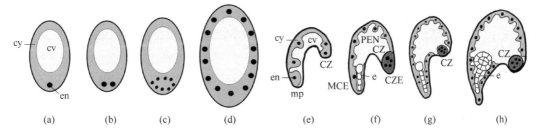

图 2-12　谷物[(a)～(d)]和拟南芥[(e)～(h)]胚乳多核体(endosperm coenocyte)形成模式(Olsen,2004)
(a) 一个大液泡(cv)周围是一层薄的细胞质(cy),三倍体胚乳核(en)位于中央细胞细胞质的基部;(b) 中央细胞核的分裂,不形成间区成膜体(interzonal phragmoplast),因此,在子代核间不形成细胞壁;(c) 经过三次核分裂后 8 个胚乳多核体位于基部;(d) 最后,分裂的细胞核分散在周边的细胞质中形成完整胚乳多核核体;(e) 拟南芥的胚乳多核体形成模式,多核体的核从珠孔端(micropolar region,mp)向合点区(CZ)迁移使核分散在多核体周边区;(f)、(g) 随着胚(e)发育的进程,胚乳多核体发育出三个不同的胚乳区域,即围绕胚周围的珠孔胚乳[珠孔胚乳(MCE)]、中央或周边区胚乳(PEN)和合点胚乳(CZE),合点胚乳区含有合点包囊(CZ);(h) 在球形胚结束阶段,胚被细胞质包围

　　谷物胚乳的发育常呈现辐射对称的发育模式。如图2-12所示,玉米胚乳核开始三次分裂的分裂面是可预期的,所形成的8个核都处于多核体基部细胞质的一个分裂面上[图2-12(c)],每个核的分裂及其所产生的子代核的移动和分裂均发生在这一位置上,于是形成一组核群,分散成扇形状,占据这一多核体表面的相应区域,当持续的核分裂达到256~512个核时,多核体的发育即结束。成熟的玉米胚乳也可以区分为三个区域:胚周边区胚乳、淀粉胚乳和基部胚乳转运层(basal endosperm transfer layer,BETL)(图2-10)。胚周边区胚乳是位于比较靠近胚的胚乳,相当于前-后轴发育模式中的前轴位置胚乳;淀粉胚乳是位于中央位置的胚乳;基部胚乳转运层相当于前-后轴发育模式中的后轴位置胚乳[图2-10(a)]。

　　大麦中央细胞三倍体胚乳核的早期分裂显示了核型胚乳发育的特点。初生胚乳核的第一次分裂和以后的多次分裂,都不伴随细胞壁的形成,许多游离核在中央细胞中靠边缘排列成为胚乳多核体(endosperm coenocyte),也称为合胞体(syncytium)。水稻胚乳核的细胞分裂可按有丝分裂与无丝分裂方式进行。在游离核的发育初期,核的分裂方式以有丝分裂为主,且分裂较同步,其后随着核数量的增加,分裂的同步性降低,无丝分裂所占的比例提高(Olsen,2004)。

　　在水稻中还观察到,有些处于有丝分裂末期的2个子核不经过间期,随即进行无丝分裂,这种核分裂1次能产生4个子核。由游离核分裂产生的子核都能继续成倍分裂。随着游离核和细胞质的增多,以及胚囊内中央大液泡的形成与扩大,游离核连同细胞质被挤向胚囊的周缘,形成一层胚乳核层,并构成胚乳囊(即由胚乳游离核层或初生胚乳细胞层组成的内有中央大液泡的囊状结构),最初胚乳囊外侧仅被一层质膜包裹,看不到细胞壁的存在(刘满希等,2007;王忠等,1995)。

　　有关在胚乳多核体形成的同时不形成相应细胞壁的分子机制尚不清楚。通过共聚焦显微镜对大麦胚乳多核体发育较详细的研究表明,大麦胚囊中央细胞三倍体胚乳核的首次分裂时,在分裂的两个子代核之间不形成细胞板,进行连续的有丝分裂而又不形成细胞壁便产生了胚乳的多核体,这个过程与体细胞的有丝分裂不同。体细胞分裂时子细胞核之间形成区间成膜体(interzonal phragmoplast),它由极性相反的两个环形排列的微管所组成,负责高尔基体(内含有葡聚糖高分子)的运输并使之沉积参与形成细胞壁。研究表明,形成细胞壁所需细胞骨架的生成是由Cdc2类的激酶和有丝分裂周期蛋白所调控的(Sorensen et al.,2002)。

2.3.2　胚乳多核体的细胞化

　　无论按什么类型发育的胚乳都涉及从胚乳游离核到胚乳细胞化的转变过程。胚乳多核体细胞化时,首先在胚囊周边形成一层胚乳细胞,该层细胞与胚囊壁垂直的细胞壁先形成,所以称为初始垂周壁,随后形成初始平周壁,其中涉及的主要问题是如何形成初始垂周细胞壁和平周细胞壁。已有研究表明,小麦的胚乳细胞壁不是经过细胞分裂产生的,而是先由膜分隔细胞质,然后在膜上沉积壁物质,形成胚乳细胞;初始垂周壁来源于正常的胞质分裂产生的细胞板,当游离核胚乳细胞化开始后,游离核进行有丝分裂产生成膜体,形成细胞板,细胞板向两端延伸,其一端与胚囊壁接触并结合形成初始垂周壁。关于初始平周壁的发生,有两种不同看法:一种看法认为,当初始垂周壁形成后,游离核即进行平周分裂,与分生细胞类似,形成成膜体与细胞板,细胞板的发育即形成初始平周壁,与垂周壁融合,因而产生一层开放细胞层;另一种看法认为,平周壁除来源于细胞板外,还来源于垂周壁游离末端的自由生长,以适当的角度发生分枝,与相邻的另一个垂周壁的游离末端分枝相互融合,形成平周壁(刘满希等,2007)。胚乳细胞化起始于由核质微管系统引起胞质成膜体的形成。胞质成膜体和一般细胞分裂时的区间成膜体在形成机理上既有共同性又有特殊性。其共同点在于,二者均起于高尔基体小泡的融合,而且小泡融合过程均受某些共同基因的调节。

1. 谷类胚乳多核体的细胞化

谷类胚乳多核体细胞化的开始是在所有核表面形成辐射状微管体系(radial microtubule system,RMS)[图 2-13(a)]。这些在核四周辐射状微管排列所具有的细胞质部分称为核质区域(nuclear cytoplasmic domain,NCD)。随即,这些微管可在相邻的核周围相互交织形成间区(interzone),使细胞壁的主要成分胼胝质在其中沉积[图 2-13(f)中箭头所示]。这种相互交织的微管排列称为细胞质成膜体(cytoplasmic phragmoplast),它们从中协调细胞板沉积的开始。对细胞化过程的观察表明,细胞质成膜体源于核质区域的交界处,其中还包含一种称为微成膜体的亚结构[mini-phragmoplast,图 2-13(i)]通常,6 个细胞质的细胞板或多核体类型的细胞板可以形成一个六角形管状小泡(alveolus)(Olsen,2004)。由细胞质成膜体引导的胚乳细胞壁物质时开始是以管状结构的小泡方式围绕于每个核的周围(这种细胞或称蜂巢管状细胞)。这种核的管状小泡,朝向中央液泡的一端是开口的(这里的中央细胞是指雌配子的中央细胞)[图 2-13(b)、(h)]。随之,包裹着核的辐射状微管体系经过重组,在朝向中央液泡延伸时将核锚定在中央细胞壁上[图 2-13(k)]。此时,连接相邻核间区之间的成膜体微管呈现罩蓬-扇状的结构[图 2-13(h),箭头所示],它的作用是使管状小泡向中央液泡方向延伸。当第一轮管状小泡化结束时,各个管状小泡中的核进行平周分裂,使新细胞板的取向与中央细胞壁平行。这些平周细胞壁将管状小泡分隔到周边的细胞中,新的管状小泡的开口也是朝向中央细胞[图 2-13(l)和(m)]。在大麦授粉 6～8 天后或玉米、麦、水稻授粉 4 天后,这一细胞壁沉积过程可重复 4 次或 5 次即可完成胚乳的细胞化过程[图 2-13(e)～(o)]。

2. 拟南芥胚乳多核体的细胞化

与谷类胚乳核细胞化过程相似,拟南芥多核体也通过形成辐射状微管体系和管状小泡化开始细胞化[图 2-14(a)～(c)]。细胞化首先在珠孔胚乳区中进行,然后逐步以不同的速率在中央或周边胚乳区(PEN)和合点胚乳区中进行。拟南芥 PEN 的细胞化与谷类植物相似,即在所有核表面先形成辐射状微管体系(rms)[图 2-13(a)、图 2-14(a)],随之在核质区域(NCD)的间区产生细胞质成膜体,从而控制管状小泡细胞壁的形成。管状小泡始于多核体有丝分裂,细胞质进入管状小泡的一端包含不定多膜体(adventitous phragmoplast),它伸向管状小泡的内部。间区成膜体的形成伴随着管状小泡核同步化的平周分裂及其壁物质的沉积,由此将周边区胚乳和中央区胚乳管状小泡划分成一个周边

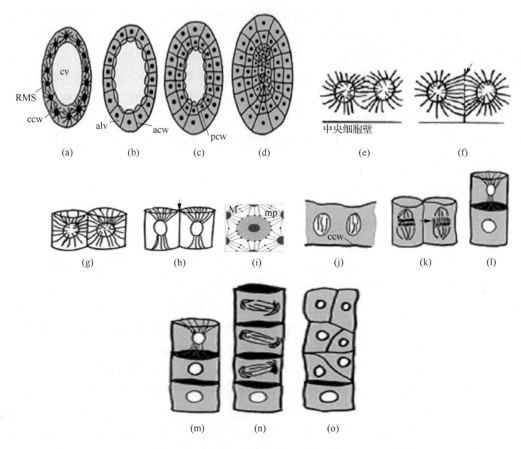

图 2-13　谷类多核胚乳的细胞化过程(Olsen,2004,修改)

(a)～(d)谷类多核胚乳细胞化过程图示。(a)在谷类多核胚乳的核膜上形成辐射状微管体系(RMS);ccw:中央细胞壁;cv:中央液泡。(b)从辐射状微管体系中产生的垂周分裂的细胞壁(acw)以及每个核周围的管状小泡(alv),它们的开口全朝向着中央液泡。(c)管状小泡中核的平周分裂产生的壁(平周壁,pcw)将新的管状小泡分隔开来。(d)在最内层的管状小泡中反复进行平周分裂直至胚乳被完全细胞化。

(e)～(i)管状小泡化(alveolation)过程(通过细胞质成膜体的形成启动细胞壁的生成)的示意图。(e)在两个胚乳核间形成辐射状微管体系;(f)在两个对应的辐射状微管体系中形成间区(箭头所示),并从中协调细胞板的沉积;(g)通过成膜体的产生在两个胚乳极核周围形成管状小泡;(h)通过组成罩蓬-扇状(canopy-fan)的微管,催生了不定成膜体(adventitous phragmoplast,箭头所示),使管状小泡延伸并与中央液泡相通,并使胚乳核锚定在中央细胞壁上;(i)组成细胞质成膜体的亚结构,即微成膜体(mini-phragmoplast)。

(j)～(o)胚乳细胞化过程的图示。(j)在管状小泡中的胚乳核被微管网络包围,显示已进入了有丝分裂,底部划线代表先前的中央细胞壁(ccw);(k)、(l)首次在姐妹胚乳细胞核间出现功能性的区间成膜体[图(k)右侧箭头所示],所形成的平周细胞壁将管状小泡分给了外周细胞[(k)],形成了新的管状小泡层,组成罩蓬-扇状微管[(l)];(m)随后这一管状小泡化过程反复进行,导致从周边形成细胞列生长的延伸并与先前的中央液泡的中部相融通[(d)],(d)中所示的是第三次管状小泡化的重复过程(小泡开口总是朝着中央液泡);(n)完成胚乳细胞化过程后,淀粉胚乳细胞的前体细胞(除了外周的最早的糊粉层细胞外)在任意随机分裂;(o)多次细胞分裂后不久,在淀粉胚乳中的这一细胞列模式即消失

细胞和一中央细胞管状小泡[图 2-14(a)]。通过辐射状微管体系的形成和管状小泡化周期的重复进行而完成拟南芥胚乳的细胞化。除合点胚乳特化成合点包囊外,多核体胚乳

都成为细胞性的胚乳[图 2-14(b)]。珠孔胚乳的细胞化也经过辐射状微管体系和细胞质成膜体的形成阶段,但由于中央细胞的存在对这一区域的空间有了一定的限制,因此这一区域不形成上述那种典型的管状小泡[图 2-14(a)]。

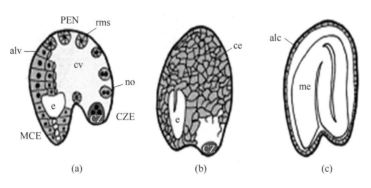

图 2-14 拟南芥多胚乳细胞化(Olsen,2004)

(a) 在拟南芥胚处于球形胚阶段时珠孔胚乳(MCE)的细胞化状态,在周边胚乳(PEN)中形成了一个管状小泡化(alveolation)过程的梯度阶段,即先从局部出现辐射状微管体系(rms),并形成胚乳节(endosperm nodules,no),同时在合点胚乳(CZE)中形成合点包囊(chalazalcyst,CZ);(b) 完全细胞化的胚乳(ce);(c)种子成熟时胚乳被消耗掉,只在成熟胚(me)中的周边残留一层类似糊粉层(alc)的组织

2.3.3 胚乳的分化

已细胞化的胚乳要行使其功能,就必须分化成各种组织,胚乳分化(differentiation of endosperm)是与细胞化过程同步进行的,但这两过程是如何进行整合的却了解甚少。

1. 谷类胚乳的分化

谷物的胚乳常呈现固定的同心圆层的模式。最外层是富含蛋白质的糊粉层,依次是次生糊粉层和位于中央的淀粉胚乳。在谷类胚乳细胞发育初期,从胚囊边缘向中心开始形成细胞壁,边缘细胞分化成糊粉层细胞,内层细胞则分化成淀粉胚乳细胞(starchy endosperm),与珠心组织相连部位的胚乳细胞分化成转运细胞并组成了转运层组织(transfer layer),在胚附近的胚乳细胞特化成为胚周区(embryo surrounding region,ESR)胚乳细胞。因此,完全发育成熟的谷类胚乳主要由 4 类组织的细胞组成,即胚周区胚乳细胞、转运细胞、淀粉胚乳细胞和糊粉层细胞(图 2-15)。在胚早期发育阶段,胚乳细胞上述的分化命运是由位置信号转导作用所决定。

(1)胚周区胚乳细胞的分化:对此在玉米胚乳中研究较多。胚周区胚乳细胞位于紧靠胚周围的区域。当种子发育时,胚周区胚乳作为胚与胚乳之间的物理屏障,也成为它们之间信号交流的区域,可能与胚的营养作用有关,但其确切的功能尚不清楚。玉米胚周区胚乳细胞的特点是富含细胞质,并在授粉 5 天和 20 天后特异性表达 *Esr1*、*Esr2*、*Esr3*、*ZmAE1*(*Zea mays androgenic embryo1*)和 *ZmAE3* 基因,这些基因的表达是否与胚周区的信号有关需要进一步的研究(Bonello et al.,2000)。

(2)转运细胞的分化:转运细胞是从位于胚与母体维管组织相通的基部胚乳(basal

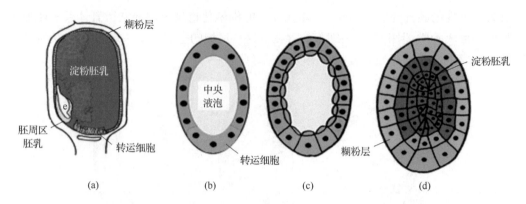

图 2-15　玉米胚乳细胞分化及其发育(Olsen,2004)(另见彩图)

(a) 玉米胚乳细胞类型(纵切面):可见糊粉层、位于种子中央的淀粉胚乳(红色)、转运细胞、胚周区胚乳细胞和胚(e);(b) 多核体阶段胚乳;(c) 囊泡阶段的胚乳;(d)完成细胞化的胚乳

endosperm)中发育出来的。通过共质体(母体)和外质体(胚乳)之间的质膜促进氨基酸、蔗糖和单聚糖等主要养料的运输。在胚乳细胞分化时,来源于转运区多核体的 2 个或 3 个细胞就被赋予发育成为转运细胞命运。玉米突变体 *miniature1*,粒小,在转运细胞中缺少正常水平的类型 2 细胞壁转化酶(type2 cell wall invertase),这种转化酶水解蔗糖成为葡萄糖和果糖并在果皮与胚乳外质体之间起建立蔗糖梯度的作用。在玉米中已发现这种转化酶的几类转录物,包括 *Betl1*(*basal endosperm transfer cell layer1*)、*Betl2*、*Betl3*、*Betl4*、*Bap1*(*basal layer-type antifugngal protein1*)、*Bap2* 和 *Bap3*(Serna et al.,2001)都偏好于在转运细胞中表达。这些蛋白质许多都与抗微生物蛋白相似,它们在抵抗入侵的病原物中起作用。同时,那些在转运细胞早期发育中表达的基因,可作为转运细胞特化作用的分子标记。例如,存在于大麦胚乳多核体中的基部转运细胞层中的 *Eend1*(*Endosperm1*)基因是引起胚乳细胞分化成转运细胞的基因;与之有类似表达模式的基因还有玉米的 *ZmMRP-1*(*Zea mays MYB-related protein-1*),但该基因的表达要先于其他 *Betl* 特异性基因(基部转运细胞层特异性基因);基因瞬时表达分析表明,*ZmMRP-1* 能激活 *Betl* 的转录。由于玉米突变体 *dek1*(*defective kernel 1*)的胚乳不形成糊粉层,但却具有正常的转运细胞,这说明它的分化机制与糊粉层细胞不同。根据对玉米突变体 *globby1-1* 的表型研究表明,转运细胞的特化是不可逆转的,它的分化是在多核体发育时就存在的,它是以细胞谱系的方式遗传的(Costa et al.,2003)。只有发现缺少转运细胞的突变体才能比较明确地了解转运细胞的分化机制。

　　(3) 淀粉胚乳细胞的分化:这一类胚乳占了谷物胚乳的大部分,累积着淀粉和醇溶谷蛋白。淀粉胚乳细胞可有两个来源,最主要的来源是在胚乳细胞化结束后细胞列中的内层细胞[图 2-15(d)红色部分],其次是来源于平周分裂的糊粉层内层的子代细胞[图 2-15(d)蓝色细胞]。

　　在完成胚乳细胞化后,随即是胚乳内层细胞分裂的重新开始,这与在管状小泡中第一次平周分裂相似,但其可能不出现预前期带(preprophase band,PPB);这种胚乳内层细胞的分裂是非常严格的平周分裂,其细胞的取向是随机的,因此,细胞列模式的消失也快

［图 2-13(o)］,其中有些平周分裂后的细胞即分化成淀粉胚乳细胞。在平周分裂的糊粉层内层的子代细胞中,有一层紧接糊粉层的称为亚糊粉层来源的细胞也可重新分化成为淀粉胚乳细胞。玉米 cr4(crinkly4)和 dek1 都是缺少糊粉层的突变体,其原来发育糊粉层的部位发育成淀粉胚乳。CRINKLY4 编码丝氨酸/苏氨酸蛋白激酶,它参与从次生糊粉层分化出糊粉层的调控。玉米突变体 dek,除灌浆少、淀粉胚乳不足的缺陷外,其他表型都正常。玉米突变体 dscl(discoloredl)是种粒难以发育的隐性突变,在授粉 12 天后,野生型种子已完成了胚乳的固化,但该突变体却未能检测到胚乳的固化,最终的结果是导致胚乳体积减小。emp2(empty pericarp2)是胚致死的一种 dek 突变体。

从玉米中已克隆了 DSC1 和 EMP2 基因。玉米可在受精后 5~7 天的种粒中检测到 DSC1 的 mRNA,但在这些被克隆的基因中尚未发现其功能区。EMP2 编码的蛋白质与热击蛋白 1(HSBP1)非常相似,玉米种粒和胚的早期败育与这一热击蛋白作用相关。该基因的突变可使 HSBP1 的水平上调(Fu et al.,2006)。

(4) 糊粉层细胞的分化:玉米和小麦只有一层糊粉层细胞;水稻有 1 到数层糊粉层细胞;大麦胚乳有 3 层糊粉层细胞,这些细胞是高度多倍体细胞。在这些种子中,只有糊粉层细胞是活的组织。当玉米种子萌发时,糊粉层是合成动员贮藏成分有关酶和花青素的场所。利用玉米糊粉层具有花青素这一特点,可在种子中区分该组织,也可以鉴定无糊粉层突变体(如无胚乳的突变体 dek1)。成熟的玉米粒通过约 17 次垂周分裂可产生约 25 000 个糊粉层细胞。在玉米粒完全成熟时,细胞特化的编程赋予这些糊粉层细胞具有耐脱水能力的活细胞。大麦在受精后的第 8 天就可以在形态上辨认出糊粉层。大麦糊粉层细胞最早特化的时间可出现在管状小泡核的首次平周分裂后,其外层子代细胞就具有分化成糊粉层细胞的命运［图 2-15(d)］。胚乳细胞化过程结束后,在这些糊粉层的干细胞(上述的外层的子代细胞)中出现了完整的细胞骨架列阵(cytoskeletal array),包括环状的皮层列阵(hoop-like cortical arrays)和预前期带(PPB)。糊粉层细胞垂周分裂使它的表面扩大,这时平周分裂又使其内层细胞数目增加。玉米受精 20 天后,其糊粉层有丝分裂以垂周分裂为主,因为预前期带在有丝分裂中控制着体细胞板的形成,因此,预前期带的出现可作为糊粉层细胞分化所显示的第一个结构。对三个玉米突变体的研究发现糊粉层细胞分裂板的形成存在着一个遗传调控机制。例如,突变体 xcl1 (extra cell layer1),由于它平周分裂的失常,使它的胚乳比野生型的胚乳多了一层糊粉层;而突变体 dal1 和 dal2(disorganized alerone layer 1 and 2)的细胞分裂失去了原来对细胞板确定严格的控制,结果形成结构异常的糊粉层(Lid et al.,2004)。玉米突变体 cr4 的胚乳在隔离区(discrete area)缺少糊粉层,而突变体 sal1 (supernumerary aleurone layers1)有过多的糊粉层细胞(7 层细胞是糊粉层),突变体 dek1 则完全缺少糊粉层。因此,CR4、Dek1 和 Sal1 是影响糊粉层细胞分化及维持其发育命运的基因。它们所编码的蛋白质与动物细胞之间信号传导的蛋白质相似。CR4 所编码的蛋白质是一个受体激酶类分子,它与哺乳动物的肿瘤坏死因子(tumor necrosis factor,TNF)相似,它们的相似性只限于胞间区域中的 3 个富含半胱氨酸区,该区与肿瘤坏死因子结合时形成配位体的"结合口袋"(biding pocket)。TNF 是细胞表面受体大家族成员的原型,在淋巴细胞的发育及其功能发挥上起重要的作用。Dek1 所编码的蛋白质含 2159 个氨基酸并在其 N 端具有一个膜靶信号,紧接的是 21 个跨膜区,其间插入了一个胞外环区。*Sal1* 所编码的蛋白质含 204 个氨基酸,*Sal1* 基因与人类带电荷的小泡体蛋白 1/染色质调节蛋白 1(charged vesicular body protein 1/chromatin modulating protein1)基因同源。它们都是保守的 E 类液泡分选蛋白基因家族成员。这说明 *Sal1* 基因功能涉及膜小泡的运输。玉米糊粉层是养分输入胚乳细胞的中间通道,具有特殊的功能结构,对提高玉米粒重及其产量有重要的意义(Lid et al.,2004)。

尽管在分离鉴定胚乳分化相关的基因方面有了较大的进展,但是对胚乳信号传导内在机制以及对这些基因功能的整合及其相互作用的了解还很少。

2. 拟南芥胚乳细胞的分化

如前文所述,在拟南芥胚乳细胞化的过程中,除了合点胚乳中形成合点包囊外[图 2-14(b)中的 cz],胚乳多核体基本上完成了细胞化发育。与谷物持久性的胚乳相比,拟南芥细胞化的胚乳在胚生长时被逐渐消耗,而胚萌发时的营养则依靠子叶提供。在拟南芥成熟种子尚未从果荚中脱出前,胚占据着胚珠的空间,同时在胚四周包着一层有时也称为胚乳的组织[图 2-14(c)]。这些胚乳组织细胞的细胞壁薄,几乎不含贮藏物质,但对于它们的功能还缺乏了解。在合点区的细胞壁上成行地排列着结节状的多核胚乳,而合点区的顶部则由一个大的由多核及其细胞质所组成的多核包囊(coenocytic cyst)所占据,这一组织也称为合点增殖组织,它被认为具有与谷物胚乳中转运细胞类似的作用(Brown et al.,1999)。

2.3.4 胚乳程序细胞死亡

种子萌发时胚乳的生命即将结束。研究表明,玉米和小麦种子的胚乳发育时存在程序死亡,即胚乳程序细胞死亡[endosperm PCD (programmed cell death)]。植物的程序死亡有别于组织严重受伤所造成的坏死,它是植物细胞在发育过程中或在某些环境因素作用下发生的受基因调控的主动死亡方式。这一过程伴随着细胞质和细胞核浓缩、染色质边缘化、DNA 片段化、内切核酸酶活性升高,甚至有凋亡小体的形成等变化,其中形成带有 3′—OH 末端的 140~200bp 的寡聚核小体片段是 PCD 的主要特征,它们在含溴化乙锭的琼脂糖凝胶上呈特异性的梯状条带。

如前文所述,谷物的胚乳由淀粉胚乳组织和糊粉层组织组成,当种子成熟时淀粉质胚乳成为死亡的组织,而糊粉层组织却仍是活组织。糊粉层组织在种子萌发时负责合成和分泌代谢胚乳中贮藏成分的水解酶类。在授粉的 12~16 天后,玉米胚乳的中央和上部分淀粉质胚乳的程序死亡即开始发生,到种子发育的后期,程序死亡使淀粉质胚乳几乎全部消失,而小麦淀粉质胚乳的程序死亡却是随机发生的。胚乳中的程序死亡与乙烯信号传导有关。例如,在玉米的胚乳中,第一次乙烯形成与中央淀粉质胚乳的程序死亡出现一致,而第二次乙烯形成与核酸酶活性显著升高以及 DNA 核内小体片段(internucleosomal fragmentation)形成一致。此外,利用乙烯生物合成抑制剂可以延缓胚乳中的程序死亡,突变体 *shrunken2* 胚乳出现大量的过早细胞死亡与其高水平的乙烯产生有关。

研究表明,脱落酸(ABA)不但对种子发育后期贮藏成分的累积及种子脱水耐性起着重要的作用,同时也对调控胚乳细胞程序死亡起作用。在玉米 ABA-不敏感突变体 *vp1*

和 ABA 缺陷突变体 $vp9$ 中,ABA 生物合成及其信号接受被阻断时,这些突变体胚乳的程序死亡加速。用 ABA 生物合成抑制剂(fluridone)处理玉米野生型胚乳,将出现如 ABA 缺陷突变体 $vp9$ 中程序死亡加速的现象,同时,乙烯生成也增加。因此,ABA 和乙烯生物合成的平衡可以适时启动玉米胚乳的程序死亡(Young and Gallie,2000)。

2.4　体细胞胚胎发生

植物体细胞胚胎发生(以下简称为体胚发生)是指体细胞在特定条件下,未经性细胞融合而通过与合子胚胎发生类似的途径发育成新个体的形态发生过程。通过体胚发生形成再生植株被认为是植物界的普遍现象,也是植物细胞全能性(totipotency)表达最完全的一种方式。体胚发生不仅表明植物体细胞具有全套遗传信息,而且重现了合子胚形态发生的进程,因此被认为是研究高等植物胚胎发育过程中形态发生、生理生化及分子生物学变化的模式系统之一。

体胚发生首先是由 Reinert 和 Steward 等各自于 1958 年发现的。Reinert 是在固体培养基上从胡萝卜愈伤组织上获得体胚,而 Steward 则是从胡萝卜细胞悬浮培养体系中获得体胚。Haccius(1978)曾对体胚作了下述组织学上的定义。

第一,体胚最根本的特征是在发育的早期阶便分化出苗端和根端的两个极性,而不定芽或不定根都是单向极性。

第二,体胚的维管组织与外植体中的该组织无解剖结构上的联系,而不定芽或不定根往往与外植体或愈伤组织的维管组织相联系。

第三,体胚维管组织的分布是独立的"丫"字形,而不定芽的维管组织则无此现象。

由于成熟的体胚具有根端和苗端分生组织,因此可一次性再生完整植株。而器官发生途径再生植株则一般需要先诱导不定芽的形成,再诱导该芽生根,形成植株。悬浮细胞培养体系的体胚发生可以在生物反应器中进行,能够既快又多地获得体胚。成熟体胚可以进行脱水干化、贮藏,可将这种体胚用高分子聚合物(如海藻酸钠)、营养物及杀菌剂等构成人工种皮包裹,制成人工种子(McKersie and Brown,1996)。大部分体细胞并不具有胚性,需要在一定的诱导条件才能获得胚性潜能(embryogenic competence)。一般而言,体胚发生过程可分为两个阶段:胚性诱导阶段和胚性表达阶段。在胚性诱导阶段,分化的体细胞获得胚性潜能,成为胚性细胞后进一步发生增殖,以增加其数量。在胚性表达阶段,胚性细胞表现出胚性潜能,随后分化形成体细胞胚。两个阶段彼此相对独立,可受不同因素调控(Jimenez,2001)。

体胚发生途径的启动往往局限于某些特定的细胞,这些细胞的胚胎相关基因能够被激活表达(Nomura and Komamine,1985;Quiroz-Figueroa et al.,2002)。这些基因一旦被激活表达,一个全新的胚性相关基因表达模式就会替代外植体中原有的基因表达模式(Quiroz-Figueroa et al.,2002)。某些特定理化因子调控的胚胎发育途径的启动是细胞胚性诱导过程中的关键步骤。植物生长调节物质和胁迫作用通过信号传导通路,引发基因表达模式的重构,随后经过一系列的细胞分裂,诱导愈伤组织形成或极性生长,从而引发体胚发生(Dudits et al.,1995)。生长素被认为是诱导体胚发生最重要的激素,激活生长素反应而引发细胞内基因表达模式、代谢状态和生理学变化,诱导了胚性细胞的出现。

除生长素外,其他激素,如细胞分裂素、赤霉素、乙烯和脱落酸等在某些植物物种的体胚发生中的应用也有陆续报道(黄学林和李筱菊,1995;崔凯荣和戴若兰,2000;Jimenez,2005;Yang and Zhang,2010)。

2.4.1　体胚发生的方式

体胚发生的方式可分为直接发生和间接发生两类。直接发生是指体胚直接从原外植体不经愈伤组织阶段发育而成;间接发生是体胚从愈伤组织或悬浮培养细胞发育而成,有时也可从体胚的一组细胞中发育而成。例如,我们从贡蕉花序中诱导的体胚是间接发生的体胚发生过程,因此,如何诱导花序形成胚性愈伤组织是该体胚发生途径的关键步骤(图 2-16)。

图 2-16　以贡蕉(*Musa acuminata* cv. Mas,AA)未成熟花序
为外植体的体胚发生途径(魏岳荣等,2005)

(a) 用于愈伤组织诱导培养的外植体花序第 12 位花手,Bar=150mm;(b) 诱导培养 60 天后的胚性混合物,Bar=300mm;(c) 从 B 中选择的浅黄色愈伤组织继代培养得到的胚性愈伤组织,Bar=300mm;(d) 初期的胚性细胞悬浮培养体系,主要由单细胞、细胞团、原胚以及少量愈伤组织块组成;(e) 继代培养 3 个月的理想胚性细胞悬浮系,主要由单细胞及结构较松散的小细胞团组成;(f) 在体胚诱导培养基上培养 15 天后获得的体胚,Bar=1cm;(g) 球形胚和鱼雷形胚,Bar=4mm;(h) 培养 90 天后由许多成熟体胚松散聚集在一起的体胚聚集物,Bar=6mm;(i)、(j)分别在促根培养基上培养 10 天和 20 天的已萌发体胚;(k)、(l)萌发的体胚在 MS 基本培养基上再生的贡蕉小植株

　　直接体胚发生来源的细胞可以是外植体的表皮、亚表皮、幼胚、悬浮培养的细胞和原生质体。例如,我们从芒果幼胚子叶的表皮细胞所诱导的是原胚培养物(proembryogenic mass,PEM),而不是愈伤组织。因此,这一培养体系是直接体胚发生的培养体系(Xiao et al.,2004)(图 2-17)。

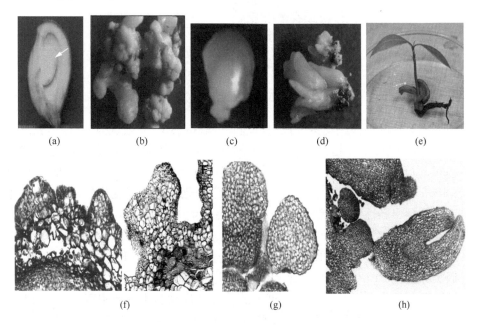

(a)　　　　(b)　　　　(c)　　　　(d)　　　　(e)

(f)　　　　　　　　(g)　　　　　　　(h)

图 2-17　芒果幼胚子叶的间接体胚发生过程及其组织学观察(Xiao et al.,2004)
(a) 用于子叶外植体取样的幼胚(箭头);(b) 子叶外植体背轴面在体胚诱导培养基(IM 1)上培养 2 周后所诱导的原胚培养物[其相应的组织学观察见(f)];(c) 原胚培养物所发育的球形胚;(d) 在成熟培养基上培养 3 周后形成的成熟体细胞胚;(e) 由成熟体胚形成的再生植株;(f~h) 体胚发生主要阶段的组织学观察:(f) 外植体在体胚诱导培养基上培养 2 周,子叶背轴面的一些表皮细胞分裂活跃,逐渐形成原胚培养物;(g) 所形成的早心形胚;(h) 在成熟培养上培养 3 周后,可同时观察到球形胚和子叶形胚。在这种培养条件下,只有子叶背轴面的表皮细胞被诱导成为原胚培养物(PEM)

　　撕下向日葵下胚轴的表皮及其 3~6 层薄壁细胞在液体 MSB 培养基上[含 1mg/L 生长素萘乙酸(NAA)和细胞分裂素(BA)]培养 5 天,转入 B590 液体培养基(不含激素,含 90g/L 的蔗糖)培养 1 周,便有许多体胚从表皮细胞产生。如果将它们转入 MS120 培养基(含 120g/L 蔗糖和 0.2mg/L BA),8 天后会产生次生胚(Pelissier et al.,1990)。有的植物既可按直接方式也可按间接方式进行体胚发生。例如,苜蓿(*Medicago Sativa* L.)、鸭茅(*Dactylis glomerata*)、葡萄(*Vitis vinifera*)和香雪兰(*Freesia refracta*)等。鸭茅体胚发生方式取决于外植体部位,外植体若取自叶基则先形成愈伤组织,然后再进行体胚发生,如用叶尖则体胚直接从外植体上产生(Conger et al.,1983)。香雪兰体胚发生方式是由培养基的植物生长调节剂所决定(Wang et al.,1990)。在大多数不用生长调节物进行体胚诱导的情况下,体胚可以从外植体表面直接形成,而不经过愈伤组织形成阶段。根据 Gaj (2004)对有关论文的统计,大部分的体胚发生(70%)都是以间接方式进行的(图 2-18)。

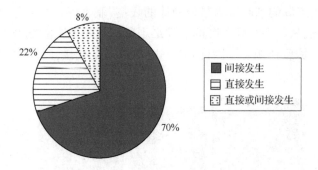

图 2-18　体胚发生方式统计(Gaj,2004)

　　目前人们对这两种体胚发生方式的机理尚未取得共识,一般认为,直接体胚发生方式发生是由原先存在于外植体中的胚性细胞,被称为预胚胎发生决定细胞(pre-embryogenically determined cell,PEDC)经培养后直接进入胚胎发生而形成体胚的方式(Yeung,1995);在间接体胚发生方式中,外植体已分化的细胞先脱分化,并对其发育命运重新决定而诱导出胚性细胞,被称为诱导的胚胎发生决定细胞(induced embryogenically determined cell,IEDC),由它们进行胚胎发生发育成体胚(图 2-19)。柑橘属的珠心组织(在体内或离体情况)是通过 PEDC 进行体胚发生的最好例子(Evans and Sharp,1981),因为它们实际上是 PEDC 细胞,因此其体胚发生是自然而然发生的,甚至不需要借助于外源生长调节剂的作用。有时在体胚再生的植株表皮细胞中含有 PEDC,这些细胞在适宜条件下直接进行体胚发生。在间接体胚发生过程中,起始培养基中生长素的浓度或生长素/细胞分裂素的浓度比,不仅对启动已分化细胞恢复有丝分裂活性很重要,而且对这些细胞成为胚胎发育状态的表观遗传的重新决定也很重要。此后这些细胞的胚胎发育命运还必须在诱导培养基中进一步诱导。

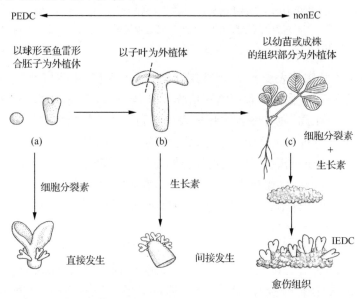

图 2-19　外植体的生理状态对体胚发生启动的影响(Yeung,1995)

一般外植体被诱导进行体胚发生的潜力是由其供体植株所处的发育状态决定的。通常体细胞的这种被诱导的状态介于 PEDC 与非胚性细胞（non-embryogenic cell, nonEC）状态之间，要使这些处于中间状态的胚发生感受态（embryogenic competence）的细胞，表达体胚发生的潜能，可通过适当的培养将它们变为 IEDC。如图 2-19 所示，如果以合子幼胚为外植体的发育状态与 PEDC 非常相似，此时，在培养基中只要使用细胞分裂素就可以诱导它们进行体胚发生[图 2-19(a)]，其体胚发生的方式通常是直接发生。如果以成熟合子胚的部分作为外植体，如子叶，只用细胞分裂素已不足诱导它们进行体胚发生，必须使用诱导细胞脱分化能力更强的生长素才能奏效。禾本科和其他单子叶植物的分生组织细胞的发育状态与此相似[图 2-19(b)]。从成年植株中得到的外植体细胞，它们已丧失的胚性潜能是可逆的，在适宜培养基中同时加入细胞分裂素和生长素可诱导它们脱分化形成愈伤组织，并通过再分化形成 IEDC，进而进行间接体胚发生[图 2-19(c)]（Yeung，1995）。

2.4.2　体胚发生的主要阶段及其调控因素

为了研究方便，根据体胚发生过程中的形态特征，参考合子胚胎发生阶段的划分，一般将体胚发生（间接体胚发生）过程分为 5 个阶段，即胚性培养物诱导、胚性培养物的继代与增殖、体胚的预成熟、成熟和植株再生（plant regeneration），其中将胚性培养物的启动或诱导至球形胚形成阶段称为体胚发生的早期阶段。由于诱导作用，体细胞转变成胚性细胞，随之增殖并通过组织分化进入类似合子胚胎发生的各个阶段，即原胚期（proembryonal stage）、球形、心形、鱼雷形及子叶形发育阶段（双子叶植物和裸子植物），或出现球形、盾片形及胚芽鞘形发育阶段（scutellar stage）（单子叶植物），然后是体胚成熟、萌发和成苗（conversion）阶段。为此，将所用的培养基分为胚性愈伤组织诱导培养基（M0）、体胚诱导培养基（M1）、体胚生长发育培养基（M2）和成苗培养基（M3）。M1 含较高生长素浓度；M2 不含或含较低浓度的生长素，此时愈伤组织的胚性感受态得到表达。球形胚和鱼雷形胚的发育可在 M1 中完成。M2 通常不含植物激素，但对 N 源（还原氮）、渗透调节剂有一定的要求。M3 不含任何激素，含低浓度的盐分，如 1/2 SH、1/2 MS 等。生理成熟的体胚可以在适宜的条件下萌发，转变成植株。

体胚发生除了在形态上可以区分为不同的阶段外，在生理、生化上可以区分出下列状态，即胚性感受态或胚发生感受态的获得状态、体胚发生的诱导状态（induction）、决定状态（determination）和出现体胚结构的分化状态（differentiation）（Yeung，1995）。

1. 胚性培养物的诱导

体胚发生是由统称为胚性培养物（embryogenic culture）的胚性愈伤组织或细胞发育而成。将合适的外植体置于含有生长调节物质的诱导培养基（主要含生长素和细胞分裂素）上培养一段时间，对胚性培养物的产生进行诱导时，诱导作用首先必须使外植体的体细胞停止目前所处的基因表达模式，而转换成胚性细胞的相关基因表达模式，这是一个基因表达程序重编调节的过程，这一过程也受 DNA 的甲基化等表观遗传控制（epigenetic regulation）（LoSchiavo et al.，1989）。在胚性培养物（如胚性愈伤组织）的诱导过程中首先引发一系列细胞进行分裂,诱导形成无组织特化结构的愈伤组织,进而引起极性生长及体胚发生,对此,植物激素,如生长素等起着非常重要的作用。胚性细胞的诱导只局限于那些对该诱导可发生响应的细胞,外植体中的体细胞对生长素有不同的敏感性,响应的细胞是对生长素处理非常敏感的细胞。调控细胞的不对称性分裂及其细胞伸长,对于形成胚性细胞是非常重要的。植物生长调节物质可通过改变响应的细胞周围的电场及 pH 梯度改变这种细胞分裂的极性。细胞伸长的调节与细胞壁中的多糖及其相应水解酶的活性有关。外植体体胚发生的能力也常被植物所处的发育阶段和外植体性质所影响。胚性培养物的启动或诱导对植物生长调节物质的依赖性很大程度取决于外植体供体的发育阶段。胚性培养物被诱导的频率可以因植物的种类及其所用的外植体而异。人工合成生长素类物质(如 2,4-D),在细胞中比其他类型生长素比较稳定,对胚性培养物的建立及保持具有独特的作用,因此,应用最多(图 2-20)。为了使体胚进一步生长,一般都将胚性培养物转移到含生长素浓度较低或不含生长素的培养基中。在这种情况下那些转向胚发育阶段所要求的基因会从被抑制的状态转变成表达状态,继而引发体胚的进一步发生。例如,2,4-D 是决定胡萝卜悬浮培养细胞胚性感受态表达的重要因子(图 2-21)。在培养阶段 0 中,处于状态 0 的细胞是决定成为胚性细胞团的细胞,但这一发育状态的实现是以生长素(2,4-D)存在为前提。在 5×10^{-8} mol/L 的 2,4-D 中培养 6 天,然后转入无激素的培养基中便可形成体胚。如不经过 2,4-D 预培养,处于状态 0 的细胞则丧失全能性,不能形成体胚。状态 0 细胞在转入无激素培养基后,则进入状态 Ⅰ 成为胚性细胞团,并开始进入体胚发育阶段 Ⅰ,继而进入状态 Ⅱ,并依次发育成球形胚(阶段 Ⅱ)、心形胚(阶段 Ⅲ)。由此可见,2,4-D 在不同的体胚发生阶段起着不同的生理作用。一个完整的体胚发生过程常可分为需要生长素阶段和为生长素所抑制阶段(图 2-21)。

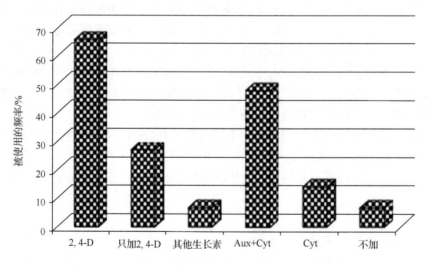

图 2-20　生长调节物质[生长素(Aux)、细胞分裂素(Cyt)]
在体胚诱导培养基中的使用频率(Gaj,2004)
根据已发表的 124 篇相关文章的数据统计结果

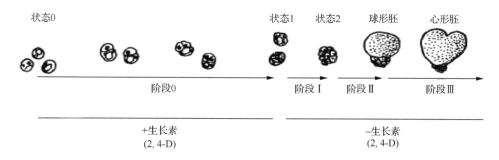

图 2-21　胡萝卜悬浮细胞体胚发育阶段及生长素的作用(Komamine and Kawahara,1992)

2. 胚性培养物的继代与增殖

将所诱导的胚性培养物在胚性培养物诱导固体或液体培养基(或相似的培养基)上继代培养(subculture),可使胚性培养物进一步增殖(proliferation)。胚性培养物一旦形成,它们便可以持续增殖形成原胚培养物(proembryogenic mass,PEM)。PEM 的增殖需要生长素,但生长素却抑制 PEM 发育成体胚(Filonova et al. ,2000)。在含生长素的培养介质中,胚性愈伤组织可以在与其诱导/启动时相似的培养基中继代或保持与增殖。培养物的分裂与分化越是同步发生,其增殖速率越大。为了解决培养物发育同步化的问题,在悬浮培养时,对发育成不同结构的细胞团及单细胞,采用过筛或离心方法将它们分开,进行继代培养,有利于提高体胚发生频率并提高体胚的质量。随着胚性培养物培养时间的增长,其体细胞变异(somaclonal variation)也增加。一般可将已建立的胚性细胞培养物超低温保存,然后根据需要,升温恢复,用于下一步目的的操作。

3. 体胚的预成熟

在体胚的预成熟(prematuration of somatic embryo)阶段,一般使用不带生长调节物质的培养基,因为这些物质抑制胚性培养物的增殖、体细胞的诱导及其早期发育。PEM 可转变成体胚,但 PEM 的增殖及其体胚的发育是两个完全不同的过程。许多 PEM 或胚性细胞悬浮系不能发育成高质量的体胚(植株再生频率高的体胚),这是由于它们朝体胚转变的过程受到干扰或抑制。因此要使这些培养物在体胚预成熟的培养条件下培养一段时间,使之达到一定的发育阶段,以便进入成熟发育。

4. 体胚的成熟

在体胚成熟(maturation of somatic embryo)的培养阶段,培养物发生了各种形态及生理生化变化。双子叶植物体胚中作为贮藏器官的子叶随着贮藏物质的增加而增大,从而使胚过早的萌发(precocious germination)被抑制,体胚也获得了耐脱水力。体胚所产生的贮藏物质与合子胚的类似,并且被输送进行亚细胞的分隔与贮存,只是其数量及积累时间与合子胚有所不同。贮藏物质的合成和胚胎后期富含物(late embryogenic abundant,LEA)都受 ABA 和水分胁迫的调节。有些植物的体胚成熟往往需要 $10\sim$ $50\mu mol/L$ ABA 的处理,这种处理对一些裸子植物(conifer)的体胚成熟尤为重要

（Filonova et al.，2000）。ABA 可以降低次生体胚的发生（secondary somatic embryogenesis），并且抑制其过早萌发。一般来说，ABA 处理时间以 1 个月最为合适，延长处理时间可增加成熟胚的数量，但处理过长对幼苗的生长有副作用。其他因子，如乙烯、渗透调节剂、pH 和光周期均影响体胚的成熟。

5. 再生植株的发育

只有那些形态正常、累积有足够贮藏物质并有耐脱水能力的成熟体胚，才可能发育成长为正常的幼苗。体胚常在无生长调节物质的培养基上发育成苗，但在有些情况下，加入生长素和细胞分裂素也可能促进其萌发。有时还必须在培养基中加入含氮化合物，如谷氨酰胺、酪蛋白水解物等。一般情况下，体胚发生的幼苗如种子发育的幼苗一样，在遗传上是稳定的，但有些植物的体胚容易产生体细胞变异。一般说来，使用 2,4-D 或愈伤组织培养时间的增长，均可能导致表观遗传变异。

2.4.3　胚性培养物（胚性愈伤组织、胚性细胞）

由外植体诱导的愈伤组织按其特征可区分为胚性愈伤组织和非胚性愈伤组织。例如，谷物（小米、燕麦、水稻和小麦）的胚性愈伤组织，表面虽有粒状突起，但呈现光滑白色状，其组成细胞较小。非胚性愈伤组织则呈现黄色或透明状，表面湿润而粗糙，呈现结晶状，其组成细胞大而长（Murray et al.，1983）。

挪威云杉（Picea abies）可从子叶或幼胚外植体中诱导出三种愈伤组织。第一种为亮绿色，由小而圆的细胞组成，可从以幼胚为外植体中诱导出来。第二种为绿色，但质地紧密，其表面覆盖着针状和芽状结构。第三种为白色，透明而松软，实践证明，它是胚性愈伤组织，在高倍镜下可发现有极性结构物（体胚）突出其表面。这种愈伤组织也常从以幼胚为外植体诱导中得到。当它在液体或固体培养基上培养时便产生大量体胚（Hakman and Arnold，1985）。

许多实验表明，将所得的愈伤组织进行巧妙地继代培养是获得胚性愈伤组织的必需步骤之一。例如，从棉花的外植体中可诱导出绿色、黄色、白色、棕色和红色的愈伤组织，仅黄色愈伤组织才是胚性愈伤组织。对于某种新研究材料，要确定所诱导的培养物是胚性还是非胚性愈伤组织，除观察其形态结构特征外，主要的是它能否进行体胚发生。因此利用愈伤组织阶段的生理生化差异在分子水平上去识别它，对找出有效的胚性愈伤组织或细胞的分子标记物是很有意义的。

胚性细胞一般特指那些已经由非胚性状态转变成为有能力进行体胚发生状态的一类细胞，可以不再依赖植物生长调节物质等外界因素的刺激。那些处于胚性转变期状态，但仍需外界因素刺激才能完成胚性转变的细胞，称之为胚性感受态细胞（embrogeneic competent cell）或胚性潜能细胞（Toonen et al.，1994）。胚性细胞一旦产生，就能通过继续增殖进而形成原胚细胞团。原胚细胞团的增殖需要生长素的存在，而生长素往往会抑制体胚的发育（Filonova et al.，2000）。

胚性细胞一般与分生细胞相似，但实际的情况比较复杂。通过对胡萝卜、甘蔗和苜蓿等多种植物体胚发生体系的观察，小而圆、具较大的核与核仁高度染色、细胞质浓厚、液泡较小及代谢活性较高的一类细胞通常被认为是能够形成体细胞胚的胚性细胞(Namasivayam,2007;Yang and Zhang,2010)。目前对胚性细胞的真正起源还知之甚少。胡萝卜悬浮细胞培养物的单个细胞发育命运的影像实时追踪研究结果表明,根据悬浮培养细胞的形态可见有卵形液泡化细胞、伸长形液泡化细胞、球形液泡化细胞、球形富含胞质细胞和不规则细胞,然而这 5 种类型的细胞均能发育成体胚,只是体胚发生的频率不同(Toonen et al. ,1994)。体胚发生频率的不同是否是基因型或细胞类型的差异造成的,目前尚难以下结论(Namasivayam,2007)。在另外一项研究中,利用 *SERK*(*SOMATIC EMVRYOGENESIS RECEPTOR KINASE*)基因作为胚性潜能的分子标记跟踪胡萝卜培养物中体胚发育的结果发现,外植体表面的一种伸长形细胞能够获得胚性潜能,然而在运用同一方法对鸭茅(*Dactylis glomerata* L.)体胚发生体系进行研究时,能获得胚性潜能并发育形成体胚的细胞是叶片外植体中富含细胞质的球形细胞(Somleva et al. ,2000)。挪威云杉是研究裸子植物体胚发生体系的模式植物,在其胚性细胞悬浮系中有两种细胞类型,即高度液泡化的细胞和胞质浓厚的球形细胞,但这两种细胞都不能单独发育形成体胚(Filonova et al. ,2000)。根据以上研究结果,我们可以发现,具有胚性潜能的细胞会呈现不同的形态特征,因此很难通过细胞学和形态学的方法识别这类细胞。

2.4.4　体胚发生的条件调节因素

已发现有些培养过胚性培养物的培养基可促进体胚发生。预培养过高密度胚性悬浮培养物的培养基也可以促进以低密度培养的培养物的体胚发生。这些研究结果说明,有可溶性的信号分子存在于用过的培养基中,并发挥了促进体胚发生的作用,这些调节因子称为体胚发生的条件调节因素(conditioning factor regulating somatic embryogensis),已被分离和证实属于这类促进物的有如下几类(von Arnold et al. ,2002)。

1. 胞外蛋白

从胡萝卜胚性培养物中已分离了一种称为糖基化的酸性内切几丁质酶(glycosylated acidic endoenitinase),它可以促进已被阻抑于球形胚阶段的温度敏感型突变体 *ts11*(*temperature-sensitive 11*)的体胚进一步发育(*ts11* 体胚在非允许温度下只能发育到球形胚阶段)。从甜菜中也分离到这类内切几丁质酶,它可以促进挪威云杉(*Piecea abies*)体胚的早期发育(von Arnold et al. ,2002)。这类蛋白质称为胞外蛋白(extracellular protein)。

2. 阿拉伯半乳聚糖蛋白

阿拉伯半乳聚糖蛋白(arabinogalactan protein,AGP)是一组异质性的结构复杂的大分子,它包括一个多肽、一个带大侧链的聚糖链和一种脂分子,可以通过它所含的高比例的碳水化合物与蛋白质的比值(通常超过 90% 的碳水化合物的含量)加以鉴别,这种在培养基中发现的 APG 存在于细胞壁、细胞质和细胞膜中。干扰 APG 的结构,常常影响体胚发生的能力。例如,Yariv 试剂是一种人工合成的酚基糖苷(phenyl-glycoside),可专一性地结合培养基中的 APG。已证明 Yariv 试剂可抑制胡萝卜和菊苣(*Cichorium* hybrid

474)的体胚发生。采用抗体过滤法去掉培养液中的 AGP,体胚发生也被抑制。从挪威云杉(*Piecea abies*)种子中分离的 AGP 也可以促进低体胚发生能力细胞系的体胚发生能力。ZUM15 和 ZUM 18 是胡萝卜中 AGP 的抗体,AGP 与 ZUM15 反应可抑制体胚发生;而与 ZUM18 反应,则可大大提高胚性细胞的百分比并促进体胚形成;同时这种反应也促进仙客来(*Cyclamen persicum*)的体胚发生频率。从番茄中分离的 AGP 可以促进胡萝卜的体胚发生。此外,在胡萝卜体胚发生中鉴定了与 AGP 表位(抗原)结合的抗体 JIM8,使用 JIM8 抗体在胡萝卜中胚性培养物中发现了两类细胞;一种是可以与 AGP 抗原起反应的,称为 JIM8 正性细胞(JIM8-positive cell);另一种是不含该抗原的细胞,称为负性细胞(JIM8-negative cell)。进一步研究发现,JIM8 正性细胞可发育成体胚,而 JIM8 负性细胞则不形成体胚,但是若在培养基中加入 JIM8 正性细胞,则 JIM8 负性细胞也可发育成体胚。因此认为,AGP 中的寡聚糖可能在胚性培养物中起着信号传导的功能。在某些 AGP 中存在着糖基化的磷酯酰肌醇脂的结合点,这说明 AGP 可能是信号分子的前体(von Arnold et al.,2002)。

3. 脂类几丁质寡聚糖

脂类几丁质寡聚糖(lipochintooligosaccharide,LCO)是一类信号分子,可促进植物细胞的分裂。LCO 也是由根瘤菌(*Rhizobium*)分泌的一种信号分子,作为一个结瘤因子(rhizobial nod factor),诱导根皮层细胞分裂而形成根瘤。由各种根瘤菌所产生的结瘤因子都含有 1,4-连接的 *N*-乙酰基-D 型糖胺聚糖基的残基(*N*-aceyl-D-glucosamine residue),其长度为 3~5 个糖单位,并总是在还原末端上带有 *N*-酰基链,这一结构特点与其固氮功能有关。这个结瘤因子可促进胡萝卜体胚发生至晚球形阶段,也可以促进挪威云杉的小细胞团发育成大的原胚细胞团。结瘤因子可以替代生长素和细胞分裂素促进胚性细胞的分裂。此外,一些类似结瘤因子的内源 LCO 化合物(nod factor-like edogenous LCO compound)已在挪威云杉胚性培养物的培养基中发现。其部分提纯物分别可刺激挪威云杉的原胚细胞团和体胚形成。这些物质对建立胡萝卜和挪威云杉的胚性体系特别有效。根瘤菌的结瘤因子都可替代几丁质酶(chitinase)而对体胚的早期发育起作用。内源 LCO 的结构与根瘤菌结瘤因子的结构类似,它们是 AGP 通过几丁质酶作用降解而来的,并作为一个信号分子促进体胚的发育(von Arnold et al.,2002)。

2.4.5 体胚发生的分子调控机制

随着植物分子生物学研究技术的发展,人们对植物体胚发生的遗传及其分子生物学从不同的侧面作了许多新的探索,已从胡萝卜、拟南芥和烟草等植物中克隆到了一批与体胚发生相关的基因:有的基因经过基因转化可以启动易位体胚发生(ectopic somatic embryogenesis),如 *LEC2*(*LEAFYCOTYLEDON2*);有的基因参与调节营养组织向胚性组织的转换,如 *WUS*(*WUSCHEL*)、*PGA6*(*Plant Growth Activator 6*)和 *LEC1*;有的基因可促进不对称细胞分裂形成顶端的基本分生组织,如 *SHR*(*SHORT ROOT*);有的基因可调节顶端分生组织的干细胞(stem cell)的发育命运,如 *CLV*(*CLAVATA*)和 *WUS*;有的基因调节顶端分生组织的发育,如 *CLV1*、*CLV3* 和 *STM*(见第 3 章 3.1.3 节);有的基因调节胚的成熟,如 *LEC1*、*FUS3*(*FUSCA3*)和 *ABI3*(*ABSCISIC ACID-INSENSITIVE 3*)(Phillips,2004)。其中体胚受体激酶基因 *SERK*(*SOMATIC EMBRYOGENESIS RECEPTOR KINASE*)特别值得一提。因为至今发现的绝大部分基因是在体细胞胚发生后才起作用,或有提高体细胞胚发生率,或维持体胚发生的作用,只有体胚受体激酶基因已被证明是在体细胞从营养生长向胚性生长的转化中起作用,其至少在拟南芥与胡萝卜体胚发生过程中对体细胞向胚性细胞的转变中发挥作用。已报道的 SERK 均属于含 LRR 的类受体蛋白激酶(LRR-RLK),其基本结构由一个胞外配体结合域(extracellular ligand-binding domain)、跨膜域(transmembrane domain)和胞内激酶域(cytosolic kinase domain)组成(Becraft,1998)。第一个 *SERK* 基因是从胡萝卜愈伤组织中能形成体胚的细胞中分离鉴定的,并认为该基因可作为体胚发生过程中具有胚性感受能力细胞的标记基因(Schmidt,1997)。此后,从拟南芥中也分离到 *AtSERK1* 基因,它是多基因家族一员,其他 4 个基因分别命名为 *AtSERK2*、*AtSERK3*、*AtSERK4* 和 *AtSERK5*。基因转化的研究表明,在 35S 启动子调控下,所转化的全长 *AtSERK1* cDNA 的不同表达不导致转基因植株表型的改变,但过量表达 *AtSERK1* mRNA 的植株,其体胚发生的启动能力会增加 3～4 倍。因此认为,*AtSERK1* 的表达水平可以作为体胚形成能力的标志(Hecht et al.,2001);然而,来自不同植物的研究结果表明,*SERK* 不仅仅局限于在胚胎发生中表达,在其他组织(如非胚性组织、成熟维管组织)以及在器官发生、器官形成中也有不同程度的表达。不同物种的 *SERK* 表达存在较大差异,如苜蓿(*Medicago truncatula* cv. Jemalong)中的 *SERK*(*MtSERK1*)在高频率和低频率体胚发生品系中表达无明显区别,在根发生时也表达 *MtSERK1*(Nolan et al.,2003)。对转化水稻 *SERK*(*OsSERK1*)启动子与 GUS 报告基因所构建的表达载体的研究表明,可在转基因植株的根、叶和种子内检测到 GUS,但在发育的体胚内检测不到,这说明 *OsSERK1* 可能也在非胚性组织的分化中起作用(Yukihiro et al.,2005)。

体细胞分化为胚性细胞受细胞内外多种因子的调控,除了在基因表达水平上的调节外,如上述的细胞生理状态、细胞壁降解物或分泌信号的存在、内源激素和不同信号流之间的相互作用都会在这一过程中发挥很重要的作用。无论是从外植体表面直接体胚发生体系还是先经过诱导胚性愈伤组织的间接体胚发生体系,都是在合适的信号和激素(如创伤、逆境、生长素、细胞分裂素、ABA)条件下,通过遗传与表观遗传(如 DNA 的甲基化、乙酰化、染色质凝缩与染色质重排等)机制导致体细胞的脱分化和再分化,最终实现体胚发生及其植株再生的。

总体而言,目前我们对体胚发生的认识主要还是集中在其发育的中、晚期,对于体胚发生早期阶段需要回答的最根本问题,如"单个体细胞如何变成一个完整植株"这一个涉及体细胞全能性的遗传及其分子机制的问题,我们还知之甚少;这一问题已被美国 *Science* 杂志列为目前顶级 25 个科学问题中的第 9 个问题(Vogel,2005)。

参 考 文 献

崔凯荣,戴若兰.2000.植物体细胞胚胎发生的分子生物学.北京:科学出版社.

黄学林,李筱菊.1995.高等植物组织离体培养的形态建成及其调控.北京:科学出版社.

刘满希,等.2007.被子植物核型胚乳的细胞化.植物生理学通讯,3:593-598.

王忠,等.1995.水稻胚乳发育及其养分输入的途径.作物学报,21:520-527.

魏岳荣,等.2005.贡蕉胚性细胞悬浮系的建立和植株再生.生物工程学报,21:57-65.

Abbe E C,Stein O L. 1954. The growth of the shoot apex in maize: embryogeny. Am J Bot,41:285-298.

Adia M,et al. 1997. Genes involved in organo separation in *Arabidopsis*: an analysis of the *cup-shipped cotyledon* mutant. Plant Cell,9:841-857.

Bayer M,et al. 2009. Paternal control of embryonic patterning in *Arabidopsis thaliana*. Science,323:1485-1488.

Becraft P W. 1998. Receptor kinases in plant development. Trends Plant Sci,3: 384-388.

Berger F. 2003. Endosperm:the crossroad of seed development. Curr Opin Plant Biol,6:45-50.

Berleth T, Chatfield S. 2002. Embryogenesis: pattern sormation srom a siglecell. *In*: Somerville C R. Meyerwitz E M. The Arabidopsis book 7. Rockville M D:American Society of Plant Biologists,1-88.

Bonello J F,et al. 2000. Esr genes show different levels of expression in the same region of maize endosperm. Gene,246: 219-227.

Breuninger H,et al. 2008. Differential expression of WOX genes mediates apical-basal axis formation in the *Arabidopsis* embryo. Dev Cell,14:867-876.

Brown R,et al. 1999. Development of endosperm in *Arabidopsis thaliana*. Sex Plant Reprod,12:32-42.

Capron A, et al. 2009. Embryogenesis:pattern Sormation Srom a siglecell. *In*:Somerville C R. Meyerwitz E M. The Arabidopiss book 7.Rockville M D: American Society of Plant Biologists: 1-28. doi: http://dx. doi. org// 10. 1199/tab. 0051.

Clark J K,Sheridan W F. 1991. Isolation and characterization of 51 embryo-specific mutations of maize. Plant Cell,3: 935-951.

Clouse S D. 2000. Plant development: aroletor sterols embryogensis. Curr Biol,10:R601-604.

Conger B V,et al. 1983. Direct embryogenesis from mesophyll cells of orchardgrass. Science,221: 850-851.

Costa L M,et al. 2003. The globby1-1 (glo1-1) mutation disrupts nuclear and cell division in the developing maize seed causing alterations in endosperm cell fate and tissue differentiation. Development,130:5009-5017.

Evans D A,Sharp W R. 1981. Growth and behavior of cell cultures:Embryogenesis and organogenesis. *In*:Trevor A T. Plant Tissue Cultures. New York: Academic Press:45-113.

Filonova L H,Bozhkov P V, von Arnold S. 2000. Developmental pathway of somatic embryogenesis in Picea abies as revealed by time-lapse tracking. J Exp Bot,51:249-264.

Fischer C,Neuhaus G. 1996. Influence of auxin on the establishment of bilateral symmethy in monocots. Plant J,9:659-669.

Fu S,et al. 2006. The maize heat shock factor-binding protein paralogs EMP2 and HSBP2 interact non-redundantly with specific heat shock factors. Planta,224: 42-52.

Gaj M D. 2004. Factors influencing somatic embryogenesis induction and plant regeneration with particular reference to *Arabidopsis thaliana*. Plant Growth Regulation,43: 27-47.

Geldner N,et al. 2004. Partial Loss of——function alleles reveal a role for GNOM in auxin transport-related, post-embryonic development of *Arabidopsis*. Development,131:389-400.

Gilbert S F. 1997. Developmental Biology. 5th ed. Sunderland,Massachusetts:Sinauer Associate Inc.

Guilfoyle T J,Hagen G. 2007. Auxin response factors. Curr Opin Plant Biol,10:453-460.

Haccius B. 1978. Question of unicellular origin on nonzygotic embryos in callus cultures. Phytomorph,28:74-81.

Hakman I,Arnold S. 1985. Plantlet regeneration through somatic embryogenesis in *Piece abis*. J Plant Physiol,121: 149-158.

Hamann T, et al. 2002. The *Arabidopsis* BODENLOS gene encodes an auxin response protein inhibiting MONOPTEROS-mediated embryo patterning. Genes Dev,16:1610-1615.

Hardtke C S,Berleth T. 1998. The *Arabidopsis* gene *MONOPTEROS* encopdesa transcription factor mediating embryo axis formation and vascular development. EMBO J,17:1405-1411.

Hecht V,Vielle-Calzada J P, Hartog M V. 2001. The *Arabidopsis* somatic embryogenesis receptor kinase 1 gene is expressed in developing ovules and embryos and enhances embryogenic competence in culture. Plant Physiol,127: 803-816.

Howell S H. 1998. Molecular Genetics of Plant Development. London:Cambridge University Press.

Jenik P D,Gillmor C S,Lukowitz W. 2007. Embryonic patterning in *Arabidopsis thaliana*. Annu Rev Cell Dev Biol,23: 207-236.

Jimenez V M. 2005. Involvement of plant hormones and plant growth regulators on *in vitro* somatic embryogenesis. Plant Growth Regul,47:91-110.

Jürgens G,et al. 1991. Genetic analysis of pattern formation in the *Arabidopsis* embryo. Development Supplement,1: 27-38.

Kajiwara T,et al. 2004. The *GURKE* gene encoding an acetyl-CoA carboxylase is required for partitioning the embryo apex into three subregions in *Arabidopsis*. Plant Cell Physiol,45:1122-1128.

Komamine A,Kawahara R. 1992. Mechanism o f somatic embryogenesis in plant cell culture. *In*: You C B,Chen Z L. *Agricultural* Biotechnology. Beijing:China Science and Technology Press:31-38.

Kurup S,Jones H D,Holdsworth M J. 2000. Interactions of the developmental regulator ABI3 with proteins identified from developing *Arabidopsis* seeds. Plant J,21:143-155.

Laux T,Jürgens G. 1997. Embryogenesis: a new star in life. Plant Cell,9: 989-1000.

Lid S E,et al. 2004. The maize *disorganized aleurone layer* 1 *and* 2 (*dil1,dil2*) mutants lack control of mitotic division plane in the aleurone layer of developing endosperm. Planta,218:370-378.

Long J A, Barton M K. 1998. The development of apical embryonic pattern in *Arabidopsis*. Development, 125: 3027-3035.

LoSchiavo F,et al. 1989. DNA methylation of embryogenic carrot cell cultures and its variation as caused by mutation, differentiation,hormones and hypomethylating drugs. Theor Appl Genet,77: 325-331.

Lotan T,et al. 1998. *Arabidopsis LEAFY COTYLEDON* 1 is sufficient to induced embryo development in vegetable cells. Cell,93:1195-1205.

Lukowitz W,et al. 2004. A MAPKKkinase gene regulates extra-embryonic cell fate in *Arabidopsis*. Cell,116:109-119.

Lu P, et al. 1996. Identitification of a meristem L1 layer-specific gene in *Arabidopsis* that is expressed during embryogenic pattern formation and defines a new class of homeobox genes. Plant Cell,8:2155-2168.

Mayer U,et al. 1991. Mutations affecting body organization in the Arabidopsis embryo. Nature,353:402-407.

McKersie B D, Brown D C W. 1996. Somatic embryogenesis and artificial seeds in forage legumes. Seed Science Research,6: 109-126.

Murray W N,et al. 1983. Long-duration,high-frequency plant regeneration from cereal tissue cultures. Planta,157:385-391.

Namasivayam P. 2007. Acquisition of embryogenic competence during somatic embryogenesis. Plant Cell Tissue Organ Cult,90:1-8.

Nardmann J,Werr W. 2009. Patterning of the Maize embryo and the perspective of evolutionary developmental biology. *In*:Bennetzen J L,Hake S C,Handbook of Maize: Its Biology. New York:Springer:105-119.

Nolan K E,Irwanto R R,Rose R J. 2003. Auxin up-regulates MtSERK1 expression in both Medicago truncatula root-forming and embryogenic cultures. Plant Physiol,133:218-230.

Nomura K,Komamine A. 1985. Indentification and isolation of single cells that produce somatic embryos at a high frequency in a carrot suspension culture. Plant Physiol,79:988-991.

Olsen OA. 2004. Nuclear endosperm development in cereals and *Arabidopsis thaliana*. Plant Cell,16: S214-S227.

Patton D A, et al. 1998. An embryo—defect2ve mutant of *Arabidopsis* disrupted in the final step of Biotin synthesis. Plant Physiol,116:935-946.

Pelissier B,et al. 1990. Production of isolated somatic embryos from sunflower thin cell layers. Plant Cell Rep,47-50.

Phillips G C. 2004. *In vitro* morphogenesis in plants-recent advances. In Vitro Cell Dev Biol Plant,40:342-345.

Quiroz-Figueron F R, et al. 2002. Histological studies on the developmental stages and differentiation of two different somatic embryogenesis systems of *coffea arabica*. Plant Cell Rep,20:1141-1149.

Scalon M J,et al. 1997. The maize gene empty pericarp-2 is required for progression beyond early embryogenesis. Plant J,12:901-909.

Scheres B,et al. 1994. Embryonic origin of the *Arabidopsis* primary root and root meristem initials. Development,120: 2475-2487.

Schmidt E D L. 1997. A leucine-rich repeat containing receptor-like kinase marks somatic plant cells competent to form embryos. Development,124:2049-2062.

Serna A,et al. 2001. Maize endosperm secretes a novel antifungal protein into adjacent maternal tissue. Plant J,25:687-698.

Somleva M N, Schmidt E D L, de Vries S. 2000. Embryogenic cells in *Dactylis glomerata* L. (Poaceae) explants identified by cell tracking and by SERK expression. Plant Cell Rep,19:718-726.

Sorensen M B,et al. 2002. Cellularisation in the endosperm of *Arabidopsis thaliana* is coupled to mitosis and shares multiple components with cytokinesis. Development,129:5567-5576.

Steinmann T,et al. 1999. Coordinated polar localization of auxin efflux carrier PIN1 by GNOM ARFGEF. Science,286: 316-318.

Thompson R D,et al. 2001. Development and functions of seed transfer cells. Plant Sci,160:775-783.

Toonen M A J, Hendriks T, Schmidt E D, et al. 1994. Description of somatic embryo forming single-cells in carrot suspension cultures employing video cell tracking. Planta,194:565-572.

Torres Z R,Lohner R A,Jürgens G. 1996. The *GURKE* gene is required for normal organization of the apical region in the Arbidopsis embryo. Plant J,10:1005-1016.

Twyman R M. 2001. Instant Notes in Development Biology. BIOS Scientific Publishers Limited(发育生物学. 北京:科学出版社,2002 年影印).

Vernon D M, Meinke D W. 1994. Embryogenic transformation of the suspensor in twin,apolyembryonic mutant of *Arabodopsis*. Dev Biol,165:566-573.

Vogel G. 2005. How does a single somatic cell become a whole plant? Science,309:86.

Von arnold S, et al. 2002. Developmental pathways of somatic embryogenesis. Plant Cell Tissue Organ Cult, 69: 233-249.

Vroemen C W, et al. 2003. The CUP-SHAPED COTYLEDON3 gene is required for boundary and shoot meristem formation in *Arabidospsis*. Plant Cell,15:156-177.

Wang L,et al. 1990. Somatic embryogenesis and Hs hormonal regulation in tissue cultures of *Freesia reracta*. Annals of Botany,65:271-276.

Willemsen V,Scheres B. 2004. Mechanisms of pattern formation in plant embryogenesis. Annu Rev Genet,38:587-614.

Wu X, Chory J, Weigel D. 2007. Combinations of WOX activities regulate. tissue proliferation, during *Arabidopsis* embryonic development. Dev Biol,309:306-316.

Xiao J N,et al. 2004. Direct somatic embryogenesis induced from cotyledons of mango immature zygotic embryos. In Vitro Cell Dev Biol Plant,40:196-199.

Yadegari R,et al. 1994. Cell differentiation and morphogenesis are uncoupled in *Arabidopsis raspberry* embryos. Plant Cell,6:1713-1729.

Yang X Y,Zhang XL. 2010. Regulation of somatic embryogenesis in higher plants. Critical Reviews in Plant Sciences, 29:36-57.

Yeung E C. 1995. *In vitro* Embryogenesis in Plant Structrural and developmental patterns. *In*: Thorpe T A. *In Vitro*

Embryogenesis in Plant. Netherlands:Kluwer Acad. Publ. Dordrecht:205-248.

Young T E,Gallie D R. 2000. Regulation of programmed cell death in maize endosperm by abscisic acid. Plant Mol Biol, 42: 397-414.

Yukihiro I,Kazuhiko T,Nori K. 2005. Expression of SERK family receptor-like protein kinase genes in rice. Biochimica et Biophysica Acta,1730:253-258.

Zhang J Z, Somerville C R. 1997. Suspensor-derived polyembryony caused by altered expression of valytRNA synthetase in the *twn2* nutant of *Arabidopsis*. PNAS,94:7349-7355.

第 3 章　苗端分生组织及其侧生器官的发育

3.1　苗端分生组织

除子叶(某些情况下的第一片叶)的发育外,植物的大多数组织或器官都不是在胚胎发生时形成的。胚胎发生只建立了具有根、茎轴性的顶端分生组织的初步结构,而且这两个顶端分生组织的活性是在种子萌发之后才开始活跃的,随后,经过这些分生组织反复的细胞分裂和分化完成了植物体的建成。

胚胎发育在建立了顶-基轴(apical-basal axis)的同时,也决定了根、茎和叶的相对位置,苗端和根端的分生组织是一群在胚胎发生结束后长期保留着胚性细胞特征的细胞,即具有分裂能力较强、细胞小而壁薄、胞质浓厚和无大的中央液泡的细胞特征的细胞。分生组织的形成是一个自主发生的过程,同时与其周围已分化的组织还保持某种联系,需要周围的组织提供某种信号。在植物一生中,苗端分生组织(shoot apical meristem, SAM)和根端分生组织显现周期性的活动及静止。此外,次生分生组织,如维管形成层(vascular cambium)将发育出植物体的次生组织。正是这些分生组织活动的结果形成了各级组织及各种器官。

3.1.1　苗端分生组织的细胞层与区的结构

苗端分生组织可反复地产生侧生组织(叶、侧芽及其分枝)及茎组织,同时也不断地再生其本身的细胞。与茎尖(shoot apex)的含义有所不同,苗端分生组织仅仅是指那些具有胚性的细胞群,而不是指其所衍生的器官;而茎尖包括苗端分生组织及新近形成的叶原基。处于营养生长发育阶段的苗端分生组织由约数万和近千个细胞组成,拟南芥的苗端分生组织约有 60～100 个细胞。若将苗端的幼叶去除,用电镜或显微镜观察茎尖,则可直接观察到稍为凸起而常显扁平状的分生组织的表层,其直径为 100～300μm,该结构由新形成的叶原基或幼叶所包被。苗端分生组织的大小不但依其物种的科、属而异;也依其取样时的活性状态不同而异,其活性随着季节的周期而变化,春季生长旺盛,夏季减弱,秋季进入休眠期。

1. 原套-原体结构

被子植物的苗端分生组织通常具有一个迭生的外形,称为原套-原体结构(tunica-corpus organization),即呈现细胞层(cell layer)的结构特点。最外层是由两层或更多层的具有相同分裂取向细胞所构成的原套(tunica)结构,其细胞层由外向内依次称为 L1、L2 和 L3。原套层中的细胞全为垂周分裂[图 3-1(a)、图 1-4],原套层内侧的细胞即为原体(corpus),原体中的细胞分裂可为平周分裂或垂周分裂。在双子叶植物中,L1 和 L2 两层细胞构成原套（tunica），而 L3 构成原体细胞。最外层的 L1 细胞发育成表皮（epidermis）。L2 层细胞分裂及取向不如 L1 层细胞那么有规律，它们构成了下表皮（subepidermal tissue）、原形成层和一部分的基本分生组织（皮层和有时也包括一部分髓部细胞）。L3 为髓部分生组织，这一层细胞大多是由平周分裂所产生的，构成了大部分的基本分生组织和髓部。苗端分生组织这种呈现细胞层的结构特点的相关功能尚不清楚。最近发现，如果用激光去除 L1 层细胞将影响 L2 层细胞的细胞分裂取向，使它们从垂周分裂成为平周分裂，导致外凸的生长，因此，L1 层细胞的功能之一是控制其内层细胞的分裂模式。此外，如果全部除去 L1 层细胞将导致分生组织的发育停止，这表明，L1 层细胞在分生组织的维护中也起着重要作用（Reinhardt et al.，2003）。

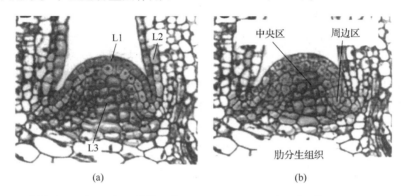

图 3-1　苗端分生组织原套-原体［(a)］和组织细胞区域化［(b)］结构图示（Howell，1998）

在双子叶植物中，L1 和 L2 两层细胞构成原套，而 L3 构成原体细胞；最外层的 L1 细胞发育成表皮

2. 细胞组织区的结构

在活跃的苗端分生组织中除可见原套-原体结构模式外，也可见另外一种称为细胞组织区（cytohistological zonation）的结构模式［图 3-1(b)］。这些不同细胞组织区的细胞不但细胞分裂面不同，而且其细胞大小及胞质浓度也不同。在分生组织的中部可分辨出一个称为中央区（central zone）的区域，它由一群相对较大的细胞组成，是干细胞藏身之处。其外侧为周边区（peripheral zone），该区的细胞较小，叶子等器官的发育则源于该区的分生细胞。在中央区之下的细胞区称为肋状分生组织（rib meristem），这些细胞将产生髓部。细胞组织区域化模式反映了分生组织中不同位置分生细胞的活性及分裂周期的差别。这可以从胸腺嘧啶同位素标记的活性检测中反映出来。如表 3-1 所示，正在进行 DNA 复制的细胞吸收同位素标记的胸腺嘧啶进入核 DNA 的能力强，通过测定被标记的细胞进入有丝分裂的时间，就有可能推知苗端分生组织中各区域细胞分裂的周期所需的时间。研究表明，周边区的细胞周期比中央区的细胞周期短，因此中央区的细胞比周边区细胞大。如果苗端分生组织处于静止期，即休眠期，有丝分裂活性减低或停止时，其细胞组织区域就难以辨认，只能区分出原套-原体的结构。从表 3-1 可知周边区的细胞周期较中央区的短（Lyndon，1976）。

表 3-1　　几种被子植物茎尖分生组织各区域的细胞周期(Lyndon,1976)

植物	细胞周期/h	
	中央区	周边区
豌豆	>0	28
曼陀罗	76	36
三叶草	108	69
菊花	140	70
鞘蕊花	237	125
白芥	288	157

3. 分生组织中的干细胞

分子生物学的研究表明,在拟南芥苗端分生组织中央区的正下方存在着一种称为组织中心(organizing centre,OC)的结构,它由一小群细胞组成(图 3-2 深蓝色区),它相当于根分生组织中的静止中心(quiescent centre,QC)。苗端分生组织的干细胞(stem cell),也曾称为苗端分生组织起始细胞(apical initial),位于 OC 的上方(图 3-2 浅绿色区)。

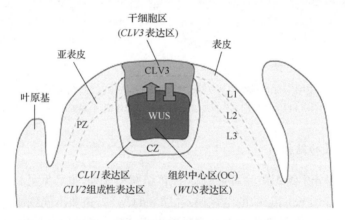

图 3-2　苗端分生组织中的干细胞、组织中心(OC)的位置

及其标记基因的表达区域示意图(Fiers et al. ,2007)(另见彩图)

CLV1 在 L2 和 L3 层(位于中央区,CZ)细胞中表达,而 *CLV3* 在 L1、L2 和 L3 层细胞中表达(干细胞中表达),干细胞位于组织中心(OC)上方。*WUS* 只在 L3 层细胞中,即在组织中心表达。PZ:周边区

在组织中心细胞中特异性表达的基因 *WUS*,其功能是维持干细胞库的存在(见 3.1.3 节)(Williams and Fletcher,2005)。干细胞是具有无限自我更性能力(self-renewal)和保持着再生子代细胞及其进行器官分化等潜力的一类细胞。植物干细胞的概念是借鉴动物干细胞的概念。在动物不同发育阶段和各种组织中都发现有干细胞,如在骨髓中就有可制造不同类型血细胞的干细胞,表皮干细胞可在皮肤受损时再生皮肤。干细胞是为了产生或再生特定细胞类型而被特化的细胞。尽管干细胞具有无限的自我更性能力,但它们的细胞分裂并不是经常进行的。在大多数的情况下,干细胞的子代细胞都不直接分化,而是形成一群更具有定向分裂潜力的细胞作为过渡的中间细胞类群,称为 TA 细胞(transit amplifying cell)(图 3-3)。它们只具有有限的增殖和分化潜能,其主要任务

是增加源于单个干细胞的子细胞群。在动物中,唯一具有真正再生躯体所有类型细胞的干细胞是胚胎干细胞(embryogenic stem cell)或合子,它们是全能性的干细胞。当个体发育时,这些原先带有全能性的干细胞的子代细胞就渐渐表现出一定局限性,分化为成年组织的干细胞。干细胞的发育命运是由它们所处的微环境,即干细胞微环境(stem cell microenvironment or niche)中的调节因子所决定的(图 3-3、图 3-4)。干细胞分裂后的子代细胞,如离开了它原来所处的微环境(庇护所),将面临最终分化或死亡的命运。植物干细胞的“庇护所”是分生组织,由于植物细胞不同于动物细胞可移动或迁移,因此,干细胞比较容易从它们所在的分生组织的位置上被鉴定或识别(Stahl and Simon,2005)。

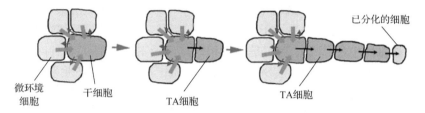

图 3-3　干细胞的不对称分裂(Stahl and Simon,2005)(另见彩图)

一个干细胞的分裂受控于本身及其所处的细胞微环境(niche cell)之间的信号交流的变化,干细胞分裂的子代细胞在分化之前的几次分裂中形成 TA 细胞。黄色代表干细胞促进信号,红色代表反馈信号

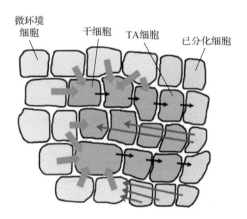

图 3-4　干细胞所处的不对称的细胞群体或不对称环境(Stahl and Simon,2005)

决定一个干细胞分裂后的子细胞是相同还是不同类型的细胞,取决于它所在的细胞微环境,干细胞也许经过不对称分裂产生 TA 细胞(第三排)和新一代的干细胞(第二排),正在分化的细胞群不断给细胞微环境和干细胞反馈信号以便重新调节干细胞的分裂

植物组织是否有真正意义的干细胞,对此仍有争议,因为许多植物叶的原生质体通过离体培养后可再生成完整的植株,这就意味着植物的所有叶细胞都可作为干细胞或上述干细胞的定义不适用植物。传统的动物干细胞潜能的观点正面临最近一些研究结果的挑战,如 Blau 等(2001)发现成体中的干细胞仍然呈现可塑性,可为环境信号所改变。按发展的观点,至少植物的干细胞,可认为不必是特定的细胞实体(specific cellular entity),它们只不过是一种功能的象征,而这种功能是许多细胞类型都能完成的,即所有正受到正确信号或综合信号刺激的细胞类型都能处于干细胞的状态(Blau et al.,2001)。例如,叶细

胞的原生质体在离体培养时接受到来自培养基中释放出来的新信号(植物生长调节物和培养基成分等)的刺激后,就启动了改变这些原生质体发育命运的程序,使之处于类似干细胞的状态,具有再生成完整植株的潜能。因此,把干细胞的实质看做是由适当的环境信号所调控的细胞的过渡状态时,就比较好理解为什么许多植物细胞所隐藏的全能性可在组织培养的条件下表现出来(Stahl and Simon,2005)。

苗端、根端和维管分生组织都有各自的干细胞。一个苗端分生组织的季节性的活性可持续许多年,某些木本植物甚至可持续至数百年。这可能是因为这些分生细胞一直保持分裂能力而不进行任何的特殊分化、发育(至少营养性的分生组织如此)。这些不分化的细胞可称为干细胞或顶端起始细胞(apical initial)。这些干细胞分裂时,其中一个子代细胞保持起始细胞的特点,而另一子代细胞则开始另一个发育阶段。这些细胞位于分裂缓慢的中央区细胞中(图 3-2),它们是分生组织本身及其所发育的茎、叶、花和侧枝细胞的祖细胞。实际上,早在 1970 年,Stewart 和 Dermen 就证实所有胚胎发育后苗端器官的发育都源于苗端分生组织中的 6～9 个称之为缔造细胞 (founder cell)。按现代观点这些缔造细胞完全符合干细胞的定义(Laux,2003)。

3.1.2　苗端分生组织突变体及其相关基因

在苗端分生组织突变体中,研究得较多是在拟南芥中所分离和鉴定的突变体,以下所述的是其中有代表性的突变体。

1. 分生组织细胞不能维持增殖的突变体

(1) 突变体 *stm* (*shoot apical meristemless*)是缺失苗端分生组织的突变体[图 3-5(b)]。*stm-1* 在胚胎发生时不能产生可辨识的苗端分生组织,在幼苗阶段也不发育出真叶,但该突变体可产生带子叶和胚轴的幼苗,这证明苗端分生组织并不参与子叶和胚轴的发育。另有一个弱等位基因 *stm-2* 同样缺失了胚胎的苗端分生组织,其幼苗苗端只产生几片叶后便结束了生长发育。苗端分生组织的维持是其本身细胞增殖及分化能力平衡的结果,在 *stm* 的分生组织中,由于其中央区(CZ)细胞的分化得不到阻遏而消耗了分生组织中最早发育的增殖性细胞,因而苗端分生组织消失。因此,*STM* 基因是维持苗端分生组织所必需的基因。

STM 与玉米中的显性突变体 *Kn1* 所克隆的 *zmKN1*(*KNOTTED1*)基因都是同源异型框基因(homeobox gene),属于 *KNOX*(*KNOTTED1*-like homeobox)基因家族的成员,它们所编码的蛋白质具有一个保守的同源异型域(homeodomain,HD),称同源异域蛋白(HD protein)。前文已提到的 *WUS* 也属于这一类基因。*KNOX* 基因可分为两类:*KNOX I* 和 *KNOX II*。*KNOX I* 包括 *STM*、*zmKN1*、*KNAT1*(从拟南芥中所克隆的 *knotted* 同源基因)等(图 3-6)(Scofield and Murray,2006)。它们都是在植物发育中起重要作用的基因(Scofield and Murray,2006)。

玉米 *kn1*(*knotted1*)突变体在其叶上出现似撞击过的斑点的表型(野生型叶表面非常光滑),*kn1* 是影响分生组织的突变体。在玉米中,*zmKN1* 的表达与拟南芥的 *STM* 相似。*STM* 与 *zmKN1* 功能也相似,*zmKN1* 的过量表达可以补偿 *STM* 表达的不足,并引

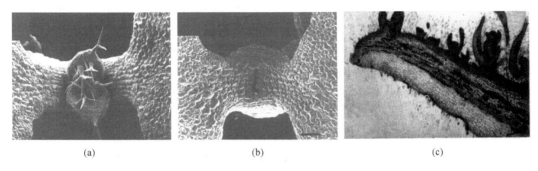

(a)　　　　　　　　　　(b)　　　　　　　　　　(c)

图 3-5　拟南芥突变体 *stm* 表型特点及在烟草转化其同源基因 *zmKN1*

所引起的表型变化（Long et al.，1996；Sinha et al.，1993）

(a)、(b)分别为拟南芥野生型[(a)]突变体 *stm* 苗端[(b)]电镜扫描图，*stm* 苗端消失。(c)表示转化 *STM* 同源基因 *zmKN1* 的烟草叶片切面，可见该基因转化引起叶面着生苗(epiphyllous shoot)的表型

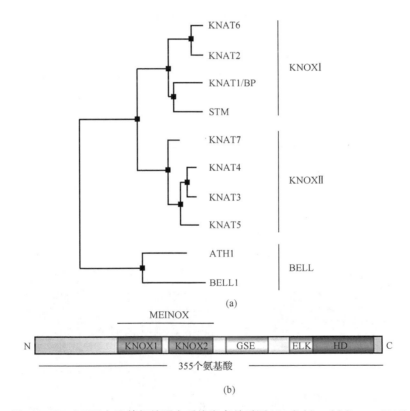

图 3-6　KNOX 蛋白及其相关蛋白系统发育关系图（Scofield and Murray，2006）

(a) 根据氨基酸序列分析所揭示的拟南芥 8 个 KNOX 蛋白与其他两个 BELL-家族蛋白系统发育关系，从这一个无根系统树出现了三个明显不同的三个进化支，即 KNOXI、KNOXII 和 BELL。(b) 典型的 KNOX 蛋白（水稻的 OSH15）结构图示。MEINOX 区域包含 KNOX1 和 KNOX2 的亚区域（sub-domains）以及该蛋白的一半 N 端的残基

起苗端分生组织的异位发生。当 *zmKN1* 在 35S 启动子控制下（35S：*zmKN1*）在烟草中过量表达时，转基因植株便出现一些异位的苗端分生组织[图 3-5(c)]。这种表型特称为

"shooty"(Sinha et al.,1993)。STM 仅在球形胚发育中间阶段的 1 个或 2 个细胞中首先表达。在心形胚阶段,STM 在子叶分叉处,即在苗端分生组织中表达。在成年植株中,STM 则在苗端分生组织或腋生分生组织中表达。当叶原基出现时,STM 在苗端分生组织中的表达迅速消失,也不在新形成的叶中表达(Sinha et al.,1993)。

（2）突变体 wus(wuschel)是另一个丧失维持苗端分生组织功能的拟南芥突变体。尽管该突变体在胚胎发生阶段可产生胚胎性苗端分生组织,但其苗端分生组织在产生出几片叶后便过早地结束了生长,显得扁而薄,不能发育侧生器官,其叶原基和次生的苗端分生组织可异位发生,即新的苗端分生组织可在这一突变体的子叶和叶的基部产生,但它们不像野生型那样可维持生长,而过早结束生长,于是突变体出现"停停走走"(stop-and-go)的生长模式,导致数百个莲座式叶的形成。wus 的花序发育时,在茎生叶腋中逐渐发育的花柄也表现出这种"停停走走"的生长模式(Laux et al.,1996);看起来像一堆凌乱的头发(德文 Wuschel 正是这一含义)(图 3-7)。wus 的这种表型是由于器官发生消耗了大量的增殖性细胞群,而它的苗端分生组织则丧失了增殖能力或分生组织中的干细胞缺陷,不能维持正常的增殖与分化的平衡所致。因此,WUS 的功能将抑止苗端分生组织的细胞分化,以便维持增殖性细胞群库（Mayer et al.,1998）,而在该基因突变的 wus 突变体植株中,苗端分生组织的细胞过度分化,致使其呈现扁平而薄的形态。通过强等位基因 stm 和 wus 双突变的试验发现,stm 是 wus 的上位突变。stm-2 中度等位基因和 wus-1 发生双突变时,wus-1 可促进 stm-2 的表达,产生一种新的表型。因此,stm 和 wus 虽有相似表型,它们却不在相同的遗传途径上起作用。拟南芥 WUS 基因编码 291 个氨基酸,也是同源异型框蛋白中的一个新亚型。如图 3-2 所示,WUS 与 STM 基因表达模式不同,WUS 在分生组织的组织中心细胞中表达,而 STM 在整个苗端分生组织区域都有表达,WUS 与 STM 基因的主要功能都是抑制分生组织中细胞的分化,保证分生组织内细胞的增大,从而能有足够数量的细胞供器官原基的发育。已证明,STM 不能补偿 WUS 的缺失,WUS 却能部分补偿 STM 的缺失。这些结果表明,在分生组织内 WUS 和 STM 的功

(a)

(b)

(c)

图 3-7　突变体 wus 的苗端分生组织及其植株的表型(Howell,1998)

wus 的苗端分生组织(箭头所示)与野生型[(a)]相比显得扁而薄[(b)]。wus 的花序发育时,逐渐长出的花柄表现出"停停走走"的生长模式,在花序茎的基部产生一丛的叶片[(c)]

能是相互独立的。

（3）突变体 *nam*（*no apical meristem*），它是矮牵牛中发现的无顶端分生组织的突变体。它的表型特点是不能维持胚胎的苗端分生组织，幼苗的发育被阻抑，常在第一对叶时就不能发育了。在 *nam* 植株中，代替苗端分生组织的是一群含大液泡的细胞。*nam* 基因已被克隆，其功能与其他类似基因不同，该基因在分生组织及原基的交界处表达，被认为与苗端分生组织的界定有关（Souer et al.，1996）。

2. 分生组织的细胞过渡增殖的突变体

突变体 *clv1*（*clavata1*）的表型与 *wus* 的特点相反，其在幼苗进行营养和生殖生长阶段，就产生了巨大的苗端分生组织（图 3-8）。*clv1* 的无效突变体的花含有额外的器官，其中包括有 7 个或 8 个心皮连成杯形的果实，拉丁文"clavatus"的含义为"杯形"，因而将这类突变体称为 *clavata*。突变体 *clv3* 是隐性突变，表型与 *clv1* 大体相似。从它们的表型特点可知 *CLV*（*CLAVATA*）基因在控制分生组织中的细胞增殖中起作用。

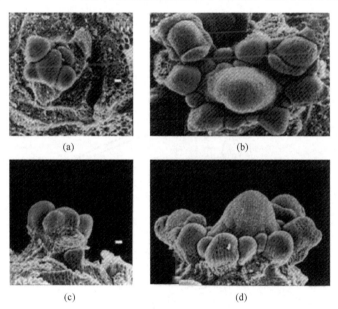

(a)　　　　　　　　　　(b)

(c)　　　　　　　　　　(d)

图 3-8　拟南芥野生型与突变体（*clavata 1-4*）苗端分生组织扫描电镜图的比较（Clark et al.，1993）
(a)、(b)13 天苗龄野生型的苗端分生组织［(a)俯视图；(b)侧面图］；(c)、(d)相应突变体 *clavata 1-4* 的苗端分生组织［(c)俯视图；(d)侧面图］。突变体 *clavata 1-4* 的苗端分生组织及其形成的器官原基都比野生型的大许多

如图 3-2 所示，*CLV1* 直接在 *CLV3* 表达区的下方的 L3 层的细胞中表达。*CLV3* 转录物主要在苗端分生组织 L1、L2 层的细胞中表达，也可在侧芽和花的分生组织细胞中表达；在周边区、成熟的茎组织或其他侧生器官中未能检测出 *CLV3* mRNA。*CLV3* 的作用是限制苗端分生组织的细胞数目。*CLV2* 在分生组织细胞中呈现组成性的表达（图 3-2）。*CLV1* 所编码的是一个膜结合蛋白质，属 LRR 型［富含亮氨酸重复序列（Leu-rich repeat）］的拟受体蛋白质激酶（putative receptor protein kinase），含有一个胞间受体区域（extracellular receptor domain）、一个跨膜区域和胞内激酶区域。胞间受体常具有富含亮

氨酸的重复单位,可调节受体与配体(ligand)之间的蛋白质与蛋白质的相互作用。*CLV2* 所编码的也是一个 LRR 型的受体蛋白,与 CLV1 相似,但缺少激酶的组成部分,它是维持 CLV1 活性稳定所需要的酶,可与 CLV1 形成异源的二聚体,并作为一种信号复合物,成为 CLV3 的配体(图 3-9、图 3-10)(Trotochaud et al.,2000)。CLV3 是信号蛋白 CLE

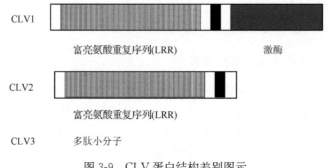

图 3-9　CLV 蛋白结构差别图示

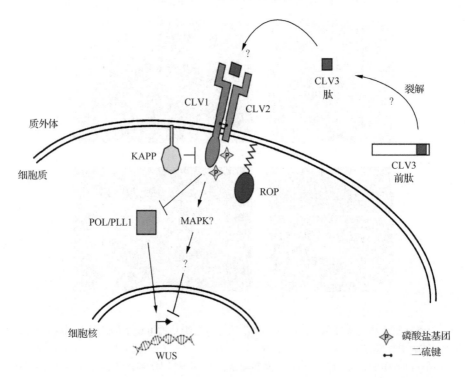

图 3-10　CLV 信号传导复合物形成图示(Jun et al.,2008)

CLV3 前肽分泌后进入质外体,并在此处被加工为成熟的肽。期间,CLV1 和 CLV2 通过二硫键结合而成异源二聚体受体复合物,并与其配体蛋白 CLV3 多肽结合。当 CLV3 存在时,CLV1 中的激酶区域经过自磷酸化的作用与蛋白磷酸酶 KAPP 结合;KAPP 可使与之结合的 CLV1 脱磷酸化,并成为该途径的负调节因子。这个活性 CLV 复合物的另一个组成成分是 ROP 蛋白(Rho 类 GTP 酶),它的激活可启动 MAPK 信号级联(signaling cascade),以便在转录水平上抑制 WUS 的表达。同时,在这一信号传导途径的下游,有许多冗余(redundant)的蛋白质磷酸酶 POL 和 PLL1,通过对 CLV 复合物活性的微调而成为 WUS 转录的正调节因子

[CLAVATA3/ENDOSPERM SURROUDING REGION（ESR）]蛋白家族成员之一。*CLV3* 编码一个分子质量较小（大约 9kDa），含 96 个氨基酸的分泌型蛋白，是一种能够在细胞之间移动的信号蛋白，可与苗端分生组织 L3 层细胞中的 CLV1-CLV2 受体复合物结合（图 3-10），从而降低了 CLV3 在细胞间的移动性。值得注意的是，过量表达 *CLV3* 可使干细胞迅速消失并使发育停止。*CLV3* 已被认为是苗端分生组织干细胞的标记基因（Jun et al.，2008）。

3.1.3　苗端分生组织形成及其维持的遗传调控

如前文所述，分生组织中央区中干细胞分裂后的子代细胞，可因它们所处的微环境（niche）不同而最终产生两类细胞：一类子细胞仍然保留在中央区域的成为干细胞的后裔，保持多潜能性，始终留守在原来位置，继承干细胞的衣钵；另一类子细胞，由于分化成为新的器官原基的需要，变成分裂速度较快的细胞，经历 TA 细胞状态逐步远离中央区而源源不断地加入到周边区域细胞行列。因此，要维持苗端分生组织的大小及其功能，干细胞的增殖活性与因侧生器官发生而消耗的这些增殖性细胞群之间就必须处于一个动态的平衡。上述突变体的产生是由于这种平衡的缺陷。例如，突变体 *wus* 的苗端分生组织的表型是由于侧生器官发生过度消耗增殖性的干细胞，破坏了上述的两种细胞间动态的平衡。因此，可以推知，*WUS* 的功能将抑制细胞分化，维持增殖性的细胞群库容量，即在 *wus* 的突变体中细胞分化速度大于增殖速度，而 *clv1-3*（*clavata1*）突变体表型主要是由于周边区细胞群的分化能力缺陷所致，当幼苗进行营养和生殖生长时出现巨大苗端分生组织的表型特点，是由于干细胞增殖多于用于分化的结果。

研究表明，同源异型框（homeobox）转录因子和 CLVATA 途径可以分别在转录水平上和信号传导途径上调控分生组织的维持。其涉及的基因可分为三类。

第一类基因是形成和维持分生组织所要求的同源异型框拟转录因子，其中包括拟南芥 *STM* 基因，*STM* 的功能丧失将使分生组织中的中央区域细胞分化，导致分生组织消失。如上所述，玉米 *knotted* 基因与 *STM* 是同源基因，它们有着相似功能。在突变体 *wus* 中缺少干细胞的事实说明 *WUS* 基因是维持干细胞所要求的基因，胚胎发生时 *WUS* 基因也是胚胎分生组织干细胞特化所要求的基因。

第二类基因（如拟南芥的 *CLV* 基因）是促进器官原基分化的基因，通过诱变使这些基因突变，将导致分生组织增大，因为它们的细胞不再进行分化，使分生组织中增殖性细胞数目不断增加，形成巨大的苗端，器官原基的数量也增加。

第三类基因是控制分生组织中器官原基细胞增殖所要求的基因。从金鱼草（*Antirrhinum majus*）的突变体 *phan*（*phantastica*）所分离的基因 *PHAN*（*PHANTASTICA*）可归入这一类基因，它调节叶沿着背轴面（*dorsal*）的细胞增殖，使之形成扁平的叶片（见 3.2.4 中的第 1 节）。

这三类基因相互作用影响着苗端分生组织的维持及分化。

1. *WUS* 和 *CLV* 基因的相互作用与苗端分生组织的发育

如前文所述，在突变体 *wus* 中缺少苗端分生组织干细胞的事实说明 *WUS* 基因是维持干细胞所要求的基因。在分生组织中总是保持活跃的细胞分裂及其生长,因此,*WUS* 表达区域也常与之保持适应,在干细胞区下方的组织中心区域中表达,而 *CLV3* 主要在苗端分生组织的干细胞区域(L1 层和 L2 层)中表达,是产生干细胞的分子标志基因(图 3-2)。双突变和转基因等实验已初步揭示,在苗端分生组织中存在着 CLVATA 信号传导途径(图 3-10),其中 *WUS* 和 *CLV* 基因相互作用形成一个反馈回路,控制着苗端分生组织的发育。这个信号传导途径主要包括三个成员,即 CLV1(富含亮氨酸重复序列的受体类激酶)、CLV2(富含亮氨酸重复序列的受体蛋白)和 CLV3(一个配体分子)(Jun et al. ,2008)。

在苗端分生组织细胞中 CLV1 LRR-受体激酶位于质膜上,它可与 CLV2 受体类蛋白结合形成异聚体复合物。在干细胞中表达的 *CLV3*,是其前体经过加工后的活性形式,从干细胞中分泌后作为一种信号分子,通过扩散或主动运输在分生组织中移动,最终与 CLV1/CLV2 受体复合物结合。当 CLV3 多肽与这个复合物结合时(可能还需要结合一些有待鉴定的蛋白质),有利它们装配成具有活性信号传导的复合物,同时,通过一个磷酸酶(KAPP)和一个 Ras 同源类蛋白 GTPase (Rop)的参与使这种信号从细胞质进入细胞核中,并借助于 MAPK 信号传导级联体系抑制 *WUS* 的表达,从而激活 *CLV3* 的表达并促进干细胞的形成(图 3-10)。

在这种信号传导途径中,CLV1 起着双重功能,即将依赖于 CLV3 的信号分子传递到接收信号分子的受体细胞中,最终抑制顶层细胞 *WUS* 的转录,同时通过与配体的脱离方式防止 CLV3 进入位于在其下方的组织中心(*WUS* 表达的部位)细胞,从而使 *WUS* 得到表达(图 3-2)。通过这种相互反馈调节机制,*WUS* 可促进 *CLV3* 的表达,但大量的 *CLV3* 表达将反馈性限制 *WUS* 的表达(图 3-10)。

总之,由干细胞产生的小分子分泌蛋白 CLV3 充当信号分子,扩散到下层细胞与 CLV1 多肽结合形成有活性受体而发挥抑制 *WUS* 表达的功能,从而抑制了干细胞的增殖,通过这种负调节作用控制干细胞群细胞的数量。当干细胞数量增多时,*CLV3* 的转录水平增加;干细胞的数量减少,*CLV3* 的转录水平降低;这样,被抑制的 *WUS* 又可恢复表达,当 *WUS* 表达达到一定水平后,CLV3 通过与 CLV1 结合形成 CLV1-CLV3 复合物的结合抑制 *WUS* 表达,从而减少干细胞的数目(Sablowski,2007;Jun et al. ,2008)。因此,苗端分生组织中各类器官发育的启动与干细胞的保持都是由 *WUS/CLV3* 之间的反馈调节循环来完成的。

目前涉及 CLV1 拟受体激酶信号传导体系的成员已比较清楚(图 3-10),与之相连的有一个蛋白质磷酸酶(KAPP),它负责对 CLV1 活性的负调节;另一个称为 POL (POLTERGESIST)蛋白质磷酸酶 2C,它的活性可干扰 CLV1 信号传导(Yu et al. ,2003)。与受体激酶结合的 KAPP(磷酸酶)是该信号传导途径的效应因子之一,它通过磷酸化的方式与植物多种受体激酶结合,在离体的条件下 KAPP 可直接与可自身磷酸化 CLV1 结合。降低 *clv1* 突变体中 KAPP 转录物,可导致该突变体的表型受到抑制,受抑制的程度与 KAPP 的 mRNA 水平成反比。因此,KAPP 的功能是 CLV1 信号传导的一个负调节因子(Jun et al. ,2008)。

2. 细胞分裂素与 WUS 相互作用与苗端分生组织的干细胞微环境的建立

从上述可知,苗端分生组织中的多能干细胞(pluripotent stem cell)在保持植物地上部分的生长和发育中发挥着非常重要的作用;同时,这种干细胞分裂后的子代细胞,如离开了它原来所处的微环境(niches)将面临最终分化或死亡的命运。这些子代细胞因参与器官发生而不断地离开分生组织微环境后,如何维持这个干细胞的微环境的空间结构是一个重要的问题。最近的研究发现,是感受(perception)细胞分裂素信号的部位建立了这个微环境区域,并通过对 WUS 的活性诱导而将该区域的细胞特化。细胞分裂素可通过依赖于 CLA 途径(CLAVATA-dependent pathway)(上述的 CLV 信号传导途径)和不依赖于 CLA 途径(CLAVATA -independent pathway)诱导 WUS 表达(Gordon et al. ,2009)。

许多研究表明,细胞分裂素可控制分生组织的大小。已知在拟南芥中,细胞分裂素信号是由拟南芥组蛋白激酶基因家族(ARABIDOPSIS HISTIDINE KINASE,AHK)所转感,该酶可将此信号传导给两类转录因子:类型 B 拟南芥响应调节因子(type B ARABIDOPSIS RESPONSE REGULATOR,ARR)和类型 A 的 ARR。类型 B 拟南芥响应调节因子可激活被细胞分裂素诱导的基因;类型 A 的 ARR 的功能是在反馈调节循环通路上抑制细胞分裂素反应,从而起着负调节的作用,抑制分生组织的功能,而 WUS 可直接抑制它们的功能。研究还发现,细胞分裂素信号和 WUS 表达可通过几种反馈调节通路彼此相互加强,外源细胞分裂素可直接激活 WUS 而不必通过 CLV 信号途径(非依赖 CLV 途径)。同时,细胞分裂素也可抑制 CLV1(Lindsay et al. ,2006),从而进一步促进 WUS 的表达。WUS 可抑类型 A 的 ARR(类型 A 的 ARR 通常可制阻断细胞分裂素信号途径),因此,细胞分裂素信号的传导和 WUS 表达在正调节的反馈通路是可以相互增强其作用的[图 3-11(a)]。

3. HAN、STM 和 WUS 基因与苗端分生组织的发育

从拟南芥中已经分离了另一个与苗端分生组织发育有关的突变体 han(hanaba taranu),与野生型相比,它的苗端分生组织和花分生组织都较扁平和缩小。HAN 编码一个 GATA-3 类似的转录因子,含 295 个氨基酸,带单个锌指基序(C-X2-C-X18-C-X2-C)(Zhao et al. ,2004)。

原位杂交表达的研究表明,HAN 在新形成的器官与分生组织的交界处以及在花轮间的交界面上表达。增加 HAN 的表达可引起生长受阻,也严重影响分生组织的形状及其功能,这意味着 HAN 控制着分生组织的细胞增殖及其分化。双突变体 han clv 分生组织中的细胞增殖程度明显比 clv 突变体增强,这表明,HAN 和 CLV 对 WUS 基因的调控不在同一路径上。

如前文所述,STM 在整个分生组织区域都有表达,该基因的主要功能是抑制分生组织中细胞的分化,保证分生组织内细胞的增殖,从而保证有足够数量的细胞分化成为器官原基。在分生组织中 WUS 和 STM 有着明显不同的分工。分别用融合基因 ANT：WUS ANT：GUS 和 ANT：STM ANT：GUS 转化突变体 stm 和 wus 植株,表达分析表明,不论 STM 是否存在,只要有 WUS 的表达就会引起分生组织膨大,抑制真叶的启动;不论

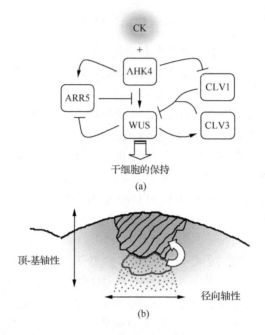

图 3-11　细胞分裂素对苗端分生组织干细胞微环境建立的作用(Sablowski,2009)(另见彩图)

(a) Gordon 等(2009)报道的调节网络示意图。CK:细胞分裂素,平头直线表示抑制作用,黑色箭头表示激活,白色箭头为 WUS 所诱导的信号的维持。(b) 由细胞分裂素信号所建立的 WUS 表达的空间模式的设想图示。橙色程度表示在苗端分生组织中干细胞存在区域(斜线区)所产生的细胞分裂素以顶-基轴性的梯度分布;绿点标出的是 AHK4 基因沿苗端的径向轴性的信号而表达的区域。在低水平的细胞分裂素抵达 AHK4 受体的区域时,显示浓度梯度的细胞分裂素将通过在(a)中所绘出的网络被运送进入与 WUS 表达区域相交界的区域(有紫色线所划出的区域),使该区域产生一种信号(白色箭头)以维持茎中的干细胞

WUS 是否存在,STM 都抑制细胞的分化、促进分裂;STM 不能补偿 WUS 的缺失,WUS却能部分补偿 STM 的缺失。这些结果表明,在苗端分生组织内,WUS 和 STM 的功能是互相独立的(Lenhard et al.,2002)。干细胞的形成要求 *STM* 和 *WUS* 的特异性表达。*WUS* 促进 *CLV3* 的表达,而 *CLV3* 又可限制 *WUS* 的表达。*CLV3* 和 STM 的表达是彼此抑制的。*HAM* 是维持 *STM* 和 *WUS* 表达所必需的基因(Doerner,2000)。

3.2　侧生器官——叶的发育

植物侧生器官的发育包括胚胎发生中形成的子叶、营养性分生组织的重复活性所形成的叶和腋芽及其发育的侧枝、在生殖发育阶段由花分生组织分化发育而成的苞片和花器官(花萼、花瓣、雄蕊和雌蕊)。由于腋芽来源于叶腋(leaf axil),花是叶的变态,因此,可以说所有的侧生器官都来源于叶。

3.2.1　重复发育单位

植物的发育具有高重复性,特别是苗端。苗端分生组织可重复产生叶、着生叶的节、节间和叶腋芽。这些重复出现的完整结构单位(integrated unit)称为重复发育单位

(metamer/phytomer)（图 3-12）。与苗端相比,根端分生组织所产生的重复发育单位不如苗端的明显,但初生根端的细胞分裂都有着非常精确的模式,以其相同的方式,反复构建相同的组织,并一直保持这种活性。从这一点来说,根端分生组织的活性也是有高度重复性的。

图 3-12　重复发育单位示意图
重复发育单位包括叶、着生叶的节、
节间和侧芽（Howell,1998）

叶 腋芽 节间 发育单位

目前对植物重复发育单位发育机制的研究,大多数都集中在叶的发育上。这是因为叶的形成在苗端的发育较易观察,而节及节间却难以分辨,特别是在发育的早期阶段。重复发育单位的启动是多细胞行为。最外层的原套层持续地垂周分裂,其子代细胞便构成了叶及节间的表皮。叶中部的组织主要由残留的原套层衍生的细胞所组成,而节及节间则由原体及原套细胞共同产生。

叶是光合作用的器官,因此叶形及其大小对植物的一生都有重要的影响。多数叶由叶基、叶柄和叶片三部分组成（图 3-13）。叶片可区分为近轴面的上表皮（adaxial epidermis）、叶肉（mesophyll）及远轴面的下表皮（abaxial epidermis）；叶肉由上层的栅栏薄壁组织（palisade parenchyma）和下层的海绵组织（spongy parenchyma）组成；表皮包括围绕气孔（stomata）的保卫细胞（guard cell）、相对未分化的基本组织（ground tissue）和表皮毛（trichome）等结构。在成熟的叶中可见中脉和梢（支）脉网络的维管组织。单子叶植物的叶（如玉米的叶）可分为两个不同的区域,叶的顶端形成了叶片（blade）,而叶的基部

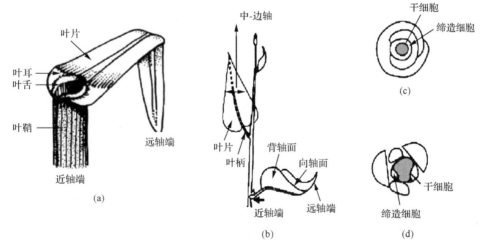

图 3-13　叶片的轴性及其主要组成部分和缔造细胞的位置示意图
（Huadson and Waites,1998；Byrne et al. ,2001）

（a）玉米叶的叶耳和叶舌将近轴端（proximal）的叶鞘和远轴端（distal）的叶片分开；（b）双子叶植物叶及其组成部分的名称；（c）、（d）分别是玉米和拟南芥苗端分生组织的横切面及其中的干细胞和缔造细胞所在位置的示意图。叶有三个轴性：由叶向轴面和背面所组成的向轴面-背面轴；由叶柄和叶片的近轴端和远轴端所组成的近-远轴；由叶片中间部分和周边部分组成中-边轴

着生包裹着玉米秆的叶鞘(sheath)。在叶片与叶鞘结合处明显的标记是锲状的叶耳(auricle)和薄片状的叶舌(ligule)(图 3-13)。玉米叶的表皮包括有规律排列的气孔和基本细胞,也可能有表皮毛。表皮细胞的模式与其叶脉的位置有关,如一行行的气孔分布在叶片的表面。在玉米叶的内部还有一个称为花环状的维管束鞘的特化结构(Kranz anatomy),它与碳代谢途径有关。

对于叶发育的阶段划分,目前尚无统一的标准,有的研究者将双子叶植物叶形态发生分成叶的启动(leaf initiation)、初级形态发生(primary morphogenesis)和叶增大与次级形态发生(expansion and secondary morphogenesis)阶段(Dengler and Tsukayat,2001);也有的将叶的发育分为叶器官发生阶段、叶生长发育阶段(此时,叶各部分形态基础区域将被界定)和叶细胞的组织分化阶段三个阶段(Sinha,1999)。一般来说,叶发育的第一阶段是叶发育的启动,此时,由苗端分生组织的周边区出现叶启动的缔造细胞(founder cell),这些细胞的特点是分裂速率增加,随后形成叶原基。在这一阶段,叶序和叶隔间期(见后述)将决定叶原基在周边区出现的位置。当叶发育进入第二阶段时,叶原基的发育将进一步决定叶的属性(identify)。同时沿着成熟叶片的三个轴性(图 3-13):即沿着向轴面-背轴面轴(adaxial-abaxial axis),有时也称为背-腹轴(dorsiventral axis)、中-边轴(centro-lateral axis)和近-远轴(proximal-distal axis)发育出叶的各个部分,形成各种叶的形态,包括叶缘、叶片、叶中脉(margin-blade-midrib)和叶形(shape)。同时通过细胞分裂和增大使叶达到其最终的大小(Tasaka,2001)。中-边轴是由叶的主脉指向边缘的轴性,近-远轴则是由叶基部指向叶尖的轴性。在叶的组织分化阶段中,主要是进行叶维管图式(pattern)形成和叶细胞的分化,如气孔的形成、表皮细胞层的毛状体形成等。在双子叶植物的叶原基按向轴面-背轴面图式发育后,就可明显区分叶片和中脉。单子叶植物的叶原基沿近-远轴性图式发育后,具有明显的远、近区(proximal/distal domain)叶形态特征,而侧区(lateral domain)不明显(Micol and Hake,2003)(图 3-13)。

3.2.2 叶发育的启动

叶是从叶原基发育而来的。叶原基是指叶发育之初,在苗端分生组织上出现的一个小突起,叶原基启动的最早信号是在离苗端分生组织的一定距离处出现的局部平周分裂,由 50～200 个起始细胞(initial)或缔造细胞的细胞分裂形成叶原基(Canales et al.,2005)。在单子叶中,这种细胞分裂局限于原套的外层细胞,而在双子叶中,这种细胞分裂发生在 L1 和 L2、L2 和 L3,甚至更深层次的细胞中(Stewart and Dermen,1979)。叶原基的大小可因植物种类不同而异,拟南芥的叶原基由 L1～L3 的各层 5～10 个细胞组成,而烟草、玉米和棉花中则由各层 50～100 个细胞组成(Tiwari and Green,1991)。

一般,L1 层细胞将发育成无叶绿素的叶表皮。双子叶植物叶的主要部分由 L2 层细胞衍生,形成叶中部的栅栏细胞和叶周边海绵叶肉细胞。叶中脉的维管结构和海绵叶肉细胞则由 L3 层细胞衍生(Tilney-Bassett,1963)。拟南芥的叶原基缔造细胞是一小团来自苗端分生组织周边区的细胞,而玉米的这一类细胞是指围绕苗端分生组织周边区的一圈细胞(图 3-13)。玉米突变体,如 *ns*(*narrow sheath*)、*lbl1*(*leafbladeless1*)和 *r2*(*rough sheath2*)是有关缔造细胞群发生缺陷的突变体。这些基因也影响后述的叶轴性发育。*ns* 突变体的叶缺少叶边缘区,叶显得狭小。*NS* 所编码的蛋白质与 *PRS*(*PRESSEDFLOWER*)所编码的蛋白质同源(*PRS* 是拟南芥花萼发育所要求的基因),也与 *WUS* 类似,是带同源异型框的基因。*NS* 基因首先在玉米苗端分生组织的周边区的两个部位表达,随后便在侧生器官的边缘表达,其功能是从玉米分生组织的周边区招募(recruit)叶缔造细胞(leaf founder cell),以便形成玉米叶的边缘区(Nardmann et al. ,2004)。

　　在形态上,叶的启动最后是通过叶序和叶间隔期表现出来的。叶间隔期(plastochron)是指叶原基相继发育所需要的时间间隔,着重描述叶原基发育的时间,而叶器官沿着苗端轴的排列方式称为叶序(phyllotaxy),着重描述叶原基在苗端轴上发育的模式。叶序的形成具有极高遗传模式,环境因子极难使之改变。因此,叶序的模式有很高的规律性,并可预测。植物体通过特定的叶序,使叶均匀地、适合地排列,充分地接受阳光,有效地进行光合作用。利用叶序发育的模式,我们可以在苗端分生组织中预测即将发育的下一个叶原基的位置,也使我们可以了解形成新的叶原基需要多长时间。

　　文献对叶原基的发育有两种描述方法。一种描述方法是在用微手术方法研究叶序中的论文中,通常根据已出现的叶原基及其叶序规律按其出现的时间顺序,将分生组织的周边区未出现而将要启动叶原基的部位依次命名为 I1、I2 和 I3 等,I1 是最先启动的叶原基的部位。将已出现的最年幼的叶原基命名为 P1,稍大一点的为 P2,依此类推(图 3-14)。另一种描述方法是将在分生组织的周边区将要启动叶原基(而尚未出现)的部位称为 P0,将最近启动的最年幼的叶原基定为 P1,将早于 P1 启动的叶原基以先后次序称为 P2、P3 和 P4,依此类推[图 3-14(a)]。尽管 P0 细胞依然是分生组织的一部分,但它们很快就从其相邻的细胞进行径向分化,快速分裂,它们的生长轴从等径性变为中轴性,并失去无限生长的非决定特性,进入叶属性的发育,同时,分生组织与 P0 交界处的细胞不断地重新形成并参与每一片新叶的启动。因此,鉴定 P0 细胞中特异表达的基因将有助于了解分生组织启动叶发育的功能。

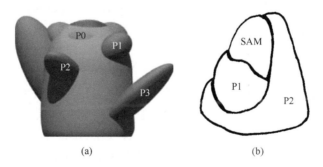

(a)　　　　　　　　　　　(b)

图 3-14　描述叶原基发育顺序方法的示意图(另见彩图)

(a)双子叶植物茎尖侧旁的器官发生。苗端分生组织(红色),P1 是最近启动的叶原基,P3 是最早启动的叶原基,P0 是正处于启动中的叶原基(Christensen and Weigel,1998)。(b)单子叶植物玉米叶的启动。P2 是最先发育的叶原基,因此将分生组织环抱起来,它的中脉在右侧,而左侧的叶细胞形成叶沿;P1 是刚发育的叶,它的中脉在左侧(Huadson and Waites,1998)

1. 叶序的发育

常见叶序的模式有轮生、对生(decussate arrangement)、互生(alternate phyllotaxy)和二列方式的叶序。轮生方式是在每个节的平面上环绕着生三个或更多叶片;每节一叶的为互生叶序;每节两叶相对而生的为对生叶序;每节由两片叶对生排列并与前一对叶成直角排列方式的为交互对生叶序;每节一叶但排列成两个纵列的为二列叶序(图 3-15)。

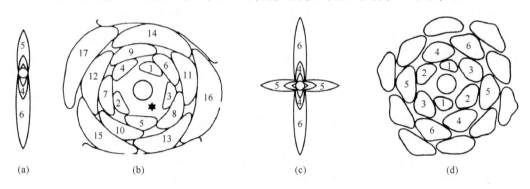

图 3-15　叶序的图式及描述方式(Reinhardt,2005)

(a) 二列叶序(distichous);(b) 螺旋叶序(spiral);(c) 交互对生叶序(decussate);(d) 二对生(bijugate)。最年幼的叶原基标为 1;✦表示将要启动叶原基的部位

唇形科(Labiatae)植物都是对生叶序,而每对先后形成的叶均在原先一对叶直角位置上产生。因此,成熟叶及其叶原基可沿着茎排列成相互垂直的 4 列,而将其上、下叶着生点相连的线称为直裂线(orthostichy)。双子叶作物通常具有螺旋形的叶序,即每节一个叶原基的启动是环绕着顶锥呈螺旋形排列的。依其紧接的两个叶原茎所构成的角度,或按其叶的序数和产生下一个新叶原茎所旋转圈数的比率可进行更细的分类。在每个节形成一叶的螺旋叶序植物中,其叶原基的形成是按螺旋方式绕茎而产生的,这种螺旋称为再生螺旋(generative spiral)。多数维管植物的叶序还可以用数学级数(series)来描述。如果所观察的茎足够大时,可以发现叶序另一种排列规律,即叶的位置是以一种高度规则性的方式在螺旋中反复出现,在叶的排列的交叉方式上,可连接成两种不同取向的线,称为接触斜列线(contact parastichy),其中一套排列方式可沿轴取顺时针方向,而另一套排列方式则沿着反时针方向。各种植物的这种接触斜列线数在不同的方向上是不相同的。因此每一个植物品种其叶序可以用每一个方向(顺时针和反时针)的接触斜列线数来表示。例如,土豆的叶序接触斜列线数为 2+3,即在反时针方向上可见有两种接触斜列线,而在顺时针方向上可见三种接触斜列线;一种鳞毛蕨类植物 *Dryopteris dilatata* 叶序的接触斜列线则是 3+5(图 3-16)。叶序所具有的接触斜列线数显示数学回归的规律,即为Fibonacci 数列:1+1+2+3+5+8+13+21+……(在该数列中,后续数字为前面的两数之和)等规律。在许多情况下,由顶端分生组织产生的叶的位置及数量均可定为科属的特点。事实上,同一科的所有种在其营养器官中均有同样的叶序模式。

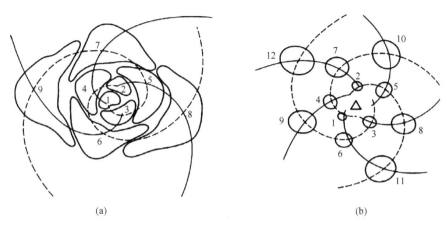

图 3-16 苗端叶序斜列线连接(叶序接触斜列线)图示(Steeves and Sussex,1989)

(a) 马铃薯苗端的叶序接触斜列线数目为 2+3,即在顺时针方向上可见有三种叶序的接触斜列线(按叶的编号 1→4→7、2→5→8;3→6→9;如图中实线所示)而在反时针方向上可见两种叶序的接触斜列线(2→6→8; 3→5→9;如图中虚线所示)。(b) 蕨类植物(*Dryopteris dilatata*)叶序的接触斜列线数目则是 3+5

叶序螺旋的周期性(pitch、period)依植物种类不同而异。拟南芥的两个连续叶原基的夹角,即偏差角(divergence angle)均为 137.5°(图 3-17)。螺旋的斜角及其模式可通过测定间隔时比值(plastochron ratio,PR)推测出来。该比值即为苗端中心与任两个相邻叶原基的距离。从 PR 比值可以计算出叶序指数(phyllotaxis index,PI)=0.38-2.39 loglog(PR)(Richards,1951)。拟南芥的 PR 比值为 1.20,而其 PI 为 3.02,其相应的接触斜列线数(Fibonacci 系列模式)为 3+5(Callos and Medford,1994)。新叶原基发育的部位总是离前一个叶原基发育部位尽可能地远,叶原基出现次序可以被人为改变(图 3-18)。

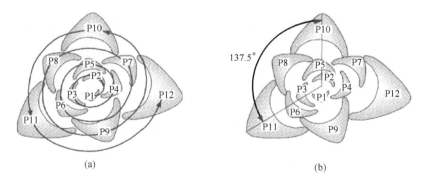

图 3-17 拟南芥螺旋叶序及其手性[(a)]和先后产生的两叶的夹角 137.5°[(b)](Howell,1998)

拟南芥的螺旋叶序的规律也可用数学模式加以解释,可以用“手性”(handedness)来表示叶序螺旋的取向,“手性”可按其连续产生的叶原基先后顺序的计数号码画线方式来确定(图 3-17)。

禾本科的苗端常具有二列叶序(distichous phyllotaxis)。在顶锥(apical dome)相对的两侧构成每节一叶的排列[图 3-14(b)]。禾本科新叶原基是围绕上一个叶原基的 180°

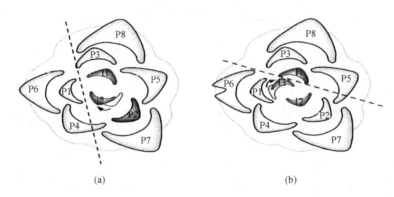

图 3-18　显微手术可使白羽扇豆茎尖新出现的叶原基发生位移(Snow and Snow,1931)

(a) 当 P1 被切时是 I2 而不是 I1 叶原基向 P1 靠近;(b) 当 I1 被切时是 I3 而不是 I2 叶原基向 I1 靠近。这说明,首先形成的叶原基可产生一种抑制因素或"压力"影响,使茎尖在一定范围内难于形成新的叶原基

的角度处发育的。而双子叶植物车轴草(*Trifolium subterraneum*)的新叶原基却是从 165°的角度处发育。单子叶幼茎的顶端分生组织还发育出节间伸长的细胞,然而大多数禾本科植物只在它们临近生殖生长时才进行节间的伸长,此时,顶端发育出花序,并且每个节间的居间分生组织也变得活跃起来,使节间伸长。

2. 叶原基位置信号、生长素的作用与叶序的形成

目前研究表明,叶的发育至少受来源于分生组织本身和已发育的叶原基信号或"场效应"(primordial field)的影响。从上述可知,在苗端分生组织形成叶原基时,发育新的原基的部位总与先形成的叶原基成一个特定夹角。为了揭示在分生组织的周边区域许多细胞中为何只选择这一夹角处的细胞进行叶原基发生的奥妙,研究者先后采用了显微手术、药物处理和有限的遗传操作手段进行研究。无疑寻找和鉴定相关突变体是最有效的方法,但在大多数情况下,许多相关的突变体都表现出高度的多效性(专一性不强)。发现和鉴定叶序的"同源异型突变体"(homeotic phyllotaxis mutant)对回答这个问题将是最有效的,因为这类突变体的表型改变,仅是叶序的改变。遗憾的是至今只发现一个叶序突变体,也是推定的"同源异型突变体",即玉米中的 *abphyl1*,该突变体的叶序由互生叶序变为对生叶序,分生组织也变大(Giulini et al. ,2004),细胞分裂素诱导 *ABPHYL1* 的表达(Pini et al. ,2004)。目前我们对叶序发生机制的认识主要还是基于组织学手术和药物处理的实验结果。

白羽扇豆(*Lupinus albus* L.)茎尖显微操作的试验结果如图 3-18 所示,其中将已形成的叶原基以其先后出现顺序分别标为 P1、P2、P3 等,而对将要启动的叶原基的推定的部位也按其先后发育的顺序命名为 I1、I2、I3 等。当用手术方法切除最新出现叶原基(PI)时,先出现的叶原基(I1)出现的位置不受该手术的影响,但随后出现的叶原基(I2)的位置却移向已动过手术的位置[图 3-18(a)]。这是因为 I2 位置比 I1 位置更靠近 P1;同样如果将 I1 的位置切除,便使更靠近于它的 I3 移向切口,而 I2 则不受影响(Snow and Snow, 1931)。这就证明新生叶原基出现的位置受前于该原基的 1 个或 2 个间隔期所决定的。由于白羽扇豆茎尖上的叶原基比顶端分生组织大,原先认为这种手术作用在于可让新生

的叶原基有充足的空间位置进行发育,后来发现,已产生的叶原基可产生抑制物而阻止新叶原基的发育,并依离已产生的叶原基位置的远近形成了该抑制物的浓度梯度。这种产生抑制物的假说,也称为区域理论(field theory)。这种设想也为包裹伸展蛋白塑料小球可"诱骗"叶原基形成的实验所证实(Fleming et al.,1977)。伸展蛋白可以增加细胞壁的伸展性,当伸展蛋白与包裹着它的塑料结合后,可形成蛋白小球。如果在预测的叶原基出现的部位附近放置这种伸展蛋白小球,可"诱骗"叶原基提早形成。如图 3-19 所示,如将它放置于 I2 号叶原基附近时,可"诱骗"叶原基不按原叶序产生,改变下一个叶原基出现的模式和叶序的方向。放置蛋白小球 5 天后,I2 位叶原基提早出现[图 3-19(b)],并因此而改变原来叶原基出现的次序。叶序的方向由原先的左旋变右旋[图 3-19(c)]。叶原基出现的模式及叶序的取向是一个动力学的过程。刚形成的叶原基可能通过其所产生的一种抑制因子或通过叶原基本身的挤压力来调控新叶原基出现的位置(Fleming et al.,1997)。生长素被认为是其中的一种抑制物质,其浓度梯度分布引起了上述的位置效应。这一设想主要基于生长素运输抑制剂——三碘苯甲酸(2,3,5-tri-iodobenzoic acid,TIBA)可影响叶原基产生的位置。例如,施加 TIBA 可解除报春花先出现的叶原基对后出现叶原基在位置上的抑制作用,而且新的叶原基成了环状形,这说明叶原基产生位置是由于某种物质的浓度梯度或某种"区域"效应所决定的。生长素的浓度梯度很可能决定每一个叶原基位置所占的范围。虽然这些实验结果难以排除手术方法所产生的致伤效应,同时许多化合物的作用也不是专一性的,这些也许干扰所得出的结论。但是,这种研究方法依然受到欢迎,因为采用从遗传上去干扰相互交叉信号网络的研究方法也会引起副作用,使用抑制剂及其他化合物处理方法的明显优点是可以比较严格的控制应用的部位与时间。

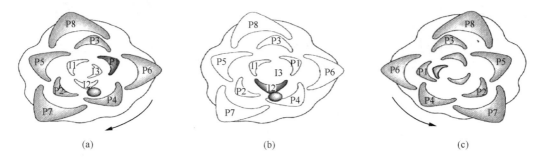

(a)　　　　　　　　　　(b)　　　　　　　　　　(c)

图 3-19　塑料包裹伸展蛋白形成蛋白小球的放置可改变拟南芥叶序(Fleming et al.,1977)

(a) 塑料包裹伸展蛋白形成蛋白小球被放置于 I2 叶原基附近(按左手螺旋规则,它将出现下一个新叶原基);(b) 5 天后被"诱骗"而发育的叶原基不按正常的叶序产生,I2 位叶原基提早出现,并因此而改变出现叶原基的原来的次序;(c)叶序的方向由原先的左旋变右旋

采用生长素运输抑制剂处理离体培养的番茄茎尖的结果显示,苗端分生组织本身不受这一处理的影响,但叶原基的形成可完全被抑制。如果将生长素微滴加在抑制剂处理的部位,其叶原基的形成可被恢复,这种作用只有在分生组织的周边区上才体现出来(Reinhardt et al.,2000)。同样的结果来自拟南芥生长素输出载体发生突变的突变体 *pin1* 的实验,它的分生组织只维持它本身的生长,不能产生侧生器官,在长出几片不正常

的叶片后就发育出赤裸花和像针状的茎顶端(Gälweiler et al. ,1998)。

从以上结果可以推论,对于叶原基的形成存在两个独立的而协同的调控模式体系:一个体系是分生组织中的中央区和周边区的顶-基结构是由遗传调控的,如第 2 章所述,WUS、CLV1-3 和 STM1 基因是该水平调控的特异性基因;另一个体系是对周边区的径向性水平的调控,它是由生长素所调控(Kuhlemeier and Reinhardt,2001)。生长素是启动器官原基发生的信号之一,生长素不断被输送到苗端分生组织中,控制着将要发生器官部位的细胞的命运。分生组织中生长素浓度高的部位将出现器官原基的分化,原基一旦形成,就成为一个生长素的库,可将其周围细胞的生长素"抽"入库中。因此,将要产生的另一个新叶原基的部位将是离前一个叶原基有一定距离并累积有足够水平的生长素的部位(图 3-20)。这种机制可解释早年的手术实验所发现结果,即先形成的叶原基可抑制在其周围产生新叶原基;也可解释为什么拟南芥的叶序是螺旋叶序。当叶原基成熟时,该器官从生长素的库变成生长素的源(source),可以成为生长素输出的地方,并将生长素运输到苗中。尽管这种设想模式与前述的"区域理论"有所不同,但结果却是相同的,即现存器官的周围将排除新器官原基的形成。如图 3-20 所示,随着器官的形成,P1 成为生长素的库,使生长素从远离茎尖的地方向顶性地输入库中,也从 P1 所在的分生组织周围的组织夺取生长素。因此,在 P1 周围就形成了缺少生长素的区域,从而阻止了该区域形成器官原基。生长素可在离 P1 最远的区域中累积,其浓度达到一定的阈值时,叶原基便可在此区域中启动(图 3-20,I1)。根据这个生长素的作用模式,可以解释目前常见的叶序的形成机制[图 3-20(c)](Golz,2006)。

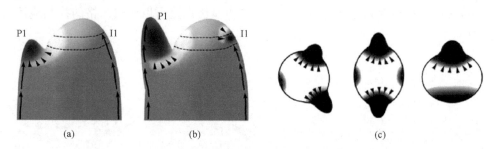

图 3-20　生长素极性运输在叶序形成中的作用模式(Golz,2006)

(a)、(b) 苗端分生组织侧面观,最先发育的叶原基为 P1,在周边区虚线所示的部位将开始启动下一叶原基部位标为 I1;箭头所指为生长素通过表皮和亚表皮运输方向,短粗箭头表示生长素由发育叶原基的周围组织流向原基;着色程度代表生长素累积的浓度,黑色越浓表示生长素的浓度越高。(c) 生长素的分布(黑色程度)决定器官形成的图式。按生长素这一作用模式,可以解释所形成的几种叶序,即螺旋叶序(左)、交互对生叶序(中)、二列叶序(右)。在螺旋叶序中,先形成的较大叶原基 P1 和后形成的叶原基 P2 都成为生长素的库,但 P1 库比 P2 库大,因此,新生的叶原基 I1,即在 P1 和 P2 之间但在远离 P1 的部位启动。交互对生叶序中两个相对的叶原基 P1 和 P2 是比较弱的生长素库,因此,生长素可在苗端分生组织中与 P1 相等距离的两个区域累积。在二列叶序中,最年幼的叶原基 P1 是一个生长素的弱库,而较早形成的叶原基 P2(未标出)已离顶端分生组织太远而不能发挥生长素的区域影响,因此,将要发育的叶原基 I1 就在 P1 相对的位置上形成

3. 叶原基启动的分子机制

综合拟南芥、玉米和金鱼草的分子遗传学研究结果,表明叶原基的启动是在苗端分生

组织的周边区,有两种机制,涉及许多蛋白质相互作用启动叶原基的发育(图 3-21)。一种机制为 ARP/KNOX 叶发育作用途径,该途径通过维持分生组织功能的类型 I KNOTTED 同源异型框蛋白质(KNOX 蛋白,图 3-6)和属于 MYB-区域蛋白质家族的 ARP 蛋白(AS1/RS2/PHAN 蛋白)相互抑制的作用(AS1、RS2 和 PHAN 分别为 ASYMMETRIC LEAVES 1、ROUGH SHEATH 2 和 PHANTASTICA 蛋白的缩写),促进苗端分生组织的基因 *KNOX* 活性在 ARP 的作用下被局限于苗端分生组织中,而 ARP 及由 AS2 蛋白所选定的辅助因子则限于在叶中表达;AS2 蛋白属于 LOB (LATERAL ORGAN BOUNDARIES)类型蛋白。AS1 通过抑制叶原基中属于 *KNOX* 类基因成员之一的 *BP*(*BREVIPEDICELLUS*)活性而促进叶的发育(Barkoulas et al.,2007)。另一种机制为在叶启动部位由生长素极性运输输出载体 PIN1(PIN-FORMED1)所控制的生长素极性输出作用机制着所调节。因此,在叶发育调控机制的途径上,可以说是生长素与 ARP/KNOX 的相互作用控制着叶的启动。

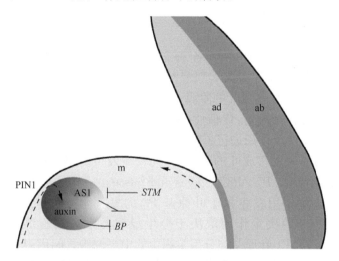

图 3-21　苗端分生组织周边区启动叶发生的两种机制示意图(Barkoulas et al.,2007)
ad:叶向轴面;ab:叶背轴面;auxin:生长素;m:分生组织的顶部;⊥:表示抑制。AS1 通过抑制叶原基中 *BP* 的表达而促进叶的发育,分布在茎分生组织表皮细胞中生长素极性输出载体 PINI 将生长素流导向分生组织的顶部,使 AS1 表达的四周存在着一个生长素高浓度区域,这一过程的发生也取决于 *BP* 表达的下调(被抑制);在苗端分生组织中表达的另一个 *KNOX* 类基因 *STM* 活性也可能为分生组织中这种高浓度生长素的分布所抑制。*STM* 基因的表达可阻止 AS1 在苗端分生组织中的表达,从而促进苗端的叶启动细胞与分生组织位置的界定

　　在分生组织的表皮细胞中极性分布的生长素的输出载体 PINI 可以将生长素流导向分生组织的顶部(图 3-21m),另一个生长素的极性流向是由叶启动细胞向茎下部流,从而在分生组织的周边区形成了生长素高浓度的分布。这种生长素活性梯度的分布可能调节着 *KNOX* 类基因的另一个成员 *STM*(见 3.1.3 节)在分生组织中的表达,而 *STM* 抑制 *AS1* 在分生组织中的表达,从而促进了分生组织和叶细胞在苗端分布的各自的界定。

　　在苗端分生组织中器官特化的极早期就清楚可见 *PIN1* 和 *KNOX* 基因以近乎互补方式(complementary pattern)表达的区域。此外,生长素信号传导或 PIN1 活性的失调

将导致叶中 BP 表达异常,而 BP 活性的丧失可部分抑制突变体 $pin1$ 不能形成侧生器官的特性,这些结果表明,由生长素所介导的 $KNOX$ 的表达是侧生器官形成的一个整合因子。另外,通过基因转化,使 $KNOX$ 在叶中异位表达,可改变生长素的运输及其梯度活性,这说明 $KNOX$ 和生长素之间存在反馈调节回路,这一回路可促进叶分生组织的界定,这一功能可能是通过强化这两个组织的交界面而实现。在叶发育时,$KNOX$ 的表达必须维持在关闭状态,这一状态可借助于染色质的抑制所促进;研究还发现,当叶发育时,组蛋白的一个分子伴侣蛋白 HIRA 在离体条件下可与 AS1 相互作用而抑制 $KNOX$ 类基因 BP 的表达,这提示 AS1 可在组蛋白与 $KNOX$ 沉默复合物中起作用。已发现 STM($KNOX$ 成员之一)的表达可直接被 $Polycomb$ 基因类的蛋白 CLF(CURLY LEAF)和 SWN(SWINGER)抑制;这两个蛋白质具有组蛋白甲基转移酶的活性,并在细胞分裂时促进基因表达沉默状态的保持。这说明,在叶发育的启动过程中,这种 $KNOX$ 表达的抑制作用涉及表观遗传机制(Barkoulas et al. ,2007)。

3.2.3　叶发育的决定

　　叶原基最终发育成叶要经历各种阶段,其中之一是叶的决定阶段(leaf determination)。据 Steeves 和 Sussex(1957)的观察,叶的决定所处的阶段是当一个增大的叶原基在组织培养中可发育成叶的阶段;早于这一个阶段的叶原基在培养时形成的是苗状的结构物,它不具有叶的腹、背轴性(dorsiventrality);他们曾对一种蕨类($osmunda$ $cinnamomea$)的叶原基决定作用进行了较详细的研究,发现 P8～P10 这些发生较迟的较年幼的叶原基,在培养时发育成叶的频率高,而较早发生的 P1～P5 叶原基不能发育成叶。因此,叶的决定作用在 P5～P8(Steeves and Sussex,1957)。对烟草和向日葵实验的结果表明,其叶的决定作用发生早于叶原基 P2 的发育阶段。对此,Hicks 和 Steeves(1969)曾提出设想,叶的决定作用取决于分生组织的中央细胞的数量;他们将蕨类($osmunda$ $cinnamomea$)P1 叶原基与分生组织中的中央细胞之间用刀片作一切口并插入云母片加以隔离,此时,发现 P1 发育成为苗的频率比成为叶的频率高。这说明从苗端分生组织中可产生某一种叶原基早期发育所需要的物质,并决定着这些叶原基发育是遵循叶的发育还是苗的发育途径(Hicks and Steeves,1969)。

　　结合显微手术的实验结果,对于叶的决定可得出三个结论。第一,只有在叶原基启动后才存在叶的决定,这是一个非常短的阶段,因此,当幼叶原基未决定形成叶时,根据所在环境及其发育的信号,它可按其他的途径进行发育。许多苗端的器官,如花器官都是变态的叶,这些结构都可在它们未决定的叶原基中产生。第二,叶原基被决定之后,就获得了发育成叶属性的能力。第三,叶的决定作用并不是一步完成的,在叶原基的不同发育阶段可能存在叶不同部位发育的逐步决定过程。例如,豌豆的叶结构(如卷须、托叶和小叶)源自于叶原基的周缘,只要在原基的长度不超过 $30\mu m$ 时将周缘区去除,这些结构是可以再生的(Sachs,1969a)。

3.2.4　叶形态轴性的发育

叶片是植物进行光合作用和呼吸作用的主要器官,对植物生命活动起着重要作用。为此,叶片的形态经过发育与进化呈现出千姿百态,即使是同一种植物在不同生长时期或不同生长条件下都会出现不同的叶片形态。为了最有效地吸收光能,叶必须发育得尽可能地宽;同时为了有利于气体交换(CO_2 和 O_2 等),叶也尽可能发育得扁平而薄,但也不能过宽和过薄,否则易干枯。叶的面积和厚薄主要由水分决定,成熟叶片的形态主要由叶的向轴面-背轴面轴(adaxial-abaxial axis)、近-远端轴(proximal-distal axis)和中-边轴(centrolateral axis)这三个轴性的发育所完成(图 3-13)(Canales et al.,2005)。

1. 叶的向轴面-背轴面轴面的发育

从叶与茎的位置关系上看,无论叶的形状如何变化,它总有一面是向着茎的向轴面(adaxial),而另一面是背向茎的背轴面(abaxial);叶的这种轴性有时也称为叶的腹、背性(dorsoventrality)。叶分化成向轴面和背轴面是为了发挥叶的功能。向轴面被特化成有利于对光的捕捉,而背轴面则有利于对气体的交换。这一发育特点从叶原基发育的启动时就表现出来 。这也是区分叶原基和侧芽原基的重要依据。

叶的背轴面的形态特点体现在其表皮细胞的外形、海绵组织的分化和木质部及韧皮部腹背性的排列上。早期的研究已揭示从分生组织中可产生一种信号,使叶在发育时形成两个不同的叶面,即向着分生组织的向轴叶面和背离分生组织的背轴叶面(图 3-22)。目前已经知道有几类拟转录因子、微小 RNA[如 microRNA165/166(miR165/166)]、反式作用短干扰 RNA(trans-acting short-interfering RNA,tasiRNA)以及那些涉及 RNA 沉默的蛋白质作为叶轴性发育的"决定子"(determinant),它们都可以控制这一发育过程(Kidner and Timmermans,2007)(表 3-2)。

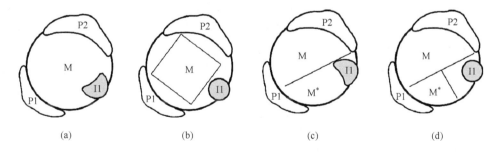

(a)　　　　　(b)　　　　　(c)　　　　　(d)

图 3-22　分生组织所产生的信号对叶的向轴面和背轴面发育的影响(Sussex,1951)

(a) 手术前,分生组织俯视图;(b)、(c)、(d) 手术后分生组织俯视图。(b) 方框为手术的切口,新出现的叶原基 I1 的向轴面不发育,而 P1 和 P2 的向轴面发育不受影响,这说明,分生组织所产生的信号对启动的叶原基 I1 向轴面和背轴面的图式发育有直接的影响。(c) 如果手术的切口范围较小(M^*),新出现的叶原基的向轴面可发育,但改变了方向,由面向分生组织的中心变为向切口的小部分分生组织。(d) 如果切口位于 M^* 和 I1 之间,新出现的叶原基 I1 的向轴面不发育

表 3-2　叶的向轴面和背轴面的决定子（determinant）（Kidner and Timmermans，2007）

蛋白质或小 RNA 家族	在拟南芥中的功能	在叶原基中表达部位	调控作用
类型 Ⅲ HD-ZIPHD-ZIP Ⅲ）	向轴面的决定子，维管束图式形成、分生组织的功能	向轴面	在背轴上受 miRNA166 和 KANADI 蛋白抑制
ARP	向轴面的决定子，抑制 *KNOX* 的表达	都可表达	与 AS1 相互作用，在 tasiRNA 途径上起冗余作用，与 ETT-ARF4 的作用相反
AS2	向轴面的决定子，抑制 *KNOX* 的表达	未知	与 AS1 相互作用，在 tasiRNA 途径上起冗余作用，与 ETT-ARF4 作用相反
KAN（KANAD1）	背轴面的决定子，维管束图式形成	背轴面	在背轴面上为类型 Ⅲ HD-ZIP 蛋白所抑制
ARF	背轴面的决定子，生长素信号传导	ETT：都可表达；ARF：在背轴面表达	为 TAS3 tasiRNA 作用靶物，与 AS1-AS 的作用相反
YAB（YABBY）	背轴面的决定子，叶片的长出	背轴面	在所有已知的叶极性决定子的下游起作用
miRNA166	背轴面的决定子，维管束图式形成	背轴面	裂解类型 Ⅲ HD-ZIP 的转录物
TAS3 tasiRNA	未知	未知	裂解 *ETT* 和 *ARF4* 转录物

1）叶原基向轴面的发育

第一个与叶向轴面-背轴面分化有关的突变体是从金鱼草中分离的 *phan*（*phantastica*）突变体（Waites and Hudson，1995），并已从中克隆了 *PHAN* 基因（Waites et al.，1998）。突变体 *phan* 中较早出现的叶是着生位置较低的叶（即在茎的第二节着生的叶），在叶片的向轴面常出现一些成簇的带有背轴面特征的细胞。在后期发育的一些叶中，叶细胞特征完全被背轴面化，所形成的一些叶的表型如针状，无近-远轴和中-侧轴的分化（图 3-23）。*PHAN* 基因编码一个 MYB 类蛋白（Waites et al.，1998）。*MYB* 是一个很大的基因家族，其中有一些 MYB 成员已经证明是转录因子。拟南芥突变体 *as1*（*asymmetric leaves1*）和 *phan* 的叶形状有许多相似之处（Yang et al.，2006）；拟南芥中的另一个突变体 *as2* 表型与 *as1* 非常相似，*AS2* 基因编码的蛋白质具有亮氨酸拉链结构，可能参与蛋白质间的相互作用。*AS2* 在 35S 启动子控制下的过量表达可使拟南芥叶成为向轴面（向轴面化），这说明该基因产物 AS2 的功能是促进叶的向轴面化或抑制叶的背轴面化（Xu et al.，2002）。

在拟南芥中还发现了另一类与叶向轴面-背轴面分化有关的突变体 *phb-1d*（*phabulosa-1d*）、*phv*（*phavoluta*）和 *rev*（*revolute*），并从中克隆的相关基因是 *PHB*、*PHV* 和 *REV*。强 *phb-1d* 突变体的叶体现强烈的向轴面分化的特征，而背轴面的特征消失，叶型成为棒状；弱 *phb-1d* 突变体的叶子为喇叭状（McConnell and Barton，1998）。突

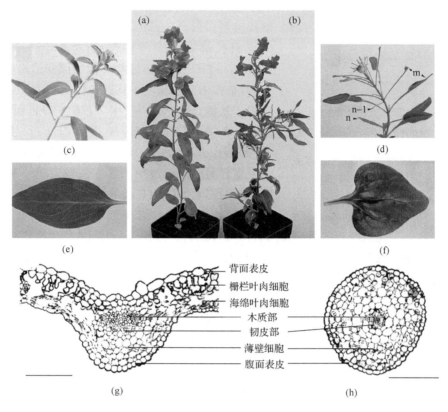

图 3-23　金鱼草(*Antirrhimum majus*)野生型和突变体 *phan* 表型特征(Waites and Hudson,1995)
(a) 野生型植株;(b) 突变体 *phan*-607 植株;(c) 野生型的营养发育阶段的苗段;(d) 突变体 *phan* 相应时期苗段,
但带狭小(n)、针状(n-1)和嵌合性的叶(m);(e) 着生于第二节上的野生型叶;(f) 相应的着生于第二节上的突变体
phan 叶,但叶变宽,成为心形叶;(g) 野生型叶经过叶中脉的横切面组织结构示意图;(h) 突变体 *phan* 叶相应的
组织结构示意图,叶成针状,腹面-背面(向轴面-背轴面)轴性消失,仅带有腹面结构特征

变体 *phv* 的表型与 *Phb* 相似,也表现向轴面化的特点。突变体 *rev* 是多效突变体,主要
影响营养性和生殖性苗的发育,有些 *rev* 等位突变体的叶出现部分背轴面化的表型,如
rev-1 的莲座叶和茎生叶过度生长,当苗抽薹时茎生叶变得既长又窄,沿着叶的长轴叶边
卷起,叶色也比野生型的浓绿(Talbert et al.,1995)。*REV* 的获能突变体 *rev-10d* 和
avb1(*amphivasal vascular bundle1*)的叶维管的形成都受到影响,在这些突变体中,正常
的木质部和韧皮部的内外排列(collaterel)方式变成了辐射状分叉的模式(radial amphivasal
pattern),木质部包围着韧皮部。这与叶的向轴面特性丧失的表型一致。三重突变体 *phb
phv rev* 缺少顶端分生组织,发育出辐射状的子叶和维管体系(Emery et al.,2003)。

　　对上述这些突变体的表型观察及其基因功能的研究表明,基因 *PHB*、*PHV* 和 *REV*
都在促进叶的向轴面分化过程中起着重要作用,也都在叶原基的向轴面上表达。*PHB*
的转录最早可出现与 P0 阶段的叶原基上,随后在 P1 和 P2 阶段的叶原基中的表达增强,
并在叶原基的向轴面上累积。它们是促进向轴面分化和分生组织活性的基因(决定子)
(图 3-24、图 3-25)。这些基因都可归入一类称为类型Ⅲ HD-ZIP(class Ⅲ HD-ZIP)转录

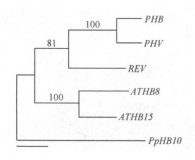

图 3-24　类型Ⅲ HD-ZIP 基因家族
成员系统发生图(Emery et al. ，2003)

因子基因家族,它们编码属于一个同源异型域-亮氨酸拉链蛋白(homeodomain-leucinezipper, HD-ZIP 蛋白),而且都有一个与固醇/脂类结合(sterol/lipid binding)的 START 区域相类似的保守结构域。目前已知,在拟南芥的基因中共有 5 种类型Ⅲ HD-ZIP 转录因子基因(图 3-24),其中 *PHB*、*PHV* 和 *REV* 属于同一个进化支,而 *ATHB8* 和 *ATHB115* 是另外一支。*PHB*、*PHV* 和 *REV* 基因的获能突变均是通过一个核苷酸的取代或由剪接缺失导致的一种小片段的插入而影响 START 区域中的单一密码子(Emery et al. ，2003),即这些基因的突变基因座都在固醇/脂类结合的 START 这个结构域中,从而推测这些变化致使相关蛋白质具有组成性活性。如前文所述,从分生组织中产生的一种信号可使叶发育时形成两种不同的叶面(向轴面、背轴面)(图 3-22),根据这三类基因的突变基因座都在 START 这个结合固醇/脂类的结构域中,有理由认为这种从分生组织中所产生的信号可能是一种固醇/脂类信号物质,它可作为 START 结构区的配位体,因为这些疏水的分子在植物中大量存在,并已知它们有可能与 START 区域结合。同时,基因表达活性检测发现,在突变体器官中的向轴面存在着 *PHB* 和 *PHV* 的转录,说明这些有组成活性表达的蛋白质有可能促进其自身 RNA 的累积,这与顶端分生组织形成信号配位体可调节 PHB 类蛋白质的活性的发现相符。该配位体在器官原基发育中成梯度分布,在离分生组织最近的叶原基的向轴面区最高,这一配位体的浓度可能决定着 *PHB/PHV* 的活性及转录产物的量(McConnell et al. ，2001)。因此,苗端分生组织产生的固醇/脂类信号物质与这三个基因共同作用,共同调节叶向轴面的分化(Bowman et al. ，2002;Golz,2006)。

最近发现,在真核生物基因表达中非编码的小 RNA 起着非常重要的作用。其中一种称为微小 RNA(microRNA,含 20～22 个核苷酸),已被证明参与许多植物发育过程的调控(Floyd and Bowman,2004)。在拟南芥中鉴定的一些 microRNA 作用的靶物都为转录因子,已发现有两个 microRNA (miRNA165/166)可与 5 个 *PHB* 类的 START 区域的短链互补。通过测定体内及体外 *PHB* 和 *PHV* mRNA 降解产物,进一步证实了 miRNA165/166 可对这些基因的表达起负调节的作用(Juarez et al. ，2004;Castellano and Sablowski,2005);因此,推测 *phb* 和 *phv* 这两个获能突变体可对 miRNA 的调节有对抗的作用。实际情况正是如此,如 *phv-1d* 的 mRNA 在体外不被 miRNA 分解。同时体内的实验也表明,表达 miRNA 的拟南芥植株可抑制 *PHB* 和 *PHV* 及烟草的 *PHV* 直系同源物的翻译。结合其他的研究结果,表明 *phb* 和 *phv* 显性突变体的向轴面化的表型是由于这些等位基因所产生的 mRNA 无法降解,而不是由于它们所编码的蛋白质组成性活性引起的。用原位杂交方法分别检测拟南芥的 miRNA165 和玉米的 miRNA166 表达,结果发现这些 miRNA 先在器官原基的基部累积,然后通过韧皮部移动,累积于发育中的器官背轴部位。由此可见,这些 miRNA 的累积是器官已被轴性化的标志,或这些 miRNA 可作为轴性化的信号传导(Golz,2006)。

　　已知有两个途径调节这些基因的表达:其一,除上述的类型Ⅲ *HD-ZIP* 基因成为 miRNA165/166 的作用靶物而被降解外,这些基因也可能与 DNA 的甲基化作用一起加速 *PHB* 基因座的沉默;其二,通过促进叶背轴面分化的决定子(determinant)KAN 蛋白家族[见下述 2)]的基因表达,进而抑制 *PHB* 的表达。miRNA 的作用与 KAN 家族蛋白在决定叶背轴面分化的作用上不同,它既在叶向轴面上排除类型Ⅲ *HD-ZIP* 基因的表达,又界定了这类基因在它们必须表达部位(叶的背轴面和分生组织)的表达水平。如前文所述,拟南芥中 *PHAN* 的同源基因 *AS1* 和 *AS2* 在叶的启动/叶原基早期发育中发挥作用,实际上它们也对叶的轴性形成发挥作用,*AS1* 限定在叶向轴面表达(图 3-25),而 *AS2* 则限定在叶向、背轴面交界的内侧表达。*AS1* 和 *AS2* 促进向轴面的特化作用是在向轴面上抑制 *YAB*(*YABBY*)表达,而 *YAB* 与 *KAN1* 的表达都促进叶背轴面形成(图 3-25)。这一作用可能是通过对 *ARF3/ETT*(*AUXIN RESPONSE FACTOR 3/ETTIN*)调节和通过中介于 miRNAs165/166 的调节而调控类型Ⅲ HD-ZIP 转录因子基因而起作用。*ARF3/ETT* 是目前发现的促进叶背轴面形成的生长素反应因子(转录因子)之一(Kidner and Timmermans,2007)[见下述 2)]。

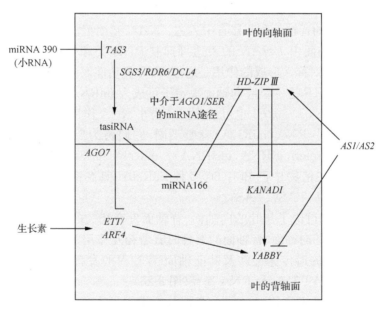

图 3-25　控制拟南芥叶向轴面-背轴面轴性发育基因的相互作用途径(Kidner and Timmermans,2007)
它涉及三个基因途径:TAS3-tasiRNA 途径、类型Ⅲ HD-ZIP(HD-ZIPⅢ)途径及 KAN 和 AS1-AS2 途径。在这些途径上存在基因的冗余(redundant)及基因的相互拮抗。这些途径都汇集于 *YABBY* 基因中。图中,粗线条表示彼此的直接相互作用;"→"表示促进作用;"⊥"表示抑制作用。在 RNA 依赖性的 RNA 多聚酶(RDR)的作用下 siRNA 可产生双链 RNA,拟南芥中的 RDR1、RDR2、RDR6、DCL2 和 DCL3 是产生 siRNA 所需要的酶类。它们降解 mRNA 的机制相同

　　2) 叶原基的背轴面的发育

　　Pekker 等(2005)发现,在 *APETALA3* 的启动子控制下使 KAN(*KANADI*)只在雌蕊中表达时,导致了一种与突变体 *ett*(*ettin*)雌蕊相同表型的突变,并从中克隆了基因

ETT，后来证实它实际上也是生长素反应因子 *ARF3*（*AUXIN RESPOSE FACTOR 3*）。另外还发现 *ETT* 与 *ARF4* 基因双突变的突变体导致叶的向轴面变成了背轴面，同时 *ARF4* 与 *ETT/ARF3* 的转录产物都累积在背轴面一侧（Pekker et al.，2005）。因此，与 *KAN* 一样，*ARF4* 与 *ETT/ARF3* 也是背轴面形成的促进基因或决定子（图 3-25）。

在拟南芥的研究中已经证明有两类基因或称为决定子（determinant），在促进侧生器官（叶和花器官）的背轴面的分化中起重要作用（表 3-2）。其中 *YAB* 家族中的 *YAB2*、*YAB3*、*FIL*（*FILAMENTOUS FLOWER*）和 *KAN* 家族中的 *KAN1*、*KAN2*、*KAN3* 及 *ARF4* 与 *ETT/ARF3* 都可能和叶背轴面的极性分化关系密切（Kinder and Timmermans，2007）。*YAB* 家族基因编码锌指蛋白（zinc finger protein），*KAN* 基因所编码的蛋白质含有与 DNA 特异区结合的 GARP 保守序列。*YAB* 家族中的 *YAB2*、*YAB3*、*FIL* 和 *KAN1* 在叶的背轴面上表达（表 3-3 和图 3-25）。过量表达 *FIL* 或 *YAB3* 可引起拟南芥转基因植株的异位背轴性细胞类型的分化，也导致苗端分生组织发育的停止。突变体 *kan*（*kanad*）原是从促进突变体 *crc*（*crabs claw*）的心皮腹背性异常的作用而被鉴定出来的（Eshed et al.，1999）。*kan1* 单突变时，植株没有明显的表型变化。但是 *kan1* 与 *kan2* 双突变时花器官明显地背轴面化（Eshed et al.，2001）。在拟南芥中，*KAN* 基因主要在胚的子叶、叶原基的背轴面和花器官中表达。*KAN* 基因可能在 *YAB* 基因的上游起作用。金鱼草叶的向轴面中 *PHAN* 的表达可抑制 *PHB* 类和 *YABY* 类的活性。这表明，PHAN 促进器官不对称性形成的作用是通过 PHB 类功能而起作用的。

正如类型 Ⅲ HD-ZIP 这一类叶向轴面决定子可成为 miRNA165/166 的作用靶物而被降解那样，*ARF4* 与 *ETT/ARF3* 也可成为另一类小 RNA 作用的靶物而被降解，不过这一类小 RNA 与微小 RNA（miRNA）有所不同，它们称为反式作用短链干扰 RNA（trans-acting shortinterefering RNA，tasiRNA）。miRNA 和 tasiRNA 都是植物体内合成的小 RNA。目前，在植物中已知有 50 多种 miRNA，但在拟南芥种只发现三了个 tasiRNA 家族，即 *TAS1*、*TAS2*、*TAS3*。

上面我们虽然分别讨论了与叶的向轴面、背轴面发育相关的基因或决定子，但实际上，这些基因在调控叶的向轴面、背轴面的发育时有着相互作用的复杂过程，按目前研究资料归纳，有三条保守的遗传途径涉及叶向轴面-背轴面的发育：类型 Ⅲ HD-ZP 途径；KAN 和 AS1-AS2 途径；TAS3-tasiRNA 途径（图 3-25）。

如上所述，在类型 Ⅲ HD-ZP 途径中，苗端分生组织可产生一种向轴面的促进信号（图 3-22），而该信号的接受是中介于类型 Ⅲ HD-ZIP 蛋白（如 PHB、HV 和 REV），这些基因成为特化叶向轴面的决定子，而 KAN 和 YAB 基因家族起着特化叶背轴面决定子（表 3-2 和图 3-25）的作用。当苗端分生组织不产生向轴面信号时，原来发育成为背轴面细胞的命运将不能完成。此时，YAB 和 KAN 基因的表达将有利于背轴面细胞的发育。*PHB* 及其相关基因活性的作用是使 *YAB* 的表达局限于背轴面内（图 3-25）。

在 KAN 和 AS1-AS2 途径中，AS1 和 AS2 是 *KNAT1* 和 *KNAT2*（背轴面的决定子）的负调节因子，抑制背轴面的发育，同时也促进向轴面决定子类型 Ⅲ HD-ZIP 蛋白的表达。

在 TAS3-tasiRNA 途径中，*ARF4* 与 *ETT/ARF3* 的作用，如 *KNA* 起着对抗向轴面

的决定子的功能(图 3-25)。当叶原基发育到可脱离苗端分生组织信号控制时,控制叶向轴面-背轴面的轴性发育的决定子(基因及其产物)相互拮抗,这对于继续维持原先的极性发育有重要的作用。值得注意的是这三条途径都汇集于 *YAB* 基因中(图 3-25)。*YAB* 基因家族目前包括 6 个关系密切的转录因子成员,*YAB2*、*YAB3*、*FIL* 是其中的三个。它们都在植物营养发育阶段中表达。KAN、ETTIN 与 ARF4 蛋白对 *FIL* 的基因表达起正调节作用,而 AS1-AS2 则在向轴面上抑制 *FIL* 的基因表达。*FIL* 的基因表达有利于背轴面属性形成(图 3-25)(Kidner and Timmermans,2007)。

　　虽然分子遗传学的研究已经找到了一些调节叶极性建立的关键基因,而且目前发现的这些基因大多都是转录因子。因此,进步一揭示这些转录因子的下游基因及其调节机制与相关的信号传导途径,将有助于我们认识叶极性建立的本质。

　　2. 叶的近-远端轴性的发育

　　单子叶植物(如玉米)叶有一个远端(distal)的叶片和靠近基部的近端(proximal)的叶鞘 (图 3-13),而双子叶植物的成熟叶柄离茎轴近而叶片离茎轴远,叶的这些形态特点是按叶的近-远端轴性发育的结果。与叶原基的向轴面-背轴面轴特化研究相比,对叶原基的这一轴性特化的研究比较少。

　　在玉米叶发育的早期,整个叶原基的细胞都发生分裂,后来,细胞分裂呈波浪式地停止,首先是在叶远端,然后逐渐移向叶的近端(基部)。尽管幼叶原基在长约 3cm 时叶远端的细胞分裂已经结束,但是这些细胞依靠细胞增大继续进行广泛的生长,直到细胞分化的最后阶段;细胞分裂停止后,细胞增大与细胞分化也是沿着叶远端向近端波浪式地进行,因而在叶鞘发育开始之前叶片的发育就结束了,以至于在叶发育过程中,有时叶片已经完全成熟了,但叶鞘基部的细胞仍进行着分裂。这种以叶的成熟先在远端再向近端发育的图式称为向基式(basipetal)轴性发育。研究表明,这种叶发育模式可能与生长素向叶原基生长点的极性运输相关。

　　玉米叶的叶鞘和叶片之间分界的特征是形成叶耳(auricle)和叶舌(ligule)。在叶近端轴面上发育成突出状的叶舌,叶舌可阻止水沿叶片进入下面的叶鞘和叶耳。最少有 15 个突变体与玉米叶的这些结构的发育相关,其中突变体 *lg7*(*liguleless7*)和 *lg2* 缺少叶舌和叶耳,这说明基因 *LG7*(*LIGULELESS7*)和 *LG2* 控制着叶舌和叶耳的发育。已发现有 10 个叶舌极性基因(ligule polarity)的突变引起叶鞘变宽,导致在叶片中发育出类似于叶耳、叶舌状的结构。其中,*KN1*、*RS1*(*ROUGH SHEATH1*)和 *LG3* 这三个已克隆的基因,它们都属于类型 I *KONX* 基因成员。研究表明,*KONX* 类基因(图 3-6)与叶的近-远端轴的特化密切相关。许多叶近-远端轴发育有缺陷的突变都以类型 I *KONX* 基因不恰当的表达为特征。

　　在玉米和拟南芥中,类型 I *KONX* 基因都在苗端分生组织中表达,但它们在叶的缔造细胞和叶原基中的表达则被下调。玉米的 *KONX* 基因显性突变导致叶的近端形态,如叶鞘、叶舌和叶耳的发育被远端叶形态的发育所取代,即为叶片的发育所取代。在拟南芥和烟草中异位表达 *KONX* 基因也引起叶近-远端轴性发育的失常,出现叶缘缺裂,一般长在叶柄上的托叶(stipule)出现在叶缘缺裂之间,同时在叶的远端区域或在叶片上还发育出异位芽(ecotopic shoot)。这种类型 IKONX 基因异位表达的表型,可通过玉米 RS2 和拟南芥 AS1(ASYMMTETRICLEAVES1)基因的隐性突变模拟出来,与野生型相比,拟南芥 as1 叶变小并带一个明显的缺裂,叶柄变宽;玉米 rs2 的叶片与叶鞘交界处出现结节状的组织,而且叶远端的叶片深色变成叶鞘似的浅色。RS2 和 AS1 均与金鱼草的 PHAN 同源,这三个基因都是 KONX 基因表达的抑制因子。如前文所述,PHAN 的突变影响叶的向轴面-背轴面轴面的发育,这个基因也可影响叶的近-远端轴性的发育。在玉米中,抑制 KNOX 类基因 RS1 和 LG3 表达的是 RS2;而在拟南芥中,抑制 KNOX 类基因 KNAT1(从拟南芥中所克隆的 KNOTTED 类基因)和 KNAT2 表达的是 AS1(Timmermans et al. ,1999)。AS2 和 BLP(BLADE-LIKE PETIOLE)是与拟南芥叶近-远端轴和中-边轴(见下述)定位有关的两个基因。as2 突变体的叶柄发育成了叶片状,突变体 blp 的叶柄也发育成叶片,叶中 KNAT 基因的表达为 AS2 和 BLP 所抑制。AS2 编码具有 Cys 重复和一个亮氨酸-拉链序列(leu-zipper-like sequence)的 LOB 蛋白(一个位于核内新蛋白质),它在侧生器官的交界处表达。经过对阔叶和窄叶拟南芥突变体 rot3(rotundifolia3)和 an(angustifolia)的研究表明,ROT3 基因的产物为细胞色素 P450(cytochrome P450),它是 P450 家族的一员,并涉及类固醇的生物合成。已发现在叶细胞数量和大小都减少的突变体中,油菜素甾醇(brassinosteroid)的生物合成减少,但在突变体 rot3-1 所克隆的 ROT3 基因只影响叶细胞的大小。此外,拟南芥 BOP1(BLADE-ON-PETIOLE1)和 BOP2 这两个基因也影响叶原基的近-远端轴的发育,这两个基因是 NPR1 类似基因(NPR1-like gene),BOP1 编码的是 NPR1 类似转录因子[NONEXPRESSOR OF PR GENES1(NPR1)-like transcription factor],NPR1 是植物抗性反应中系统获得性抗性(systemic acquired resistance,SAR)的关键调节因子;NPR1 是不同抗病性信号传导途径的交叉点,对调节植物整体的抗病性有重要作用。双突变体 bop1(blade-on-petiole1)bop2 的最早变化的表型出现在叶的形态变化上,野生型拟南芥莲座状的叶按近-远端轴的模式依次发育成叶基部的叶柄和远端的叶片,而突变体 bop1 bop2 具有沿着叶的近-远端轴进行无限生长的能力,导致叶的过度伸长。此外,由于沿叶柄生长的叶片发育受到抑制,使叶的近-远端轴及其相关区域的发育的差别消失,这一个双突变体叶表型与 bop1-1 单突变体的叶表型相似。双突变的实验证实 BOP1 是与 AS1 和 AS2 在遗传上呈现协同作用的基因,这说明 AS1/AS2 和 BOP1 在不同遗传途径上调控叶的近-远端轴性的发育(Hepworth et al. ,2005)。

3. 叶的中-边轴性发育

叶中-边轴性发育相比于向轴面-背轴面轴性的发育要迟。叶的中-边区域的界定是以叶原基发育不久后沿其边缘出现明显的细胞分化带为标志的,并将这些细胞命名为叶边缘母细胞区(marginal blastozone)(Hagemann and Gleissberg,1996),也有人称之为边缘分生区(marginal meristem),在叶原基中是该区的细胞向侧扩展形成了叶片,而中心区的细胞分化为叶脉(图 3-26),与此同时也开始了近-远端轴的发育。

拟南芥突变体 an(angustifolia)的表型特点是叶变窄、变厚(图 3-27)(这种表型只出现在叶和花中)。实验证实,这种表型特点不是由于细胞数量的减少,而是叶的中-边轴

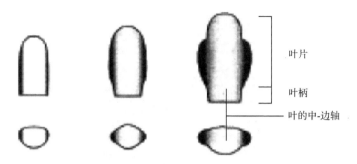

图 3-26　叶的中-边轴发育图示(Dengler and Tsukayat,2001)

从左至右:不同发育阶段的叶原基。上:纵面观(纵切面)示意图;下:俯视面(横切面)示意图。黑色部分表示叶缘
母细胞区

性(叶宽度)细胞伸长缺陷所造成的;突变体中的所有细胞类型都出现这种缺陷,在薄壁细胞中尤为严重。因此,*AN* 基因被认为是在叶的宽度方向可特异性调控叶细胞极性伸长的基因。另有一个突变体 *rot3*,其在叶的长度方向上的发育出现缺陷,其表型为叶变短,但其细胞数不变。在野生型的拟南芥中过量表达 *ROT3* 基因可使叶长增加,但不改变叶的宽度,因此,*ROT3* 基因被认为是调控叶细胞长度伸长的基因(Tsuge et al.,1996)。如前文所述,*ROT3* 编码细胞色素 P450(cytochrome P450),该蛋白带有与类固醇水解酶(steroid hydroxylases)同源的区域,植物细胞色素的同源基因都参与油菜素甾醇(brassinosteroid)的生物合成(Tsukaya,2002)。光是影响叶中-边轴发育的重要环境因子,在弱光条件下,叶柄伸长,抑制叶片的扩大,这就是"避荫综合征"(shade-avoidence syndrome)的症状(图 3-28)。这种现象与调控红光接受信号的光敏色素(A-E)有关(Tsukaya,2005)。

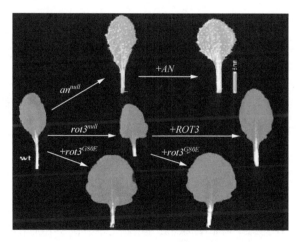

图 3-27　拟南芥叶中-边轴(长-宽)发育的基因控制(Tsukaya,2002)

AN 基因突变的突变体(*an*^*null*)叶变窄、变厚;*ROT3* 基因突变的突变体(*rot3*^*null*)叶变宽、变厚。通过转基因使这些
基因过量表达,可使叶变宽(+*AN*)或叶变长(+*ROT3*)。如果使 *ROT3* 基因发生点突变(G80E)及其过量表达
(+*rot3*^*G80E*),可使叶宽增加、叶柄缩短。因此,*AN* 基因在叶的宽度方向上调控叶和叶柄细胞伸长;*ROT3* 基因是
调控叶和叶柄细胞长度方向上伸长的基因

图 3-28　光对叶的中-边和叶近-远端轴发育的影响(Tsukaya,2005)

拟南芥在黑暗条件下(右)比在光下的叶片变小、叶柄伸长(左)

3.2.5　叶形的发育

　　叶形与上述叶的三个轴性的发育密切相关。叶形因叶尖、叶的基部和叶缘的变化而姿态万千。在单子叶和双子叶植物叶发育的后期,细胞分裂和扩大的模式多种多样,从而使单叶的形状和大小变化很大。有些叶还会发生局部的细胞死亡而产生穿孔。双子叶植物的叶缘可呈现全缘和锯齿缘,锯齿缘有深裂、浅裂、单裂和双裂,然而,更为根本性的变化是复叶(compound leaf)的发育(图 3-29)。在大多数有复叶的植物中,叶原基产生分支,并且沿着边缘产生次级突起。这些突起依复叶的复杂程度可以进一步分支或发育成小叶,而每片小叶都遵循与单叶相同的发育模式(Poethig,1997)。

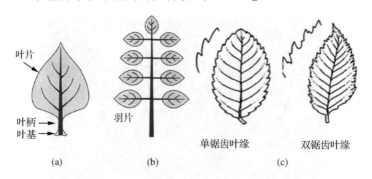

图 3-29　一般双子叶植物叶形示意图(Poethig,1997)

(a) 单叶,全缘;(b) 复叶;(c) 锯齿状叶缘

　　简单地将叶形区分为扁平叶和针状叶。虽然大多数高等植物的叶都有遗传上的特定形状,但作为一个物种进化的一个属性,叶形未必固定成为一种类型。许多植物的叶形为了适应环境都具有可塑性。例如,木本植物形成各种叶形是长期对环境的适应和进化的结果。各种叶都是阳光的接收器,并有利于从气孔周围吸收二氧化碳、蒸发水分、进行光合作用。这些因素的综合和平衡决定着叶的最后形态。例如,针状叶吸收阳光面积很小,

叶表面有很厚的角质层兼具凹陷的气孔,可以防止水分过度蒸发,适合生长在干、寒地带。单、双子叶植物的叶形也有各自的特点。就拟南芥的叶型而言,依其在茎上生长的部位不同,叶型也有差异,基生叶(也称莲座叶)带有叶柄,呈莲座状(rosset),叶片倒卵形或匙形;茎生叶(cauline leaf)无柄,披针形(图 3-30)。以下结合叶边缘的特点叙述单叶叶形(shape)和复叶的形态发育及其调控。

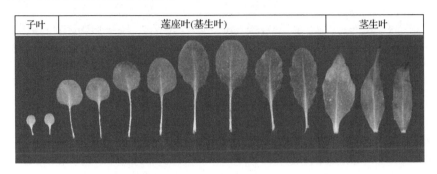

子叶	莲座叶(基生叶)	茎生叶

图 3-30　野生拟南芥(Columbia 型)的各种叶形(Tsukaya,2002)
从左至右为两片子叶、莲座叶和三片茎生叶

1. 叶缘的形态控制

叶缘刻裂的程度决定单叶的形状[图 3-29(c)]。研究发现叶缘刻裂与类型 1 *KNOX* 基因的表达有密切的关系,在拟南芥中可发现叶形不同程度改变的突变体,这是由于叶原基中的类型 1 *KONX* 基因表达被不同程度下调所致(Tsukaya,2005)(图 3-31)。在拟南芥中过量表达类型 1 *KONX* 基因(35S:*KNA1*,即在 35S 启动子控制下的 *KNA1* 的过量表达),可使叶缘呈现不同程度的刻裂(图 3-31,从左起第 4 片叶)(Chuck et al.,1996)。在拟南芥叶发育过程中,已发现至少有两种因子控制叶缘的发育(图 3-31)。其一,通过对生长素输出载体基因 *PIN1* 表达的动态跟踪发现,PIN1 蛋白累积在叶缘汇合点,使生长素沿着叶缘形成最高活性区,引起主叶脉的形成。这一 PIN1 蛋白累积的汇合点不但确定着苗端分生组织启动叶原基的部位,也决定着叶缘刻裂的程度。其二,叶缘刻裂发育也取决于微小 RNA(miRNA16A)及其作用靶物之间的平衡(图 3-32)。基因 *CUC2* (*CUPSHAPED COTYLEDON2*)是 miRNA16A 的作用靶物之一,它编码的转录因子起界定叶分生边界区的功能,因此,挖掘 *GUC2* 或 miRNA16A 表达的影响因子,将有助于了解叶缘刻裂的发育机制。这些因子可能包括生长素和 ATPase,生长素可以调节 CUC2 和 miRNA16A 的表达水平,而参与染色体重构的 ATPase 也调节 *CUC* 的表达。由于干扰细胞分裂也会引起叶缘产生更多的刻裂,有理由推测,CUC 蛋白所作用的下游可能是调节细胞周期的相关基因(Barkoulas et al.,2007)。

2. 单叶与复叶的发育

如拟南芥、玉米这类单叶植物,虽然它们的叶缘有不同程度的刻裂,但不分裂成不同的叶器官,而如马铃薯、番茄和豌豆等具有复叶的植物,它们叶的刻裂深度足于形成多个

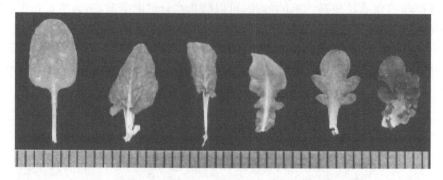

图 3-31　拟南芥由于类型 1*KONX* 基因在叶原基中不同程度的下调引起
突变体叶形的改变(Tsukaya,2005)

从左至右:野生型、突变体 *as1*、突变体 *as2*、突变体 *bop1*、在野生型植株中过量表达 *KNT1*(*35S*:*KNT1*)和在 *bop1*
突变体植株中过量表达从蕨类中分离的类型 1*KONX* 基因(在 35S 启动子控制下过量表达)的表型

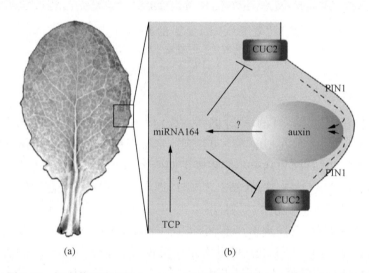

(a)　　　　　　　(b)

图 3-32　拟南芥叶缘刻裂(serration)的发育调控(Barkoulas et al.,2007)

(a) 通过转 *IAA2* 基因(*IAA2*:GUS)的测定表明,在莲座叶刻裂的突出端部存在生长素最高活性区(其中有较强
GUS 表达);(b)在(a)中方框的放大图,在叶缘刻裂发育过程中基因表达的相互作用。在生长素极性运输载体
PIN1 的作用下,生长素按箭头方向进行极性运输,并在叶刻裂的突出端部形成了高生长的活性[如(a)中方框图
所示,有较强的 GUS 表达],启动叶刻裂的形成。突变体 *pin1* 叶缘光滑无刻裂的事实证实了 *PIN1* 在这方面的作
用;在叶刻裂的凹处(sinus)还发现 *miRNA164* 和 *CUC2* 表达的部分重叠和覆盖区域。*CUC2* 是叶缘刻裂发育的
正调节基因;因为 *miRNA164* 基因失能的突变体呈现刻裂加深的表型,同时 *CUC2* 表达的失活可加强这一表型;
而过量表达 *CUC2* 又可获得叶缘深刻裂的表型,这是因为 *CUC2* 的表达可拮抗 miRNA 的作用所致。TPC(类型Ⅱ
TEOSINTEBRACHED1/CYCLODIEA/PCF)转录因子控制 *CUC2* 的表达可能是通过生长素而调节 *miRNA164*
的水平

新叶器官。复叶的小叶片可长在叶轴上,成羽状排列(番茄),也可能在叶柄的远端一起长
出成掌状(大麻的掌状复叶)。复叶的小叶与单叶叶片的显著区别是在单叶的基部具有腋
芽。对于单叶和复叶发育的同源性,曾提出过两种假说。其一,把复叶中小叶视为同等的
单叶;把复叶看成具有部分无限生长结构的类似茎和叶的属性。其二是将整个复叶看成

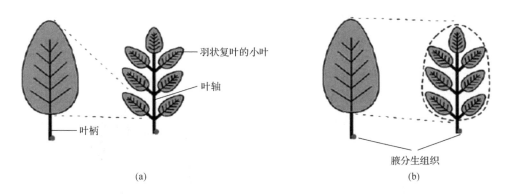

图 3-33　复叶可视为单叶的聚合(a)或一个单叶(b)(Champagne and Sinha,2004)

一个单叶;小叶只不过是叶的刻裂而已(Champagne and Sinha,2004)(图 3-33)。

相比之下,人们对番茄和豌豆叶的复叶形成调控机制研究较多,它们的叶都属于单数(奇数)羽状复叶(unipinnately compound),豌豆复叶基部有一对托叶,还带有两对或更多的侧卷须(tendril)和一个顶端卷须。其小叶是全缘叶,叶的启动顺序是向顶性(acropetal)的;与之相比,番茄的小叶是浅裂叶,其启动顺序是向基性的。在它们的复叶发育中,已发现许多单基因突变引起的突变体,这为复叶发育的遗传与分子控制的研究奠定了良好的基础(表 3-3)。

表 3-3　番茄复叶突变类型及其表型描述(Sinha,1999)

突变类型	叶片扩展数量	突变体名称	突变体表型
类型Ⅰ	无展开的叶	*wiry*、*wiry*-3、*wiry*-6	
类型Ⅱ	单叶或接近单叶或复叶程度大为降低	*Lanceolate*、*entire*、*lyrata*	
类型Ⅲ	小叶边缘全缘或刻裂程度降低	*solanifolia*、*potato leaf*	
类型Ⅳ	小叶高度分生	*Mouse ears*、*Curl*、*Petroselenium*、*bipinnata*、*complicate*、*clausa*	

从表 3-3 中可见,番茄复叶的突变体可分为 4 个类型:类型Ⅰ突变是小叶叶片缺失,如 *wiry* 类突变,它与金鱼草的突变体 *phan* 类似;类型Ⅱ突变使复叶呈现单叶化的倾向;类型Ⅲ突变是改变小叶叶缘的刻裂程度,其中 *Lanceolate* 是显性负突变;类型Ⅳ突变使叶的各种结构都增加(Sinha,1999)。

在豌豆中也鉴定了一些有关复叶发育的突变体。如图 3-34 所示,野生型豌豆的复叶由两片小叶状的托叶着生于叶轴的近端(基部),一对或两对小叶及卷须着生在叶轴远端

（顶部）。实际上，托叶与卷须都是变态叶。突变体 $af(afila)$ 是隐性突变，它的两个小叶变成了卷须。突变体 $tl(tendril\text{-}less)$ 也是隐性突变，它的卷须却变成了小叶。突变体 $uni^{tac}(unifoliata\ tendrilled\ acacia)$ 位于顶端的卷须变成了小叶，双突变体 $af\ tl$ 的表型则出现高度分支的叶轴而在其顶部产生非常小的薄片结构（laminate）。

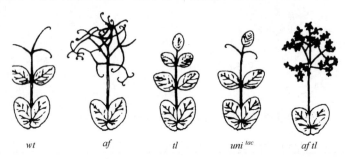

图 3-34　豌豆复叶及其有关的突变体表型

从左至右：野生型（wt）突变体 $af(afila)$、$tl(tendril\text{-}less)$、$uni^{tac}(unifoliata\ tendrilled\ acacia)$ 与 $af\ tl$ 的双突变体（Howell，1998）

　　研究表明复叶的发育与类型 1KONX 基因的特异性表达密切相关。该基因在苗端分生组织中转录而在单叶叶原基中被专一性地下调，但在复叶的叶原基中却保持着类型 1KONX 基因 mRNA 的表达，因而使发育中的复叶的叶原基重新获得一个如苗端分生组织那样相对无限发育的环境，利于小叶原基发生。通过基因转化将类型 1KONX 基因（如玉米的 KNI 和番茄的 Let6）转入番茄中，使该基因过量表达，将导致小叶原基反复形成，可形成超过 2000 个羽状小叶的"超级复叶"（图 3-35）（Hareven et al.，1996）。将玉米的 KNI 基因分别转入番茄复叶减少的突变体（potato leaf、trifoliate 和 Petroselenium）中，该基因的过量表达也可使转基因突变体的小叶增加。如前文所述，将 KNI 在拟南芥和烟草的单叶中过量表达，只导致单叶叶缘产生刻裂而不形成复叶，由此看来，只有 KNI 基因的表达并不足以使单叶成为复叶，它对复叶的发育只是在量上的强化作用（Champagne and Sinha，2004）。

图 3-35　番茄的复叶（左）和转化 KNI 基因的番茄"超级复叶"（右）（Hareven et al.，1996）

　　值得注意的是，类型 1KONX 基因在豌豆复叶中表达与在番茄中表达不同，在已启动的豌豆叶原基上该基因总是被下调或被抑制；同时，通过基因转化将类型 1KONX 基因在豌豆中过量表达，却观察不到如在番茄中的那种复叶增加的倾向，这说明可能存在另一个控制复叶发育的机制。已有研究表明，类型 1KONX 基因对番茄复叶形成的调控作用，在豌豆中，完全被称为 UNI（UNIFOLITATA）的基因所取代。豌豆的 UNI 与拟南芥花分生组织属性基因（floral meristem identity gene）LEY（LEFY）和金鱼草中的 FLO（FLORICAULA）是同源基因。这些基因都可能涉及复叶形成的另一种调控机制。在豌豆的突变体 uni 中，其复叶变成单叶，UN1 基因通常在发育的叶原基中表达。在拟南芥中，异位表达 UFO（UNUSUAL FLORAL ORGANS）（另一个花分生组织属性基因）使叶缘出现刻裂，呈现出如突变体 asl 相似的表型（图 3-31），不同的是这种转基因植株（35S:UFO）带刻裂叶表型的出现取决于 LEY 的存在（Champagne and Sinha，2004）。

3. 细胞分裂和增大与叶形的发育

对叶形的发育与细胞周期的关系已做过大量的研究。据对拟南芥第一营养叶远轴面的研究表明，在叶启动后的 9 天中细胞分裂速率基本不变，再过 4 天后开始下降，此时核内复制（endoreduplication）已启动。叶原基的向轴-背轴、近-远端轴性发育后，叶片大小和厚度将由叶缘和叶片分生组织（周-边轴性）发育所决定。这一轴性发育是以区域性生长的促进或抑制为特点，有人将这一时期的形态发生称为初级形态发生（primary morphology）（Dengler and Tsukaya，2001）。细胞增殖和细胞增大在叶近-远端轴和中-边轴两个方向上控制着叶形的发育。拟南芥的一个突变体 rot4-1D 的叶呈现截短状，这是因为其叶近-远端轴上的细胞数减少。说明 ROT4 基因控制该方向上的早期细胞增殖。在拟南芥的基因组中有 22 个 ROT4 同源基因，它们都带有 RTF 区（含 29 个保守的氨基酸），如果将 ROT4 基因的 RTF 区序列通过基因转化在拟南芥中过量表达，也足以使转基因植株的叶长减少。另一突变体是 AN3（ANGUSTIFOLIA3）基因失能突变的突变体，叶子变窄。这是由于叶片随机各向的细胞分裂减少的结果，但目前叶中-边轴（叶宽）方向上特异性细胞增殖缺失的突变体还有待发现。AN3 基因编码一个转录因子辅助激活因子。尽管突变体 an3 叶的细胞分裂频率降低了，但叶细胞的增殖时期不缩短，这就是使其叶细胞数减少的原因。但是该突变体最终叶细胞的总体积比野生型的要大许多。这说明在一定程度上细胞体积和细胞数有相互补偿的作用（Tsukaya，2005）。

3.2.6　叶脉的图式形成及其控制

植物的维管束组织来源于维管形成层和原形成层。维管形成层是植物进行次生生长时由原形成层及其一些薄壁细胞所分化出来的类分生组织。叶脉从原形成层细胞分化而来，而原形成层是叶原基中的分生组织重新分化产生的组织。原形成层细胞呈现出狭长、富含细胞质的特点，它们源于叶原基的亚表皮细胞组织（subepidermal tissue），这类组织特称为基本分生组织。它们经增殖、伸长与分化形成叶脉。要确定在叶发育中何时开始叶脉的发生是比较困难的。有关维管束图式形成的中心问题是哪些分子信号如何通过对原形成层细胞的启动，以及促进其细胞分裂和分化，发育成木质部和韧皮部。

研究表明，在拟南芥中，基因 ATHB-8 可作为原形成层出现前的分子标记（ATHB-8

和 *PHB*、*PHV* 及 *REV* 同属一个基因家族,是类型 Ⅲ *HD-ZIP* 同源异型基因成员之一),如果将它与报告基因(*GUS*)构建成融合基因的表达载体并转化拟南芥,通过检测 *GUS* 表达(蓝色)的状态就可以了解原形成层发生的时间。这些研究结果表明,拟南芥叶脉纵向发育图式的雏形是在叶长发育至 2mm 大小时基本完成。各级叶脉是依次连续发育的。叶早期发育的形态发生在时间上与叶脉发育一致(Scarpella et al.,2006)。

1. 叶脉图式

叶脉图式(venation pattern)体现了叶型的显著特点,如图 3-36 所示,双子叶植物的叶脉可分为 4 个等级,第一个等级是叶的主脉(1),依次是主脉的第一级(2)、第二级(3)和第三级的分枝(4)(侧脉)[图 3-36(a)]。单子叶植物的叶脉最少也可见三个等级,其叶脉都是沿叶的长轴(近-远端轴)平行分布的,主脉最长,这些平行的叶脉与那些细小的称为叶联接维管束(commissural vein)相互联结成叶的维管束网,并与其他维管组织联结。叶维管束中的木质部负责输送水分和可溶性盐分,而韧皮部输送光合产物。根据这两个部分在叶脉的空间排列方式,叶脉呈现 4 种不同的横切面图式(transsectional pattern),即韧皮部(P)位于维管束外侧的外韧式(collateral)、双外韧式(bicollateral),木质部分布于维管束周边的周木式(amphivasal)与周韧式(amphicribral)[图 3-36(c)~(f)](Dengler and Kang,2001)。

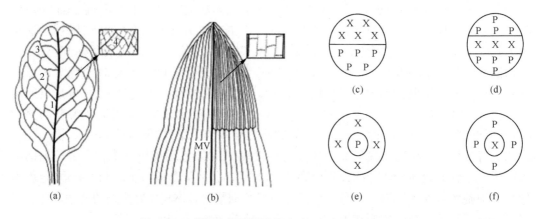

图 3-36　叶脉图式示意图(Dengler and Kang,2001)

(a) 双子叶植物 4 级叶脉;(b) 单子叶植物的平行叶脉;(c)~(f) 叶脉横切面图式;(c) 外韧式;(d) 双外韧式;(e) 周木式;(f) 周韧式

2. 叶脉图式形成的调控机制

1) 叶脉图式有关的突变体及其相关基因

在拟南芥中已发现了有许多与叶近-远端轴性方向上的叶脉图式相关的突变体(Dengler and Kang,2001)。例如,突变体 *tkv*(*thickvein*)是隐性突变,其表型特点是叶脉和花序轴的维管束增厚,突变体 *scf*(*scarface*)和 *vascular network3* 表型的显著特征是叶脉的连续性受阻,形成叶脉岛型结构(vein island),突变体 *mp*(*monopteros*)和 *ax6* （*auxing resistan 6*）的表型则表现出主脉与二级脉之间的联结减少,突变体 *tornado1* 在早期也称 *lop1*（*lopped1*）,其表型特征为主脉分叉,第 4、5 级脉的脉网大为减少,叶片有相当一部分没有叶脉的分布。进一步分析发现,突变体 *lop1*、*scf* 和 *mp* 表型形成都与生长素的极性运输及信号传导的缺失有关。另外,用生长素处理拟南芥幼叶原基,可以诱导叶脉的形成,生长素极性运输抑制剂三碘苯甲酸、输出载体抑制剂 α-氯-9 羟基-芴-9 羟酸（2-chloro-9-hydroxyfluorene-9-carboxylic acid,HFCA）和萘基邻氨甲酰苯甲酸（N-1-naphthylphthalamic acid,NDA）处理的实验都表明生长素的信号传导、极性运输在幼叶器官维管束图式形成中有重要的调控作用（Mattsson et al.,1999）。

目前利用叶脉突变体克隆的基因中,已证实基因 *MP*（*MONOPTEROS*）/*ARF5*（*AUXIN RESPONSE FACTOR5*,生长素反应因子 5）、*BDL*（*BODENLOS*）/*IAA12*（这两个基因在胚胎图式形成的作用见第 2 章 2.2.2 第 2 节）和 *AXR6*（*AUXIN RESISTENT*）与不完整的维管束及胚轴和胚根的缺失有密切的联系。*MP* 和 *BDL* 基因分别编码 ARF5 和 IAA12（生长素早期反应蛋白之一）,它们的表达都依赖于生长素。*MP* 基因突变后,*ARF5* 的基因功能也随之消失,而 *bdl* 突变是由于 *IAA12* 基因的突变。生长素反应因子（ARF）与生长素早期反应基因（如 *AUX*/*IAA*）启动子中的 TGTCTC 序列特异性结合后调节着生长素反应基因的表达,TGTCTC 序列常称为 AuxRE 元件（auxin response element,生长素反应元件）。*AUX*/*IAA* 基因（如 *IAA12* 这一类生长素反应基因）所编码的蛋白质常含有称为Ⅰ、Ⅱ、Ⅲ和Ⅳ区的保守区域。通过区域Ⅲ的结构,Aux/IAA 蛋白可与 ARF 蛋白形成异二聚体,从而调节 ARF 蛋白质功能（图 3-37）。BDL 蛋白可能是通过这种机制干预 MP 的功能。

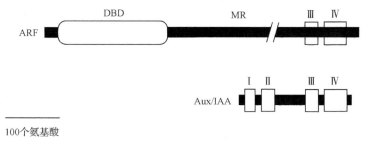

图 3-37　生长素反应因子（ARF）与 Aux/IAA 结构示意图（Liscum and Reed,2002）
ARF 与 Aux/IAA 都是转录因子,控制着生长素作用的基因表达。ARF 含 DNA 结合区（DBD）、序列可变的中央区（MR）和 C 端的Ⅲ/Ⅳ区,Aux/IAA 含Ⅰ区和Ⅱ区及Ⅲ/Ⅳ区（该区与所有 ARF 类的Ⅲ/Ⅳ区都是非常保守的结构）

2）叶脉图式形成与生长素极性运输

植物发育时,维管束沿着生长素极性运输的方向（从苗端向根的方向）形成,维管束的形成是由生长素的这种运输方式的所诱导。对此,Sachs（1969b）曾提出过汇集流假说（canalization hypothesis）,试图对维管束的形成作出解释。Sachs 认为由于生长素的极性运输,高浓度的生长素将流经一些细胞,经历这种生长素流的细胞将比其邻近的细胞吸收更多的生长素,这些细胞之间生长素水平的微小差异可通过一种正反馈的放大机制,使继续进行生长素极性运输的细胞形成生长素"流",有如小渠之水汇集成溪进而成河那样,使得这种运输变得越来越有效。这种汇集流的结果,导致这些通过生长素"流"的狭小细胞列分化出维管束(Sachs,1969b)(图 3-38)。

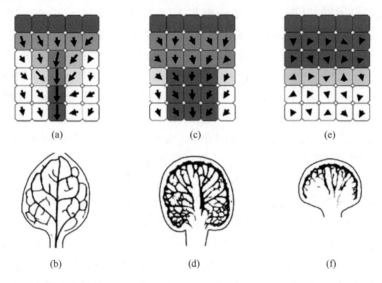

图 3-38　生长素在叶脉图式形成中作用机制的汇集流假说图示(Reinhardt,2003)

(a) 生长素汇集流决定维管束形成,形成生长素的细胞(最上层细胞)被认为处于叶缘区域,其邻近细胞(第二行细胞)将生长素往下运输,在这个过程中,含有较高浓度生长素的细胞被诱导累积更多的生长素,并继续往下输送生长素,随之也在细胞中累积更高浓度的生长素,使生长素的运输变得越来越有效(如中间一列细胞)。这种汇集流的结果,导致有一个狭小的细胞列分化出维管束。(b) 拟南芥叶脉的正常图式。(c) 生长素极性运输被一定程度抑制将导致汇集流效率降低,使生长素流通的"渠道"(维管束)变宽。(d) 用低浓度的生长素极性运输抑制剂处理拟南芥后,其叶脉偏向于在叶缘处发育,并变厚,在叶中部和基部的叶脉发育减少。(e) 生长素极性运输被强烈抑制后导致生长素累积于形成生长素细胞四周细胞中,汇集流基本消失。(f) 相应于(e)中的生理状态下的拟南芥叶脉的分化基本被局限于叶缘的四周细胞中

　　在拟南芥的子叶和叶维管束异常的突变体中,鉴定了 *lop* 和 *scf*,它们是由于其中的生长素的极性运输和生长素的敏感性缺失引起维管束图式形成异常。从这些突变体表型分析、所克隆的相关基因结构功能分析,以及生长素极性运输抑制剂处理对叶维管束发育影响等大量的实验证据都支持这一假说。生长素极性运输输出载体 *PIN1* 基因对此有重要的作用,该基因突变的突变体除出现针形(pin-shaped)的花序、茎与叶过度维管化的表型特点外,生长素极性运也减少。拟南芥 *AtPIN1* 基因在分化成原形成层的前体细胞(pre-procambial cell)中表达,而且它的表达先于原形成层的分化,这说明在形成维管束的叶表皮中,在其原形成层分化之前就存在着生长素的极性运输流。无疑汇集流的假说对叶主脉形成的解释是有说服力的。但主脉及其与支脉所形成的网络体系几乎是同时进行的,在这种情况下叶维管的图式形成的调控并非通过汇集流而是通过扩散反应机制(reaction-diffusion mechanism)。这一支脉网络体系的形成是基于维管分化的一种短距离的自我催化的激活因子(short-range autocatalytic activator)和从这些被激活细胞中释放的长距离抑制因子综合作用的结果。尽管扩散反应机制的数学模式可以重建叶脉的网式结构,但这些自我催化的激活因子长的距离抑制因子尚有待鉴定。也许在生长激素浓

度不断升高的细胞中所累积的生长素可能引起短距离的自动催化的激活作用,而其周围细胞中生长素的流失就造成维管分化的远距离的抑制作用。因此,生长素的极性运输也许能起着这两种功能的作用(Scarpella et al. ,2006)。

根据实际情况的不同,汇集流和"扩散反应"以有如一枚硬币的两个面的方式在叶脉图式形成中起作用。实际上,生长素极性运输或生长素反应功能缺失的突变体都表现出叶主脉或支脉异常的表型。对生长素特异性报告基因(DR5:GUS)转化表达的模式研究表明,它先在主脉中表达,随之在分支脉中表达,最后在所有的叶脉中都可见到它的表达。除基因 PIN1 外,MP、BDL 和 AXR6 都是与生长素反应有关的基因。它们都是叶脉和维管束图式形成所要求的基因(Reinhardt,2003)。

目前的研究表明,还有一些因子影响维管束图式形成。已发现在一些维管束图式形成异常的突变与生长素的极性运输和生长素的敏感性无关,如 cvp1 和 cvp2(cotyledon vascular pattern1 and 2)。cvp1 的表型呈现花序节间缩短、子叶维管束程度降低,而茎中则过渡维管束化。cvp2 的表型正常,但沿维管长度方向上的维管细胞数减少。CVP1 基因编码涉及类固醇合成的固醇甲基转移酶(sterol methyltransferase,SMT2),该基因功能的缺失可由另一个相关基因 SMT3 的超表达加以补偿。CVP2 基因编码一个双磷酸磷酸转移酶[synaptojanin-like phosphatidylinositol (4,5)-bisphosphate phosphatase]蛋白。从维管原细胞(provascular cell)特异表达的基因中鉴定了一个 VH1(VASCULAR HIGHWAY1)基因,它编码一个与 CLAVATA 1 和 BRASSINOSTEROID INSENSITIVE 蛋白相似的产物,并具有一个带富含亮氨酸重复单元的胞外区(extracellular domain)和一个 Ser/Thr 蛋白激酶胞内区。这一拟受体蛋白的作用可能是在维管原细胞中接受分化和增殖的信号。一些与维管束网络体系有关的突变体,如 van1-7,它们与生长素极性运输及对生长素反应的相关性有待于确定。VAN3 基因的突变将导致维管束片段化、连续性被破坏。VAN3 基因编码单一型的 ARF-GTPase 激活蛋白(GAP),VAN3 蛋白位于高尔基体网中,它的功能可能是负责对维管束形成所要求的生长素信号传导相关小泡的运输(Reinhardt,2003)。

综上所述,叶原基中某些信号与生长素及其极性运输成为植物维管束图式形成的主要决定子,但还有一些因子,如类固醇和一些膜蛋白也参与其中。细胞分裂素是促进维管束原形成层细胞分裂的重要因子。WOL/CRE1 基因编码细胞分裂素受体蛋白基因,如它发生突变将导致所有的原形成层细胞都分化成原生木质部。了解上述各种因子在维管束图式形成中的相互作用,将有利于揭示叶脉体系与植物维管束图式形成的调控机制。

3.3　侧生器官——侧枝的发育

侧枝也称为分枝。植物的分枝及其排列与取向决定着植物地上部分的结构式样。如前文所述,植物的苗端分生组织保持无限生长的特性,即从苗端分生组织可连续发育出重复发育单位(metamer/phytomer),产生叶、着生叶的节、间和叶腋芽(图 3-12);而侧枝是腋生分生组织(axillary meristem)分化出来的侧生器官。因此,多数植物的叶序图式决定着侧枝的式样。另外,苗端分生组织经历有限营养发育程序形成一定数量的重复发育单位后,将产生生殖结构。尽管重复发育单位包括的单元比较恒定,但在形态上也呈现一定的多样性。例如,拟南芥苗端分生组织首先发育出的重复发育单位的特点是包括叶片较大的莲座叶、一个短节和一个在形态上难于检测出来的腋芽,随后发育出的几个重复发育单位特点则包括较小的叶、一个较长的节和一较大的腋芽,然后发育出生殖结构。花可以看成是非常短的节,而腋芽是被抑制的一种压缩茎(compressed shoot)。豌豆的重复发育单位又有所不同,其叶腋中除有一个腋芽外还有一个特称为副芽的叶腋分生组织(accessory meristem)。

3.3.1 植物分枝方式

单子植物的分枝方式与双子叶植物有所不同,水稻的分枝称为分蘖(tiller)。归纳起来,植物侧枝的分枝方式有 5 种类型(巩鹏涛和李迪,2005):二叉分枝(dichotomous branching)、单轴分枝(monopodial branching)、合轴分枝(sympodial branching)、假二叉分枝(falsedichotomous branching)和分蘖(tiller)(图 3-39)。二叉分枝的植物分枝时顶端分生组织均分为二,形成各自的生长轴,各个生长轴又以同样的方式发育出两个分枝轴,这是比较原始的分枝方式,苔藓和蕨类植物具这种分枝方式[图 3-39(a)]。单轴分枝是指植物顶芽发育成为粗壮的主干,而由下向上的各级分枝长度依次缩短,使树冠呈尖塔形,这种分枝多见于裸子植物,如柏、杉、水杉、银杉等;也包括部分被子植物,如模式植物拟南芥就是这种分枝方式[图 3-39(b)]。合轴分枝是指植物的顶芽生长迟缓,或者过早枯萎,或者成为花芽,顶芽下面的腋芽迅速代替顶芽,如此反复交替进行分枝的发育,而主干由许多腋芽发育的侧枝联合组成,称为合轴分枝,是一种较进化的分枝类型,大多见于被子植物,如番茄、马铃薯、桃、李、苹果、无花果、桉树等[图 3-39(c)]。假二叉分枝是指具有对生叶的植物顶芽停止生长后,或顶芽转为花芽开花后,顶芽下面两侧的腋芽同时迅速发育成两个如叉状的侧枝[图 3-39(d)]。这种分枝实际上是合轴分枝的变形,与真正的二叉分枝有根本区别。假二叉分枝多见于叶对生的植株,如被子植物木犀科和石竹科的丁香、茉莉、石竹等。分蘖是指禾本科植物(如水稻)的分枝方式,这种分枝和上面所说的分枝方式不同,它们是由地面下和近地面的分蘖节(根状茎节)上产生腋芽,然后腋芽形成具不定根的分枝,在分蘖上又可继续分蘖,依次形成一级分蘖、二级分蘖,依此类推。分蘖是高等植物在生长发育过程中形成的一种特殊的分枝[图 3-39(e)]。

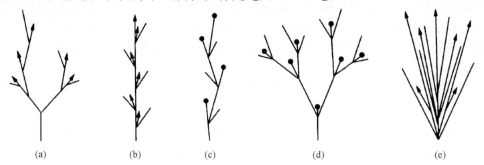

(a)　　　　　(b)　　　　　(c)　　　　　(d)　　　　　(e)

图 3-39　植物的分枝类型(巩鹏涛和李迪,2005)

(a) 二叉分枝;(b) 单轴分枝;(c) 合轴分枝;(d) 假二叉分枝;(e) 分蘖;箭头代表不定型分生组织,圆点代表定型分生组织

3.3.2　腋芽发育的突变体及其相关基因的功能

这里列举的与分枝有关的突变体主要是从拟南芥、玉米、番茄和豌豆中分离和鉴定的突变体。根据它们对腋生分生组织形成和生长的影响可分为三个类型：①影响腋生分生组织启动的突变体，如 rev（revolute）、pid1（pinhead）、moc1（monocuml）、ls/las（lateral suppressor）和 blind/tororsa 等；②与腋生分生组织快速生长有关的突变体，如 max（more axillary growth）、rms（ramousus）和 dad（decreased apical dominance）等；③与分生组织启动及其生长都有关的突变体，如 supershoot/bushy 和 tb1（teosinte brached1）等（Ward and Leyser，2004）；④与生长素作用相关的突变体，如 axr1 和 pin1。值得注意的是，max1、max3、max4、rms1 和 rms5 以及 dad（decreased apical dominance）也与生长素作用模式中有待鉴定的新物质有关（见 3.3.3 第 4 节）。现将其有代表性的突变体分述如下，另一些突变体将在相关的内容中简述。

1. 与腋生分生组织启动有关的突变体及其相关基因

番茄突变体 las 在营养发育阶段，其腋生分生组织完全被抑制。LAS 基因编码的蛋白质是一个植物特有的 GRAS 家族蛋白，其显著的特点是带有保守的 VHIID 结构区域，该基因与拟南芥的 LS（LATERAL SUPPRESSOR）基因为直向同源基因。LAS/LS 的功能可能是防止腋生分生组织的过度分化，但可维持其分生组织的分生活性。

我国学者李家洋研究组从水稻中鉴定了一个单秆突变体 moc1（天然突变体），它除主茎外没有任何分蘖。MOC1 基因所编码的蛋白质与番茄 LAS 同源性高达 44%。MOC1 基因的功能是控制腋生分生组织的启动和分蘖芽的形成，同时还能促进分蘖芽生长（Li et al.，2003）。

2. 与腋生分生组织快速生长有关的突变体及其相关基因

从豌豆中鉴定出了 5 个 rms 突变体（rms1-5），它们的表型特点是在多数节上的分枝增加。rms1 的分枝增加，涉及远距离信号控制机制。目前证实有两种可嫁接的远距离传递信号：反馈型的信号和抑制分枝的信号（Morris et al.，2001）。

变变体 max 是从拟南芥中鉴定的多分枝突变体（max1-4），属于 MAX 基因座的隐性突变［图 3-40（c）］，其表型与 rms 和矮牵牛（Petunia）中的 dad 相似，表现出侧枝增加。如果把 max1、max3 和 max4 的茎段分别嫁接到野生型的根部，则与 rms1、rms2 和 rms5 被嫁接时的表现一样，都恢复出野生型性状，侧枝减少。这表明，在野生型拟南芥茎、根部存在的 MAX1、MAX3 和 MAX4 基因起着抑制分枝的功能。MAX4 基因所编码的蛋白质是多烯链双加氧酶（polyene chain dioxygenase）超家族的成员之一。这个超家族成员还包括拟南芥中的类胡萝卜素裂解双加氧酶（carotenoid cleavage dioxygenase，CCD），该酶与 ABA 生物合成的 VP14 蛋白有关。系统进化分析表明，MAX4 和 CCD 属于不同的独立进化分枝，而且 max4 的表型和 MAX4 在 ABA 合成中的作用是不相符的。据此认为，MAX4 很可能作为一个 CCD，在合成一种可移动的抑制分枝的物质中起作用，但这种物质不可能是 ABA。MAX4 和 RMS1 是同源基因，它们的表达水平很低，生长素可上调它们的表达(Ward and Leyser,2004)。

图 3-40　豌豆 *rms1*、拟南芥 *max4-1* 突变体及其野生型的表型比较(Ward and Leyser,2004)
(a) 野生型豌豆;(b) 豌豆 *rms1*;(c) 拟南芥 *max4-1* 突变体;(d) 野生型拟南芥。由于腋芽的生长,*rms1* 和 *max4* 的
分枝增加

3. 与腋生分生组织启动及其快速生长都有关的突变体及其相关基因

玉米的分枝十分有限,偶尔有 1 个或 2 个侧枝,也称为分蘖,枝短并被雌性化,而玉米的野生型祖先——墨西哥蜀黍却是高度分枝化;在正常的生长条件下,分枝成为雄穗。突变体 *tb1*(*teosinte branched1*)是从玉米中鉴定的隐性突变体,它的表型与蜀黍和玉米都不相同,其节上高度分枝并带有二级和三级的分枝,节间伸长,而节数增加。在一些高节位的节上发育出长长的带有雄穗(tassel)的侧枝,而在基部节上出现分蘖。因此,*TB1* 基因有抑制侧枝生长和雄花形成的功能。原位杂交显示玉米中的 *TB1* 基因在腋生分生组织和穗原基的雄蕊中表达,且表达水平与这些组织的生长呈负相关,这与它抑制这些组织生长的功能相一致。*TB1* 基因属于 TCP 蛋白家族成员,是转录调控因子(Kosugi and Ohashi,2002)。

一个超多分枝的拟南芥突变体 *sps*(*supershoot*)叶中的 Z-型细胞分裂素比野生型增加了 3～9 倍,其腋生分生组织大量增加,同时原来被抑制的芽也成为活性的芽,因而从莲座叶和茎生叶中反复形成分枝,单个植株便可产生 500 多个花序,基因 *SPS* 在叶腋中强烈表达,其所编码的是一个细胞色素 P450(cytochrome P450)蛋白,在调节细胞分裂素水平上起着重要作用(Tantikanjana et al.,2008)。另一个拟南芥突变体 *bus1-1*(*bushy*)的表型也是多分枝、皱叶,其维管束分化受阻;这种表型是由于 *CYP79F1* 基因中有一个转座子 *En-1* 插入所致。*CYP79F1* 基因所编码的蛋白质属于细胞色素 P450 蛋白家族的成员,可调控由甲硫氨酸合成硫代葡萄糖苷(glucosinolate)(Reintanz et al.,2001)。

在 *sps/bus* 突变体中 IAA 和其前体吲哚-3-乙腈的含量也增加（Tantikanjana et al.，2001）。*SPS/BUS* 基因在叶腋处有较强的表达，这也证明了腋生分生组织的形成和生长与生长素水平有关。*SPS/BUS* 编码的蛋白质都属于细胞色素 P450 超家族中的 CYP79F1 亚家族的成员，在吲哚葡萄糖苷合成 IAA 的分支代谢途径中，通过氧化氨基酸生成乙醛肟（葡萄糖苷合成的第一步）来控制 IAA 的合成（Reintanz et al.，2001）。

拟南芥突变体 *rev* 是一个多效性的突变体。*REV* 基因的突变导致侧分生组织和花分生组织减少。*REV* 基因编码的蛋白质是带同源域/亮氨酸拉链（homeodomain/leucine zipper）蛋白，它包含一个 START 固醇/脂类结合域，它的相关功能在叶的极性发育中已讨论过（见 3.2.4 的第 1 节）。*REV* 基因可能和 *STM* 基因一样，是侧生分生组织和花分生组织形成所必需的，在不同的发育时期，*REV* 基因与 *STM* 和 *WUS* 基因表达相配合，从而激活侧枝分生组织调控因子的表达（Tantikanjana et al.，2008）。

3.3.3　双子叶植物侧枝发育的特点

双子叶植物侧枝发育在其腋生分生组织的来源、启动和生长，以及对植物激素的反应方面都有别于单子叶植物分枝的发育。

1. 腋生分生组织的来源

关于腋生分生组织的来源或个体发生（ontogeny）有着两种完全不同的观点，经历着长期的争论，各有一定的依据。一种观点认为腋生分生组织是叶原基发生时直接来源于苗端分生组织的细胞，且一直保持着它们的分生特性；另外一种观点认为，腋生分生组织是在叶腋处完全重新形成的分生组织。例如，在拟南芥和番茄生长发育的后期阶段，在叶腋处就可识别出分生组织，也可见有较大的腋芽；但在较早发育的拟南芥着生莲座叶（rosette leaf）节上的叶腋处，在形态学上检测不到腋生分生组织的存在。因此，至少在形态学的角度上看，这些腋生分生组织是在生长发育的后期，即在苗端分生组织最终分化进入生殖生长期后，是叶腋处的细胞通过分化重新获得分生能力的腋生分生组织（Long and Barton，2000）。

按所有的发育重复单位都是相等的观点，即这一单位包括一个叶、一个节和腋芽的观点，不同植物的腋芽应该经历相同的个体发育。为了证实这一点，曾采用分子标记方法进行过研究。例如，拟南芥中的 *STM*（*SHOOTMERISTEMLESS*）是分生组织一个理想的分子标记，它是在苗端分生组织中表达的基因，在叶中它的表达是被抑制或下调的，其功能是使苗端分生组织保持分生活性。实验表明，在腋生分生组织的形态出现之前就可明显地检测到 *STM* 表达活性，同时，在腋芽减少的突变体 *rev* 中却检测不到 *STM* 表达活性。此外，在番茄 *LAS*（*LATERAL SUPPRESSOR*）基因座失能突变体 *las* 的营养性节上，因其腋生分生组织的发育不良而引起分枝减少；拟南芥中的 *LS*（*LATERAL SUPPRESSOR*）是番茄 *LAS* 基因的直向同源基因，*LS* 的失能突变体同样也由于它的莲座叶叶腋生分生组织发育不良而导致分枝减少。基因 *LAS/LS* 的转录物最早出现于叶原基的腋芽发生处，当腋芽的发育达到可见的小突起（bulge）时，*LAS/LS* 的转录物就在此处大量累积。根据这些实验结果推测 *LAS/LS* 的功能是防止腋生分生组织的过度分化,但可维持其分生组织的分生活性。组织学的观察发现,当叶启动时,腋生分生组织是在叶的向轴面上具有高分生活性潜能的区域中启动的,它可以迅速发育成为形态完整的腋芽,但如果此处存在 *LAS/LS* 表达,腋生分生组织则只具有分裂活性潜能而不能进一步分化。尽管腋芽个体发生在形态上有所不同,但结合其他的相关研究结果,都支持"所有类型的腋芽的个体发育的机制基本上是相似"的观点(McSteen and Leyser,2005)。

2. 腋生分生组织的启动、生长与植物激素的作用

腋生分生组织产生腋芽的过程受多种内外因素的影响,其中植物激素,特别是生长素、细胞分裂素和一种尚未鉴定的新型分枝抑制激素(novel branch-inhibiting hormone)起着关键的作用;在茎中向基极性运输的生长素抑制腋芽的长出(outgrowth),而在茎中横向运输的细胞分裂素促进腋芽的长出,待鉴定的新型激素(见 3.3.3 的第 4 节)也可横向移动而抑制腋芽的长出(Ongaro and Leyser,2008)。

在一些较早的此类研究中,对豌豆腋生分生组织形成体系的研究比较多。豌豆的第 2 个节上有 4 个大小不同的休眠腋芽,最大的称为主芽。当顶芽去除后,4 个腋芽可同时开始生长,但在 2～3 天后主芽生长逐渐出现优势,如果去除主芽,其他腋芽的生长可得到恢复。这就是顶端优势(apical dominance)作用:如果初生茎的顶端受损,腋芽的生长会得到极大的促进,这说明健康的茎顶端可以抑制分枝的产生(图 3-41)(Leyser and Day,2003)。此外,芽在初生茎轴上的位置也决定着它们的启动与生长状态。例如,拟南芥腋芽启动的最终位置取决于茎是处于营养生长阶段,还是生殖生长阶段。在营养生长阶段,拟南芥的腋芽只在远离初生茎的顶端基部节上产生。相反,在生殖生长阶段,腋芽在顶端的节上优先形成。

很早人们就注意到顶端优势与植物激素有关。豌豆去顶后促进了腋芽的生长,但如果将生长素施加在去顶的截面上,腋芽的生长又被抑制,这种现象在很多种植物中都可以观察到。在完整植株的茎上涂上含有生长素运输抑制剂(2,3,5-三碘苯甲酸)的羊毛脂可以使顶端优势受到抑制。在休眠的腋芽中只有低水平的 IAA,但在去顶后其中的 IAA 的水平可增加。许多研究已证实,生长素主要在顶芽中合成,并沿茎向基部运输,从而抑制腋生分生组织的生长;而细胞分裂素主要在根部合成,促进腋生分生组织的生长。但如果直接在腋芽部位施加生长素却不能阻止腋芽的生长。带有放射性标记的生长素示踪研究也表明,生长素没有直接进入腋芽部位。进一步的研究揭示生长素主要通过极性运输在木质部和束间厚壁组织中起作用,因此,生长素对腋芽的抑制作用不是直接的而是间接的。另外,在生长素运输和信号传导上缺失的突变体,如 *mp* 突变体;生长素极性运输输出载体基因 *PIN1* 突变所致的突变体 *pin1*(*pin-formed 1*),其侧枝的形成也减少,这说明生长素运输和信号传导是侧芽发育所要求的(McSteen and Leyser,2005)。一些研究也证实,细胞分裂素的水平与腋芽的生长密切相关(图 3-44)(Ongaro and Leyser,2008)。去顶后细胞分裂素在腋芽部位的浓度明显上升,将细胞分裂素直接施加于腋芽部位可以促进腋芽的生长。这些都充分证明细胞分裂素是腋生分生组织生长所必需的。据此,有的研究者认为,是生长素控制着主要由根部合成的细胞分裂素的浓度(Bangerth,1994),还有一些研究表明 ABA 也参与腋芽的生长发育调控。例如,在发育的后期阶段,当细胞

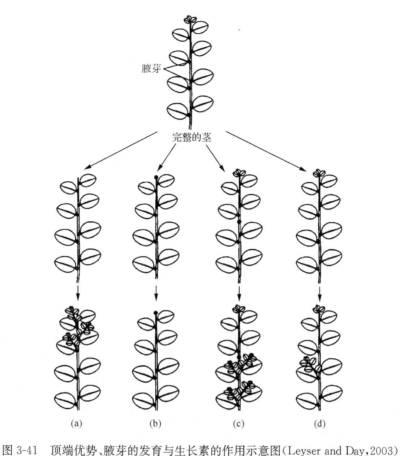

腋芽

完整的茎

(a)　(b)　(c)　(d)

图 3-41　顶端优势、腋芽的发育与生长素的作用示意图(Leyser and Day,2003)

实心圆点处表示施加生长素、生长素运输抑制剂或细胞分裂素的部位。(a) 去除顶芽可促使苗上端节位上的一个或多个腋芽生长;(b) 在去除顶芽的切口上施加生长素,腋芽生长被抑制,未去顶芽而在顶芽处施加生长素,腋芽生长不被抑制(图未表示);(c) 向完整的茎干上施加生长素运输抑制剂,在施加点以下节上的腋芽生长被促进;(d) 向腋芽施加(圆点所标处)细胞分裂素,促进腋芽的生长

分裂素和生长素的浓度比不再决定腋芽的生长速度时,ABA 和腋芽的生长速度显示出很强的负相关性。实际上,在植物体内植物激素可以相互作用,因此,腋芽的生长潜能可能是由几种激素之间平衡作用的结果。

尽管在环境因素的影响下植物的分枝具有一定的可塑性,但总体而言侧枝的发育是受遗传因素控制的。不同物种的侧枝发育程序赋予了各物种腋芽发育模式特异性的外在表型。腋芽形成后有可能迅速生长形成处于营养生长发育阶段的侧枝,或一直保持休眠状态直到具备一定环境条件侧枝发育才被启动。

3. 腋生分生组织活性的发育调控

大多数植物种类腋生分生组织的活性取决于它们本身的发育状态和离主茎顶端分生组织的距离。拟南芥在成花转换之前的营养生长发育阶段中,腋生分生组织的激活顺序是自下向上的,即茎生叶节上的腋芽首先激活,但在成花转换后的生殖生长发育阶段中则相反,腋芽或花芽的激活是自上而下的,即顶芽先激活。在营养生长发育阶段腋芽的向顶性激活顺序,可能与这些芽与顶芽距离的远近程度,即受顶端优势的影响程度有关。离顶芽较远节位上的腋芽先活跃起来。这可能是远离顶芽位置上的腋芽中的生长素浓度较低,也可能与这一位置上的腋芽对生长素的敏感程度降低或生长素的极性运输状态的改变有关。拟南芥突变体 *axr1*(*auxin resistant1*)因其顶端优势比野生型的弱,产生的侧枝多;去顶后所产生的腋芽也比野生型的要多,在被切除野生型顶端的节上腋芽处施加生长素,腋芽的活性被抑制,而在突变体 *axr1* 相同节位的腋芽上作同样处理,腋芽的活性不被抑制。这说明 *axr1* 的腋芽可抵抗源于茎顶端的生长素(Chatfield et al.,2000)。

4. 生长素调控腋芽发育的作用模式

对于生长素对腋芽的启动和生长的控制作用模式(mode of auxin action),目前已提出两种设想模式。

1) 生长素运输自动抑制作用模式

生长素运输自动抑制(auxin transport auto inhibition)是由 Bangerth 及其同事提出来的(Li and Bangerth,1999)。他们认为是从主茎往下运输的生长素流抑制着腋芽中的生长素向主茎中的运输流,而从腋芽向主茎中的生长素极性运输流则是激活芽生长所要求的。这一作用模式特点是生长素对侧枝发育的作用不需要从主茎到腋芽的可移动信号物质的作用,而取决于腋芽与主茎上有限的生长素极性运输的竞争。这一作用模式主要基下列的观察和推理:①主茎中的生长素极性运输流可抑制腋芽的生长,侧枝的生长需要将芽中的生长素运进主茎;②从腋芽输出生长素到主茎的前提是主茎成为一个生长素库(sink)以便形成汇集流(canalization),将芽中的生长素外运;③在腋芽合成的生长素可对生长素极性运输进行反馈调节,即如果芽中的生长素运输不能进行时其生长素合成也停止。这一作用模式对解释早期发育阶段腋芽的形成有较大说服力,但此时腋芽的维管束尚未与主茎相连接,而这种维管束的连接是需要主茎中生长素库的形成,以使腋芽中的生长素外运(McSteen and Leyser,2005)。

最近,Ongaro 和 Leyser(2008)提出了一个相关的解释假说。该假说认为活跃的苗端分生组织必定可输出生长素,同时在茎中存在一个有限的生长素库容量。根据对拟南芥突变体 *max* 的分析表明,突变体 *max* 生长素运输能力的增加总伴随着其分枝的增加。拟南芥 MAX 途径与生长素的运输密切相关。这至少可以从以下两个事实中看出:第一,突变体 *max* 的腋芽可对抗源于顶端生长素对其的抑制作用,这说明,MAX 途径对芽抑制作用是完全中介于生长素;第二,MAX 途径的作用是通过调节主茎中生长素的运输能力,为此,它至少部分地通过调节生长素输出载体 PIN 水平而实现这一作用(Bennett et al.,2006)。因为在突变体 *max* 中不但累积 PIN 蛋白,有几个其他生长素运输的相关载体也被上调,从而引起突变体 *max* 茎中生长素运输能力的提高,进而导致分枝的增加。如果用生长素运输抑制处理或通过遗传突变(*pin1* 突变体)的方法将运输能力降低至野生型的水平,突变体 *max* 多分枝的表型将被恢复至野生型的分枝表型。这些结果都显示高生长素运输能力与高度分枝密切相关。

在野生型拟南芥中,生长素的运输能力,如运输 PIN 蛋白的能力是有限的,而来自苗端的生长素完全支配了这种有限的生长素运输能力。因此新的生长素源,即从腋生分生组织中往茎中运输的生长素流就难于形成。与之相反,在突变体 *max* 中过度累积了 PIN 蛋白和其他生长素运输有关成员,而茎中的生长素运输能力尚未饱和,从而容许腋芽中的生长素往茎中运输,结果引起新分枝的发生,呈现出突变体 *max* 多分枝的表型。因此,有理由认为由苗端运输而来的生长素可抑制腋芽的长出,这一抑制作用依赖于茎中对有限生长素运输能力的竞争(图 3-42)。

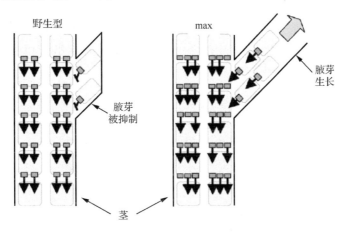

图 3-42　通过调节生长素运输能力的 MAX 途径功能模式示意图
(Ongaro and Leyser,2008)(另见彩图)

在野生型茎中,通过 MAX 途径可下调生长素运输的载体,因而在茎中的生长素运输能力受到限制,源于苗端的生长素流使其运输能力达到饱和状态,腋芽不能输出生长素,因而它们不能长出(outgrow)。在突变体 *max* 的茎中具有强的生长素运输能力,其腋芽能将生长素外运,因而腋芽可长出(由黄箭头所示)。绿色方块代表生长素的运输,箭头所示茎中生长素正被下运

2) 生长素与未鉴定的信号物质(或新型激素)作用模式

如前文所述,有的研究结果表明,生长素由茎顶端合成,然后从茎向下运输并进入腋芽并作用于一个向上运输的未鉴定的信号物质(或新型激素),直接影响腋芽活性。根据现有的研究结果,有两个物质有可能成为这种信号物质。一个信号物质是细胞分裂素,它在根部和茎中的一定部位合成,通过木质部蒸腾流向上运输,促进腋生分生组织的生长。直接施用细胞分裂素于腋芽能有效地促进它的生长,而生长素则无此作用。生长素可抑制细胞分裂素的合成,减少蒸腾流中细胞分裂素的浓度。因此,生长素抑制腋芽生长的作用模式可能是通过减少向芽中运送的细胞分裂素浓度(McSteen and Leyser,2005)。另一个信号物质有待进一步的鉴定,最近认为是一种新型的激素(Ongaro and Leyser,2008),但它的合成取决于一类同源基因,如拟南芥中的 *MAX1*、*MAX3*、*MAX4* 基因,豌豆中的 *RMS1*、*RMS5* 基因,矮牵牛中的 *DAD1* 基因。

经过对拟南芥突变体 *max1-4*、豌豆突变体 *rms1-5* 和矮牵牛突变体 *dad1-3* 的大量研究发现,这些突变体与野生型植株相比分枝大量增加。其中,突变体 *rms1*、*rms5*、*max1*、*max3*、*max4*、*dad1* 和 *dad3* 多分枝的表型可以通过将突变体的苗嫁接野生型的根砧木上而恢复到野生型的分枝表型,说明这些基因可能参与合成一个能远距离向顶移动的抑制分枝的信号物质或新型激素,而在突变体的苗中却缺少这一物质(Ongaro and Leyser,

2008)。例如,如果将突变体 *rms1* 的苗嫁接在野生型根砧木上,它的分枝特性被恢复成野生型分枝的特性,如果将野生型的苗嫁接在 *rms1* 根砧木上,它的分枝特性不受影响[图 3-43(b)、(c)]。这说明,在野生型的苗和根中都存在一种保持分枝正常的信号物质。如果在 *rms1* 的苗与根之间嫁接一小段野生型的苗端,就足以使 *rms1* 在被嫁接野生型茎段以上的茎的分枝形成受到抑制,分枝表型恢复成野生型的特性[图 3-43(d)](Leyser and Day,2003)。这表明,在这一小段野生型茎段中所合成的信号物质浓度较高或有很强的活性。经过对上述突变体的植物激素水平测定证明,这一信号物质不是前文所述的生长素和细胞分裂素,而是一种或一些新物质。因为,经测定,豌豆 *rms1* 和 *rms5* 的维管束液流中的细胞分裂素水平比野生型中的要低,而其中的生长素水平和运输速率则要高于或相当于野生型中的水平(McSteen and Leyser,2005)。

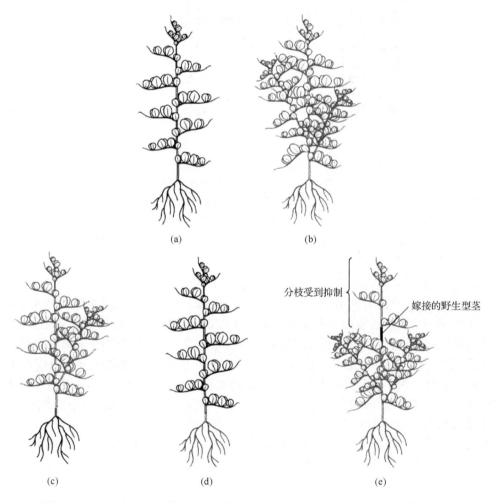

图 3-43　*rms1* 和野生型豌豆植株的嫁接实验(Leyser and Day,2003)(另见彩图)

(a)、(b) *rms1* 突变体[(b)红色]的分枝比野生型(a)多;(c) 如果将一个 *rms1* 的接穗(红色)嫁接到一株野生型(黑色)的根砧木上,*rms1* 接穗上的分枝减少,降至野生型的水平;(d) 如果将一个野生型的接穗嫁接到 *rms1* 的根砧木上,野生型接穗上的分枝保持不变;(e) 如果将一小段野生型的茎(灰色)嫁接到 *rms1* 的茎中,使所嫁接野生型茎以上的分枝形成受到抑制。这些结果说明,*RMS1* 基因在茎和根中起作用,而且是产生一个向顶运输的、抑制腋芽生长的信号所必需的

对拟南芥的 *max1*、*max2*、*max3* 和 *max4* 进行上述的类似 *rms1* 嫁接实验发现，*max1*、*max3* 和 *max4* 的苗嫁接在野生型的根砧木上时，它的分枝特性被恢复成野生型分枝的特性，而 *max2* 的苗则不能，这说明 *MAX1*、*MAX3* 和 *MAX4* 基因参与新信号物质的合成，而 *MAX2* 基因的产物可能作为该信号物质一个受体，在信号的接受和发挥响应方面起作用（图 3-44）（Ongaro and Leyser，2008）。

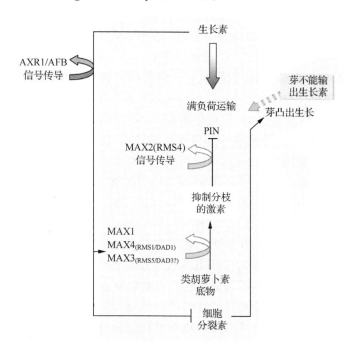

图 3-44　拟南芥分枝的植物激素控制模式（Ongaro and Leyser，2008）

生长素经茎往下极性运输，这一运输流由 MAX 途径控制；在该途径中 MAX3、MAX4 和 MAX1 作用于向上移动的新合成激素，而这一物质可通过 MAX2 调节 PIN1 水平；为了激活芽的发生，该芽必须具有输出生长素的能力。因此，在茎中受制于 MAX 的生长素的运输（MAX-limited auxin transport）的运输能力将阻止芽外凸的生长。此外，为了细胞分裂素的生物合成，AXR1/AFB 途径可调节生长素极性运输流的浓度，高浓度的生长素将下调细胞分裂素的合成，也抑制芽的激活。通过该作用模式可知，因为在突变体 *max* 的茎中增加了生长素运输能力，其中必是存在高的生长素水平和低的细胞分裂素水平；因此突变体的分枝增加。拟南芥中的 *MAX*、豌豆中的 *RMS* 和矮牵牛中的 *DAD* 是直向同源基因

分子生物学的分析表明，*MAX4*、*RMS1* 和 *DAD1*，*MAX3* 和 *RMS5*，*MAX2* 和 *RMS4* 分别是直向同源基因（Snowden et al.，2005；Johnson et al.，2006），*MAX3* 和 *RMS5* 也可能与 *DAD3* 是直向同源基因（Simons et al.，2007）。此外，对豌豆 *RMS2* 的功能预测分析表明，它可能在上述的新型激素的信号传导中起作用。矮牵牛突变体 *dad2* 也被认为是信号传导突变体，但其中与 MAX2/RMS4 的同源基因表达则不受影响，由此推知，*DAD2* 的直向同源基因是 *RMS3*（Simons et al.，2007）。因此，到目前都未在豌豆或矮牵牛中发现与 *MAX1* 直向同源的基因突变体，在拟南芥的分枝突变体中也未发现相当于 *rms3* 或 *dad2* 的突变体。最近在水稻中已发现分别与 *MAX3/RMS5* 和 *MAX2/RSM4* 直向同源的基因突变体（Ishikawa et al.，2005；Zou et al.，2006）。这些结果表明，

这一 MAX 途径(图 3-44)是广泛保守的。至少在种子植物中是如此(Ongaro and Leyser, 2008)。

所有的 MAX 基因已被克隆,MAX3 被鉴定为质体类胡萝卜素裂解双加氧酶 (plastidic carotenoid cleavage dioxygenase)(Auldridge et al.,2006),MAX4 也是一种类 胡萝卜素裂解双加氧酶,该酶可以裂解 MAX3 类胡萝卜裂解反应的一个产物(Schwartz et al.,2004)。 MAX1 所编码的产物为细胞色素酶 P450 家族,即类型Ⅲ细胞色素酶 P450 的一个成员。该酶的底物常由双加氧酶所产生,这些结果与推测 MAX1 是在分枝抑制物 的生物合成中处于 MAX3 和 MAX4 下游的位置相吻合。值得注意的是 MAX2(也曾称 为 ORE9)是属于 F-box 蛋白 LRR 家族成员。该蛋白家族成员是 SCF 类的泛素蛋白连 接酶底物选择性的亚单位(substrate-selecting subunits),可催化被选择的底物多泛素化 (polyubiquitination)。研究证明,SCF 复合物通过对靶蛋白的泛素化作用(通过 F-box 蛋 白选择靶蛋白)在许多信号传导途径中起着作用的作用,包含 F-box 的 SCF 复合物不但 可特异性选择靶蛋白,同时靶蛋白也可以以附加几个泛素多肽的方式进行共价修饰,在这 一过程中将要降解的靶蛋白进行标记,以便被 26S 蛋白酶体降解。F-box 蛋白已被证实 在植物激素的信号传导中起作用(Stirnberg et al.,2002)。因此,MAX2 可能在上述信号 传导中充当某种角色(Stirnberg et al.,2007)。

另外,通过分析突变体 axr1 的表型发现,在其分枝增加的同时,这些侧芽可对抗来自 苗端的生长素对它们生长的抑制作用,但其生长素运输能力却与野生型相似,此外,双突 变体 axr1 max 呈现相加的表型,不但分枝比各自的单突变体的多,侧芽对生长素反应也 显示相加的作用(Bennet et al.,2006)。目前,对生长素信号传导的主要成员已研究得比 较清楚,该途径包括 AXR1、TIR1(TRANSPORT INHIBITOR RESPONSE 1,是一个 F-box 蛋白,也是生长素的一个受体)和其他的生长素信号传导 F-Box 蛋白 AFB(AUXIN SIGNALING F BOX PROTEIN)基因(Teale et al.,2006)。在拟南芥中,生长素通过增 加 MAX 基因表达,使 AXR1/AFB 途径与 MAX 途径有更直接的关系(图 3-44)。无疑, 上述发生在茎中和腋芽中不同的生长素运输途径与 MAX 途径和涉及细胞分裂素作用的 AXR1/AFB 生长素的信号传导途径有着密切而复杂的联系(Ongaro and Leyser,2008)。

经实时 PCR(qRT-PCR)的测定,在豌豆茎中,生长素可强烈地调节 RMS1 和 RMS5 的表达。最明显的影响是打顶(去掉苗端)降低了 RMS1 基础表达水平,而在打顶的茎上 外加生长素又可维持 RMS1 转录物的表达水平(Johnson et al.,2006)。同时 RMS 途径 可通过一个从苗到根中移动的信号的反馈调节回路调节细胞分裂素的水平(Foo et al., 2007)(图 3-44)。对于这一信号反馈回路中的可移动反馈信号的候选物,实际上可能是 生长素,其中,RMS2 可能以某种方式参与这一生长素的信号反馈途径,而在拟南芥中则 以其 RMS2 的直向同源物,如 AXR1 和 AFB 等参与这一生长素的信号反馈途径(图 3-44)(Ongaro and Leyser,2008)。在这一信号反馈回路中,由苗端所产生的生长素由茎往 下运输时在茎中起着两种不同的作用:其一是通过 AXR1/AFB 途径下调细胞分裂素的 生物合成;其二是支配着有限的生长素运输能力,以防止休眠腋芽分生的生长素外运。如 前文所述,在突变体 rms1/dad1/max4 中,由于缺少尚未鉴定的向下移动信号,导致在主 茎中生长素运输能力的提高,从而可让腋芽中的生长素外运,使腋芽长出,并增加了生长素极性运输流,由此导致细胞分裂素生物合成的下调和上调 *RMS1*/*DAD1*/*MAX4* 基因的表达,这两个结果都可作为反馈回路中的一种信号。在突变体 *axr1* 中,对生长素的反应降低,从而使细胞分裂素的水平提高,而生长素也失去上调 *MAX4* 基因表达的作用(Bennett et al.,2006)。

目前对上述反馈回路的信号是否是生长素仍有各种争论,以豌豆 *rms2* 为例,它缺少上述如拟南芥中存在的反馈调节回路,但所含的生长素水平却比其他 *rms* 突变体的较高,通过生长素水平的测定发现,其他 *rms* 突变体中的水平与野生型的相似(Beveridge,2000)。对此矛盾现象,可认为该突变体如 *axr1* 是生长素信号传导的突变体,其所表现的这些特点就可以理解,同时,如果 *rms2* 中的高生长素水平如拟南芥那样被限制于极性运输流中,则整个组织中的生长素水平的差异将会被淡化(Bennett et al.,2006)。

目前对这个可移动的抑制分枝的新激素的化学属性仍无从了解,它在拟南芥、矮牵牛和豌豆中既有相似特性,也有不同的地方。通过研究更多的材料(如水稻和苜蓿等),并揭示如营养成分和光质等环境因素如何参与该途径,使我们对这一途径的本质及其进化会有更好的了解(Ongaro and Leyser,2008)。

3.3.4　单子叶植物的侧枝发育特点

单子叶植物在主茎上产生两种类型的侧枝:一种如水稻的分枝称为分蘖,它是从基部的节上产生的侧枝,其发育的顺序是向顶性(图 3-45 右,蓝色分枝),单子叶植物的重复发育单位的节短,叶呈现幼龄期特点;另一种如在玉米中发生的分枝称为腋芽分枝或次生分枝(secondary branch)(图 3-45 左,红色箭头所示);它们与分蘖的差别在于发育的时间和位置,这种侧枝都在植物发育较后的时期从茎中发生(如在玉米中)或作为分蘖的分枝而发育(如在水稻中)。

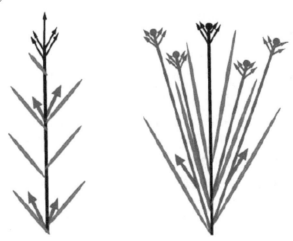

图 3-45　玉米(左)和水稻(右)的分枝特点(McSteen and Leyser,2005)(另见彩图)

黑色线条表示主茎;绿色代表叶;蓝色箭头表示基部分枝(分蘖);红色箭头表示在发育后期产生的腋分生组织。这种分枝的"植物重复发育单位"节间较长,叶呈现成熟态的特点。腋生分生组织较迟才出现活性,分枝生长发育顺序是向基性的

1. 单子叶植物腋生分生组织的启动

水稻无分枝的单秆突变体 *moc1*（*monoculm1*）是我国李家洋实验室所鉴定的突变体（Li et al. ,2003），它的腋生分生组织不能启动。最近他们对水稻分蘖作了详细的综述（Wang and Li,2011）在水稻中增加 *MOC1* 的表达，可促进分蘖的生成。在双子叶植物中也发现了类似的突变体，如番茄 *las* 和拟南芥 *ls* 突变体在营养发育阶段其腋生分生组织完全被抑制。*LAS/LS/MOC1* 是同源基因，它们所编码的蛋白质是一个属于植物特有的GRAS 家族蛋白，其显著的特点是带有保守的 VHIID 结构区域，这些基因的功能可能是防止腋生分生组织的过度分化，却可维持其分生组织的分生活性。因此，单子叶植物与双子叶植物的腋生分生组织的启动有着相似的调控机制。

2. 单子叶植物腋生分生组织的生长

经过进化和人工驯化，玉米与其野生型祖先墨西哥类蜀黍相比已很少分蘖了。玉米腋生分生组织生长的相关突变体 *tb1* 表型特点是增加节数、在节上高度分枝并带有二级和三级的分枝、节间伸长以及在基部节上也出现分蘖。因此，*TB1* 基因具有抑制分枝生长和雄花形成的功能。

在水稻'日本晴'中也克隆到与玉米 TB1 基因同源的 *OsTB1* 基因，*OsTB1* 是玉米的 *TB1* 在水稻中的对等基因。*OsTB1* 基因控制侧芽的伸长。过量表达 *OsTB1* 基因的转基因水稻植株分蘖数显著减少，而分蘖的分生组织的启动不受影响。水稻中突变体 *fc1*（*fine culm1*）是由于缺失 *OsTB1* 功能所导致的突变体，其表型特点为分蘖增多。这说明水稻 *OsTB1* 与玉米 *TB1* 功能相同，是侧芽生长的负调节因子，主要控制从腋芽原基到分枝形成的生长过程（Takeda et al. ,2003）。

如前文所述，我们采用重复发育单位（phytomer）这一概念，讨论了不同植物种类分枝特点及其相关突变体表型，有利于揭示各种腋生分生组织的共同本质。在控制叶腋生分生组织发育命运的分子机制上，特别是在转录因子调节网络的层面上，单子叶植物、双子叶植物有许多相同和交叉之处，尽管在形态上两者有显著的差异。双子叶植物的叶是在光的作用下通过节间适当的伸长，使叶的着生位置上升，主茎的分生组织因某种原因遭到破坏而失去功能时，腋生分生组织将起到一部分取而代之的"备用"功能；单子叶植物叶位的上升是通过叶鞘的生长和叶片自身的伸长。由于单子叶植物营养发育阶段中的腋生分生组织都在主茎的基部，难以应用对双子叶植物的一些研究方法，如嫁接实验和打顶实验等。此外，单子叶植物的顶端优势现象也许不如双子叶植物中的那样明显。因此，使单子叶植物在侧枝发育方面的研究受到一定程度的限制。

参 考 文 献

巩鹏涛,李迪 . 2005. 植物分枝发育的遗传控制 . 分子植物育种,3:151-162.

Auldridge M E, et al. 2006. Characterization of three members of the *Arabidopsis* carotenoid cleavage dioxygenase family demonstrates the divergent roles of this multifunctional enzyme family. Plant J,45:982-993.

Bangerth F. 1994. Response of cytokinin concentration in the xylem exudate of bean (*Phaseolus vulgaris*) plants to decapitation and auxin treatment, and relationship to apical dominance. Planta, 194: 439-442.

Barkoulas M, et al. 2007. From genes to shape: regulatory interactions in leaf development. Curr Opin Plant Biol, 10: 660-666.

Bennett T, et al. 2006. The *Arabidopsis* MAX pathway controls shoot branching by regulating auxin transport. Curr Biol, 16: 553-563.

Beveridge C A. 2000. Long-distance signalling and a mutational analysis of branching in pea. Plant Growth Regulation, 32: 193-203.

Blau H M, Brazelton T R, Weimann J M. 2001. The evolving concept of a stem cell: entity or function? Cell, 105: 829-841.

Bowman J L, Eshed Y, Baum S F. 2002. Establishment of polarity in angiosperm lateral organs. Trends in Genetics, 18: 134-141.

Byrne M, et al. 2001. Development of leaf shape. Curr Opin Plant Biol, 4: 38-43.

Callos J D, Medford J I. 1994. Organo positions and pattern formation in the shoot apex. Plant J, 6: 17.

Canales C, Grigg S, Tsiantis M. 2005. The formation and patterning of leaves: recent advances. Planta, 221: 752-756.

Castellano M M, Sablowski R. 2005. Intercellular signalling in the transition from stem cells to organogenesis in meristems. Curr Opin Plant Biol, 8: 26-31.

Champagne C, Sinha N. 2004. Compound leaves: equal to the sum of their parts? Development, 131: 4401-4412.

Chatfield S P, et al. 2000. The hormonal regulation of axillary bud growth in *Arabidopsis*. Plant J, 24: 159-169.

Christensen S, Weigel D. 1998. Plant development: the making of a leaf. Curr Biol, 8: R643-R645.

Chuck G, Lincoln C, Hake S. 1996. *KNAT1* Induces lobed leaves within ectopic meristems when overexpressed in *Arabidopsis*. Plant Cell, 8: 1277-1289.

Clark S E, Running M P, Meyerrowitz E M. 1993. *CLAVATA1*, are gulator of meristem and flower development in *Arabidopsis*. Development, 119: 397-418.

Dengler N, Kang J. 2001. Vascular patterning and leaf shape. Curr Opin Plant Biol, 4: 50-56.

Dengler N G, Tsukaya H. 2001. Leaf morphogenesis in dicotyledons: current issues. Int J Plant Sci, 162: 459-464.

Doerner P. 2000. Plant stem cells: the only constant thing is change. Curr Biol, 10: R826-R829.

Efroni I, Eshed Y, Lifschitz E. 2010. Morphogenesis of simple and compound leaves: a critical review. Plant Cell, 22: 1019-1032.

Emery J F, et al. 2003. Radial patterning of *Arabidopsis* shoots by class III HD-ZIP and KANADI genes. Curr Biol, 13: 1768-1774.

Eshed Y, Baum S F, Bowman J L. 1999. Distinct mechanisms promote polarity establishment in carpels of *Arabidopsis*. Cell, 99: 199-209.

Eshed Y, et al. 2001. Establishment of polarity in lateral organs of plants. Curr Biol, 11: 1251-1260.

Fiers M, Ku K L, Liu C M. 2007. CLE peptide ligands and their roles in establishing meristems. Curr Opin Plant Biol, 10: 39-43.

Fleming A J, et al. 1997. Induction of leaf primordial by the cell wall protein expansin. Science, 276: 1415-1418.

Floyd S K, Bowman J L. 2004. Gene regulation: ancient microRNA target sequences in plants. Nature, 428: 485-486.

Foo E, et al. 2007. Feedback regulation of xylem cytokinin content is conserved in pea and *Arabidopsis*. Plant Physiol, 143: 1418-1428.

Giulini A, Wang J, Jackson D. 2004. Control of phyllotaxy by the cytokinin-inducible response regulator homologue ABPHYL1. Nature, 430: 103-114.

Gälweiler L, et al. 1998. Regulation of polar auxin transport by *AtPIN1* in *Arabidopsis* vascular tissue. Science, 282: 2226-2230.

Golz J F. 2006. Signalling between the shoot apical meristem and developing lateral organs. Plant Mol Biol, 60: 889-903.

Gordon S, et al. 2009. Multiple feedback loops through cytokinin signaling control stem cell number within the *Arabidopsis shoot meristem*. PNAS, 106: 16529-16534.

Hagemann W, Gleissberg S. 1996. Organogenetic capacity of leaves: the significance of marginal blastozones in angiosperms. Plant Syst Evol, 199: 121-152.

Hareven D, et al. 1996. The making of a compound leaf: genetic manipulation of leaf architecture in tomato. Cell, 84: 735-744.

Hepworth S R, et al. 2005. BLADE-ON-PETIOLE-dependent signaling controls leaf and floral patterning in *Arabidopsis*. Plant Cell, 17: 1434-1448.

He Y, Michaels S D, Amasino R M. 2003. Regulation of flowering time by histone acetylation in *Arabidopsis*. Science, 302: 1751-1754.

Hicks G S, Steeves T A. 1969. *In vitro* morphogenesis in *osmunda cinnamomea*. The role of the shoot apex in early development. Can J Bot, 47: 575-580.

Howell S H. 1998. Molecular Genetics of Plant Development. Cambride: Cambridge University Press.

Huadson A, Waites R. 1998. Early even in leaf development. Cell Dev Biol, 9: 207-211.

Ishikawa S, et al. 2005. Suppression of tiller bud activity in tillering dwarf mutants of rice. Plant Cell Physiol, 46: 79-86.

Johnson X, et al. 2006. Branching genes are conserved across species. Genes controlling a novel signal in pea are coregulated by other long-distance signals. Plant Physiol, 142: 1014-1026.

Juarez M T, et al. 2004. MicroRNA-mediated repression of rolled leaf1 specifies maize leaf polarity. Nature, 428: 84-88.

Jun J H, Fiumea E, Fletchera J C. 2008. The CLE family of plant polypeptide signaling molecules. Cell Mol Life Sci, 65: 743-755.

Kidner C A, Timmermans M C P. 2007. Mixing and matching pathways in leaf polarity. Curr Opin Plant Biol, 10: 13-20.

Kosugi S, Ohashi Y. 2002. DNA binding and dimerization specificity and potential targets for the TCP protein family. Plant J, 30: 337-348.

Kuhlemeier C, Reinhardt D. 2001. Auxin and phyllotaxis. Trends Plant Sci, 6: 187-189.

Laux T, et al. 1996. The *WUSCHEL* gene is required for shoot and floral meristem integrity in *Arabidopsis*. Development, 122: 87-96.

Laux T. 2003. The Stem cell concept in plants: a matter of debate. Cell, 113: 281-283.

Lenhard M, Jurgens G, Laux T. 2002. The *WUSCHEL* and *SHOOTMERISTEMLESS* genes fulfill complementary roles in *Arabidopsis* shoot meristem regulation. Development, 129: 3195-3206.

Leyser O, Day S. 2006. 植物发育的机制. 翟礼嘉, 邓兴旺译. 北京: 高等教育出版社.

Li C J, Bangerth F. 1999. Autoinhibition of indoleacetic acid transport in the shoot of two-branched pea (*Pisum sativun*) plants and its relationship to correlative dominance. Physiol Plant, 106: 15-20.

Lindsay D L, Sawhney V K, Bonham-Smith P C. 2006. Cytokinin-induced changes in *CLAVATA*1 and *WUSCHEL* expression temporally coincide with altered floral development in *Arabidopsis*. Plant Sci, 170: 1111-1117.

Liscum E, Reed J W. 2002. Genetics of Aux/IAA and ARF action in plant growth and development. Plant Mol Biol, 49: 387-400.

Li X, et al. 2003. Control of tillering in rice. Nature, 422: 618-621.

Long J, Barton M K. 2000. Initiation of axillary and floral meristems in *Arabidopsis*. Dev Biol, 218: 341-353.

Long J A, et al. 1996. A member of the KNOTTED class of homeodomain proteins encoded by the STM gene of *Arabidopsis*. Nature, 379: 66-69.

Lyndon R F. 1976. The shoot apex. *In*: Yeoman M M. Cell Division in Higher Plants. London: Academic Press: 285-314.

Mattsson J, Sung Z R, Berleth T. 1999. Responses of plant vascular systems to auxin transport inhibition. Development, 126: 2979-2991.

Mayer K, et al. 1998. Role of *WUSCHEL* in regulating stem cell fate in the *Arabidopsis* shoot meristem. Cell, 95: 805-815.

McConnell J R, Barton M K. 1998. Leaf polarity and meristem formation in *Arabidopsis*. Development, 125: 2935-2942.

McConnell J R, et al. 2001. Role of *PHABULOSA* and *PHAVOLUTA* in determining radial patterning in shoots. Nature, 411: 709-713.

McSteen P, Leyser O. 2005. Shoot branching. Ann Rev Plant Biol, 56: 353-374.

Micol J L and Hake S. 2003. The development of plant leaves, Plant Physiol, 131: 389-394.

Morris S E, et al. 2001. Mutational analysis of branching in Pea evidence that *rms*1 and *rms*5 regulate the same novel signal. Plant Physiol, 126: 1205-1213.

Nardmann J, et al. 2004. The maize duplicate genes *narrow sheath1* and *narrow sheath2* encode a conserved homeobox gene function in a lateral domain of shoot apical meristems. Development, 131: 2827-2839.

Ongaro V, Leyser O. 2008. Hormonal control of shoot branching. J Exp Bot, 59: 67-74.

Pekker I, Alvarez J P, Eshed Y. 2005. Auxin response factors mediate *Arabidopsis* organ asymmetry via modulation of KANADI activity. Plant Cell, 17: 2899-2910.

Pini A, Wang J, Jackson D. 2004. Control of phyllotaxy by the cytokinin-inducible response regulator homologue ABPHYL1. Nature, 430: 1031-1034.

Poethig R S. 1997. Leaf morphogenesis in flowering plants. Plant Cell, 9: 1077-1087.

Reinhardt D, et al. 2003. Microsurgical and laser ablation analysis of interactions between the zones andlayers of the tomato shoot apical meristem. Development, 130: 4073-4083.

Reinhardt D, Mandel T, Kuhlemeier C. 2000. Auxin regulates the initiation and radial position of plant lateral organs. Plant Cell, 12: 507-518.

Reinhardt D. 2005. Regulation of phyllotaxis. Int J Dev Biol, 49: 539-546.

Reinhardt D. 2003. Vascular patterning: more than just auxin? Curr Biol, 13: R485R487.

Reintanz B, et al. 2001. Bus, a bushy *Arabidopsis* CYP79F1 knockout mutant with abolished synthesis of short-chain aliphatic glucosinolates. Plant Cell, 13: 351-367.

Richards F J. 1951. Phylotaxis: its quantitative expression and relation to growth in the apex. Phil Trans Roy Soc Lond Ser B, 235: 509-564.

Sablowski R. 2009. Cytokinin and *WUSCHEL* tie the knot around plant stem cells. PNAS, 106: 16016-16017.

Sablowski R. 2007. The dynamic plant stem cell niches. Curr Opin Plant Biol, 10: 639-644.

Sachs T. 1969a. Regeneration experiments on the determination of the form of leaves. Israel J Bot, 18: 21-30.

Sachs T. 1969b. Polarity and the induction of organized vascular tissues. Ann Bot (Lond.), 33: 263-275.

Sachs T. 1991. Pattern Formation in Plant Tissues. Cambridge: Cambridge University Press.

Scarpella E, et al. 2006. Control of leaf vascular patterningby polar auxin transport. Genes Dev, 20: 1015-1027.

Schwartz S H, Qin X, Loewen M C. 2004. The biochemical characterization of two carotenoid cleavage enzymes from *Arabidopsis* indicates that a carotenoid-derived compound inhibits lateral branching. J Biol Chem, 279: 46940-46945.

Scofield S, Murray J A H. 2006. KNOX gene function in plant stem cell niches. Plant Mol Biol, 60: 929-946.

Simons J L, et al. 2007. Analysis of the *DECREASED APICALDOMINANCE* genes of Petunia in the control of axillary branching. Plant Physiol, 143: 697-706.

Sinha N R, Williams R E, Hake S. 1993. Overexpression of the maize homeobox gene, Knotted-1, causes aswitch from determinate to indeterminate cell fate. Genes Dev, 7: 787-795.

Sinha N R. 1999. Leaf development in angiosperms. Annu Rev Plant Physiol Plant Mol Biol, 50: 419-446.

Snowden K C, et al. 2005. The decreased apical dominance1/Petunia hybrida *CAROTENOID-CLEAVAGE DIOXYGENASE*8 gene affects branch production and plays a role in leaf senescence, root growth, and flower development. Plant Cell, 17: 746-759.

Snow M. Snow R. 1931. Experiment on phyllotaxis, I. The effect of isolating a premordium. Phil Trans Roy Soc London

Ser B,221:1-43.

Souer E,et al. 1996. The no apical meristem gene of petunia is required for pattern formation in embryo and flowere and is expressed at meristem and primordial boundaries. Cell,85:159-170.

Stahl Y,Simon R. 2005. Plant stem cell niches. Int J Dev Biol,49: 479-489.

Steeves T A. Susses I M. 1957. Studies on the development of excised Leaves in sterile culture. Am J Bot,44:665-673.

Steeves T A. Sussex I M. 1989. Pattern in Plant Development. 2nd ed. Cambriage: Cambriage University Press:93.

Stewart R N,Dermen H. 1979. Ontogeny in monocotyledons are revealed by studies of the developmental anatomy of periclinal chloroplast chimeras. American Journal of Botany,66: 47-58.

Stirnberg P,Furner I J,Leyser H M O. 2007. MAX2 participates in an SCF complex which acts locally at the node to suppress shoot branching. Plant J,50:80-94.

Stirnberg P, van De Sande K, Leyser H M O. 2002. MAX1 and MAX2 control shoot lateral branching in *Arabidopsis*. Development,129:1131-1141.

Sussex I M. 1951. Experiments on the cause of dorsiventrality in leaves. Nature,167: 651-652.

Takeda T,et al. 2003. The OsTB1 gene negatively regulates lateral branching in rice. Plant J,33:513-520.

Talbert P B, et al. 1995. The *REVOLUT* gene is necessary for apical meristem development and for limiting cell divisions in the leaves and stems of *Arabidopsis thaliana*. Development,121:2723-2735.

Tantikanjana T, et al. 2008. Control of axillary bud initiation and shoot architecture in *Arabidopsis* through the *SUPERSHOOT* gene. Genes Dev,15:1577-1588.

Tantikanjana T,et al. 2001. Functional analysis of the tandem-duplicated P450genes SPS/BUS/CYP79F1 and CYP79F2 in glucosinolate biosynthesis and plant development by dsTransposition-generated double mutants. Plant Physiol,135:1-9.

Tasaka M. 2001. From central-peripheral to adaxial-abaxial. Trends Plant Sci,6:548-550.

Teale W D,Paponov I A,Palme K. 2006. Auxin in action: signalling, transport and the control of plant growth and development. Nature Rev Mol Cell Biol,7:847-859.

Tilney-Bassett R A E. 1963. Genetic and plastid physiology in *Pelargonium*. Heredity,18:485-504.

Timmermans M C,et al. 1999. ROUGH SHEATH2: a Myb protein that represses *knox* homeobox genes in maize lateral organ primordia. Science,284:151-153.

Tiwari S C, Green P B. 1991. Shoot initiation on a *Graptopetalum* leaf: sequential scanning electron microscopic analysis for epidermal division patterns and quantitation of surface growth (kinematics). Can J Bot,69:2302-2319.

Trotochaud A E, Jeong S, Clark S E. 2000. CLAVATA3, a multimeric ligand for the CLAVATA1 receptor-kinase. Science,289: 613-617.

Tsuge T,Tsukaya H,Uchimiya H. 1996. Two independent and polarized processes of cell elongation regulate leaf blade expansion in *Arabidopsis thaliana* (L.)Heynh. Development,122:1589-1600.

Tsukaya H. 2002. Leaf development. *In*: Somerville C R,Meyerowitz E M. The Arabidopsis Book 1. Rockville M D: American Society of Plant Biologists. http://www. bioone. org/doi/full/10. 1199/tab. 0072.

Tsukaya H. 2005. Leaf shape: genetic controls and environmental factors. Int J Dev Biol,49:547-555.

Waites R, et al. 1998. The *PHANTASTICA* gene encodes a MYB transcription factor involved in growth and dorsoventrality of lateral organs in *Antirrhinum*. Cell,144: 827-1000.

Waites R, Hudson A. 1995. phantastica: a gene required for dorsoventrality of leaves in *Antirrhinum majus*. Development,121:2143-2154.

Wang Y,Li J. 2011. Branching in rice. Curr Opin Plant Biol,14:94-99.

Ward S P,Leyser O. 2004. Shoot branching. Curr Opin Plant Biol,7:73-78.

Williams L,Fletcher J C. 2005. Stem cell regulation in the *Arabidopsis* shoot apical meristem. Currt Opin Plant Biol,8: 582-586.

Xu Y,et al. 2002. The *Arabidopsis* AS2 gene encoding a predicted leucine-zipper protein is required for the leaf polarity formation. Acta Bot Sin,44:1194-1202.

Yang L,et al. 2006. SERRATE is a novel nuclear regulator in primary microRNA processing in *Arabidopsis*. Plant J, 147:841-850.

Yu I P,Miller A K,Clark S E. 2003. *POLTERGEIST* encodes a protein phosphatase 2C that regulates CLAVATA pathways controlling stem cell identity at *Arabidopsis* shoot and flower meristems. Curr Biol,13: 179-188.

Zhao Y,et al. 2004. *Hanaba taranu* is a gata transcription factor that regulates shoot apical meristem and flower development in *Arabidopsis*. Plant Cell,16:2586-2600.

Zou J,et al. 2006. The rice *HIGH-TILLERING DWARF1* encoding an ortholog of *Arabidopsis* MAX3 is required for negative regulation of the outgrowth of axillary buds. Plant J,48: 687-696.

第 4 章　根的发育及其调控

4.1　初生根的形态结构及其功能

根系是植物体从土壤中吸收水分和矿质营养的重要器官,也对植物体起机械支撑作用。植物通过产生侧根和根毛形成庞大的根系。据 Dittmer（1937）的研究,4 月龄黑麦有 1484 条根,平均每天可产生 105 条根。植物在不断进化过程中,不但依其种类,也依其生存的环境形成了许多形态不一的根系,如以甜菜、苜蓿和木本植物的根系为代表的直根系（tap-rooted system）,以禾本科植物为代表的须根系（fibrous rooted system）。根据根的发育及其功能,可区分为胚根（radical root）、初生根（primary root）、次生根（secondary root）、种根（seminal root）、侧根（lateral root）、不定根（adventitious root）、冠状根（coronal root）和支柱根（brace root）等。单子叶植物的根还可以区分为胚根和胚胎后根类型（post-embryonic root-type）。种子萌发时（子叶留土）在其须根系中产生包括冠状根和支柱根的不定根,它们是从茎的低节位中发育出来的茎生根（shoot-borne root）。禾本科植物在永久的根系发育之前产生临时性的根系,即在胚根露出之后,随即从茎的第 1 节间的基部发育出 3～5 条种根;它们通常靠近地表以吸收水分和营养,这些都是胚胎发生后才发育的根类型。因此,密植和深耕对玉米生长不利。随着玉米的生长,从茎的第 2 节至第 6 节迅速发育出冠状根（图 4-1）,代替逐步衰老、死亡的种根和初生根行使吸收功能。茎生根启动的第一个茎节是胚芽鞘节,玉米一生中可发育出约 70 条茎生根,构成 6 轮地下冠状根和 2～3 轮地上支柱根。

初生根根端分生组织是在胚胎发生过程中形成的,而侧根和不定根的根端分生组织则在胚胎发生后由脱分化的细胞重新发生（*de novo*）。玉米萌发后在蒸馏水中生长 10～14 天就可辨认出初生根、种根、冠状根和侧根。

双子叶植物初生根的纵切面是由类似于同心圆的结构组成的,其具有径向发育的模式（radial patterning）。初生根由外到内依次为表皮、皮层、内皮层、中柱鞘和维管体系（原生木质部和韧皮部）[图 4-2(a)]。这些结构是在鱼雷型胚发育阶段从相应的干细胞分化发育而来的。在根冠之后,沿着根纵轴的方向依次可分为细胞分裂区、细胞伸长区和细胞分化区（图 4-3）。根的伸长生长是基于根尖各区细胞的横向分裂与伸长。细胞分裂区刚分裂的细胞不马上伸长,而是当根尖生长到一定程度后才伸长（在拟南芥中这一距离约为数百微米）,这些细胞构成了伸长区,在伸长区伸长的细胞可在分化区分化,其中一种表皮细胞分化成根毛。在根冠上有一个特殊的结构,称为根冠小柱（cap columella）,是根对重力感应的组织。谷物胚根的生理功能是在种子萌发后幼苗发育早期阶段发挥作用,随之即是支柱根和冠状根成为根系的主体,起着生理功能的作用;而双子叶植物的胚根体系在植物终生都发挥生理功能。单子叶、双子叶植物根系在形态和结构上有所不同（表 4-1）,

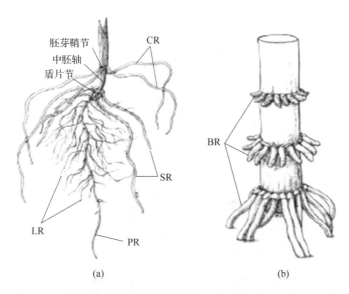

图 4-1　不同发育阶段的玉米根系（Hochholdinger et al.，2004）

（a）14 天苗龄的玉米具有初生根（PR）、种根（SR）、冠状根（CR）或支柱根和侧根（LR）。萌发 2～3 天后发育出初生根，萌发 1 周后在盾片节上产生种根，萌发 10 天左右发育出冠状根，萌发约 6 周后发育出支柱根（BR）；（b）带有支柱根的成株的根状茎（root stock）

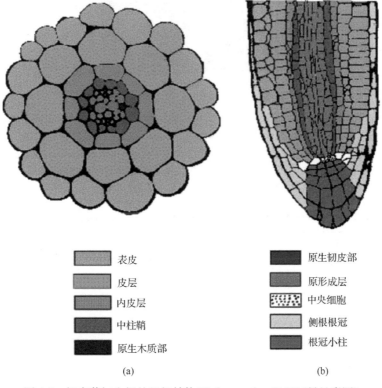

图 4-2　拟南芥初生根的组织结构（Dolan et al.，1993）（另见彩图）

（a）横切面；（b）纵切面。图中白色部分为静止中心从横切面看,单子叶植物玉米和水稻根的基本组织(ground tissue)由 8～15 层皮层细胞和 1 层内皮层细胞组成,而皮层(径向方向上)的细胞层数是可变的(图 4-4)(Hochholdinger et al.,2004);双子叶植物(如拟南芥)的皮层是由固定的 8 层细胞组成。在纵切面看(图 4-2、图 4-3),除根冠、分生组织区、伸长区和分化区这些组织结构外,尚有称为静止中心(quiescent centre,QC)的结构。水稻和玉米的静止中心由 800～1200 个细胞组

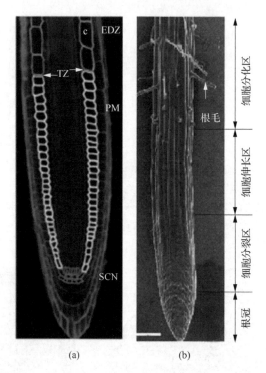

(a)　　　　　　(b)

图 4-3　拟南芥初生根根端的分区(Dolan et al.,1993;Loio et al.,2007)(另见彩图)

(a) 根分生组织纵切面,蓝色为干细胞微环境(stem cell niche,SCN),黄色为远端分生组织(proximal meristem,PM)所产生的一列皮层细胞,细胞已伸长的分化区(elongation-differentiation zone,EDZ)用绿色表示。白色箭头为转换区(transition zone,TZ),处于此区的细胞将离开分生区而进入 EDZ。(b) 拟南芥根端电镜扫描图及其的分区。距根远端约 250μm 的根冠之后是根端分生组织,根毛在分化区形成

表 4-1　谷物与拟南芥根体系的主要差别(Hochholdingger et al.,2004)

形态/结构	谷物	拟南芥
胚根体系	初生根与种根(玉米)	初生根
茎生根体系	普遍存在	无
根毛模式	不规范	规范
发育侧根的细胞类型	中柱鞘与内皮层细胞	中柱鞘细胞
皮层细胞层数	8～15	1
皮层细胞数(横切面上)	可变	8
静止中心细胞数	800～1200	4
根干细胞数	很少	数百个

成,分生活性较低,其周围由称为近端干细胞(proximal intial)和远端干细胞(或称起始细胞,distal initial;含数百细胞)包围(图 4-5)。拟南芥的静止中心较小,仅有 4 个细胞,其周围干细胞数也不多。此外,单子叶、双子叶植物侧根发育的起源也有差异,玉米和水稻的侧根可以从中柱鞘和内皮层细胞中发育,而拟南芥的侧根只能从邻近木质部极(xylem pole)的中柱鞘开始发育。

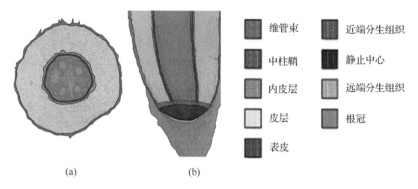

图 4-4　玉米初生根的横切面(a)纵切面(b)结构图示(Hochholdinger et al.，2004)(另见彩图)
不同颜色代表不同的细胞类型

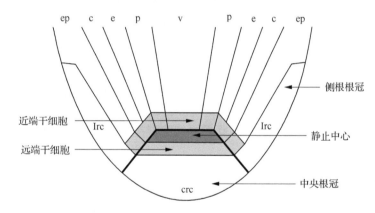

图 4-5　根端分生组织中的干细胞及其微环境示意图(Laux and Jügens，1997)
ep:表皮;c:皮层;e:内皮层;p:中柱;v:维管结构;Irc:侧根根冠;crc:中因根冠

　　研究表明,这些根结构特点的发育不是由根干细胞谱系决定的,而是由细胞所处的位置决定的。例如,将皮层和内皮层干细胞用激光束破坏,它们可被中柱鞘细胞取代,这些"占位"细胞在相应皮层和内皮层的位置上进行不对称分裂,产生了在外侧的大细胞和在内侧的小细胞,成了相应于皮层和内皮层的干细胞。组织学染色结果揭示凯氏带(为内皮层的特征)可在这些"占位"细胞中产生,随着这些中柱鞘细胞的"入侵",使这些中柱鞘细胞的原来属性改变为皮层和内皮层干细胞的属性。同理,如果将表皮干细胞和根冠干细胞破坏,其相邻的皮层细胞将取而代之并分化成这些组织的干细胞。植物激素(如生长素、细胞分裂素和乙烯)可作为这些根细胞的位置信号,特化这些细胞的发育命运(Van den Berg et al.，1995)。

4.2　初生根的发育

4.2.1　胚胎发生时初生根的来源

大多数被子植物的初生根是外生源性的(exogenously),即源于胚的最外层细胞。但一些单子叶植物,如玉米的初生根(胚根)是内生源性的(endogenously),即源于玉米胚的内层细胞。这些区域的细胞在授粉10～15天就可用肉眼分辨出来。所谓内生源性是指根尖(包括根冠)都是从里层细胞穿出并撕裂了其穿经的组织。这些受损的组织称为胚根鞘(coleorhizae)。

双子叶植物拟南芥的胚根发育最早可追溯到胚发育的八分体阶段(早球型胚阶段),此时,胚可区分为上、下两层细胞(见第2章图2-3),随着胚的发育,下层细胞进一步又可分为两层细胞层,即下层上部细胞和下层下部细胞。下层下部细胞发育成下胚轴和根。在心形胚发育阶段,由于细胞进一步分裂,多数处于基部的原表皮(protoderm)发育成根端分生组织(root apical meristem,RAM)的干细胞,它们是由平周分裂的细胞形成;位于胚体和胚柄连接处的胚根源细胞(hypophysis)的基部细胞发育成根端分生组织的静止中心和根冠的起始细胞。根端分生组织在心形胚阶段开始活动,胚根也开始伸出。静止中心和主根冠的干细胞,均由胚基区域的胚根原细胞衍生而来,胚根原细胞则由合子基细胞衍生而来;胚根原细胞分裂后其位于上部的子细胞衍生出静止中心,而其位于下部的子细胞衍生出根冠小柱。与之相反,维持根组织的干细胞来自胚中央区的最下层细胞,它们源于合子第一次分裂所成的顶细胞的子代细胞(Laux and Jügens,1997)。

拟南芥突变体 *hobbit hypophyseal group* 是无根端分生组织的突变体,其表型是由胚根原不正常发育所致。这表明,只有胚根原细胞群按正确的方式分化时,根分生组织才能形成。

4.2.2　初生根根端分生组织

根的发育源于根端分生组织。与苗端分生组织不同,根端分生组织并不形成侧生器官。初生根可以产生侧根,但侧根不产生于根尖,而是在根成熟区形成。根端分生组织的根冠起着保护根尖的作用。在根生长时,根冠不断地脱落。与苗端分生组织相似,根端分生组织也是沿着根轴由径向和纵向的结构组成。

1. 初生根根端分生组织的结构特点

根端分生组织位于根冠之上并紧接根冠,在其中存在着一群围绕根静止中心的近端干细胞和远端干细胞。位于静止中心上部(近苗端)的近端干细胞(proximal intial/stem cell)通过细胞增殖的方式增加主根根组织的新细胞。根尖中的各种干细胞,按其各自特点产生相应的侧根冠、表皮、皮层、内皮层、中柱鞘和维管组织。在静止中心下部(远苗端而近根端)的干细胞称为远端干细胞(distal initial/stem cell),是为主根的根冠增加新细胞的干细胞(图4-5)。这些干细胞经过几次分裂后形成具有增殖和输送养分功能的组织区域。根端分生组织中干细胞及其静止中心共同组成了根干细胞的微环境(stem cell niche)(图 4-5)。静止中心可产生抑制其周围干细胞的细胞分裂信号,其功能是抑制周围干细胞的分化。根端分生组织在心形胚时表现活性。根中不同形态的细胞都由各自的干细胞分化而来。其中,侧根冠和表皮都来自于表皮/侧根根冠的干细胞(epidermis/lateral root cap stem cell),皮层和内皮层(合称为基本组织)来自于皮层/内皮层干细胞(cortex/endodermis stem cell),中柱和根冠小柱细胞则分别来自中柱干细胞(vascular/pericycle stem cell)和根冠小柱细胞干细胞(columella stem cell)(Dolan et al.,1993)。

通过放射性标记 DNA 吸收测定,可以分析根端分生组织中的细胞分裂活性,当根生长时,根端分生组织中央区的细胞分裂频率较慢,因此称之为静止中心,它是一组分裂活性极低的细胞,而其周围的细胞是分裂活性较强的细胞。例如,玉米静止中心细胞数加倍所需的时间为 170h,而其根冠干细胞数加倍只需 12h;田旋花(*Convolvulus arvensisi*)的静止中心细胞周期为 430h,而其根冠细胞周期则为 13h。因此,一般来说,所谓静止中心并非是完全静止的,只是其细胞分裂周期比周围细胞的长。静止中心区的大小随根的活性而异,当根以最大的速率生长时,其静止中心区也较大。但当根结束休眠,开始生长时,却难以观察到静止中心,但紧靠静止中心区的干细胞却处于中度的细胞分裂活性,并处于不分化的状态(仅与静止中心紧密接触的细胞才能成为干细胞),同时静止中心也可能为这些干细胞的不对称分裂确立方向。在拟南芥突变体 *rbr*(*retino blastoma-related*)(Wildwater et al.,2005)和 *smb*(*sombrero*)中,那些与静止中心不紧密接触的细胞也可成为干细胞(Willemsen et al.,2008),如果用激光将静止中心毁坏或在遗传上去除其功能,则导致干细胞分化,同时失去其不对称分裂的特性。

研究表明,根冠小柱与根对重力感受有关。当根冠源细胞分化成根冠小柱时便发育出这种结构极性,这正好与淀粉粒类型的平衡石(amyloplast-type statolith)开始沉积相符合,是根冠小柱细胞中的内质网涉及淀粉粒沉积,并对重力发挥感知作用。该细胞的周边存在一种由内质网联结成的特有的管状网,称为"结节状的内质网"(nodal ER),这些结构的形成可能对淀粉粒沉积所产生的重力信号有调节作用(Zheng and Staehelin,2001)(见 4.3 节初生根向地性的调控)。

2. 初生根根端分生组织的维持及其分化的调控

如前文所述,根端分生组织中有一群围绕根静止中心的近端干细胞和远端干细胞。远端干细胞主要产生根冠(包括侧根根冠、根冠小柱细胞)和根的表皮,而近端干细胞则产生中柱鞘和维管组织的干细胞,进而分别发育出中柱鞘和原生木质部及原生韧皮部细胞。为了维持根端分生组织,干细胞分裂所产生的用于进行分化的子代细胞,其分裂速率必须与分生组织产生新的自身细胞(干细胞)速率相当,并保持一种动态平衡。揭示根分生组织如何控制细胞分裂和细胞分化无疑有助于认识根分生组织维持的本质。目前的研究表明,静止中心在调控根分生组织结构方面起着重要的作用,它的存在可保持根端分生组织的干细胞处于不分化状态。

已鉴定出一些与拟南芥根分生组织维持有关的重要突变体,如 *shr*(*short root*)、*scr*(*scarecrow*)、*plt1*(*plethora1*)和 *plt2*(*plethora2*)。*shr* 的细胞分裂区退化甚至丧失,引起

根伸长能力丧失,短根是其表型特点。此外,其皮层和内皮层的干细胞不能进行平周分裂,因此,缺少这些干细胞所产生的两层细胞,导致内皮层消失(图 4-6)。*scr* 与 *shr* 相似,在相应于野生型根的皮层和内皮层细胞层中只有一层细胞。*scr* 的静止中心发育不良,随着根的发育最后被消耗。这些突变都是影响根径向模式发育的突变(Scheres et al.,1995)。SHR 和 SCR 所编码的蛋白质都属于 GRAS 家族蛋白(推定的转录因子),这一家族是赤霉素信号传导途径中 *GAI*(*GIBBERELLIN-ACID INSENSTIVE*)和 *RAG*(*REPRESSOR OF GAI*)基因表达所要求的基因,因此称为 GRAS 家族。该基因家族目

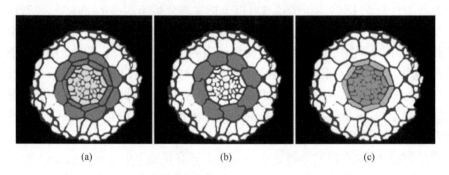

(a)　　　　　　　　　(b)　　　　　　　　　(c)

图 4-6　拟南芥野生型及其突变体 *shr*(*short root*)和 *scr*(*scarecrow*)
根径向组织结构示意图(Dolan, 2001)(另见彩图)

(a) 野生型,中柱(黄色)位于中心;外层分别为表皮和侧根根冠(白色);基本组织(橙红色),其中外层为皮层,内层为内皮层。(b) 突变体 *shr* 和 *scr* 的相应结构,其基本组织只有一层,没有内、外皮层之分。(c) *SHR* 基因(SHR:GFP 融合基因)在中柱(绿色)表达,也可移动到内皮层(浅绿色)

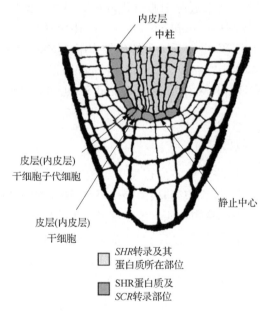

图 4-7　根端分生组织的相关结构及 *SHR* 和 *SCR*
基因的表达部位(Ueda et al., 2005)

前含有 19 个成员,它们的结构与 *SCR* 相似,均在根中表达。在胚胎发生时,*SCR* 主要在胚的基本分生组织中表达;在胚胎发生后,*SCR* 就局限于在内皮层表达(图 4-7,深灰色区域)。SHR 仅在根的中柱和维管束组织中转录(图 4-7,浅灰色区域),然后移动到与其邻近的细胞层(包括静止中心、皮层和内皮层在内)中[图 4-7,深灰色区域]。SHR 和 SCR 的表达产物对静止中心属性(identity)的特化是不可缺少的,而且控制着皮层和内皮层干细胞子代细胞的平周分裂(平周分裂方式导致皮层和内皮层的形成)。这些结果表明,SHR 蛋白是根径向生长的位置信号物质(Helariutta and Fukaki, 2000;Ueda et al., 2005)。*SHR* 基因也是内皮层特化所要求的基

因,而 SCR 是分隔皮层和内皮层时细胞分裂所必需的基因。同时,要维持 SCR 在根端分生组织及其已分化的细胞中表达并发挥其功能(刺激基本分生组织的干细胞的分裂),必须有 SHR 的表达活性(有关 SHR 和 SCR 对根冠小柱干细胞分裂及其子代细胞发育命运的调控功能见 4.2.2 的第 3 节)。

plt1 和 plt2 是通过启动子陷阱策略(promoter trap strategy)得到的突变体。它们是直接影响根端分生组织中干细胞的突变体。plt1-1 的表型特点是根冠小柱和静止中心的细胞层明显增加(表 4-2)。

表 4-2　野生型拟南芥(WS)及 plt 突变体的静止中心细胞和根冠小柱细胞层数的比较

(Aida et al.，2004)

	WS	plt1-1	plt1-3	plt1-4	plt2-2
根冠小柱的平均细胞层数	4.25(±0.03)	5.00(±0.00)	5.06(±0.02)	5.05(±0.02)	4.49(±0.03)
n=	247	15	204	348	339
静止中心中增加的细胞数	0.027(±0.032)	0.467(±0.165)	0.464(±0.120)	0.417(±0.083)	0.149(±0.074)
n=	37	15	28	48	47

如前文所述,位于静止中心正下方的一层干细胞发育成根冠小柱干细胞,再由它们平周分裂形成根冠小柱(平均为 4 层细胞)细胞,从这些细胞中发育出淀粉粒,使它们容易与那层根冠小柱干细胞相区别(图 4-1)。如果将静止中心用激光束破坏(laser ablation),其周围的干细胞可迅速分化。在 plt1 突变体中,静止中心和根冠小柱细胞分裂的模式受到干扰。萌发 2 天后野生型幼苗的根冠小柱细胞有 4 层细胞,其中 1 层为干细胞,另外 3 层为具有淀粉粒的已分化的细胞,而 plt1 突变体的根冠小柱细胞层数增加,主要因为第一层根冠小柱干细胞的分裂活性增加所致。此外,第二层细胞也可以进行额外的分裂(ectopic cell division),有时也可观察到额外的静止中心细胞(表 4-2)。与野生型相比,plt1 和 plt2 的侧根数目增加。因此,PLT 基因是维持正常的根或侧根端分生组织中干细胞微环境(niche)所必需的基因。在胚中异位表达的 PLT 基因可使胚根形成额外的静止中心细胞及其干细胞。根端分生组织远端干细胞的 PLT 转录物水平的提高会引起 SHR 和 SCR 基因在根径向区域的表达,SHR 可在维管细胞中累积,并移动到与之相邻的内皮层细胞中以刺激 SCR 的表达。PLT1 或 PLT2 和 SCR 表达的重叠是决定静止中心区域及其干细胞微环境位置特化的信号(Aida et al.，2004;Sablowski,2004)。

目前在拟南芥中已知有两种基因途径调节根端分生组织的维持:一种途径是 SHR 或 SCR 和 PLT1 或 PLT2 这两类基因及生长素极性运输的调控途径(图 4-8);另一种途径是 ETINOBLASTOMA-RELATED (RBR)与细胞分裂关系密切的调控途径(图 4-9)。

1) 基因 SHR/SCR、PLT1/PLT2 与生长素极性运输的调控途径

SHR 和 SCR 所编码的 GRAS 类蛋白可提供根径向发育及其静止中心属性分化的信号,而 PLT1/ PLT2 涉及静止中心及其干细胞的位置界定。PLT1/PLT2 的突变使静止中心的特化失败,通过基因转化使这类基因在拟南芥中过量表达可在苗中产生异位的静止中心和根冠小柱细胞,形成异位的根(ectopic root)。PLT1/ PLT2 基因编码 AP2 家族蛋白(推定的转录因子)。这类蛋白质是静止中心特化和维持干细胞活性所必需的。

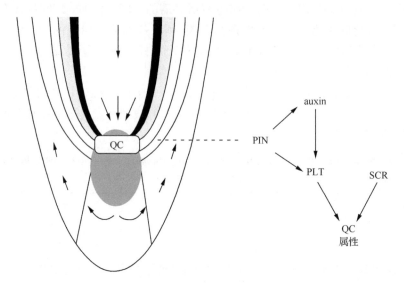

图 4-8　根端分生组织干细胞的特化与生长素的作用(Kepinski，2006)(另见彩图)

通过生长素运输(蓝绿色箭头所示)的导向维持着生长素在根分生组织中的高浓度分布(蓝绿色)，从而诱导 *PLT* 的表达，而该基因的表达是保持静止中心(QC)及其周围干细胞的属性所必需的。*PLT* 的表达与 *SCR* 在内皮层和皮层干细胞中表达的重叠(黄色部分)锁定了干细胞的微环境范围。PIN 为生长素输出载体蛋白

生长素可诱导 *PLT* 的转录(图 4-8)，这取决于这些细胞中生长素的累积以及生长素反应因子(ARF)与生长素早期反应因子(AUX/IAA)这两类转录因子(见第 3 章图 3-37)的作用。一般来说，AUX/IAA 起着抑制 ARF 的作用，而生长素是通过蛋白酶体(proteasome)活性加速 AUX/IAA 的降解，从而解除它对 ARF 的抑制作用。因此，所有与生长素效应有关的基因都是通过激活或抑制 ARF 起作用(Dharmasiri and Estelle，2002)的。*PLT* 特化根端分生组织干细胞微环境的作用可以追溯到胚胎发生的八分体阶段，此时 *PLT* 可在胚的基部表达，使胚根限于胚的远端发育。*PLT* 的这种表达模式与生长素极性运输的输出载体蛋白 PIN 所控制的生长素累积及其响应的模式非常吻合。这种生长素累积的最高浓度是在胚根的一侧。从胚胎发生到胚胎发生后发育的过程中，PIN 蛋白的表达及其分布都与维持根端分生组织中干细胞微环境中的生长素累积息息相关(Kepinski，2006)。研究表明，有几个与生长素反应有关的转录因子家族，如 MP(MONOPTER)/ARF5、BODENLOS/IAA12、NPH4(NONPHOTOTROPIC HYPO-COTYL4)/ARF7、AXR3(AUXIN-RESISTANT3)/IAA17，它们在生长素对根的图式形成上有重要作用。这些生长素反应因子有助于维持 *PLT* 在胚基部的表达模式，而 *PLT1/PLT2* 可在 MP 和 NPH4 蛋白的下游起作用(Perez-Perez，2007)。

2) 基因 *RBR* 与细胞分裂素调控途径

研究发现，一个调节大孢子发育的 *RBR(RETINOBLASTOMA-RELATED)* 基因参与了根端分生组织的维持。采用 RNA 干扰技术抑制 *RBR* 在胚根中的表达(该植物称为 rRBr 植株)，可使根冠小柱细胞层的数目增加(这些额外的细胞层称为异位根冠小柱细胞层)，但这些细胞不分化，也不形成淀粉粒。在野生型的根冠小柱细胞中，细胞分裂活性只

限于根冠小柱的干细胞,在 rRBr 植株中的异位细胞层中也具有细胞分裂的活性,这说明这些细胞层也具有干细胞的属性。用激光束将 rRBr 植株的静止中心破坏,那些原先不分化的数层根冠小柱干细胞可迅速分化,这说明,抑制 *RBR* 基因功能可增加根分生组织中干细胞层(异位干细胞层)的数量(图 4-9)。研究还发现,*PLT1/ PLT2* 和 *SCR* 失活可使 rRBr 植株根端中异位干细胞层的发育完全被抑制。采用 RNA 干扰技术抑制 *RBR* 在胚根中的表达,可挽救突变体 *scr* 静止中心的消耗。这些结果说明,突变体 *scr* 静止中心发育异常是由于 *RBR* 基因活性限制失控所致,从而使干细胞过度和过早地分化(Wild-water et al. , 2005)。*RBR* 可能直接影响根端分生组织干细胞的分化。诱导 *RBR* 高水平表达将使干细胞属性迅速消失,而降低 *RBR* 水平又可使干细胞提早进入 G_2 期而加速干细胞细胞周期的进行,从而使细胞分化推迟。*RBR* 水平降低抑制细胞分化的机制可能是通过强化位于静止中心的细胞促进因子。拟南芥 *RBR* 基因与哺乳动物中的细胞周期调控因子成视网膜细胞瘤蛋白(retinoblastoma,RB)高度同源,而大量研究表明,植物和哺乳动物中的细胞周期调节机制相似(Dinneny and Benfey, 2005)。有关细胞分裂周期的一般调控机理已比较清楚,其中周期蛋白(cyclin)和细胞周期蛋白依赖性激酶(cyclin-dependent kinase, CDK)的周期性形成、激发和失活,在调控细胞分裂周期中起着重要的作用。CDKs 只有与其调节单位——周期蛋白(cyclin)结合后才显示活性。E2F 是细胞周期进程的诱导因子(cell cycle progression factor),是细胞分化因子。因此,在根端分生组织中 RBR 可能起着与 RB 相同的作用,通过抑制 E2F 而阻止细胞从 G_1 期向 S 期转变,从而抑制干细胞的分化而维持根端分生组织。已知,RB 的活性受 CDK 和周期蛋白 D(CYCD)的调控;CDK 可以对 RB 进行磷酸化,而使 RB 自身失活;CYCD 也在 RB 上游起作用,抑制 RB 的活性。CDK 活性又被 CDK 抑制蛋白 KRP2 所抑制,而当 CDK/CY-CD 复合物的活性在 KRP2 作用下受到抑制时,RBR 的活性才能保持。通过转基因的方

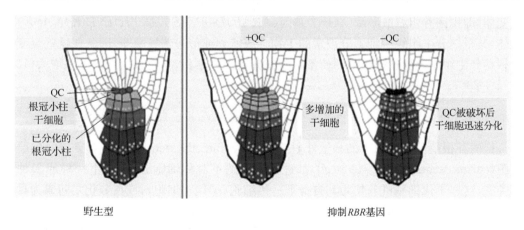

图 4-9　抑制 *RBR* 基因对拟南芥根端分生组织干细胞的影响(Dinneny and Benfey, 2005)
拟南芥野生型(左)根的静止中心(QC)正下方有一层根冠小柱干细胞,分生出数层已分化的内含淀粉粒(小点)的根冠小柱细胞。通过 RNA 干扰技术抑制 *RBR* 的表达或减少它的拷贝数或过量表达 *RBR* 的抑制物 CycD3(右),导致异位的根冠小柱干细胞形成,如+QC,增加了异位干细胞层(ectopic layer of stem cell),而这些增加的干细胞的属性取决于 QC 的存在,如果 QC 遭到破坏,这些干细胞就迅速分化成含淀粉粒的成熟的根冠小柱细胞

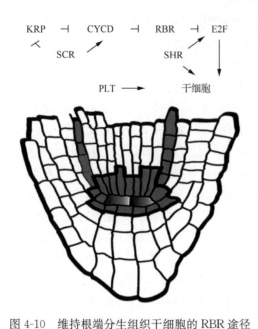

图 4-10　维持根端分生组织干细胞的 RBR 途径
及其干细胞特化相关基因的作用模式图示
(Wildwater et al.，2005)(另见彩图)
不同的颜色代表相关基因表达区域。SHR 和 SCR 表达
区域为红色；PLT 表达区域为紫色。QC 为黄色。"⊥"
表示抑制作用；"→"表示促进作用

法已证实，KRP2 在拟南芥中过量表达与 RBR 过量表达对干细胞状态的影响有相似的作用，即阻止干细胞的分化、保持干细胞的增殖与分化的动态平衡、维持根端分生组织的存在。由此可知，RBR 维持根端分生组织干细胞的状态的功能可能涉及一些细胞分裂调控因子，如 E2F、KRP2 和 CYCD 等(图 4-10)。有关这些细胞分裂周期调控基因的相互作用是如何影响根端分生组织的维持需要进一步的研究。

细胞分裂素是一种天然的促进细胞分裂的植物激素，它在植物发育中有重要的作用。细胞分裂素氧化酶(CK oxidase)和脱氢酶(CKX)可降解细胞分裂素的活性。研究表明，在根端分生组织维持过程中细胞分裂素控制着干细胞分化的速率，因此控制着分生组织的大小，但不影响根端分生组织或干细胞分裂的潜能。外用细胞分裂素处理拟南芥，可使植株的根端分生组织变小，这是由于其干细胞数量减少所致，如果在转基因的拟南芥和烟草中过量表达 CKX 基因(降解细胞分裂素的基因)可使根端分生组织增大。细胞分裂素生物合成突变体通常都有增大的根端分生组织。例如，ipt3、ipt5 和 ipt7 三重突变体和细胞分裂素受体 ahk3(arabidopsis histidine kinase3)突变体，即拟南芥组氨酸激酶 AHK3 基因(ARABIDOPSIS HISTIDINE KINASE)突变体，其根端分生组织中细胞分裂素的生物合成能力或信号传导减弱，因此在这些突变体的根端分生组织分化速率降低而使干细胞在分组织中累积，导致分生组织体积增大(Loio et al.，2007)。

3. 根冠小柱干细胞、皮层和内皮层干细胞的分裂及其子代细胞发育的调控

拟南芥根端分生组织中的根冠小柱干细胞(columella stem cell)和皮层与内皮层干细胞(cortex/endordermal stem cell)都进行定向的不对称细胞分裂，产生一种或多种细胞类型，这些子代细胞可分化为其自身下一代细胞(子代干细胞)，或在分化之前成为具有不对称分裂潜力的中间前体细胞。研究表明，在拟南芥胚胎发育后期阶段(64 个细胞胚阶段)，胚根原细胞的不对称分裂产生透镜状(lens-shaped cell)的顶细胞和较大的基细胞[图 4-11(a)]。透镜状的顶细胞是静止中心前体细胞，它们将发育成静止中心，而其基细胞则发育成为根冠小柱的干细胞。已发现蛋白磷酸酶 POL(POLTERGEIST)和蛋白质 PLL1(POTERGEIST-LIKE1)是胚根原细胞不对称分裂所要求的酶，如果它们缺失，不对称分裂频率将减少，同时分裂所产生的子代细胞中不形成可区分的透镜状的顶细胞和

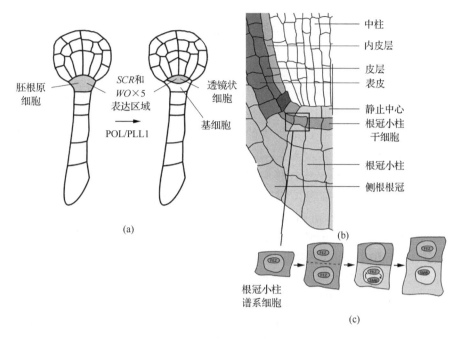

图 4-11　根冠小柱干细胞不对称分裂的调控示意图［根据 Abrash 和 Bergmann(2009)修改］
(另见彩图)

(a) 胚根原细胞不对称细胞分裂及其所涉及的基因；不对称分裂后形成透镜状的小细胞和较大的基细胞；根冠小柱干细胞是由不对称细胞分裂后的基细胞发育而成。(b) 根端组织结构图示，根冠小柱干细胞及其所衍生的根冠小柱已在图中标出。(c) 根冠小柱干细胞及其不对称分裂与 FEZ(绿色)和 SMB(棕红色)蛋白的作用图示。FEZ 蛋白及其 mRNA 依时间而波动，FEZ 蛋白在分裂前已出现在干细胞中，同时也存在于分裂后已分化的子代细胞中并激活这些细胞中的 SMB。但在细胞分裂后的干细胞中 FEZ 蛋白暂时消失

较大的基细胞(Song et al.，2008)。

　　突变体 *fez* 和 *smb*(*sombrero*)的表型都与根冠小柱干细胞的分裂活性缺陷有关。*fez* 根冠小柱干细胞的分裂活性降低，细胞层数减少，被称为小冠(little cap)突变体，而 *smb* 则具有额外的类似于根冠小柱干细胞的细胞层，被称为大冠突变体。这两个基因(*FEZ* 和 *SMB*)已被图位克隆，序列分析表明它们属于植物特有的转录因子 NAC［No APICAL MERISTEM (NAM)、ATAF1/2、CUP-SHAPED COTYLEDONS (CUC)］家族成员。这类转录因子的功能与特化苗端器官组织的界面有关。这两个基因直接调控根冠小柱干细胞的不对称分裂，WOX5(*WUS* 同源基因)可间接促进根冠小柱干细胞的不对称分裂以便保持这些细胞 *SMB* 的分子属性(molecular identity)。*FEZ* 促进根冠小柱干细胞的分裂，*SMB* 则促进该干细胞的分化。值得注意的是，在子代细胞中，*FEZ* 促进 *SMB* 的表达，最终降低其本身的活性，如此形成一个反馈调节机制以降低不对称分裂的活性而允许子代细胞进行分化(Willemsen et al.，2008)。拟南芥根端分生组织中的皮层与内皮层干细胞，在进行不对称分裂时形成了根径向分布的皮层和内皮层组织。在这些组织形成之初，与静止中心紧密接触的皮层与内皮层干细胞进行不对称的垂周分裂，实现了自身细胞的更新并形成不对等的皮层与内皮层干细胞子代细胞(cortex/endodermal stem cell daughter,CED),然后这些 CED 进行不对称的平周分裂,产生将发育成皮层组织的外层子代细胞和内皮层组织的内层子代细胞。这些不对称分裂的子代细胞发育命运的特化是由 SCR 和 SHR(SHORT ROOT)所控制的(见 4.2.2 的第 2 节)。这两个基因的强失能突变将导致其不对称细胞分裂失败,结果形成单层的基本组织(Cui et al.,2007)。正如上一节中所述,SHR 在中柱鞘(中央维管组织)中转录,但其蛋白质可在细胞和组织间移动,而分布于静止中心附近、皮层和内皮层干细胞及内皮层细胞中(图 4-6、图 4-7),但这个蛋白质不同于动物细胞中的那种造成子代细胞不同发育命运的决定因子(determinate)(见第 1 章的 1.2.9 节),该蛋白在皮层子代细胞中迅速消失,此后也被皮层组织排斥。因此,SHR 可以从中柱移向内皮层,但它不会由内皮层移向皮层。SCR 可在静止中心、皮层和内皮层干细胞、CED 和内皮层的细胞中表达;SCR 是限制 SHR 移动所要求的蛋白质,并可与 SHR 进行物理性的结合,以螯合剂形式存在于内皮层细胞核内(Cui et al.,2007)。SHR 与 SCR 的复合可上调 SCR 的转录,作为该调控回路的正调控因子,其不仅能使相应的子代细胞迅速地转变为内皮层,也能产生足量 SCR 蛋白结合所有产生的 SHR,防止 SHR 进入皮层组织;在无 SHR 存在的情况下(相应地也不发生 SCR 基因的转录),这一层子代细胞则发育成皮层。但是,SHR 和 SCR 复合的作用模式还不足以解释 CED 平周分裂的调控机制,也不足以说明 SHR 所诱导的 CED 以及其内层细胞有不同反应的原因。这些过程的分子本质仍有待揭示(Abrash and Bergmann,2009)。

4.2.3　初生根发育的遗传调控

　　初生根发育有明显的可塑性,这一特性为内在的遗传编程和外部的环境刺激所调控,如生长素等植物激素及生长调节物质和营养元素等因素可明显地影响初生根的发育。初生根及从其中发育出来的侧根和根毛形成了一套完整根发育的机制,它们也有各自的发育过程及其调节机制(Casson and Lindsey,2003;Iyer-Pascuzzi et al.,2008)。初生根根端分生组织发育的调控在前文已叙述,以下主要讨论初生根生长及其维管束分化的调控机制。侧根和根毛的发育调控在其他节叙述。

　　1. 双子叶植物的初生根发育

　　鉴定根发育的突变体是研究根发育的遗传调控重要途径,现以拟南芥为例,说明双子叶植物初生根发育遗传调控的一些基本规律。现已发现一些影响初生根生长及其发育的重要突变体(表 4-3);其中前文所述 scr、shr 的主要表型是根短。这种缺陷是由于它们在胚胎发育的早心形胚发育阶段,缺少一次使基本分生组织细胞加倍的平周分裂,因此,使它们在径向模式上缺少基本分生组织细胞层,即缺少内皮层(scr)或皮层和内皮层共为一层细胞(shr);这些基因代表根的径向模式发育的调控机制之一。SHR 基因功能在于特化内皮层和激活 SCR 基因,从而激活基本组织干细胞的活性,调节根径向发育模式(radial patterning)。这两个基因的主要功能已在前文叙述过(见 4.2.2 中第 2 节根端分生组织的维持及其分化)。

　　拟南芥突变体 trn1(tornado1)和 trn2(tornado2)的表型特点是根伸长受阻、根显扭曲状态,植物地上部分生长的顶端优势减弱。这种根的表型只在种子萌发 3 天后出现,说

表 4-3　影响拟南芥初生根发育的部分突变体

突变体/基因	表型	文献
1. 影响根径向发育		
scr (scarrcrow)	根短,缺少内皮层	Schere et al., 1995
sht(short root)	根短,皮层和内皮层共在一层基本组织中	Schere et al., 1995
wol(wooden leg)	维管组织细胞数目少,韧皮部和木质部发育不良	Schere et al., 1995
2. 影响根生长		
trn1 (tornado1) /trn2(tornado2)	根伸长受阻,根显扭曲状态	Cnops et al., 2000
al f1 (Aberr ant lateral Root formation1)/sur1(superrot)/ rty(rooty)(三个为等位基因)	根生长受阻,下胚轴发育出大量的不定根,侧根原基数量增加,根毛发育增加	Boerjan et al., 1995 King et al., 1995;Celenza et al., 1995
3. 影响根维管图式形成		
wol (wooden leg)	根维管细胞比野生型的少,除下胚轴的上部外,所有维管细胞都分化成木质部元素	Schere et al., 1995

明该基因在胚胎发生后起作用。野生型根端分生组织根冠小柱干细胞的周围有一圈表皮/侧根根冠的干细胞并与静止中心细胞毗邻。这些干细胞进行平周分裂产生了表皮和侧根根冠。而在这两个突变体中,它们相应的干细胞及其子代细胞缺失了这一平周分裂的能力,仅在根的一侧存在这种能力,从而导致根扭曲的表型。这种表型提示 *TORNA-DO* 基因对保持表皮细胞的正常发育命运起着正调控的作用(Cnops et al., 2000)。突变体 *wol(wooder leg)* 的表型特点是根及其下胚轴下部的维管束组织中的细胞比野生型的细胞少,所有维管束细胞都分化成木质部组织,而下胚轴上部维管束组织中的细胞却有所增加并伴有韧皮部组织的分化。研究表明,*WOL* 基因在维管束和中柱鞘中表达,并在球形胚阶段就可检测到它的表达,它是维管束组织特异性细胞分裂所要求的基因(但不是韧皮部组织特化所要求的基因),也是根和下胚轴正常径向结构发育所需要的基因。*WOL* 基因编码一个推定的双组分组氨酸激酶(putative two-component histidine kinase),这意味着它可能是信号传导成员。突变体 *glm(gallum)* 与 *wol* 相似,受影响的是维管组织;而 *fs(fass)* 具有增大的根,*fs* 根的维管柱增大,具有多层皮层细胞层。这些突变可能与胚胎发育时原分生组织形成的缺陷有关。

2. 单子叶植物初生根的发育

在玉米和水稻中已发现一些影响初生根生长、发育的重要的突变体(表 4-4)主要包括胚胎发生时胚根及茎生根有关的突变(Hochholdinger et al., 2004)。

谷物的根与双子叶植物的根发育明显不同的是谷物在胚胎发生后普遍存在茎生根(shoot-borne root)的发育。玉米中的 *rtcs(rootless concerning crown and seminal root)*、*rt1 (rootless1)* 和水稻中的 *crl1 (crown rootless1)*、*crl2 (crown rootless2)* 就属于这一类突变体。*rtcs* 只有初生根和侧根,完全不产生茎生根、冠状根和种根;组织学的研究表明,在这些根发育启动之前就已经发生了这些突变。水稻 *crl1* 突变体的表型与 *rtcs* 相似,突变

表 4-4　玉米和水稻根发育相关的突变体(Hochholdinger et al. , 2004)

突变体/基因	植物	表型
1. 影响茎生根		
rtcs	玉米	完全无茎生根
rtl	玉米	茎生根较少
crt1	玉米	冠状根少
crt2	玉米	冠状根少,初生根较短
2. 影响初生根		
rml	水稻	初生根根长减少
rm2	水稻	初生根根长减少
rrl1	水稻	初生根根长减少
rrl2	水稻	初生根根长减少
srt5	水稻	所有类型的根根长减少
srt6	水稻	初生根根长减少

影响它的冠状根的启动。由于水稻无种根,crl1 只影响胚胎发生后根的发育。水稻另一个突变体 crl2 受影响的是其茎生根,这些茎生根在种子萌发后不久就停止了发育。因此,呈现茎生根少、侧根也少,而初生根的根长和厚度增加的表型。

玉米中 rtcs 及其同类基因(rtcs-like)编码带有 LOB-结构域的蛋白质,它们在蛋白质水平上的同源性可达 72%。rtcs 和 rtcl 基因的启动子都带有生长素反应元件(AuxRE),因此可被外用生长素所诱导。这说明 rtcs 基因属于一类生长素早期反应基因,在生长素调节茎生根和种根形成中起着重要作用。这一结论已被比较 10 天和 5 天苗龄胚芽鞘节的蛋白质组学数据所支持(Taramino et al. , 2007)。野生型玉米在萌发 4 天后,可明显辨认胚芽鞘节;萌发 5 天,幼苗的胚芽鞘节上可观察到早期发育阶段的冠状根;萌发 10 天后,冠状根已长出于胚芽鞘节外。但是,突变体 rtcs 在这一相应生长阶段没有冠状根的发育。研究表明,推定的生长素受体 ABP1 (auxin-binding protein 1)蛋白是生长素信号传导中最早阶段起作用的成员,蛋白质谱研究发现,该蛋白的基因在萌发 5 天的野生型胚芽鞘节上有高水平表达,但到萌发 10 天时转录水平明显降低;而在突变体 rtcs 中,该基因及其蛋白质在萌发 5 天和 10 天苗龄一直保持一个稳定的高表达水平,这意味着在这个突变体中缺失了 ABP1 的反馈抑制,但它在形成冠状根中作用的具体机制有待阐明。

在水稻和玉米中还分离到许多影响初生根伸长的突变体(表 4-4)。玉米的这类突变体呈现多效的表型(pleiotropic phenotype),而水稻中有些突变体是只影响水稻初生根根长的突变体,其中 srt5 (short root5)还影响冠状根和侧根的伸长。这些突变体的共同特点是皮层细胞伸长减少,但这类突变体与拟南芥短根表型的突变体不同,如前文所述的拟南芥 scr 和 shr 不是由于皮层细胞伸长减少所致,而由于这些细胞的分裂活性降低或丧失所致。尽管单子叶植物具有胚根和各种胚胎发生后根类型(post-embryonic root-type),但它们都具有相似的解剖学结构、发育模式和形态学特征。因此,它们的发育可能为一套相似基因所调控,不同的只是这些根的启动可能为不同的基因所调控,因为每一种类型的根都是从不同的组织中启动。目前对这些基因结构及其功能的认识还太少。

4.2.4　生长素及其极性运输与初生根发育

一般认为,生长素(吲哚乙酸)在苗端合成,而细胞分裂素在根端合成,因此,它们有时分别被称为苗信号(shoot signal)和根信号(root signal)。研究表明,生长素及其极性运输参与根静止中心、根顶端分生组织、根维管束的分化、根的向地性等与初生根和侧根生长发育有关的调控。

1. 生长素在初生根中的极性运输

生长素在初生根中的极性运输有以下特点:生长素在茎顶端的叶原基及其幼叶中合成,沿茎向下运输至根尖;在根中生长素可通过根的表皮继续做向基运输(basipetal transport)到达根冠,然后经过中柱做向顶运输(acropetal transport),彼此间的运输在空间上是分隔的,到达根尖的生长素流还可以通过根的表皮流进中柱再流回到根尖,特称为生长素的环流(reflux)(图 4-12)(Tanimoto, 2005)。

生长素的极性运输涉及它的输出(efflux carrier)和输入载体(influx carrier)。在拟南芥中,已发现推定的输入载体(putative influx carrier)为 AUX1。AUX1 存在于根冠小柱和侧根的根冠之中,它调节着生长素 IAA 进入细胞并在韧皮部中的运输,也促进生长素由根尖向远端的伸长区运输,这种运输是根的向地性所必需的。该基因的突变导致产生根丧失向地性的突变体 *aux1*。生长素的输出载体为 PIN 类蛋白,这是一个蛋白质家族,它们在细胞中有极性的分布并调节游离生长素由细胞质进入质外体。PIN1 主要分布于维管细胞下部,负责生长素向下运输;PIN2 位于伸长区皮层和内皮层细胞的上端,负责外侧组织的生长素向上移动;PIN3 主要分布在根冠小柱侧面细胞的表面,但在重力的刺激下可重新分布;PIN4 位于静止中心及其周围细胞的交界面上,使生长素按梯度分布,维持着分生组织的存在。另外一个蛋白质 MDR1(multi-drug-resistance-related protein 1)也参与生长素的运输,它可能是通过提高 IAA 结合态的水平而将 IAA 运出细胞质而降低细胞内 IAA 的水平,其还可以与 PIN 协作将游离态和结合态的 IAA 运进液泡中(图 4-12)。

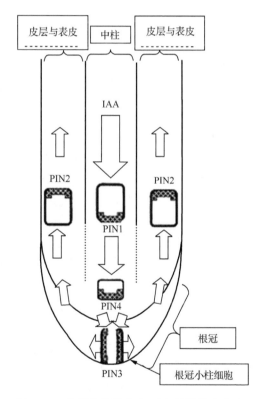

图 4-12　在拟南芥根尖中 IAA 运输的方向和
IAA 输出载体的分布(Tanimoto, 2005)

IAA 输出载体 PIN14 分别分布于根尖中各自的部位。
箭头所示为 IAA 运输的方向

MDR1 与哺乳类中的 MDR 相似,带有 ATP 结合的卡盒(casstte)(Tanimoto, 2005;

Kramer and Bennett，2006）。

已证实萘氧乙酸（naphthoxy-1-acetic acid，NOA）和 N-（1-萘基）邻氨甲酰苯甲酸（N-1-naphthyl phthalamic acid，NPA）分别是生长素输入载体和输出载体的专一性抑制剂，NOA 对生长素的输出载体几乎无作用，NPA 可使根基部外侧的 IAA 水平降低，而使 IAA 累积于根尖中（图 4-12）。NPA 还可通过抑制 IAA 从苗中向根基部运输而抑制侧根的发育，因为 IAA 这种运输是诱导侧根启动所需要的。

2. 生长素对初生根维管分化的调控

与茎中情况相似，生长素也控制着根的维管分化。根的维管分化有三种类型，即初生分化、次生分化和再生分化（regenerative differentiate）。初生分化是指初生维管分生组织和原形成层细胞的分化；次生分化是指维管形成层细胞的分化；再生分化是指在侧根与主根的联结区部位（lateral rootjunction）或（和）受伤的薄壁细胞，或形成层中重新分化为维管组织的分化（Aloni et al.，2006）。

单子叶与双子叶植物的初生维管组织形态不同：单子叶植物的初生维管组织形态由导管组成的木质部束分布在维管柱周围，维管柱中央为薄壁细胞；双子叶植物的初生维管组织形态是木质部束分布在维管柱的中央向周围辐射，但这两类植物的韧皮部束分布总是被分隔于维管柱的周围。

许多研究表明，植物生长调节物质对维管束细胞的分化有着关键的影响，通过组织培养的方法曾获得一些有效的结果：低浓度的生长素（IAA）可诱导韧皮部筛管分子的形成而不能诱导木质部导管分子的形成；高浓度的生长素可以诱导韧皮部和木质部的分化，但是此时只是培养物表面（相对于离含高浓度的生长素培养基较远的地方）被诱导形成韧皮部。已有实验表明，单子叶植物与双子叶植物的初生维管组织形态的不同是由于流经它们所在部位的生长素极性运输流的浓度不同所致。如图 4-13 所示，初生维管组织和中柱鞘是 IAA 极性运输的主要路径。较高浓度的生长素极性运输流经维管中柱时将诱导原生木质部导管的分化，换言之，原生木质部导管的分化要求较高浓度 IAA 运输流的刺激；与此相反，较低浓度的生长素极性运输流由于被分隔而被有限限制地流经维管中柱的四周细胞时则导致原生韧皮部分化。因为低浓度的 IAA 运输流足以诱导原生韧皮部筛管的形成，同时靠近根尖的原生韧皮部筛管可比原生木质部导管先被诱导和成熟。因此，在功能上，原生韧皮部筛管要比原生木质部导管起作用早。筛管在功能上起作用的标志是在筛管中发生快速非极性的生长素运输。

原生木质部束的数量与维管柱周围的面积大小有一种线性关系，这也与生长素运输有直接的关系。如果维管柱周围的空间面积大，木质部束的数量也多。实际上，维管柱周围的空间面积大可增加游离生长素运输流，从而诱导原生木质部束和韧皮部束的数量就多。因此，对于单子叶植物的初生根来说，就仅有较少的原生木质部束，由于在发育后期可从较大面积的叶中运出更多的生长素，因而在后期可发育出较粗的具有多原型的维管体系的不定根，它们所具有的维管柱空间也较大，可产生更多的生长素运输流，也就诱导出更多的原生木质部和韧皮部束，形成多原型维管束（Aloni et al.，2006）。

拟南芥的维管柱较小，只发育出两个原生木质部束，是二原型的维管柱。根的木质部

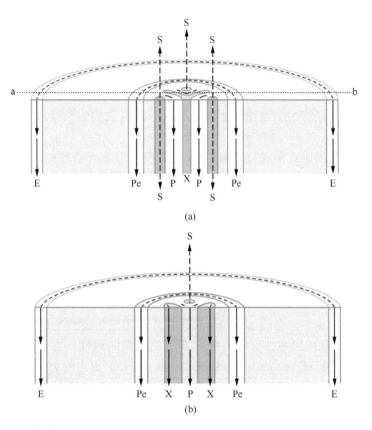

图 4-13　生长素极性运输的途径与根维管组织分化区示意图(Aloni et al.，2006)

游离态的 IAA 在三原型的韧部平面上〔(a)〕和木质部平面上〔(b)〕生长素运输途径(分别用实线和虚线表示)。虚
线 a-b 表示木质部平面；S 表示原生韧皮部的筛管；实线长箭头表示在维管柱中 IAA 极性移动路径(内流向)，即分
别流经原形成层(P)、分化的木质部(X)和中柱鞘(Pe)向根尖方向运输。在根周边的 IAA 极性移动路径(即从苗
端到根的分化区)为：从幼叶而来的 IAA 经过根周边的表皮(E)往下运，这一经皮层向下运输的生长素可能阻止了
生长素由根尖经根周边往上的极性运输，从而使这两种经根周边的生长素流汇合在一起而流向皮层。这一汇合的
生长素流可能诱导了分生性皮层中的 IAA 向下运输的模式；这种向下的运输模式可通过检测细胞膜上的外运载
体 PIN1 得到证实，因为这种载体极性地分布于根尖附近处于分化状态的皮层细胞中向顶方向的细胞膜上一侧。
在非极性运输的路径中，IAA 可在原生韧皮部的筛管(S)中进行上下运输〔图(a)中虚线所示〕

是以向心方式成熟(最成熟的在外面)，这种成熟方式也叫外始式(exarch)，因此，后生木
质部在原生木质部的内侧。Aloni 认为，在中柱鞘中流动的生长素将影响根维管柱中初
生导管的宽度。因此，在初生根中，尽管后生木质部和原生木质部的导管几乎是同时开始
分化，但在中柱鞘中的生长素流可促进在其较近一侧的原生木质部导管的分化速率，这些
导管细胞也较早地沉积细胞壁物质，导致这些导管比较狭窄。与此相反，后生木质部的导
管，由于离中柱较远，因此，在细胞壁物质沉积前就有较多一点时间进行细胞伸长，这些
导管比较宽。

　　这种生长素与维管发育的作用关系在根和茎的维管体系中也被发现。在许多植物的
韧皮部束(无木质部)及联结束(anastomoses)都产生低浓度的生长素流。以高浓度的生

长素处理去顶丝瓜(*Luffa cylindrica*)的茎,可诱导其韧皮联结束中木质部的分化。这说明,要诱导木质部形成需要高浓度的生长素。在叶中,离产生生长素较近的部位可诱导出维管细胞,这是因为这一部位具有较高浓度的生长素。生长素也诱导导管和筛管之间的维管形成层中的次生木质部中的导管形成,但对维管射线的形成不起诱导的作用。根和茎的次生木质部导管随着离叶距离的增加,其宽度及其分布密度将减少,这种变化沿植物轴成一个连续的递度变化;这种变化模式与从叶到根尖的生长素浓度呈现梯度性减少的模式相吻合(Aloni et al.,2006)。

如上所述,植物的维管束发育是由 IAA 及其极性运输所诱导和控制的,只有细胞分裂素不足以诱导维管束的发育。但在生长素存在的情况下,细胞分裂素有利于维管束发育和分化。这些结论也在组织培养中外植体的分化中得到证实(Aloni et al.,2006)。

4.3　初生根向地性的调控

与重力拉引方向相反的植物向上生长称为负向地性(negative gravitropism),向下生长称为正向地性(positive gravitropism),与重力拉引成直角方向的水平生长称横向地性(diageotropism),与重力拉引(重力线)成直角之外的固定角度的生长称斜向地性(plagio-geotropism)。最明显的向地性现象是根向下生长的负向地性。在向地性研究领域中存在两个最重要的假说:Haberlandt(1900)和 Němec(1900)提出的重力感知的平衡石假说(starch-statolith theory);1926 年由 Cholodny 和 Went 分别提出的有关生长素侧向运输,形成不对称生长素分布并引起弯曲生长的假说(The Cholodny-Went hypothyesis),也称为 Cholodny-Went 模型(详见综述:Boonsirichai et al.,2002;Morita and Tasaka,2004)。

4.3.1　植物激素不对称分布与根向地性的调控

Cholodny-Went 模型认为在直立的茎中,生长素从苗端向生长区的运输是对称性向基性移动,而当茎被横放时,在重力作用下,生长素在上下两部分中的重新分布是不对称的,结果在上侧的组织生长素减少,而下侧生长素较多,从而使下侧细胞伸长,于是引起茎负向地性弯曲。这种生长素重新分布结果也是根正向性生长的动力,这是因为根和茎干对生长素的敏感性不同(图 4-14)。

已证明,到达根尖的生长素流还可以通过根的表皮流进中柱又流回到根尖(图 4-14)。在拟南芥中,已发现 AUX1 存在于根冠小柱和侧根的根冠中,促进生长素由根尖向远端伸长区运输,这种运输是根的向地性所必需的。*AUX1* 基因的突变体 *aux1* 的根丧失向地性。生长素的输出载体 PIN 类蛋白 PIN3 主要分布在根冠小柱侧面细胞的表面上,在重力的刺激下可重新分布,位于下侧。研究证明,细胞碱化是对重力响应的早期反应,而 PIN3 重新分布的时间是在细胞被碱化和在根发生不对称生长之前。由此可见,PIN3 可能是细胞响应重力刺激而形成生长素梯度分布在细胞间进行信号传递的理想物质。但突变体 *pin3* 对向地性响应的表型与野生型的表型几无差别。因此,即使 PIN3 真的在这方面有作用,也不可能起重要作用。

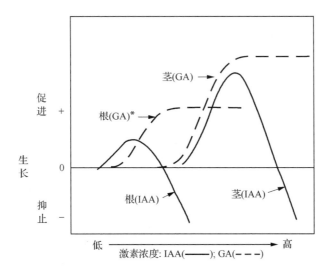

图 4-14　植物激素(IAA 和 GA)对根和茎生长的作用(Tanimoto, 2005)

植物激素的浓度决定着对根和茎的生长是起促进还是抑制作用。生长素促进根生长的适宜浓度为 10^{-9} mol/L; 而对茎生长的适宜浓度为 10^{-5} mol/L

　　对根向地弯曲部分进行仔细研究后, Aloni 等(2006)提出一个细胞分裂素在根冠中不对称分布控制根向地性的作用模式。他们发现, 开始弯曲的区域发生在紧靠根分生组织一侧特称为远端伸长区(distal elongation zone, DEZ)的部位, 而并不是在伸长区(elongation zone, EZ)。在向地性弯曲的早期阶段, 根尖附近的根冠下侧生长受到抑制, 而在根冠后面的 DEZ 的上侧生长被促进。DEZ 的细胞与 EZ 的细胞不同, 它们对高浓度的生长素不反应, 但对外源细胞分裂素的处理非常敏感。腺嘌呤磷酸异戊烯基转移酶(IPT)是细胞分裂素合成的重要酶, 其中 *IPT5* 基因在根冠小柱细胞中表达最强。*ARR5*(*ARABIDOPSIS RESPONSE REGULATOR5*)可为细胞分裂素激活, 通过转化它与GUS 构建的融合基因表达载体(*ARR5*:GUS), 可以检测体内细胞分裂素合成位置及其合成量。通过对 *IPT5* 和 *ARR5*:GUS 表达的检测, 也证实细胞分裂素可以在根冠中产生。当根垂直生长时, 细胞分裂素的分布是对称分布的; 而当根处于水平生长时, 细胞分裂素的分布是不对称的, 在根冠的下侧集中了较多的细胞分裂素(图 4-15)。这种分布的改变在 30min 内就可检测出来。由根冠所产生的细胞分裂素不断地流向一侧, 可形成向地性的刺激。如将根冠按垂直方向切除其一半, 根就朝保留有根冠的一侧弯曲, 这表明, 当水平位置的根向地性弯曲时, 根冠可给根朝下的一侧提供生长抑制因子。如果在根的一侧用细胞分裂素处理, 则根弯曲的部位是被细胞分裂素处理的一侧。如果将根冠切去, 根将失去向地性。以上的实验结果表明, 根在产生向地性弯曲时细胞分裂素可作为根一侧伸长生长的抑制因子。此外, 通过基因转化使拟南芥过量表达细胞分裂素氧化酶或脱氢酶(cytokinin oxidase/dehydrogenase)基因(*CKX*)可使转基因植株的细胞分裂素水平降低 30%～45%, 这些转基因植株的根生长加速 70%～90%。这表明在野生型植株(未进行该基因转化的植株)中是细胞分裂素抑制根的伸长生长。这些实验结果再一次说明, 当根被水平放置时, 移向根冠下侧的细胞分裂素起着抑制生长的作用; 而相应于根冠的上侧,由于细胞分裂素的下移(图 4-15),其中的细胞分裂素水平将降低,因此它的生长也会比下侧的快(Aloni et al.,2006)。

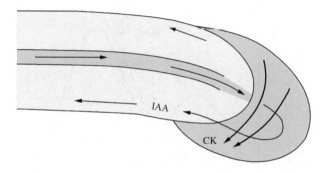

图 4-15　细胞分裂素和生长素调节根向地性的模式(Aloni et al.,2006)

当根处于水平位置时细胞分裂素和生长素侧向运输使根的下侧有较高的这两种激素的浓度。其中,游离态的细胞分裂素移动的方向是从根冠的顶部流向下侧并累积于此(粗箭头所示),这一高浓度的游离态细胞分裂素抑制根伸长区(紧靠根冠的部位)远端下侧组织的伸长。从茎通过维管中柱运送到根冠的 IAA 主要分布在根的下侧。然后再运往伸长区中段(细箭头所示)并抑制它的伸长生长。因此细胞分裂素和生长素通过上述的不对称分布抑制处于水平方向根下侧的生长,而促进根上侧的伸长,导致根向地弯曲的生长

4.3.2　重力信号的感受及其传导

根对重力的反应可分 4 个步骤完成:感受重力的刺激方向;将这一刺激的生物物理信号转变成生物化学的信号(信号传导);将这一信号转移到反应的组织中;最后在相应的器官中产生反应,出现弯曲。细胞可通过细胞的压差,或通过细胞内的轻或重的颗粒在细胞质中上浮或下沉所造成的分布差异感受重力。

平衡石理论假说(starch-statolith theory)认为植物的每个器官都存在着许多平衡囊(statocyst)细胞,每个平衡囊细胞又有许多平衡石(如淀粉粒等),是它们首先感受根向地性的重力信号。实际上,作为平衡石的淀粉粒不是简单的全裸淀粉粒,而是一群为膜所包围的淀粉体(amyloplast),每个淀粉体可含有 1～8 个淀粉粒,而每个平衡细胞则含有 4～12 个淀粉体。带平衡石的细胞(平衡细胞)常存在于根中,特别是在根冠中;在茎中,平衡细胞大部分存在于维管束鞘或内皮层中。支持平衡石理论假说的证据主要有:几乎在所有向地性敏感的组织中均有淀粉粒的存在。在根饥饿时,随着根冠淀粉的消失,根冠对重力的敏感性也消失;如果将玉米根冠去除,其重力感知能力也随之消失,但经过一段时间,根冠再生时,其重力感受能力又恢复。含淀粉体小而少的玉米突变体,其对重力刺激的反应也比野生型的反应要慢而微弱。

另外,也有些实验结果与淀粉体平衡石假说并不相符。在有些情况下,淀粉体的沉积并不引起向地弯曲,要使玉米根冠向地弯曲必须先用红光处理,电镜观察发现,无论用红光预处理或黑暗中的根冠细胞中都出现淀粉体的沉积;用化学处理使小麦胚芽鞘中的淀粉粒完全消失,但胚芽鞘仍有向地敏感性;具有向地敏感性的脆轮藻(*Chara fragilis*)假根,其平衡石不是淀粉体而是硫酸钡颗粒;霉菌(*Phycomyces*)的孢子囊柄对重力敏感,但用显微镜观察则看不到平衡石颗粒的存在,可能是这种组织中张力的改变及其随后的囊

柄变形引发其向地性的效应。显然,就所有机体而言,不可能都以同一方式感知重力。目前还未确定何种细胞器真正感受重力的反应。除淀粉粒外,根冠小柱细胞的内质网、高尔基体、微管和微丝都有可能感受重力反应。当玉米根平放时,其根冠小柱细胞的内质网与细胞核膜平行分布的模式发生改变。如果将根恢复到原先的取向,内质网分布的模式也恢复至原来正常的模式。在烟草根中可能是结节性内质网(nodal ER)调节着淀粉粒所产生的向地性信号(Morita and Tasaka,2004)。

目前对上述平衡石如何感知重力,特别是对感受淀粉粒移动的受体或通道的分子特征尚不清楚。高梯度磁场(high-gradient magnetic field,HGMF)模拟重力场的研究发现,淀粉有抗磁的特性。HGMF 可诱导淀粉粒位移,导致器官有如重力刺激那样的向性弯曲。研究发现,淀粉粒可在玉米根和胚芽鞘中的平衡囊中移动;同时淀粉粒等细胞器的原生质流也发生跳跃式的移动。因此认为,淀粉粒中的物质运输和一小群处于高速向重力载体(gravity vector)运动的淀粉粒对触发重力信号的接受是非常重要的。有的研究表明,可能是胞质离子,如钙离子调节着重力信号的传导。通过水母蛋白发光这一灵敏测定胞质钙离子的技术检测表明,许多植物在重力刺激后都能检测出荧光峰的出现,但尚不能确定其反应器官中空间部位。另外,经重力刺激后,玉米和燕麦叶枕中的肌醇三磷酸$[Ins(1,4,5)P_3]$发生明显变化,已证实肌醇三磷酸可诱导胞质钙库中钙离子的释放(Morita and Tasaka,2004)。

除上述的离子信号传导外,也已发现 ARG1 和 RHG 蛋白涉及根的向地性。因为这两个基因突变的拟南芥突变体 arg1(altered response to gravity1)和 rhg(root and hypocotyls gravitropism),其根和下胚轴对向地性的反应减弱。植物受重力刺激后,ARG1 和 RHG 是根冠小柱细胞碱化(alkalinization)所要求的蛋白质。拟南芥根冠小柱的富含淀粉的淀粉体对根的向地性起着重要作用,而其中无淀粉的突变体 pgm1 向地性减弱。已知突变体 arg1 参与重力信号传导的早期阶段。该突变体与 pgm1 对向地性起作用的遗传途径不同,因为 pgm1 突变体可强化 arg1 向地性的缺陷。而 EMS 诱变 arg1 种子所得的新突变体 mar1(modifier of arg1)和 mar2 也可强化 arg1 向地性的缺陷(其向光性不受影响);这两个突变都影响叶绿体外膜复合物运转体(translocon of outer membrane of chloroplast,TOC)体系中不同成员的作用,其中,mar1 是 TOC75-Ⅲ基因突变的突变体,而 mar2 是 TOC13 基因突变的突变体。过量表达 TOC132 基因可挽救 mar2 arg1 根随机生长的表型,在 mar2 arg1 突变体根冠中的淀粉体超微结构正常,在重力的影响下,其中淀粉体的活动模式与野生型中的相似。这一研究结果表明,在根的向地性信号传导途径中,是淀粉囊中的质体 TOC 复合物起作用(Stanga et al.,2009)。

综上所述,不管是 IAA 还是细胞分裂素或其他物质的不对称分布都可引起植物向地性效应;不管是何种物质在充当平衡石,了解这些化合物的作用与平衡石移动的关系是揭开植物根向地性分子机制的重要环节。对此,目前还了解得很少。

4.4　侧根的发育及其调控

植物根上的分枝统称为侧根,主根上的分枝称为一级侧根,一级侧根进一步分枝形成二级侧根,二级侧根上的分枝称为三级侧根,依此类推;这些侧根在结构上基本相同。因此,不同类型的根可根据其发育时出现的时间加以区别。初生根在下胚轴的基部发生。侧根产生于初生根,但不在根端分生组织中发生。植物根在土壤中所占据的空间范围取决于侧根的发育程度。侧根的发育反映着植物初生根的发育。侧根发育与初生根发育的过程完全相似(Casimiro et al. , 2003)。

4.4.1　侧根发育的阶段划分

侧根的形成受控于内部的发育程序和环境条件信号。一般来说,侧根发育可分为 4 个阶段:①侧根的启动,激活中柱鞘中的侧根缔造细胞(founder cell)分裂及其脱分化;②高度组织化的侧根原基发育,有些细胞行使顶端分生组织(干细胞)的功能;③侧根原基通过细胞增大使侧根显露(leteral root emergence);④侧根分生组织的形成使已具结构的侧根持续生长。

许多植物[包括拟南芥、洋葱(*Allium cepa*)、萝卜(*Raphanus sativus*)和向日葵(*Helianthus annuus*)]侧根原基的启动只从邻近木质部极(xylem pole)的中柱鞘开始;但玉米和胡萝卜的侧根原基却是在邻近韧皮部极(phloem pole)的中柱鞘细胞开始发生的。因此,中柱鞘细胞通过横向不对称分裂形成短小的子代细胞,即侧根缔造细胞,是侧根原基启动的共同增殖模式,不同的只是侧根原基缔造细胞(图 4-16)的径向位置是邻近韧皮部极还是邻近木质部极的差异。以下以拟南芥的侧根发育为例说明侧根发育的形态和组织学的一些特点。

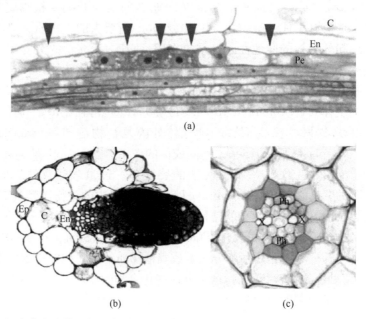

图 4-16　拟南芥中柱鞘和侧根启动时的形态和解剖学特征(Smet et al. , 2006)(另见彩图)

(a) 侧根启动时首先可见的特征是在两个大细胞之间并排着两个短小的细胞(箭头所示是它们的细胞壁),即一个中柱鞘(Pe)细胞经不对称分裂形成一对短小的子代细胞(侧根缔造细胞),富含细胞质;(b) 已显露出来的侧根横切面,它紧靠木质部极的一侧;(c) 两组可区分出来的中柱鞘细胞,一组是(黄色细胞)紧靠木质部极的一侧,发生侧根原基的缔造细胞即由这一组细胞分化产生;另一组紧靠韧皮部极的一侧(橙红色细胞)。C:皮层;En:内皮层;Ep:表皮;Pe:中柱鞘;Ph:韧皮部;X:木质部

　　在拟南芥根中发现只有位于木质部两极的中柱鞘的细胞列才能形成侧根,而每一个木质部极侧都伴有 1～3 列中柱鞘的细胞,因此,常发育出两极模式的侧根(Casimiro et al.,2003)。图 4-17 所示的是拟南芥侧根发育的 7 个阶段的划分及其形态、组织学特点(纵切面示意图)(Malamy and Benfey,1997)。在阶段Ⅰ,中柱鞘细胞的不对称分裂后垂周分裂形成了缔造细胞及其子代细胞[图 4-16(a)];在阶段Ⅱ,缔造细胞及其子代细胞平周分裂形成外层(outer layer,OL)和内层细胞层(inner layer,IL);在阶段Ⅲ和阶段Ⅳ,OL和 IL 细胞层均进行平周分裂,分别形成 OL1、OL2、IL1 和 IL2 4 层细胞,并相继产生出各种方向的垂周分裂和平周分裂,随之在Ⅳb 阶段发育出侧根原基;在阶段Ⅶ中,侧根的发育已足以伸出表皮。

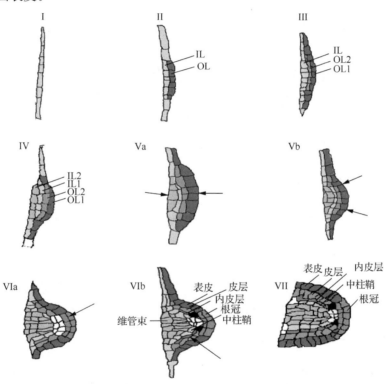

图 4-17　拟南芥侧根发育的阶段划分及其形态、组织学特点(纵切面示意图)(Malamy and Benfey,1997)
侧根发育阶段Ⅰ,不对称分裂后所形成的缔造细胞及其子代细胞;阶段Ⅱ,经过纵向的不对称分裂形成内层(IL)和外层(OL)细胞;阶段Ⅲ,OL 细胞经过平周分裂形成了有三层细胞的侧根原基;阶段Ⅳ,由于 IL 细胞进行一次平周分裂,使侧根原基具有 4 层细胞;阶段Ⅴ～Ⅶ,表皮、皮层、内皮层、中柱鞘等细胞分化结束,侧根原基发育完成阶段Ⅴa 的箭头表示在 IL2 层中进行增大的细胞,以便维管结构的进一步发育。阶段Ⅴa～Ⅴb 的箭号表示发生平周分裂的细胞。阶段Ⅵa 和Ⅵb 的箭号分别表示形成的根冠和皮层及内皮层。黑色表示形成的皮层和内皮层的干细胞

　　细胞层标记物跟踪研究表明,在阶段Ⅱ和Ⅳ中,由 OL1 层细胞衍生出侧根的表皮,在阶段Ⅲ中,由 OL2 层细胞衍生出皮层和内皮层。阶段Ⅵb 中的平周分裂使皮层和内皮层成为分离的细胞层。在阶段Ⅴ～Ⅶ中形成的侧根原基,再经过两个阶段的发育形成成熟的侧根,其中的第一阶段是依靠侧根原基基部附近的细胞增大,使原基穿过覆盖的组织外露出来,但其细胞数保持不变[图 4-18(a)、(c)];在第二阶段,新生的侧根开始伸长,侧根

根尖的细胞数增加，成熟侧根伸长是通过侧根端分生组织中的细胞分裂而实现的[图 4-18(e)]。

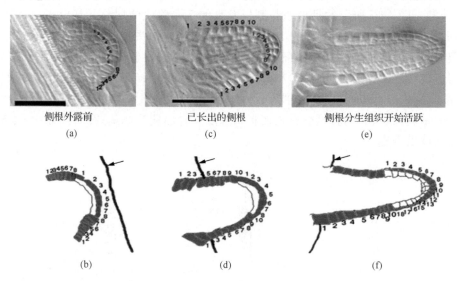

图 4-18 侧根的显露(Malamy and Benfey，1997)(另见彩图)

侧根需穿出主根的内皮层、皮层和表皮才能显露出来。在侧根显露之前，侧根原基中的表皮细胞用肉眼容易将它们计数[(a)、(b)]；侧根显露时表皮细胞数目不变，但原基基部的细胞明显增大[(c)、(d)]；在原基显露的某一时段，在近原基顶部的细胞数增加，这表明其顶端分生组织的干细胞开始活跃[(e)、(f)]。(a)、(c)和(e)是完整的样品组织学照片；(b)、(d)和(f)是模拟照片的示意图。红棕色为表皮；紫色为侧根根冠干细胞；蓝色线条为主根的表皮

4.4.2 侧根的启动及其调控

根系的形态和结构特征是由环境因素和植物激素作用所决定的，呈现出可塑性(plastisity)。侧根启动的部位和侧根的数量也取决于各种内外因素的综合作用。

1. 侧根根冠干细胞的分裂及其子代细胞发育的调控

根端分生组织的表皮和侧根根冠干细胞(epidermis/lateral root cap stem cell)的分裂形成了侧根的一系列细胞和组织类型。研究表明，控制根冠小柱干细胞分裂的 FEZ / SMB 同样控制着表皮和侧根根冠干细胞的分裂及其子代细胞的发育命运(见 4.2.2 的第 3 节)；但其细胞分裂不产生各组织的前体细胞，而是通过产生不同细胞分裂面的取向，直接产生相应的细胞类型。表皮和侧根根冠干细胞平周分裂(与表面平行)的细胞将产生侧根，而垂周分裂则产生表皮细胞。这一现象表明，细胞分裂面(细胞板)的取向决定着分裂后子代细胞的发育命运。与促进根冠小柱干细胞的分裂情况相似，FEZ 也促进表皮和侧根根冠干细胞的平周分裂。通过基因转化，使 FEZ 在其他组织的表皮中异位表达，可诱导该组织细胞的平周分裂。但是 FEZ 的这种作用是通过重调已存在的细胞分裂板的取向还是直接诱导细胞进行平周分裂，尚有待进一步确定(Willemsen et al.，2008)。

2. 侧根启动部位的植物激素调控

植物激素(生长素、细胞分裂素和乙烯)严格控制着植物侧根启动的部位,其最原初的信号应该是生长素(拟南芥根中生长素运输的特点已在 4.2.4 的第 1 节中叙述过)。研究表明,细胞分裂活性是侧根原基启动的前提。在侧根启动时,生长素运输与细胞分裂活性的关系已进行过不少的研究。用生长素反应启动子表达载体(DR5:GUS)研究它的时空表达与侧根启动时不对称细胞分裂的关系时发现,生长素及其反应的出现先于不对称细胞分裂;同时,与侧根启动相关基因的表达也受生长素的调控;当生长素的极性运输受到抑制时,侧根的启动也被抑制(见下节侧根发育的遗传调控)。周期蛋白依赖性激酶基因(cyclin-dependent kinase,CDK)与细胞周期蛋白基因(Cyclin)的相互作用调控着细胞分裂周期。

在拟南芥中已经发现与韧皮部极连接的中柱鞘细胞处于 G_1 期,而与木质部极连接的中柱鞘细胞却进入 G_2 期(Beeckman et al. , 2001)。因此与木质部极相连接的中柱鞘细胞更利于进行侧根的启动,因为这些 G_1 期细胞已完成了 DNA 的合成准备进入 M 期。这一细胞周期的状态与生长素对这些细胞的作用将决定着这些细胞能否成为侧根发育的缔造细胞。已发现 D 型的细胞周期蛋白基因(CYCD4:1)在侧根启动的极早期阶段中的中柱鞘细胞中表达,在侧根原基完全发育时,CYCD4:1 的表达则被抑制,这表明该基因可能是侧根形成限制因子。已证实,在哺乳动物中,D 型细胞周期蛋白的重新合成控制细胞 G_1 期到 S 期转换期的启动;在拟南芥的悬浮细胞培养体系中,D 型细胞周期蛋白对生长素处理呈现强烈的反应,因此,在不定根的启动过程中生长素对这个蛋白质的活性可能起着更直接的调节作用。Kip 相关蛋白 2(kip-related protein 2,KPP2)也被证明参与侧根的形成。通过转基因方法使植株过量表达 KRP2 可使侧根形成减少 60%;KRP2 是周期蛋白依赖性激酶基因的抑制因子,而生长素可下调 KRP2 的活性(Himanen et al. , 2002)。在较低生长素浓度的情况下 KRP2 表达水平较高,KRP2 可通过阻断中柱鞘细胞周期由 G_1 期向 S 期的转换而使侧根的启动受阻。

许多研究表明,细胞分裂素和生长素(IAA)在根和不定根的发育中起着相互拮抗的作用。生长素促进侧根的形成;而生理学浓度的细胞分裂素处理则抑制根的形成,也可逆转 IAA 的作用。通过基因转化的手段使拟南芥过量表达细胞分裂素氧化酶或脱氢酶基因,可使转基因植株的细胞分裂素降低,从而导致植株根端分生组织增大,使侧根产生部位与根端分生组织距离缩小,增加了根分枝度和不定根的形成。

乙烯对侧根的形成也有较大的影响。根皮层组织细胞间有不少空隙,这些空隙成为根细胞间连续的通气空间,乙烯可在其间移动;而在内皮层中这种空间相对缺少。因此,在紧靠内皮层内侧组织的中柱鞘(侧根发生的部位)中将会累积较高浓度的乙烯。高水平的乙烯可局部抑制通过中柱鞘的 IAA 的极性运输,从而诱导侧根的发育。另外,与诱导乙烯有关的处理(如水淹等)可增加侧根和不定根的形成。使用 IAA 运输的抑制剂或乙烯生物合成抑制剂可减少乙烯浓度,因而可减少由水淹所诱导的侧根和不定根的数量。这些结果都说明乙烯对侧根发育的调节作用(Aloni et al. , 2006)。

综合目前植物激素对侧根发育的作用的研究,Aloni 等(2006)对生长素、乙烯和细胞分裂素调控侧根发育的作用提出了一种设想(图 4-19):幼叶中所合成的生长素(IAA)以极性运输的方式沿着维管束分别通过中柱鞘和处于分化的木质部细胞到达根尖[图 4-13(b)]。但是,通过中柱鞘的生长素(IAA)极性运输保持着自形态学上端向下运输的原有组织学特点。此时,可抑制侧根启动的细胞分裂素(CK)来自根冠并经过维管束向上运输(图 4-19)。在侧根启动最初阶段,由于原生木质部的生长素极性运输而使其中细胞的生长素水平升高,导致导管细胞的分化并释放乙烯。有可能就是这种方式产生的乙烯决定侧根原基启动的部位,即这种乙烯可以以径向(离心方向)的方式释放到邻近组织中,并对其所到达的中柱鞘位置上的生长素极性运输起着抑制作用,从而使中柱鞘组织局部地累积较高浓度的生长素,并诱发该处的细胞分裂和分化,形成侧根发育的缔造细胞。使用外源乙烯或诱导乙烯产生的处理都能局部抑制根中柱鞘中的 IAA 或维管束中的 IAA 的极性运输,导致 IAA 在其中的局部累积,诱导不定根和侧根的形成。这就意味着,乙烯和 IAA 的过量产生也可能在原生木质部束之间产生额外的侧根。

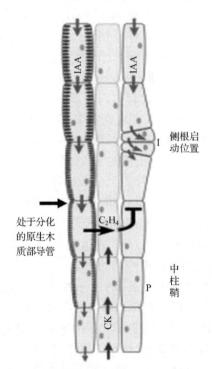

图 4-19 IAA、乙烯和细胞分裂素调控侧根启动部位的作用模式(Aloni et al., 2006)(另见彩图)
图中所示的是双子叶植物幼苗木质部极中的中柱鞘及其最外层 3 列细胞和正处于分化状态的原生木质部导管。红色箭头表示两个平行进行的生长素极性运输流:左边的生长素流将诱导导管形成(以形成逐渐增厚的细胞次生壁为特征),而右边的生长素流(生长素极性运输的主流)则维持中柱鞘细胞分生活性的特征。当导管分化时,正处于分化的原生木质部导管元件中局部累积的高浓度 IAA 可诱导乙烯的产生。该乙烯可按(径向)离心方向释放(如黑箭头所示的方向)并抑制在中柱鞘细胞附近的 IAA 极性运输,随即引起局部生长素的累积而诱导该处的细胞分裂及其侧根原基的启动。来自根冠细胞的细胞分裂素(蓝色箭头所示)将阻止(抑制)在根尖周围从而产生侧根

从根尖到产生侧根的距离也被细胞分裂素的浓度调节。在根冠中高浓度细胞分裂素可拮抗 IAA,抑制在根尖附近区域侧根的发生。因此,侧根发生的位置将是离细胞分裂

素合成场所有一定距离的部位,即在伸长区之上的细胞分裂素浓度比较低的部位。这一推测已在番茄突变体 *Nr*(*Never ripe*)茎的不定根形成部位得到证实,野生型番茄茎的不定根都是沿着维管束产生,因为维管束是乙烯释放的部位,也是不定根启动的部位。*Nr* 突变体茎上产生的不定根非常少,因为该突变体对乙烯不敏感。这一实验结果也表明,乙烯对这一突变体维管束中 IAA 的极性运输不起抑制作用。因此不能造成局部 IAA 浓度升高,也就不会诱导不定根的出现(Aloni et al.,1998;2006)。

3. 侧根启动的遗传调控

鉴定侧根发育的突变体是研究侧根发育遗传调控的重要途径,这方面研究最多的是拟南芥。目前已发现与侧根形成有关的突变体及其转基因植物 70 多个(Smet et al.,2006)。这些突变体可以分为两类:第一类是多侧根突变体,其表型特点表现为比野生型的侧根多,如 *rty*、*sur1* 和 *alf1* 等;第二类是侧根少的突变体,包括影响侧根启动、侧根启动后其原基细胞分裂异常和侧根伸长异常的突变体,如 *alf3* 和 *alf4* 等。生长素在侧根形成过程中起着重要作用,许多与不定根相关的突变体(约 40%)都涉及生长素信号传导、运输及其静态稳定(homeostasis)。拟南芥突变体 *iaa28-1* 的侧根数量比野生型的少约 10 倍。*IAA28* 是 *AUX/IAA* 一类对生长素处理快速反应的基因。*AUX/IAA* 的突变可导致初生根、侧根和不定根发育缺陷。*IAA28* 与 *AUX/IAA* 基因家族在蛋白质水平上有高的同源性,但 *IAA28* 与 *AUX/IAA* 基因家族其他成员有所不同,它的转录水平不为外源生长素处理所提高。因此外用生长素处理也不能改善 *iaa28-1* 侧根的形成。突变体 *slr-1*(*solitary root-1*)和 *alf4*(*aberrant lateral root formation-4*)的侧根完全不能启动,其中,*alf4-1* 突变体只形成主根并保持正常的向地性,侧根的发育在很早就被阻断,外加生长素也不能诱导该突变体的侧根形成。*alf4-1* 突变体也出现多重效应,还影响苗的发育和雄性不育(male sterility)(见第 6 章 6.1.3 的第 4 节)。*ALF4* 编码一个位于核内的蛋白质,是在侧根启动时为了维持中柱鞘细胞有丝分裂的潜能所要求的蛋白质,而这种细胞有丝分裂潜能的获得是中柱鞘细胞进行第一个不对称分裂的前提;但 *ALF4* 不参与生长素的信号传导。突变体 *slr-1* 植株缺少侧根,其中柱鞘细胞早期的垂周分裂几乎完全被抑制,而平周细胞分裂也完全被阻断,其表型不被外加毫克分子(mmol/L)水平的生长素(NAA 或 2,4-D)所恢复;同时其侧根形成所需要的生长素信号传导途径被强烈地抑制。*SIR1* 基因所编码的蛋白质属于 AUX/IAA 类蛋白,相当稳定,后来证实,*SIR1* 基因实际上就是 *IAA14* 基因。

突变体 *gnom* 在胚胎发育时就缺少胚胎基区的根分生组织,子叶出现不同程度的融合,幼苗带有粗短胚轴(见第 2 章图 2-9)。*gnom* 弱突变体($gnom^{R5}$)根分生组织中的细胞分裂区短,不能形成侧根,这可能是由于在这些突变体植株中的根端组织所进行的生长素运输不够充分所致。如用生长素处理这一突变体,其中柱鞘的所有细胞都可同步进行增殖,但该突变体不能形成侧根。由此可见,不是所有的被诱导进入细胞周期的中柱鞘细胞都能启动侧根(Geldner et al.,2004)。*GNOM* 所编码的蛋白质是 ADP 核糖基化因子(ADP ribosylation factor,ARF)G 蛋白上的鸟嘌呤交换因子,它与膜结合,在对输送物的膜包被和在囊泡运输的目的物选择及定向输送中起着重要作用。研究表明,GNOM 的功能不但是为胚根分生组织的建立所必需的,也是防止细胞分化、维持分生组织所必需的。进一步研究表明,GNOM 还涉及生长素运输出载体 PIN1 从内体(endosome)到基底质膜(basal plasma membrane)的持续循环利用。结合其他研究结果,Smet 等(2006)提出了基于 GNOM/PIN1 蛋白调节生长素的累积进而调控侧根启动的模式设想(图 4-20)。他们认为 GNOM 蛋白可能通过干扰它所在的生长素输出载体蛋白(PIN)的作用而决定着有丝细胞分裂后子代细胞的极性,而 PIN 所在部位将成为中柱鞘某些细胞的生长素汇集和累积的场所,这些细胞进行增殖并从其邻近细胞中夺取生长素,从而使这些细胞失去分化成侧根的能力。这种通过 GNOM 与 PIN 蛋白共同调节中柱鞘中一些细胞对生长素的汇集能力的调节机制,将赋予这些中柱鞘细胞进行不对称的分裂,成为侧根发育的缔造细胞,启动侧根的发育(图 4-20)。

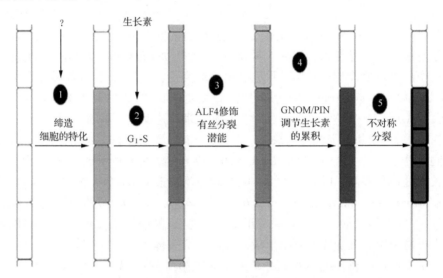

图 4-20　GNOM/PIN1 蛋白调节生长素的累积及其调控侧根启动的模式设想图解(Smet et al., 2006)
为了清楚起见,图中只表示了木质部一侧的中柱鞘细胞列,从左至右是设想的事件链:侧根缔造细胞的特化(1),目前对这一特化的引发因子尚不清楚,也可能是乙烯(图 4-19);经过生长素的诱导,中柱鞘的所有或部分细胞列处于细胞周期 G_1 到 S 的转换期(2),然后进入预有丝分裂期,它将受控于 ALF4 蛋白(3);此后,通过 GNOM 与存在于特定细胞壁中的 PIN1 结合,在侧根发育的缔造细胞中形成一个生长素浓度梯度的分布(4);最后导致不对称的细胞分裂(5)(粗线所示)启动侧根的发育

还有许多基因参与侧根形成的控制,如 NAC1 基因已被证明调节侧根的发育(Xie et al., 2000)。生长素处理 30min 内可见 NAC1 的转录水平迅速降低,这说明 NAC1 是一个生长素早期反应基因。NAC1 基因是 NAC 家族的一个成员,NAC 在植物发育中起着多种不同的功能(该蛋白质的其他功能见 4.2.2 节)。该基因在根尖和侧根中强烈表达。在拟南芥中过量表达 NAC1,不但可使植株侧根数量大量增加,而且使其长度增长,但转反义 NAC1 则导致侧根减少(NAC1 及其反义 NAC1 的过量表达都不影响初生根的形态和生长)。突变体 tir(transport inhibitor response)侧根数量减少,TIRI 蛋白在侧根原基形成时表达。在 tir 植株中过量表达 NAC1 可挽救 tir 植株缺少侧根的发育(tir 植株的侧根可照常发育),这说明 NAC1 可下调抑制侧根的 TIRI 基因。此外,一个微 RNA 的

突变体 *mirna164* 植株中,在大量累积 *NAC1* 全长 mRNA 的同时,也发育出比野生型更多的侧根。生长素处理数小时可诱导 *miRNA164* 的形成,它的出现有助于 NAC1 蛋白的降解。在拟南芥中过量表达 *miRNA164* 基因,将导致转基因植株的侧根数量减少。因此 *miRNA164* 可能以 *NAC1* mRNA 为靶物,使之降解而降低 *NAC1* 的表达水平(Hardtke,2006)。

有关单子叶植物侧根形成突变体的研究资料较少,仅有一个不产生侧根的突变体,即从玉米中分离得到的 *irt1*(IRT1 是铁载体蛋白基因)。尽管该突变体的各种类型的初生根都不产生侧根,但此后在茎上产生的冠根却能产生侧根,这说明,在玉米或其他单子叶植物中存在冠根产生侧根或带有发育阶段特异性的不定根形成途径。突变体 *irt1* 的相关基因尚未被克隆,有关研究的深入,将有助于揭示单子叶植物侧根形成的机制。

以上所述的主要是有关双子叶植物侧根发育及其生长的一些重要遗传调控的研究成果,要揭示侧根和不定根形成的分子调控机制将有待于更多更深入的研究。

4.4.3　侧根的显露及其调控

侧根原基发育后,要穿过几层母体组织才能显露(emergence)出来,因此,中柱鞘外围组织的发育状态影响侧根的显露。拟南芥的这些组织包括单层的内皮层、皮层和表皮组织,而在水稻中则包括单层的内皮层细胞和 8～15 层的皮层细胞。在侧根的显露过程中,如何将彼此的损伤和破坏减少到最低的程度,这需要一个精巧的调节机制。首先,当侧根显露时,在邻近于侧根原基的母体组织中发现有几个细胞壁重塑酶(cell-wall-remodelling enzyme)基因表达很活跃;其次,在侧根根冠中也产生有助于侧根显露的数层新的临时根冠。最近的研究证明,生长素信号传导途径的有关基因参与了侧根显露的调控。在 *SHY2*(*SHORT HYPOCOTYL 2*)基因的获能和失能突变体 *shy2*(*short hypocotyl 2*)中,那些由生长素调控的根生长及其产生向地性的时间和侧根的形成都受到影响。当 *shy2-2* 幼苗在垂直放置的培养皿中光下生长 3 周,侧根几乎不发育。*SHY2* 基因的编码产物为 IAA3(属 *AUX/IAA* 基因家族成员之一),突变体 *shy2* 是 *IAA3* 基因缺失所致。如前文所述的突变体 *slr-1* 植株也缺少侧根,而且其表型不为外加毫克分子(mmol/L)水平的生长素(NAA 或 2,4-D)所恢复;其侧根形成所需要的生长素信号传导途径被强烈抑制,*SIR1* 基因编码的蛋白质是 IAA14,相当稳定,也属于生长素反应基因(*AUX/IAA*)类的蛋白质。显然,SIR 和 SHY2 蛋白都参与了侧根显露的调控(图 4-21)。

LAX(LIKE-AUX1)蛋白是具有生长素输入载体功能的类 AUX1 蛋白。拟南芥突变体 *lax3* 可发育出近乎 3 倍于野生型的侧根原基的数量,但 *lax3* 幼苗的侧根显露率比 *aux1* 的降低了 40%(Swarup et al.,2008)。萌发 14 天的拟南芥 *aux1 lax3* 双突变幼苗的侧根几乎被抑制。实验结果表明,*lax3* 侧根数量的减少不像 *aux1* 那样是由于侧根原基不能启动,而是大部分的侧根原基的发育止于发育阶段 I(图 4-17),使侧根的显露受阻;*aux1* 和 *lax3* 侧根的表型特点是由于根细胞中的生长素吸收减少及其在根组织中分布的精细变化所致。*LAX* 基因编码一个载体蛋白,对 IAA 吸收载体有高度亲和力,起着与生长素的输出载体 AUX1 类似的功能(Swarup et al.,2008)。AUX1 通过促进在最新发育的叶原基中合成的生长素向根尖和侧根原基运输而调节侧根的启动及其显露。因此,*AUXI* 的突变体 *aux*1-7 的侧根原基要比野生型的少一半。ARF7 和 ARF19 属于生长素反应因子(auxin response factor,ARF)家族的转录因子,已被证实参加了 *LAX* 基因活性的调节。它们与生长素早期或原初的反应基因(如 *AUX/IAA* 基因、*SIR1/IAA14*)中的启动子元件 TGTCTC 序列(也称 AuxREs)特异性地结合后调节着生长素反应基因的表达。研究表明,*LAX* 的表达被严格控制在表皮和皮层中进行,而在这些组织中的生长素将诱导它的表达,因而该基因的表达也受生长素信号传导成员,如 *ARF7*、*ARF19* 和 *SIR1/IAA14* 的调控(图 4-21)。

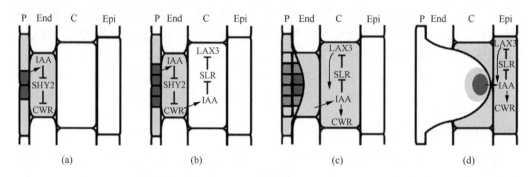

图 4-21　生长素对侧根显露的作用模式示意图(Swarup et al.,2008)(另见彩图)

(a) 累积处于细胞分裂的中柱鞘细胞(P) 中的 IAA,通过降解 SHY2/IAA3 抑制蛋白而诱导中柱鞘附近的内皮层细胞壁(End)重塑酶(CWR)基因的表达。(b) 从侧根运输而来的生长素也通过降解 SHY2/IAA14 抑制蛋白而诱导生长素输入载体 LAX3 的表达,该基因位于邻近皮层(C)中。(c) LAX3 的表达增加了细胞对生长素的透性,从而产生了一个正向反馈回路,使生长素的累积增加而诱导 CWR 的表达。(d) 在侧根原基发育的后期阶段,生长素诱导原基邻近的表皮细胞(Epi)中的 LAX3 表达,从而有选择地使有些表皮细胞中的 CWR 表达促进了侧根的显露。蓝色部分代表细胞中生长素分布的梯度。Epi:表皮;C:皮层;End:内皮层;P:中柱鞘

　　由此可见,生长素及其反应基因对侧根发育的各方面都起着重要作用:在侧根启动时,生长素诱导中柱鞘侧根缔造细胞的分裂;同时在侧根原基中建立其根尖浓度最高的生长素梯度分布以利于侧根组织图式形成的发育。这种生长素梯度分布还作为所在部位的一个诱导信号,使其附近的细胞发育的程序重编。*LAX3* 表达部位是在包裹新侧根原基的皮层和表皮细胞,它的表达可为所在部位生长素的诱导并特化相关细胞所必需,LAX3 活性增加将使被选择的细胞壁重塑酶活性的诱导变得更加依赖于生长素,从而在侧根原基发育之前促进了这些细胞的分裂。其作用模式见图 4-21(Swarup et al.,2008)。

4.4.4　营养因素对侧根发育的调控

　　营养元素(如硝酸盐)对侧根的发育有重要的影响。当植物根生长于有氮源的地方,许多植物的反应都是侧根增殖速率增加,但拟南芥的侧根在这种情况下,只增加侧根的伸长速率而不增加其数量。高浓度的硝酸盐可抑制侧根的伸长。侧根对硝酸盐的这种反应是专一性的,因为无论是高浓度或低浓度的硝酸盐都不影响初生根的生长。另外,不同的蔗糖和硝酸盐的比率,即碳(C)/氮(N)值也影响侧根的发育。增加蔗糖的浓度可消除高浓度硝酸盐对侧根伸长的影响(Zhang et al.,1999)。高 C/N 值可能通过干预生长素向顶性运输而抑制拟南芥侧根的形成。已从高 C/N 值处理中分离了一个与侧根启动有关

的突变体 *linl*(*lateral root initiation 1*)，它可以抵抗高浓度的蔗糖和低浓度的硝酸盐对侧根形成的影响(Malamy and Ryan，2001)。

磷的有效性也强烈地影响着侧根的生长。拟南芥在低磷浓度(<50μmol/L)培养基中萌发的幼苗所发育出的侧根密度比在高磷浓度的培养基中要高，但在高磷浓度中的侧根原基的发育在显露前就停止，这可能是在低磷浓度的条件下幼苗对磷的敏感性增加所致。此外，高磷和高氮将抑制侧根的伸长(Lopez-Bucio et al.，2003)。

4.5　根毛的发育

根毛是由位于根细胞分化区的表皮细胞特化而成的顶端密闭的管状延伸物，其功能是扩大根的有效吸收面积，增大根所利用的土壤的体积。被子植物有各种各样的根毛发育模式，作物根毛数目较多，适宜条件下生长的玉米，在根尖成熟区段中，每 1mm² 约有根毛 420 条，豌豆有 230 条；小麦初生根和次生根均可发生根毛，密度约为每 1mm² 数百条，1 株小麦所有根毛之总长可达 10km 以上(李扬汉，1979)。

拟南芥的根毛是在离根尖约 1mm 后根毛区的表皮细胞中分化而来的。拟南芥和其他十字花科植物的根表皮细胞可分为两种类型(图 4-22)：第一类是位于皮层细胞间隙上方的表皮细胞，它们与皮层的垂周细胞壁相对并和两个皮层细胞接触，称为 H 位置细胞(H-position cell)，也称生根毛型细胞(trichoblast)，这些细胞将分化成根毛；第二类是只和一个皮层细胞平周细胞壁接触的表皮细胞，称为 N 位置细胞(N-position cell)，也称为非生根毛型细胞，这些细胞不分化成根毛。拟南芥根毛区的表皮细胞有18～20列，其中有 8 列可发育成根毛，形成根毛的细胞列往往被 1～2 列的不能形成根毛的细胞列所分隔(图 4-22 至图 4-24)。

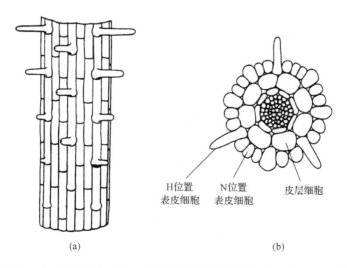

|H位置
表皮细胞|N位置
表皮细胞|皮层细胞|

(a)　　　　　　　　　　　(b)

图 4-22　拟南芥根表皮细胞及其根毛发育示意图(Schiefelbein et al.，1997)

(a) 极毛发育区的表面示意图；(b) 根毛发育区横切面示意图，根毛从 H 位置的根表皮细胞发育而成

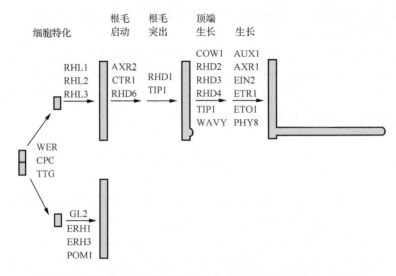

图 4-23　拟南芥根毛发育阶段及其遗传控制（Schiefelbein，2000）

根据相关突变体的表型确定各发育阶段所需相关基因在多数的情况下，处于相同阶段的基因间确切关系有待揭示。图中所示根毛突出的部位是靠近根尖的细胞基端

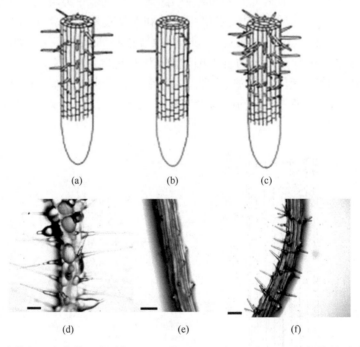

图 4-24　拟南芥根毛突变体示意图［（a）～（c）］（Wada et al.，2002）及其相关的照片［（d）～（f）］

（Schiefelbein，2000）

（a）野生型的根毛；（b）突变体 *cpc*，根毛随机发育，只发育出少数根毛；（c）突变体 *gl2*、*ttg*、*wer* 和过量表达 *cpc*（35S:CPC）所引起的突变体，它们所有的根表皮细胞都发育成根毛，呈现多根毛表型特点；（d）突变体 *rhd1*，其根毛基部肿大如球状（bulbous swelling）；（e）突变体 *rhd2*，根毛启动后，顶端生长方式受阻；（f）突变体 *tip1*，根毛是从球状的表皮细胞启动，但发育出 1～4 条根毛分枝

　　根毛形成之前,在细胞学水平上便可区分这两种细胞。H 位置细胞带有较浓厚的细胞质,并且不像 N 位置细胞那样细胞容易伸长(Dolan et al. ,1993)。一系列的实验都表明,表皮细胞发育命运取决于位置信号,而不取决于其细胞谱系依赖性因子(lineage-dependent factor)。例如,将任一品种十字花科植物表皮与其内层的皮层细胞分离,将引起所有表皮细胞形成根毛细胞,这个结果表明,其早期的表皮细胞命运并不固定。一个位于不同相对位置的拟南芥表皮细胞进行垂周分裂后,其子代细胞的发育命运总是与它们所处的位置相对应。如果通过激光切除破坏一个表皮细胞并允许相邻的细胞侵入到被激光切除的细胞所在的位置,这些细胞命运的改变与它们位置的改变相一致。目前对这一信号已有所了解,在拟南芥 *scm*(*scrambled*)突变体中,总体的根毛密度与野生型的几无差别,但是表皮细胞命运不再呈现严格的位置效应,根毛细胞和非根毛细胞在 N 位置和 H 位置都可发现。已克隆的 *SCM* 基因所编码的是一种 LRR 受体类激酶,它调节着不同根表皮位置细胞命运的特化。另外,*scm* 突变体破坏了 *GL2*、*WER*、*CPC*、*EGL3* 基因(它们功能见下节及表 4-5)的位置依赖性的表达,导致根毛呈一种补丁般的分布而不是规则排列的方式(Kwak et al. ,2005)。

表 4-5　调节拟南芥根表皮细胞的发育命运相关基因(Schiefelbein and Lee,2006)

基因	在根表皮中的功能
GL2(*GLABROUS2*)	在非生根毛型细胞(N 位细胞)抑制根毛的形成。抑制 N 位细胞中表达的 *AtPLDζ1* 的表达
TTG1(*TRANSPARENT TESTA GLABRA*)	在 N 位细胞抑制根毛的形成,增加 *GL2* 基因的表达水平
GL3(*GLABRA3*)	在 N 位细胞抑制根毛的形成,作为丰余基因与 *EGL3* 作用,增加 *GL2* 基因的表达水平
EGL3(*ENHANCER OF GLABRA3*)	是 *GL3* 的一个增强子基因,在 N 位细胞抑制根毛的形成,作为丰余基因与 *GL3* 作用,增加 *GL2* 基因的表达水平
WER(*WEREWOLF*)	在 N 位细胞抑制根毛的形成,分别调节取决于细胞位置(N 位细胞或 H 位细胞)的 *GL2* 和 *CPC* 基因的表达模式
CPC(*CAPRICE*)	诱导 H 位细胞的根毛细胞的发育
TRY(*TRIPTYCHON*)	诱导 H 位细胞的根毛细胞的发育,作为部分丰余基因与 CPC 作用
ETC1(*ENHANCER OF TRY and CPC1*)	诱导 H 位细胞的根毛细胞的发育,作为部分丰余基因与 CPC 作用
SCM(*SCRAMBLED*)	参与细胞位置(N 位细胞或 H 位细胞)发育的模式形成,调控 N 位细胞或 H 位细胞的 *WER* 表达模式

4.5.1　根毛发育的遗传调控

　　如前文所述,根表皮细胞在发育尚未成熟时就按它们各自不同命运的发育成为生根毛型细胞和非生根毛型细胞。此后,生根毛型细胞经过细胞大小、形态和细胞特性的分化等一系列的发育过程形成根毛。

1. 根毛发育阶段及其相关的突变体

拟南芥根毛发育经历了细胞特化、根毛启动（root hair initiation）、根毛突出（bulge formation）、根毛顶端生长和根毛的生长的发育阶段（图 4-23）。

根表皮细胞经过特化后即开始根毛的启动，启动过程包括 H 位细胞具备外突生长的能力和形成突起。尽管在技术上难以区分参与细胞特化的突变体，但通过观察未成熟的表皮细胞（N 位细胞和 H 位细胞）的细胞学特点、液泡的特征及不正常根毛的形成，可以鉴定与根毛启动有关的突变体。值得注意的是，目前所鉴定的所有与根毛启动有关的基因及突变都与植物激素，特别是生长素和乙烯有关（见 4.2.5 节）。与拟南芥根毛发育的细胞分化及其启动相关的突变体至少有两个类型：少根毛或无根毛突变体和多根毛的突变体。通过对这些突变体及其已克隆的相应基因的研究，使我们对根毛发育的分子调控机制有了更深入的了解。

突变体 gl2（glabrous2）、wer（werewolf）和 ttg（transparent testa glabra）是失能突变，可产生过量的根毛［图 4-24（c）］，在它们根表皮中几乎所有的细胞都发育出根毛（Schneider et al. ，1997）。这表明，基因 GL2、WER 和 TTG 正常的功能是抑制 N 位置细胞中根毛的启动，这些基因因突变失去功能后，使这些细胞的分化受到干预，都发育成根毛。突变体 cpc（caprice）是根毛发育少的突变体，只有少数的根毛随机出现［图 4-24（b）］。突变体 rhl（root hairless）是无根毛突变体，其中突变体 rhl1-rhl3 的根毛启动被抑制（Schneider et al. ，1997），它们也属于失能突变。

有些突变体不但影响根毛的数量也影响根毛的形态，如突变体 rhd1-4（root hair development1-4）是从 12 000 个诱变植株中鉴定的 4 个与根毛发育有关的单核隐性突变体（single nuclear recessive mutation），它们分别由 RHD1、RHD2、RHD3 和 RHD4 这 4 个基因突变所致。突变体 rhd1 的表型特点是根毛基部肿大如球状，可发育出正常的根毛［图 4-24（d）］突变体 rhd2，根毛启动后，顶端生长方式受阻，在根毛突出后，不再发生伸长的生长［图 4-24（e）］；突变体 tip1（tipgrowth1）则从同一个根毛基部突起产生一条或多条形态异常的根毛［图 4-24（f）］。还有一些基因的突变引起根毛肿胀、分叉，形成波纹性扭曲及其他根毛的形态畸形，如根毛突变体 wavy 呈现波文和螺旋状的生长形态，但不影响根毛直径和长度（Schiefelbein，2000）。

在根毛发育启动的突出阶段，H 位细胞的特点是细胞壁局部松弛，拟南芥根毛启动突出的细胞部位是可以预测的，它限于位于靠近根尖一侧的细胞基端（图 4-23，根毛突出阶段）。突变体 axr2（auxin resistant2）、rhd6 和 eto1（ethylene overoriducer1）根毛启动突出部位都发生了变化，如 eto1 根毛启动的突出部位由细胞基端变成在细胞的各个部位平均出现突起，或在稍稍向顶部移动的部位出现突起。这些事例说明原先存在的细胞极性（cell polarity）控制着根毛启动时突出的细胞部位。根毛发育顶端生长（tip growth）这种特异性细胞伸长方式使根毛发育成管状的形态（图 4-22）。这与根毛顶端的细胞成分呈现极性集中密切相关，这种结构有利于其所在部位的细胞分泌和细胞壁的合成。已发现基因 RHD2、COW1（CAN OF WORMSI）、RHD3、RHD4、TIP1 和 WAVY 与这一发育过程有关（Schiefelbein，2000）。

2. 拟南芥根毛发育的遗传调控途径

利用拟南芥根毛发育相关的突变体已完成了一些基因克隆及其功能的研究(表 4-5)。已发现有一个环路途径(regulatory circuit)调控着拟南芥根表皮细胞命运特异化的过程(图 4-25),归纳起来有如下几个特点。

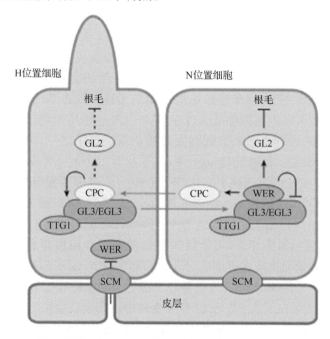

图 4-25　拟南芥根表皮细胞命运特异化的调控途径(Ishida et al. ,2008)

浅灰色箭头表示蛋白质在细胞间的移动(CPC 可从 N 位置细胞中移动到 H 位置细胞中,而 GL3/EGL3 可从 H 位置细胞中移动到 N 位置细胞中);黑色箭头表示正调控。平端线表示负调控。在 H 位置细胞中,SCRAMBLED(SCM)接受一个细胞位置信号后,抑制细胞中的 WER 表达。在 N 位置细胞中,所形成的 WER-GL3/EGL3-TTG1 复合物可促进 GL2 和 CPC 的表达;CPC 蛋白可移动到邻近的 H 位置细胞中,并与 GL3/EGL3 形成复合物(CPC-GL3/EGL3-TTG1),同时在形成的这个复合物上 CPC 和这个细胞中的 WER 相互竞争;所形成的 CPC-GL3/EGL3-TTG1 复合物和游离的 WER(未结合的)都不能促进 GL2 或 CPC 的表达。CPC 可促进(正调节)GL3/EGL3 的表达,而 WER、GL3、EGL3 和 TTG1 则抑制(负调节)GL3/EGL3 的表达。表达 GL2 的根表皮细胞将分化成根毛细胞。在这个模型中,TRY 和 ETC1 基因因简化而未画出。TRY 和 ETC1 的作用类似于 CPC

(1) 在生根毛型细胞(H 位置细胞)中,TTG 和 R 基因是该细胞发育的负调节因子,抑制根毛的发育。因此,它的突变出现多根毛的表型(ttg)。TTG 基因所编码的蛋白质含有 4 个重复的 WD40 (Walker et al. ,1999),在蛋白质相互作用时起作用。TTG 既抑制野生型表皮细胞根毛的发育,通常也维持非生根毛型细胞正常的发育命运。玉米 R 基因可编码一个碱性螺旋-环-螺旋型转录因子(basic helix-loop-helix-type transcription factor)(bHLH 或 bHLH 蛋白),通过基因转化使玉米 R 基因在拟南芥突变体 ttg 中异位表达可以补偿(挽救)这一突变的表型,使 ttg 的根表皮细胞几乎都成为非生根毛型细胞。将玉米 R 基因转化到拟南芥中,可使其 H 位置的表皮细胞成为非生根毛型细胞(特称为异位的 N 位置细胞)。因此,R 基因及其同源物[即 GL3 及其增强子基因 EGL3,见下述

(2)]可能在 *TTG1* 的下游起作用,而决定其根表皮细胞分化命运并能补偿拟南芥的 *ttg* 突变(图 4-25)。

(2) *GL2* 诱导 N 位置根表皮细胞成为非生根毛型细胞,可作为这类细胞的分子标记。它编码一个同源异型域-亮氨酸拉链蛋白,简称 HD-Zip 蛋白(homeodomain-leucine zipper protein)。在野生型的拟南芥植株中,*GL2* 偏重于在正处于分化的非生根毛型细胞中表达(Masucci et al.,1996)。*GL2* 可能是通过启动某些靶基因的转录来诱导非生根毛型细胞的形成。磷脂酶 D1(*AtPLDζ1*)被认为是 GL2 的直接靶基因之一,GL2 抑制 *AtPLDζ1* 的表达。*AtPLDζ1* 的异常表达可使所有的根表皮细胞都能启动根毛发育(细胞突起或膨胀)。这些结果表明,*GL2* 通过抑制生根毛型细胞(H 位置细胞)分化相关的基因(如 *AtPLD 1* 基因)来诱导非生根毛型细胞的形成。报告基因表达模式研究表明,*WER*、*GL3*、*EGL3* 和 *TTG1* 基因都是通过在 *GL2* 上游起作用而调节根表皮细胞的发育命运(图 4-25)。WER 是非生根毛型细胞发育的正调控因子之一,可以维持该细胞的发育命运、抑制根毛的发生。在突变体 *wer* 中,几乎所有的根表皮细胞都成了生根毛型细胞。*WER* 基因主要在 N 位置细胞中表达,*WER* 和 *GL1* 基因所编码的多肽为 R2R3 Myb 类转录因子,这两个基因功能相等。在突变体 *wer* 中,不仅 *GL2* 的表达下降,而且 *WER* 基因的 N 位置细胞特异性的表达模式也消失。因此,*WER* 可激活 *GL2* 的表达;WER 基因的作用与 bHLH 蛋白紧密相连,可能通过它们的相互作用控制着非生根毛细胞中的 *GL2* 和其他基因的转录而决定这类细胞分化的命运。GL3(*GLABRA3*)及其增强子基因 *EGL3*(*ENHANCER OF GLABRA3*)也是非生根毛型细胞特异化所必须的基因,它们编码的产物为 bHLH 类蛋白。在 *gl3 egl3* 双突变体中不产生非生根毛型细胞,这两个基因中的任何一个过量表达都会引起几乎所有表皮细胞变成非生根毛型细胞。GL3 和 EGL3 在诱导 N 位置细胞发育成非生根毛型细胞时起着丰余基因的作用。同时 WER、GL3 或 EGL3 和 TTG1 可相互作用形成一个激活复合物并诱导 *GL2* 基因表达,抑制 N 位细胞根毛的形成(图 4-25)。

(3) *CPC* 基因突变导致生根毛型细胞分化成非生根毛型细胞,突变体中 *GL2* 的表达水平也提高,因此突变体 *cpc* 只有少数的根毛随机出现。过量表达 *CPC* 基因(35S:*CPC*),又使非生根毛型细胞转换成生根毛型细胞,根表皮细胞中 *GL2* 基因表达也被有效的遏止。这就意味着 *CPC* 诱导根毛形成的功能是通过抑制 *GL2* 基因的表达实现的(图 4-25)。*CPC* 基因编码 R3 Myb 蛋白,但不具有典型的转录激活区(typical transcriptional activation domain)。R3 Myb 蛋白可与上述的 bHLH 形成复合物,同时在形成复合时与 R2R3Myb(*WER* 和 *GL1* 基因所编码的多肽)共同竞争 bHLH。这说明 R3 Myb 蛋白(*CPC* 基因编码产物)抑制非生根毛型细胞分化或促进生根毛型细胞形成的作用是通过干扰 R2R3 Myb-bHLH-TTG1 复合物的形成实现的,这一复合物即是 WER-bHLH-TTG1,也就是 WER-GL3-TTG1[如上所述,因为 *R* 基因及其同源基因(*GL3* 及其增强子基因 *EGL3*)编码的产物也是 bHLH 蛋白](图 4-25)。*CPC* 基因表达模式分析表明:在 N 位置细胞中出现 *CPC* 基因启动子的活性并优先累积其 RNA,但在 H 位置细胞却难于检测到。但 CPC 蛋白(以 CPC-GFP 融合蛋白形式被测定)则在所有表皮细胞中都可检测到(不管是在生根毛型细胞或非生根毛型细胞)。这些结果暗示 *CPC* 基因是在非生根毛型细胞中转录、翻译(产物即为 R3 Myb 蛋白)的,然后被转运到邻近的生根毛型细胞内,并与 GL3/ EGL3(bHLH 蛋白)和 TTG1 形成一个活性复合物(CPC-GL3-TTG),抑制 *GL2* 基因表达,使该表皮细胞成为生根毛型细胞,发育成根毛。同时在与 GL3/EGL3 形成复合物时,*CPC* 和生根毛型细胞内的 WER 相互竞争。

GL2 这一非生根毛型细胞发育的关键的节因子,既可在 N 位置细胞中表达,也可在 H 位置细胞中表达,不过,它在 H 位置细胞的表达受到 *CPC* 的强烈抑制。因此,*CPC* 的真正作用在于通过由 N 位置细胞向 H 位置细胞的侧向移动而抑制 *GL2* 基因表达,使相邻的细胞发育成根毛(图 4-25)。在拟南芥基因组中已发现有 4 个 *CPC* 相关基因,其中包括 *TRY* (*TRIPTYCHON*) 和 *TRY* 与 *CPC1* 的增强子基因 *ETC1* (*ENHANCER OF TRY AND CPC1*)。尽管突变体 *try* 和 *etc1* 在根表皮中没有任何明显的表型,但它们的突变可以明显增强突变体 *cpc* 的表型。此外,在双突变体 *try cpc* 中,所有的表皮细胞都分化为非生根毛型细胞。这些结果暗示在根毛细胞命运特异化中 *CPC* 发挥主要功能,而另两个 *CPC* 类似的基因——*TRY* 和 *ETC1* 发挥补充性功能。

(4) 非生根毛型细胞和生根毛型细胞中都可以产生 WER,同时如上所述,*WER* 与其他蛋白形成不同的复合物,从而起着调控这两类细胞发育命运的双重作用。例如,WER-GL3-TTG1 复合物的形成可刺激 *CPC* 的表达,从而促进非生根毛型细胞的发育命运。*WER* 基因的存在有利于 *CPC* 的表达,因为在突变体 *wer* 中同样也检测不到 *CPC* 的表达。通过基因转化使 *WER* 分别在双突变体 *wer cpc* 和单突变体 *wer* 中过量表达,结果发现,在过量表达 *WER* 的双突变体 *wer cpc* 中所发育出的非生根毛型细胞数量要比过量表达 *WER* 的单突变体 *wer* 的多得多。这说明 *CPC* 调节根表细胞特化命运的一部分作用是通过 *WER* 来起作用的。

(5) *SCRAMBLED* (*SCM*)是与根毛发育定位有关的基因(Kwak et al., 2005)。突变体 *scm* 失去了野生型植株根表皮形成 H 位置细胞和 N 位置细胞的位置信号规律性。*SCM* 编码一个带有 6 个富含亮氨酸重复单位胞外域(extracellular domain)的受体激酶蛋白。通过 *SCM-GFP*(SCM 与绿色荧光蛋白结合)检测发现,在根表皮细胞发育的早期,SCM-GFP 在 N 位置细胞和 H 位置细胞的累积是几乎相等的,但在根表皮细胞发育的后期阶段,SCM-GFP 则主要在 H 位置细胞中累积。表皮细胞的 H 位置或 N 位置的位置信号均可由 SCM 受体接受,并将信号传导到细胞内,调节 *GLA2*、*CPC* 和 *WER* 等基因的表达,从而确定根表皮细胞的发育命运。如前文所述,*WER* 基因是两种表皮细胞命运的主要调节者。*WER* 基因表达模式呈现细胞位置的依赖性(图 4-25)。然后,WER 蛋白通过一个调控回路在这两类细胞中建立起不同的基因表达模式。在这个调控回路中存在一个依赖于 CPC 的抑制旁路。其中 *GL2* 基因的表达状态决定着表皮细胞分化的命运(图 4-25)(Schiefelbein and Lee,2006;Ishida et al.,2008)。

4.5.2　生长素、乙烯和养分有效性对根毛发育的调控

植物的发育离不开生长素的作用。乙烯对细胞壁形成和细胞壁特性的构建具有显著作用,而土壤温度和营养等状况控制生根毛型细胞中乙烯的有效浓度,进而控制根毛分化的形成。许多研究表明,在众多影响根毛发育的因子中,生长素、乙烯和养分的有效性是

比较直接和显著的影响因子。

1. 生长素对根毛发育的调控

根毛的启动和生长都取决于生长素的供给。生长素对根毛发育的调控至少有两个方面。

(1) 生长素是从非生根毛型细胞进入生根毛型细胞,并维持根毛发育的关键因子。研究表明,生长素输入载体蛋白 AUX1 的活性将决定细胞中生长素的吸收效率,为了保证根毛的正常发育,生根毛型细胞按理应该有较活跃的生长素运输,但是,对这两类根表皮细胞的生长素输入载体蛋白的活性测定却意外发现,只在非生根毛细胞型中可检测到高水平的 AUX1 表达,而在与之相邻的生根毛型细胞中却检测不到它的表达。这说明生长素是从非生根毛型细胞进入生根毛型细胞而维持根毛的发育(Jones et al. , 2008)。

(2) 生长素的输入影响生根毛型细胞的极性、决定根毛在该细胞中突起的部位。野生型拟南芥的根毛是在生根毛型细胞的基端(靠近根尖的一端)突起生长的(图 4-23,根毛的突出阶段),而生长素极性运输的输入载体 *AUX1* 基因突变体 *aux1* 根毛突起生长的部位却发生向顶方向位移,同时各个生根毛型细胞形成双根毛的比例也比野生型的高,但是生长素的输出载体 *EIR1/AtPIN2* 基因突变体 *eir1* 却不出现上述的表型。此外,用 2, 4-D 处理野生型拟南芥,其根毛突出的位置可发生明显的向生根毛型细胞基端位移的现象,而用 NAA 处理则不出现这一效应。这是因为 2,4-D 进入细胞需要生长素输入载体的参与,而 NAA 进入细胞却通过扩散作用。其他生长素极性运输专一性抑制剂实验结果表明,生长素的输入影响生根毛型细胞的极性、决定根毛在该细胞中突出的部位(Jones et al. , 2008)。

2. 乙烯对根毛发育的调控

已发现调节根毛发育的 40 多个基因中至少有 8 个基因直接或间接与乙烯生物合成有关(Grierson et al. , 2001)。乙烯在根毛发育过程中起双重功能,即促进根毛发生、促进根毛发生后的伸长生长(Dolan, 2001)。例如,乙烯生物合成的抑制剂氨基-乙氧基乙烯基甘氨酸(amino-ethoxyvinylglycine, AVG)和乙烯作用的抑制剂 Ag^+ 可抑制野生型植株根表皮中预定产生根毛的生根毛型细胞的命运,抑制根毛的形成;而乙烯及其生物合成的前体 1-氨基环丙烷(1-aminocyclopropane-1-carboxylic acid, ACC)促进根毛的形成,也可诱导异位根毛的形成;ACC 和 IAA 处理可补偿突变体 *rhd6* 根毛启动的缺陷。这些结果说明乙烯对根毛的发育有重要的作用。突变体 *ein2*(*ethylene insensitive2*)和 *etr1*(*eth-ylene receiptor1*)的根毛长度要比野生型短。突变体 *ctr1*(*constitutive triple response1*)所有的表皮细胞都形成了根毛,局部产生的乙烯可能是产生根毛所要求的位置信号。根毛伸长生长过程也涉及乙烯信号传导。例如,*CTR1* 基因编码一个 Raf 类的蛋白质激酶与乙烯受体蛋白结合,在乙烯信号传导途径中起负调节的作用,其突变体 *ctri* 除形成较多的根毛外,其根毛的长度也比野生型的长,这些结果说明乙烯也可以促进根毛的伸长(Dolan, 2001)。

突变体 *root hairless*(如 *rhl1-rhl3*)是无根毛突变体,它们的根毛启动被抑制(Schneider et al. ,1997),乙烯对 *rhl* 突变体只显微弱的补偿作用,这说明乙烯是在 *RHL* 的下游起作用。

从上述可知,根毛发生的位点选择是受乙烯调控的,而乙烯的这种调节又受生长素的影响。研究表明,乙烯和生长素能改变根表皮细胞分化类型,但并不改变基因 *TTG* 和 *GL2* 的表达,说明这两种激素只是在下游或独自作用于 TTG 和 GL2 蛋白。因此,在拟南芥中,表皮细胞分化成根毛与否,一开始是由包括 CPC、WER 和 GL2 蛋白的一个转录因子级联设定的(图 4-25),而乙烯只在这之后调节根毛生长(Dolan, 2001; Schiefelbein, 2003)。

3. 养分状况对根毛形成及其生长的调节

根毛的面积可占根总表面积的 70%,根毛是植物吸收养分的重要器官,对土壤中短距离运输的营养元素(如磷、钾和微量元素等)的吸收尤其重要,其吸收功能受土壤养分有效性的调节。在其他外界条件相同的情况下,根毛形成及其生长主要受矿质养分,特别是硝态氮和磷的调节。对油菜、甜菜和大麦等的研究发现,根毛数量和长度与地上部组织中磷酸盐的浓度呈负相关。拟南芥在缺磷的条件下平均根毛长度和根毛密度分别是磷充足时的 3 倍多和 5 倍多,说明缺磷会诱导根毛的形成和生长,其伸长程度及持续时间与磷呈现剂量关系。根毛密度的增加是由于根表皮细胞分化成生根毛型细胞的数目增加(Ma et al. ,2001)。不过也有研究发现,高磷有效性反而促进根毛的形成和生长。例如,小麦在高磷下有较大的根毛密度,而在磷缺乏时则几乎没有根毛(Gahoonia et al. ,1999)。在磷有效性低时,根毛多的野生型拟南芥比根毛少的突变体 *rhd2* (*root hair defective2*)的生长状态、磷的吸收、生物量和产量都要好。但是在磷有效性高时,这些指标在两者之间差别不大,磷的吸收量和结实性相似。这些结果表明,在磷有效性低时根毛赋予植物有更强的竞争性。缺铁(铁有效性低)对根表皮细胞形态分化的影响与磷有效性低时相似,即根毛增多,长度增长的根毛主要来自非生根毛型细胞所发育成的根毛。

尽管在铁与磷有效性低时上述这些突变体根毛变化非常相似,但是它们的信号传导途径却不一样(图 4-26),因为分析生长素反应突变体 *axr2* (*auxin resistant2*)的研究结果发现,在营养正常状态下生长的这些抗生长素的突变体的根表皮细胞完全不形成根毛,把它们转入在缺磷的情况下生长时该突变体可发育出正常的根毛,但在缺铁的培养基中该突变体的根毛状态几乎不变。因此,与缺磷的情况有所不同,在缺铁的条件下,生长素的信号转导途径和乙烯可能参与促进根毛形成的过程,而在低磷逆境的反应途径中,不需要乙烯和生长素的参与,可能是通过直接影响根毛形成的调节基因[如 *GL2*、*RHD6* (*ROOT HAIR DEFECTIVE6* 和 WER]而起作用(图 4-26)(Lopez-Bucio et al. , 2003)。

缺磷和铁都能诱导根毛的形成,并促进它们的伸长。低铁诱导表皮细胞分化成根毛还需要乙烯的参与,但对于乙烯信号传导链上存在缺陷的突变体(如 *etri* 和 *ein2*)和抗生长素的突变体(如 *aux1*、*axr1* 和 *axr2*),在缺铁的情况下它们对乙烯的反应受到抑制,这说明乙烯和生长素的作用途径存在相互的通讯。此外,在乙烯和生长素突变体中,低磷诱导的根表皮细胞分化作用不变。这些现象说明根表皮细胞对低磷逆境的反应途径与低铁逆境反应不同。低磷逆境的反应途径对根毛形成的影响可能是通过直接影响根毛的形成

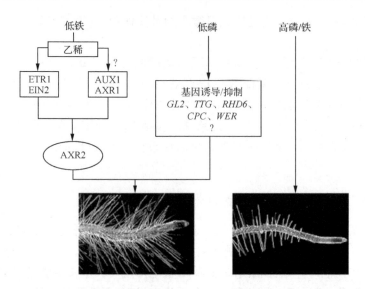

图 4-26　缺磷和铁逆境对拟南芥根表皮细胞分化的影响(Lopez-Bucio et al.，2003)

调节基因，如 *GL2*、*RHD6*(*ROOT HAIR DEFECTIVE6*)和 *WER* 而起作用(Lopez-Bucio et al.，2003)。

参 考 文 献

李扬汉. 1979. 禾本科作物的形态与解剖. 上海:上海科学技术出版社:510.

Abrash E B,Bergmann D C. 2009. Asymmetric cell division：a view from plant development. Dev Cell，16：783-796.

Aida M，et al. 2004. The *PLETHORA* genes mediate patterning of the *Arabidopsis* root stem cell niche. Cell，119：109-120.

Aloni R，et al. 1998. The Never ripe mutant provides evidence that tumor-induced ethylene controls the morphogenesis of Agrobacterium tumefaciens-induced crown galls on tomato stems. Plant Physiol，117：841-849.

Aloni R，et al. 2006. Role of cytokinin and auxin in shaping root architecture：regulating vascular differentiation，lateral root initiation，root apical dominance and root gravitropism. Annals of Botany，97：883-893.

Aloni R，et al. 2004. Role of cytokinin in the regulation of root gravitropism. Planta，220：177-182.

Beeckman T，Burssens S，Inzé D. 2001. The peri-cellcycle in *Arabidopsis*. J Exp Bot，52：403-411.

Boerjan W，et al. 1995. Superroot，a recessive mutation in *Arabidopsis*，confers auxin overproduction. Plant Cell，7：1405-1419.

Boonsirichai K，et al. 2002. Root gravitropism：an experimental tool to investigate basic cellular and molecular processes underlying mechanosensing and signal transmission in plants. Annu Rev Plant Biol，53：421-47.

Casimiro I，et al. 2003. Dissecting *Arabidopsis* lateral root development. Trends Plant Sci，8：165-171.

Casson S A,Lindsey K. 2003. Genes and signaling in root development. New Phytologist，158：11-38.

Celenza J L，Grisafi P L，Fink G R. 1995. A pathway for lateral root formation in *Arabidopsis thaliana*. Genes Dev，9：2131-2142.

Cnops G，et al. 2000. *Tornado1* and *tornado2* are required for the specification of radial and circumferential pattern in the *Arabidopsis* root. Development，127：3385-3394.

Cui H，et al. 2007. An evolutionarily conserved mechanism delimiting SHR movement defines a single layer of endodermis in plants. Science，316：421-425.

Dharmasiri S，Estelle M. 2004. The role of regulated protein degradation in auxin response. Plant Mol Biol，49：401-

409.

Dinneny J R, Benfey P N. 2005. Stem cell research goes underground: the *RETINOBLASTOMA-RELATED* gene in root development. Cell, 123:1180-1182.

Dittmer H J. 1937. A quantitative study of the roots, root hairs of winter ray plant (*Secale cereale*). Amer J Bot, 24: 417-420.

Dolan L, et al. 1993. Cellular organisation of the *Arabidopsis thaliana* root. Development, 119:71-84.

Dolan L. 2001. Root patterning: short root on the move. Curr Biol, 11:R983-R985.

Gahoonia T S, Nielsen N E, Lyshede O B. 1999. Phosphorus (P) acquisition ofcereal cultivars in the field at three levels of P fertilisation. Plant and Soil, 211:269-281.

Geldner N, et al. 2004. Partial loss-of -function alleles reveal a role for GNOM in auxin transport-related,post-embryonic development of *Arabidopsis*. Development, 131: 389-400.

Grierson C S, Parker J S, Kemp A S. 2001. *Arabidopsis* genes with roles in root hair development. J Plant Nutr Soil Sci, 164: 131-140.

Haberlandt G. 1900. Uber die perzeption des geotropischen reizes. Ber Dtsch Bot Ges,18: 261-272.

Hardtke C S. 2006. Root development— branching into nivel spheres. Curr Opin Plant Biol, 9:66-71.

HelariuttaY,Fukaki H. 2000. The *SHORT-ROOT* gene controls radial patterningof the *Arabidopsis* root through radial signaling. Cell, 101:555-567.

Himanen K, et al. 2002. Auxin-mediated cell cycle activation during early lateral root initiation. Plant Cell, 14:2339-2351.

Hochholdinger F, et al. 2004. From weeds to crops: genetic analysis of root development in cereals. Trends Plant Sci, 9:42-48.

IshidaT, et al. 2008. A genetic regulatory network in the development of trichomes and root hairs. Annu Rev Plant Biol, 59:365-386.

Iyer-Pascuzzi A, et al. 2008. Functional genomics of *Arabidopsis* root functional genomics. Curr Opin Plant Biol, 12: 1-7.

Jones A R, et al. 2008. Auxin transport through non-hair cells sustains root-hair development. Nature Cell Bio, 11: 78-84.

Kepinski S. 2006. Integrating hormone signaling and patterning mechanisms in plant development. Curr Opin Plant Biol, 9:28-34.

King J J, et al. 1995. A mutation altering auxin homeostasis and plant morphology in *Arabidopsis*. Plant Cell, 7: 2023-2037.

Kramer E M, Bennett M J. 2006. Auxin transport: a field in flux. Trends Plant Sci, 11:382-384.

Kwak S H, Shen R, Schiefelbein J. 2005. Positional signaling mediated by a receptor-like kinase in *Arabidopsis*. Science, 307:1111-1113.

Laux T, Jügens G. 1997. Embryogenesis: a new star in life. Plant Cell, 9: 989-1000.

Loio R D, et al. 2007. Cytokinins determine *Arabidopsis* root-meristem size by controlling cell differentiation. Curr Biol, 17: 678-682.

Lopez-Bucio J, Cru-Ramirez A, Herrera-Estrella L. 2003. The role of nutrient availability in regulating root architecture. Curr Opin Plant Biol, 6:280-287.

Ma Z, et al. 2001. Regulation of root hair density by phosphorus availability in *Arabidopsis thaliana*. Plant Cell Environ, 24:459-467.

Malamy J E, Benfey P N. 1997. Organization and cell differentiation in lateral roots of *Arabidopsis thaliana*. Development, 124:33-44.

Malamy S, Ryank. 2001. Environmental regulation of Laferal root initiation in *Arabidopsis*, Plant physiol, 127: 899-909.

Masucci J D, et al. 1996. The homeobox gene *GLABRA2* is required for position-dependent cell differentiation in the root epidermis of *Arabidopsis thaliana*. Development, 122: 1253-1260.

Morita M T, Tasaka M. 2004. Gravity sensing and signaling. Curr Opin Plant Bio, 17:712-718.

Nemec B. 1900. Uber die art der wahrnehmung des schwerkraftes beiden pflanzen. Ber Dtsch Bot Ges, 18:241-245.

Perez-Perez J M. 2007. Hormone signalling and root development: an update on the latest *Arabidopsis thaliana* research. Functional Plant Biology, 34:163-171.

Sablowski R. 2004. Root development: the embryo within? Curr Biol, 14:1054-1055.

Scheres B, et al. 1995. Mutations affecting the radialorganisation of the *Arabidopsis* root display specific defects throughout the radial axis. Development, 121:53-62.

Schiefelbein J W, Lee M M. 2006. A novel regulatory circuit specifies cell fate in the *Arabidopsis* root epidermis. Physiol Plant, 126:1-8.

Schiefelbein J W. 2000. Constructing a plant cell. The Genetic control of root hair development. Plant Physiol, 124: 1525-1531.

Schiefelbein J. 2003. Cell-fate specification in the epidermis: a common patterning mechanism in the root and shoot. Curr Opin Plant Biol, 6: 74-78.

Schneider K, et al. 1997. Structural and genetic analysis of epidermal cell differentiation in *Arabidopsis* primary roots. Development, 124: 1789-1798.

Smet I D, et al. 2006. Lateral root initiation or the birth of a new meristem. Plant Mol Biol, 60:871-887.

Song S K, et al. 2008. Key divisions in the early *Arabidopsis* embryo require POL and PLL1 phosphatases to establish the root stem cell organizer and vascular axis. Dev Cell, 15: 98-109.

Stanga J P, et al. 2009. A role for the TOC complex in *Arabidopsis* root gravitropism. Plant Physiol, 149: 1896-1905.

Swarup K, et al. 2008. The auxin influx carrier LAX3 promotes lateral root emergence. Nature Cell Biol, 10: 946-954.

Tanimoto E. 2005. Regulation of root growth by plant hormones-roles for auxin and gibberellin. Critical Reviews in Plant Sciences, 24:249-265.

Taramino G, et al. 2007. The *rtcs* gene in maize (*Zea mays* L.) encodes a lob domain protein that is required for postembryonic shoot-borne and embryonic seminal root initiation. Plant J, 50: 649-659.

Ueda M, Koshino-Kimura Y, Okada K. 2005. Stepwise understanding of root development. Curr Opin Plant Biol, 8: 71-76.

Van den Berg C, et al. 1995. Cell fate in the *Arabidopsis* root meristem determinated by directional signaling. Nature, 378:62-65.

Wada T, et al. 2002. Role of a positive regulator of root hair development, CAPRICE, in *Arabidopsis* root epidermal cell differentiation. Development, 129:5409-5419.

Walker A R, et al. 1999. The *TRANSPARENT TESTA GLABRA1* Locus, which regulates trichome differentiation and anthocyanin biosynthesis in *Arabidopsis*, encodes a WD40 repeat protein. Plant Cell, 11:1337-1349.

Wildwater M, et al. 2005. The *RETINOBLASTOMA-RELATED* gene regulates stem cell maintenance in *Arabidopsis* roots. Cell, 123:1337-1349.

Willemsen V, et al. 2008. The NAC domain transcription factors FEZ and SOMBRERO control the orientation of cell division plane in *Arabidopsis* root stem cells. Dev Cell, 15: 913-922.

Xie Q, et al. 2000. *Arabidopsis* NAC1 transduces auxin signal downstream of TIR1 to promote lateral root development. Genes Dev, 14:3024-3026.

Zhang H et al. 1999. Dual path ways for regulation of root branching by rnifrate. PNAS, 96:6529-6534.

Zheng H Q, Staehelin L A. 2001. Nodal endoplasmic reticulum, a specialized form of endoplasmic reticulum found in gravity-sensing root tip columella cells. Plant Physiol, 125: 252-265.

第5章　被子植物的性别决定

5.1　被子植物的性别表现

被子植物的性别决定与动物的性别决定有很大的不同。动物的性别在胚胎形成时就已经被决定,并且营养器官和生殖器官在形态发生上是分开的;植物胚胎发育时,胚胎并不具有性别的特征,也没有特定的生殖细胞,只是形成具有分化能力的分生组织,在其胚胎后的发育过程中,性器官才由相应的分生组织分化而来。被子植物的雌雄个体差异不像动物那样明显,不那么稳定,即使是在一些已确立由遗传决定性别的植物中,受到所处环境因子的影响其性别表型也会出现某种程度的不稳定。多数植物的雌雄株营养体在外形上难有差别,它们的性别表型是通过其所发育的雌性或雄性生殖器官反映出来的,其雌、雄生殖过程可分别在不同的部位或在不同植株上完成。

被子植物的性别表现可在花器官、个体(植株)和群体三个水平上反映出来(表 5-1)。与性别直接相关的花器官是雌蕊和雄蕊。常见的花包括雌花、雄花和两性花。雄花泛指

表 5-1　被子植物的花、个体及其群体的性别类型（Stephen and Alejandro，1993）

性 别 类 型	形 态 特 征
花	
两性花(雌雄同花)	一朵花中同时具有雄蕊和雌蕊的两性花
雌雄异花	单性花
雄花	只具有雄蕊的花
雌花	只具有雌蕊/心皮的花
植株个体	
两性花植株	植株只有两性花
雌雄同株	同一植株发育出雄花和雌花
雌雄异株	雌花或雄花发育在不同的植株上
雌株	只发育雌花的植株
雄株	只发育雄花的植株
雌花两性花同株	同一植株发育出雌花和两性花
雄花两性花同株	同一植株发育出雄花和两性花
三性花同株	同一植株发育出雄花、雌花和两性花
植株群体	
两性花群体	只有两性花植株
雌雄同株群体	只有雄花和雌花单性同株的植株
雌雄异株群体	只有雌花或雄花发育的单性植株
雌花两性花异株群体	具有雌花个体和两性花个体
雄花两性花异株群体	具有雄花个体和两性花个体
三性花同株群体	具有两性花个体、雄花个体和雌花个体

具有雄蕊和含退化雌蕊的单性花(unisexual flower);雌花泛指具有雌蕊和含退化雄蕊的单性花。充分发育出雌蕊和雄蕊的花称为两性花(hermaphrodite flower 或 bisexual flower),或称为具备花(perfect flower)。一朵花中(无论它是否存在萼片、花瓣)若缺少雄蕊就称为雌花,如果缺少雌蕊就称为雄花,这种现象就是雌雄异化现象。雄蕊和雌蕊同时存在于一朵花的现象就是雌雄同花现象(图 5-1)(Lebel-Hardenack and Grant,1997)。在为数极少的花中,没有雌蕊和雄蕊或只见退化的雌蕊和雄蕊,这样的花是无性花(asexual flower)或称为中性花(neutral flower),如向日葵的舌状花。无性花与有性生殖无关。

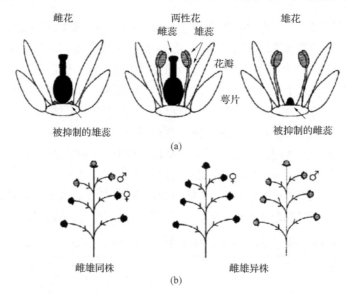

图 5-1　有花植物性别特征图示(Lebel-Hardenack and Grant,1997)

(a) 雌花、雄花和两性花的基本结构;(b) 雌雄同株和雌雄异株植物示意图

雌雄同株物种在同一植株上开雄花(浅黑色圆圈)和雌花(深黑色圆圈);而雌雄异株的物种,其雄花和雌花开在不同的植株上

　　植物个体水平性别类型如表 5-1 所示,同株植物只发育出雄花称为雄株(androecious plant),只发育出雌花称雌株(gynoecious plant),它们也称为雌雄异株植物(dioecious plant)。同株植物既发育出雌花又发育出雄花称为雌雄同株植物(monoecious plant)。同理,可见有两性花植株植物(hermaphroditic plant)、雌花两性花同株植物(gynomonoecious plant)(也称为雌全同株植物)、雄花两性花同株植物(andromonoecious plant)(也称为雄全同株植物)和三性花(雌花、雄花、两性花)同株植物(trimonoecious plant)。若无性花存在于某个个体上,又可将其分为雄花无性花同株(agamoandroecism)、雌花无性花同株(agamogynoecism)和三性花(无性花、雌花、两性花)同株(trimonoecious/polygamous)植物。单性花和两性花同时出现在同一个体时称为杂性同株(polygamomonoecious)。植物不同个体中有的开两性花、有的开单性花的状态称为杂性异株(polygamo-dioecious),常见类型有:雄性两性异株(adrodioecious)、雌性两性异株(gynodioecious)和三性异株(trioecious)(雌性、雄性、两性花分别开在三个不同植株上)(马庆生,1999)。

　　同一物种中,性别类型相一致个体的集合就是单型性群体。在理论上,除雌雄异株植物需要雌株和雄株必须组成两型性群体外,个体水平的其他性别类型的植物都能以单型性群体的方式完成有性繁殖。从数量上看,约有 90％有花植物是两性花植物、5％是雌雄同株、5％是雌雄异株(Charlesworth,2002)。可见只有少数被子植物才呈现雌雄异株性别类型。这与雌雄异体占优势的动物的性别类型有所不同(为了保证雌雄异体和保持雌雄性比例趋于 1：1,在进化上雌雄异体类型必须占优势)。尽管两性花植物的比率占优势,但雌雄同株和雌雄异株的物种却广泛地分布于被子植物的科属中,包括所有的 6 个双子叶和 5 个单子叶的亚纲中(subclass),其中,有 38％的科(167 个科)和 7.1％的属 (959 个属)是雌雄异株(Renner and Ricklefs,1995)。

5.2　被子植物的性染色体

染色体可分为常染色体(又称体染色体)和性染色体(sex chromosome)。在雌雄两性中,当带有性别决定基因的一对染色体在大小和形态上都有所不同时,这对染色体称为性染色体(Charlesworth,2008)。常染色体是指染色体组中除性染色体之外的染色体。例如,人类的 23 对染色体中,有 22 对是常染色体,余下的 1 对是由 X 染色体和(或)Y 染色体组成的性染色体。

5.2.1　被子植物的性染色体类型

在动物中常见的性染色体类型(或称体系)(type of the sex chromosome)有 XY、XO、ZW 和 ZO 型。XY 型者如哺乳动物的雄性性染色体,是由一长一短的两个异型性色体(heteromorphic sex chromosome)组成,用 XY 表示;雌性性染色体是由一对等长的两个同型性染色体(homomorphic sex chromosome)组成,用 XX 表示。在 XY 型性染色体的性别决定中,雄性(XY)是异配性别(heterogametic sex),可以产生两种不同的配子(X 和 Y);雌性(XX)是同配性别(homogametic sex),只能产生一种配子(X)。XO 型者如蝗虫等雌性性染色体由两个同型性染色体组成,用 XX 表示;雄性只有一个 X 染色体,没有 Y 染色体,用 XO 表示。ZW 型者如鸟类等,雌性性染色体是由两个异型性染色体组成,用 ZW 表示;雄性是由两个同型的性染色体组成,用 ZZ 表示。ZO 型者如少数昆虫的雄性染色体,是由两个同型性染色体组成,用 ZZ 表示;雌性只有一个 Z 染色体,没有 W 染色体,用 ZO 表示。

雌雄异株植物的染色体中也存在类似于动物的性染色体的类型(体系)(表 5-2)。大概 30 万种的有花植物只有约 1 万种是雌雄异株,可见仅少数品种带有异型性染色体,其中包括麦瓶草(*Silene*)、酸模(*Rumex*)、葎草(*Humulus*)和红瓜(*Coccinia*)等属的植物。性染色体的大小和形态也不尽相同。例如,属于 XY 型的白麦瓶草(*Silene latifolia*),通常雄性染色体组成为 XY,雌性为 XX;其 Y 染色体比 X 染色体大。此外,还有 X 或 Y 染色体不止一条的性染色体组成,如酸模等(表 5-2)。番木瓜有些品种具有 X 和 Y 染色体,也具有稍微不同的两个 Y 染色体:雄性的 Y 染色体(用 Y 表示)和两性花植株的 Y 染色体(用 Yh 表示)。但这两个 Y 染色体的雄性特异区域(the male-specific region of Y chromosome,MSY)是相同的(Liu et al.,2004;Ming et al.,2007a)。有些植物,如

Dioscorea sinuata(一种薯蓣)、苦草(*Vallisneria spiralis*)和花椒属(*Zanthoxylum*)为 XO 型(Allen,1940),XO 型的雄性个体只有 X 染色体,缺少 Y 染色体。有少数植物为 ZW 型,如杨树(*Populus trichocarpa*)(Janousek and Marckova,2010),其雌性是异配性别。杨树的 ZW 性别决定类型主要基于以下三个事实,第一,基因组已经测序的杨树 Nisqually-1 是雌性树(Tuskan et al.,2006),在其性别决定区域呈现高度差异的单原型 (haplotype);第二,仅在用于杂交的雌性亲本中观察到性别决定区域的重组抑制(suppression of recombination)(Yin et al.,2008);第三,雌异型配子遵守 Haldane 定律,并与杨属(*Populus*)的各个品种的群体中全部雄性偏好(male bias)一致,(Haldane 定律是指当两个不同动物品种杂交的 F1 后代中,一个性别消失或不育时,其性别即为杂合子,相当于异配性别)(Grant and Mitton,1979;Rottenberg et al.,2000)。

表 5-2　被子植物常见的性染色体类型(Ming et al.,2007a)

科	物　种	雌性性染色体	雄性性染色体	YX 基因型的生活力	性别决定方式*
异型染色体类					
大麻科	大麻(*Cannabis sativa*)	XX	XY	存活	X/A
(Cannabaceae)	啤酒花(*Humulus lupulus*)	XX	XY	存活	X/A
	Humulus lupulus subsp. *cordifolius*	$X_1X_1X_2X_2$	$X_1Y_1X_2Y_2$	—**	X/A
	葎草(*Humulus japonicus*)	XX	XY_1Y_2	不存活	X/A
石竹科	白麦瓶草(*Silene latifolia*)	XX	XY	不存活	XY
(Caryophyllaceae)	麦瓶草(*Silene dioica*)	XX	XY	不存活	XY
	Silene diclinis	XX	XY	不存活	XY
葫芦科	红瓜籼(*Coccinia indica*)	XX	XY	—	XY
(Cucurbitaceae)					
蓼科	*Rumex angiocarpu*	XX	XY	—	—
(Polygonaceae)	*Rumex tenuifolius*	(XX)XX	(XX)XY	—	—
	小酸模(*Rumex acetosella*)	(XXXX)XX	(XXXX)XY	—	XY
	Rumex graminifolius	(XXXXXX)XX	(XXXXXX)XY	—	—
	Rumex hastatulus	XX	XY 或+XY_1Y_2	—	X/A
	酸模(*Rumex acetosa*)	XX	XY_1Y_2	—	X/A
	Rumex paucifolius	(XX)XX	(XX)XY	—	—
同型染色体类					
猕猴桃科	猕猴桃(*Actinidia deliciosa*)	雄性异配		—	XY
(Actinidiaceae)	中华猕猴桃(*Actinidia chinensis*)	雄性异配		存活	XY
苋科	*Acnida* species	雄性异配		—	XY
(Amaranthaceae)					
天门冬科	芦笋(*Asparagus officinalis*)	雄性异配		存活	XY
(Asparagaceae)					
菊科(Asteraceae)	蝶须(*Antennaria dioica*)	雄性异配		不存活	—
番木瓜科	番木瓜(*Carica papaya*)	雄性异配		不存活	XY
(Caricaceae)					
	Vasconcellea species	雄性异配		不存活	XY

续表

科	物　种	雌性性染色体	雄性性染色体	YX 基因型的生活力	性别决定方式*
藜科 (Chenopodiaceae)	菠菜(*Spinacia oleracea*)	雄性异配		存活	XY
葫芦科 (Cucurbitaceae)	*Bryonia multiflora* 喷瓜(*Ecballium elaterium*)	雄性异配 雄性异配		— —	— XY
薯蓣科 (Dioscoreaceae)	山萆薢(*Dioscorea tokoro*)	雄性异配		—	XY
大戟科 (Euphorbiaceae)	一年生山靛(*Mercurialis annua*)	雄性异配		存活	XY
毛茛科 (Ranunculaceae)	唐松草属植物 (*Thalictrum* species)	雄性异配		存活	—
蔷薇科 (Rosaceae)	草莓属植物 (*Fragaria* species)	雌性异配		—	—
葡萄科 (Vitaceae)	葡萄属植物 (*Vitis* species)	雄性异配		存活	XY

　　注：X/A，指性别由 X 染色体与常染色体(A：autosome)所决定。 * XY，也称 Y 活性体系，其雄性性别主要由 Y 性染色体的活性决定；** 表示暂无记录。

　　由于分子遗传学、基因组学、蛋白质组学和分子生物学理论和技术的发展，目前对性染色体的测序和性别决定基因的克隆已经不是十分困难的事。玉米的一些性别决定基因已被克隆(DeLong et al.，1993；Bensen et al.，1995)，芦笋和大麻的性染色体的遗传图谱也被构建，对白麦瓶草性染色体连锁基因或特异基因也进行了大量的研究(Chuck，2010)，已完成了番木瓜的 Y 染色体雄性特异区域及其 X 染色体上的相应区域和抗病毒转基因番木瓜(*Carica papaya*)基因组的测序(Ming et al.，2008)；完成了黄瓜基因组的测序(Huang et al.，2009)；完成了木本模式植物杨树(*Populus trichocapa*)基因组的测序(Tuskan et al.，2006)。这些相关领域的研究进展将有助于揭开植物性别决定机制及性染色体进化(evolution of the sex-determining)的真实面纱。

5.2.2　被子植物性染色体的结构特点

　　据统计，在 14 620 种雌雄异株的植物中，仅有一小部分存在性染色体的进化，有花植物的 4 个科约有 12 个种出现异型性染色体(X Y 和 Z W 染色体系)，这些性染色体的大小及其形状用显微镜可将它们与常染色体区分开来；而在 13 个科的数十种植物中出现同型染色体，在大小及其形状上难以用显微镜将这些性染色体与常染色体区分开来(Ming and Moore，2007)。在此，以性染色体 XY 型的模式植物白麦瓶草(*Silene latifolia*，另名 *Melandrium album* Garcke 或 white campion)为例说明性染色体重要的细胞学和基因组特点。

1. 性染色体的细胞学特点

白麦瓶草是严格的雌雄异株植物,通常雄性染色体组成为 XY、雌性为 XX,其性别决定依赖于 Y 染色体的活性。人们对它们的性染色体的细胞学结构进行了大量的研究。图 5-2 表示人们对该植物性染色体细胞学结构的认识过程。早在 1910 年 Strasburger 就测定了白麦瓶草染色体的确切数目,尽管当时他们尚未注意到有异型染色体的存在。随后,在 1923 年 Blackburn 和 Wine 各自独立地发现雌性植株存在两个同型的 X 染色体,而雄株则有一个 X 和一个较大的 Y 的异型性染色体,因此就按常染色体结构的命名方式,将性染色体较短的臂称为 p 臂(p 为法文"petit"的缩写,意思是小),而长臂称为 q 臂(以拉丁字母的排序,q 紧随 p 后)(图 5-2),并进一步通过热激或秋水仙素处理诱导多倍体和对 Y 染色体删除等突变方法研究性染色体结构,发现缺少 Y 染色体就无雄性发育,X 染色体为雌配子体和胚胎发育所必需的,在 Y 染色体中确定了含性别决定基因的三个功能区域,即雄性活化区、雌性抑制区(由两性花植株的染色体删除材料中发现)及早期雄性发育区(由无性花的染色体删除材料中发现)和晚期雄性发育区(在雄性不育花的染色体删除材料中发现)(Lengerova et al.,2003)。

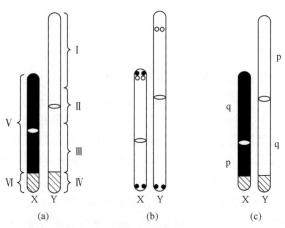

图 5-2　白麦瓶草 X 和 Y 染色体结构图示(Lengerova et al.,2003)

(a) 由 Westergaard(1946)所绘制的经典图。Ⅰ、Ⅱ和Ⅲ分别代表 Y 染色不同部分,Ⅰ代表含雌性抑制区的片段;Ⅱ代表含有启动花药发育基因的片段;Ⅲ代表含有控制雄蕊后期发育基因的片段。Ⅴ是 X 染色体不同区域的图示,Ⅳ和Ⅵ分别表示 X 和 Y 染色体的拟常染色体区。黑和白部位是 X 与 Y 染色体不同的区域。(b) 分别表示以X43.1(亚端粒重复序列探针,subtelomeric repeat probe)为探针(●)和以性链锁的基因组 DD44(○)为探针,在染色体中所得的用荧光原位杂交技术(FISH)杂交信号。(c) Lengerova 等于 2003 年提出的染色体新模式(Lengerova et. al,2003),PAR 位于 X 染色体的 p 臂和 Y 染色体的 q 臂。图中 X 与 Y 染色体的相对大小和臂长按比例画出,但 PAR 长度是任意画的。有关基因探针 DD44 和 X43.1,详见 5.3.1 第 1 节

白麦瓶草性染色体的首张细胞学结构示意图是由 Westergaard 在 1945 年报道的[图 5-2(a)],几十年以来,一直被认可和接受,但是目前尚无细胞学标记证实这两个性染色体配对区的取向。从细胞学的结构变化上人们发现,Y 染色体末端还包含一段可在减数分裂时与 X 染色体配对的区域,称为拟常染色体区(pseudoautosomal region,PAR),这

也说明 X 染色体和 Y 染色体在它们的 q 臂上可以配对。

在通常情况下，X 染色体 q 臂总是与 Y 染色体结合在一起。20 世纪 90 年代以来，由于各种先进研究技术手段的运用，发现 X 和 Y 染色体都是中着丝粒染色体，Y 染色体的两臂几乎相当（臂比率 $r=1.09$），而 X 染色体 q 和 p 两臂比率为 1.44，Y 染色体比 X 染色体大约 1.4 倍，于是对 Westergaard 所报道的性染色体细胞学结构示意图进行了修正［图 5-2(c)］(Lengerova et al.，2003)。此后，根据 C-带技术对白麦瓶草和 S. dioica 染色体核型的研究结果，将染色体归为 A、B、C 三类：A 类为 6 对中着丝粒染色体（metacentric chromosome）；B 类为 5 对亚中着丝粒染色体（submetacentric chromosome）；C 类为 2 个性染色体(Grabowska-Joachimiak and Joachimiak，2002)。采用 C-带技术还揭示了白麦瓶草染色体中的异染色质区，它们主要局限于亚端粒和着丝粒，Y 染色体的异染色质主要分布于 q 臂的端部，而 X 染色体亚端粒和着丝粒中均有异染色质区(Kejnovsky and Vyskot，2010)。

2. 性染色体的基因组特点

性染色体是基因组的特殊部分。人类性染色体与健康息息相关，因此，研究得最多的是人性染色体的基因组。有关的研究结果对其他生物性染色体的相关研究不乏参考价值。人类 Y 染色体约为 58Mb，包括 23Mb 的常染色质区、32Mb 的异染色质区、短臂上的 2.6Mb PAR 和长臂上的 0.4Mb PAR。常染色质区一个显著特点是有 8 对回纹结构，这些回纹结构可以保护 Y 染色体上的重要基因免受基因交换的侵害；与之相反，X 染色体要比 Y 染色体大约 3 倍（154Mb），带有 1098 个基因(Skaletsky et al.，2003；Ross et al.，2005)。

在植物中，尽管性别受遗传控制的雌雄异株的物种分布广泛，但仅少数品种才带有异型性染色体，其中包括麦瓶草、酸模等属的植物（表 5-2）。大多数的 Y 染色体的基因组是最大的，其中含有与性染色体连锁基因（sex chromosome linked-gene）、串联重复序列（tandem repeat）、大量的卫星序列（satellite）和转座因子（transposable element）DNA 系列(Kejnovsky and Vyskot，2010)。以下以雌雄异株的模式植物白麦瓶草的性别染色体基因组研究资料为主，介绍性别染色体基因组的一些特点。

1) 性染色体连锁基因

白麦瓶草的 Y 染色体，基因组约为 570Mb，其 X 染色体为 400Mb(Ming and Moore，2007)。自 20 世纪 90 年代初以来，有人就致力于分离白麦瓶草与性染色体连锁的基因或特异表达的基因，但时至今日，被分离和鉴定的基因数量仍然有限（见 5.3.1 第 1 节），大多数已被鉴定的性连锁基因都具有 X 和 Y 染色体的拷贝；被分离基因的大多数都是看家基因（housekeeping gene），尚未有一个是与性别功能特异相关的基因(Kejnovsky and Vyskot，2010)。

2) 串联重复序列

白麦瓶草的 Y 染色体除亚端粒区外，都是常染色质，在亚端粒区聚集着几类串联重复序列，其中 X-43.1 是在多数染色体的亚端粒都存在的串联重复序列(Buzek et al.，1997)。随后又在亚端粒中发现了另一个串联重复序列 Ssp15，它不但存在于性染色体，也存在于常染色体。目前已证实,亚端粒的异染色质是由 X-43.1 和 Ssp15 串联重复序列所组成,而着丝粒的异染色质则由 STAR-C(<u>S</u>ilene <u>ta</u>ndem <u>r</u>epeat amplified on the Y chromosome,取其下划线的英文字母缩写,其中'<u>Silene</u>'是麦瓶草,下同)串联重复序列和着丝粒反转录转座子重复序列组成。在中心体中富集着 STAR-C,目前尚不清楚它是否在中心体中起作用。STAR-C 有一个缺失变异体称为 STAR-Y(<u>S</u>ilene <u>t</u>andem <u>r</u>epeat amplified on the <u>Y</u> chromosome),它只位于 Y 染色体的 q 臂中,它的出现代表着串联重复序列进化的特定目的,已成为非重组区域中形成串联重复序列动力学的研究对象(Kejnovsky and Vyskot,2010)。TRAYC(<u>t</u>andem <u>r</u>epeat <u>a</u>ccumulation on the <u>Y</u> chromosome,单体为 160bp)是位于 Y 染色体中的串联重复序列,但也在 X 染色体中富集。采用萤光原位杂交技术(fluorescence *in situ* hybridization,FISH)还发现了其他一些串联重复序列,如类端粒重复序列(telomere-like repeat)和反转录转座子(retrotransposon)重复序列(Cermak et al.,2008)。

微卫星序列是串联重复序列的典型代表。在白麦瓶草中,各种微卫星序列(单、双和三核苷类型)都累积在 Y 染色体中,特别是 q 臂中(与 P 臂相比),并停止新的重组。因此,微卫星序列偏向累积的区域将是基因组扩充的区域(pre-date genome expansion)(Kejnovsky and Vyskot,2010)。酸模(*Rumex acetosa*)的性染色体比较特别,其雄性带 XY_1Y_2,雌性带 XX(表 5-2)。在其 Y 染色体中已发现有两类卫星序列:一类称为 RAE180;另一类称为 RAYS(Shibata et al.,2000)。比较白麦瓶草与酸模微卫星序列的分布模式发现,一些特征序列(motif)如 CAA 或 TAA,都强烈地累积于这两种植物的 Y 染色体的非重组区,而其他的一些特征序列却有不同的分布模式,如(GC)15 仅分布于白麦瓶草的 Y 染色体上,而不出现在酸模 Y 染色体中,也许一些简单的 DNA 重复序列通常在 Y 染色体中扩展,这是因为这些重复序列中的 DNA 构象特性或因为其他的环境因素所致(如染色体的进化阶段、与其他的反转录元件共转座等因素)(Kejnovsky et al.,2009)。

3) 可移动元件

在白麦瓶草性染色体中,已发现包括 DNA 转座子和反转录转座子的可移动元件(transposable element)。转座子是基因组中一段可移动的 DNA 序列,可以通过切割、重新整合等一系列过程从基因组的一个位置跳跃到另一个位置。DNA 转座子是以 DNA-DNA 方式转座,并通过 DNA 复制或直接切出方式进行移动而重新插入基因组 DNA 中,导致基因的重排或突变。反转录转座子通过 RNA 反转录成 DNA 后进行转座,其转座过程称为反转座作用。在染色体中常见的可移动元件的一般结构见图 5-3。

首次被鉴定的全长反转录转座子元件是 *Retand-2* (11.2kb),它是用 *Ty1/copia* 和 *Ty3/gypsy* 的反转录转座子的反转录酶的保守序列为探针进行 FISH 所克隆的。它是亚端粒中特异性存在的元件。在 Y 染色体中也发现了一个简并的 *Ty3/gypsy* 反转录转座子和一个属于 hAT 亚基因家族的 *Thelma* DNA 转座子,其中 *Thelma7* 已被充分侵蚀(eroded)不能转录,而 *Thelma13* 则可以转录并以另一种方式进行剪接(splice)。转座子 MITE(<u>m</u>iniature <u>i</u>nverted-repeat <u>t</u>ransposable <u>e</u>lement)与 Y 染色体连锁,它是通过剪与贴的方式(cut-and-paste mechanism)进行转座的非自主的 DNA 转座子,富含于植物基因

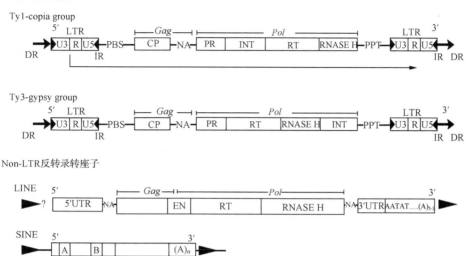

图 5-3 植物性染色体中的两类可移动元件的一般结构示意图(Schmidt,1999)

图中所绘包括长末端重复序列反转录转座子[LTR(long terminal repeat)retrotransposon]和非长末端重复序列反转录转座子(non-LTR retrotransposon)。在长末端重复序列反转录转座子的两端都有长的重复序列。在LTRs 可分为 U3,R 和 U5 区域,含转座启动和结束的信号,转录开始于 5′LTR 的 R5′端,结束于 3′LTR 的 R3′端。在反转录转座子中的基因可编码类似衣壳蛋白(capsid-like protein,CP)、内切核酸酶(endonuclease,EN)、蛋白酶(protease,PR)、整合酶(integrase,INT)、反转录酶(reverse transcriptase,RT)和 RNA 酶 H(RNAase-H)。尚有其他序列:引物结合位点(primer binding site,PBS)、多聚嘌呤通道(polypurine tract,PPT)、核酸结合部分(nucleic acid binding moiety,NA)、反向末端重复序列(inverted terminal repeat,ITR)、DR(flanking target direct repeat)、5′非翻译区(5′untranslated region,5′UTR)、3′非翻译区(3′untranslated region,3′UTR)和 RNA 聚合酶 Ⅲ A(SINE 的 A 区域)和 B(SINE 的 B 区域)启动子识别区,图中未按序列大小的比例绘制

组中。这类转座子常位于基因的内含子中,或在该基因的附近。在白麦瓶草中已鉴定了两个 MITE 类转座子:EITRI 元件(属 hAT 亚基因家族)和 SlTo1 元件(属 ourist 家族);它们在每个基因组中的拷贝数估计分别为 230 和 130。MITE 在白麦瓶草的 Y 染色体中显示高插入率,这就提高了 Y 染色体及所含基因降解作用的可能性。到目前为止,有关白麦瓶草基因组转座子的相关资料还是非常有限的。其中最富含的转座子是 *Ty3/gypsy* 和 *Ty1/copia* 元件,其次是非长末端重复序列(non-long terminal repeat,non-LTR elements)元件,如长散布元件(long interspersed element,LINE)、短散布元件(short interspersed element,SINE)和 DNA 转座子(hAT, mariner, mutator)(图 5-3)。FISH 分析表明,*Ty1/copia* 元件在 Y 染色体上的累积;*Ogre* 类元件除只分布于 Y 染色体中的短 PAR 区(short pseudoautosomal region)外,它还可以普遍分布在所有的染色体中。同时,*Ogre* 类元件只有在雌性植株中才有活性,这就可以解释 *Ogre* 类元件为什么只分布于 Y 染色体中的短 PAR 区(Kejnovsky and Vyskot,2010)。番木瓜中的 MSY 序列不长,为 8~9Mb,约占 Y 染色体序列的 20%(Yu et al.,2008),研究表明在这一 MSY 中已富集局部复制片段、转座元件和质粒 DNA 插入片段(Yu et al.,2007)。

性染色体上重复序列来源是多样的,如在白麦瓶草 Y 染色体上所发现的重复序列标

记 BAC7H5 序列中包含了部分叶绿体基因组序列(图 5-4),叶绿体基因组序列可能也参与了 Y 染色体上异染色质的累积,导致 Y 染色体和 X 染色体之间的重组抑制。已有报道表明,在 Y 染色体富含转座元件的部位可以转换成异染色质,即转座原件的累积有利于 Y 染色体相关部位的异染色质化,抑制染色体之间重组的发生(Kejnovsky et al.,2009)。目前对于重复序列为何趋向于累积在 Y 染色体的重组抑制区域上的机制仍不十分清楚。这种累积也可能与 Y 染色体退化有关(见 5.2.2 节),因为已有报道转座元件的插入可引起基因的退化(Marais et al.,2008)。但对这两者之间的关系还缺乏进一步的了解。

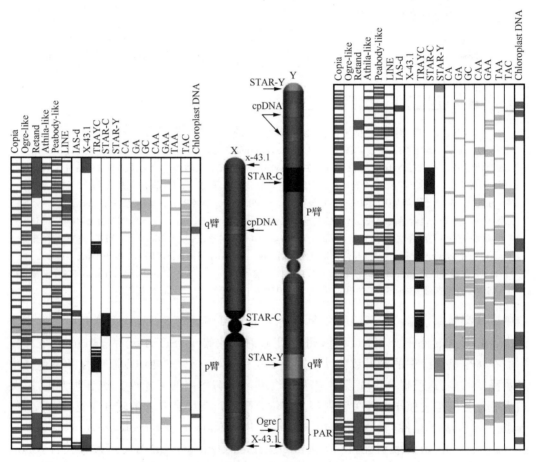

图 5-4　白麦瓶草性染色体图谱示意图(Kejnovsky et al.,2009)(另见彩图)

图中表示各种重复序列:转座元件(TE,红色)、串联重复序列(蓝色)、微卫星序列(黄色)和叶绿体 DNA(绿色)。其分布模式根据 FISH 分析数据绘制

3. 性染色体的性别决定区域及其重组抑制

性别表型的遗传控制常通过一个基因座或一套紧密连锁的基因座起作用。在性染色体的性别决定体系中,虽然目前尚未鉴定出性别决定的基因座,但也在一些雌雄异株植物

的遗传图谱中确定了性别决定区域（sex determining region），并作为匿名性标记或无功能分子标记（anonymous marker）（表 5-3）。例如，在 XY 性染色体的性别决定体系中，已确定了 Y 染色体上的雄性特异区域（the male-specific region of the Y chromosome，MS），在 ZW 的性别决定体系（杨树）中确定了 W 染色体雌性特异区域（the female-specific region of the W chromosome，ESW）；杨树的 MSY 位于 19 号染色体远端的端粒区，而在 W 染色体的 FSW 为 706kb，性别决定区域也是序列重组完全抑制的区域（Ming and Moore，2007）。以下主要以白麦瓶草 Y 染色体的 MSY 为例作进一步的叙述。

* 表 5-3　被子植物的性染色体遗传图谱（Charlesworth，2008）

植物种类	性染色体	PSA 标记比例
通常带有拟常染色体性染色体（PSA）的植物		
芦笋（*Asparagus officinalis*）		在染色体上已有 33 个分子标记
中华猕猴桃（*Actinidia chinensis*）	可能是 X/Y	大部分
番木瓜（*Carica papaya*）	雄性杂合子	大部分
葡萄（*Vitis vinifera*）	X/Y	大部分
菠菜（*Spinacia oleracea*）	未确定	大部分
通常带雄性特异性 Y 染色体的植物		
大麻（*Cannabis sativa*）	未确定	几个微卫星标记
白麦瓶草（*Silene latifolia*）	X/Y 仅在端部配对	许多
葎草（*Humulus japonicus*）	X/Y 仅在端部配对	未知

　　* 列在表前头的植物种类的性染色体是最常见的拟常染色体（PSA），用黑色表示（可能是在进化上最年轻的性染色体体系）；列在表末的植物种类，它们的 Y 染色体是雄性特异性的染色体（用灰色表示，它们可能是比较年老的性染色体）。几乎所有的标记（包括 AFLP 和 RAPD 标记）都是无功能的标记

1）性别决定区域及其相关分子标记

　　早在 1958 年，Westergaard 在观察白麦瓶草的多倍体和两性花植株 Y 染色体片段缺失或删除的突变体时就发现，白麦瓶草的 Y 染色体可分成三个区域：雌性抑制区、雄性促进区、雄性致育性区（图 5-5、图 5-6）。进一步的研究发现，在 Y 染色体 q 臂中含雄蕊晚期发育的区域（缺失该区的突变体植株呈现雄性不育），而雌性器官（雌蕊）发育抑制区域和雄蕊发育促进区域位于 p 臂中（图 5-5）（Zluvova et al.，2005）。

　　目前，已在几个物种的雌雄异株植物遗传图谱中确定了性决定区域，并常作为无功能标记（anonymous marker）（表 5-3、表 5-4），尽管在性别决定区域尚无性别决定基因被鉴定，但有几个重要细胞遗传学的分子标记（图 5-6）已用于白麦瓶草性染色体的物理图谱制作，有关分子标记名称的来由及其分离详见表 5-4 及其文中的说明。其中，X43.1 是一种亚端粒重复序列（subtelomeric repetitive sequence），它可以与大多数 X 染色体或常染色体的亚端粒区以及 Y 性染色体中 q 臂上的亚端粒进行原位杂交。有丝分裂时，X43.1 的 FISH 结果显示，Y 性染色体中的 PAR 区和 X43.1 荧光原位杂交部位都在相同臂中。另有一对性连锁基因，如 *DD44X/DD44Y*，也已被用于这类研究。该基因是通过减数分裂前的雄性和雌性花 mRNA 差异显示筛选与 Y 连锁的 cDNA 而分离的序列。*DD44* 所

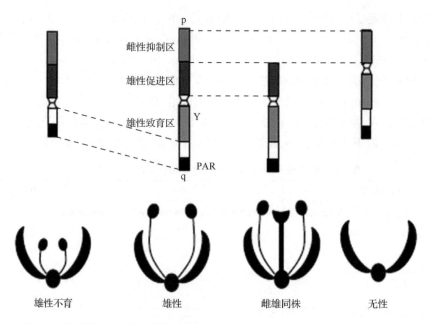

图 5-5　白麦瓶草 Y 染色体的性别决定基因区域示意图（Westergaard，1958）

图中的下图示 Y 染色体重要部分被删除后分别导致雌雄同株、无性别和雄性不育突变的表型

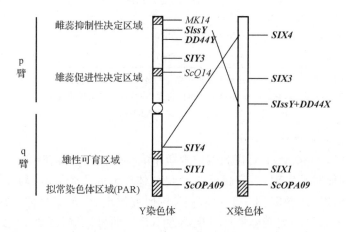

图 5-6　白麦瓶草性染色体上性别决定区域及其相关分子标记定位

（根据 Zluvova et al.，2005；2007 重绘）

通过比较 X 染色体中已知基因顺序（gene order），可以推知存在一个倒位序列（用斜线联结的基因，*SlssY*、*DD44Y* 和 *SlY4*）。其中的分子标记标在右侧（表 5-4 及其文中描述）。X 和 Y 染色体都同时具有的分子标记用黑字体表示

编码的蛋白质与寡霉素敏感交换蛋白（oligomycin sensitivity conferring protein）相似，它是线粒体 ATP 合成酶的重要成员。通过基因删除作图的研究表明，*DD44* 与雌性抑制区连锁。该区位于 Y 染色体中不含 PAR 区的部位，这与过去一直以来在细胞学研究中把 PAR 放在 X 染色体的 q 臂相矛盾。因此，*DD44* 应该定位于 X、Y 染色体的 PAR 区相应的另一端，这一结论也再一次为细胞分裂中期的双色 FISH 结果所证实。这可能是由于 Y 染色体的倒位或片段异位所引起的重排结果。这说明 X 染色体的同源性臂是 p 臂，而

Y 染色体的则是 q 臂(图 5-2、图 5-6)。

表 5-4　在雌雄异株的白麦瓶草中已鉴定的与性染色体连锁的基因

(根据 Kejnovsky and Vyskot，2010 整理)

基因名称	所连锁的染色体	表达特点	功能预测	参考文献
DD44X	X 长臂	雄性和雌性组织中，无组织特异性	看家基因	Moore et al.，2003
DD44Y	Y 短臂	雄性和雌性组织中，无组织特异性		
MROS1	A(常染色体)	花粉粒中	—*	Kejnovsky et al.，2001
MROS2	A	成熟后期的花药中	—	Matsunaga et al.，1997
MROS3	X/A	成熟花药绒毡层中	花粉发育	
MROS4	A	雄花发育早期花芽中		
SlX1	X	雌花与雄花中	WD 蛋白	Delichere et al.，1999
SlY1	Y	雄花中		
SlX3	X	—*	看家基因，起 CDPK 的类似作用，	Nicolas et al.，2005
SlY3	Y	—		
SlX4	X	雌雄花蕾、茎与叶中	2,6-二磷酸果糖酶	Atanassov et al.，2001
SlY4	Y	雄花蕾、茎与叶中		
SlX6a	X	—	—	Bergero et al.，2007
SlY6a	Y	—	—	
SlX6b	X	—	—	
SlY6b	Y	—	—	
SlX7	X	—	—	
SlY7	Y	—	—	
SlCypX	X	—	—	
SlCypY	Y	—	—	
SlssX	X	—	亚精胺合成酶	Filatov，2005b
SlssY	Y	—	亚精胺合成酶	
SlAP3Y	Y	雄蕊中	MADS-box 基因蛋白	Matsunaga et al.，2003

*：未有资料。

2) 性别决定区域的重组抑制

重组是指减数分裂中同源染色体 DNA 发生交换，它与同源染色体的联会有着密切的联系。重组本身具有致突变性质，它很有可能是碱基组成进化的主要动力。在有性生殖的生物中，其特异染色体区域发生重组抑制(suppression of recombination)是一普遍现象。它通常由 DNA 序列的重排或修饰所激发。重组抑制保存了适当的雌性与雄性基因的各种组合。重组抑制发生的直接证据是来自人类 1 号和 8 号染色体上的两个臂间序列倒位；这种倒位也是引起重组抑制从而导致人类 Y 染色体退化的原因(Jaarola et al.，1998)。

　　研究表明,植物性染色体起源于一对特殊的常染色体(已带有某些性决定基因),在进化开始时,一条常染色体上发生了雄性或雌性不育突变,随即在这一新进化的性染色体上的性决定区域周围的小区段内由于某种未知原因使重组受到抑制,这一非重组区域逐渐扩展,最终形成异型的性染色体(Janousek and Mrackova,2010)。进化上较年青的性染色体的典型特点是,在其性决定基因座及其四周区域出现重组抑制,同时在雄性特异区域(MSR)也发生中度的退化。可见,重组抑制也是植物性染色体进化中的重要事件(Ming et al.,2007a)。

　　在 XY 性别决定体系中,重组抑制和 DNA 序列的退化都发生在 Y 染色体中,而不发生在 X 染色体中。Y 染色体上雄性特异区域的重组抑制,可以通过比较 X 和 Y 连锁图谱进行评价(根据遗传距离的定义,假定沿染色体长度上发生的交换具有同等的概率,则两个基因座间的距离可以决定减数分裂过程中发生重组染色体的发生率,即重组分数。重组分数的数值将随着两个基因座间距离的增大而增大)。在啤酒花(*Humulus lupulus*)的雄性性别决定基因座旁侧序列中有两个分子标记与 Y 染色体连锁图的距离为 3.7cM,而这两个分子标记与 X 染色体连锁图谱的遗传距离为 14.3cM,由此可知,与 X 染色体相比,发生在 Y 染色体的重组少了 4 倍(发生了重组抑制)(Seefelder et al.,2000)。

　　番木瓜性别基因座在遗传图谱连锁群 1 上,在其高密度图谱中发现,连锁群 1(共有342 个分子标记)上 66% 的分子标记(225)与性别基因座共分离(co-segregated)。这些结果表明,在这一区域发生了严重的重组抑制(Ma et al.,2004)。芦笋的性别基因座在连锁群 5 中,在该处有 20 个随机的分子标记,遗传距离为 55.3cM,每个分子在这个连锁群中占的遗传距离为 2.6cM(Jamsari et al.,2004),但在性别基因座较近处有 4 个分子标记(除最近新整合性别连锁的 STS 标记外)定位在 0.5cM 区域内。在性别基因座及其邻近区域中的重组抑制进一步为番木瓜雄性特异区域物理图谱所证实(Liu et al.,2004)。

　　如前文所述,在白麦瓶草的 Y 染色体中有三个分散的雄性性别决定基因座,其中两个基因座同在一个染色体 p 臂上,该臂带有控制抑制心皮发育和促进雄蕊早期发育的基因;而另一个赋予花药育性的基因座则在 q 臂上(图 5-4)。因为这些基因座的物理位置是位于 Y 染色体的远端片段,它们可能被分离而形成两性花植物和不育个体。如果没有重组抑制,雄性不育或雌性不育的突变就不可能回复成两性花植株(Lebel-Hardenack et al.,2002)。

5.2.3　植物 Y 染色体的退化问题

　　退化即是基因流失,或基因功能的毁坏。人类和果蝇的 X 染色体上有数千个基因,但在 Y 染色体上的基因只有几十个,这两个染色体在基因含量上的差异是由于 Y 染色体上的多数基因丧失了其功能所致,这种 Y 染色体退化(Y chromosome degeneration)是由于它缺少性重组(sexual recombination)(Charlesworth and Charlesworth,2000)。在人类进化的约 3 亿年前,远古人类的 Y 染色体比其相应 X 染色体在体积上缩小了 1/6。在对人类 Y 染色体的雄性特异区域(MSY)的序列研究结果清楚地显示,Y 染色体发生了退化。人类 MSY 由三类序列,即 X 转座序列、X 退化的序列和扩增子序列组成,其中扩增子存在于多个重复的回纹结构片段中。除此基因外,在 MSY 中的大多数基因都发现存在于 X 退化区域,这些基因都曾与 Y 序列基因相同,但现在彼此显示高度差异性。这些基因与其 X 连锁的基因只有 60%～96% 序列相同。在 X 退化区域有一半的基因是假基因(pseudogene),这些基因序列与功能性的 X 同源序列相似,而其他数百个 X 同源基因将在 Y 染色体退化过程中消失,在 Y 染色体获得了雄性育性基因的同时,也丧失了许多其他基因,而 X 染色体却可以保留着从祖先传下来的基因(Skaletsky et al. ,2003)。

　　为了解释动物中的 Y 染色体退化现象,已提出了相关假说的理论模式(图 5-7)。在进化遗传学上原先用于单倍体无性有机体的 Muller 齿轮(Muller's ratchet)理论可以用来说明不发生交换的染色体退化进程。所谓 Muller's ratchet 是根据该理论提出者 Hermann Joseph Muller 和齿轮而命名的假说,它解释一个无性群体基因组中以不可逆的方式累积有害突变的过程;进行无性生殖的生物,一旦有害突变在其基因组里发生,必然会传给下一代,或者说子代基因组中的有害突变只会大于或等于亲代,久而久之,将导致物种灭亡(Muller,1932)。这个论理已被延伸用于解释动物 Y 染色体的退化:在动物 Y 染色体非重组区域(non-recombining region of the Y chromosome,NRY)基因座常保持着杂合状态,X 染色体的存在掩饰了有害的隐性突变。在一个 Y 染色体获得越来越多突变的物种群体中,其最终会选择与突变达到一种平衡。获得突变最少和最多的类别在一个群体中都处于少数,由于基因漂移它们极易从群体中消失。因此,下一个类别将会取

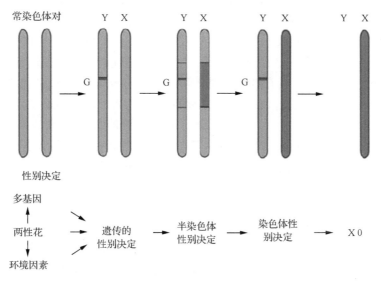

图 5-7　被广泛接受的性染色体形态发生模式(Steinemann and Steinemann,2005)(另见彩图)
图中画出了 Y 染色体开始退化的阶段。普遍认为性染色体对来源于一对同源物,退化是从一对常染色体开始,其中的一个常染色体先获得了一个的性别决定因子(用深红色表示,它也是最导致 Y 染色体消失的因子)。随着这个性别分化因子(红色 G 表示)的出现,产生了性别的遗传决定机制,同时诞生了一个原 Y 染色体(proto-Y chromosome),在这个性别决定基因座向四周不断扩展,而它的重组也被抑制(粉红色表示),从而导致半染色体性别决定机制(semichromosomal sex determination)的形成。这个 Y 染色体中不同片段的结构和基因变化促使其原始 X 染色体的相当区域选择了剂量补偿基因(dosage-compensated gene,绿色表示),这些已分化的片段进一步向整个染色体的扩展导致染色体性别决定机制的形成。已进化的 Y 染色体中的结构变化(即异染色质化)和基因的不断入侵最终使 Y 染色体消亡,而代之于 X0 性别决定机制

而代之,这种轮换方式正如一个齿轮按其槽口的转动往前一样。这种使 Y 染色体退化的驱动力的假设已从模式动物物种中找到了分子证据(Charlesworth and Charlesworth, 2000;Bachtrog,2004)。一旦在一个染色体上,其序列重组被抑制,原 Y 染色体(proto-Y chromosome)可通过上述的 Muller 齿轮机制,使有些有害突变可能在对有益基因座选择过程中也随之被选择,这就是所谓的搭车效应(hitchhiking),这些有害突变的累积可能增加重组抑制区的退化(Rice,1987b)。背景选择(background selection)等其他一些涉及 Y 染色体退化的因素将会加速适度有害基因座的固定(fixation),推迟适度有益基因座的固定(Charlesworth,1994);同时在选择过程中,也会发生所谓"Hill-Robertson 效应"(Hill-Robertson effect),它将抑制有益基因座的扩散并从密切连锁的基因座中删除有害基因座(McVean and Charlesworth,2000)。由于 Y 染色体雄性特异区域(MSY)四周序列的重组抑制,这些累积的有害突变将导致 Y 染色体的大小改变及其基因的退化并拉大其与 X 染色体的差异。Y 染色体的大小只有 X 染色体的 1/3,因此极易发生基因漂移。这使 Y 染色体大大减少了基因的含量,从而使 Y 染色体不断地退化直至消失,并为常染色体代替。由此一个进化的循环又重新开始。

在植物中已有一些证据表明 Y 染色体发生退化。白麦瓶草有 5 个性连锁的看家基因(SlX1/SlY1、SlX3/SlY3、SlX4/SlY4、DD44X/Y 和 SlssX/Y)被分离(表 5-4 及其文字的说明),它们都有完整的 X 和 Y 连锁的拷贝;但这些 Y 染色体连锁的基因与其 X 染色体的同源物已显示一定的差异性,它们在 X 和 Y 染色体上拷贝的同义(沉默突变)差异度分别为 1.7%(SlX1/SlY1)、16%(SlX4/SlY4)、8%(DD44X/Y)和 7%(SlssX/Y)(Filatov,2005a)。与 SlssX(Slss 基因在 X 染色体上的连锁的拷贝)相比,SlssY(Slss 基因在 Y 染色体的连锁的拷贝)具有较高的同义取代速率,这暗示与 X 染色体相比,Y 染色体有较高的突变速率。综合来看,发生在白麦瓶草 Y 染色体中的基因退化处于一个非常早的阶段(Filatov,2005b)。此外,白麦瓶草的雄性生殖器官特异性基因 MROS3(male reproductive organ-specific gene 3)也分别存在一个与 X 连锁的和与 Y 连锁的基因拷贝,与 Y 连锁的拷贝功能已经退化(Guttman and Charlesworth,1998)。

对于番木瓜性别的遗传控制机制,数十年来争论不休,其中一个原因是在细胞学上难以找到性异型染色体的证据。Liu 等使用分子标记检查了 2190 份遗传材料,证实番木瓜存在一个原生 Y 染色体(primitive Y chromosome),其中的雄性特异区只占 Y 染色体的 10%,但已经历着严重的重组抑制和 DNA 退化(Liu et al.,2004)。已发现其花粉母细胞的原生 Y 染色体的细胞分裂后期出现提早分离的现象(这一现象可将该染色体作为性别决定染色体的一个特点,并将它与常染色体区分),同时其 YY 基因型都是致死的,这两个事实都清楚地表明,番木瓜 Y 染色体处于退化之中。尽管番木瓜中的 Y 染色体雄性特异区域(MSY)比较小,但可以从中检测到与 X 和 Y 类似序列的嵌合的重排,也检测到极富含的反转录元件。正如在果蝇和人类 Y 染色体中所见的那样,这些转座原件的插入将引起一些有害突变,同时在该区域也发生"Muller 齿轮"现象,其所含的基因密度极低。另外,通过番木瓜 MSY 直接测序和 DNA 分子标记检测还发现番木瓜 Y 染色体的 MSY 常发生复制,这种复制可能在保护重要的基因免受退化中起重要作用(Ming et al., 2007b)。这种复制可能与人类 MSY 的 8 个回纹结构的作用相似。已证明,这种回文结构有基因修复的作用。这或许可以解释人类雄性是如何在 Y 染色体发生退化的过程中保留那些对性别和生存至关重要的基因的机制(Skaletsky et al.，2003)。

有的研究者认为，Y 染色体中基因密度低的事实说明存在重复序列的累积，但这不一定说明是 Y 基因的损失。较低的基因密度或重复序列的累积反映了纯基因内序列或这些序列与内含子在一起，或只是内含子潜在脱离完整功能的可能。因此如果没有清楚的检测证明基因密度低是由于基因损失所致，这种现象不能被定义为"退化"，因为所有存在于祖先染色体中的基因都仍然存在。但重复序列的出现也可能通过增加染色体重排突变使基因被删除而涉及染色体的退化。在雌雄异株的植物中，目前尚不清楚是那部分基因发生退化，也不清楚是以那种方式进行退化。要回答这些问题，不仅要对与 Y 连锁基因包括那些匿名(或无功能)的标记(anonymous mark)进行研究，同时也要与其 X 连锁的同源基因进行比较(Charlesworth，2008)。

现有的研究结果还不足以揭示植物性染色体的非重组区是如何退化或甚至是否退化的问题(Marais et al.，2008)。转座元件的插入对植物性染色体的不同效应(是遗传效应还是表观遗传效应)所生产的作用可能不一样。也许 Y 染色体退化只是局限于动物中的一个进化现象。动物不像植物那样，可以对单倍体的配子体进行强烈选择；另外，由于复制和多倍化的结果，植物基因往往有好几个拷贝甚至组成为一个大的基因家族。因此，对于具有多个拷贝的功能基因的植物来说，一个特异性基因的等位基因的丢失，或由于基因退化造成的低表达还不至于造成强烈的遗传不平衡(Kejnovsky et al.，2009)。

5.2.4　植物性染色体的进化

性染色体的进化是目前热点研究领域之一，近代的性染色体进化理论认为，异型性染色体是从其中一个已经带有性别决定基因的一对同源常染色体进化而来。为了简便地说明这一理论，在此以 XY 性染色体体系进化为例加以说明(XY 和 XZ 体系的进化动力都是相同的)。目前进化假说认为初始染色体(the incipient Y)带有促进雄性发育的基因，因此那些有利于雄性发育的基因将会累积于这个基因的附近位置，因为在这些位置上可减少与其同源的新生性染色体(neo-sex chromosome)交换的机会，从而形成了两性同体的动物或两性同株植物及其中性的后代。拮抗基因假说(antagonistic gene hypothesis)进化理论(Rice，1987a)认为，这些促进雄性发育的基因必须与启动性别发育途径的主效基因紧密地连锁。这些在初始 Y 染色体上的基因直接或间接促进动物精子或植物花粉的发育。因此，在初始 Y 或 X 染色体上的这一区域的重组必须停止。在真核生物基因组中的组成性异染色质区域，如在中心体、端粒及 Y 染色体中段区域都有典型的重组抑制。这一区域的重组抑制是由于该区域的脱氨酸甲基化的增加及其染色质结构的表观遗传控制所致(Gorelick，2005)。这些重组抑制区域的异染色质向外扩散，直至将有关功能基因包裹，并导致这些基因表达的沉默，其基因重组也被抑制。这种重组抑制开启了 Y 染色体形态发生和退化的途径。由于连续的删除作用，Y 染色体最终将消失。有的研究者认为以 X 染色体与常染色体比例(X∶A)进行性别决定的酸模(*Rumex acetosa*)和果蝇就是完全失去 Y 染色体功能的现存例子。当一个生物有机体失去 Y 染色体的功能时，必须另找或启动一个新的性别决定体系(Steinemann and Steinemann，2005)。

　　雌雄异体伴随着性染色体的二型性这是在动物中常见的现象,但植物中却不多见。出现异型性染色体是为了保证形成雌雄异株及强化其雌雄个体比例为1:1性别进化的结果。性染色体的进化只发生在为数不多的雌雄异株被子植物中,而且其中只有少数植物的性染色体在细胞学和分子水平上得到鉴定(Charlesworth,2002)。雌雄单性异株植物往往具有明显的性染色体,最为常见的是XY型。性染色体的进化过程可以看做是Y染色体发生衰退的过程,植物界各物种所处的进化阶段不同,其Y染色体衰退的程度也不同。对麦瓶草属植物的异型染色体进行大量的研究发现,它们出现在5000万～1亿年前(Nicolas et al.,2005)。番木瓜的同型染色体是在最近进化的、最年轻的性染色体,与已进化约3亿年的哺乳动物的性染色体相比,大多数植物的性染色体都带着原生染色体(primitive chromosome)的特点(Ming et al.,2007a)。Ming等(2007a)根据目前相关的资料将植物性染色体进化分成5个阶段(图5-8)。

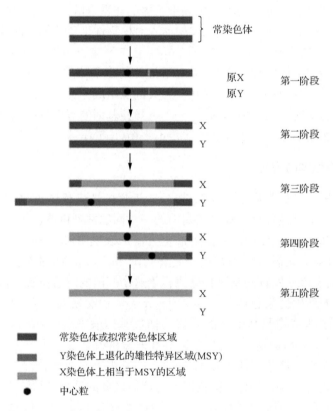

图5-8　植物性染色体进化的5个阶段假说(Ming et al.,2007a)

第一阶段,在原X和Y染色体(proto-X and Y)上的性别决定基因座及其邻近区域重组抑制导致Y染色体发生适度的退化,YY基因型个体可成活。第二阶段,重组抑制持续扩散,同时进化了一个小区域的Y染色体上的雄性特异区(MSY),此时,YY基因型个体不可成活。第三阶段,转座元件插入以及染色体间的重排不断累积,致使MSY大小增大及其基因含量的退化,因此X和Y染色体成了异型染色体。第四阶段,Y染色体的严重退化导致其中大多数基因损失功能,无功能的DNA序列的删除造成Y染色体体积缩小。第五阶段,重组抑制扩展到整个Y染色体。Y染色体消失,而X染色体与常染色体比例(X:O)的性别决定体系进化完成

第一阶段：一条染色体上发生雄性不育或雌性不育突变,同时在这一个突变的基因座上及其周围最邻近区域的重组被抑制,这些区域可启动退化过程;但 YY 基因型植株可成活。芦笋是处于这一进化阶段的例子。它的 Y 染色体与 X 染色体同型,Y 染色体退化程度低。

第二阶段：重组抑制进一步扩展到另外的连锁区域(该区域引起一小段染色体区域的退化)并在所形成的原 Y 染色体上产生一个雄性特异性区域。即使在性细胞学水平上这一条原 Y 染色体依然呈现同型染色体,但其基因量的损失已达到足于导致 YY 基因型致死的程度,番木瓜性染色体就是这一进化阶段的例证。形态学和分子生物学研究结果揭示番木瓜具有稍不同的两个 Y 染色体,即雄性的 Y 染色体和两性花植株的 Yh 染色体(Liu et al.,2004)。这两个 Y 染色体的任何组合都是致死的,这已为两性花与雄花的自交授粉以及两性花与雄花的杂交实验结果所证实(Hofmeyr,1938;Storey,1938)。

第三阶段：在雄性特异区域内转座原件和重复序列的累积导致 Y 染色体上 DNA 含量大为增加。所形成的非重组区域扩展到 Y 染色体的主要区域,从而引起进一步的退化,在进化的这一个阶段,X 和 Y 染色体是异型染色体,在物理上 Y 染色体比 X 染色体大。白麦瓶草的性染色体就属于这一阶段,Y 染色体比 X 染色体大约 1.4 倍。

第四阶段：Y 染色体严重的退化引起其中大多数基因功能丧失,从而使 Y 染色体非功能区域序列被删除,也引起 Y 染色体的体积收缩。此阶段染色体体积收缩的现象在有些性染色体体系中可能不发生,但可持续地扩张及退化直至到第五阶段,此时 Y 染色体消失。在染色体体积扩张和退化发生的情况下,有一小部分染色体发生重组以保持 X 和 Y 染色体的配对。在植物中尚未发现此阶段性染色体的代表,但在哺乳动物中已有极好的例证。

第五阶段：重组抑制扩展到整个 Y 染色体,染色体的体积进一步缩小,完全失去可重组的拟常染色区(PAR)。Y 染色体完全消失,性别决定机制由 X 染色体与常染色体的比例(X∶O)取代,一个新型的 Y 染色体就此完成了进化,但它不再对性别决定起作用。酸模、日本蛇麻草、果蝇和线虫的染色体就是该阶段的例证。

性染色体和母系遗传的细胞器基因组的进化是两个不同的过程,在进化上它们的关系和动物与植物的关系一样,可以用于比较。植物性染色体多数处于进化的早期阶段(酸模和日本蛇麻草是例外);尽管这两种植物的性染色体进化比已进化 3 亿年的哺乳动物性染色体晚(被子植物进化年代为 1.58 亿~1.79 亿年),但它们看来应该是处于进化的第五阶段,因为这两个物种的 Y 染色体并未含性决定基因。这意味着 Y 染色体的退化速率因物种而异。

5.3　被子植物的性别决定机制

如上所述,尽管被子植物性别表现有多种类型,但主要可归纳为雌雄异株和雌雄同株,后者包括同株异花、两性花、雌花两性花和雄花两性花同株等性别类型。在约 30 万种有花植物中只有约 1 万种是雌雄异株,只有 8.2% 的双子叶植物和 5.1% 的单子叶植物是雌雄异株的单性植物(Renner and Ricklefs,1995)。与雌雄同株相比,雌雄异株植物的性别表现是在不同的植株上,这无疑给性别决定的研究带来了方便,因此,这些植物就成为性别决定研究的模式植物,如麦瓶草属(也称为蝇子草属)(*Silene*)。该属中有不少是雌花两性花异株(gynodioecious)的物种,如野花蝇子草(*Silene noctiflora*)和 *S. vulgaris*等;也有些是两性花植株,如蝇子草(*S. gallica*)等;有些为雌雄异株的物种,如白麦瓶草和 *S. dioica* 等。非常重要的是它们都有相同的染色体数目($n=12$);这有利于研究者通过比较非雌雄异株物种的常染色体和雌雄异株物种的性染色体之间的基因关联,跟踪性染色体的进化来源。

植物性别决定机制是复杂的,雌雄异株和雌雄同株的性别决定机制有所不同。目前的研究表明,大部分雌雄异株植物的性别决定是受遗传控制的,也有一些受环境因素或植物激素或这两者共同控制的,其中遗传因子起着更重要的作用,所涉及的范围包括常染色体上的单一基因座至异型性染色体,在这些性染色体上含有多种涉及性别决定的基因。有些雌雄异株如大麻(*Cannabis sativa*)、黄瓜、甜瓜(*Cucumis sativus* L.)、玉米和山靛(*Mercurialis annua*),它们的性别决定(雄性不育或雌性不育)受光强、日照长度、温度和矿质营养等环境因子及植物激素[如乙烯、生长素(黄瓜和甜瓜)、赤霉素、茉莉酸(jasmonate,JA)(玉米)、细胞分列素和生长素(山靛)]影响。因此,归纳起来,被子植物至少可存在有三种性别决定体系(sex determination system),即性染色体性别决定体系、表观遗传性别决定体系和基因与植物激素及环境因子相互作用的性别决定体系(Frankel and Galun,1977;Chailakhyan,1979;Kejnovsky and Vyskot,2010)。

5.3.1 性染色体决定性别——雌雄异株植物的性别决定机制

由性染色体决定性别的体系可能是有利于形成雌雄异株的一种自然选择的进化结果。在植物中已经进化了决定性别的两种性染色体体系。一个体系是活性 Y 染色体体系,或称 XY 体系(XY system)(包括 ZW 体系),这个体系与哺乳动物的性别决定相似,雌性有相同的染色体 XX(称同型染色体),雄性有两个完全不同的性染色体 XY 染色体(称异型染色体),如白麦瓶草(*Silene latifolia*)、番木瓜(*Carica papaya*)和芦笋(*Asparagus officianalis*)等就属这一性别决定体系。另一个体系是 X 与 A(常染色体 autosome 的缩写)平衡体系,即 X∶A 的比例决定着性别,这一比例通过常染色体和 X 染色体的计数所得,如酸模和大麻的性别决定(Janousek and Mrackova,2010),这与果蝇和秀丽线虫(*Caenorhabditis elegans*)性别决定体系相似。这两个体系也反映着植物性染色体进化的不同阶段(图 5-8)。值得注意的是,在众多雌雄异株的植物物种中,只有一小部分才进化出性染色体(表 5-2)。

白麦瓶草是植物发现性染色体 XX/ XY 体系的第一个例子。它是多年生草本植物,在世界各地均有生长。它的基因组比较大(雄性植株每 2C 含 5.89pg DNA),这个特点使它在基因组和遗传作图方面的研究带来不少困难,正因为它的染色体比较大,这又给从细胞遗传学角度研究它带来便利。在此,以它为例阐述典型的 XY 体系植物性别决定的机制。

1. 由 XY 型性染色体决定性别——白麦瓶的性别决定机制

　　白麦瓶草的染色体组型是 $2n=24$，其异配性别（XY）为雄性，产生单性雄花；同配性别（XX）为雌性，产生单性雌花。该属的有些品种容易进行种间杂交，因此有可能获得目的杂种，研究它们的性染色体和拟常染色体与其祖先的关系。

　　在系统发育上，麦瓶草属品种可分为两类，每一类都包括雌雄异株的品种（图 5-9），其中一类称为 Elisanthe，对其研究较多，它包括白麦瓶草、*Silene. dioica*、*S. diclinis*、*S. heuffelli* 和 *S. marizii*；另一类称为 Otites，对其研究得较少，它包括黄雪轮（*S. otites*）和 *S. colpophylla*。在 Elisanthe 这个种类中，白麦瓶草和 *S. dioica* 的染色体组型非常相似，都有一个大的 Y 染色体和小的 X 染色体。最近发现，在 *S. diclinis* 的雄株中有两个 Y 染色体，这些染色体是通过祖先 Y 染色体和一个常染色体之间的交互转移而形成的（Howell et al.，2009）。

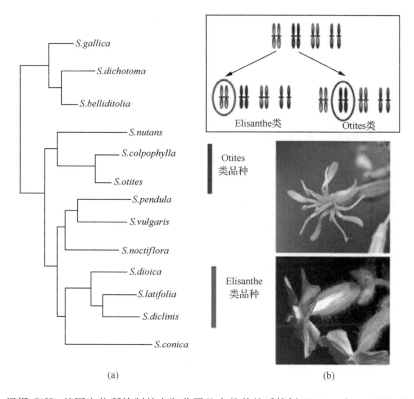

　　　　　　　　　　　（a）　　　　　　　　　　　　　　　　（b）

图 5-9　根据 *SlX*3 基因定位所绘制的麦瓶草属几个品种的系统树（Kejnovsky and Vyskot，2010）
（另见彩图）

（a）麦瓶草属几个品种的系统树。（b）方框图表示在 Otites 和 Elisanthe 种类中，其性染色体各自源于不同的常染色体对；在 Otites 和 Elisanthe 的种类中，其所包含的雌雄异株品种用粗红或粗蓝线标示，同时加相应的照片说明（上：*S. colpophylla*；下：*S. latifolia*）

　　白麦瓶草的性别决定体系是植物典型的 XY 染色体决定体系，这主要基于三个事实：采用植物激素处理不能转化它们的性别；当三个 X 染色体存在时，单个 Y 染色体不能抑制雄性的发育;常染色体的比例不影响 Y 染色体的性别决定因子。因此,它的性别决定如与人类一样的体系,属 XX/XY 体系,其中 Y 染色体带有显性的控制雄性的基因,其性别完全取决于是否有 Y 染色体的存在。但这两个体系实际上还是有很大的差别,人类 Y 染色体连锁的基因启动睾酮合成途径,从而引起雄性性行为并抑制雌性,而在白麦瓶草中至少有三套 Y 染色体连锁的基因(雄性致育性基因、雄性促进基因和雌性抑制基因)以体现雄性的功能(Ming et al.,2007a)。

分离鉴定性连锁基因的最终目的是克隆性别决定基因。分离白麦瓶草中的 *STA1* 基因是克隆性别决定基因的首次尝试,该基因与玉米的雄性别决定基因 *ASSELSEED2* 同源,但最后发现它不起性别决定作用。到目前为止,尚未分离到与性别功能特异相关的基因,被分离基因大多数都是看家基因(housekeeping gene),仅雄生殖器官特异性基因 *MROS1-4* 是在雄性生殖器官中特异性表达的基因(Kejnovsky and Vyskot,2010)。这些已分离的性别连锁基因如表 5-4 所示,包括 *MROS1*、*MROS2*、*MROS3* 和 *MROS4*、X-Y 染色体上差显基因 *DD44X*/*DD44Y*(*differential displyay 44* 缩写,*DD44Y* 是在 Y 染色体上的 *DD44* 基因,而 *DD44X* 是在 X 染色体上 *DD44* 的基因拷贝)、白麦瓶草 Y/X 染色体基因 *SlY1*/*SlX1*(*Silene lafifolia Y* 或 *X-gene1* 的缩写,其中,*Sl* 代表白麦瓶草,下同)、*SlX3*/*SlY3*、*SlX4*/*SlY4*、*SlX6a*/*SIY6a*、*SlX6b*/*SIY6b*、*SlCypX*/*SICypY* 和 *SlX7*/*SIY7*。*SlCypX*/*SICypY* 和 *SlX6*/*SlY6* 是通过内含子大小差异(intron size variant,ISVS)分析克隆的基因;而 *SlX7*/*SlY7* 是以单核苷酸多态性分析(single nucleotide polymorphism,SNP)克隆的基因;*SlCypX*/*SICypY* 的 ORF 所含的 623 个氨基酸与拟南芥中 *Cyp2*(peptidyl-prolyl *cis-trans* isomerase locus)的氨基酸有 80% 的同源性,将它与 Y 染色体连锁的序列命名为 *SlCypY*,而与 X 染色体连锁的相应序列命名为 *SlCypX*。*SLssX*/*SLssY* 与其他植物物中的亚精胺合成酶(spermidine synthase gene)基因同源,这两个基因的同义差异度(synonymous divergence)为 4.7%,非同义差异度(nonsynonymous divergence)为 1.4%,该基因是采用 3 个白麦瓶草的雄株及其 4 个雌株和 1 个 *S. dioica* 雌株之间杂交所得 5 个杂种雄花芽的随机 cDNA 克隆进行分离分析(segregation analyse)所克隆的;已分离的基因还有 MADS-box 基因,如 *SlAP3A*、*SlAP3Y*、*SlSEP1*、*SlSEP3* 和 *SlMF1*。属于白麦瓶草 AP3 类(*SlAP3*)基因的 *SlAP3A* 在花瓣中表达,而 *SlAP3Y* 则在雄蕊中表达,*SlMF1* 在花芽中表达。

上述大部分基因都位于性染色体中,而仅 *MROS1*、*MROS2*、*MROS4*、*SlSEP1* 和 *SlSEP3* 位于常染色体中。其中有些基因,如 *MROS3*、*SlX1*/*SlY1* 和 *SlMF1* 在常染色体中出现额外的拷贝,有些基因是来源于原先位于性染色体的祖先常染色体中,而有些基因是从其他的常染色体转移到性染色体中。基因 *SlX6a*/*SIY6a* 和 *SlX6b*/*SIY6b* 或 *DD44X*/*DD44Y* 可作为性染色体的共生同源物(paralog)的例证。通过缺失突变已经将相关的基因定位,*DD44Y* 和 *SlssY* 与 Y 染色体雌蕊抑制区域密切相关,*SlY1*、*SlY3* 和 *SlY4* 与雄蕊后期发育区域密切相关(Kejnovsky and Vyskot,2010)。

在分离花器官的形态建成和花轮边界(whorl boundary)的相关基因时,已从白麦瓶草鉴定了与拟南芥同源的基因 *STM*(*SHOOTMERISTEMLESS*)、*CUC1* 和 *CUC12*(CUP SHAPED COTYLEDON *1-2*)。组织学研究结果揭示,白麦瓶草雄花中的雌蕊受抑制与雄花分生组织的中心部位细胞分裂减少有关,其与拟南芥 STM、CUC1 和 CUC2 基因同源的序列也在抑制雄花中雌蕊的发育中发挥作用;引起雄花分生组织中心部位分生活性减少的原因是该部位缺少 STM 同源基因、CUC1 和 CUC2 同源基因的转录物。原位杂交分析进一步表明,这些基因在雄花芽中的表达是特异性的表达,并在雄性性别结构未形成之前就能检测出它们的表达。这说明,这些基因极有可能是白麦瓶草性别决定的候选基因(Zluvova et al. ,2008)。另一个重要的性别决定候选基因也是与拟南芥 SUP (SUPERMAN)同源的 SlSUP 基因(其中 Sl 是 Silene latifoliade 的缩写),它在雌花中特异性表达,将该基因导入拟南芥突变体 sup 中,可以补偿该突变体的雄蕊过度发育及其不育性。因此,SlSUP 是雌花特异性基因,对白麦瓶草的雌性发育途径起着正向调节作用(Kazama et al. ,2009)。可以预见随着对性别决定基因研究的深入,一些重要的蛋白质和小 RNA 以及表观遗传调节作用的分子将会成为性别决定的关键候选基因。

尽管白麦瓶草性别决定机制的研究已证明是基于 Y 染色体的活性,并有稳定的性别表型,但在一定情况下,它的性别决定机制也会发生改变。一个明显的例子是在白麦瓶草中易发生显性常染色体突变,导致雄性植株转变成雄花两性花植株(androhermaphrodite),导致这种性别决定的转变也可以通过 DNA 过甲基化(DNA hypomethylating)或组蛋白 H4 的过乙酰化的药物加丁诱导;导致这种转变的机制被认为是由于基因组的过甲基化而引起与 Y 染色体连锁的雌蕊抑制因子的过甲基化所致(见本章 5.3.4)。

2. 性染色体决定性别的其他类型——酸模和番木瓜的性别决定机制

如前文所述,植物中已经进化了两种性染色体性别决定体系,其一是活性 Y 染色体系,或称 XY 体系(包括 ZW 体系),这个体系我们已白麦瓶草为例做了介绍,此外,还有许多植物属于这一性别决定体系(表 5-2)。这里选择酸模和番木瓜为例说明性染色体性别决定体系的其他类型。

1) X 与 A(常染色体)比例决定性别——酸模的性别决定机制

酸模属的生殖体系非常多样,有两性花植株、杂性植株(polygamy)、雌花两性花异株、雌雄同株和雌雄异株(Navajas-Pérez et al. ,2005)。在雌雄异株的品种中,已报道了两个不同的性染色体体系及其性别决定机制:①以小酸模(Rumex acetosella)为代表的 XX/XY 体系(XX/XY system),其性别由一个活性 Y 染色体决定;②以酸模为代表的 XX/XY1Y2 体系,其性别决定由 X 染色体与常染色体的比例来决定(X/A 的比例)。属于 Acetosa 的 10 个种都是以 X/A 的比例决定性别(Kihara and Ono,1925;Janousek and Mrackova,2010)。

酸模是雌雄异株植物,有明显的性染色体,其雌株有两个 X 染色体($2n=12+XX$),而雄株($2n=12+XY_1Y_2$)带有一个 X 染色体和两个 Y 染色体(Y_1 和 Y_2)。它的性别是由 X 染色体和常染色体(A)的数目决定的。如果 X:A 为 1(XX:AA)或超过 1 时,植株显雌性,如果 X:A 是 0.5(XYY:AA)时植株显雄性,如果这一比例为 0.5~1.0(三倍体中出现 XXYY:AAA 的比例)将形成两性花植株。主要的性别决定基因位于 X 染色体上,雄蕊的发育并不取决于 Y 染色体,但花粉粒的可育性形成需要 Y 染色体(Ainsworth et al. ,1999),在 Y 染色体上所带的与花粉粒育性相关的基因在雄性减数分裂时对性染色体的分布起重要作用。但这些基因对性别表现不起作用。根据对细胞分裂中期染色体长度的估算,两个染色体约占雄株基因组的 26.44%(Wilby,1987)。

对酸模染色体组型的研究发现,所有的常染色体都是近端着丝粒染色体,其大小与臂的比例非常相似(6 号染色体极小,是一个例外)。X 染色体比较容易识别,因为它比 1 号染色体大约 50%,而 Y 染色体是第二大染色体。在分裂间期,Y_1 和 Y_2 染色体的长度分别只有 X 染色体的 83% 和 74%(Wilby and Parker,1988)。酸模的 Y 染色体序列占整个基因组的 17%,并含几类重复序列,其中最显著的是 RAYSI(*Rumex aceto*sa Y specific 1)(Shibata et al.,1999)。另有一个特别的品种——戟叶酸模(*Rumex hastatulus*),它的染色体有两个族('races',冠以美国地名),即 Texas 族为 XX/XY、North Carolina 族为 XX/X Y1Y2。尽管 Y 染色体是这些品种雄性育性所必需的,但其性别决定是由 X/A 的比例所控制(Smith,1963)。

酸模两个 Y 染色体中重复序列的相似性表明,这两个 Y 染色体都可能出自同一祖 Y 染色体,这个祖 Y 染色体经过中心体的分裂产生一对具有中间着丝粒的染色体,并有相同的染色体臂(等臂染色体),随即这两个等臂染色体经历删除修饰(Rejón et al.,1994)。系统发育的研究表明,所有酸模属(*Rumex*)品种的雌雄异株都是从同一个两性花祖先进化而成的(Navajas-Pérez et al.,2005)。由此可知,它们的性别决定机制由 XX/XY(活性 Y)体系转变成 X/A 比例体系,这是在该属植物进化时就存在的。酸模的这一性别决定体系与果蝇的非常相似,在这个体系中,原初的性别决定信号(sex determination signal)由 X-连锁的基因与常染色体基因的比例所提供的(Pomiankowski et al.,2004)。显然,有关植物染色体 X:A 性别决定体系的分子机制有待进一步揭开。

2)番木瓜的性别决定机制

番木瓜具有较小的基因组(372Mb,二倍体,有 9 对染色体)和具有在进化上非常年轻的性染色体,因此成为研究性别决定和性染色体的好材料(Liu et al.,2004;Yu et al.,2008)。一种抗病的转基因番木瓜('SunUp' papaya)的基因组草图也已完成(Ming et al.,2008)。

番木瓜属于番木瓜科(Caricaceae)植物,该科仅含 35 个种,包括 32 个雌雄异株的品种,2 个雌花雄花两性花异株的品种和 1 个雌雄同株的品种,在该科植物中,番木瓜属(Carica)中只有一个番木瓜(*Carica papaya*)种。这种植物在亚热带地区被广泛种植,全年都可开花,是一种生长快的半木本果树,其果实含有丰富的维生素 A 和维生素 C。番木瓜有三个基本的性别类型:雌株、雄株和两性花植株。两性花植株可结梨型果实(图 5-10)。

番木瓜幼苗时期不具有性别特征,没有特定的生殖细胞,只有经过一定时期的分化和发育后性器官才能形成,此时在形态上方能区分植株的性别。从雌株和两性花植株的果实中可获得种子,但从种子中只产生两性花植株和雌株后代。对于番木瓜的性别遗传控制机制数十年来争论不休,这是因为在细胞学上难以找到异型性染色体(heteromorphism,XY)的证据。番木瓜的三种性别类型均可在环境因子作用下导致性别转变,使其性别决定体系显得非常复杂。Hofmeyr 和 Storey 分别根据三个性别类型杂交后代分离的比例对番木瓜的性别决定提出了一个假说,认为性别决定由单一基因与其三等位基因(M、M^h 和 m)控制。雄性个体(Mm)和两性花植株个体($M^h m$)是杂合子,而雌性个体

图 5-10　番木瓜的花与果（Ming et al.，2007b）
（a）雌花；（b）两性花；（c）雄花；（d）雌株上的果实；（e）两性花植株上的果实；（f）雄株

（mm）是纯合子为隐性。MM、M^hM^h 和 MM^h 的显性组合基因型都是致死的。因此，从两性花植株自花授粉的后代中产生两性花植株与雌株的分离比例为 2：1，而从雌株杂交授粉的后代中产生雄株与雌株或两性花植株与雌株的分离比例为 1：1（Hofmeyr，1938；Storey，1938）。此后，Storey 根据长花梗只与雄性花相连而不与雌性或两性花相连，致死因子只与雄性和两性纯合显性基因型有关，修正了先前的假说，认为性别决定并非单个基因控制，而是受聚集在性染色体上狭窄范围内的多个基因所控制，该基因聚集区域的重组被抑制（Storey，1953），并认为位于性染色体的性别决定片段上的基因包括 Mp〔（long peduncles of male flower）是控制长果柄的基因〕、I〔是合子致死因子（zygotic lethal factor）〕、sa〔（suppressor of the androecium）是雄蕊抑制因子〕、sg〔（suppressor of the gynoecium）是雌蕊抑制因子〕和 C（是假定的抑制性染色体区域重组的因子）。根据他修改后的假说模式，番木瓜雄性的基因型＝$Mp\ l\ C＋sg/＋＋＋sa＋$；两性花植株的基因型＝$＋lC＋sg/＋＋＋＋sa＋$；雌株的基因型＝$＋＋＋sa＋/＋＋＋sa＋$。此外尚有三个假说用于解释番木瓜性别决定的遗传基础，即性染色体与常染色体比例平衡假说（Hofmeyr，1967）（这个假说已被目前的有关研究结果所否定）、经典的 XY 性染色体决定假说（Horovitz and Jiménez，1967）和花发育途径调节元件假说（Sondur et al.，1996；Ming et al.，2007a；2007b）。

由于基因组学及其相关学科理论研究和实验技术的发展,最近在番木瓜性别决定的分子遗传学方面做了大量的工作,使我们对番木瓜性别决定的分子机制有了更深入的认识。

在番木瓜苗期确定性别是出于果实生产的需要,在这方面可发挥作用的是与性别连锁的 DNA 标记,已发现一个微卫星(GATA)4 (Parasnis et al.,1999)、RAPD 雄性特异性片段和 4 个 SCAR(sequence-characterized amplified region)标记可成功地用于苗期的性别鉴定(Parasnis et al.,2000;Urasaki et al.,2002;Deputy et al.,2002)。

在性别连锁图谱方面,Hofmeyr 等以三个形态学标记、性别类型、花的颜色及茎的颜色构建了番木瓜第一个连锁遗传图,Urasaki 等以雄性和两性花植株的 RAPD 标记构建了第二个性别决定基因座连锁图谱,该图谱包括 62 个 RAPD 标记和位于第一连锁群的一个性别决定基因座($Sex1$)。从这两个早期的连锁遗传图谱显示,带性别决定基因座的染色体似乎可正常重组,但由于这两个是低密度的图谱,无法证实在性别决定基因座上是否发生了重组抑制(Ming et al.,2007b)。

为了克隆性别决定基因,Ma 等(2004)利用番木瓜夏威夷品种('Kapoho'×'Sun-Up')杂交的 F2 代为材料,以 1489 个 AFLP(amplified fragment length polymorphism)标记、番木瓜环斑病毒外壳蛋白标记、形态性别类型及果肉颜色标记构建了番木瓜基因组高密度分子连锁遗传图谱(Ma et al.,2004)。结果发现性别决定基因座位于连锁群 1 上,该连锁群包括 342 个标记,其总遗传距离长度为 289.7cM,连锁群 1 是番木瓜基因组上的最大连锁群之一。由此,与性别共分离(cosegregated with sex)的总共有 225 个标记可显著地在基因组上被作图定位,这一被定位的分子标记数占连锁群 1 上标记总数(342)的 66%,占已在基因组上作图定位的所有标记的 15%。这个连锁遗传图谱已清楚地显示在性别决定基因座及其附近区域发生了严重的重组抑制。而在这个连锁群上剩余的 117 个 AFLP 标记区域,其 DNA 重组可照常进行。这些图谱数据也揭示了在紧靠性别决定基因座周围的基因组 DNA 有非常高的多样性水平。

上述两个连锁图的数据表明,在含有性别决定基因的染色体上可进行正常的 DNA 重组。由于有可用的 SCAR 分子标记,对性别决定基因座区域也进行了精细遗传图谱的研究,该图谱是使用来自三个 F2 代和一个 F3 代的 2190 棵雌株和两性花植株(共 4380 个染色体)、2 个 SCAR 标记(W11 和 T12)、3 个已克隆的性别连锁的 AFLP 标记(cpsm10、cpsm31 和 cpsm54)和 1 个克隆的 BAC 末端(cpbe55)绘制而成的。尽管进行了如此大量的群体筛选,但仍未检测到有重组的存在(重组被抑制)(Liu et al.,2004)。与此同时,通过染色体步查和反复杂交,成功地构建围绕性别决定基因座物理图谱(2.5Mb),它包括 4 个 SCAR、82 个 cpbe 和 24 个 cpsm。尽管该图谱还存在间隙,但至少有 57% 的来自 AFLP 的 cpsm 标记定位到性染色体上的一个小的 2.5Mb 区域,其中非重组区 4~5Mb。此后,对两性花 BAC 文库余下的间隙继续进行染色体步查,得到还存在 4 个间隙非重组区,约 6Mb(Ming and Moore,2007)。

上述遗传图谱、物理图谱和 DNA 序列分析数据清楚地表明,性别决定区域是一个原初性染色体(incipient sex chromosome),其非重组区域的特点也与经典进化观点吻合,因为经典进化观点认为,性染色体进化的早期阶段(包括性别决定基因座周围区域的重组抑制)导致了 Y 染色体的逐渐退化,从而引起新的异型性染色体形成(Charlesworth and Charlesworth,2000;2005)。

番木瓜的性别决定是由一对最近进化的性染色体控制,Y 染色体已退化到足以防止纯合子 YY 基因型成活,并强化雄株和两性花植株杂合子的基因型。如前文所述,在番木瓜中有两个稍有不同的 Y 染色体,带雄性特异区域(MSY)的染色体称为 Y 染色体,而在两性花植株的 Y 染色体称为 Y_h,最少有两个基因分化与这两个 Y 染色体相关。一个是控制雄株长花梗的基因,另一个是控制雄花心皮败育的雄性化基因(masculinizing gene)。由于 Y_hY_h 基因型在授粉后的 25~50 天胚胎败育,因此,一个对胚胎早期发育重要的调节基因必定已存在于这两个不同的 Y 染色体上,而且它们已发生了退化。Y 染色体的任何组合的基因型(YY、Y_hY 和 Y_hY_h)中都导致胚败育。因此,Ming 等(2007a;2007b)提出有两个基因参与番木瓜的性别决定的观点,一个是在雌花中抑制雄蕊或引起雄蕊败育的雌性化基因;另一个是在雄花中引起心皮败育的雄性化基因。雌性性别决定基因可能是 B 类基因(AP3 和 PI)(一类控制花器官发育的同源异型基因,见第 7 章)的上游调节因子,因为在雌花中未发现任何雄蕊发育的痕迹,这暗示,雄蕊的败育是在雄蕊原基发育之初就发生了。雄性的性别决定基因可能是一个下游的调节因子,导致发育后期的心皮败育,因为败育的雌蕊是雄花结构的一个显著特点,同时,在生长环境适宜的条件下,可见有少数雄花的心皮不发生败育而结果的现象。根据目前累积的有关遗传和分子生物学的实验数据,就比较好地解释及评判早期那些有关番木瓜性别决定机制的各种假说。Y 染色体中的 MSY 可能起着一个单独遗传单位的作用,因为其中没有重组,如果把它看做是一个有三个等位基因的基因,那么上述由 Hofmeyr(1938)和 Storey(1938)提出的假说[认为是单一基因与其三个等位基因(M、M^h 和 m)控制番木瓜的性别的解释]就比较符合实际了。当然,大小为 7Mb 的雄性特异区域(MSY)是一个非常大基因座,不可能只是一个基因。目前已从中克隆出 7 个功能基因,还有一些基因有待克隆,上述的两个基因也有可能是含有三个基因座的两类基因。因此,有说服力的有关番木瓜性别控制的假说是由 Storey 提出的假说,因为该假说认为有一组性连锁的基因被局限于一个小区域(Storey,1953),现在可以把这一个小区域看成是原生 Y 染色体的 MSY;而那个控制长果柄的基因 Mp 应该存在,并在性染色体中;致死因子 l 可能是位于 Y 和 Y_h 中的调节基因,并对胚胎早期发育起着重要作用,该基因可能已退化成不具有功能的基因。因此,Y 染色体的任何组合的基因型(YY、Y_hY 和 Y_hY_h)都同样导致胚胎致死。根据 Ming 等(2007a;2007b)最近的检测,重组抑制因子 C 可能不是一个基因,而更可能是位于染色体或染色体插入序列的一种产物;雄蕊抑制因子 sa 和雌蕊抑制因子 sg 可能是存在于 Y 和 Y_h 或只存在于其中之一的两个已发生退化的性别决定基因。

综上所述,目前的研究结果表明,番木瓜性别决定区域周围存在严重的重组抑制;番木瓜性别决定是由一对原生性染色体(primitive sex chromosome)与 Y 染色体中的雄性特异区域(MSY)一起调控的。Ming 等(2007a;2007b)根据他们的研究结果最近提出,由两类基因控制番木瓜的性别决定:一类基因是雌性化或雄蕊抑制基因,它在开花之前或开花开始时可引起雄蕊败育;另一类基因是雄性化或心皮发育抑制基因,它在花发育的后期引起心皮败育。但这种番木瓜性别决定途径设想,只有在有关的基因被分离并对其功能鉴定后才能得到证实。

5.3.2　植物激素(GAs 和茉莉酸)与基因调控性别(Ⅰ)——玉米的性别决定机制

玉米是了解单子叶植物遗传的经典材料,也是性别决定基因研究的模式植物。对影响玉米性别决定的突变体研究已近一个世纪(Neuffer et al.，1997),现有资料表明,其性别决定受控于基因与植物激素,如茉莉酸(jasmonate，JA)和赤霉素(gibberellin，GA)的相互作用。

1. 玉米的性别表现

玉米是雌雄同株的植物,玉米的花称为小花(floret),根据它们所处的位置体现出有不同的性别属性。玉米有两类花序:雄穗(tassel)和雌穗(ear)。正常的玉米雄穗位于茎端,包含许多雄小花;而雌穗位于叶腋,着生着雌小花(图 5-11、图 5-12)。雌穗(雌花序)分化程度随叶位的降低,分化随之推迟。玉米雌穗中的每个小穗(spikelet)都发育有两种小花,即第一(上位)小花和第二(下位)小花(图 5-12)。玉米的雄穗(雄花序)和雌穗在发育的早期均是雌雄同花,花序的性别决定是通过在未完全成熟的雄穗中的雌蕊原基或雌穗中的雄蕊原基选择性败育的结果[图 5-12(d)、图 5-17(b)],其中雌或雄单个性别选择是由性别决定基因、植物激素和环境因素相互作用的结果。随着成花的转换,营养性的分

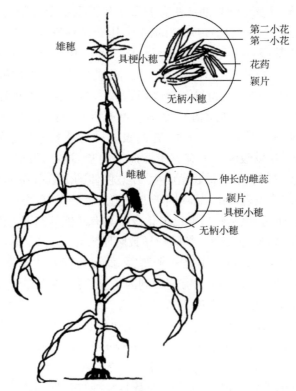

图 5-11　玉米植株及其雌穗、雄穗花序、一对小穗所带的雄蕊和雌蕊图示

(Dellaporta and Calderon-Urrea，1994)

生组织转换成花序分生组织(inflorescence meristem,IM),并由此分化出雄穗原基和雌穗原基进而发育成雄穗花序和雌穗花序。

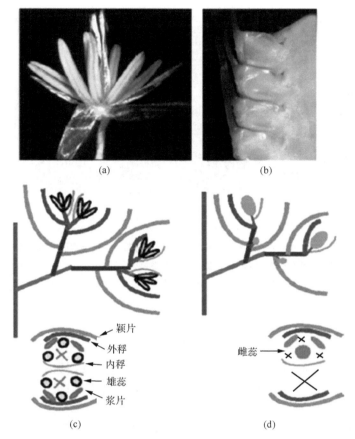

图 5-12　玉米雌穗中的雌花和雄穗中的雄花(Bortiri and Hake,2007)(另见彩图)

(a) 一对雄花包括一个外稃(lemma)(紫色线条所示)和内稃(palea)(绿色线条所示)、三个雄蕊(黄色),另有两个浆片(lodicule)未画出;(b) 一列雌花及其穗丝(silk);(c)、(d) 一对雄花花器官[(c)]和雌花小穗及其位置排列模式图[(d)]

在细胞学水平上,雌穗和雄穗的区别在于雄穗中有侧分(分枝)生组织(branch meristem,BM),可形成分枝,而在雌穗中则无。花序分生组织以有序方式启动一系列侧分生组织,首先,以螺旋叶序方式启动小穗对分生组织(spikelet pair meristem,SPM)发育,然后每一 SPM 又以二列叶序(distichous phyllotaxy)方式启动一对小穗分生组织(spikelet meristem,SM)的发育。SM 所形成的结构即被称为小穗(spikelet),它是高度密集的花分枝体系;这也是所有禾本科植物花的基本花单元(图 5-12、图 5-13)。每一个 SM 在启动两片颖片发育后,随之是内外稃的发育,每个 SM 的轴上含有一个花分生组织(floral meristem,FM)[图 5-13(c)]。FM 可形成几种不同的侧生器官,包括苞片叶(bract leaf)(内稃)、一对浆片、三个雄蕊和最终中央融合的心皮(也统称为穗丝)[图 5-13(c)、(d)]。在雌穗中,下位花败育形成单个花状小穗[图 5-12(d)、图 5-13(d)],而雄穗的上、下位小花均发育[图 5-12(c)]。在性别决定程序启动之前,雌、雄穗中的小花发育几乎是相同的。在花序中有序排列的一列侧生原基可使其发育时间得以准确进行[图 5-13(b)]。位于花序顶端的是最年轻的原基,随着它们生长,离顶端距离较远的原基也逐渐变老。玉米 FM 的这种立体发育特点使它成为研究性别决定的一种代表性模式植物。

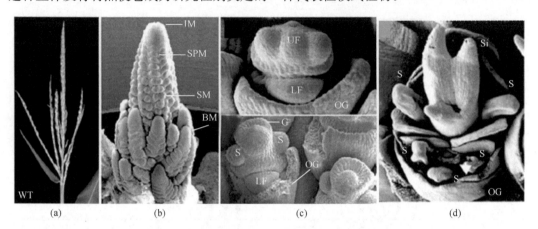

图 5-13 玉米小花的发育(改自 Chuck,2010)

(a) 野生型的雄穗;(b)~(d) 野生型玉米扫描电镜图;(b) 发育出侧生分生组织的雄穗(c);(上图)已发育出上位(UF)和下位(LF)小花分生组织(FM)的雄穗小穗,上位小花发育更早,并开始启动花器官发育;(c)(下图)上位小花进一步发育出花器官的雌穗;(d) 比较老的雌穗的小穗已发育其上位和下位小花器官;穗丝(Si)是从已融合的心皮中形成;下位花的雌蕊(箭头所示)已经历了细胞死亡。IM:花序分生组织;SPM:小穗对分生组织;SM:小穗分生组织;BM:分枝分生组织;G:雌蕊;S:雄蕊;OG:外颖片

玉米的性别决定可通过雄蕊和心皮原基的显著形态和细胞学差异加以识别。在雄穗中,早期融合的心皮(雌蕊)在发育启动后不久就开始开裂,其中雌蕊起始细胞(initial cell)(干细胞)是高度液泡化的细胞,据此可以比较容易地识别;最后这些细胞被解离而引起雌蕊的败育(Cheng et al.,1983)。通过 4′,6-二脒基-2-苯基吲哚二羟基氯(4′,6-diamidine-2-phenylindole dihydrochloride,DAPI)对细胞染色可分析细胞中 DNA 的完整性。DAPI 染色的结果表明,细胞核的片段化发生在雄穗中立体分布的雌蕊细胞亚表皮细胞上,这就证实这种组织特异性的细胞死亡是一种发育程序性的死亡(developmentally programmed process)(Calderon-Urrea and Dellaporta,1999)。在与玉米有远缘关系的须芒草(*Andropogoneae* grass tribe)中,这种雄穗中的雌蕊特异性细胞核降解模式也是保守性的(Le Roux and Kellogg,1999)。这说明,这种细胞死亡方式是包括玉米在内的禾科植物的固有特性。在雌穗中,上位小花的雄蕊起始细胞败育,下位小花雄蕊和雌蕊的起始细胞都败育。

在雌穗中最早出现的性别决定信号是雄蕊原基中缺少细胞周期蛋白 B 基因(*CYCLIN B*)的表达(Kim et al.,2007),该基因是细胞周期由 G 期进入 M 期所要求的基因。同时还发现,这些败育的雄蕊可特异性高水平地表达 *WEE1* 基因,该基因负责编码一种 Thr/Tyr 蛋白激酶,也是有丝分裂的一个负调节基因。它的表达是否是对败育雄蕊中缺少 *CYCLIN B* 基因表达的一种反应? 对此目前尚不清楚。值得注意的是,与雄穗的雌蕊败育机制相反,雌穗的雄蕊细胞败育似乎并没有发生 DNA 片段化的迹象。

综上所述,玉米雌小花特化之初,雄蕊败育的步骤之一是细胞周期被中断了,但尚不清楚这是性别决定的原因还是结果。在雌小花被特化后,与雄蕊或心皮生长无关的第二性征将在雄穗和雌穗花序中进一步分化。这可以从颖片的发育反映出来,在雄穗花序中颖片变绿和变大,而在雌穗中则变小和变白。此外,在雌穗中花序茎变厚变宽,雄穗花序的茎则仍比较细(Chuck,2010)。

2. 矮化突变体、赤霉素生物合成与雌性化基因

目前已经鉴定了不少与雄蕊或雌蕊选择性败育并参与性别决定有关的突变体(包括相关的单、双突变体)(图 5-14、图 5-15),从这些突变体的表型分析,是它们雌花中的雄蕊败育或雌蕊的发育过程受到干扰。根据这些突变体对性别表现的干扰可分为雌性化基因或雄性化基因突变体。在玉米中已鉴定了两类矮化突变体,一类包括突变体 d1、d2、d3 和 d5(dwarf1,2,3,5)及突变体 ear1(an1),它们已被证实与赤霉素(gibberellin,GA)生物合成途径缺陷有关,称为 GA 反应非等位基因矮化突变体[gibberellin (GA)-responding nonallelic dwarf],另一类包括 D8(Dwarf-8)和 D9(D9 为 D8 的等位基因),称为显性非赤霉素反应突变体(dominant non-gibberellin-responding dwarf mutant),它们具有正常水平的 GA1,因此,外源 GA 不能挽救其突变(Fujioka et al.,1988)。这两类突变体除矮化外,都呈现雄性雌雄同株的表型,因此称为雄性雌雄同株矮化突变体(andromonoecious dwarf)。

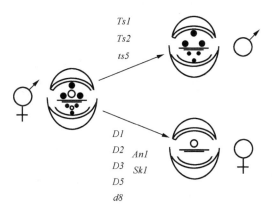

图 5-14　玉米的小花从双性别转变为单性别所要求的基因(Dellaporta and Calderon-Urrea,1994)
图中是玉米一个小穗花的花式图。○表示开始发育的雄蕊;●表示开始发育雌蕊;━表示内稃;⌒表示外稃;⌣ 表示颖片,浆片未绘出。小穗花所含的两个双性别的花分生组织(图左),根据图中所标出基因的作用可转变为一个雄穗小穗所带两朵雄花(图右上所示),也可以转变为一个雌穗小穗所带的单生雌花(图右下所示)。其中 Ts1 和 Ts2(Tassel seed1、Tassel seed2)是显性突变体,ts5 是 Ts5 的隐性突变体;D(Dwarf)1、2、3 和 5,An 1(Anther ear1)、Sk1(Silkless1)是显性突变体,d8 是显性 D8 基因的隐性突变体,这些基因都是促进雄蕊败育和雌性化的基因

与野生型相比,突变体 d1、d2、d3、d5 和 D8 及突变体 ear1(an1)的性别在一定的程度上被雄性化,即在雌穗中的第一小花都是完全花(两性花),而在雄穗和雌穗的第二小花都是雄花。这些突变体的雌穗上产生雄蕊是由于在第一和第二小花中正常的雄蕊败育失效所致,但雌穗第一小花的雌蕊发育和在第二小花中雌蕊的败育则不受影响(Dellaporta and Calderon-Urrea,1994)。在 d1、d2、d3 和 d5 突变体中,其 GA 生物合成途径被阻断,

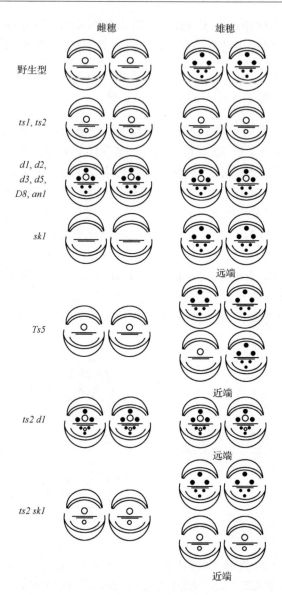

图 5-15　玉米野生型及所示突变体的小穗对中的花示意图(Dellaporta and Calderon-Urrea，1994)

图中所示分别为野生型、单突变体、双突变体的雌穗和雄穗小穗对中着生小花的类型。右图所示是具有花梗的小穗；","号分开的是各基因型；○表示开始发育的雄蕊；●表示开始发育雌蕊；▬表示内稃；◯表示外稃；◠表示颖片，浆片未绘出；远、近端:雄穗的远端和近端

因此，这些突变体内的 GA 水平，特别 GA1 水平比较低。在野生型玉米性别决定之前用 GA 持续处理，可部分使雄穗中雄蕊转变为雌蕊。一些环境因素的变化如短日照和低光照都可增加雄穗中的内源 GA 水平，而用 GA 生物合成抑制剂处理可完全逆转上述雌性化过程。此外，在离体培养花序时，GA 可促进雌花的形成。这些关于遗传和生理研究的结果都表明，GA 对玉米花的雌性化作用(feminization)起着重要的作用(Rood et al.，1980；Chuck，2010)。

　　如上述的一类雌性化的矮化突变体,其体内缺少 GA 的生物合成,这些突变体具有较低水平的 GA,通过喷施 GA 可以挽救这些突变体(anl、$d1$、$d2$、$d3$ 和 $d5$)。已被证明,这些突变体所受的影响分别是在 GA1 生物合成途径的不同步骤上(Phinney,1984)。这些实验结果从遗传的角度上支持了 GA 是雌性化剂(feminizing agent)的结论。其中 $d3$ 基因已被克隆,它编码一种细胞色素酶蛋白(cytochrome P450);anl 基因也已被克隆,它是位于叶绿体中的植物环化酶(cyclase),参与了贝壳杉烯(ent-kaurene)的生物合成,该化合物是赤霉素生物合成早期途径中的一个化合物。因此,内源 GA 的作用是促进雌穗中雄蕊的败育,但抑制雄穗心皮的败育(Chuck,2010)。

　　第二类雄性雌雄同株的矮化突变 $D8$ 具有正常水平的 GA1,因此外源 GA 不能挽救其突变。通过 $D8$ 小植株($miniplant$)等位基因克隆分析表明,该突变是细胞自主性(cell-autonomous)突变;它涉及 GA 信号的感知,而不涉及 GA 的信号扩散(Harberd and Freeling,1989)。$D8$ 基因编码的蛋白质是拟南芥 *GIBBERELLIN INSENSITIVE* 基因的直向同源物,是 GA 响应的负调节因子,属核信号传导分子 *DELLA* 家族的一个成员(Peng et al.,1999)。因此,当玉米的花正常发育时,GA 的生物合成及其信号传导均起雌性化因子的功能(Chuck,2010)。此外,skl($silkless1$)突变体的雌穗中无雌蕊的形成(尽管第二性征,即颖片的形态、花青素的产生和表皮毛状体的模式仍保持着雌性的特征),导致小花不育,但雄穗中小花雄蕊不受影响。这种表型说明 skl 基因产物仅仅是雌蕊发育所要求的蛋白质。双突变体分析表明,skl 可能处于性别决定途径,成为 $ts2$ 基因的靶基因(见 5.3.2 第 4 节)。

　　3. 突变体 ts 与雄性化基因

　　玉米突变体 ts($tassel seed$)与上述矮化突变有着相反的效应,即雄穗中雄性小花中的雌蕊败育失效(图 5-14、图 5-15)。在该突变体的雄穗中形成了有功能的雌花,授粉后可形成有活力的种子。这类突变不但影响玉米花序的分枝也影响其性别决定,这体现了玉米花序分枝和性别决定是处于同一条途径上。根据这类突变体表型特点可分为两个类型。

　　类型 I 包括 $ts1$、$ts2$ 和两个显性突变体 $Ts3$ 及 $Ts5$(Nickerson and Dale,1955),它们的雄穗小花完全转变成了雌性小花。这种花性别的转变也包括第二性特征,如颖片的减少和花序茎的增粗,由于下位小花败育的失效,雌穗中所发育的种粒成了不规则的排列。完全失能的 $ts2$ 可导致雄穗中所有的小花都持续雌性化。遗传嵌合的分析发现,野生型有功能的雄穗扇形区(sector)可在小穗对分生组织中发育出一对小穗分生组织的分枝后,使 $ts2$ 的发育推迟(DeLong et al.,1993)。突变体 $Ts3$ 和 $Ts5$ 的表型与 $ts1$ 和 $ts2$ 的表型相似,不同的是 $Ts3$ 和 $Ts5$ 带可变的外显率(penetrance),所受影响的虽然也是雄花,但雄花变雌花的程度较低。突变体 $Ts3$ 和 $Ts5$ 的表型和分子特征需要进一步研究(Chuck,2010)。

　　类型 II,包括 $ts4$ 和显性突变 $Ts6$。由于它们分枝的独特性及其与 $ts1$ 和 $ts2$ 的遗传关系,被视为新类型突变体。它们雌穗中的雄蕊发育可以如野生型中的那样持续地被抑制,但由于雄性小花中雌蕊败育失效,$ts4$ 的花序上形成了不规则分枝,也延长了其花分生组织的发育时间,因此,小穗分生组织(spikelet meristem)的发育时间及其决定也发生了改变。特别值得注意的是 ts4 突变体的表型特点是其缺失正常的分枝功能,而在花序的远端处出现密集的分枝[图 5-16(b)],这些过度的分枝将以消耗花的发育为代价,导致

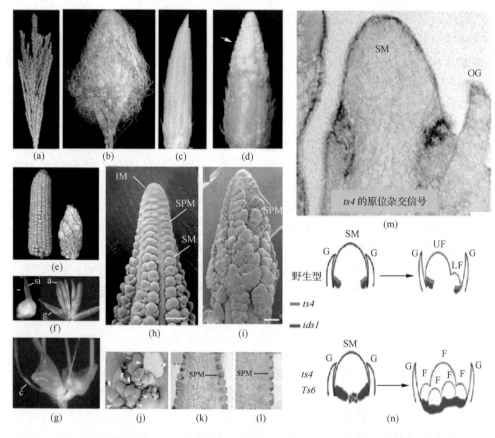

图 5-16　玉米突变体 ts4 表型及其相关基因的表达(改自 Chuck et al.,2007b;Chuck,2010)
(另见彩图)

(a) 野生型的雄穗。(b) 带被雌性化小花的 ts4 突变体的表型,产生了流苏(silks)。(c) 野生型的雌蕊。(d) ts4 在其雌穗顶部(远端)带额外多的分枝(箭头所示)。(e) 成熟的野生型雌穗(左)和 ts4 的雌穗(右)。(f) 野生型的雌小穗(左)和雄小穗,已开出两朵带花药的小花(右),在雄小穗上其中的一朵小花败育。(g) ts4 其雄小穗不存在雄蕊和珠心组织,代之形成未融合的心皮。(h) 野生型花序电镜扫描图,其中可见花序分生组织(IM)、小穗对分生组织(SPM)和小穗分生组织(SM)。(i) ts4 花序电镜扫描图,其中显示无限生长的分枝,类似小穗对分生组织(SPM)。(j) ts4 电镜扫描图,其中一个小穗的花的启动已出现无序(箭头所示,不再是成对出现)。(k) ra2 (ramosa2)在 ts4 雌穗顶端的原位杂交状态;ra2 基因可作为小穗对分生组织的分子标记(Bortiri et al.,2006)。该基因可在发育中小穗对分生组织中表达,这种表达状态与野生型所见的相似。(l) 在发育较早的雌穗中 ra2 的原位杂交状态。可见 ra2 基因在小穗对分生组织侧旁区域强烈地表达,这说明,该小穗对分生组织已处于决定状态。(m) ts4 microRNA 的前体转录物的原位杂交,这一转录物的表达是在小穗分生组织(SM)的基部成环形的表达。(n) 通过 ts4 microRNA 对 ids1 (indeterminate spikelet1)的负调控而启动小花发育的作用模式,ts4(红色)可限制 ids1(蓝色)的活性,使 ids1 蛋白的水平低于一个限定值,以便仅在两个位置上启动小花的发育。当 ts4 突变体中的 microRNA 消失时或在 ids1 的拮抗 microRNA 翻译产物中(如在 Ts6 中)异位表达的 IDS1 蛋白引起额外小花的形成,但这些小花已不会再对性别决定信号起反应。(f) 小花;LF:下位小花;UF:上位小花;(g) 雌蕊;OG:外颖片;si:包裹着融合心皮的流苏;g:颖片;c:未融合的心皮

花的不育。同时 *ts4* 的雄穗本应败育的雌蕊不发生败育,显雄性的花器官也不发育,导致雄花完全雌性化[图 5-16(g)]。此外,*ts4* 的心皮不融合,雌蕊缺少珠心组织[图 5-16(g)]。扫描电镜观察发现 *ts4* 的小穗对分生组织所产生的小穗分生组织不同于野生型只有一对小穗分生组织,其以无限的发生方式(indeterminate pattern)产生几个小穗分生组织。同时 *ts4* 的小穗分生组织也是以无限生长和随机方式产生多个小花(野生型不产生这些小花),成分枝状(branch-like)[图 5-16(g)]。已知 *ram2*(*ramosa2*)(Bortiri et al., 2006)可以作为小穗对分生组织分子标记,该基因可在 *ts4* 中持续表达,但不在野生型中表达。这也再一次说明 *ts4* 小穗对分生组织已成为无限的分生组织[图 5-16(k),(l)],并随机产生了多种小花[图 5-16(g)]。可见,*ts4* 基因的功能除促进雄花发育外也强化小穗对分生组织和小穗分生组织的决定(determinacy)。*Ts6* 突变体的表型与 *ts4* 的表型非常相似,已雌性化的雄穗花序带非决定的分枝(Nickerson and Dale, 1955)。在花器官发育启动前,*Ts6* 呈现非决定的小穗分生组织的表型,并启动额外小穗对分生组织。通过基因转化使 *knotted1*(从玉米中克隆的分生组织特异性的一个同源异框基因,见第 3 章)在 *Ts6* 小穗对分生组织中过表达,可使小穗分生组织的分化推迟(Jackson et al., 1994)。因此,*Ts6* 是一个异时突变(heterochronic mutant),其小穗分生组织可以不断地产生小花,除雌蕊的败育失效外,这些额外小花都经历了与野生型小花发育相同的过程。*Ts6* 可能具有细胞自主性功能,编码一个不可扩散的蛋白质,因此不可能直接参与激素途径。因为 *Ts6* 是显性突变,其功能是使分生组织处于非决定状态(Chuck, 2010)。

从上述可知,根据 *ts4* 和 *Ts6* 产生独特分枝的表型及其与 *ts1* 和 *ts2* 突变体在遗传上的相互作用(Irish et al., 1994),这些 *ts* 突变体对性别决定的失效(如雌蕊败育的失效)所涉及的途径与矮化突变体不同。*Ts* 是影响分生组织分枝和性别决定的一类突变体,通过对它们的深入研究,可揭示看似毫无联系的分生组织分枝与性别决定过程的相互作用(Chuck, 2010)。

1) *ts1* 和 *ts2* 基因功能与茉莉酸的相互作用

通过染色体步查法克隆了 *ts1* 基因,其分子属性已在 8 个突变等位基因中得到证实。*ts1* 与位于质粒的类型 Ⅱ 13-脂肪加氧酶(13-lipoxygenases)高度同源(Acosta et al., 2009)。洋葱的蛋白荧光捕获实验证实 *ts1* 位于质粒中。已证明这些基因在茉莉酸的生物合成中起作用(Wasternack, 2007)。*ts2* 和 *ts1* 都可广泛地在各种组织中表达。但 *ts1* RNA 并不像 *ts2* RNA 那样特异性地在雌蕊原基中表达,而是在远离小花的小穗基部表达(Acosta et al., 2009)。*ts2* 基因序列分析表明(DeLong et al., 1993),它与一个短链的脱氢酶的基因序列相似,与 *ts2* 功能最相似的是一个要求特异底物的羟基类固醇类脱氢酶(hydroxysteroid dehydrogenase)。这说明 *ts2* 参与了类固醇一类物质(steroid-like molecule)或 GA 类的代谢。*ts2* 基因的产物可以向邻近的细胞扩散。离体活性检测表明,TS2 蛋白是一个四聚体,其 CD 光谱分析说明 TS2 可与核苷酸辅酶(如 NAD 或 NADP)结合。受体-配体筛选的实验表明,TS2 可与几类不同类固醇分子结合,但令人意外的是,TS2 不与脱落酸(ABA)、茉莉酸(JA)和赤霉素结合(Wu et al., 2007)。但用赤霉素处理雄穗,可以模拟 *ts2* 突变体的表型,对此尚难解释。目前已证实 *ts2* 是一个雌蕊细胞的拟细胞死亡因子,而 *ts1* 是累积 *ts2* RNA 所要求的基因(Chuck, 2010)。

对双变体 *ts1 ts2* 的遗传分析发现,它们是在同一途径上起作用的基因。*ts1* 突变体中的茉莉酸水平比野生型植株中的低近 10 倍。使用茉莉酸处理 *ts1* 和 *ts2* 均可挽救它们的表型。目前已证实,*ts1* 参与茉莉酸的生物合成,所产生的茉莉酸酯可从小穗的基部通过许多细胞层直达小花中;*ts2* 的真正底物可能是茉莉酸合成途径的中间体。但在早年对离体体系的底物进行研究时,茉莉酸不能与 *ts2* 结合,目前对此仍未能做出合理的解释,也许因为 *ts2* 识别的是结构不同的茉莉酸中间体而不是茉莉酸本身(Acosta et al.,2009)。此外,茉莉酸是拟南芥花粉发育及其成熟所必需的植物激素(Ishiguro et al.,2001),但在玉米中却起着使雌蕊败育的新功能。这从一个侧面说明茉莉酸生物合成途径在单子叶植物中所起的性别决定功能是比较独特的。茉莉酸究竟在雌穗中起什么作用?为何有些组织可以避免 *ts1* 和 *ts2* 这种细胞死亡的信号流入?这些都是有待进一步研究的问题。

ts1 和 *ts2* 都对雌穗发育起作用,因为这两个突变体的下位小花都未发生败育;但 *ts1* 和 *ts2* 可在不同组织中大范围地表达,缺少组织特异性,如果把茉莉酸作为一种引起小花败育的死亡信号,这个信号组织特异性又是如何获得和如何感受的? 可以预见,分离性别决定信号的受体分子将是下一步研究的关键;同时还需要确定这种分子是否是茉莉酸本身还是其生物合成的中间体(Chuck,2010)。

研究还表明,*ts2* 在 *Tripsacum dactyloides*(禾本科植物摩擦草属的一种植物)中起相似的功能。由于雌蕊败育,*Tripsacum dactyloides* 茎顶端的小穗为雄性,而在基部的小穗为雌性,这些基部小穗的下位小花发生败育,这就与玉米的雌穗非常相似。该植物的突变体 *gsf1*(*gynomonoecious sex form1*)表型特点是苗端小穗的雌蕊败育,但在其基部下位小花的雌蕊则不发生败育,这也与玉米 *ts2* 突变体的表型相同。*Tripsacum dactyloides* 中的 TS2 基因已被克隆,并被作图定位于 GSF1 基因座上(Li et al.,1997),*gsf1* 的表型是 GSF1 基因座内部序列缺失所致。同时还发现玉米和 *Tripsacum dactyloides* 杂交的杂交种(*gsf1/ts2*)不发生突变体表型的补偿。这说明,*Tripsacum dactyloides* 的 *ts2* 直向同源物的功能丧失可能是形成 *gsf1* 突变体表型的主要因素。另外,*gsf1* 的表达模式与 *ts2* 高度相似,同样是在雌蕊原基败育前在其亚表皮层表达。这些结果表明,在禾本科植物中,*ts2* 在进化上都是保守的(Chuck,2010)。此外,对玉米、高粱和水稻的 *ts2* 的转录分析发现,*ts2* 不只简单地在小花原基中有特异的表达,而且在各种组织中(包括根和叶中)均有广泛的表达。也许 *ts2* 不是简单地起性别决定的基因,而在植物发育中,特别是在禾本科这一类群物种的发育中具有多种功能(Malcomber and Kellogg,2006)。对双子叶植物白麦瓶草 *ts2* 同源物功能的研究表明,该基因只在雄花花药的绒毡层中表达,而不在雄花败育的雌蕊中表达(Lebel-Hardenack et al.,1997)。这种表达模式也发现于拟南芥中。由于双子叶植物的绒毡层细胞在花粉形成时要经过一个典型的细胞死亡过程,以便它开裂以释放花粉,因此将 *ts2* 基因家族功能看成是通常控制细胞死亡的基因而不是严格控制性别决定的基因显得更为合理(Chuck,2010)。

2) *ts1*、*ts2* 的功能和细胞分裂素的作用与玉米小花的败育

细胞分裂素也可能参与 *ts1* 和 *ts2* 对小花败育的作用,特别是对下位花的作用。已知在拟南芥中,由衰老诱导的半胱氨酸蛋白酶基因(SAG12)的促进因子可以刺激细胞分裂

素合成的关键酶基因——异戊二烯转移酶基因(*IPT*)的表达。通过该基因的转化可提高转基因植株的细胞分裂素水平,转基因双子叶植物的叶细胞可以延缓衰老。在转 *IPT* 基因的玉米中具有正常发育的雄穗,但雌穗中的下位小花不败育具有正常的功能(在玉米野生型中,这一下位小花败育),并可受精进行胚胎发育(Young et al.,2004)。在这一转基因体系中,细胞分裂素为何可以抑制雌穗下位小花败育(抑制其细胞死亡)? 而不抑制雄穗中的雌蕊败育或雌穗中的雄蕊败育? 对此,一个可能的解释是细胞分裂素可作为下位小花的一种保护信号,使其不接受诱导细胞死亡的信号,如诱导 *sk1* 基因的表达(见5.3.2第4节)。为了验证这一推论,非常有必要研究细胞分裂素与 *sk1* 表达的关系(Chuck,2010)。

3) *ts4*(微小 RNA)的作用与玉米雌蕊的败育

ts4 基因的克隆揭示了性别决定的第二条途径。该途径对性别决定可能有间接的作用。通过染色体步查方法发现 *ts4* 是 *miR172* 基因。在玉米中有 5 个 *miR172* 基因,而 *ts4* 特称为 *zma-MIR172e*,它与其他 4 个 *miR172* 基因不同处在与 microRNA 结合的位点上相差一个碱基。已分离了转座子诱导的 4 个 *ts4* 等位基因,其中的 3 个是在启动子中插入了 *Helitron* 转座子,而另一个是使用转座突变(*mutator* transposon)进行靶向诱变(targeted mutagenesis)所得(Bensen et al.,1995)。这些研究结果都证实 *ts4* 相当于 *miR172* 基因。已知拟南芥的 *miR172* 可在翻译水平上对靶基因 *AP2* 进行负调节(Chuck et al.,2007b)。拟南芥的 *AP2* 基因是花器官属性(identify)的调节基因,突变体 *ap2* 的花瓣缺失并使其最外轮的花萼进行同源转变而成为心皮。在野生型花中,*AP2* 通过对 *WUS*(*WUSCHEL*)的负调控而限制干细胞的形成,并将自己的表达定位于花器官属性基因 *AP3*(*APETALA3*)和 *PI*(*PISTILLATA*)的交界处(Zhao et al.,2007)。在玉米中,miR172 的靶基因是什么基因? 它们在性别决定中起什么作用? 目前尚未明了。同时,在植物界中也尚未报道有关 *miR172* 基因的任何失能表型。因此,对于单子叶植物来说,*ts4* 突变是唯一可提供机会以揭示 miR172 及其类似于 *AP2* 靶基因之间的负调节关系的突变体。

基因表达分析发现,当玉米苗移栽 14 天后,可在其幼苗端部检测到 *zma-MIR172e* 基因(即 *ts4*)的表达,同时在雄穗和雌穗的组织中也可检测它有高水平的表达。以 *ts4* 的前体微小 RNA(pri-microRNA)的转录物为探针的原位杂交实验结果表明,该基因可在小穗分生组织的基部表达,其具体表达的部位是在外颖片靠近即将产生花分生组织的区域内(Chuck et al.,2007b)[图 5-16(l)],这一表达直至该区域启动小穗分生组织和花分生组织的发育为止,此后,在花药和心皮发育以及下位小花原基启动前,它可围绕着上位小花原基的基部以一环形模式进行表达[图 5-16(m)]。这表明,*ts4* 的表达区域也是它对其靶基因(玉米中类似 *AP2* 的一类转录因子)进行负调控的区域。

最少有 5 个基因可考虑为 *ts4* 所作用的靶基因,其中,*gl15*(*glossy 15*)基因可作为 *zma-MIR172* 的靶基因(Lauter et al.,2005)。*gl15* 基因是调控幼龄态叶转变为成熟态叶这一特化过程的基因(Moose and Sisco,1996)。然而,*ts4* 和 *gl15* 的双突变体却表现出相加的效应,这说明这两个基因是在不同途径上起作用,因此,*gl15* 不可能是 *ts4* 的靶基因。

　　另有一个 *ts4* 的靶物基因可能是 *ids1* 基因,该基因的主要作用是特化小穗分生组织发育命运,使小穗分生组织转变为上位小花而结束生长。*Ts6/ids1* 原先是以 AP2 类基因从大麦中被克隆。后来利用两个 *Mutator* 转座插入获得了玉米的这两个突变体,它们的隐性敲除突变体形成非决定的小穗(indeterminate spikelet,ids)并带有多个小花,着生在外稃苞片轴上,称为 *ids1* 突变体。实际上,突变体 *ids1* 的表型特点是原来已处于决定状态的小穗成了非决定的状态,即小穗分生组织一直保持生长或其生长结束时间被推迟。因此,它所发育的小花不像野生型那样只有两朵而是多朵,但又与 *ts4* 表型不同,因为在突变体 *ids1* 中,在 *ts4* 中所见的雄穗的大量分枝和性别决定失效的这些表型几乎完全被抑制。

　　ids1 基因序列克隆证明,它是拟南芥转录因子家族基因 AP2 的成员之一,因此,*ids1* 是玉米缺失 AP2 类基因功能的突变体。*ids1* 基因可在各种侧生器官及在小穗对和小穗分生组织中表达[图 5-16(m)],它是调节玉米小穗决定状态的关键基因。已知拟南芥的 AP2 基因是在花器官分生组织发育属性的决定状态上发挥作用(Schultz and Haughn,1993)。AP2 基因属于一个大基因家族,在拟南芥中已鉴定了 12 个成员基因,在单子叶和双子叶植物中也鉴定了它的许多同源基因;*ant(aintegumenta)* 是 *ap2* 类的突变体,其表型特点是缺失子房发育(Klucher et al.,1996)。上述的 *glossy15* 基因也已证明是 AP2 类基因(Moose and Sisco,1996)。

　　Ts6 的克隆为 *ids1* 是 *ts4* 的靶物基因提供了进一步的佐证。*Ts6* 是 *ids1* 的显性获能突变。*Ts6* 的定位与 *ids1* 同在一染色体的位置上,这说明实际上这两个突变发生在同一基因的等位基因座上。通过从两个不同 *Ts6* 等位基因座获得的 *ids1* 测序证实,这两个 *Ts6* 等位基因都是在相关的祖等位基因与 microRNA 相结合位点的碱基发生了核苷酸的取代,而且这种取代都发生在一对相同的碱基上(Chuck et al.,2007b)。这个与 microRNA 结合位点上的突变摆脱了 *ts4* 的负调节,因此,使 *Ts6* 呈现显性突变。*ids1* 等位基因抑制 *ts4* 突变体的表型以及 *Ts6* 和 *ts4* 具有相同的表型的事实证明了 *ids1*(也称为 *Ts6*)是 *ts4* 基因真正的靶基因。这也就解释了为什么突变体 *ts4* 和 *Ts6* 表型如此相似(因为它们是同一基因)及 *ids1* 可被 *ts4* 和 *Ts6* 各自的突变所影响的现象。

　　Ts6/ids1 在功能上是作为其同源基因 *sid1(sister of indeterminate spikelet1)* 的冗余基因(Chuck et al.,2007b)。同时,系统发育分析发现,*ids1* 和 *sid1* 是出于同一祖先。对 *ids1* 和 *sid1* 双突变的研究证实,*ids1* 和 *sid1* 具有相似的功能,即与 *ids1* 单突变体相比,在这一个双突变体中 *ids1* 突变体的表型可显著地被促进(可发育出一些可育的小花),但在这一个双突变体的雄穗中,小穗不能发育出小花。*ids1* 和 *sid1* 双突变的扫描电镜照片也证实其花分生组织的分化不能启动;其小穗分生组织则持续启动花苞(bract)的发育。这种表型说明,*ids1* 和 *sid1* 基因都是转变小穗分生组织成为小花分生组织所必须的基因。*ids1* 和 *sid1* 双突变体所显示的花器官属性的缺陷与突变体 *ap2* 相似(Chuck et al.,2008)。同时,在这些突变体中通过基因转化,可同样在侧生器官中异位地表达生殖器官的标记基因,如 ZAG1 和 ZMM2 (Schmidt et al.,1993),这与在拟南芥突变体 *ap2* 花的最外轮可异位表达的 AGAMOUS 类(MADS-box 转录因子)基因类似(Drews et al.,1991)。因此,有理由推测,在双子叶植物中,*ids1/sid1* 起着与 AP2 基因相似的功

能,而在单子叶植物中,它们在成花转换过程中起着新的不同的功能(Chuck,2010)。在 *ids1* 和 *sid1* 之间可能存在着一个互为负调节的关系,这与拟南芥中出现的其他 AP2 基因调节它们的同源物的情况相似(Mathieu et al.,2009)。通过分析 *sid1* 在 *ids1* 突变体中的表达情况发现,与野生型中的表达相比,在 *ids1* 突变体中 *sid1* 转录物的表达高了许多(Chuck et al.,2008)。这一结果也证实了在 *ids1* 和 *sid1* 之间存在着互为负调节关系的推测。在 *ids1* 突变体中 *sid1* 的表达水平高是由于 *sid1* 受 *ids1* 的负调节,由此导致小穗分生组织开始变为小花分生组织。*Ids1* 的获能突变体和失能突变体的表型实际是彼此相反的,即获能突变导致形成更多的小花,而完全的失能突变则不产生小花[图 5-16(m)]。

至此,至少有 3 个证据表明 *ids1* 是 *ts4* 的作用靶基因。第一,在突变体 *ids1* 中,*ts4* 表型所表现的雄穗的大量分枝和性别决定的失效几乎完全被抑制,同时,*ts4 ids1* 的双突变不完全能够抑制 *ts4* 突变体非决定状态的小穗分生组织的分枝及其性别决定的缺陷(Chuck et al.,2007a;2007b)。这表明,*ids1* 功能的丧失导致 *ts4* 突变体中性别决定和分枝缺陷受到抑制。第二,*Ts6* 突变体是 *ts4* 的拟表型,其所发生的突变是在微小 RNA 与 *ids1* 结合的位点上。最后,IDS1 蛋白在 *ts4* 突变体的表达范围比在野生型中的表达范围要广。此外,水稻的异时突变体——snb(*supernumerary bract*)突变体的小穗分生组织也推迟了向小花分生组织的转换,其发生方式与 *ids1* 的发生方式非常相似,这一转换的推迟是由于缺失一个与类似 AP2 密切相关的转录因子所致(Lee et al.,2006)。在玉米中,*snb* 的同源直向基因为 *sid1*(*sister of indeterminate spikelet1*)。

综上所述,miR172 可通过对 *Ids1* 负调节而发挥对雌蕊发育的作用,其他微小 RNA 也可能以同样的方式起相同的作用。值得注意的是,在雄穗中雌蕊败育的失效也常见于玉米 *mop1*(*mediator of paramutation1*)突变体中。*mop1* 突变体是由于缺失依赖于 RNA 的 RNA 聚合酶(与拟南芥的 RDR2 相似)所致,并导致减少了 siRNA 靶序列的同向重复序列(direct repeat)的形成。对 *mop1* 突变体中微小 RNA 表达的分析发现,其 *miRNA156* 的表达水平被降低,而在被雌性化的 *mop1* 花序中 SPL(*SQUAMOSA PROMOTER BINDING LIKE*)的靶物却在升高(Hultquist and Dorweiler,2008)。已知 SPL 类的转录因子基因是 miR156 的靶基因,而 SPL 类转录因子的功能是特化玉米和拟南芥发育的童期(或幼龄期)(Chuck et al.,2007a)。上述 *mop1* 突变体中 *miR156* 的表达水平被降低结果与 *mop1* 突变体花序中微小 RNA 侧序结果显示相互矛盾,因为测序结果发现大多数的微小 RNA(包括 miRNA156 和 miRNA172)基因水平都平均增加了 5.3 倍(Nobuta et al.,2008)。不过,这可从如下的推理得到可能的解释:如果在 *mop1* 突变体中 miRNA156 水平发生了改变,如何才能使这种改变从 ts 的表型上体现出来?答案之一,就是要逆转 miRNA156 和 miRNA172 水平之间的负调控关系(Chuck et al.,2009),这一点已被高水平的 miRNA156 将抑制 miRNA172 的事实所证实(Chuck et al.,2007a;2007b),它们之间的这种抑制关系的分子基础可能是 *miR156* 以基因 SPL 为靶物,而 SPL 是转录 *miRNA172* 所必需的基因(Wu et al.,2009)。因此,如果在 *mop1* 突变体中有高水平的 miR156,则会使 miR172 的水平降低,因为 SPL 效应因子的水平也将降低,降低 miR172 的水平可模拟产生 *ts4* 失能突变,当然,这种假设需要进一步的检验(Chuck,2010)。

4. 突变体 *sk1* 及其基因的功能

sk1（*silkless1*）是一个隐性突变,其表型主要表现在雌穗中雌花器官的发育上,雌穗由于雌蕊败育而缺少穗丝,雌性不育;第二性别特征,如颖片的形态、花青素的产生和茎粗仍保留雌性特征,雄穗的雄花不受影响。这表明,SKI 的基因产物仅为雌穗的雌蕊发育所要求。对 *sk1* 雌穗中雌蕊的败育模式进一步分析发现,其雄小花中雌蕊的亚表皮细胞出现了核片段化(细胞程序死亡的特征之一)现象。体外核酸杂交显示,突变体 *sk1* 雌花细胞死亡的时间与 *ts2* mRNA 表达一致,这暗示 *sk1* 与 *ts2* 基因存在着某种潜在的调节关系,*sk1* 基因可能是一个参与性别决定信号的保护和感受的基因(Chuck,2010)。

玉米突变体 *rmr6*（*maintain repression 6*)原是以玉米的一个副突变(paramutant) *purple plant* 的抑制因子而被分离的。纯合子 *rmr6* 呈现表型多样性,表型之一是雄穗中的雌蕊不发生败育。*rmr6* 和 *sk1* 的双突变分析表明,*sk1* 是处于遗传上位(epistatic)的基因。*rmr6* 可能是 *sk1* 活性的一个负调节因子,*sk1* 在 *rmr6* 突变体中上位表达,使雄穗中所有雌蕊都免除了 *ts1* 和 *ts2* 所产生的细胞死亡信号,从而不发生雌蕊败育(Parkinson et al.,2007)。

从上述可知,是 *sk1*、*rmr6*、*ts1* 和 *ts2* 相互作用控制着雌蕊败育,其中 *sk1* 的作用是拮抗 *ts2* 的功能,防御雌蕊败育;而基因 *Rmr6* 的作用是将 *sk1* 活性区域限制所有的小花中(雄穗的第一小花除外),因此,保证雄穗和雌穗的第二小花雌蕊的败育[图 5-17(c)]。

此外还发现,*rmr6* 是在基因 *NRPD1a* 中发生缺损的,而 *NRPD1a* 是编码 Pol Ⅳ 聚合酶最大亚单位的基因,已知 Pol Ⅳ 聚合酶在产生约 24 个核苷酸的小 RNA 过程中起作用(Erhard et al.,2009)。由 Pol Ⅳ 聚合酶所产生的 siRNA 已证明是对于依赖于 siRNA 的异染色质 DNA 的甲基化有着非常重要的作用(Chuck,2010)。这也暗示小 RNA 和表观遗传也参与玉米的雌蕊败育机制(见 5.3.2 第 3 节)。

5. 植物激素和 *AP2* 类基因相互作用与玉米性别决定

如上所述,目前已比较清楚,赤霉素和茉莉酸在玉米的性别决定中起作用,在这些物质的生物合成和同源异型基因(如 *AP2* 等基因)之间也必然存在某种联系。有证据表明,在拟南芥中,赤霉素可在 *AP2* 的下游起作用,因为在一定的条件下用赤霉素处理突变体 *ap2* 可以挽救它的表型(Okamuro et al.,1997)。其他 *AP2* 类基因,如 *LEP*（*LEAFY PETIOLE*)对赤霉素诱导的萌发起正调节作用。再则,被 *AP2* 所抑制的基因,如 *AG*（*AGAMOUS*)类基因可能对赤霉素的代谢基因起直接调节作用。*AG* 基因通过与赤霉素结合,以及调节 *GA4* 基因对赤霉素的生物合成起正调节作用（*GA4* 基因的产物可催化赤霉素合成的最后步骤的进程)。赤霉素与 *AG* 基因之间也存在反馈调节,已发现赤霉素信号传导可以调节 *AG* 基因(Yu et al.,2004)。这些结果显示,植物激素和花同源异型基因调节因子的水平在体内是相互稳态(mutual homeostasis)的。*AG* 基因也是茉莉酸生物合成的直接调节因子,因为它可以与 *DAD1* 基因的启动子直接结合,*DAD1* 是一个磷酸酯酶基因,负责催化茉莉酸生物合成的第一个步骤的完成(Ito et al.,2007);这一个步骤对于雄蕊的发育发挥着重要作用。这些研究结果已清楚地表明,性别决定基因和花的

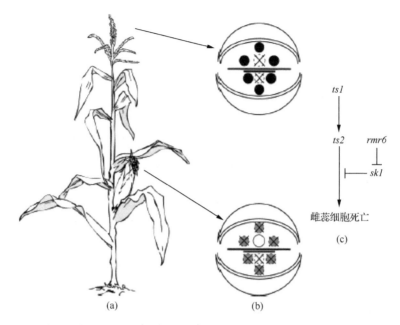

图 5-17　玉米花发育及其相关基因作用的模式图(Parkinson et al. , 2007)

(a) 雌雄同株的玉米顶生雄花(雄穗),叶腋处产生雌花(雌穗)。(b) 在雄穗中,雌蕊败育(虚线空心圆)而雄蕊发育(实心圆);而在雌穗中,第一(上位)小花发育,雄蕊的生长受阻,第二(下位)小花败育,图中败育和停止生长的花器官用"×"表示。(c) 通过 *ts1* 和 *ts2* 诱导的细胞死亡途径实现雌蕊败育,*ts2* 可在雄穗和雌穗的所有花中表达。*sk1* (*silkless1*)通过抑制 *ts2* 的活性而对雌蕊起保护作用,控制着雌蕊的败育。基因 *rmr6* 起着将 *sk1* 的活性区域限制在所有的小花中(雄穗的第一小花除外),因此保证雄穗和雌穗第二小花的雌蕊败育

同源异型调节因子以及相关的植物激素或生长调节物有着密切的关联。理清这些相关性并从中发现它们与性别决定的因果关系是将来富有挑战性而重要的研究工作(Chuck,2010)。

目前对植物激素信号传导途径的了解比较清楚。在植物激素信号途径与转录因子之间也可能存调节关系,如果对此有所发现,对过去的许多植物激素作用的现象将会被赋予新的解释。例如,在玉米中赤霉素和 *AP2* 的作用将转变 *AG* 类基因的作用,最终影响茉莉酸的生物合成。这些茉莉酸直接进入由 *ts1* 和 *ts2* 基因所控制的途径,可在雄花中产生雌蕊败育的信号。不过这种作用模式纯属一种推测,需要进一步直接的实验证据。所有已知涉及黄瓜、甜瓜和玉米性别决定的激素途径(见 5.3.3 节)都有可能与赤霉素途径直接联结起来。例如,突变体 *ctr1* (*constitutive triple response 1*)是一个乙烯信号传导缺失突变体,它的表型可以通过喷洒赤霉素而变成正常表型 (Achard et al. , 2008)。已经证明,乙烯可通过 DELLA 蛋白的水平及其稳定性而间接调控赤霉素的信号传导。实际上,多种植物激素信号途径都可以转换为 DELLA 信号传导途径,包括茉莉酸途径 (Navarro et al. , 2008)。因此,所有涉及性别决定植物激素途径,如赤霉素、茉莉酸和乙烯都可能是通过影响 DELLA 信号传导而发挥它们的作用,当务之急就是寻找这方面直接的实验证据。采用更有效和更有代表性的方法鉴定 DALLA 的作用靶物,并解释这些物质在雄花和雌花中的表达模式,将有助于我们解开植物激素与性别决定的关系。此外,更重要和

艰巨的研究将是揭示性别决定的信号是如何被识别，如何被传导并引起器官特异性细胞死亡(Chuck，2010)。

6. 玉米性别决定基因间的遗传关系

对各个性别决定突变体的研究可以确定有多少不同的途径涉及性别决定过程及其相关基因遗传的等级。上述的 *d1* 分别与 *ts1* 和 *ts2* 的双突变以及 *ts4* 或 *ts2* 与 *Ts5* 的双突变的表型显示相加的效应，这说明在雌、雄花的性别决定中它们是在各自的途径上起作用的。但 *ts1 ts2* 的双突变仍与 *ts1* 或 *ts2* 单独突变时相似，表明这两个基因的功能是在一相同的途径起作用。类型 I (*ts1*、*ts2*、*Ts3* 和 *Ts5*)和类型 II (*ts4* 和 *Ts6*)的 *ts* 突变体的双突变也显示加成的表型(synergistic phenotype)(图 5-15)，与单突变体相比，其雄穗增粗分枝相应增多。这一表型的变化说明这两个类型的基因是在不同的性别决定途径中起作用，它们的功能是相互平行的(Irish et al.，1994)。

最有启发性的双突变是 *sk1* 与类型 II 或类型 I *ts* 的双突变。例如，双突变体 *sk1 ts2*，由于 *sk1* 的加入，使 *ts2* 雄穗的雌性化表型大为降低，看起来好像正常的表型一样。在这一双突变体的雌穗中，除其第二小花不发生败育外，雌蕊的发育是正常的，与 *ts2* 单突变体非常相像。因此，*ts2* 可能是在 *sk1* 的上位，但都在相同的途径上起作用。它们的这种遗传关系可能是建立在野生型中 *sk1* 基因产物的功能是抑制雌穗小花中 *ts2* 的功能的基础上(Dellaporta and Calderon-Urrea，1994)。因此，如果将 *ts2* 基因产物看作为是野生型雌蕊细胞特异性死亡的促进因子，就如在雄穗和雌穗下位的小花所见的那样，*sk1* 必将通过阻断 *ts2* 这一细胞死亡信号，而使雌穗上位小花的发育受到促进[图 5-17(c)]。这一推论与 *sk1* 突变体中雌蕊细胞核片段化时间与 *ts2* 表达时间相吻合而得到证实(Calderon-Urrea and Dellaporta，1999)。

sk1 与类型 II 的 *ts* 突变体(如 *ts4* 或 *Ts6*)组成的双突变，可使 *ts* 突变体已雌性化的雄穗变为正常雄穗(Irish et al.，1994；Mustyatsa and Miku，1975)，但并不影响 *ts* 单突变体中所见的分枝缺陷。因为 *Ts6* 是显性突变，它与 *sk1* 的功能关系尚难确定。*ts4* 与 *ts2* 一样也可能是在 *sk1* 的上位，但它们的这种关系只是对应于雌蕊败育这一表型而言。由于 *ts4* 是基因表达的负调节因子，而不同于 *ts2* 仅仅是细胞死亡的促进因子，它们的这种遗传关系，因 *ts4* 的作用靶物可间接地促进 *ts2* 基因的表达而得到验证(Chuck，2010)。

5.3.3　植物激素(乙烯)和基因调控性别决定(II)——黄瓜和甜瓜的性别决定机制

葫芦科(Cucurbitaceae)植物与大多数被子植物不同，它们是开单性花，这个科约有800 个种，其中 460 个种是雌雄同株；340 个种是雌雄异株；其余的有些品种是在个体株内或单株间产生两性花、雌花和雄花的混合类型。其植物群体可以是雄花两性花同株(或称雄全同株)、雄花两性花异株(或称雄全异株)、雌花两性花同株(或称雌全同株)和雌花两性花异株(或称雌全异株)。雄花两性花同株是经多次独自进化形成的植物，分布被子植物的 33 个科，约有 4000 个种，其中包括葫芦科的黄瓜(*Cucumis sativus*)和甜瓜(*Cucumis melo*)，它们可产生双性花原基，但常只限于形成单性花。它们通过选择抑制雄性花药或雌性心皮的发育而进行性别决定。

　　系统发育研究表明,葫芦科的植物目前性别类型均来自于雌雄异株的植物。有关性别决定的研究在甜瓜上有较大的进展(Janousek and Mrackova,2010)。最近由中国农业科学院蔬菜花卉研究所主导的国际黄瓜基因组计划课题组已发表了黄瓜基因组测序数据,该研究及其相关的研究结果表明,黄瓜有 7 条染色体,而甜瓜有 12 条染色体;黄瓜 7 条染色体中的 5 条是由甜瓜的 12 条染色体中的 10 条两两融合而成的。在基因区域,黄瓜和甜瓜有 95% 的相似性,而与西瓜也有超过 90% 的相似性(Huang et al.,2009)。

　　1. 黄瓜的性别决定机制

　　黄瓜(*Cucumis sativus* L.)是葫芦科(*Cucurbitaceae*)黄瓜属(*Cucumis*)一年蔓生草本植物。它是研究植物性别分化的一个经典材料,它的花可分为雌花、雄花和两性花。因此,黄瓜的性别表型主要包括雌雄异花同株、雌株、雄株、两性花植株和雄花两性花植株。栽培的黄瓜品种多为雌雄异花同株,开花时,在雄花两性花同株植株的基部主要着生雄花,而中部交替着生雄花和雌花,顶端多为雌花。在雌株的主蔓和侧蔓仅产生单性雌花;在雄株的主蔓和侧蔓仅产生单性雄花;两性花植株则整株全部为两性花;在雄花两性花植株的基部产生少量雄花,中上部多为两性花(李征和司龙亭,2007)。

　　在遗传上,雌雄异花同株植物的黄瓜性别决定是由三个基因座(F/f、A/a 和 M/m)控制(大写字母示显性,小写字母示隐性)。半显性 F 基因座(female loci)控制着雌性的程度,而 A 基因座(androecious loci)位于 F 基因座的上位,也是雌性表达所要求的基因座,f 与 a 等位基因结合将强化雄株(原初雄性)f 的表型。M 基因座(andromonoecious loci)是选择雄性器官性败育所要求的基因座。M-ff 结合将产生最为常见的雌雄异花同株的花。M-F-结合将产生雌株雌花。mmF-结合则产生两性花,而 $mmff$ 结合产生雄花两性花同株的花。尽管这三个主效基因控制着黄瓜性别的基本类型,但其性别表现也常受另外一些修饰基因和环境因子(如光周期、温度和辐射)的影响。

　　许多研究表明,该类植物的性别决定机制涉及植物激素代谢途径的基因功能,特别是赤霉素和乙烯(ethylene)(乙烯生物合成途径可见第 8 章)。用乙烯处理雌雄异花同株品系可增加雌花的发育,外源施加 IAA、乙烯利可以促进雌花的形成;而施乙烯生物合成抑制剂 AVG、$AgNO_3$(乙烯生物反应受体抑制剂)和赤霉素(GA_3、GA_4 和 GA_7)可以促进雄花的形成;因此赤霉素被认为是雄性化剂(masculinizing agent)(Yin and Quinn,1995;Chuck,2010)。同时,对雌花和雄花的气相色谱检测也证实雌花的乙烯生物合成量明显高于雄花。可见乙烯的生物合成与黄瓜雌性花的形成关系密切。乙烯被认为是雌性化剂(feminizing agent)。然而,这些试验结果并不能简单地说明每一种植物激素就控制着各类不同的性别,或是这两个激素的平衡控制着性别决定。Yamasaki 等(2001)已提出一个 F 和 M 基因的作用模式,他们认为 F 的作用是控制沿着苗端所存在的乙烯合成浓度的梯度及其作用范围,而 M 所编码的蛋白质感知所在位置的乙烯信号。因此,F 的出现将使所有的花原基都能产生足量的乙烯以形成雌花器官,而 M 的存在则通过控制乙烯信号以抑制雄花器官的发育(Yamasaki et al.,2001)。从下述黄瓜中克隆的 F 基因的事实提示存在这一性别决定的作用模式,但仍然需要对 M 基因分子属性进行进一步研究才能证实。

目前的研究表明,F 基因在乙烯的生物合成上发挥功能,M 基因可能涉及乙烯的信号传导的调控,而对 A 基因的分子属性知之甚少。黄瓜转基因体系的建立将有助于这些基因功能的证实。

1) F/f 基因的功能与 ACC 合成酶基因[*]

如上所述,由于大量生理生化的研究结果都证实乙烯可为雌性化剂。因此人们对于在遗传上控制雌性性别表现的 F 基因座分子属性的研究很自然就与乙烯的生物合成途径联系起来。经过分子遗传和分子生物学的研究证实,F 基因起着 ACC 合成酶基因(ACC synthase,ACS)的功能,主要实验证据来自如下几个。

(1) 植物中 ACS 是一个庞大的基因家族。Kamachi 等(1997)首次从黄瓜中分离到三个不同 ACS 的 cDNA,其中只有一个 ACS 的 mRNA 可在发育雌花的雌株茎尖被检测到,并将它命名为 CS-ACS2。CS-ACS2 的 RNA 杂交证实,该基因也可在另外三个黄瓜品种相应的茎尖上表达,同时其表达水平和表达时间与在节上的雌花发育密切相关。此外,CS-ACS2 基因在茎尖被诱导表达的时间也与乙烯诱导第一朵雌花的作用时间一致,这些结果显示雌株上雌花的发育可能由茎尖上所生产的 CS-ACS2 mRNA 水平所调节。

(2) Trebitsh 等(1997)以简并寡聚核苷酸为引物对 CS-ACS1 进行 PCR 扩增,并对近等位基因(near-isogenic)雌株(MMFF)和雌雄异花同株品系进行 Southern blotting 分析发现,在这一雌株中存在着额外的一份 Cs-ACS1 拷贝,称为 CS-ACS1G,杂交 F2 分离群体的性别表型分析揭示,在 CS-ACS1G 标记和 F 基因座之间的相关性为 100%。CS-ACS1G 位于连锁群 B 中,而这一连锁群与 F 基因座相吻合,同时在被检测的群体中,F 基因座与 CS-ACS1G 之间无重组发生,这些数据表明 CS-ACS1G 与 F 基因座紧密连锁。揭示了黄瓜 F/f 基因与 CS-ACS1G 的关系。

(3) Mibus 和 Tatlioglu(2004)为了研究 F/f 基因的分子特点,以近等基因系(NIL)雌株(MMFF)和雌雄异花同株(MMff)品系为材料。他们的相关研究再一次肯定了 Trebish 等的发现,即在雌株的基因型中存在另外一个 ACC 合成酶拷贝 Cs-ACS1G 与 F/f 基因座连锁。同时他们以不同 Cs-ACS1A 的探针以及各种 Southern blotting 模式构建了 Cs-ACS1 限制性图谱。在此基础上,对 Cs-ACS1G 和 Cs-ACS1 启动子区域进行 splinkerette PCR 扩增和测序,在雌株(MMFF)和亚全雌株系(MMFf)都分离到了 Cs-ACS1G,证明该基因是显性的 F 等位基因(Mibus and Tatlioglu,2004)。

(4) 在雌雄异花同株和雌株的植物中,乙烯都可以上调这两个 Cs-ACS(Cs-ACS1G 和 Cs-ACS1)的表达,但在雄花两性花同株的植物中则不能上调其表达,这说明雌性黄瓜的发育与乙烯关联。Cs-ACS 转录物的原位杂交定位表明,该基因在雌花芽的雌蕊与胚珠原基有高水平的表达(Saito et al.,2007)。

2) M/m 基因的分子属性

与 F/f 基因座相比,对 M/m 基因分子属性的研究进展比较慢,有许多问题需要进一

---

[*] 按卓仁松的《英汉植物生理学词汇》(福建科学技术出版社,1982 年版),将"synthase"翻译成"合酶",把"synthetase"翻译成"合成酶",目前国内对"ACC synthase"翻译没有统一,从方便理解出发,这里把它译为 ACC 合成酶基因(见第 8 章)。

步的实验证据。雌雄异花同株的单性花已被证明为 *M* 基因座所调控。Yamasaki 等（2001）发现雄花两性花同株所累积的乙烯和 *CS-ACS2* mRNA 与雌雄异花同株所累积的水平难有差别，但比雌株的低。乙烯抑制雌株上雄蕊的发育，但不影响雄花两性花同株上雄蕊的发育。乙烯处理引起雌雄异花同株和雌株的 *CS-ETR2*、*CS-ERS*（乙烯信号传导途径上的成员）和 *CS-ACS2* mRNA 的累积大量增加，但对雄花两性花同株的 *CS-ACS2* mRNA 则不影响。同时，乙烯对雄花两性花同株的胚轴伸长抑制作用要比对雌雄异花同株和雌株的胚轴伸长抑制作用要小，这表明雄花两性花同株植物对乙烯的反应要比单性花植株（雌雄异花同株和雌株）小。这些结果首次为乙烯信号传导影响可能来自 *M* 基因座上的产物提供了证据，并认为是 *F* 基因产物通过调节黄瓜植株内源乙烯水平进而启动雌蕊原基的发育，而 *M* 基因产物在乙烯抑制雄蕊发育的过程中发挥"介导物"的作用。若 *M* 基因座基因型为隐性纯合，则乙烯信号无法作用于雄蕊，雄蕊发育不受抑制，在雌蕊原基正常发育的情况下，产生两性花（Yamasaki et al.，2001）。这种设想也将 *F* 基因和 *M* 基因的作用联系起来。

Li 等（2009）采用图位克隆的方法鉴定了 *M* 基因，他们发现 *M* 基因是一个推定的 ACC 合成酶基因（putative ACC synthase gene，其候选基因可能是 *Cs-ACS2*）。*m* 等位基因是原 ACC 合成酶基因的活性保守基因座（*Gly33Cys*）突变而失去活性的基因座，认为 *m* 基因型的产生是 *Cs-ACS2* 的活性基因座中保守氨基酸序列的多态性的结果（Li et al.，2009）。他们证实 ACC 合成酶基因 *Cs-ACS2*（与下一节所述的甜瓜中的 *CmACS-7e* 高度同源）与 *M* 基因座共分离。*Cs-ACS2* 序列分析表明在黄瓜品系中可发现 4 个同等型的（isoform）*Cs-ACS2*，其中 3 个在雄花两性花同株植物中，一个在雌雄异花同株植物中。通过离体活性检测，发现雄花两性花同株植物中的该酶同等型酶失去活性，而在雌雄异花同株植物中的同等型酶却保持活性。这与雄花两性花同株植物突变都聚集在该酶的活性部位相吻合。根据这些结果，他们认为在雌雄异花同株植物中是有活性的 *Cs-ACS2* 导致其雌花的发育，而该酶活性的降低引起两性花的形成（Boualem et al.，2009）。这些实验结果都表明 *M* 基因的候选基因可能是 *Cs-ACS2*。

M 基因座的产物并非是起感知乙烯信号的作用或从中调节乙烯的反应，而可能是对自我催化的乙烯产生响应。奇怪的是，外源乙烯处理 *mm* 基因型的植物并不能挽救其表型（Yamasaki et al.，2001），这表明 *M* 基因座也可能在一定程度上间接影响乙烯信号的感知（perception）（Chuck，2010）。

我国学者对黄瓜性别的决定机制进行了大量地研究，除黄瓜基因组测序的工作（Huang et al.，2009）和上述 Li 等（2009）及其他未能在此提及的工作外。北京大学曹宗巽教授的研究组从 20 世纪 50 年代就开始探索影响黄瓜单性花形成的环境因素，并建立了茎尖培养的方法用于证明乙烯能够促进雌花形成，而赤霉素可以促进雄花形成。此后，白书农教授和许智宏院士带领的研究组对这一课题做了更深入的研究，他们特别关注单性花中不能完成形态及功能的非正常器官（inappropriate organ）（雌花中的雄蕊和雄花中的雌蕊）的发育命运，发现在花芽发育第 5 期，即心皮原基发生时，所有的花芽没有明显的形态学差别，但到了随后的第 6 期，即不同的花芽中出现了雌、雄蕊发育的形态学分化时期，一些花芽雄蕊的花药部分持续生长，而心皮原基的基部停止伸长，形成雄花；一些花芽雄蕊花药部分停止生长,而心皮原基的基部持续伸长,形成雌花;那些发育停滞的非正常雌蕊、雄蕊器官一直到开花,始终保持有代谢活性。这表明,黄瓜单性花中的非正常雌蕊、雄蕊发育的停滞不是整个器官发育的停滞,而是来自于同一原基的器官的局部区域,即产生生殖细胞区域的发育停滞。他们还发现,DNA 损伤很可能与雌花雄蕊花药发育停滞之间具有内在的联系,而雄花的雌蕊发育停滞与 DNA 损伤没有关联(Hao et al., 2003)。他们进一步的研究发现,乙烯反应可能正是导致花药原基 DNA 损伤的原因。因此提出乙烯在雌花发育过程中的效应实际上是抑雄的看法(白书农和许智宏,2010),这为研究乙烯调控黄瓜性别机制提出一个不同的思路。

对黄瓜全基因组的序列分析发现,在 *Cs-ACS2* 和甜瓜 *Cm-ACS7* 的启动子序列中存在 2 个乙烯反应元件(AWTTCAAA)和 1 个花分生组织属性基因 *LEAFY* 反应元件(CCAATGT)。这表明,葫芦科植物的单花进化可能涉及新 ACC 合成酶基因的顺式元件的获得。用 454 测序仪对单性和双性花芽的广泛表达序列标签分析发现,有 6 个与生长素相关的基因(生长素可以通过促进乙烯的产生而调节性别表现)和 3 个短链脱氢酶或还原酶基因(与玉米性别决定基因 *ts2* 同源)可以在单性花中高水平表达(Huang et al., 2009)。最近 Wu 等(2010)比较了黄瓜雌株突变体(*Csg-G*)及其野生型(*Csg-M*)的转录谱,发现差异表达的基因中包括了植物激素信号传导途径的基因,如 ACC 合成酶基因(*ACS*)、ABA 响应蛋白基因(*Asr1*)、Aux/IAA 蛋白基因(*Cs-IAA2*)、类似 AUX1 生长素转运蛋白(AUX1-like auxin transport protein)基因(*CS-AUX1*)、类胡萝卜素关联蛋白(carotenoid-associated protein)基因(*CHRC*)和类似甲状腺素运载蛋白(transthyretin-like protein)基因(*LTP*)。这说明,在黄瓜性别决定过程中植物激素及其交互影响(crosstalk)将发挥重要的重要,同时,一些转录因子的调节,如乙烯响应转录因子 9(ETHYLENE-RESPONSIVE TRANSCRIPTION FACTOR 9,EREBP9)也可能涉及这一发育过程(Wu et al.,2010)。这些数据都有助于我们对黄瓜类性别决定分子机制的研究提供新的切入点。

2. 甜瓜的性别决定机制

甜瓜(*Cucumis melo*)属于葫芦科(Cucurbitacleae)甜瓜属(*Cucumis*)蔓生草本植物。甜瓜有三种花型,即雄花、雌花和两性花。根据花在同一植株上的着生情况,分为雄花两性花同株(雄全同株)、雌花两性花同株(雌全同株)、雌雄同花同株(完全花株)、雌雄异花同株、纯雌株、三性花同株等不同株型。在甜瓜中,性别决定是由 *a* 基因座(andromonoe-cious loci)和 *g* 基因座(gynoecious loci)所调节的(Poole and Grimball,1939;Kenigs-buch and Cohen,1990);显性 *a* 基因座基因的功能是抑制雄蕊的发育,*g* 基因座显性基因则抑制雌蕊的发育。通过这两个基因相互作用而形成各种性别类型:雌雄异花同株(*A-G-*)和雄花两性花同株(*aaG-*)的雄花开在主茎上,雌花和两性花则开在腋芽的分枝上;而全雌株(*AAgg*)和两性花植株仅开雌花和两性花。此外,它们的性别决定可被植物激素和环境因子所改变。野生型的甜瓜是雌雄异花同株,其基因型为 *A-G-*,而两性花植株的基因型为 *aagg*,是纯合子;*g* 是隐性基因,仅负责形成两性花。而全雌株(*Aagg*)仅产生雌花(Noguera et al.,2005)(图 5-18)。

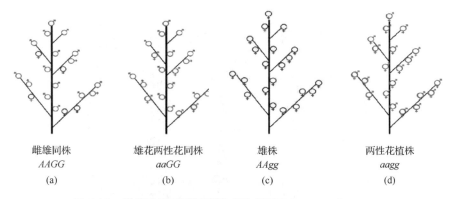

图 5-18　甜瓜植株不同性别类型示意图(Martin et al. , 2009)

雌雄同株(*AAGG*)(a)的植株在主蔓上开雄花,少数雌花开在分枝的近主蔓前端紧接着又开出雄花。雄花两性花
同株的植株(*aaGG*)(b),雄花只开在主蔓上,少数的两性花开在分枝的近主蔓前端,紧接着又开出雄花。雌株
(*AAgg*)(c)和两性花植株(*aagg*)(d),分别仅开雌花或两性花

甜瓜多数植株是雌雄同株和雄花两性花植株,其性别主控基因 *a* 已被遗传作图定位,其遗传图距为 25.2cM,通过基因 *a* 克隆分析发现雄花两性花同株植株是由于 ACC 合成酶活性基因座的突变而形成的,该 ACC 合成酶基因称为 *CmACS-7* 基因。根据对 *CmACS-7* 全序列上 6 个突变表型的研究,发现其中 4 个是沉默的或在内含子中发生突变,2 个在 G19E 和 D376N 上发生了错义突变[G19E,其中 ACC 合成酶第 19 位的甘氨酸 (g19)为谷氨酸所代替],G19E 的突变发生在该酶氨基酸高度保守的区域,因此,影响蛋白质的功能,而 *D376N* 是乙基甲烷磺酸盐(ethyl methane sulfonate,EMS)所诱导的突变体,该突变不发生在保守区,因此不影响该蛋白的功能。将这 6 个突变体与野生型甜瓜回交,每组回交都获得了 100 多个 F2 植株,实验结果表明,*D376N* 以及沉默的或在内含子发生突变的突变体都没有性别的表型,与之相反,突变体 *G19E* 却呈现雄花两性花同株 (andromonoecious)的表型(图 5-19)。由此可以得出结论,*CmACS-7* 基因就是雄花两性花基因(andromonoecious gene),即是 *a* 基因座(Boualem et al. ,2008)。

对甜瓜的 ACC 合成酶(*CmACS*)基因的 RT-PCR 分析和原位杂交结果表明,*CmACS-7* 的 mRNA 主要在处于发育阶段 4(此时各种花的形态难于区分)和后期的雌花和两性花中表达。*CmACS-7* 的 mRNA 早期累积主要出现在心皮原基中。在雄花和两性花中未发现 *CmACS-7* 在表达水平和表达模式上的差异,因此,在心皮原基中由 *CmACS-7* 所调节的乙烯形成将影响雌花中雄蕊的发育,而不是心皮本身发育所要求的。同时,由上述实验结果及 *a* 基因座的突变体仍可启动雌花器官发育的事实可以看出(图 5-19,G19E 和 D376N),在雌雄异花同株的品系中,*A* 基因是雌花发育所必需的,但在两性花植株则不是必需的。因此,*A* 基因本身并不是启动心皮发育所必需的基因,而它的功能可能抑制雄蕊发育。*a* 基因座突变是一个单源种的突变,一旦它从野生型的 *A* 基因座中产生,该突变将成为选择的靶基因座(Boualem et al. , 2008)。如果隐性的 *g* 基因座与 *A* 基因结合将引起单雌花的发育,如果 *A* 基因发生突变将引起两性花的发育,这与黄瓜 *M* 基因座的表达非常相似,在雌花和两性花的心皮原基中可发现 *A* 基因的转录物;对系统发育的分析表明,甜瓜中 *A* 基因座可能是黄瓜 *M* 基因的直向同源物,起着相同的功能

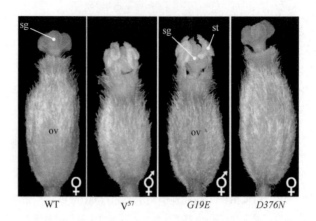

图 5-19　雌雄同株甜瓜的野生型(WT)、雄花两性花同株（V[57]）和突变体 *G19E* 及 *D376N* 的花表型
（Boualem et al.，2008）

突变体 *G19E* 和 *D376N* 是 ACC 合成酶的两个错义突变体。所有性别类型的甜瓜雄花都有相同的花冠，花冠已被摘除，以突出雄蕊。ov:子房;sg:柱头;st:雄蕊

（Boualem et al.，2009）。上述研究表明,甜瓜与黄瓜中的性别决定机制相似,乙烯生物合成基因也控制着甜瓜的性别决定。甜瓜的 ACC 合成酶(*CmACS-7*)和黄瓜中的同源基因 *Cs-ACS2* 都是控制雄性器官和雌花发育的基因。原位杂交表明,*CmACS-7* 和 *Cs-ACS2* 转录物都在雌蕊和胚珠中累积。在黄瓜中,*CmACS-7* 及其同源基因都可特异性的在雌花芽中表达。因此,这个 ACC 合成酶基因抑制花药的作用似乎是间接的并可在器官间进行交流(Boualem et al.，2009)。

甜瓜 *g* 基因座的染色体步查实验发现,*g* 基因座突变是由于 *CmWIP1* 基因的附近插入了一个 *hAT* 转座子所引起的,由此产生了几个全雌性的表型;由 *G* 基因变为 *g* 基因,这是由于 *g* 基因(*CmWIP1* 基因,即甜瓜的 *WIP1* 基因)启动子区的超甲基化所致(Martin et al.，2009)。全雌株会偶尔产生带有雄蕊和缩小的子房,这说明在该植物的体细胞发育阶段,*CmWIP1* 基因的 DNA 甲基化将会降低。*WIP1* 基因是一类转录因子家族成员,是首先从拟南芥突变体 *ntt*(*no transmitting tract*)中鉴定的基因。突变体 *ntt* 的表型特点为果荚和种子的长度都缩短,成熟的果实比野生型的果实短 30%,其中可育的种子数量减少 60%。该突变不利于心皮的引导体系(transmitting tract)的发育。研究表明,细胞程序死亡过程(PCD)参与正常的心皮的引导体系的发育;*NTT* 基因编码一个乙烯锌指转录因子,可在心皮的引导体系中特异性表达;NTT 与另一个与拟南芥种皮发育有关基因 *TT1*(*TRANSPARENT TESTA 1*)所编码的蛋白质 TT1 属于同一个蛋白质基因家族,都是乙烯锌指转录因子,因其中含一个三个氨基酸(W、I 和 P)高度保守的区域,故被命名为 WIP 转录因子。在拟南芥中已知的几个这类基因参与心皮的发育(Crawford et al.，2007)。

已从 EMS 诱导的 *CmWIP1* 突变(lesions)中分离了几个可使雌雄异花同株转变为雌株(gynoecy)的突变体。这就证明了 *g* 基因座实际上相当于 *CmWIP* 基因。在两性花植株和雌株中,转座子的插入将引起 DNA 甲基化向邻近基因(包括 *g* 基因)中扩散,从而使

这些基因失活。在幼雄花中,G 基因在心皮原基中表达,后来引起该心皮的败育;但 G 基因不在雌株和两性花植株的植物中表达,这些植株的心皮也不败育。这说明,在心皮中表达的 G 基因阻止了心皮的发育。G 基因的表达也与 $CmACS$-7(A 基因)有关,这两个基因是以相互排斥的模式进行表达,只有在无 G 基因表达时,A 基因才表达。在这两个基因之间可能存在一些相互作用的调节因子,其中,G 基因可能是 A 基因的抑制因子(Chuck,2010)。

从上述可知,实际上是 $CmACS$-7(a 基因座)和 $CmWIP1$(g 基因座)这两个基因的相互作用控制着甜瓜的雄花、雌花和两性花的发育(Martin et al.,2009)。

结合上述研究结果,Martin 等提出了这些植物性别决定作用模式的假设(图 5-20):G 基因存在于雌雄异花同株的雄花中,通过抑制 A 基因而起着双重作用,既抑制心皮发育又促进雄蕊发育;而在雌花中,G 基因不表达(图 5-20,浅灰色字母),从而允许 A 基因的表达和心皮发育的启动同时阻断了雄蕊的发育。在两性花植株中,由于缺少 G 基因,心皮得以发育,允许变异体(a)的表达。但由于 a 的活性中心发生了一个氨基酸的取代,从而降低了其作用功能,因此这个变异体的雄蕊照常发育而不被抑制(Martin et al.,2009)。

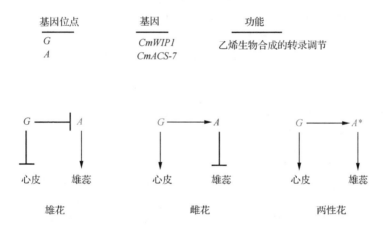

图 5-20　甜瓜的性别决定模式(Chuck,2010)

该模式是基于 A 基因和 G 基因的表达模式而提出的(Martin et al.,2009)。其中 G 基因是心皮发育的抑制因子,而 A 基因是雄蕊抑制因子。浅灰色字母表示失活,A^* 等位基因表示 A 基因的活性中心发生了一个氨基酸取代,而使其功能降低。因此不再起抑制雄蕊的作用(Boualem et al.,2008)

5.3.4　性别决定的表观遗传调控

表观遗传是研究没有 DNA 序列变化的可遗传基因表达的改变。它主要通过 DNA 的甲基化、组蛋白修饰、染色质重塑和非编码 RNA 调控等方式控制基因表达(Finnegan et al.,2000)。表观遗传学和遗传学系统既相互区别又彼此影响,相辅相成地共同确保细胞的正常功能。例如,副突变(paramutation)是一种表观遗传,它于 20 世纪 50 年代首次在玉米中被发现,后来又在其他植物和真菌中被发现,副突变是具有同一基因座的两个等位基因之间的相互作用,它导致其中一个等位基因发生一个可遗传的变化。这种一个等位基因被另一个等位基因在转录水平上沉默的副突变现象,其机制涉及配子与合子之间的 RNA 转移,目前已证实作为遗传信息的存储地点,或起基因表达调控作用的微小RNA(microRNA)参与了植物发育中的各种不同类型的表观遗传调控(见第 6 章 6.4 节)。

　　表观遗传也参与植物的性别决定,但被研究的例子不多。白麦瓶草是典型的雌雄异株植物,如果将这些植株用 5-氮胞苷(5-azacytidine)处理,将引起雄株的超甲基化,导致有 21% 的雄株转变成雄花两性花同株的植物,而这种处理对雌株性别无影响。被转变成雄花两性花同株的染色体组型都是典型雄性(24 对常染色体＋ XY),但它们所开的雄花和两性花都带嵌合性;同时,两性花还呈现不同程度的雌蕊发育和种子的形成。通过甲基化的测定表明,在用 5-氮胞苷处理过的植株中的基因组 DNA 具有 CG 碱基的双联体序列都发生了显著的超甲基化,但在 CNG 三联体中却只发生少量的超甲基化。当只用雄花两性花同株植株的花粉为供体时,这种由单性转变为双性的品性可连续遗传两个世代,这种性别的逆转以不完全的外显率进行遗传(图 5-21),因此,称之为全雄遗传(holandric inheritance)。用组蛋白的乙酰转移酶抑制剂(histone acetyltransferase inhibitor)也可能诱导这类性别转变(Negrutiu et al.,2001)。从这些研究结果可知,性别决定基因也受表观遗传的严格调控(Vyskot,1999)。根据雄花两性花这一单亲遗传模式,这种性别逆转可能源于两种机制:①可能是 5-氮胞苷处理抑制了 Y 染色体连锁的雌性抑制基因的表达;②可能是通过基因组印记机制对常染色体中雌性决定或促进雌性决定的基因表达进行了遗传性地激活(这种基因可通过雌性的减数分裂传代)(Janousek et al.,1996)。

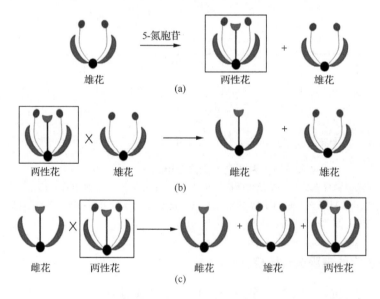

图 5-21　用 5-氮胞苷处理白麦瓶草诱导 DNA 超甲基化而导致花性别的转变

(Kejnovsky and Vyskot,2010)

(a) 雄花转变为两性花;(b) 这种现象不在雌花中发生;(c) 雄花的这种性别转变以不完全的外现率和各种程度的表达被遗传

　　植物基因组中有一大部分是转座元件,它们可进行表观遗传的修饰(常见的是通过基因组 DNA 甲基化扩散)影响其连锁基因的表达。在雌性甜瓜中已发现一个属于 *hAT* 家族的 DNA 转座子,命名为 *Gyno-hAT*。通过对 *Gyno-hAT* DNA 甲基化状态的研究发现,在 *Gyno-hA* 邻近处的三个基因 *ORF2*、*ORF3* 和 *ORF4*,只有与之相隔少于 1.5kb 的 *ORF3* 发生了甲基化;*Gyno-hAT* 的存在是 *ORF3* 发生甲基化的前提条件。甜瓜雌株上的雌花有时会成为带有雄蕊的花(胚珠也减少),这种表型的变化与其所在 *ORF3* 的甲基化相关。进一步研究发现,雌株中的 *ORF3* 的启动子区(转录起点的上游)存在严重的甲基化,在一组碱基 CGN 前后的序列中甲基化的胞嘧啶占 97%。*ORF3* 基因编码一个乙烯锌指蛋白转录因子(属 WIP 蛋白的亚家族),即 *CmWIP1*。如在上一节中所述,是 *CmACS-7*(*a* 基因座)和 *CmWIP1*(*g* 基因座)这两个基因的相互作用控制着甜瓜的雄花、雌花和两性花的发育。如果甜瓜 G 基因座(转录因子基因 *CmWIP1*)的启动区插入转座子 *Gyno-hAT*,可使雌性株系的雄花变成雌花。这种花性别的转变是由于 *Gyno-hAT* 转座子的插入,从而使 *CmWIP1* 的启动子启动和维持 DNA 甲基化的扩散所致,因此甜瓜中这一性别转换是受表观遗传控制(Martin et al.,2009)。

参 考 文 献

白书农,许智宏. 2010. 从"乙烯促雌"到"乙烯抑雄":黄瓜单性花非正常器官发育命运研究的回顾. 中国科学:生命科学,40:469-475.

李征,司龙亭. 2007. 黄瓜植株花性型决定主效基因研究进展. 分子植物育种,5:75-79.

马庆生. 1999. 生物学大辞典. 南宁:广西科学技术出版社:748-920.

Achard P,et al. 2008. Plant DELLAs restrain growth and promote survival of adversity by reducing the levels of reactive oxygen species. Curr Biol,18:656-660.

Acosta I F, et al. 2009. Tasselseed1 is a lipoxygenase affecting jasmonic acid signaling in sex determination of maize. Science,323:262-265.

Ainsworth C C, et al. 1999. Sex determination by X:autosome dosage:*Rumex acetosa* (sorrel). *In*:Ainsworth C C. Sex Determination in Plants. Oxford:Bios ScientifcPublishers:121-136.

Allen C E. 1940. The genotypic basis of sex-expression in angiosperms. The Botanical Review,6:227-300.

Atanassov I, et al. 2001. A putative monofunctional fructose-2,6-bisphosphate gene is located on X and Y sex chromosomes in white campion (*Silene latifolia*). Mol Biol Evol,18:2162-2168.

Bachtrog D. 2004. Evidence that positive selection drives Y-chromosome degeneration in *Drosophila miranda*. Nature Genet,36:518-522.

Bensen R J, et al. 1995. Cloning and characterizatin of the maize An1 gene. Plant Cell,7:75-84.

Bergero R, et al. 2007. Evolutionary strata on the X chromosomes of the dioecious plant *Silene latifolia*:evidence from new sex-linked genes. Genetics,175:1945-1954.

Bortiri E et al. 2006. *ramosa2* encodes a lateral organ boundary domain protein that determines the fate of stem cells in branch meristems of maize. Plant cell,18:574-585.

Bortiri E, Hake S. 2007. Flowering and determinacy in maize. J Exp Bot,58:909-916.

Boualem A, et al. 2008. A Conserved mutation in an ethylene biosynthesis enzyme Leads to Andromonoecy in Melons. Science,321:836-838.

Boualem A, et al. 2009. A Conserved ethylene biosynthesis enzyme leads to andromonoecy in two cucumis species. PLoS ONE,4:e6144.

Buzek J, et al. 1997. Isolation and characterization of X chromosome-derived DNA sequences from a dioecious plant *Melandrium album*. Chromosome Res,5:57-65.

Calderon-Urrea A, Dellaporta S L. 1999. Cell death and cell protection genes determine the fate of pistils in maize. Development, 126:435-441.

Cermak T, et al. 2008. Survey of repetitive sequences in *Silene latifolia* with respect to their distribution on sex chromosomes. Chromosome Res, 16: 961-976.

Chailakhyan M K. 1979. Genetic and hormonal regulation of growth, flowering, and sex expression in plants. Amer J Bot, 66:717-736.

Charlesworth B. 1994. The effect of background selection against deleterious mutations on weakly selected, linked, variants. Genetical Research, 63: 213-227.

Charlesworth B, Charlesworth D. 2000. The degeneration of Y chromosomes. Philos Trans R Soc Lond Ser B, 355: 1563-1572.

Charlesworth D. 2002. Plant sex determination and sex chromosomes. Heredity, 88: 94-101.

Charlesworth D, Charlesworth B. 2005. Sex chromosomes: evolution of the weird and wonderful. Curr Biol, 15: R129-R131.

Charlesworth D. 2008. Plant sex chromosomes. Genome Dyn,4:83-94.

Cheng P C, Greyson R I, Walden D B. 1983. Organ initiation and the development of unisexual flowers in the tassel and ear of Zea mays. Am J Bot, 70:450-462.

Crawford B, Ditta G, Yanofsky M. 2007. The *NTT* gene is required for transmitting-tract development in carpels of *Arabidopsis thaliana*. Curr Biol, 17:1101-1108.

Chuck G. 2010. Molecular mechanisms of sex determination in monoecious and dioecious plants. Advances in Botanical Research, 54:54-83.

Chuck G, Candela H, Hake S. 2009. Big impacts by small RNAs in plant development. Curr Opin Plant Biol, 12: 81-86.

Chuck G, et al. 2007a. The heterochronic maize mutant Corngrass1 results from overexpression of a tandem micro RNA. Nature Genet, 39: 544-549.

Chuck G, Meeley R, Hake S. 2008. Floral meristem initiation and meristem cell fate are regulated by the maize *AP2* genes ids1 and sid1. Development, 135:3013-3019.

Chuck G, et al. 2007b. The maize tasselseed4 microRNA controls sex determination and meristem cell fate by targeting Tasselseed6/indeterminate spikelet1. Nature Genet, 39:1517-1521.

Dellaporta S L, Calderon-Urrea A. 1994. The sex determination process in maize. Science, 266:1501-1505.

Delichere C, et al. 1999. *SlY1*, the first active gene cloned from a plant Y chromosome, encodes a WD-repeat protein. EMBO J, 18: 4169-4179.

DeLong A, Calderon-Urrea A, Dellaporta S L. 1993. Sex determination gene *TASSELSEED 2* of maize encodes a short-chain alcohol dehydrogenase required for stage-specific floral organ abortion. Cell, 74: 757-768.

Deputy J C, et al. 2002. Molecular markers for sex determination in papaya (*Carica papaya* L.). Theor Appl Genet, 106:107-111.

Drews G N, Bowman J, Meyerowitz E M. 1991. Negative regulation of the *Arabidopsis* homeotic gene *AGAMOUS* by the APET ALA2 product. Cell, 65: 991-1002.

Erhard K F, et al. 2009. RNA polymerase IV functions in paramutation in Zea mays. Science, 323:1201-1205.

Filatov D A. 2005a. Evolutionary history of *Silene latifolia* sex chromosomes revealed by genetic mapping of four genes. Genetics, 170: 975-979.

Filatov D A. 2005b. Substitution rates in a new *Silene latifolia* sexlinked gene, SlssX/Y. Mol Biol Evol, 22:402-408.

Finnegan E J, Peacock W J, Dennis E S. 2000. DNA methylation, a key regulator of plant development and other processes. Curr Opin Genetics Dev, 10: 217-223.

Frankel R, Galun E. 1977. Pollination Mechanisms, Reproduction and Plant Breeding. Heidelberg: Springer-Verlag: 141-157.

Fujioka S，et al. 1988. The dominant non-gibberellin-responding dwarf（*D8*）of maize accumulates native gibberellins. PNAS，85：9031-9035.

Gorelick R. 2005. Theory for why dioecious plants have equal length sex chromosomes. Am J Bot，92：979-984.

Grabowska-Joachimia K A，Joachimia K A. 2002. C-banded karyotypes of two *silence* species with heteronorphic sex chromosomes. Genome，45：243-252.

Grant M C，Mitton J B. 1979. Elevational gradients in adult sex-ratios and sexual-differentiation in vegetative growth rates of Populus tremuloides. Evolution，33：914-918.

Guttman D S，Charlesworth D. 1998. An X-linked gene with adegenerate Y-linked homologue in a dioecious plant. Nature，393：263-266.

Hao Y J，et al. 2003. DNA damage in the early primordial anther is closely correlated with stamen arrest in the female flower of cucumber（*Cucumis sativus* L.）. Planta，217：888-895.

Harberd N P，Freeling M. 1989. Genetics of dominant gibberellin-insensitive dwarfism in maize. Genetics，121：827-838.

Hofmeyr J D J. 1938. Genetic studies of *Carica papaya* L. S Afr J Sci，35：300-304.

Hofmeyr J D J. 1967. Some genetic breeding aspects of *Carica papaya* L. Agron Trop，17：345-351.

Horovitz S，Jiménez H. 1967. Cruzamientos interespecíficos e intergenéricos en Caricaceas y sus implicaciones fitotécnias. Agronomía Tropical，17：323-343.

Howell E C，Armstrong S J，Filatov D A. 2009. Evolution of neo-sex chromosomes in *Silene diclinis*. Genetics，182：1109-1115.

Huang S，et al. 2009. The genome of the cucumber，*Cucumis sativus* L. Nature Genetics，41：1275-1281.

Hultquist J，Dorweiler J. 2008. Feminized tassels of maize *mopl* and *tsl* mutants exhibit altered levels of miR156 and specific SBP-box genes. Plant，229：99-131.

Irish E E，Langdale J A，Nelson T M. 1994. Interactions between tasselseed genes and other sex determining genes in maize. Dev Genet，15：155-171.

Ishiguro S，et al. 2001. The *DEFECTIVE IN ANTHER DEHISCIENCE* gene encodes a novel phospholipase A1 catalyzing the initial step of jasmonic acid biosynthesis，which synchronizes pollen maturation，anther dehiscence，and flower opening in *Arabidopsis*. Plant Cell，13：2191-2209.

Ito T，et al. 2007. The homeotic protein AGAMOUS controls late stamen development by regulating a jasmonate biosynthetic gene in Arabidopsis. Plant Cell，19：3516-3529.

Jackson D，Veit B，Hake S. 1994. Expression of maize *KNOTTED1* related homeobox genes in the shoot apical meristem predicts patterns of morphogenesis in the vegetative shoot. Development，120：405-413.

Jaarola M，Martin R H，Ashley T. 1998. Direct evidence for suppression of recombination within two pericentric inversions in humans：a new sperm-FISH technique. Am J Hum Genet，63：218-224.

Jamsari A，et al. 2004. BAC-derived diagnostic markers for sex determination in *Asparagus*. Theor Appl Genet，108：1140-1146.

Janousek B，Mrackova M. 2010. Sex chromosomes and sex determination pathway dynamics in plant and animal models. Biol J Linnean Soc，100：737-752.

Janousek B，Siroky J，Vyskot B. 1996. Epigenetic control of sexual phenotype in a dioecious plant，*Melandrium album*. Mol Gen Genet，250：483-490.

Kamachi S，et al. 1997. Cloning of a cDNA for a 1-aminocyclopropane-1-carboxyliate synthase that is expressed during development of female flowers at the apices of *Cucumis sativus* L. Plant Cell Physiol，38：1197-1206.

Kazama Y，et al. 2009. A SUPERMAN-like gene is exclusively expressed in female flowers of the dioecious plant *Silene latifolia*. Plant Cell Physiol，50：1127-1141.

Kejnovsky E，et al. 2009. The role of repetitive DNA in structure and evolutionof sex chromosomes in plants. Heredity，102：533-541.

Kejnovsky E, et al. 2001. Localization of male-specifically expressed *MROS* genes of *Silene latifolia* by PCR on flow-sorted sex chromosomes and autosomes. Genetics, 158: 1269-1277.

Kejnovsky E, Vyskot B. 2010. *Silene latifolia*: The classical model tostudy heteromorphic sex chromosomes. Cytogenet Genome Res, 129:250-262.

Kenigsbuch D, Cohen Y. 1990. The inheritance of gynoecy in muskmelon. Genome, 33:317-320.

Kihara H, Ono T. 1925. The sex-chromosomes of rumex acetosa. Molecular and General Genetics MGG, 39:1-7.

Kim J C, et al. 2007. Cell cycle arrest of stamen initials in maize sex determination. Genetics, 177:2547-2551.

Klucher K M, et al. 1996. The *AINTEGUMENTA* gene of *Arabidopsis* required for ovule and female gametophyte development is related to the floral homeotic gene *APETALA2*. Plant Cell, 8:137-153.

Lauter N, et al. 2005. microRNA172 down-regulates glossy15 to promote vegetative phase change in maize. PNAS, 102:9412-9417.

Lengerova M, et al. 2003. The sex chromosomes of *Silene atifolia* revisited and revised. Genetics, 165: 935-938.

Lebel-Hardenack S, et al. 2002. Mapping of sex determination loci on the white campion (*Silene latifolia*). Y chromosome using amplified fragment length polymorphism. Genetics, 160: 717-725.

Lebel-Hardenack S, Grant S R. 1997. Genetics of sex determination in flowering plants. Trend in Plant Sci, 2: 130-136.

Lebel-Hardenack S, et al. 1997. Conserved expression of a *TASSELSEED2* homolog in the tapetum of the dioecious *Silene latifolia* and *Arabidopsis thaliana*. Plant J, 12:515-526.

Le Roux L, Kellogg E. 1999. Floral development and the formation of unisexual spikelets in the *Andropogoneae* (*Poaceae*). Am J Bot, 86: 354-366.

Lee D Y, et al. 2006. The rice heterochronic gene *SUPERNUMERARY BRACT* regulates the transition from spikelet meristem to floral meristem. Plant J, 49: 64-78.

Li D, et al. 1997. Evidence for a common sex determination mechanism for pistil abortion in maize and in its wild relative Tripsacum. PNAS, 94:4217-4222.

Li Z, et al. 2009. Molecular isolation of the M gene suggests that a conserved-residue conversion induces the formation of bisexual flowers in cucumber plants. Genetics, 182: 1381-1385.

Liu Z, et al. 2004. A primitive Y chromosome in papaya marks incipient sex chromosome evolution. Nature, 427:348-352.

Ma H, et al. 2004. High-density linkage mapping revealed suppression of recombination at the sex determination locus in papaya. Genetics, 166:419-436.

Malcomber S T, Kellogg E A. 2006. Evolution of unisexual flowers in grasses (*Poaceae*) and the putative sex-determination gene, *TASSELSEED2* (*TS2*). New Phytol, 170: 885-899.

Marais G A B, et al. 2008. Evidence for degeneration of the Y chromosome in the dioecious plant *Silene latifolia*. Curr Biol, 18: 545-549.

Martin A, et al. 2009. A transposon-induced epigenetic change leads to sex determination in melon. Nature, 461: 1135-1138.

Mathieu J, et al. 2009. Repression of flowering by the miR172 target SMZ. PLoS Biol, 7: e1000148.

Matsunaga S, Kawano S, Kuroiwa T. 1997. *MROS1*, amale stamen-specific gene in the dioecious campion *Silene latifolia* is expressed in mature pollen. Plant Cell Physiol, 38: 499-502.

Matsunaga S, et al. 2003. Duplicative transfer of a *MADS* box gene to a plant Y chromosome. Mol Biol Evol, 20: 1063-1068.

McVean G A, Charlesworth B. 2000. The effects of Hill-Robertson interference between weakly selected mutations on patterns of molecular evolution and variation. Genetics, 155: 929-944.

Mibus H, Tatlioglu T. 2004. Molecular characterization and isolation of the F/f gene for femaleness in cucumber (*Cucumis sativus* L.). Theor Appl Genet, 109:1669-1676.

Ming R, et al. 2008. The draft genome of the transgenic tropical fruit tree papaya (*Carica papaya* Linnaeus). Nature, 452: 991-996.

Ming R, Moore P H. 2007. Genomics of sex chromosomes. Curr Opin Plant Biol, 10: 123-130.

Ming R, et al. 2007a. Sex choromasomes in flowering plants. Am J Bot, 94: 141-150.

Ming R, Yu Q, Moore P H. 2007b. Sex determination in papaya. Sem Cell Dev Biol, 18: 401-408.

Moore R C, et al. 2003. Genetic and functional analysis of *DD44*, a sex-linked gene from the dioecious plant *Silene latifolia*, provides clues to early events in sex chromosome evolution. Genetics, 163: 321-334.

Moose S P, Sisco P H. 1996. *glossy15*, an *APETELA2*-like gene from maize that regulates leaf epidermal cell identity. Genes Dev, 10: 3018-3027.

Muller H J. 1932. Some genetic aspects of sex. Am Nat, 66: 118-138.

Mustyatsa S I, Miku V E. 1975. Phenotypic descriptions of double homozygotes in terms of certain sex genes in maize. Genetika, 11: 10-14.

Navarro L, et al. 2008. DELLAs control plant immune responses by modulating the balance of jasmonic acid and salicylic acid signaling. Curr Biol, 18: 650-655.

Navajas-Pérez R, et al. 2005. The evolution of reproductive systems and sex-determining mechanisms within *Rumex* (*Polygonaceae*) inferred from nuclear and chloroplastidial sequence data. Mol Biol Evol, 22: 1929-1939.

Negrutiu I, et al. 2001. Dioecious plants. A key to the early events of sex chromosome evolution. Plant Physiol, 127: 1418-1424.

Nicolas M, et al. 2005. A gradual and ongoing process of recombination restriction in the evolutionary history of the sex chromosomes in dioecius plants. PLoS Biology, 3: 47-56.

Nickerson N H, Dale E E. 1955. Tassel modifications in *Zea mays*. Ann MO Bot Gard, 42: 195-211.

Nobuta K, et al. 2008. Distinct size distribution of endogeneous siRNAs in maize: evidence from deep sequencing in the *mop1*-1 mutant. PNAS, 105: 14958-14963.

Noguera F J, et al. 2005. Development and mapp ing of a codominant SCAR marker linked to the androm onoecious gene of melon. Theor Appl Genet, 110: 714-720.

Neuffer M G, Coe E H, Wessler S R. 1997. Mutants of Maize. Plainview, New York: Cold Spring Harbor Laboratory Press.

Okamuro J K, et al. 1997. Photo and hormonal control of meristem identity in the *Arabidopsis* flower mutants *apetala2* and *apetala1*. Plant Cell, 9: 37-47.

Parasnis A S, Gupta V S, Tamhankar S A. 2000. A highly reliable sex diagnostic PCR assay for mass screening of papaya seedlings. Molecular Breeding, 6: 337-344.

Parasnis A S, Ramakrishna W, Chowdari K V. 1999. Microsatellite (GATA)$_n$ reveals sex-specific differences in papaya. Theor Appl Genet, 99: 1047-1052.

Parkinson S E, Gross S M, Hollick J B. 2007. Maize sex determination and abaxial leaf fates are canalized by a factor that maintains repressed epigenetic states. Dev Biol, 308: 462-473.

Peng J, et al. 1999. Green revolution' genes encode mutant gibberellin response modulators. Nature, 400: 256-261.

Phinney B O. 1984. Gibberellin A1 Dwarfism and the Control of Shoot Elongation in Higher Plants. Cambridge: Cambridge University Press.

Pomiankowski A, et al. 2004. The evolution of the *Drosophila* sex-determination pathway. Genetics, 166: 1761-1773.

Poole C F, Grimball P C. 1939. Inheritance of new sex forms in *Cucumis melo* L. J Hered, 30: 21-25.

Renner S S, Ricklefs R E. 1995. Dioecy and its correlates in the flowering plants. Am J Bot, 82: 596-606.

Rejón R, et al. 1994. Cytogenetic and molecular analysis of the multiple sex chromosome system of *Rumex acetosa*. Heredity, 72: 209-215.

Rice W R. 1987a. The accumulation od sexually antagonistic genes as a selective agent promoting the evolution of reduced recombination between primitive sex-chromosome. Evolution, 41:911-914.

Rice W R. 1987b. Genetic hitchhiking and the evolution of reduced genetic activity of the Y sex chromosome. Genetics, 116: 161-167.

Rood S, Pharis R, Major D. 1980. Changes of endogenous gibberellin-like substances with sex reversal of the apical inflorescence of corn. Plant Physiol, 66:793-796.

Ross M T, et al. 2005. The DNA sequence of the human X chromosome. Nature, 434:325-337.

Rottenberg A, Nevo E, Zohary D. 2000. Genetic variability in sexually dimorphic and monomorphic populations of *Populus euphratica* (*Salicaceae*). Can J Forest Res, 30: 482-486.

Saito S, et al. 2007. Correlation between development of female flower buds and expression of the CS-ACS2 gene in cucumber plants. J Exp Bot, 58:2897-2907.

Schmidt R J, et al. 1993. Identification and molecular characterization of ZAG1 the maize homolog of the *Arabidopsis* floral homeotic gene *AGAMOUS*. Plant Cell, 5:729-737.

Schmidt T. 1999. LINEs, SINEs and repetitive DNA: non-LTR retrotransposons in plant genomes, Plant Mol Biol, 40: 903-910.

Schultz E A, Haughn G W. 1993. Genetic analysis of the floral initiation process (FLIP) in *Arabidopsis*. Development, 119:745-765.

Seefelder S, et al. 2000. Male and female genetic linkage map of hops, *Humulus lupulus*. Plant Breed, 119:249-255.

Shibata F, Hizume M, Kuroki Y. 1999. Chromosome painting of Ychromosomes and isolation of a Y chromosome-specific repetitive sequence in the dioecious plant *Rumex acetosa*. Chromosome, 108:266-270.

Shibata F, Hizume M, Kuroki Y. 2000. Differentiation and the polymorphic nature of the Y chromosome revealed by repetitive sequences in the dioecious plant, *Rumex acetosa*. Chromosome Res, 8: 229-236.

Skaletsky H, et al. 2003. The male-specific region of the human Y chromosome is a mosaic of discrete sequence classes. Nature, 423:825-837.

Smith B W. 1963. The mechanism of sex determination in *Rumex hastatulus*. Genetics, 48: 1265-1288.

Sondur S N, Manshardt R M, Stiles J I. 1996. A genetic linkage map of papaya based on randomly amplified polymorphic DNA markers. Theor Appl Genet, 93:547-553.

Stephen L D, Alejandro C-U. 1993. Sex determination in flowering plants. Plant Cell, 5:1241-1251.

Steinemann S, Steinemann M. 2005. Y chromosomes: born to be destroyed. BioEssays, 27: 1076-1083.

Storey W B. 1953. Genetics of papaya. J Hered, 44:70-80.

Storey W B. 1938. Segregations of sex types in Solo papaya andtheir application to the selection of seed. Proc Am Soc Hort Sci, 35: 83-85.

Trebitsh T, Staub J E, O'Neill S D. 1997. Identification of a 1-aminocyclopropane-1-carboxylic acid synthase gene linked to the female (F) locus that enhances female sex expression in cucumber. Plant Physiol, 113:987-995.

Tuskan G A, et al. 2006. The genome of black cottonwood, *Populus trichocarpa* (Torr. &Gray). Science, 313: 1596-1604.

Urasaki N, et al. 2002. A male and hermaphrodite specific RAPD marker for papaya (*Carica papaya L.*). Theor Appl Genet, 104:281-285.

Vyskot B. 1999. The role of DNA methylation in plant reproductive development. *In*: Ainsworth CC. Sex Determination in Plants. Oxford: Bios Scientific Publishers Ltd: 101-120.

Wasternack C. 2007. Jasmonates: an update on biosynthesis, signal transduction and action in plant stress response, growth and development. Ann Bot, 100: 681-697.

Westergaard M. 1958. The mechanism of sex determination in dioecous plants. Adv Genet, 9:217-281.

Wilby A S. 1987. Population cytology of *Rumex acetosa*. PhD These, University of London:350.

Wilby A S, Parker J S. 1988. Recurrent patterns of chromosome variation in a species group. Heredity, 61: 55-62.

Wu G, et al. 2009. The sequential action of miR156 and miR172 regulates developmental timing in *Arabidopsis*. Cell,

138:750-759.

Wu T, et al. 2010. Transcriptome profile analysis of floral sex determination in cucumber. J Plant Physiol, 67: 905-913.

Wu X, et al. 2007. Biochemical characterization of TASSELSEED2, an essential plant short-chain dehydrogenase/reductase with broad spectrum activities. FEBS J, 274: 1172-1182.

Yamasaki S, et al. 2001. The M locus and ethylene-controlled sex determination in andromonoecious cucumber plants. Plant Cell Physiol, 42:608-619.

Yin T, Quinn J A. 1995. Tests of a mechanistic model of one hormone regulating both sexes in *Cucumis sativus* (*Cucurbitaceae*). Am J Bot, 82:1537-1546.

Yin T, et al. 2008. Genome structure and emerging evidence of an incipient sex chromosome in *Populus*. Genome Research, 18: 422-430.

Young T E, Giesler-Lee J, Gallie D R. 2004. Senescence-induced expression of cytokinin reverses pistil abortion during maize flower development. Plant J, 38:910-922.

Yu H, et al. 2004. Floral homeotic genes are targets of gibberellin signaling in flower development. PNAS, 101:7827-7832.

Yu Q, et al. 2008. Low X/Y divergence in four pairs of papaya sex-linked genes. Plant J, 53:124-132.

Yu Q, et al. 2007. Chromosomal location and gene paucity of the male specific region on papaya Y chromosome. Mol. Genet. Genomics, 278:177-185.

Zhao L, et al. 2007. Mir172 regulates stem cell fate and defines the inner boundary of *APETALA3* and *PISTILLATA* expression domain in *Arabidopsis* floral meristems. Plant J, 51: 840-849.

Zluvova J, et al. 2005. Comparison of the X and Y chromosome organization in *Silene latifolia*. Genetics, 170: 1431-1434.

Zluvova J, et al. 2007. Early events in the evolution of the *Silene latifolia* Y Chromosome: male specialization and recombination arrest. Genetics, 177: 375-386.

Zluvova J, et al. 2008. Sex determining pathways in *Silene latifolia*. In: Bernasconi G, Goudet J, Widmer A. *Silene*: From Populations to Genes (program and abstracts of the conference). Ascona: Unil & ETHZ: 36.

第 6 章　配子发生和配子体的发育

6.1　小孢子发生及雄配子体的发育

高等植物的生命周期经历着从二倍体孢子体世代(sporophytic generation)交替到单倍体配子体世代(gametophytic generation)的循环。这种世代交替过程是通过配子体的分化和受精作用实现的。有花植物有两种形态不同的配子体:雄配子体(male gametophyte)和雌配子体(female gametophyte)。雄配子体产生雄配子体或精子细胞,而雌配子体形成雌配子或卵细胞。

配子体发生过程形成了单倍体的雌、雄配子,而受精作用使单倍体的雌、雄配子结合形成新的二倍体世代,产生新一代的孢子体,孢子体最终产生生殖器官。

在生殖器官雄蕊中形成雄配子体可区分为两个阶段:小孢子发生(microsporogenesis)和小配子(雄配子)发生(microgametogenesis)。小孢子发生时,单倍体的花粉母细胞(pollen mother cell)经过有丝分裂形成单倍体小孢子的四分体(tetrad),随之从四分体中释放出单细胞的小孢子时,该过程即告结束。小孢子的释放是在雄蕊花药内层的营养层,即绒毡层(tapetum)分泌的混合酶活性的作用下完成的。因此,要了解雄配子体及其雄配子的发育,必须先认识花药的基本结构及其分化和发育的特征过程。

6.1.1　花药及其发育

一个典型的花药(anther)具有两个药爿(lobed organ),每个药爿带两个子囊腔(也称花粉囊或小孢子囊)。因此,花药共有功能性的 2～4 个小孢子囊。在两个药爿的中间存在一个维管束。

花药由数种不同的细胞层组成[图 6-1(a)、(c)],每个药爿包含 4 类体细胞,即包裹着花粉母细胞的表皮、药壁内层(endothecium)、中层(middle layer)和绒毡层细胞[图 6-1(a)]。在这 4 类细胞中,除表皮来自 L1 层细胞外,其他均来自 L2 层细胞。

在花药小孢子囊中形成小孢子的级联过程即为小孢子发生,其所产生的孢子称为小孢子(microspore)。小孢子发育成精细胞及其祖细胞的小配子体或花粉粒的过程即为小配子发生。尽管小孢子发生和配子发生是一个不间断的过程,但在这些过程中也会出现遗传缺陷导致花粉败育或所形成的花药带有无活力花粉的现象,称为雄性不育现象。从实践的角度上看,雄性不育(male sterility)类似于去雄(花)作用,在育种实践上通常利用遗传工程导入雄性不育因子而进行作物的遗传改良。因此,人们对花药的发育不仅从了解花器官发育的角度,也从植物遗传改良的角度进行了大量的研究。

通常,花药的发育是在花药原基中的下表皮(hypodermal cell)平周分裂开始的,并在每个花药原基的隅角处形成孢原细胞(archesporial cell)。然后,按如图 6-2 所示的途径,

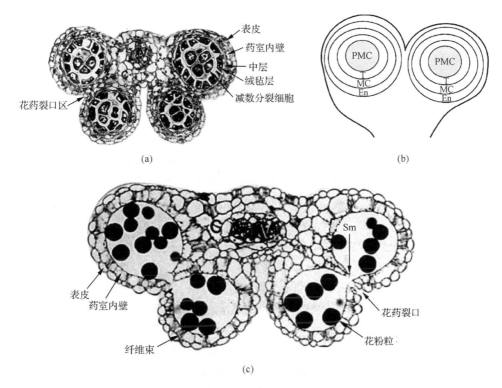

图 6-1 拟南芥花药组织切片图及其细胞层位置示意图(Sanders et al. , 1999; Wilson and Zhang, 2009)
(a) 处于发育阶段 6 的花药(发育阶段的划分参见表 6-1);(b) 细胞层位置示意图;(c) 处于发育阶段 12 的花药;
连结组织(connective);En:药室内壁(endothecium);MC:中层(middle cell layer);PMC:花粉母细胞(pollen mother cell);T:绒毡层;Sm:隔膜(septum);V:维管束区(vascular region)

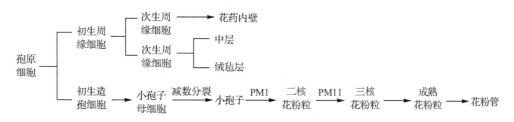

图 6-2 植物雄性生殖细胞分化发育过程(杨克珍和叶德,2007)

由孢原细胞的有丝分裂形成了不同的细胞层和细胞类型;孢原细胞分裂先形成两层细胞,即内层初生造孢细胞(primary sporogenous cell)和外层初生周缘细胞(primary parietal cell)。初生造孢细胞经历数次分裂形成小孢子母细胞(microspore mother cell)(也称花粉母细胞),小孢子母细胞经过减数分裂形成小孢子(microspore),最终发育成成熟的花粉粒;由孢原细胞所衍生的另一个细胞,即初生周缘细胞通过一系列的分裂形成花药壁细胞层(孢子体组织细胞层),首次分裂形成药室内壁和次生周缘细胞(secondary parietal cell),然后由次生周缘细胞再分裂形成中层和绒毡层(Scott et al. , 2004),最后形成的是由绒毡层、中层,药室内壁和外表皮所包裹的雄配子体(花粉粒)[图 6-1(b)]。在拟南芥中,已发现由这些包裹雄配子体的某些细胞层畸变形成了雄性不育突变体,表明这些细胞层对功能性花粉的发育及其花粉的释放十分重要(Sanders et al., 1999;Wilson and Zhang, 2009)。

1. 雄蕊和花药的发育

雄蕊由上、下两部分组成,上部分称为花药,发育出花粉粒;下部分称为花丝(filament)与维管体系连接并有助于雄蕊伸展。雄蕊的发育过程包括孢子体和配子体组织之间一系列复杂而相互协调的作用。对这些组织中细胞类型特异性缺陷的突变体进行分析表明,花药组织和配子体组织对功能性花粉的发育都有重要的作用。这里以水稻和拟南芥为例进一步叙述雄蕊、花药及其花粉粒的发育。

成熟的水稻花药长不足 3mm,宽为 0~5mm,由 3 层同心层细胞壁的二倍体细胞组成,由外到内分别为表皮、药室内壁、中层和绒毡层。花药包含一个可形成 1200~1500 个花粉粒的药室(locule)。水稻花药的早期发育被分为 6 个阶段(图 6-3)(Raghavan, 1989)。最初,花药呈现一种柱状结构[图 6-3(a),横切面],其中有一团外围包裹一层表皮的分生性细胞;不久花药呈现浅裂状并开始形成药爿[图 6-3(b)],沿着药爿隔角处的表皮下聚集着一列或多列较大的细胞,其中包括充满细胞质和可被高度染色的细胞核的细胞,称为孢原细胞(archesporial cell)[图 6-3(b)]。每个孢原细胞平周分裂产生一个位于周边的初生周缘细胞和一个位于内侧的初生造孢细胞[图 6-3(c)]。尽管这两个细胞程序性形成了不同的细胞类型,但它们都来源于同一类细胞,说明它们在个体发育上是密切相关的。初生周缘细胞经过一次垂周和平周分裂形成两层至几层花药外壁的中层和绒毡层内层细胞[图 6-3(e)、(f)]。初生造孢细胞的功能是直接成为小孢子体母细胞(microsporocyte mother cell)或经过分裂形成一群次生造孢细胞(secondary sporogenous cell),其功能与初生造孢细胞相同。小孢子母细胞经过有丝分裂产生单倍体小孢子。因此,在花药发育中配子体和孢子体世代之间的组织是共生(cohabitation)的。

拟南芥花的发育被分为 12 个发育阶段 (Smyth et al., 1990),伴随花瓣的形成,雄蕊发育的启动是在花发育的阶段 5。拟南芥花药发育又被细分为 15 个阶段(Sanders et al., 1999)(如表 6-1、图 6-1 所示的是发育后期部分阶段,如图 6-5 所示是阶段 1~5 的早期发育阶段)。在阶段 1,圆柱形花药原基形成涉及 L1、L2 和 L3 三层细胞;在阶段 2,在 L2 层的 4 个隔角处发生孢原细胞,这些细胞的平周分裂产生一外层的初生周缘细胞层和内层的初生造孢细胞;这一初生造孢细胞经过数轮有丝分裂最终形成了二倍体的性母细胞(meiocyte)。在阶段 3,初生周缘细胞层的两次平周分裂形成了包围造孢细胞的药室内壁、中层和绒毡层区域。在阶段 4,沿着两个开裂口区域发育出 4 个刻裂。在阶段 5,沿着确定的花粉囊和表皮、药室内壁、中层和绒毡层已可见所发生的小孢子母细胞。在阶段 6,中层被压缩和裂解,绒毡层液泡化,小孢子母细胞进入减数分裂。在阶段 7,小孢子母细胞的减数分裂完成,四分体在花药中可游离,绒毡层的细胞壁开始消失。在阶段 8,包围四分体的胼胝质退化,释放出小孢子。在阶段 9,小孢子的外壁发育,并发生液泡化。阶段 10,绒毡层开始退化并持续到花粉不对称有丝分裂,形成了生殖细胞和营养细胞的阶段 11;同时,药室内壁发生次生增厚和扩展,绒毡层降解,花粉开裂口开始分化,形

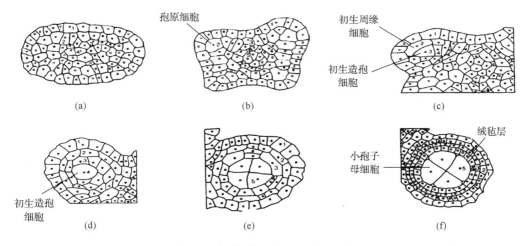

图 6-3　水稻花药发育早期阶段示意图

（横切面,图中数字编号代表发育不同的细胞类型）(Raghavan,1989)

(a) 花药原基的发育阶段。1 是表皮;2 是下表皮;3 是第三层细胞;4 是中间区域。(b) 孢原细胞发育阶段.1 是表皮;2 是孢原细胞;3 是下皮;4 是第三层细胞;5 是中间区域。(c) 初生造孢细胞发育阶段。1 是表皮;2 是初生周缘细胞;3 是初生造孢细胞;4 是围绕初生造孢细胞的细胞层。(d) 三层壁发育阶段。1 是表皮;2 是药室内壁;3 是最内细胞层;4 是初生造孢细胞。(e) 绒毡层分化阶段。1 是表皮;2 是药室内壁;3 是中层;4 是绒毡层;5 是小孢子母细胞。(f) 小孢子母细胞减数分裂准备阶段。1 是表皮;2 是药室内壁;3 是中层;4 是绒毡层;5 是小孢子母细胞。

成了两室花药(anther bilocular)。在阶段 12,生殖细胞进行一次有丝分裂形成两个精细胞,形成三细胞的花粉粒。在阶段 13,药室开裂,释放出花粉粒。在阶段 14,雄蕊衰老。在阶段 15,花脱落。

表 6-1　拟南芥花药发育的主要事件(Sanders et al.,1999)

花药发育的阶段	主要事件和形态标记	产生的组织	花发育阶段	花粉发育阶段
1	柱形的花药原基出现	L1、L2 和 L3 三层细胞	5	
2	在 L2 层 4 个角隅处的细胞中,一个细胞形成孢原细胞,花药原基呈椭圆形	表皮,孢原细胞		
3	4 个角隅处细胞的有丝分裂活性,从孢原细胞产生出初生的周缘细胞和造孢细胞层,它们再次进行细胞分裂分别产生次生周缘细胞和造孢细胞层	表皮,次生周缘细胞层,造孢细胞	7	
4	可见两个正处于发育中的开裂区及其 4 个刻裂的花粉图式的形成,开始维管束的发育	表皮,药室内壁,中层,绒毡层,造孢细胞,药隔和维管	8	
5	已发育成为 4 个清晰的花粉囊。出现花粉的所有细胞类型,花药图式发育完成,出现小孢子母细胞	表皮,药室内壁,中层,绒毡层,小孢子母细胞,药隔和维管	9	3
6	小孢子母细胞进入减数分裂。中层被压碎和退化。绒毡层液泡化,花药总体增大	表皮,药室内壁,中层,绒毡层,性母细胞,药隔和维管		

续表

花药发育的阶段	主要事件和形态标记	产生的组织	花发育阶段	花粉发育阶段
7	减数分裂结束。在每个花粉囊中出现含有游离小孢子的四分体。残存的中层	表皮,药室内壁,中层,绒毡层,四分体,药隔和维管		4
8	包围四分体的胼胝质退化并释放出各小孢子	表皮,药室内壁,绒毡层,小孢子,药隔和维管	10	5
9	花药持续生长与扩大,小孢子产生外壁并液泡化。在透射电镜下可见绒毡层	表皮,药室内壁,绒毡层,小孢子,药隔和维管,隔膜		6~7
10	绒毡层开始退化	表皮,药室内壁,绒毡层,小孢子,药隔和维管,隔膜	11~12	
11	出现花粉有丝分裂,绒毡层退化,药室内壁层扩张,在药隔和药室呈现次生增厚或"纤维带",隔膜细胞开始退化,花粉开裂口开始分化	表皮,药室内壁,绒毡层,花粉粒,药隔,维管和隔膜,花粉开裂口		8~9
12	花药含三个细胞花粉粒,在退化和花粉开裂口下方隔膜破裂后,花药成为两室,在透射电镜下可见花粉开裂口	表皮,药室内壁,花粉粒,药隔和维管,花粉开裂口		10
13	花药沿裂口开裂,释放花粉粒	表皮,药室内壁,花粉粒,药隔和维管	13~14	
14	雄蕊老化,花药结构及其细胞收缩	表皮,药室内壁,药隔和维管	15~16	
15	雄蕊从凋谢的花中脱落		17	

　　从上述可知,单子叶水稻和双子叶拟南芥的花药发育过程基本相似。

2. 绒毡层的发育和降解

　　绒毡层包括分泌性绒毡层(secretory tapetum)和变形性绒毡层(amoeboid tapetum)(Furness et al.,2002)。后者可伸展到花药花粉囊的小孢子中,可直接输送绒毡层成分。分泌性绒毡层更为常见,如小麦、水稻和十字花科植物的绒毡层主要是分泌性绒毡层。绒毡层是植物花药壁细胞中最内的一层细胞,与花粉囊中花粉母细胞直接相邻。该层细胞对花粉的正常发育至关重要,绒毡层发育中的任何一个过程受阻都将导致植物雄性不育。绒毡层细胞为小孢子提供营养,从其胼胝质壁中可分泌一些相关酶释放到未成熟单倍体小孢子中,同时也为花粉外壁(exine)的生物合成提供前体。

　　当花粉外壁形成和小孢子液泡化时,绒毡层细胞就开始退化;当花粉进行减数分裂时,绒毡层的退化即结束。在成熟花粉粒的表面仍保留着大量绒毡层残留脂类的含油层(tryphine)。细胞壁和质膜降解是绒毡层程序死亡的两个主要过程,这些过程对花粉发育所要求的绒毡层产物的分泌都是非常重要的。因此,绒毡层细胞死亡的时间对花粉的发育是非常关键的(Parish and Li,2010)。

1) 绒毡层发育的细胞学变化

对多种植物绒毡层发育和降解的研究结果表明,绒毡层发育所经历的细胞形态学的变化都是非常相似的。最早被研究的是燕麦绒毡层,燕麦新合成的绒毡层细胞壁是典型的初生纤维素壁。绒毡层细胞通过胞间连丝与花粉母细胞相连。一旦包裹四分体的胼胝质壁伸展,与花粉母细胞邻接的绒毡层切向壁就开始降解,随即径向和外切向壁开始降解。在减数分裂阶段 1 的晚期,紧接胼胝质壁的初生壁中,原有的精细有序纤维被一种粗纤维和颗粒的松散网状结构所取代(Steer,1977)。同时,绒毡层细胞膜收缩,质膜脱离,液泡和细胞壁相继消失。其中的滴状脂类物质累积于花粉囊细胞的表面,质膜之下的微管一直保留到四分体阶段。燕麦绒毡层细胞质在花粉有丝分裂时开始衰老。在绒毡层中存在着一种叫乌氏体(Ubisch body)的细胞器,由一种称为原微粒体(pro-orbicle)所形成的约为 1mm 直径的球形脂类微粒体组成,并与分泌性的绒毡层相连。已发现在小麦和水稻的乌氏体中具有孢子体所产生的蛋白质,可参与绒毡层壁的降解、花粉外壁的形成、识别蛋白的转运以及花粉鞘物质、孢粉素(sporopollenin)和酶等物质的运输(Wang et al.,2003)。

对 *Lobivia rauschii* [仙人掌科(Cactaceae)植物]和 *Tillandsia albida* [凤梨科(Bromeliaceae)植物]这两种被子植物的绒毡层(属典型分泌性的绒毡层)进行研究,发现当其小孢子处于减数分裂前期时,绒毡层细胞壁消失,这种细胞壁的解离有助于花粉囊的形成,使花粉囊液中累积糖蛋白,并为小孢子的发育提供碳水化合物。在小孢子四分体阶段,绒毡层的内质网增大,液泡融合,在细胞四周有很高的高尔基体活性。在小孢子游离阶段,绒毡层细胞具有双核,核显皱缩,液泡中累积着从细胞质而来的嗜高渗透物质。在绒毡层发育后期,细胞失去其原来的形态,也不存在可见的微管,分布于核四周的染色质凝缩,在细胞质中的滴状脂类沿着微丝束分布,同时出现带有电子密度的质体球。随后,细胞质分解程度增加,滴状脂类相互融合成团,在质膜上出现微粒体(orbicular body)(Papini et al.,1999)。在花粉粒成熟阶段,绒毡层细胞含有大量的脂类球状物,值得注意的是,此时只有线粒体是持续存在的细胞器。

在水稻中,四分体阶段的绒毡层细胞质凝缩,并可被深深地染色。在小孢子体发育的早期阶段绒毡层壁已出现分解,细胞破坏,但线粒体仍然完整存在,并具有带电子密度的基质和扩大的嵴(Li et al.,2006)。

在百合(*Lilium longiflorum*)花药发育的四分体后期阶段,其绒毡层的径向和切向内壁消失(Reznickova and Willemse,1980;Pacini,1990),质粒释放内含物,质粒球和脂粒融合。在小孢子减数分裂前绒毡层细胞即降解,最终质膜裂解,所释放的绒毡层残留物被转变为花粉壁物质。

十字花科植物(如拟南芥)和芸薹属植物的绒毡层中缺少微粒体,代之以内含蛋白质和脂类的一些油质体(elaioplast)和绒毡体(tapetosome)(Wu et al.,1997)。当小孢子母细胞进入减数分裂时,拟南芥绒毡层细胞液泡化,在四分体阶段细胞壁消失,伴随小孢子外壁的形成,绒毡层开始退化。当花粉进行有丝分裂时,绒毡层持续退化,在三核花粉阶段,绒毡层完全消失(Sanders et al.,1999)。

根据现有的研究结果,在带有分泌型绒毡层的物种中,其超微结构的常见发育变化是在小孢子母细胞减数分裂时,绒毡层开始液泡化;在四分体阶段其细胞壁消失,细胞核皱缩和细胞周边染色质凝聚,体积减小,却残留着线粒体;在花粉有丝分裂前绒毡层即解体(Parish and Li,2010)。

2) 绒毡层的程序死亡

在花粉发育的后期,即紧接四分体释放小孢子后和在有丝分裂前,绒毡层就以高度受调控的方式发生降解;这一降解过程具有程序死亡(programmed cell death,PCD)的典型特点,包括细胞质的皱缩及其质壁的分离、染色质的收缩和内质网的肿胀过程(Rogers et al.,2005)。在这些降解的过程中,液泡中的孢粉素前体与质膜融合,并将其成分释放到花粉囊中成为花粉壁的结构成分。此后,绒毡层产生的含油层等物质随着绒毡层的解体而被释放到花粉囊中成为成熟花粉粒的外壳成分。调控绒毡层的降解对花粉的育性非常重要,因为这一过程的异常将导致育性的下降。末端脱氧核糖苷酸转移酶所介导的脲苷二磷酸切口末端标记法(terminal deoxynucleotidyl transferase-mediated UDP nick end-labelling,TUNEL)常被用于测定 DNA 片段化的发生,许多雄性不育突变体都出现绒毡层 DNA 片段化的改变,意味着它们的绒毡层 PCD 失效。例如,拟南芥突变体 ms1(male sterility1)绒毡层的降解推迟,其绒毡层的降解由 PCD 方式变成了以坏死为主的方式(Vizcay-Barrena and Wilson,2006)。水稻突变体 Ostdr(tapetal degeneration retardation)绒毡层的降解被推迟,也显著地推迟了其绒毡层细胞的 PCD,导致花粉壁的沉积及其随后小孢子降解的失败(Zhang et al.,2008)。绒毡层 PCD 的时间准确性也非常重要,启动绒毡层 PCD 的信号被认为最早是在四分体时就开始了(Kawanabe et al.,2006)。

半胱氨酸蛋白酶活性与 PCD 相关,但在植物体系中诱导 PCD 过程的蛋白酶分子属性尚未被确定(Williams and Dickman,2008)。水稻中的半胱氨酸蛋白酶(OsCP1)和蛋白酶抑制物(OsC6)可能直接以 OsTDR(TAPETAL DEGENERATION RETARDATION)为作用靶(Li et al.,2006),从而说明这些酶的活动与绒毡层的 PCD 有关。许多已鉴定的半胱氨酸蛋白酶在 MS1 的下游,但这些蛋白酶是否在突变体 ms1 缺少绒毡层的 PCD 过程中发挥作用目前尚不清楚(Wilson and Zhang,2009)。

6.1.2　花药发育的基因调控

近年来的分子遗传学研究表明,在药爿形成 5 种细胞(4 种体细胞和花粉母细胞)的过程中,细胞分裂和分化时细胞之间的通讯决定着这些细胞发育的命运。花药发育最早的事件之一是在 L2 层细胞中分化出孢原细胞,并由此产生花粉母细胞的前体细胞和药爿内层 3 层体细胞[图 6-1(c)]。

目前已鉴定了许多涉及拟南芥花药发育的转录因子(Wilson and Zhang,2009;Parish and Li,2010)(表 6-2),如图 6-4 所示的是与拟南芥和水稻的花药、绒毡层和花粉发育有关的基因调控网络比较,如图 6-6 所示的是拟南芥 10 个绒毡层发育所要求基因的相互作用。

表 6-2 涉及拟南芥花药发育的转录因子和受体(Parish and Li，2010)

蛋白质	表达模式	突变体表型	在花药发育中的拟定的功能
转录因子 AG（AG-AMOUS）（MADS-box 蛋白）	在原基、绒毡层和花丝中表达	初生孢原细胞不能形成绒毡层和花药内壁细胞层	调节 SPL/NZZ
SPL/NZZ (SPORO-CYTELESS/NOZ-ZLE)	首先在花药原基中表达；在周缘细胞和造孢细胞中都表达；在阶段5,其表达被限制于绒毡层、小孢子体母细胞和性母细胞中	初生造孢细胞不能形成小孢子体母细胞和花药细胞壁层；初生周缘细胞不能形成绒毡层	可能作用于 L2 层细胞而促使孢原细胞分裂,形成造孢细胞及其周围的体细胞组织层；可能控制着为小孢子母细胞和绒毡层分化所要求的基因的表达
AtMYB33 AtMYB65	首先在所有的花药细胞层中表达；随着减数分裂进行,只限于在绒毡层中大量表达	冗余基因；在减数分裂时绒毡层异常,在花粉母细胞发育阶段发生过度生长	绒毡层的分化
DYT1 (DISFUNCTIONAL TAPETUM1)（bHLH)	在阶段 5 的晚期到阶段 6 早期的绒毡层中强烈表达,在性母细胞中低表达	雄性不育,绒毡层细胞扩大或过度液泡化,性母细胞缺少厚层的胼胝质壁,不完成减数分裂时的胞质分裂,出现破坏	调节绒毡层基因的表达
TDF1 (TAPETAL DEVEL-OPMENT AND FUNCTION 1)（MYB）	在绒毡层、性母细胞和小孢子中表达	在阶段 6：中层液泡化,绒毡层不正常的液泡化和增大；过度的绒毡层分裂。小孢子破坏。在阶段 8：四分体被液泡化的绒毡层和中层所包裹	绒毡层后期发育
AMS (ABORTED MICRO-SPORES)	在绒毡层,减数分裂后（也可能在小孢子中）表达	雄性不育,绒毡层细胞变大并液泡化。绒毡层早熟和小孢子退化	绒毡层和小孢子发育
AtMYB103/80	在绒毡层,减数分裂后（阶段7）直到绒毡层开始退化的阶段（阶段9的后期）表达	出现绒毡层细胞壁缺陷；截面损坏；绒毡层降解提早；雄性不育；小孢子发育缺陷	将绒毡层转变成分泌性的绒毡层
MS1 (MALE STERILI-TY 1)（Leu-Zipper, PHD-finger)	在四分体阶段（阶段7）的绒毡层,减数分裂后和在胼胝质开始降解时表达	雄性不育,不形成花粉外壁；绒毡层和小孢子不正常液泡化。在发育的多核和两细胞阶段,不发生绒毡层的程序性细胞死亡,出现由坏死断裂所造成的降解	调节花粉外壁形成和花粉外壳的发育；绒毡层的发育
AtMYB99	在绒毡层细胞；在四分体阶段（阶段7）开始表达,在阶段 8 和 9 中强烈表达,直接以 MS1 为作用靶	绒毡层细胞壁薄,花粉粒活力降低	未知

续表

蛋白质	表达模式	突变体表型	在花药发育中的拟定的功能
AtMYB32	在植物所有的主要器官中表达,在绒毡层中强烈表达	花粉粒破坏和丧失活力	调节 PAL 途径上的基因
AtMYB26	在整个花药中低表达,在花粉有丝分裂阶段 1(PMI)和两细胞阶段高水平的表达	由于花药不能开裂而造成雄性不育	决定药室内壁的发育,在木质素生物合成途径的上游起作用
富含亮氨酸重复序列类受体激酶(LRR-RLK):EMS1/EXS(EXCESS MICROSPOROCYTES 1/EXTRA SPOROG-ENOUS CELLS)	主要在绒毡层表达	通过孢原细胞的分化形成了额外的 L2 层细胞。在阶段 5,完全缺少绒毡层、中层,产生过量的小孢子;在阶段 6,小孢子变大,仍然粘在花药室内	绒毡层的形成
BAM1/2(BARELY ANY MERISTEM 1/2)	在阶段 2 的孢原细胞中表达,在后期阶段偏向于造孢细胞和花粉母细胞中表达	冗余基因,其双突变体缺少药室内壁、中层和绒毡层,产生过多的小孢子	孢原细胞分化的信号,花粉母细胞发育及其功能形成
SERK1/2(SOMATIC EMBRYOGENESIS RECEPTOR KINASE 1/2)	所有的地上器官中表达,在阶段 6 的花药中广泛表达,此后(阶段 9)只限于绒毡层中表达	冗余基因,其双突变体的表型与 ems/exs 的相似	绒毡层发育和小孢子的成熟
RPK2(RECEPTOR-LIKE PROTEIN KINASE2)	在阶段 8 和 9 的绒毡层中表达	不能形成中层,绒毡层不正常的增大,降解受限	当小孢子成熟时控制着中层的决定作用(determination)和绒毡层细胞的发育命运;加速随后绒毡层的降解
配体(ligand)TPD1(TAPETUM DETERMINATION1)(可分泌 176 个氨基酸的蛋白质)	小孢子中表达	表型与 ems1 突变体相同	该配体由小孢子或其前体所分泌,结合和激活绒毡层中 EMS 受体激酶;诱导绒毡层形成或抑制在绒毡层的前体中分化小孢子母细胞所要求的基因表达

　　花药发育中孢原细胞的特化涉及各种细胞及其组织的产生,即初生造孢细胞、初生周缘细胞、花粉母细胞、性母细胞、药室内壁、成中层和绒毡层的形成,最后形成的结构是由绒毡层、中层,药室内壁和外表皮所包裹的雄配子体(图 6-2)。尽管这些结构和细胞类型的特化及发育是相互联系、相互影响和相互协调的过程,但为了叙述的方便,这里将孢原

细胞及其相关组织和细胞的特化与绒毡层发育及其基因的调控分开讨论。因为孢原细胞的特化是小孢子发生及雄配子发育的开端,而绒毡层细胞对花粉的正常发育至关重要绒毡层发育中任何一个过程受阻都将导致植物雄性不育。

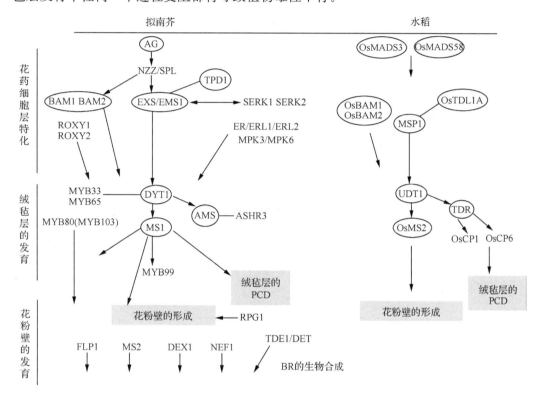

图6-4 拟南芥和水稻花粉发育基因调控网络的比较(Wilson and Zhang,2009)

各基因作用见表6-2及文中6.1.2第1节和6.1.2第2节中的叙述。AG:AGAMOUS;AMS:ABORTED MICRO-SPORE;BAM1:BARELY ANY MERISTEM 1;BAM2:BARELY ANY MERISTEM 2;DET:DE-ETIOLATED;DEX1:DEFECTIVE IN EXINE PATTERNING 1;DYT1:DYSFUNCTIONAL TAPETUM 1;EXS/EMS1:EXTRA SPOROGENOUS CELLS/EXCESS MICROSPOROCYTES 1;FLP1:FACELESS POLLEN-1;MS1:MALE STERIL-ITY 1;MS2:MALE STERILITY 2;MSP1:MULTIPLE SPOROCYTE 1;NEF1:NO EXINE FORMATION 1;NZZ/SPL:NOZZLE/SPOROCYTELESS;RPG1:RUPTURED POLLEN GRAIN 1;SERK1:SOMATIC EMBRYOGEN-ESIS RECEPTOR KINASE 1;SERK2:SOMATIC EMBRYOGENESIS RECEPTOR KINASE 2;TDE1:TRANSI-ENT DEFECTIVE EXINE 1;TDR:TAPETUM DEGENERATION RETARDATION;TPD1:TAPETAL DETER-MINANT 1;UDT1:UNDEVELOPED TAPETUM 1

1. 孢原细胞的特化和花粉细胞层形成的基因控制

拟南芥花药发育研究结果表明,一个与受体连接激酶的三重复合物 ER/ERL1/ERL2(ERECTA/ERECTA-LIKE1/2)和 MPK3、MPK6(MAPKINASE3/6)激酶对药爿形成非常重要(图6-4、图6-5)。因为这些基因的突变,常常缺失一个或多个药爿,有时只形成花丝(Hord et al.,2008)。这说明这些基因对特化孢原细胞或发挥这些细胞的正常功能是非常重要的。当然,这一推论需要孢原细胞专一性的分子标记进行进一步的验证。

ER/ERL1/ERL12 蛋白是富亮氨酸重复序列受体连接蛋白激酶(LEUCINE-RICH RE-PEAT RECEPTOR-LINKED PROTEIN KINASE,LRR-RLKs)成员之一,这一事实也暗示细胞之间的通讯对于花药的药片形成非常重要。其他一些研究也表明,ER/ERL1/2 和 MPK3/6 以及 MAP 激酶信号级联中的其他成员都对植物发育的其他过程,如对气孔的保卫细胞发育等起着重要作用。因此,有理由推测这两类信号途径将在同一途径上调节孢原细胞的发育(Wang et al. , 2007;Ma and Sundaresan, 2010)。

当孢原细胞分别分化成初生的周缘细胞和初生造孢细胞时,这两类子代细胞发育的相互协调是非常重要的。基因 *SPL*(*SPOROCYTELESS*)也称为 *NZZ* 基因(*NOZ-ZLE*),是最早被发现对花药发育起关键作用的基因(图 6-4、图 6-5 和表 6-2),该基因编码的是一个推定的转录因子(putative transcriptor)。它可在花药原基和在减数分裂早期之前的所有花药组织中表达,而在减数分裂早期阶段只限于在花粉母细胞和绒毡层中表达,并一直保持到从四分体中释放花粉粒为止。

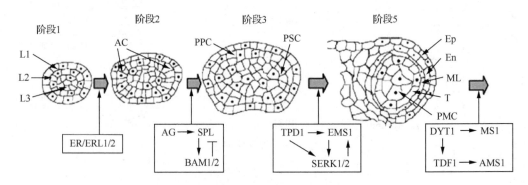

图 6-5　花药发育的早期阶段及其基因调控(Ma and Sundaresan,2010)

阶段 1:从花原基衍生出 3 层花药原基细胞,L1、L2 和 L3;阶段 2:已分化成的孢原细胞(archesporial cell,AC)伸长以便进行平周分裂;阶段 3:平周分裂所形成的处于外层的初生周缘细胞(primary parietal cell,PPC)和位于内层的初生造孢细胞(primary sporogenous cell,PSC);阶段 4:周缘细胞进一步平周分裂(未画出);阶段 5:从细胞层 L1 所衍生的 4 个药片(anther lobe),图中所示的是其中的一个带表皮的药片,同时另有 4 种类型细胞衍生自细胞层 L2,它们是药室内壁细胞(endothecium,En)、中层细胞(middle layer,ML)、绒毡层(tapetum,T)和花粉母细胞(pol-len mother cell,PMC)。方框图所示为在上述各个阶段发挥作用的基因,其中,箭头表示正作用的基因,T 表示抑制作用的基因

SPL/NZZ 与 MADS 类转录因子同源,是雄蕊和心皮发育时孢原细胞启动所要求的基因。并在孢原细胞分裂时作用于花药的 L2 层细胞。在突变体 *spl*(*sporocyteless*)/*nzz*(*nozzle*)中,花粉母细胞及其周围的细胞层都不能形成(Schiefthaler et al. , 1999;Yang et al. , 1999)。在突变体 *spl* 中,虽然可形成药片,但缺少正常表皮内侧的细胞。突变体 *nzz/spl* 的孢原细胞可正常启动,可形成初生的周缘细胞和造孢细胞。但不能形成小孢子母细胞和花药细胞壁。实际上,*SPL/NZZ* 也是大孢子发生所需要的基因,该基因的基本功能可能是促进造孢细胞的形成(见 6.2.3 节)。现已证明,*SPL* 是花同源异型蛋白 AG(AGAMOUS)的直接作用靶基因,不依赖于 *AG* 的 *SPL* 表达可使突变体 *ag* 产生小孢子(Ito et al. , 2004)。对突变体 *spl* 花药基因的微列阵分析发现,与野生型的花药相比该突变体花药有 1900 多个基因,以至少高出 2 倍的水平进行表达,这说明其中有些基因

是直接受 *SPL*/*NZZ* 调节的基因（Wijeratne et al.，2007）。

AG 属于 *MADS*-box 转录因子基因，可诱导 *SPL*/*NZZ* 基因表达。从花的启动早期到花发育的后期，*AG* 基因都表达；*AG* 基因在花发育的 2～5 阶段的花分生组织中心区域表达，到了花发育的 7～9 阶段，它只限于在发育中的雄蕊和心皮中表达。在花发育的 8～9 阶段（表 6-1），*AG* 基因在绒毡层及与其连接的组织中表达，但不在发育中的花粉粒中表达（表 6-2）（Sieburth and Meyerowitz，1997）。该基因的早期表达是雄蕊和心皮特化所要求的（Ito et al.，2004），但是其后期的表达涉及花药形态发生及其开裂和花丝形成及其伸长（Ito et al.，2007b）。*AG* 直接激活 *SPL*/*NZZ*。SPL 和 AG 可能形成一个调节回路途径，在这个途径中，*AG* 可正调节 *SPL* 的表达，而 *AG* 的表达却被 SPL 所抑制（Wijeratne et al.，2007）（图 6-5）。

研究表明，AG 在调节雄蕊发育时，其至少一部分作用是通过调控编码催化启动茉莉酸生物合成的叶绿体磷酸酯酶 A1 基因（*DEFECTIVE IN ANTHER DEHIS-CENCE1*，*DAD1*）的诱导而实现的（Ito et al.，2007b），然而这种调节使用并不存在于发育早期的花药中，这极有可能是因为 AG 蛋白对由发育阶段所决定的 DAD1（见后述）的可及性（accessibility）所致，这种可及性可能是通过 DAD1 基因中 DNA 的染色质修饰而实现的（Ito et al.，2007b）。AG 在水稻中的功能可能是保守的，但被分成两个 MADS 框基因，即 *OsMADS3* 和 *OsMADS58*，它们是基因复制的产物（Yamaguchi et al.，2006）（图 6-4）。

花药中孢原细胞的数量是由相似于苗端分生组织中发生的机制严格控制着，至少有一部分是由富亮氨酸重复序列受体激酶 EXS/EMS1（EXTRA SPOROGENOUS CELLS/EXCESS MICROSPOROCYTES1）控制的。突变体 *exs*/*ems1* 的花药具有额外的 L2 层细胞所特化的孢原细胞，从而形成了额外的性母细胞，但不产生绒毡层和中层（Canales et al.，2002；Zhao et al.，2002）。突变体 *tpd1*（*tapetal determinant1*）也显示与突变体 *exs*（*extra sporogenous cells*）/*ems1*（*excess microsporocytes1*）相同的表型（Yang et al.，2003）。*TPD1* 编码一个小的分泌蛋白，主要在小孢子母细胞中表达，这就意味着它可能与 EXS/EMS1 起协调作用而参与孢原细胞数量的调控。水稻的 *MSP1*（*MULTIPLE SPOROCYTE1*）编码一个 LRR 受体类的激酶，与拟南芥的 *EMS1*/*EXS* 为直向同源物。水稻突变体 *msp1*（*multiple sporocyte1*）的表型与拟南芥突变体（*ems1*/*exs*）的表型非常相似，即增加雌、雄孢子囊数量，花药壁异常，缺少绒毡层细胞层（Nonomura et al.，2003）。因此，*MSP1* 在启动花药细胞壁的发育和限制进入雌、雄孢子发生的细胞数量上的功能与 *EMS1*/*EXS* 类似（图 6-4、图 6-5）。

有许多富亮氨酸重复序列的受体激酶类似蛋白（LRR-RLK）已被证明在花药的特化中起重要作用。其中 *BAM1*（*BARELY ANY MERISTEM 1*）和 *BAM2* 在花药细胞命运特化中起着冗余作用，如决定周缘细胞早期发育的命运，以便形成药室内壁、中层和绒毡层。因为在双突变体 *bam1 bam2* 中缺少这些细胞层，尽管它们的中央细胞带有花粉母细胞的性质，但不久后就退化，这暗示，*BAM1*/*BAM2* 在促进中央细胞周围的体细胞分化而降低（负调节）造孢细胞数量的作用中起着基因冗余的功能（Hord et al.，2006），其中，*BAM1*/*BAM2* 和 *SPL*/*NZZ* 共同形成了正、负调节回路，以便使花药中的体细胞与造孢细胞的数量达到一种平衡(Sun et al., 2007)(图 6-5)。

　　功能性冗余的 SERK1 和 SERK2 (SOMATIC EMBRYOGENESIS RECEPTOR KINASE1/2)也属于 LRR-RLK。serk1 (somatic embryogenesis receptor kinase1)/serk2 双突变体的表型与 ems/exs 的表型相似,这些基因的产物可能共处在同一信号转导途径,在孢原细胞和周缘细胞发育后决定着细胞的发育命运。研究表明,当初生周缘细胞分裂形成次生周缘细胞,并随后产生药壁内壁、中层和绒毡层这三层体细胞时(它们均是由 L2 层细胞所衍生的细胞层),一个信号传导途径在这些过程在中起着重要的作用,该信号途径的几个成员包括 EMS1/EXS、TPD1 (TAPETUM DETERMINANT1)、SERK1 和 SERK2(Albrecht et al., 2005; Yang et al., 2005)。

　　此外,还发现一些基因,特别是在细胞间通讯上起控制作用的基因在花药发育早期阶段调控细胞分化。BAM1 和 BAM2 是与 CLV1 (CLAVATA1)平行进化的密切相关的同源基因(paralog)。CLV1 编码 LRR-RLK 一类蛋白质,是调节苗端分生组织干细胞库的关键基因(见第 3 章)。BAM1 或 BAM2 的单突变虽然没有明显的表型缺陷,但它们的双突变体 bam1 bam2 则出现分生组织缺陷,并导致雄性和雌性不育(DeYoung et al., 2006; Hord et al., 2006)。对双突变体 bam1 bam2 表型的仔细分析发现,其花药无法形成由 L2 层细胞衍生的药壁内壁、中层和绒毡层这三层体细胞 (Hord et al., 2006);进一步的细胞学和分子生物学研究发现,这三层细胞所在位置的细胞具有减数分裂的细胞特性。因此,BAM1/2 基因是这些体细胞正常分化所要求的基因。突变体 bam1/2 中具有额外的减数分裂活性的细胞,这暗示花药中这三层体细胞的正常分化需要一个适当的细胞间通讯。此外,对 spl 和 bam1/2 突变体花药中的 BAM1/2 和 SPL/NZZ 表达分析发现,其中存在一个如 CLV1/3 和 WUS 那样的正-负反馈调节回路(见第 3 章)。

　　ROXY1 和 ROXY2 是植物特有的两个 CC 型的谷氧还蛋白,这些蛋白质对花药发育起冗余功能,它们可在 NZZ/SPL 的下游和在 DYT1 的上游起作用;ROXY1 基因和 ROXY2 基因是与谷胱甘肽结合(绒毡层中重要的生化反应)所要求的基因,这些结果证实,在雄配子体发生过程中氧化还原作用是非常重要的(Xing and Zachgo, 2008)。

　　2. 绒毡层发育的基因调控

　　目前在拟南芥和水稻中已分离和鉴定出一些有关调控绒毡层发育的基因(Parish and Li, 2010)(图 6-4、图 6-6)。例如,在拟南芥中,已鉴定了不少与绒毡层特化及其正常功能和花粉活性所要求的基因,表 6-2 为在绒毡层及其前体细胞中表达的 12 个基因及其突变体的表型,涉及绒毡层发育的有 6 个质膜受体和一个受体的配体蛋白。这些基因的相互作用调控着绒毡层的形成、分化及其发育早期和晚期的功能(图 6-6)。

　　如在上一节所述,AG 在花发育的 8~9 阶段的绒毡层及其连接的组织中表达,但不在发育中的花粉粒中表达(表 6-2)(Sieburth and Meyerowitz, 1997)。AG 直接激活 SPL/NZZ 基因。SPL/NZZ 编码一个推定的转录因子,它可以在花药原基和减数分裂早期之前的所有花药组织中表达,而在减数分裂早期阶段,它只限于在花粉母细胞和绒毡层中表达,并保持这一表达直至从四分体中释放出花粉粒为至。在 spl/nzz 突变体中,不能形成小孢子母细胞和花药细胞壁。这表明,蛋白质 SPL/NZZ 可促进花药细胞壁的分

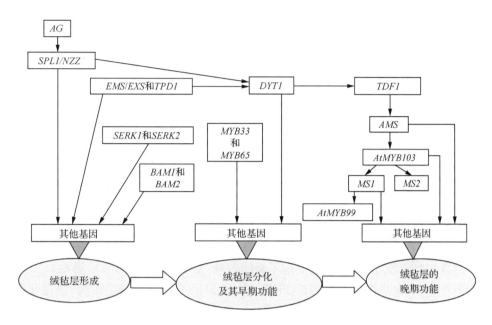

图 6-6　拟南芥绒毡层发育所要求的基因的相互作用示意图（Parish and Li，2010）

化,包括绒毡层的早期发育。

如图 6-6 所示,*EMS1/EXS* 是形成绒毡层所要求的基因,它编码一个富含亮氨酸重复序列推定的受体类激酶（LRR-RLK）,并主要在绒毡层中表达。*SPL/NZZ* 处于 *EMS1/EXS* 的上位。在 *ems1/exs* 突变体的花药中,绒毡层消失,形成了额外的花粉母细胞。对此表型有两种不同的解释:原先形成绒毡层的细胞发育成了花粉母细胞,或在绒毡层前体细胞中细胞分裂活性降低而花粉母细胞的分裂活性提高。如果突变体 *ems* 是以不能形成绒毡层细胞为代价而产生额外的小孢子,这就意味着,体细胞和生殖细胞可能存在一种“交易”（Jia et al.，2008）。如果额外产生的花粉母细胞是由于绒毡层的缺失而形成的,这就比较清楚地说明上述的“交易”信号必定是在这种花粉母细胞中产生的,而其相应的受体蛋白必将在形成绒毡层的细胞中存在。鉴于 *EMS1/EXS* 编码的蛋白质是 LRR-RLK 家族成员,同时,对洋葱表皮细胞基因表达分析表明,这些蛋白质处于细胞的表面,这些事实都强烈暗示细胞与细胞之间的通讯对绒毡层发育的重要性,而 *EMS1/EXS* 一类蛋白质在这一细胞通讯途径中扮演着重要的角色。

TPD1 编码一个小蛋白,它的表达只限于小孢子中。拟南芥突变体 *tpd1* 绒毡层的退化被推迟,这暗示 *TPD1* 可能对绒毡层的特化及其细胞发育命运的维持都起作用（Yang et al.，2005）。突变体 *tpd1* 的表型与 *ems1* 表型相似,其双突变体与单突变体的表型相同。由此可知,这两个基因是在同一遗传途径上发挥功能。有趣的是,在突变体 *exs/ems1* 和 *tpd* 中,在其绒毡层和中层不存在的情况下,尽管也可形成造孢细胞并进行减数分裂,但它们的胞质分裂不能完成,随后性母细胞发生退化。通过基因转化使 *TPD1* 基因异位表达,将引起正常绒毡层的形成,但其退化却被推迟。然而异位表达的 *TPD1*,可干扰绒毡层细胞层的完全分化,绒毡层细胞被高度液泡化。随着正常绒毡层细胞的核内

有丝分裂，这些异位表达 *TPD1* 的细胞却缺少分离的两个核，这表明，绒毡层分化不能完成；出现类似小孢子母细胞的退化。*TPD1* 基因的过量表达将诱导额外的细胞分裂，但这一作用依赖于 *EXS/EMS1*；异位 TPD1 信号传导要求功能性的 EMS1（Yang et al.，2003）。事实上，在绒毡层和花粉母细胞的前体细胞中均检测到 *EMS1* 基因的表达，其表达水平最高的部位是在新生的绒毡层细胞，而 *TPD1* 表达水平最高是在花粉母细胞（Yang et al.，2003；Zhao et al.，2002）。进一步研究表明，TPD1 和 EMS1 在体内和体外都可以相互作用，TPD1 诱导 EMS1 磷酸化。TPD1 蛋白预测的功能是一分泌性配体（ligand）（Yang et al.，2003）。因此，TPD1 可能是 EMS1 受体激酶的配体，*EMS1/EXS* 和 *TPD1* 在同一遗传途径上起作用，在花粉母细胞和早期绒毡层细胞的信号传导途径中分别起着受体和配位体蛋白的作用（Yang et al.，2005；Jia et al.，2008）。这一相互作用决定着体细胞和生殖细胞的特化（Jia et al.，2008）。在水稻中已发现有两个 *TPD1* 类基因，其中之一 *OsTDL1A* 已被证明与 *MSP1* 基因共表达并与 *MSP1* 结合，这说明，它在水稻中起着相当于配体的作用，限制孢子囊的数量（Zhao et al.，2008）（图 6-4）。

RPK2（RECEPTOR-LIKE PROTEIN KINASE2）是受体类蛋白激酶，也在花药发育中起作用，因为突变体 *rpk2*（*receptor-like protein kinase2*）发生雄性不育。RPK2 基因在拟南芥花药发育阶段 8 和阶段 9 中的绒毡层中表达最强烈，而在阶段 7 之前和阶段 10 之后则检测不到它的转录物。突变体 *rpk2* 的绒毡层在花药发育阶段 6 和阶段 7 就出现非正常的增大及液泡化，并可持续到阶段 11，同时绒毡层的退化受到限制。在花药发育阶段 7 中，四分体被不规则增大的绒毡层所挤压，在阶段 11 即破裂。尽管 *rpk2* 的减数分裂能正常进行，而其内层的次生周缘细胞层不能分化成中层，绒毡层过度增厚，而药室内壁缺乏次生增厚，数量不多的花粉粒发生严重的聚集，随后，花粉囊在不形成开裂口的情况下就被裂解破碎。同时，也发现在突变体 *rpk2* 中，与代谢和细胞壁形成相关的基因表达发生了大幅度的改变。这表明，RPK2 在调节绒毡层发育代谢有关途径上有显著的作用（Mizuno et al.，2007）。

SERK1、SERK2、BAM1、BAM2 和 RPK2 都是 LRR-RLKs 蛋白家族的成员，涉及花药分化的信号传导。*SERK1* 和 *SERK2* 在拟南芥绒毡层和在花药发育阶段 4、阶段 5 花药中发育的小孢子中表达，而到了阶段 5、阶段 6，它们的转录则集中在绒毡层和中层，不再存在于性母细胞中（Horde et al.，2006；De Young et al.，2006；Mizuno et al.，2007）。随着减数分裂（阶段 8 和阶段 9）的进行，*SERK1* 和 *SERK2* 的表达减弱。双突变体 *serk1/2* 表现雄性不育，所形成的花药也与 *ems1/exs* 和 *tpd1* 突变体所形成的花药相似，说明这些基因的产物可能共处在同一信号传导途径，在孢原细胞和周缘细胞发育后决定着细胞发育的命运。此外，已经证明，*SERK1*、*SERK2* 和 *BAK1*（*BRI1 ASSOCIATED KINASE*）/*SERK3* 是密切相关的平行进化的同源基因，都可以与植物激素油菜素甾醇类化合物（brassinosteroid，BR）的受体 BRI1（BR-INSENSITIVE1）相互作用，这意味着 SERK3/BAK1 和 BRI1 可以形成异源聚合受体（heteromeric receptor）（Li et al.，2002；Nam and Li，2002；Ye et al.，2010）。虽然 EMS1/EXS 不含与油菜素内酯（brassinolide）结合的小岛区域，但 EMS1/EXS 与 BRI1 都处于同一进化等级（clade）和亚家族中。因此，极有可能 SERK1/2 和 EMS1/EXS 形成异源聚合受体，以便利于绒毡层的特化（Ma and Sundaresan,2010)。

　　如图 6-4 所示,水稻与拟南芥 BAM1 和 BAM2 LRR-RLKs 的直向同源物 OsBAM1 及 OsBAM2 已被鉴定,表明这一信号传导途径在水稻和拟南芥中都是保守的(Hord et al. , 2006)。水稻的 *OsUDT1*(*UNDEVELOPED TAPETUM*)编码的是一个 bHLH 蛋白(碱性螺旋-圈-螺旋结构的蛋白质),该蛋白质以 DYT1 相似的方式在绒毡层启动后起作用,*OsUDT1* 在花药壁、性母细胞中表达,也在营养组织中低水平表达,对绒毡层的发育起着关键作用(Jung et al. , 2005)。OsUDT 与 AMS 和 DYT1 的序列有高度的同源性,但其功能却与水稻中 DYT1 直向同源物相似。*OsTDR* 在花粉发育晚期的绒毡层中表达,编码 bHLH 蛋白,该蛋白已被证明可触发水稻绒毡层的 PCD,因为突变体 *Ostdr* 的绒毡层高度液泡化,PCD 严重受抑制,小孢子退化。有趣的是,分别编码半胱氨酸蛋白酶和蛋白酶抑制剂的基因 *OsCP1* 和基因 *Osc6* 是作为 *OsTDR* 的直接靶基因而通过染色质免疫沉淀-PCR(CHIP-PCR)及电泳迁移率变动分析(EMSA)所鉴定的(Li et al. , 2006)。*OsCP1* 已被证明在从四分体释放小孢子时就起重要的作用(Lee et al. , 2004),而 *Osc6* 也在绒毡层中表达。因此,*OsTDR* 可能通过诱导半胱氨酸蛋白酶而调节绒毡层的 PCD(Li et al. , 2006)。此外,*OsTDR* 还调控着许多在花粉壁发育中涉及脂肪代谢的基因。突变体 *Ostdr* 中花药花粉囊的脂肪组成成分发生了改变,特别是脂肪酸、一级醇、烷和烯的累积比较少,而碳链的长度在 C29～C35 的二级醇却不正常的增加,这表明,*OsTDR* 的独特作用是调控花药和花粉发育所要求的脂肪成分的合成(Zhang et al. , 2008)。基因相似性的分析表明,OsTDR 是转录因子的 bHLH 超家族的一部分。这些转录因子的许多基因已被证明涉及水稻花粉发育,同时也在拟南芥中发现了与 *OsTDR* 相当的基因。系统分析表明,OsTDR 与拟南芥中的 AMS 蛋白最密切;尽管 OsUDT 也与这些蛋白质相关,但它与拟南芥中的 DYT1 更为相似。这说明,与绒毡层发育相关的 bHLH 蛋白在水稻和拟南芥中都是保守的(Jung et al. , 2005)。

　　最近,在拟南芥中已经证明属于 LRR-RLK 家族的 ER(ERECTA/ERECTA-LIKE1/2)成员蛋白(ER、ERL1 和 ERL2)和 MPK3 及 MPK6 在花药早期发育的细胞分化中起冗余功能(图 6-4、图 6-5)。如果缺失 ER/ERL1/ERL2 的表达,将发生花粉细胞图式形成的畸变,表现为绒毡层细胞的增加,有时中层细胞也增加,暗示这些蛋白质是在细胞分裂和早期绒毡层发育的信号调节中起作用(Hord et al. , 2008)。*MPK3/MPK6* 也影响花药分化早期阶段的细胞分裂,这两个基因家族突变体所形成的表型与突变体 *ems1/exs*、*serk1*、*serk2* 和 *tpd1* 的表型相似,但突变体 *mpk3/mpk6* 和 *er/erl1/erl2* 可形成绒毡层。在突变体 *mpk3/＋mpk6/-* 中,*EMS1* 和 *TPD1* 的表达不受影响,说明 *ER/ERL1/ERL2* 和 *MPK3/MPK6* 在花药的细胞分化过程中有着各自独立的作用途径(Hord et al. , 2008)。

　　AtMYB33 基因和 *AtMYB65* 基因编码的蛋白质都属于 MYB 类蛋白,它们是功能冗余蛋白。这两个基因在孢原细胞发育阶段的 4 个花药细胞层中都低水平地表达,至花粉母细胞的发育阶段,表达水平稍有所提高。在减数分裂(已可见四分体)阶段,它们的表达显著提高,随即就限于在绒毡层持续表达。双突变体 *atmyb33 atmyb65* 的花药比野生型的小,不能形成花粉。在花粉发育的阶段 6(绒毡层开始正常的液泡化),这一双突变体的

绒毡层开始变大,以致无花粉囊产生,花粉母细胞全变成无规则形态,最终退化,同时突变体中胼胝质的产生及其在花粉母细胞周围中的累积都是正常的,但胼胝质持续存在而不被分解。在野生型中,四分体形成后,胼胝质被降解。这说明该突变体的绒毡层不能分泌胼胝质酶(Parish and Li, 2010)。在 *myb33 myb65* 双突变体的花粉母细胞阶段,其绒毡层过度生长,导致减数分裂前的花粉败育(premeiotic abortion),但在强光照或低温下该突变体的可育性增加(Millar and Gubler, 2005)。*MYB33* 基因和 *MYB65* 基因与 *HvGAMYB* 这个涉及糊粉层细胞中赤霉素信号传导的基因密切相关(Gubler et al., 1995)。*MYB33* 和 *MYB65* 被认为在生长不良的条件下(如强光照和低温)可能限制花粉的发育,它们以 *HvGAMYB* 基因在种子糊粉层中的相似方式对绒毡层淀粉代谢起作用(Millar and Gubler, 2005)。*AtMYB33* 和 *AtMYB65* 的表达与绒毡层在减数分裂前随即发生的贮藏淀粉的动员时间一致,也和由于双突变体中的育性恢复而产生的高水平的可溶性碳水化合物的情况相吻合。因此,这两个 MYB 蛋白可能涉及淀粉的动员,这一功能与它们是 GAMYB 类家族成员一致(Gocal et al., 2001)。在突变体 *spl/nzz* 或 *ems1/exs* 中,*AtMYB33* 和 *AtMYB65* 的表达不受影响,这说明它们与 *SPL/NZZ* 和 *EMS1/EXS* 是在不同途径上受到调控的(图 6-6)(Parish and Li, 2010)。

　　如图 6-4 至图 6-6 所示,*DYT1*(*DYSFUNCTIONAL TAPETUM1*)是对拟南芥绒毡层发育最早起作用的基因之一,*DYT1* 可能在 *SPL/NZZ* 和 *EMS1/EXS* 的下游起作用。它在花药细胞层启动后表达,*DYT1* 编码一推定的转录因子(含 bHLH 的蛋白)并与涉及拟南芥花药发育的 AMS(ABORTED MICROSPORES)蛋白高度相似,也是 *AMS* 和 *MS1*(*MALE STERILIY1*)正常表达所要求的转录因子(图 6-6)(Zhang et al., 2006; Xu et al., 2010)。在拟南芥花药发育的阶段 5 和阶段 6,*DYT1* 就强烈地表达,在性母细胞中也有低水平的表达。在花药发育阶段 6 中,突变体 *dyt1* 的性母细胞仅被一层薄薄的胼胝质所包裹,同时,有些性母细胞经减数分裂而破裂;在阶段 6 和阶段 7 不能形成四分体或小孢子。突变体的绒毡层液泡扩大、肿胀,充满了花粉囊;性母细胞破裂、退化;花粉母细胞的减数分裂可以启动,但胼胝质壁薄,不能进行胞质分裂。此外,在突变体 *dyt1* 中,无 *AMS* 或 *MS1* 表达,但是 *MYB33* 基因和 *MYB65* 基因与同一发育阶段绒毡层相关的基因表达则不受影响。因此,推测 *MYB33* 和 *MYB65* 可能在促进花药发育中有冗余功能。在许多情况下,bHLH 蛋白可以与 MYB 和 WD-40 蛋白形成复合物,因此,在绒毡层发育时,DYT1 可能与 MYB33 和(或)MYB65 结合成为同源二聚体而起作用(Zhang et al., 2006)。研究表明,水稻突变体 *gamyb* 的缺陷也是出现在与拟南芥双突变体 *myb33myb65* 相似的发育阶段(正好在减数分裂前),其绒毡层过度生长(Kaneko et al., 2004)。由此看来,*GAMYBs* 的功能和表达在谷类和拟南芥中都是保守的(Millar and Gubler, 2005)(图 6-4)。在突变体 *spl/nzz* 和 *ems1/exs* 中,*DYT1* 的表达被下调;*SPL/NZZ* 的存在是 DYT1 表达的基本前提,而 *EMS1/EXS* 可促进 *DYT1* 在绒毡层中高水平的表达。通过基因转化使 *DYT1* 在突变体 *spl/nzz* 和 *ems1/exs* 中过量表达,导致突变体的原表型消失,这提示,绒毡层的正常发育除 DYT1 外,尚需要其他基因。在突变体 *dyt1* 中,许多绒毡层发育所要求的基因表达都被下调了,这些基因包括 *AMS*、*AtMYB103* 和 *MS1*,但 *SPL/NZZ*、*TPD1*、*EMS1/EXS*、*A6*、*A9* 和 *AtMYB33* 或 *AtMYB65* 的表达没有明显差别,这表明,它们不受 DYT1 的调控。DYT1 对绒毡层基因调节非常重要,但不足以影响绒毡层的发育,因为即使 DYT1 过量表达也不能挽救 spl/nzz 的表型(Zhang et al.,2006)。

TDF1(DEFECTIVE IN TAPETAL DEVELOPMENT AND FUNCTION 1)基因编码的是一个转录因子 R2R3MYB,在拟南芥花药发育阶段 5~7 中,该基因主要在性母细胞、绒毡层和中层中表达,但在其他体细胞组织中也有低水平的表达(Zhu et al.,2008)。在小孢子发育阶段,TDF1 主要在小孢子和绒毡层中表达,当花粉粒成熟并被释放阶段,TDF1 则只限于在花粉粒中表达。突变体 tdf1(defective in tapetal development and function 1)显雄性不育,在花药发育阶段 5 和阶段 6 中,其表皮、药室内壁和中层细胞液泡化;从阶段 6 起,绒毡层细胞发生不正常的液泡化,过度的细胞分裂,无小液泡的聚集,出现有海绵状的极性分泌性的细胞。TDF1 可能调节花粉粒外壁的形成,并在 DYT1 的下游起作用;因为在突变体 dyt1 中 TDF1 被下调。TDF1 在 AMS 和 AtMYB103 的上游起作用(图 6-6),因为在突变体 tdf1 中,AMS 和 AtMYB103 被上调(Parish and Li,2010)。

AMS 基因与 DYT1 相似(图 6-6、表 6-2),也编码一个 bHLH 蛋白,属于转录因子 MYC 类家族成员蛋白。在拟南芥突变体 dyt1 中,AMS 被下调,该基因在绒毡层和小孢子中表达,首先在 0.6mm 的芽中(阶段 6)表达,并持续到绒毡层退化和随即的花粉减数分裂阶段 1(PM1)。与其他绒毡层特异性基因相比,AMS 表达的时间更长,它在减数分裂前开始表达,在减数分裂后表达增强(Sorensen et al.,2003)。在突变体 ams 中,其孢囊胼胝质的沉积不受影响,随着减数分裂的进行,四分体的发育也正常,花粉外壁物质开始沉积,随即小孢子开始退化,花粉外壁的细胞质与壁脱离;绒毡层细胞过早分离和变扁平,然后增大并液泡化,最后占据了花药花粉囊的大部分空间,小孢子完全退化,无花粉产生。由此可知,AMS 在 TDF1 的下游起作用,但在 AtMYB103 的上游起作用(图 6-6)(Zhu et al.,2008)。据推测,AMS 和 MS1 可能是其作用靶 DYT1 的调节因子(Zhang et al.,2006a)。

最近已证实,拟南芥的 SET-区域蛋白(SET-domain protein)ASHR3(Baumbusch et al.,2001)可与 AMS 相互作用。SET-区域蛋白可分为两个亚组:Polycomb 组(PcG)和 trithorax 组(trxG),ASHR3 属 trxG 蛋白,在其 N 端带有 PHD 指结构域。trxG 蛋白具有形成多种蛋白质复合物的特点,并起着修饰组蛋白和改变核小体的位置及其构象的作用。ASHR3 的过量表达可导致雄性的可育性降低,ASHR3 被认为是组蛋白甲基化酶,这暗示 ASHR3 可能以 AMS 为作用靶物而调节花药的发育。与 AMS 相似,ASHR3 基因在雄蕊的花丝和绒毡层中表达,AMS 可能将 ASHR3 束缚在一起以便和靶基因作用,其中 ASHR3 可能起着辅助因子和表观遗传调节因子的作用(Thorstensen et al.,2008)。

AtMYB103 基因(也称 AtMYB80)编码的蛋白质也属于 R2R3MYB 一类的转录因子,位于 AMS 的上游(图 6-6),调控着绒毡层、胼胝质的降解和花粉外壁的形成(Wang et al.,2007;Zhang et al.,2007),其在拟南芥绒毡层和表皮毛状体中表达。在开花的发育阶段 7 中的绒毡层中强烈表达,但当绒毡层开始退化时(阶段 10),则不再表达。当

*AtMYB103*基因的活性被反义基因、插入突变或点突变方法降低时,其植株呈现部分雄性不育(反义基因)或完全雄性不育(Higginson et al.,2003;Zhang et al.,2007)。与野生型相比,用这三种方法降低 *AtMYB103* 基因活性所形成的突变体中,其阶段 6 的绒毡层细胞的液泡化更加显著,到阶段 7,这些突变体可以具有完整的绒毡层细胞壁,而不像野生型中的那样发生了降解。同时,这些突变体绒毡层细胞的液泡化显得更加显著,绒毡层和小孢子退化。在阶段 9,突变体的绒毡层降解非常显著,花粉囊细胞破碎,花粉外壁缺少最外层结构(sexine),同时突变体的绒毡层细胞缺少野生型绒毡层中所存在的小油体、质粒和小液泡,却成为变大、不透电子密度的球体,并出现许多小嗜高渗小粒(small os-mophilic particle)。在阶段 11,野生型的绒毡层出现原生质体,而突变体的绒毡层细胞几乎破裂。在阶段 12,有少数小孢子破裂、退化、形成凝聚物,直到花药开裂时也无法被释放出来。在野生型拟南芥花药发育阶段 7 的四分体释放小孢子前,胼胝质溶解,但突变体胼胝质溶解明显降低。突变体中由绒毡层分泌的降解胼胝质的酶类以及 *A6* 基因的表达都降低了。*A6* 基因编码的蛋白质与β1-3,葡聚糖酶相似,这提示,A6 可能是一种胼胝质酶(callase)(Hird et al.,1993)。因为突变体 *tdf1* 和 *atmyb103* 的绒毡层失去分泌功能,由此可知,TDF1 可能对 *AtMYB103* 的表达有正调节的作用,从而促进绒毡层类型的转变,使它成为分泌型的绒毡层(Zhu et al.,2008;Parish and Li,2010)。

　　通过 *MS1* 的诱导表达和微列阵的研究揭示,*MS1* 可能是在绒毡层中表达的 *MYB99* 基因的直接激活因子 (图 6-6)。当花粉发育时,*MS1* 在调节苯丙烷类的代谢上与其他 *MYB* 基因起着冗余功能的作用(Alves-Ferreira et al.,2007)。从这些研究结果可以看出,有一个转录级联或网络对花药发育起着重要的作用。同时,对水稻花药发育的研究结果也证明,有几个保守的基因(包括 *EMS1/EXS*、*DYT1* 和 *AMS* 的同源基因)起着相同重要的作用(图 6-4)(Wilson and Zhang,2009)。*MS1* 和 *AtMYB103* 编码的蛋白质属于同一类植物同源异型域(plant homeodomain,PHD)转录因子,这一 PHD 基序提供了一个形成蛋白质复合物的位点,这一蛋白质复合物涉及染色质结构的调节(Wysocka et al.,2006)。PHD 基序和亮氨酸拉链区域都是发挥 MS1 功能所要求的区域。在四分体晚期(当胼胝质降解时)到释放新的小孢子阶段(阶段 7、阶段 8),*MS1* 在绒毡层中表达,该蛋白存在于细胞核中并对自身基因的表达有下调作用。在绒毡层中,MS1 的降解可能是通过发育所调节的泛素(ubiquitin)依赖性蛋白酶解作用。突变体 *ms1* 的绒毡层分泌作用损害,导致形成异常的花粉壁和异常花粉外壁沉积物,同时,该突变体绒毡层细胞的细胞质充满了大液泡,在环形的液泡化阶段(at the ring vacuolated stage),这类大液泡含有细胞质的碎片和线粒体等细胞器。绒毡层内膜不降解而使液泡相互融合,于是绒毡层壁的成分不能有助于发挥释放成熟小孢子的功能(Parish and Li,2010)。突变体 *ms1* 不能形成有活力的花粉 (Ariizumi et al.,2005),其绒毡层的分泌作用及其程序死亡都发生变化(Vizcay-Barrena and Wilson,2006),其中大量的基因被下调,这显示 MS1 对发育晚期绒毡层的基因表达和花粉壁的沉积发挥着重要作用(Ito et al.,2007a;Yang et al.,2007a)。目前已鉴定了一些可能是 *MS1* 基因下游的作用靶的转录因子。通过构建地塞米松(dexamethasone)诱导型的 *MS1* 表达载体的基因转化实验结果证实,在 *MS1* 被诱导表达后 4h,*MYB99* 表达;同时在蛋白质合成被环己酰亚氨抑制的情况下,*MS1* 的诱导表达照常进行，这说明，*MS1* 直接与其靶物 MYB99 结合；插入突变体 *myb99* 呈现育性降低，并伴随绒毡层的厚度减少，但其花粉发育所受的影响并不严重，这提示 *MYB99* 可能作为在这个发育阶段表达的其他 MYB 因子的冗余基因（Alves-Ferreira et al.，2007）。

6.1.3　雄配子发生与花粉发育

　　一般将具有两个精子和一个营养细胞的花粉粒（pollen grain）或花粉管称为雄配子体（male gametophyte）（图 6-7）。有些被子植物在花粉成熟前，生殖细胞要进行一次分裂形成两个精细胞，此类花粉称为三细胞花粉；而有些植物成熟花粉为两细胞的花粉，但其生殖细胞可在花粉管中分裂成两个精子（雄配子）。

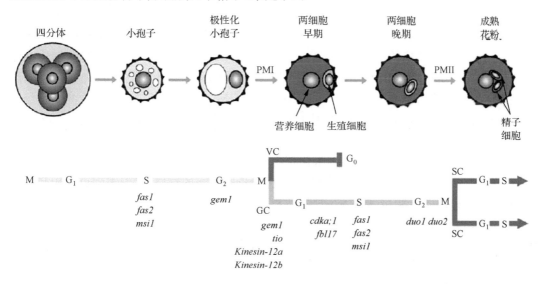

图 6-7　拟南芥雄配子体形态发育不同阶段图示（Borg et al.，2009）

图中以不同颜色表示伴随这些发育阶段发生在各类细胞中细胞分裂的进程，其下所附为有关突变体及其基因的作用点。小孢子发生时，小孢子母细胞经过一次减数分裂产生 4 个单倍体小孢子的四分体。小配子发生时，由四分体所释放的小孢子经过一次高度的不对称分裂（pollen mitosis I，PMI）形成了一个较小的生殖细胞和一个较大的营养细胞的两细胞花粉粒，其中生殖细胞被营养细胞的液泡所包裹。在营养细胞进入细胞周期的同时生殖细胞再经历一次减数分裂（pollen mitosis II，PMII），并产生了两个精子。然后这两个精子细胞继续细胞周期的进程，在精卵融合（karyogamy）和双受精前到达 G_2 期。VC：营养细胞；GC：生殖细胞；SC：精子细胞

　　雄配子体的形成是在生殖器官雄蕊中发生的，可区分为两个阶段：小孢子发生（microsporogenesis）和小配子（雄配子）发生（microgametogenesis）（图 6-7）。如前文所述，孢原细胞形成后，平周分裂产生一个位于周边的初生周缘细胞；一个位于内侧的初生造孢细胞。初生造孢细胞的功能是直接成为小孢子母细胞。小孢子发生是小孢子母细胞减数分裂产生单倍体孢子的发育过程；此时，单倍体的花粉母细胞经过有丝分裂形成单倍体小孢子的四分体（tetrad），随之从四分体中释放出单细胞的小孢子时，该过程即告结束。小孢子的释放是通过雄蕊内层的营养层，即绒毡层（tapetum）所分泌的混合酶活性的作用下完成。

　　雄配子发生包括雄性生殖细胞的分化发育、小孢子的形成和花粉管的生长以及雄配

子与雌配子的结合。当雄配子发生时,被释放的小配子增大,并在其中形成一个大的液泡;该过程伴随着小孢子核沿着细胞壁向其周边区域迁移;随后,小孢子经过一次不对称分裂,形成的生殖细胞随即被吞入营养细胞的细胞质中,并形成细胞内的一个新细胞结构。这一吞入过程包括半球形的胼胝质细胞壁的降解,以便形成将新形成的营养细胞与生殖细胞分开的细胞壁。完全被吞入的生殖细胞通过束状微管的皮层构架(cortical cage)保持纺锤形状(Cai and Cresti, 2006)。PMⅠ阶段的不对称分裂对雄配子体正确的细胞图式形成非常重要,因为这一分裂产生的两个子细胞各有不同的细胞质和独特的基因表达模式,因而它们具有不同的结构和发育命运(图6-7)。经过PMⅠ阶段后,较大营养细胞的染色质分散,处于细胞周期的G_1期,并滋养发育中的生殖细胞;而较小的生殖细胞有浓厚的细胞核染色质,并再经过一次有丝分裂(PMⅡ)产生两个精细胞(雄配子)。在这个典型的三细胞花粉的品种——拟南芥中,PMⅡ发生在花开前的花粉中。以之相反,在一些含两个细胞的花粉的品种中,如百合(*Lilium longiflorum*)其PMⅡ发生在生长中的花粉管中。随着PMⅡ的进程,精细胞和营养细胞的细胞核之间建立了一种物理联系,这种联系称为雄性生殖单位(male germ unit, MGU)。生殖单位常见于两细胞和三细胞的花粉体系中,可在协同输送配子和精子细胞融合过程中起重要作用(Dumas et al., 1998; Borg et al., 2009)。

当雄配子体,即花粉成熟时,碳水化合物和脂类化合物等与转录物及蛋白质一起累积于营养细胞中,这些物质都是花粉管细胞迅速生长所必需的物质,营养细胞也累积起渗透调节保护剂作用的二糖类、脯氨酸、甘氨酸和甜菜碱物质,这些物质在细胞脱水时保护重要的膜结构和蛋白质免受降解(Schwacke et al., 1999),在成功授粉后形成了花粉管。随着花粉管的生长,其中的两个精子通过柱头组织被送入胚囊(embryo sac)。

在动物中,那些注定成为生殖细胞系(germline cell)的细胞是在胚胎发育的早期阶段就被决定了,并作为一种独特的干细胞群体而保留一生(Strome and Lehmann, 2007)。与之相比,有花植物在分生组织中保留着各类未分化的干细胞群体,分生组织可进一步生长和分化形成营养性的组织和器官,并最终形成包含二倍体孢子体细胞的生殖器官。严格说来,被子植物只有在单倍体小孢子不对称分裂成一个小的生殖细胞和一个大的营养细胞后,雄性生殖细胞系才被建立。与动物的雄性生殖细胞系有所不同,被子植物的雄性生殖细胞系不通过干细胞的有丝分裂来再生其本身,而是经历一轮有丝分裂产生两个功能性的精细胞,以便进行双受精。

1. 雄配子减数分裂的各种调节机制

小孢子母细胞经过减数分裂形成小孢子(雄配子),这一减数分裂(meiosis)过程是花粉产生的重要步骤,对此也已进行了广泛的研究,为了将基因组的组分分配进入两个单倍体的染色体中,同源染色体须识别配对并联会在一起,经过染色体重组,维持稳定的结合直到分裂中期Ⅰ(metaphase I)和后期Ⅰ(anaphase I)转换时进行分离。目前对于雄配子体发育中的雄性生殖细胞系的特化和维持的基因调控有较深入的研究(Muyt et al., 2009)。在此只重点叙述这一减数分裂过程的几个重要的转录调节(表6-3、图6-7)。

表 6-3　已知影响拟南芥小孢子发育的基因、基因座及其突变体（Borg et al.，2009）

基因	突变体	突变体表型	蛋白分子属性	蛋白功能	文献
FAS1	fasciata1	小孢子和雄性生殖细胞系的细胞周期止于 G₂/M 期	染色质装备因子-1（CAF-1），P150 亚单位	核酸复制时进行核小体和染色质装备	Chen et al.，2007
FAS2	fasciata2	小孢子和雄性生殖细胞系的细胞周期止于 G₂/M 期	染色质装备因子-1（CAF-1），P60 亚单位	核酸复制时进行核小体和染色质装备	Chen et al.，2007
CDKA；1	cyclin-dependent kinase A；1	两细胞花粉：生殖细胞的 S 期进程受阻	细胞周期蛋白依赖性激酶	生殖细胞 S 期进程	Nowack et al.，2006；Iwakawa et al.，2006
DUO1	duo pollen1	两细胞花粉：生殖细胞不能进入 PM Ⅱ期	R2R3 MYB 转录因子（MYB125）	调节生殖细胞的特化，为 G₂/M 转换所要求	Durbarry et al.，2005 Rotman et al.，2005
DUO2	duo pollen2	两细胞花粉：生殖细胞分裂止于前中期	未知	未知	Durbarry et al.，2005
FBL17	F-box-like 17	两细胞花粉：生殖细胞的 S 期进程受阻	F-Box 蛋白	雄生殖细胞系中以 CDKA 抑制因子 KRP6 的蛋白酶解为作用靶	Kim et al.，2008
GEM1	gemini pollen1	两细胞和两核花粉：PM Ⅰ 发生不正常的分裂	MOR1/GEM1：与微管有关蛋白家族 chTOGp/XMAP215 蛋白同源	小孢子极性和通过微管组织进行胞质分裂	Park et al.，1998；Park and Twell，2001；Twell et al.，2002
Kinesin-12A	kinesin-12a	小孢子不发生 PM Ⅰ，成膜体缺陷	Kinesin-12 家族	成膜体微管组织	Lee et al.，2007
Kinesin-12B	kinesin-12b	小孢子不发生 PM Ⅰ，纺锤体缺陷	Kinesin-12 家族	成膜体微管组织	Lee et al.，2007
MSI1	multicopy suppressor of IRA1	小孢子和雄生殖细胞止于 G₂/M 期	染色质装备因子-1（CAF-1），P48 亚单位/pRbAp48 的同源物	复制时进行核小体、染色质装备	Chen et al.，2007
SCP	sidecar pollen1	具有额外细胞的花粉：PM Ⅰ 的细胞分裂不正常	未知	未知	Chen and McCormick，1996
TIO	two-in-one	小孢子的 PM Ⅰ 不能完成细胞质分裂	与 FUSED-激酶同源	在细胞板和成膜体的扩张中起信号传导的作用	Oh et al.，2005
TCP16	tb1-cyc-pcf16	小孢子核 DNA 消失，败育	bHLH 蛋白，TCP PCF-亚家族蛋白	调节小孢子基因表达	Takeda et al.，2006

拟南芥突变体 *mmd1*（*male meiocyte death1*，雄性母细胞死亡 1 突变体）是从雄性不育表型中分离鉴定的突变体，其减数分裂可以启动，但在前期 I（prophase I）时就不能正常进行减数分裂，此后减数分裂的细胞便经历程序死亡，可见染色体碎片。这一减数分裂的表型是非常罕见的，因为大多数植物减数分裂突变体都出现不正常的染色体形态或可完成减数分裂的过程，甚至启动小孢子的发育。基因 *MMD1*/*DUET* 编码的蛋白质是带一个 PHD 区域的推定的转录因子，它与染色质重塑（chromatin remodeling）相关。因此该基因可能参与正常减数分裂转录过程的程序重编，这一控制机制的失效将导致直接与染色体相互作用或分离有关的过程异常。在成功的减数分裂过程中，其染色体的同源配对、联会和重组在时空上是紧密协调的，并被精密调控。遗憾的是，对这些过程的控制机制的了解仍然十分有限（Reddy et al.，2003；Ma and Sundaresan，2010）。

已从拟南芥的一个近乎雄性不育的突变体中分离了 *SDS*（*SOLO DANCERS*）的转录调节因子，它是正常减数分裂过程中染色体联会和重组及其配对所要求的基因（Azumi et al.，2002）。基因 *SDS* 编码一个推定的细胞分裂周期蛋白（putative Cyclin），系统发育分析表明，在某种程度上它与 A 型和 B 型的细胞分裂周期蛋白相似，但又不是真正属于这两个类型的蛋白质（Wang et al.，2004），在水稻中也分离到它的直向同源基因，这表明，该基因在植物中是保守的。通过转基因水稻的实验证实，这个水稻 *SDS* 的直向同源基因在水稻中也起着与拟南芥中相同的功能（Chang et al.，2009）。酵母的双杂交实验表明，SDS 蛋白可与酵母中已知的依赖于周期蛋白的激酶（CDK）相互作用，这也进一步证明该蛋白是真正的细胞分裂周期蛋白。

离体 RNA 杂交实验表明，SDS 在雄性母细胞和雌性母细胞中的表达是特异性的表达，这一实验结果与其只在减数分裂时才出现的突变体表型的事实提示，SDS 是一个减数分裂特异性的细胞分裂周期蛋白。SDS 可与其同类的 CDK 将有关的关键酶磷酸化，从而调节减数分裂的进程，并起着与有丝分裂细胞周期中的 *Cyclin*/*CDK* 基因类似的功能（Ma and Sundaresan，2010）。

在细胞减数分裂时，需要移去相关的功能蛋白，以防止其发挥过长时间的活性，这种情况与有丝分裂和许多其他过程相似。在拟南芥中，*ASK1*（*Arabidopsis SKP1-LIKE1*）基因对雄配子的有丝分裂非常重要，该基因编码一个拟 SCF（SKP1-Cullin-F-box）类型的泛素连接酶的亚单位，这就意味着，通过泛素的依赖于蛋白酶体途径而降解调节蛋白的机制以除去相关的功能蛋白，对雄配子减数分裂的调控是非常重要的（Zhao et al.，2006）。拟南芥突变体 *ask1* 的许多染色体过程包括染色质的凝缩和重组，以及从核包被中释出等过程都出现缺陷（Yang et al.，2006b）。此外，同源染色体的配对和分离也不正常。因为同源染色体的分离要求去除黏蛋白（cohensin），而包含 SCF 的 ASK1 蛋白可能是移去这一类黏蛋白所必需的蛋白质。这一推测已为发现在突变体 *ask1* 中黏蛋白是位于减数分裂的染色体中的这一事实所支持（Zhao et al.，2006）。这一推定的 SCF 蛋白在调节减数分裂中的新功能及其初步的研究结果暗示，该蛋白在植物界中应该是保守的。揭示这一 SCF 蛋白的 F-box 的亚单位及其泛素化的底物将是下一步研究的关键。以上研究结果表明，植物的减数分裂可受不同系列因素的控制，我们对它的了解才刚刚开始（Ma and Sundaresan，2010）。

2. 花粉第一次有丝分裂的调控

花粉第一次有丝分裂(PMⅠ)是不对称细胞分裂。PMⅠ的不对称分裂是雄配子发生非常重要的过程,这是花粉发育时建立生殖细胞系(germline)的第一个过程。因为如果所诱导的分裂是对称分裂,所产生的两个子代细胞将呈现营养细胞的发育命运(Eady et al., 1995)。在花粉发育早期,小孢子核先偏向细胞的一侧并形成大的液泡,然后进行一次不对称分裂,形成一个大的营养细胞和比较小的生殖细胞(雄性生殖细胞系,图 6-7);待营养细胞将生殖细胞完全包裹后,生殖细胞分裂成两个精子细胞。随着授粉的进行,营养细胞产生的花粉管不断生长而穿过雌性组织将精子细胞送入雌性配子体中。

经过大量的突变体筛选和转录组学的研究,已鉴定了涉及花粉发育的突变体及其基因(图 6-4、图 6-7 和表 6-3)(Honys and Twell, 2003;Lalanne et al., 2004)。在拟南芥中已分离鉴定了几个与此过程有关的突变体(表 6-3),其中 scp(sidecar pollen)是一个雄性特异性影响小孢子分裂和细胞图式形成的突变体(Chen and McCormick, 1996),它的小孢子经历一次对称分裂,随之只有其中的一个子代细胞经历不对称分裂形成成熟花粉,并带有一个额外的营养细胞。突变体 gem1(gemini pollen1)的雄性和雌性传递都受到影响,形成一系列小孢子细胞分裂的不同表型,包括均等的、不均等的和部分的细胞分裂类型(Park et al., 1998)。基因 GEM1 与 MOR1(MICROTUBULE ORGANIZATION 1)是相同的基因(Whittington et al., 2001)。MOR1/GEM1 属于微管关联的 MAP215 蛋白家族的成员,这些蛋白质通过刺激分裂间期纺锤体生长和成膜体微管的列阵而在小孢子的极性化和胞质分裂中起着重要作用(Twell et al., 2002)。突变体 tio(two-in-one)的小孢子可维持核分裂,但不能完成胞质分裂,因而产生双核花粉粒(图 6-7)。蛋白质 TIO 与植物丝氨酸/苏氨酸蛋白激酶 FUSED 同源(Oh et al., 2005),FUSED 蛋白是果蝇和人的 hedgehog-信号传导途径中的重要成员(Lum and Beachy, 2004),hedgehog 基因的突变影响果蝇幼虫角质膜的图式发育。TIO 位于成膜体的中线上,对离心细胞板的扩张起着重要作用。

已发现 PAKRP1/Kinesin-12A 和 PAKRP1L/Kinesin-12B 是位于成膜体中线上的微管马达启动蛋白(microtubule motor kinesin),是功能冗余蛋白(Lee et al., 2007)。在正处于细胞分裂的双突变体 kinesin-12a kinesin-12b 的小孢子中,其微管构成受到干扰以致不能在重新形成的核间形成反平行的列阵。尽管突变体 gem1、tio 和 kinesin-12A kinesin-12B 的小孢子核分裂不受影响,但因他们的对称分裂和细胞质分裂都受到影响,从而干扰了雄配子体的图式形成,也导致生殖细胞系形成的失败(图 6-7)。这些实验结果都支持在 PM1 期正确分配给两个独特子代细胞的细胞命运决定子(cell fate determinant)决定着生殖细胞系的正确分化的假说(Borg et al., 2009)。

基因表达分析发现,TCP16(TB1-CYC-PCF16)基因是在小孢子从四分体中释放时和在第一次有丝分裂前表达的基因,该基因编码的产物是一个推定的转录因子。以 GUS 为报告基因的基因表达研究发现,TCP16 在四分体中的表达水平低,而在此后的单核小孢子中呈现强烈的表达,然后降低,到花粉成熟时,难于检测其表达水平。由此可知,该基因是小孢子早期发育所要求的基因;通过 TCP16 的 RNA 干扰(RNAi)分析表明,在

RNAi 株系所形成的花粉粒中,正常和不正常花粉粒的数量相等,不正常的花粉粒(小孢子)形态异常,其基因组 DNA 退化,自四分体释放不久就形成无核小孢子。这种缺陷在小孢子单细胞发育阶段的中期就已出现。这再次证明 TCP16 在正常小孢子发育的早期就发挥着重要作用(Takeda et al.,2006)。

通过组蛋白的修饰控制染色质的结构是调节基因表达的一种重要机制。HAM1 (HISTONE ACETYLTRANSFERASE OF THE MYST FAMILY1)和 HAM2 是组蛋白乙酰转移酶 MYST 家族的两个成员,是属于植物特异性的 MYST 基因的进化支(clade),暗示,这两个植物特异性基因可能对多细胞配子体的发育起作用,实际上,它们是正常雄配子发生时必需的基因(Latrasse et al.,2008)。ham1 (histone acetyltransferase of the myst family1)或 ham2 的单突变体不表现明显形态上的缺陷,而它们的双突变体又难于获得,预示这两个基因具有相同的功能,并起着冗余功能。此外,在 ham1/ ham1 HAM2/ham2 和 HAM1/ham1 ham2/ham2 的植株中,有一部分的花粉发育不正常,与双突变体 ham1 ham2 的花粉缺陷结果相吻合。这种带缺陷的花粉粒含一个大的核,说明这是在首次花粉有丝分裂前发生的缺陷;这也表明,通过 HAM1/2 的作用对组蛋白的修饰是花粉发育早期基因表达所必需的调控方式(Ma and Sundaresan,2010)。

拟南芥中的 RBR(RETINOBLASTOMA RELATED)基因是动物成视网膜细胞瘤(retinoblastoma,Rb)蛋白基因的同源物,Rb 可对细胞增殖进行负调控 (Chen et al.,2009;Johnston et al.,2008)。有关研究结果表明,RBR 是营养细胞和雄生殖细胞系分化所要求的基因。在正常花粉中,营养细胞是一个不再分化也不增殖的细胞,但突变体 rbr 的许多花粉中的营养细胞可发生进一步的有丝分裂,形成两个细胞,每个细胞的细胞核与正常营养细胞的相同(Chen et al.,2009;Johnston et al.,2008)。在突变体 rbr 中的一小部分花粉中可观察到更加复杂的表型,在相应于正常的两细胞的发育阶段,其中除两个类似于营养细胞的细胞外,还存在两个类似于生殖细胞的小细胞。这一现象说明该突变体花粉中的生殖细胞有时是可以再次进行细胞分裂的。因此,RBR 的正常功能是防止细胞过度增殖,以便在两细胞花粉的发育阶段形成一个营养细胞和一个生殖细胞(Chen et al.,2009)。

可以预料,对花粉的首次有丝分裂是要求对细胞周期进行恰当的控制,这已被有关分子遗传学研究所证实 (Liu et al.,2008)。有丝分裂周期受控于细胞分裂周期蛋白(Cyclins)和依赖于周期蛋白的激酶(CDK)的活性,其中 CDK 的活性被 CDK 抑制因子所抑制以便防止过度活跃的细胞分裂周期。同时为了细胞分裂周期的进程,在细胞分裂周期的某个特定点上必须将 CDK 抑制因子移去。已发现两个非常相似的环指 E3 泛素连接酶〔RING-finger E3 ubiquitin ligases 以及 RHF1a(RINGH2 group F1a)和 RHF1b〕可在降解 KRP6 (Kip RELATED PROTEIN6)这一 CDK 抑制因子作用中起冗余的功能,同时促进花粉首次有丝分裂的进程(Liu et al.,2008)。因此,在双突变体 rhf1a (ringh2 group f1a) rhf1b 花粉中,有 30%~40%不发生有丝分裂Ⅰ(PMⅠ),从而导致单核花粉的形成。

在 PMⅠ阶段细胞的不对称分裂对雄性生殖细胞系的形成非常重要。在拟南芥中已鉴定出几个与生殖细胞系特化有关的基因,有一些已被用于细胞发育命运的分子标记

（表 6-4）。例如，*DUO1* 基因，该基因在雄性生殖细胞系中显示特异性的表达，在 PM I 阶段中，其首先可在生殖细胞中，然后不久可在其不对称分裂的细胞中检测到它的表达（Rotman et al.，2005）。拟南芥雄性生殖细胞系特异性的 *MGH3*（组蛋白 H3 基因）是另外一个常用的生殖细胞系的分子标记（Ingouff et al.，2007）。GUS 启动子活性控制下 *MGH3* 基因的原位杂交实验结果证实，*MGH3* 可特异性地在生殖细胞和精子细胞中表达。在 PM II 的前早期阶段，*DUO1* 和 *MGH3* 可在生殖细胞中表达（见下一节），这表明，一个控制精子细胞特化的调节网络是在不对称分裂发生后不久就被启动的（Okada et al.，2005；Rotman et al.，2005）。*MGH3* 在精子细胞中不但含量丰富，也显特异性的表达，这也说明 MGH3 在生殖细胞系的染色质结构中起有重要的作用。*MGH3* 的插入突变体并不显示异常的表型，这可能由于组蛋白 H3 基因的功能冗余作用所致（Okada et al.，2005）。此外，还发现拟南芥生殖单位异形或突变体 *gum*（*germ unit malformed*）以及生殖单位位移或突变体 *mud*（*MGU displaced*）是分别影响生殖单位在花粉中的装配和方位的突变体，这些突变降低雄性转移（male transmission）（Lalanne and Twell，2002）。

表 6-4　可作为分子标记的在拟南芥雄性生殖细胞系中表达的基因（Borg et al.，2009）

基因	表达部位	蛋白质注释	所在部位	参考文献
DUO1	生殖细胞和精子细胞	R2R3 MYB 转录因子（MYB125）	细胞核	Durbarry et al.，2005，Rotman et al.，2005
MGH3/HTR10	生殖细胞和精子细胞	H3.3 组蛋白	细胞核	Okada et al.，2005 Ingouff et al.，2007.
GEX1	胚珠、根、保卫细胞和精子细胞	含 3 个跨膜区域的蛋白质	质膜	Engel et al.，2005
GEX2	卵细胞、生殖细胞和精子细胞	含 6 个跨膜区域的蛋白质	质膜	Engel et al.，2005
GEX3	卵细胞、营养细胞、精子细胞和长角果	含单个跨膜区域的蛋白质和 4 个 β 螺旋浆（PQQ）胞外区域	质膜	Alandete-Saez et al.，2008
GCS1/HAP2	生殖细胞和精子细胞	含单个跨膜区域的蛋白质和一个富含组氨酸的 C 端	质膜	Mori et al.，2005 von Besser et al.，2006
AKV	小孢子和营养细胞；仅在两细胞花粉中的生殖细胞和成熟花粉中的精子细胞	D123 类似蛋白	未知	Rotman et al.，2005

3. 花粉第二次有丝分裂的调控

在花粉第二次有丝分裂（pollen mitosis II，PM II）时，生殖细胞产生两个精子细胞，这是有花植物中仅有的雄性生殖细胞系特异性的有丝分裂，因此，这一过程也为研究植物生殖细胞系的发育提供了机会。随着 PM I 期的不对称分裂，营养细胞处于细胞分裂周期 G_1 期，而生殖细胞却可持续地通过一次有丝分裂，即 PM II（图 6-7）。这两类细胞中发生的细胞周期进程的不同控制方式对确保产生两精子细胞以满足双受精的要求是非常重要的。

在拟南芥中已分离和鉴定了不少与此过程有关的突变体,其中两细胞花粉(在一个营养细胞中含单个精子细胞)的产生是由于生殖细胞分裂缺陷所致(表 6-3);这些突变体包括 cdka;1(cyclin dependent kinase a;1)、duo 1,2(duo pollen1,2)、fbl17(f-box-like 17)和 gem1。

通过对 TDNA 插入单一 A 型细胞周期蛋白依赖型的激酶(CDKA;1)基因的突变体分析发现,该基因对生殖细胞分裂起着重要作用(图 6-7)(Iwakawa et al.,2006)。突变体 cdka;1 的生殖细胞不能进行细胞分裂,同时 DNA 合成期(S 期)被推迟,但这一个不经细胞分裂的单个生殖细胞却可与卵子受精。这种受精行为可能是因为位置局限、胚囊间信号传导或包括未完成的配子分化所引起的(Nowack et al.,2006)。此外,这种单个精子能够受精的事实证明,生殖细胞关键特性的分化并不一定与细胞分裂过程偶联。

在花粉的第二次有丝分裂中必须去除 CDK 抑制因子 KRP6(Kim et al.,2008)。FBL17(F-BOX-LIKE17)是编码一个 F-box 蛋白的基因,并以 CDK 抑制因子 KRP6 和 KRP7 为靶蛋白,与之结合后而使这一抑制物降解。在突变体 fbl17 中,如果通过基因转化方法将 KRP6 与绿色荧光蛋白融合使之持续地在生殖核内表达,该突变体的生殖核就不能进行分裂,这一事实再次表明,去除 KRP6 蛋白对花粉有丝分裂是非常重要的。调控蛋白质降解的步骤之一是要将泛素蛋白从其与底物结合物中裂解出来。

突变体 fal17 的花粉表型与 cdka;1 突变体的花粉表型相似,这是因为在突变体 fal17 的生殖细胞中不存在 FBL17,其中的 KRP6/7 不被下述的泛素化作用降解而表达水平稳定,从而导致 CDKA;1 被持续抑制。在 PMⅠ后,FBL17 蛋白可在雄性生殖细胞中出现暂短的表达,并以 CDK 抑制因子 KRP6 和 KRP7 为靶蛋白进行结合,以便通过依赖蛋白酶体的蛋白质降解方式将这些蛋白质降解,从而使生殖细胞通过 S 期(图 6-7)。然而,FBL17 不在营养细胞中不表达,同时,KRP6/7 的现有水平将持续抑制 CDKA;1,从而使营养细胞的细胞分裂周期被抑制(Kim et al.,2008)。

FBL17(F-box-Like 17)是一种 F-box 蛋白。已知 F-box 蛋白可与 Skp1 和 CUL1 蛋白结合形成 SCF 蛋白(SKP1-CUL1-F-box 蛋白)E3 泛素蛋白连接酶复合物,这一 SCF 复合物参与依赖于蛋白酶的降解靶蛋白的泛素化作用(ubiquitination)(Petroski and Deshaies,2005;Smalle and Vierstra,2004)。因此那些对 F-box 蛋白专一性的底物可通过与各种靶蛋白结合而通过这一泛素化作用使之降解,通过这一调控方式 F-box 蛋白可对细胞周期和不同发育过程起巧妙而重要的调控作用(Cardozo and Pagano,2004;Lechner et al.,2006),也正是由于 FBL17 在生殖细胞系特异性表达的这一特点,形成了生殖细胞和营养细胞中的不同细胞分裂周期的控制机制,确保了生殖细胞顺利通过 S 期(Kim et al.,2008)。例如,已发现花粉的第二次有丝分裂(PMII)需要泛素蛋白酶 UBP3/UBP4(UBIQUITIN SPECIFIC PEPTIDASE3/4)参与,因为双突变体 ubp3 ubp4 的花粉粒具有一个营养细胞,但只有单个类似于生殖细胞的细胞,这说明在这个突变体中,其花粉第二次有丝分裂也存在缺陷(Doelling et al.,2007)。同时还发现,RPN5/RPT5(REGULATORY PARTICLE5)基因是共生同源基因(paralog),它们编码的蛋白质

RPN5/RPT5 属于蛋白酶体 19S 调节颗粒(RP)的亚单位。这两个基因的双突变体的雄配子体发生出现缺陷。这些结果与蛋白酶体在花粉的 PMⅠ和 PMⅡ有丝分裂中所起的基本作用吻合(Book et al.，2009；Gallois et al.，2009)。

　　突变体 fas1、fas2 和 msi1 是染色质装备因子途径(CHROMATIN ASSEMBLY FACTOR-1，CAF-1)出现缺陷的突变体,通过对它们的分析发现,染色质的完整性对生殖细胞的分裂也很重要(Chen et al.，2008)。CAF-1 途径突变体显示一系列细胞分裂缺陷的表型,有些突变体不能进行 PMⅠ,有些突变体不能进行 PMⅡ,有些突变体的细胞分裂可产生三细胞的花粉。这表明,CAF-1 途径对雄配子体的细胞分裂有广泛的作用,这包括直接作用或参与 DNA 复制后的核小体和染色质装备在内的表观遗传的下调作用。CAF-1 缺陷的花粉可受精,两细胞花粉可以正确表达生殖细胞命运的分子标记(Chen et al.，2008)。有趣的是,突变体 cdka;1 和 fbl17 精子偏向于与卵子受精,而 CAF-1 缺陷突变体的花粉可以与卵子或中央细胞受精。对此原因尚不清楚,但这可能与突变体 cdka;1 和 fbl17 中的生殖细胞尚未完成特化有关,或一些 CAF-1 缺陷的三细胞花粉仅含一个有功能的精子细胞,该精子可以和卵子或中央细胞受精。

　　上述结果表明,CAF-1 对精子细胞的第二次有丝分裂也非常重要,但是它对精子细胞的发育命运不起决定作用。单突变体 caf1 的精子细胞可以表达细胞特异性分子标记,也可以与卵子或中央细胞进行受精作用,这表明,精子细胞的特化作用并不依赖于正常细胞周期的调控(Frank and Johnson，2009)。

　　在突变体 duo (duo pollen)中也出现单个生殖细胞的表型。在这些突变体中,小孢子在 PMⅠ阶段的不对称分裂可以正常完成,但其所产生的生殖细胞却不进行 PMⅡ阶段的细胞分裂。杂合子的突变体 duo1 和 duo2 产生约 50% 的两细胞花粉,含单个生殖细胞,但这些突变体都体现出完整的外现率(penetrance)。突变体 duo2 的生殖细胞可进入有丝分裂,但止于分裂的前中期,这表明 DUO2 在生殖细胞的有丝分裂的进程中起着特异性作用(Durbarry et al.，2005)。与此相反,突变体 duo1 的生殖细胞可完成 S 期,但不能进行花粉的第二次有丝分裂,从而产生了类似于单倍体精子的细胞。DUO1 基因编码的是一个新的 R2R3 MYB 蛋白,可特异性地在生殖细胞系中表达(Rotman et al.，2005),与上述的突变体 fbl17、cdka;1 和 CAF-1 途径缺陷的突变体花粉不同,突变体 duo1 的花粉不能受精;这说明,突变体 duo1 的花粉除细胞分裂周期缺陷外,其配子分化及其功能的关键特性也未能完成。因此,DUO1 是精子细胞特异性基因表达和精子细胞正常分化所要求的基因(Brownfield et al.，2009a)。DUO1 可能是与细胞分裂和配子特化关联的生殖细胞发育命运决定子(determinant)。这与已发现的突变体 duo1 花粉中的类似于单倍体精子细胞不能受精的结果相符。研究表明,AtCycB1;1 也可部分挽救突变体 duo1 雄性生殖细胞系细胞分裂的这一缺陷,AtCycB1;1 是生殖细胞系细胞周期 G_2/M 阶段的调节因子,它的表达需要 DUO1;所有被子植物中都有 DUO1 的直向同源基因(Rotman et al.，2005),在进化上是保守的。因此,DUO1 是有花植物产生功能性精子细胞的关键调节基因(Brownfield et al.，2009a)。

　　与 DUO1 相似,DUO3 也是精子细胞正常基因表达和精子细胞分化时所要求的基因。突变体 duo3 的花粉第二次有丝分裂要么被推迟,要么不发生。DUO3 基因编码的是一个植物保守的蛋白质，该蛋白与调控线虫（*C. elegans*）生殖腺发生的蛋白质相关（Brownfield et al.，2009a；2009b）。这一事实暗示 DUO3 的功能是促进生殖细胞的分裂，产生两个精子细胞。同时还发现，细胞分裂周期蛋白 cyclin B1：1 在突变体 *duo3* 的花粉中表达，这说明该突变体的缺陷不是由于 Cyclin B1：1 表达水平降低所致。这提示 DUO3 影响的细胞周期控制与 DUO1 的有所不同（Ma and Sundaresan，2010）。

最近的研究进一步证实，DUO3 可促进一组依赖于 DUO1 活性的基因表达（Brownfield et al.，2009b）。对这两个基因功能分析表明，花粉第二次有丝分裂与精子细胞的分化是偶合在一起的，DUO1 和 DUO3 蛋白在这些过程中所起的重要调控作用既相关而又有所不同。但是细胞分裂周期的调节也可以与精子细胞的分化不发生偶合。

尽管精子细胞特化所要求的基因激活可能需要 DUO1 这一类正调节因子，但从百合中也分离了一个相关的抑制蛋白，这表明在精子细胞的特化过程中也涉及转录的抑制机制。例如，*LGC1*（*Lily Geneative Cell*）基因对百合雄性生殖细胞系的特化作用与该基因调节区域存在一个 43bp 的沉默子（silencer）相关（Singh et al.，2003）。已证明一个生殖细胞系限制性沉默因子蛋白 GRSF（GERMLINE RESTRICTIVE SILENCING FACTOR）可以与 *LGC1* 沉默区域中的 8～9bp 基序进行特异性结合。对此，已提出一个推测，认为 *GRSF* 在体细胞和非生殖细胞谱系组织中的普遍表达导致了靶基因（如 *LGC1*）表达的抑制，而在百合的雄性生殖细胞系中不存在 GRSF。因而在其生殖细胞中就不会发生转录抑制（Haerizadeh et al.，2006）。目前对 GRSF 类蛋白如何通过在生殖细胞系中靶基因的抑制作用而调节基因表达的机制尚不了解。另外，通过对 *DUO1* 的启动子分析发现，在控制生殖细胞系基因表达时 *DUO1* 的启动子区中只发现了正调元件，没有发现与 GRSF 潜在的结合部位（Borg et al.，2009）。这一实验结果表明，在拟南芥中，也存在着不依赖于 GRSF 调节途径的生殖细胞系特异性的基因表达控制途径。为此，Borg 等根据来自拟南芥和百合的研究数据，提出一个控制雄性生殖细胞系发育的作用模式（图 6-8）（Borg et al.，2009）。

4. 花粉壁的发育及其基因调控

花粉壁发育是一个复杂的生物学过程，花粉壁在植物花粉发育和受精过程中都起着重要的作用。在小孢子发育阶段，花粉壁是保证小孢子内部结构完整的基础，没有花粉壁，小孢子内含物即会渗漏，从而引起小孢子的败育。花粉壁中的许多成分参与花粉与柱头之间的识别和互作，因此花粉壁的发育在高等植物的有性生殖过程中扮演着重要角色。所以，深入研究植物花粉壁的发育过程及其调控机制十分重要（石晶等，2007；Wilson and Zhang，2009）。

1）花粉壁的结构及其形成

花粉的特征主要反映在花粉壁结构、花粉表面纹饰、花粉大小和形状、萌发器官特征等上。一般花粉壁由几层细胞组成，最外层是外壁（exine），它又可分为两个部分：外壁外层（sexine）和外壁内层（nexine）。外壁外层由柱状层（bacula）和覆盖层（tectum）构成。其中覆盖层、柱状层和外壁内层的形态特征往往变异较大，是花粉壁结构特征中最有代表性的部分。外壁主要由孢粉素形成，它是由一系列长链脂肪酸、苯丙烷类和氧化芳香环所

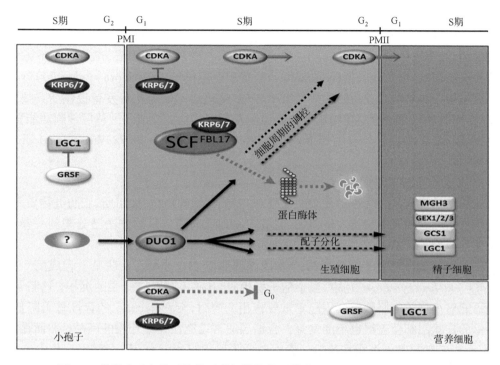

图 6-8　雄性生殖细胞系特化及其保持的作用模式设想图(Borg et al.，2009)

图中数据主要来自对百合和拟南芥的研究资料。PMI 阶段的不对称分裂形成了两个在形态和发育命运上完全不同的子代细胞(生殖细胞与营养细胞)。细胞质分裂保证了子代细胞中不同细胞命运决定子的分配。在 PM1 阶段后，在生殖细胞和营养细胞中出现细胞分裂周期抑制因子 KRP6 和 KRP7。*FBL17* 在生殖细胞中的短暂表达使这些细胞分裂周期抑制因子(KRP6/7)降解，从而激活 CDKA，生殖细胞进入 S 期。一旦完成 S 期，激活的 G_2/M 期调节因子即与 CDKA 活性偶联(G_2/M 期调节因子激活依赖于 DUO1)，从而促进生殖细胞通过 G_2/M 的控制点(checkpoint)进行有丝分裂，在有关因子的作用下发育成精子细胞。营养细胞不表达 *FBL17*，因此，其 CDKA 活性可被持续高表达水平的 KRP6/7 所抑制而无法进入细胞分裂周期。*DUO1* 是生殖细胞通过分裂前期进程和完成有丝分裂所要求的基因(Durbarry et al.，2005)。在 PM1 阶段后不久，生殖细胞系就开始特化，此时生殖细胞已具有生殖细胞系分化途径的促进因子。这些促进因子包括抑制 *GRSF* 表达的抑制因子，从而将生殖细胞系特异性基因(如 *LGC1*)的抑制作用解除。DUO1 正激活因子将激活精子细胞特化所要求的基因，从而将细胞分化与细胞周期进程整合在一起。最终在这些相互平行的途径的共同协调下产生了分化完全的一对精子细胞，并有了生殖细胞系因子如 GCS1 等的补体(complement)

衍生的多聚物(脂肪多聚体)，这些都是主要在绒毡层中合成的物质(Piffanelli et al.，1998)，是一种难以分解的物质，具有耐热、抗氧化和抗强酸碱的特性，所以花粉外壁非常牢固，如有的花粉形成的化石在地层经数万年后仍具有活性，并能萌发(石晶等，2007)。在花粉孢粉素表面缝隙中还覆盖着一层较厚的称为含油层(tryphine)的物质。含油层主要是脂肪酸和长链脂肪酸衍生物。花粉外壁内层是一层果胶纤维层，这些组成成分主要在小孢子中合成。在小孢子减数分裂开始之前，小孢子母细胞合成一种暂时性的胼胝质壁(β-1,3-葡聚糖)，被认为是起"分子筛"(molecular filter)的作用，而将单个小孢子从它们各自被包裹的孢子体组织中分离出来，同时，对发育中的小孢子也起着物理性屏障的保护作用。与此同时，随着这一胼胝质壁不断地被包裹，也开始了初生外壁(primexine)的发育。这种由小孢子所产生的初生外壁是以一种微纤维多聚糖为基质,可作为后续沉积孢粉素和外壁形成的模板。但也有研究表明,这一胼胝质壁是形成花粉粒覆盖层时所依靠的表面,而不作为沉积物质的导引,因为已发现,在欧洲油菜(*Brassica napus*)中,不存在这种胼胝质壁,但其柱状物(columellae)的沉积位置仍然正确(Scott et al., 2004)。

绒毡层分泌功能与花粉壁的发育密不可分,绒毡层不仅为花粉发育提供所需要的营养物质,同时还可通过分泌花粉鞘等物质控制花粉壁结构的建成。绒毡层细胞功能异常,将直接或间接影响花粉外壁的形成,引起花粉败育(石晶等,2007;Wilson and Zhang,2009)。

2) 花粉壁形成的基因控制

花粉壁的形成是一个非常复杂的过程,并需要大量的物质(如蜡质、脂肪类物质等)来支持孢粉素和含油层的积累。近年来,通过正向和反向遗传学的方法已分离到一些参与花粉壁形成的关键基因(石晶等,2007;Wilson and Zhang,2009)。

在拟南芥基因组中已发现有 12 个基因编码胼胝质合成酶。在胼胝质合成酶 5 突变体[*cals5*(*callose synthase5*)]中,当小孢子发生时,几乎不存在胼胝质的沉积。这暗示,该基因可能对小孢子的胼胝质沉积起着重要作用。同时,突变体 *cals5* 的育性显著降低,组成外壁的柱状层和覆盖层也不能发育。含油层通常填充在外壁外层的间隙,然而在突变体 *cals5* 中它却异常地沉积在花粉外表面的球形物上(Dong et al.,2005)。但是在弱突变体 *cals5* 中,仍然可见异常花粉外壁的形成,这种异常与花粉的生活力无关,这表明,胼胝质层对外壁的形成是必需的,但不影响花粉生活力(Nishikawa et al.,2005)。

四分体形成后,胼胝质酶在绒毡层中合成,胼胝质壁裂解,小孢子被释放到花粉囊中。胼胝质裂解的时间对花粉的生活力至关重要,因为胼胝质壁的提前解离对花粉生活力有显著的影响(Worrall et al.,1992)。在突变体 *tdf1*(*tapetal development and function1*)中,胼胝质降解失效,也检测不到 *A6* 基因(一个推定的β-1,3-葡聚糖酶基因)的表达,这一结果为 A6 可能是胼胝质酶(callase)或作为该酶功能部分之一提供了进一步的证据。图位克隆的研究显示,*TDF1* 相当于 *AtMYB35*。表达分析表明,*TDF1* 可以在绒毡层和小孢子中表达;其可能在 DYT1 下游和 *AMS* 与 *MYB103* 的上游起作用(Zhu et al.,2008)(图 6-6)。

油菜素甾醇(brassinosteroid,BR)的生物合成被认为对初生外壁(primexine)的沉积有部分的调节作用。在突变体 *tde1*(*transient defective exine 1*)中受影响的是这一初生花粉外壁的沉积和柱状层(bacular)形成的早期阶段,尽管最终这两者的形成都是正常的(Ariizumi et al.,2008)。*TDE1* 与 *DE-ETIOLATED2* 是同一基因,它们都涉及 BR 的生物合成途径,用 BR 处理突变体 *tde* 可挽救花粉外壁的沉积表型(Ariizumi et al.,2008)。孢粉素生物合成的前体主要在绒毡层中形成,然后被分泌到花药花粉囊中,并以花粉初生外壁为模板沉积成有独特网纹和起保护作用的外壁。

MS1 基因编码一个含 PHD 结构域的转录因子,控制着拟南芥花粉外壁和内壁的发育,突变体 *ms1* 中小孢子从四分体中释放出来后,花粉壁结构不能正常形成,孢粉素不正常地积累在花粉表面,形成不规则的、透明的花粉外壁;突变体 *ms1* 中也未见花粉内壁的发育(Vizcay-Barrena and Wilson,2006)。突变体 *ms2*(*male sterility 2*)的花粉外壁不能

形成,花粉也无活力。MS2 基因是一个推定的脂肪酸还原酶基因,它催化脂酰基成为脂醇基,并与孢粉素的生物合成途径有关。在突变体 ms188/myb103 中,MS2 基因的表达降低,但它的表达调节是间接的,因为尚无直接的实验证据表明,存在 MS2 的启动子区(1.1kb)与 MYB103 的结合(Zhang et al.,2007)。

在柱状层与花粉外壁间存在一些间隙,沉积着含油层,这些物质的部分功能是帮助花粉黏附在柱头的表面,但也可参与自交不亲和性反应(self-incompatibility reaction)。在这一阶段,绒毡层有如一个具有高度活性的分泌工厂,分泌着细胞壁合成所需的成分。由于细胞壁的形成一直持续到发育最后阶段,因此,为与细胞壁合成相匹配,绒毡层通过程序死亡的途径释放所需的成分进入药室中。

At3g53810 是一个凝集素受体类激酶基因,它突变的突变体 sgc 导致花粉粒成为"粘连小崩块"的花粉粒(small glued together collapsed pollen grain)。SGC 基因在花药发育的阶段 6、阶段 7 表达,而在小孢子和花粉中不表达。LRK 这一类受体类激酶含一个与碳水化合物结合活性的豆科凝集素区域,因此 SGC 可能与花粉发育时所产生的寡聚糖结合,如当花粉母细胞的初生壁的胼胝质或果胶降解时,SGC 作为花粉发育时的一个信号传导途径(Wan et al.,2008)。

拟南芥 CERI 基因编码一个膜蛋白,是影响花粉发育过程中蜡质和含油层合成的关键基因。突变体 cerl(ecere ferum)茎上的蜡质明显减少,花粉壁上的含油层呈现出颗粒状表面,含油层中脂滴个体较小、数量增多(Aarts et al.,1995)。突变体 cerl 蜡质形成过程中,烷烃、酮和醇的合成途径受阻,所以推测 CERI 蛋白可能是参与蜡质合成途径中长链烷烃形成的一种酶(Hannoufa et al.,1993;Jenks et al.,1995)。另外一个参与花药表面蜡质合成的基因是水稻中的 WDAI 基因,它在减数分裂前期的小穗、内稃、外稃、浆片、柱头和花药中均有表达。突变体 wdal 花药表皮的蜡质与野生型相比明显减少,其花药中也不能形成乌氏体,以致花粉壁发育停止,花粉逐渐皱缩。序列分析表明,水稻 WDAI 基因与拟南芥中 CERI 基因的相似性高达 51%,这一结果说明,无论是在单子叶植物还是在双子叶植物中,这类基因在功能上是很保守的(Jung et al.,2006)。

拟南芥的 DEXI 基因是一个控制花粉外壁发育过程中孢粉素积累的关键基因。突变体 dexl 主要表现为花粉发育异常,花粉外壁前体物质不能正常形成,孢粉素散乱地积累在外壁前体表面(Paxson-Sowders et al.,2001)。拟南芥的 FLP1 基因是编码脂类转运蛋白和影响花粉发育过程中含油层积累的关键基因。突变体 flpl(faceless pollen-1)由于含油层过多地积累在花粉外壁,花粉表面较为光滑,这是突变体含油层中的脂滴数量增加所导致。此外,突变体 flpl 的茎和角果表面的蜡质也明显减少。这些结果证明,基因 FLP1 不仅影响花粉外壁和含油层的形成,还参与蜡质的合成(Ariizumi et al.,2003)。

5. 植物激素(生长素和茉莉酸)对花粉发育和脱落的调控

生长素已被证明在花粉发育的早期和晚期起着重要作用。花药中生长素是由其本身所合成的而不是被运输进来的。因为生长素合成基因 YUC2 和 YUC6(YUC flavin monooxygenases)在花药中表达,抑制生长素的运输并不显著影响生长素报告基因(DR5:

GUS)的表达或改变花药的发育[DR5 是生长素反应元件（TGTCTC）的人工构建的启动子](Cecchetti et al.，2008)，在双突变体 *yuc2 yuc6* 中，没有花粉粒的形成，雄蕊也不伸长，其花不育(Cheng et al.，2006)。但是，在生长素受体突变体(*tir1 afb* 的三重或四重突变体)中，花开前期(preanthesis)的花丝生长(在花发育阶段 10～13)受阻，但花药提前成熟并具有药室内壁增厚的特征，这种现象发生在绒毡层退化、提前成熟的花粉有丝分裂、花药开裂口张开和花粉释放之前。因此，生长素似乎是通过调控细胞周期的开始、花药的开裂和雄蕊花丝的生长而控制花粉发育及其成熟的(Cecchetti et al.，2008；Wilson and Zhang，2009)。

研究还表明，茉莉酸参与花丝伸长和花药开裂晚期阶段的调控，花的开放、花药发育、花粉发育和雄性不育等过程都要求有茉莉酸。茉莉酸突变体 *coi1*、*opr3*（对茉莉酸不敏感的突变体)和 *dde1* 除对病原体的反应变化外，呈现雄性育性的降低(Devoto et al.，2002)，这是由于该突变体的花丝短、花药不能开裂和花粉活力降低所致(Mandaokar et al.，2006)。由于茉莉酸生物合成途径的突变体 *dad1* 的花粉中缺少茉莉酸，花粉不能成熟、花药不能开裂、花朵不能开放。茉莉酸可通过控制花药的水分运输发挥作用，也可能部分地通过诱导 *AtSUC1* 基因的表达而起作用(Ishiguro et al.，2001)。

用茉莉酸处理拟南芥的茉莉酸生物合成突变体可以挽救其雄性不育的表型，但是这一作用带有明显的发育阶段特异性，只限于花药发育阶段 12 的中期(表 6-1)，这一阶段相当于花粉有丝分裂 II，即在花药开裂之前的 48h。通过对突变体 *opr3* 雄蕊中基因表达分析，已鉴定了 821 个基因的表达被茉莉酸特异性所诱导，480 个基因的表达被茉莉酸处理所抑制，其中有 13 个是转录因子基因(Mandaokar et al.，2006)。

MYB21 和 *MYB24* 是属于 19MYB 亚组的转录因子。突变体 *myb24* 表型无异常，但突变体 *myb21* 的雄性育性降低，这与它的花丝短和花药开裂推迟有关；双突变体 *myb21 myb24* 的雄性不育程度增加，其中部分原因是由于花丝长度减少。突变体 *myb108* 也是在研究茉莉酸转录谱的实验中所鉴定的突变体，它的花丝稍短，但与 *myb24* 组成双突变体 *myb24 myb108* 后，其花丝明显缩短，因而育性降低(Mandaokar and Browse，2009)。*MYB24* 是花发育早期阶段中表达，特别是在小孢子和胚珠中表达的基因。单突变体 *myb24* 的表型不出现异常(Yang et al.，2007c)，但双突变体 *myb21 myb24*（其中 *MYB24* 的表达模式与野生型的一样)却出现雄性不育及花不能开放和花瓣的开度降低的表型(Mandaokar et al.，2006)。通过转基因的方法使 *MYB24* 过量表达将引起畸形生长，特别是降低了雄性育性，这是由于花药药隔不裂解及其开裂口不开裂和药室内壁无维管束所致，在过量表达 *MYB24* 的转基因株系中，其苯丙烷类(phenylpropanoid)合成途径的基因表达发生了改变，这意味着，MYB24 与 MYB21 的偶联对花药发育和花药的开裂起着调节作用(Yang et al.，2007c)。已有报道表明，MYB32 及其密切相关的 MYB4 将影响花粉的发育，因为在其基因敲除株系中花粉结构失常、细胞缺少细胞质，同时在这些基因敲除的株系中，苯丙烷合成途径的基因成员的表达也发生了改变。因此，认为 MYB32 和 MYB4 是通过改变苯丙烷的合成途径而发挥对花粉壁组成成分及其发育的控制作用的(Preston et al.，2004)。在突变体 *ms35* 和 *myb26* 中，其药室内壁不能进行次生壁的增厚，引起花药不能开裂，这一突变的表型不能为茉莉酸处理所挽救，这说明，在花药中药室

内壁分化及其所发生的次生厚物的沉积是不依赖于茉莉酸途径的。$nst1nst2$ 是带 NAC 结构域基因的双突变体,由于其药室内壁次生增厚失效而造成花药不能开裂。过量表达 $MYB26$ 可诱导异位次生壁的增厚,这是因为诱导了与次生壁增厚和木质化有关基因的表达,这一作用可能是通过调节 $NST1$ 和 $NST2$ 的表达而实现的(Yang et al.,2007b)。

研究表明,ARF6 和 ARF8 这两个生长反应转录因子在许多发育阶段(包括雄蕊伸长和花药开裂)中起着基因冗余作用,这一作用可能是通过基因表达的抑制和与特异性结合的靶基因而实现的,这些被特异结合的靶基因可能是一些被生长素上调的小基因(如 $SAUR62$、$SAUR63$、$SAUR64$、$SAUR65$、$SAUR67$、$IAA3$ 和 $IAA4$);ARF6 和 ARF8 的这一作用也可能是部分由于诱导了茉莉酸合成或降低了茉莉酸的结合或使之降解所致,从而调节花药开裂和花的开放(Nagpal et al.,2005)。还有研究表明,$ARF6$ 和 $ARF8$ 的表达受控于 miRNA167 (Ru et al.,2006;Wu et al.,2006;Yang et al.,2006a)。

6. 花粉败育与植物细胞质雄性不育及其相关基因

植物雄性不育是指不能产生有功能的花粉粒的现象,是被子植物中普遍存在的一种生物学特征。雄性不育也可以通过化学手段和改变环境而诱导。雄性不育植株的表型多种多样,如雄蕊缺失、花药瘦小、花药不开裂、花粉败育或成熟花粉不能萌发等。根据其遗传特点,植物雄性不育可分为细胞核不育(nuclear male sterility,NMS)和细胞质雄性不育(cytoplasmic male sterility,CMS)。NMS 受核基因控制(Schnable and Wise,1998;Eckardt,2006)。

1) 花粉败育与植物细胞质雄性不育

植物细胞质雄性不育是由于雄蕊退化、花粉败育或功能不育等原因造成的雄蕊不能正常授粉。细胞质雄性不育是一种母系遗传,其遗传方式不符合孟德尔遗传规律。恢复系的核基因 RF(nuclear restorer gene for fertility)能抑制 CMS 的表型,具有恢复育性功能。因此,利用不育系和恢复系构成的系统即可省去费力的手工去雄,实现杂交种种子的大规模生产,在农作物育种中具有很大的应用价值。人们根据不育细胞质的来源、花粉发生败育的时期、不育系的恢复关系等多个方面对 CMS 系进行分类。从败育类型可分为孢子体不育和配子体不育两类:孢子体不育是花粉的育性受孢子体(植株)基因型控制,而与花粉本身所含基因无关;配子体不育是花粉育性直接由配子体(花粉)本身的基因所决定。(Schnable and Wise,1998;吴豪等,2007;Kotchoni et al.,2010)。

通过拟南芥等植物可育与不育小孢子发生的比较研究发现,雄性不育的基因作用可发生在各种条件下,如可分别发生在小孢子减数分裂前、在减数分裂的各个阶段和从四分体释放小孢子与小孢子发育成成熟的花粉粒之时。但是,在各种雄性不育中,第一个可检测的与正常发育不同的变化常常是绒毡层的提前溶解体(premature dissolution)。绒毡层的活性与绒毡层发育时营养的有效转运有关,对绒毡层发育早期的干扰可能导致维持小孢子生存所必需的某种特异性营养枯竭。研究已证实绒毡层的损坏与雄性不育密切相关,如通过基因工程手段,可将细胞毒性基因(cytotoxic gene)和编码干扰细胞功能蛋白的基因置于适当的启动子控制下,在绒毡层细胞中和小孢子发育中进行选择性的表达,这种表达可诱导转基因植物的雄性不育。这种人为的雄性不育可以免除杂种育种中人工去雄大量的财力和人力投入(Pelletier and Budar, 2007；吴豪等, 2007；Gils et al., 2008)。

　　许多植物的细胞质雄性不育都具有母系遗传的特点,伴随细胞质雄性不育最显著的细胞学事件是发生在包裹着正在分化的花粉母细胞的绒毡层组织中一系列的发育缺陷,包括不正常的细胞液泡化、细胞融合成多核的合胞体以及绒毡层细胞程序死亡时的扰乱(Shi et al., 2010)。发生在减数分裂时或其后的花粉母细胞发育受阻常常与小孢子细胞壁的沉积有关。线粒体的功能取决于核和线粒体基因组的协同作用,细胞质雄性不育通常由线粒体基因组决定,细胞质雄性不育相关的表达区域含有异常的 ORF,该 ORF 通常为嵌合结构并经常与常规线粒体基因共转录。现在普遍认为,导致植物 CMS 的主要因素与细胞质中的遗传系统,即线粒体或叶绿体基因组有关(Schnable and Wise, 1998；Eckardt, 2006)。线粒体 DNA(mitochondrial DNA, mtDNA)就是玉米 CMS-T 型因子的载体(Levings and Pring, 1976)。通过对 CMS-T 不育系及其可育系线粒体结构的仔细比较发现,在它们花药的早期发育阶段,这两个品系的线粒体群体都有着相似的变化,它们的绒毡层体积都增加了 4～6 倍,这反映它们的线粒体数量都有了数倍的增加,也说明线粒体的复制与其体积的增加是同步的。玉米 CMS-T 系花粉败育的最早信号出现在花药发育的小孢子发生四分体阶段,其绒毡层和中层的线粒体发生裂解、线粒体嵴消失、缺失内部结构、线粒体肿胀(Warmke and Lee, 1978)。

　　2) 细胞质雄性不育及其相关基因

　　目前对 CMS 雄性不育的机制尚未完全了解,对雄性不育恢复蛋白的功能特点也所知甚少。为了揭示雄性不育的分子机制,对绒毡层功能缺陷所引起的细胞质雄性不育系与可育系的线粒体变化已在玉米、豌豆、高粱、萝卜(Raphanus sativus)、油菜(Brassica napus)、水稻、小麦和向日葵等植物中做了大量的研究,以下主要介绍拟南芥、玉米和水稻中的相关研究。

　　玉米细胞质雄性不育有 T 型(Texas)、S 型(USDA)和 C 型(Charrua)三大类,其中 T 型细胞质(CMS-T)曾在生产上得到广泛利用,对其分子机制研究得最深入。这与 1970 年在美国流行了一场玉米斑点病(玉米枯叶病)有关,引起玉米斑点病的病原菌玉米小斑病 T 小种[race T of Cochiolusheterostrophus(Biolaris maydis 的无性阶段)]和引起玉米黄叶病的玉米黄叶枯病毒(Phyllostita maydis)可产生寄主选择的毒物,而 CMS-T 玉米对这一毒物高度敏感(Pring and Lonsdale, 1989)。因此当时流行此病的 85% 的玉米都是通过 CMS-T 生产的品种(Ullstruap, 1972)。

　　CMS-T 属于孢子体不育。已从 CMS-T 的线粒体 cDNA 文库中克隆了一个 T-urf13 基因,该基因编码的 13kDa 蛋白(URF13)是与雄性不育相关的 CMS-T 特异性的蛋白质,它不出现在玉米可育系中。在 T-urf13 基因编码区所含密码子中,有 88 个与 26 rRNA 基因(rrn26)的非转录 3′侧翼区密码子同源,有 18 个与 rrn26 基因编码区的密码子同源,而有 9 个密码子的位置区域尚不清楚；URF13 可在 CMS-T 玉米所有的组织中表达(组成性的表达)(Wise et al., 1987)。URF13 具有跨膜结构,其二级结构包括 3 个跨膜的 α 螺旋,可以组装成四聚体横跨于线粒体内膜上。当 CMS-T 玉米受玉米小斑病菌感染而产生 T 毒素时,URF13 蛋白能与 T 毒素特异性结合,使线粒体迅速膨胀,并在线粒体内膜上形成膜孔,造成线粒体内的小分子、离子等物质通过膜孔泄漏。进而线粒体的电子传递链遭到破坏，氧化磷酸化解偶联，能量代谢紊乱，最终导致细胞死亡（Rhoads et al.，1995）。

　　研究表明，育性恢复基因 RF（restorers fertility）的核基因可以抑制雄性不育的表型，可恢复被删除的线粒体基因。核 RF 基因编码是 PPR 蛋白（pentatricopeptide-repeat protein），是线粒体基因表达的关键调节因子（Bentolila et al.，2002）。在玉米中所鉴定的 RF1 基因可降低细胞毒性蛋白 URF13 的水平（Dewey et al.，1987），同时也可改变 URF13 的转录水平（Wise et al.，1996）。此外，还发现一个可与 RF1 偶合的玉米雄性不育基因 RF2，可以恢复 CMS-T 玉米的育性（Cui et al.，1996），但 RF2 基因不直接影响 URF13 蛋白的表达，它编码一个醛脱氢酶（aldehyde dehydrogenase）（Liu et al.，2001）；该酶可以补偿由于缺失蛋白质而导致的代谢缺陷。换言之，这些 RF 蛋白可抑制与雄性不育相关的线粒体结构的异常，使代谢过程正常进行，从而使雄性生殖器官发育、小孢子发生和花粉发育及成熟成功进行；在许多情况下，这一抑制作用直接与依赖于线粒体 RNA 修饰和随之发生细胞质雄性不育相关蛋白质减少相关（Bentolila et al.，2002）。

　　根据细胞质来源的不同，水稻细胞质雄性不育系被分为野败型（CMS-WA）、包台型（CMS-BT）和红莲型（CMS-HL）等。CMS-WA 属于孢子体不育类型，CMS-BT 和 CMS-HL 属于配子体不育类型（吴豪等，2007）。CMS-BT 系的恢复基因 Rf-1 编码一个 791 个氨基酸的线粒体靶向 PPR 蛋白（Komori et al.，2004）；orf79 编码一个细胞毒素蛋白，并通过遗传转化确定了 orf79 是 CMS 基因。此外，CMS-BT 系还有两个紧密连锁的恢复基因 Rf1a 和 Rf1b。Rf1a 和 Rf1b 是 10 号染色体上的一个编码 PPR 蛋白的多基因簇成员，其中 Rf1a 即是 Rf-1；因此 Rf-1 基因座实际包含两个相关基因。Rf1a 和 Rf1b 均编码线粒体定位蛋白，具有独特的育性恢复功能；隐性（无恢复功能）的 rf1a 是由于发生碱基缺失引起的移码，rf1b 是由于 1 个氨基酸突变导致功能丧失（Wang et al.，2006）。

　　根据目前对已克隆的 37 个恢复基因结构分析发现，其中分别从水稻、玉米、萝卜（Raphnus sativus）和油菜（brassica napus）克隆的 28 个育性恢复基因所编码的蛋白质都含有 PPR 基序（Kotchoni et al.，2010）。PPR 基因是高等植物基因组中存在的超基因家族，含有由 35 个氨基酸形成的 PPR 基序重复（Small and Peeters，2000）。许多 PPR 蛋白被认为通过与目标 RNA 的特异结合，在其他因子的共同作用下对目标 RNA 进行剪切、降解等加工（Lurin et al.，2004）。同时还发现，在编码 PPR 蛋白的恢复基因座附近，总是存在几个拷贝的同源重复基因。例如，水稻的 Rf-1 座附近约 350kb 内存在 8 个或 9 个 PPR 同源基因，形成一个基因簇，其中 2 个成员（Rf1a 和 Rf1b）对 CMS-BT 有恢复功能。与恢复系的功能恢复基因相比，不育系（保持系）中的等位基因序列往往出现序列缺失或碱基变异而失去功能。已克隆的恢复基因的编码蛋白 N 端均有一个线粒体靶向序列，其表达产物都是以线粒体作为作用目标（吴豪等，2007；Kotchoni et al.，2010）。

　　许多研究表明，CMS 基因只在花药或花粉中特异地起作用。例如，菜豆 CMS 基因 orf239 是组成型表达，但表达产物仅在 CMS 系花药的绒毡层组织或花粉母细胞及小孢子中积累，引起小孢子败育。orf239 编码 27kDa 的多肽定位于花粉的胼胝质和初生细胞壁（Abad et al.，1995）。在胡萝卜 CMS 中，仅在不育系‘2566A’的花器官中有 orfB 表达产物的累积(Nakajima et al. , 2001)。水稻 CMS-BT 型的 *B-atp6/orf79* 虽是组成型表达的基因,但只在小孢子中有较高水平的 ORF79 蛋白积累,而在花药壁细胞和其他体细胞中积累的水平较低[蛋白质免疫印迹法(Western blotting)不能检测到],因此推测这种差异是由于小孢子以外的细胞存在某种特异的翻译或翻译后水平的调控机制抑制 ORF79 的产生,使该不育系统表现为配子体模式(Wang et al. , 2006)。

对已经克隆的 *CMS* 基因,如玉米的 *T-urf13*、油菜 *orf224*、菜豆的 *orf239*、矮牵牛的 *pcf*、向日葵的 *fH522*、水稻的 *orf79* 和萝卜的 *orf138* 等进行遗传转化,但只有 *orf239* 和 *orf79* 能产生转基因植株的花粉败育(He et al. ,1996;Wang et al. , 2006)。

从上可知,利用 *CMS/RF* 体系进行杂种繁育,不但可免去繁重的人工去雄工作,也保证了每个种子都是杂交授粉的杂交种(Bentolila et al. , 2002)。细胞质雄性不育除了具有重要的市场开发的价值外,通过多细胞有机体中的这一核基因也为研究线粒体基因表达提供了难得的机会。

6.2　雌配子体或胚囊的发育

被子植物的雌配子体也称大孢子体(megagametophyte)或胚囊(embryo sac)。与小孢子发生和雄配子(花粉)发育相似,大孢子发生和雌配子(female gamete)(卵细胞)的发育是紧密相连的过程,这一过程都发生在雌性生殖器官雌蕊的胚珠中(Grossniklaus and Schneitz, 1998)。

雄蕊与心皮(carpel)分别是花的同源雄性生殖器官和雌性生殖器官。在结构上心皮要比雄蕊复杂;心皮的基部是子房(ovary),端部是柱头(stigma),居间的是连接子房和柱头的花柱(style)。在子房壁上特化出一种称为胎座(placenta)的组织着生着胚珠(ovule)。胚珠的结构如图 6-9 所示。

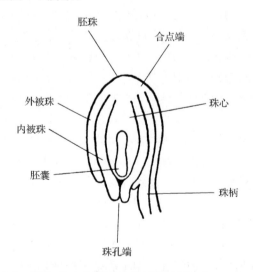

图 6-9　胚珠、珠心和胚囊位置示意图(Raghavan, 2000)

　　胚珠通常是由胎座中的 L2 层或 L3 层或两者的细胞平周分裂后的细胞发育而成的。成熟的胚珠由珠柄与(funiculus)子房连接,胚珠中央区域包含着由许多同形的细胞(homogeneous cell)组成的珠心组织(nucellus)。随着珠心的发育与增大,从其基部发育出一种保护珠心的构造,称为珠被(integument);珠被通常有两层,分别被称为内珠被(inner integument)(不完全地包裹着珠心)和外珠被(outer integument)珠心及其珠被称为胚珠;随着胚珠的发育,以其着生的部位称为珠柄(funiculus)的组织为基点形成倒转的胚珠。因此,离胎座近的胚珠的一侧称为合点(chalaza),离胎座远的一侧称为珠孔(micropyle),珠孔是在珠被不完全包裹珠心时留下的小孔(图 6-9);但有些植物的珠被可比较完整地包裹珠心,不留珠孔。

6.2.1　大孢子发生和雌配子体(胚囊)发育的类型

　　大孢子发生(megasporogenesis)的实质是通过大孢子母细胞的减数分裂形成大孢子(megaspore)。由大孢子发育成雌配子体(female gametophyte)(胚囊)是有花植物雌性分化后的一个核心过程。胚囊不但是卵子的庇护场所,也为卵子的发育提供营养。因此,胚囊中必须发育出许多与营养转运有关的细胞超微结构。

　　以拟南芥的大孢子发生为例(图 6-10),在其大孢子发生开始前,珠心中的细胞在形态上都是同形的,不能从形态上预测这些细胞的发育命运,但随后在靠近珠孔端的珠心皮下的一个细胞显著地增大并有染色密度强的细胞质,这是一个预减数分裂的细胞(pre-meiotic cell),即为孢原细胞(archesporial cell)。大多数有花植物的大孢子母细胞是独特地从孢原细胞所特化的细胞,该细胞增大并因一些胼胝质沉积而显著地极性化。该细胞经过平周分裂,外层细胞发育出周缘细胞,内层细胞发育为大孢子母细胞(megaspore mother cell 或 megasporocyte)。这一周缘细胞与小孢子发生时的周缘细胞相似。大孢子母细胞的减数分裂产生了直线排列的 4 个单倍体的孢子,称为大孢子。大孢子发生后,可因植物种类不同发育出不同类型的雌配子体,即胚囊(胡适宜,1982)。

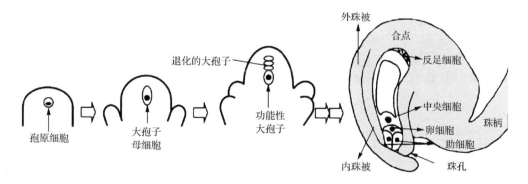

图 6-10　拟南芥大孢子发生和雌配子体的发育图示(Ma and Sundaresan,2010)

首先在胚珠原基的一个下表皮细胞特化成为孢原细胞,然后分化成大孢子母细胞(megaspore mother cell),再经过减数分裂产生直线排列的 4 个大孢子。在近合点端的一个大孢子存活成为功能性的大孢子,它最终在充分发育的胚珠中成为雌配子体(如图右所示)

　　在大多数有花植物的每个胚珠中仅有一个存活的大孢子(一般都是离珠孔端最远的

大孢子,即最里面的孢子)称为功能性大孢子,并经有丝分裂后形成胚囊,而余下的三个大孢子(离珠孔较近的)将会程序死亡(图6-10、图6-11)。这种大孢子发生方式所形成的胚囊称为单孢型胚囊(monosporic embryo sac),也称蓼型胚囊(polygonum-type embryo sac)(Maheshwari,1950),图6-11所示为这一典型大孢子发生及其雌配子发育的基本过程,拟南芥、玉米和水稻的胚囊发育都属于这一类型。

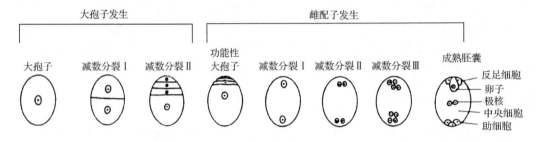

图6-11 典型的8核单孢型胚囊中的大孢子发生和雌配子发生图示(图中,珠孔端朝上)(Raghavan,2000)

此外还存在双孢型胚囊(bisporic embryo sac)和四孢型胚囊(tetrasporic embryo sac)(图6-12)。所谓双孢型胚囊是大孢子母细胞减数分裂的第一次分裂出现细胞壁,成为二分体,其中一个退化死亡,另一个存活继续进入第二次分裂,但不形成新壁,形成的两个单核同时存在于一个细胞质中并分别位于细胞的两端,以后的分裂与单孢型的相同(图6-11),洋葱的胚囊发育就属于这一类型。所谓四孢型胚囊是大孢子母细胞在减数分裂时两次分裂都没有形成细胞壁,所以4个大孢子核共同存在于一个细胞质中并形成胚囊。百合属植物的胚囊发育就属这一类型。双孢型胚囊的8个核呈现2种不同的遗传特性(每4个核代表一种遗传特性),四孢型胚囊的8个核具有4种不同的遗传特性,因为它们是从4个遗传性不同的单倍体核发育而成的。

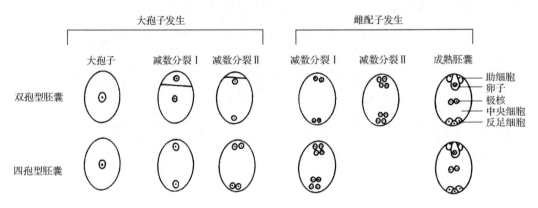

图6-12 在8核双孢型胚囊和四孢型胚囊中的大孢子发生和雌配子发生图示(图中,珠孔端朝上)(Raghavan,2000)

单孢型胚囊结构形成时,大孢子核经过三次有丝分裂所形成的细胞沿合点-珠孔轴(chalazal-micropylar axis)进行细胞伸长,最后发育成8核7细胞的胚囊。在合点和珠孔端各有三个核,并各自形成了自己的细胞壁。其中在珠孔端的三个核所形成的三个细胞组成一个卵器(egg apparatus),包含一个大的卵子及两个助细胞(synergid),另三个位于合点端的核形成了三个反足细胞(antipodal cell)。存在于这两类细胞之间的是含所剩余的两个核的中央细胞(central cell),该细胞占据着胚囊的大部分空间。中央细胞所含的这两个核被称为极核,它们融合在一起成为一个二倍体细胞核,将卵子、助细胞和中央细胞称为雌性生殖单位(female germ unit)(以雄性生殖单位类似),但这一概念并未被广泛使用。当多于一个孢子核参与胚囊的发育时,其卵器的组成、融合极核的染色体倍数水平和反足细胞的数量都会有些不同。例如,在白花丹属(*Plumbago*)和小蓝花丹属(*Plumbagelia*)的胚囊就与四孢型的不同,它们的卵细胞侧边就不存在助细胞,除了由于最终的细胞数目不同而引起拓扑差异(topographical difference)外,其涉及胚囊组合的发育基本过程与单孢型、双孢型和四孢型胚囊的过程非常相似(Raghavan,2000)。有时胚囊可由体细胞不经过减数分裂发育而成,这一现象称为无孢生殖(apospory),有时,胚囊可只由未经与精子融合的卵细胞发育而成,这一现象称为单倍体孤雌生殖(haploid parthenogenesis)(Ramachandran and Raghavan,1992)。

6.2.2　雌配子体的发育

　　一个世纪以来,人们对大量植物雌配子体的发育进行了广泛的研究,已发现在自然界中,胚囊的细胞数及其结构存在许多种类和变化(Friedman et al.,2008)。以下以属于蓼型胚囊的拟南芥胚囊为例叙述雌配子体发育的主要过程(图6-13)。成熟的胚囊含7个属于4个不同类型的细胞。在胚珠中大孢子母细胞形成后,经过减数分裂产生4个孢子,其中3个经历细胞程序死亡,在每个胚珠中存活的一个是远端(合点处)的功能性大孢子(雌配子体阶段1,FG1)。这个功能性大孢子经历3次连续的有丝核分裂,(从FG2到FG5)(图6-11)(Christensen et al.,1997),而产生的8个核归入成熟的胚囊,4个为一组分别处于每一极,随即细胞化形成7个细胞(图6-13)。这7个细胞包括将产生胚的卵细胞(egg cell)、两个称为助细胞的卵附属细胞、中央细胞和3个功能尚未确定的位于合点端的反足细胞。助细胞有吸引花粉的作用和有助于花粉管进入卵细胞的作用。中央细胞位

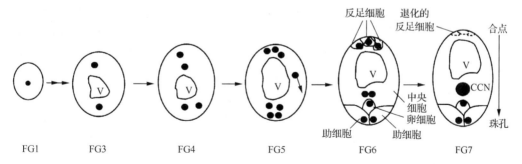

图6-13　雌配子体发育阶段(从FG1到FG7)示意图(Ma and Sundaresan,2010)

图中FG1至FG5是合胞体有丝分裂(syncytial mitotic division)过程。在阶段FG6使合胞核细胞化产生了7细胞8个核的胚囊;在发育阶段7(FG7),中央细胞的两个极核融合,反足细胞退化。V:液泡;CCN:中央细胞核;FG1~FG7(female gametophyte stage 1~7):雌配子体发育阶段1至阶段7

于反足细胞与卵细胞之间,它与一个精子受精后发育成胚乳。当种子形成时珠被发育为种皮(seed coat)。因为珠孔位置与卵细胞及其两个助细胞相邻近,当受精时花粉管可由珠孔进入胚囊。胚囊中的细胞都具有不同的形态。其中中央细胞是最大的细胞,含一个大的液泡。

在细胞化之前,胚囊通过有丝分裂形成 8 个核,通过它们位置的固定和移动而区分。在首次有丝分裂之后的 FG3 阶段,其中的两个子代核移动到与胚囊相反的一端,在第二次有丝分裂的 FG4 阶段,在胚囊的两端各产生一对核,到了 FG5 阶段则在胚囊的两端形成 2 对核,因此在这一阶段胚囊中 8 个核的定位与它们的发育命运密切相关(Huang and Sheridan, 1994;Webb and Gunning, 1994)。在珠孔端的 4 个核,最远的两个核成为助细胞核,其余的两个核中,位于较远的一个将成为卵细胞的核,而位于较中心的另一个核将成为中央细胞的一个核(中央细胞含两个核)。在合点端的 4 个核中,一个位于最靠胚囊中央的核将成为中央细胞的另一个核;当随着胚囊细胞化形成 7 细胞胚囊时,该核移向珠孔,紧靠第一个极核最近的核(Webb and Gunning, 1994)。极核在受精前融合成为等二倍体(homo-diploid)的中央细胞核,在受精时,反足细胞消失(图 6-13)(Ma and Sundaresan, 2010)。

谷物类胚囊发育的整个过程与拟南芥和其他大多数双子叶植物的非常相似,但在最后的发育阶段也有一些明显的不同:其一,当两个极核与一个精子融合形成 3 倍体的胚乳时,在受精之前这两个极核是不融合的;其二,三个反足细胞并不退化,但可通过核和细胞质的分裂而增殖。例如,在玉米受精时,增殖作用使反足细胞增加到 40 个(Huang and Sheridan, 1994)。谷物的反足细胞具有转运营养的功能,与植物转运细胞的功能相似。因此,反足细胞可能起着将母体组织中的营养运输到谷物胚乳的作用(Diboll and Larson, 1996;Maeda and Miyake, 1997)。但是,大多数有花植物(包括拟南芥)在受精前反足细胞就退化,因此,这些植物胚囊中反足细胞的功能尚难确定。

6.2.3 影响大孢子发生和雌配子体发育的突变体及其基因

由于雌配子比较小及其深埋于胚珠的孢子体组织中而难以操控,使胚囊发育的遗传研究受到限制。采用带有选择标记(如 T-DNA 或转座子)的插入突变的遗传筛选技术已鉴定了影响雌配子发育的数百个突变体(Bonhomme et al., 1998;Pagnussat et al., 2005);但是有关胚囊的图式形成及其细胞特化和细胞属性维持的突变体及其相关基因研究得比较少。最近已有一个较全面的有关影响早期胚囊发育突变体的综述(Yang et al., 2010)。在多数情况下,影响早期胚囊发育和生长的突变体显然是控制基础功能的基因,如细胞代谢、核糖体 RNA 加工或细胞周期的功能基因。值得注意的是,根据对基因表达模式和细胞功能预测的研究,在那些影响胚囊发育早期的突变体中目前尚未鉴定到特异性影响配子体生长的突变体。

当多重冗余基因为一个发育过程所要求时,这些突变体可能难以在正向遗传筛选中被发现。表达谱的研究可以克服这一限制,但这一研究所面临的挑战是如何将不受孢子体组织污染的完整的胚囊分离。目前已建立了分离玉米胚囊和卵细胞的技术,并可用于构建这些细胞的 cDNA 文库,从而可从中鉴定那些特异性表达的基因(Le et al., 2005;

Sprunck et al.，2005；Yang et al.，2006a)。另外一种研究胚囊细胞基因表达的技术是基因的比较表达谱,在这一技术中,胚囊特异性基因可通过野生型胚珠与不能形成胚囊的突变体的基因表达谱进行比较鉴定。采用这个方法在胚囊中已鉴定了数百个丰富表达的特异基因,其中有许多基因是显示细胞特异性的表达模式(Yu et al.，2005；Johnston et al.，2007；Jones-Rhoades et al.，2007；Steffen et al.，2007)。最近借助激光微分离技术已成功地运用于拟南芥胚囊中单一细胞类型的分离,并获得了卵细胞、中央细胞和助细胞特异性基因表达谱(Wuest et al.，2010)。通过这一方法已鉴定了约 8850 个在胚囊中表达的基因,其中最少有 431 个基因是在被测的三类细胞类型中的一类细胞特异性表达的基因。这与动物生殖细胞系转录谱呈现有趣的类似,这种相似性包括在卵细胞中表达与双链 RNA 结合的蛋白基因(这些基因可能涉及转座子沉默)及胚发育时表达涉及卵细胞基础细胞代谢过程的 RNA 基因,这些基础细胞代谢的表达可以解释为什么近乎一半的雌配子体突变体的缺陷都出现在胚胎发生早期的现象(Pagnussat et al.，2005)。这一套完整的单细胞基因表达谱的数据,对于揭示雌配子体基因及其功能都是非常有价值的;另外对于阐明大多数已鉴定的这些基因在胚囊发育上的功能需要借助于失能突变体进行系统的反向遗传学研究(Ma and Sundaresan，2010)。

在大孢子发生时,孢子体基因将影响孢原细胞的特化。玉米突变体 *mac1*(*multiple ACs*)的胚珠含有多个可发育成胚囊的孢原细胞,因此,在其花药中有额外的孢原细胞(Sheridan et al.，1999)。水稻突变体 *msp1*(*multiple sporocyte1*)的表型与 *mac1* 非常相似。*MSP1* 基因编码一个 LRR 受体激酶(Nonomura et al.，2003),该酶与控制拟南芥小孢子和绒毡层特化的 *EMS1/EXS* 受体激酶基因(与其配位体 *TPD1* 一起作用)相关(图 6-6)。有意思的是,如果将 *TPD1* 的水稻同源物 *osTPD1a* 敲除也可产生与 *msp1* 相似的表型(Zhao et al.，2008)。花药和胚珠中的孢原细胞的特化可能涉及通过受体激酶-配体相互作用的细胞间的信号传导,这种信息传导在所有被子植物中都是共同的。孢原细胞特化后,要发育成减数分裂前的大孢子母细胞需要 *SPL/NZZ* 基因的活性(Schiefthaler et al.，1999；Yang et al.，1999),该基因是花器官属性基因 *AG* 的靶基因(见本章的 6.1.2 节)(Ito et al.，2004),除了这些相互作用外,最近发现小 RNA 途径对特化生殖细胞系有重要的作用(见本章 6.4 节)。

阿格蛋白(Argonaute)家族成员之一,*AGO9*〔*ARGONAUTE9*(*AGO9*)〕基因的突变将导致在胚珠上形成异位的大孢子母细胞,但仅在正常位置上的大孢子母细胞才能形成胚囊,而每个异位产生的大孢子母细胞,可以不通过减数分裂形成二倍体,其发育停止于 1 核阶段的大孢子(Olmedo-Monfil et al.，2010)。*AGO9* 基因在孢原细胞或大孢子母细胞中不表达,而在包裹胚珠的细胞中表达,因此,这一基因必定是以非细胞自主性的方式限制大孢子母细胞形成单一细胞。AGO9 的初级功能可能是通过 siRNA 所介导的转座子沉默途径而起作用的,因为在突变体 *ago9* 的配子中正常沉默的转座子呈现转录活性,这与在动物生殖细胞系中的小 RNA 所引起的转座子沉默呈现出有趣的类似(Klattenhoff and Theurkauf，2008)。目前对 *AGO9* 在胚珠中限制大孢子母细胞发育命运的作用机制尚无所知。但是在 24nt siRNA 转座子沉默的途径上,包括 RDR2(依赖于 RNA 的 RNA 聚合酶 2)、DCL3(Dicer-like3)和依赖于 DNA 的 RNA 聚合酶Ⅳ和Ⅴ的其他突变体也产生同样的效应,这表明,这一机制直接与 *AGO9* 在 RNA 指导的沉默有关(Olmedo-Monfil et al. , 2010)。在水稻中,有一个不同的 *AGO* 基因称为 *MEL1*(*MEIOSIS AR-RESTED AT LEPTOTENE1*),它是大孢子母细胞通过减数分裂所要求的基因(Nono-mura et al. , 2007)。*MEL1* 在大孢子母细胞中表达,似乎它并不是拟南芥 *AGO* 基因的直系同源基因;并与拟南芥 *AGO1* 关系最密切,已知 *AGO1* 可对 miRNA 进行原初调节。这些发现再一次暗示 RNA 沉默对于配子体发育的启动是非常重要的。这些过程相互连结的机制也将成为研究的热点。

已发现胚囊发育的 8 核细胞阶段的有丝分裂的完成要求 *RBR*(*RETINOBLASTO-MA RELATED*)的表达,因为突变体 *rbr* 产生额外的可细胞化的核(Ebel et al. , 2004)。最近的研究表明,至少在玉米胚囊发育时,核的移动和定位是依赖于基因 *ZmDSUL*(Zea mays di-small ubiquitin-related modifier) 的活性;下调 *ZmDSUL* 的活性将导致 8 个核均位于胚囊中央的核分布模式,突变体的配子体在其成熟和退化之前发育就停止了。当雌配子体发育时,*ZmDSUL* 也可能参与纺锤体的伸长及其不对称性的调节(Srilunchang et al. , 2010)。

有关对改变胚囊细胞命运特化的突变体的研究比较少。突变体 *eostre* 在位于助细胞的地方产生了额外有功能的卵细胞,它是获能突变体。基因 *BLH1*(*BELL-LIKE HO-MEODOMAIN1*)(NOX-TALE 同源异型域基因)可在突变体 *eostre* 的胚囊中异位表达,该突变可被 *KNAT3* 基因的失能突变所抑制。*KNAT3* 编码 *BLH1* 的一个推定的 *KNOX* 异源二聚体的组成成员。突变体 *eostre* 是 *OVATE5* 失能突变体的拟表型,而 *OVATE5* 被认为是 *BLH1* 负调节因子(Pagnussat et al. , 2007)。在突变体 *eostre* 中,细胞命运的改变与细胞化前的核的错误定位有关,这表明,胚囊中细胞命运的特化依赖于合胞体(syncytial)(未细胞化时的胚囊)时期雌配子体之间的特异性定位机制。玉米突变体 *ig1*(*indeterminate gametophyte1*)与编码拟南芥的转录因子基因 *AS2*(*ASYMMETRIC LEAVES2*)密切相关(Evans, 2007),这一突变的胚囊形成了超数量的核,随着这些核的细胞化,其特异性的细胞命运与它们所处的位置有关(Guo et al. , 2004);这种现象与合胞体中位置信息是通过形态素的不对称分布而形成的模式相符,也与果蝇胚发育时其位置信息是由转录因子的梯度所提供的模式相似(Lewis, 2008)。

6.2.4 生长素的分布对雌配子体发育的影响

最近研究表明,雌配子体图式形成的机制与作为形态发生决定因子(morphogenetic determinant)的生长素分布相关。生长素的分布常用表达人工合成的生长素反应报告基因(*DR5:GFP*)的表达模式加以分析 (Ulmasov et al. , 1997),这一类研究结果显示,处于发育中的胚囊中,生长素的分布高度不对称[图 6-14(b)]。在雌配子发育的 FG1 阶段,强烈的生长素信号出现在细胞核、配子体的珠孔端[图 6-14(a)]。这种位于胚囊珠孔端的生长素强烈的信号伴随着雌配子体的发育直到 FG5 阶段。

此时第 3 次有丝分裂已完成,胚囊中的 8 个核也在细胞化前被定位[图 6-14(c)];合胞胚囊中这种生长素不对称分布表明,助细胞的特化发生在有高浓度生长素分布的核中,而在已特化的助细胞核中,其生长素处于低浓度。在卵细胞和中央细胞中生长素的分布

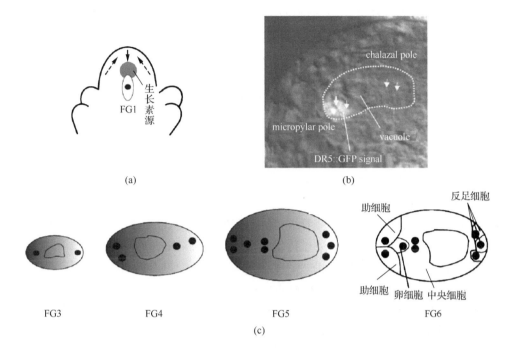

图 6-14　雌配子体发育过程中生长素的分布及其作用(Ma and Sundaresan，2010)

(a) 在发育阶段 1(FG1)，从原基的表皮层而来的生长素通过极性运输累积于处于单核雌配子体远端的孢子体胚珠细胞中，并成为特化的孢子体生长素源。(b) 在 FG4 中，4 核胚囊中出现生长素的不对称分布。通过生长素特异性启动子 DR5 与荧光报告基因的融合基因的表达信号(DR5:GFP signal)为指标的结果表明，生长素在珠孔端(micropylar pole)分布浓度最高，而合点端(chalazal pole)分布浓度最低。由 YUCCA 基因表达所控制的胚囊中，其生长素生物合成也呈现类似的不对称性。(c) 在核的细胞化前，雌配子体发育中生长素梯度分布示意图。颜色最深的表示生长素浓度最高，这一位置是相应于珠孔端助细胞核所处的位置；图中缩写，FG1～6(female gameto-phyte stage 1～6)：配子体发育阶段 1～6；vacuole:液泡

浓度分别为中高浓度和低浓度。通过 YUCCA1 这一生长素生物合成基因的转化，可使胚囊中的生长素水平增加并引起助细胞异位发育；在有些情况下，甚至形成异位发育的卵细胞(Zhao et al.，2001)。因此提高整个胚囊生长素水平的分布将会改变其细胞的属性，引起合点端的细胞属性变成珠孔端的细胞属性。值得注意的是，当合胞胚囊发育时，过量产生生长素并不导致核定位的改变，这表明，核定位途径不依赖于生长素浓度分布。相反，通过对生长素反应因子(AUXIN RESPONSE FACTOR，ARF)基因的下调或生长素受体基因 TIRI 和 AFB1-3 的突变，使生长素信号传导减弱，将导致助细胞命运的特化向合点端细胞属性(反足细胞)命运转变。例如，amiR-ARFa 是一个人工合成的微小 RNA，它以一组 ARF 特别是 ARF1-8 和 ARF19 为靶物，amiR-ARFa 在胚囊表达将引起胚囊的发育缺陷，使其珠孔端的三个细胞全部获得了卵细胞的属性。这些胚囊不能吸引任何花粉管进入，这说明助细胞已丧失其属性的结构(Pagnussat et al.，2009)。这些研究结果说明，生长素浓度不同可改变细胞发育命运的特化。在正常情况下合胞胚囊中形成了一个生长素浓度在珠孔端最高，而在合点端最低的梯度分布模式，正是根据这一生长素信号，胚囊中各个核选择各自的发育命运[图 6-14(c)]。因此，助细胞的发育命运为处于相

应于最高生长素浓度的环境,反足细胞的发育命运为处于相应于最低生长素浓度的环境,而卵细胞和中央细胞发育命运则为处于相应于中等生长素水平的环境。在大孢子体发育中,最高水平的生长素是来自其极性运输,这种运输是通过生长素输出载体的作用而实现的,该载体是由 *PIN(PIN-FORMED)* 基因家族编码的蛋白质;然而,在雌配子体中,生长素的水平依靠生长素局部的生物合成,即依赖于 *YUCCA(YUC)* 这一生长素生物合成酶基因的产物,因为在胚珠中,*YUC* 的表达与生长素的信号传导相互重叠(Cheng et al.,2006)。*YUC* 基因在 FG1 发育阶段首先在胚囊外侧的珠孔区中表达,至胚囊发育的 FG3 后期阶段则在配子体的珠孔端的极区(micropylar pole)表达,但在孢子体中不出现 *YUC* 基因的这种表达模式。有趣的是,*PIN1* 基因可在胚珠的二倍体表达并直至发育阶段 FG1,随后很快消失(Pagnussat et al.,2009)。*YUC* 基因的这一表达模式体现了配子体的生长素梯度顺序的来源机制。胚囊核中的早期生长素流(以 PIN1 的存在为指标)可能与建立起初的最高生长素浓度并通过特化孢子体的生长素来源而触发配子体图式形成相关。从孢子体来源的生长素将引起配子体珠孔端的第二级的生长素源的特化,然后,沿着珠孔和合点端的轴形成一个生长素的梯度分布,根据核在这一轴中所处的位置进行不同类型细胞分级别的特化[图 6-14(c)]。通过 GFP 或 GUS 报告基因表达模式的研究证明,它们在胚囊中存在不对称表达,这一表达模式代表着对含核区段的 mRNA 翻译及其蛋白质产物扩散的限制程度;合胞胚囊的细胞质可分为不同的区段(Webb and Gunning,1994),而难于置信的是,生长素这一容易移动的小分子在带有细胞质分配区段中的扩散竟然受到限制,这表明,在生长素梯度的建立和保持过程中可能还涉及其他的机制,其中可能包括通过尚未鉴定的非 PIN 生长素运输载体将胚囊合点端的生长素输送出去,或通过结合或降解的作用使合点端的生长素失活的机制(Ma and Sundaresan,2010)。

在胚囊的发育中生长素看来是一个细胞特化的原初的决定因子(primary determinant),现已发现,胚囊细胞发育命运的保持要求配子细胞(卵细胞和中央细胞)和非配子的附属细胞(助细胞和反足细胞)相互作用。研究表明,已有三个基因,即 LIS (LACHESIS)、GFA1/CLO(GAMETOPHYTIC FACTOR1/ CLOTHO)和 ATO(ATROPUS)是在细胞化后限定配子体细胞发育命运所要求的基因。在胚囊正常发育启动和细胞特化后,这些基因突变体的胚囊的细胞属性发生了改变(Coury et al.,2007;Gross-Hardt et al.,2007;Moll et al.,2008)。例如,在突变体 *lis*、*gfa1/clo* 和 *ato* 胚囊中,已正常特化的助细胞可表达卵细胞特异性的分子标记物,而已正常特化的反足细胞则可表达中央细胞特异性的分子标记物。对此现象的一种解释认为,配子细胞(卵细胞和中央细胞)发挥侧向抑制作用而阻止在雌配子中发育过多的配子细胞并保持其附属细胞(反足细胞和助细胞)属性的发育命运(Gross-Hardt et al.,2007)。LIS、GFA1/ CLO 和 ATO 这三个基因都编码前体 mRNA 剪接因子,它们在所有真核生物中都是保守的,并可在整个拟南芥植株中表达(Bartels et al.,2003)。目前尚不清楚为什么从这些编码核心剪接器成员(components of the cor splicing machinery)的基因突变体中可以产生这些特异性细胞发育命运的表型。一种可能是这些 mRNA 剪接缺陷干扰了在胚囊核细胞化过程中维持细胞发育命运特化的信号传导机制;另一种可能是在这些突变体中那些涉及细胞命运特化的生长素反应因子的 mRNA 剪接受到干扰,导致生长素反应异常和发生错误的细胞命运的特化。显然只有在这些突变体表型的机制被揭示后才能有肯定的答案。

6.3　双受精作用：雌、雄配子体之间的信号传导及其接受

有花植物花粉管中的两个精子都和雌配子的细胞受精，这一被子植物的独特过程，称为双受精（double fertilization）。当花粉落在柱头上时，所形成的花粉管通过珠孔，再进入一个助细胞将两个精子送进胚囊，随之该助细胞将退化［图 6-15(a)、(b)］，最后另一个助细胞也退化。卵细胞和中央细胞分别与进入胚囊的两个精子进行双受精［图 6-15(b)］。卵细胞受精后发育成二倍体的胚并进入第二个孢子体世代，而中央细胞受精后则发育成三倍体的胚乳，成为胚及其萌发幼苗的营养来源。当花粉管生长通过柱头时，需要从雌配子中获得信号和导引。突变体 *pop2*（*pollen-pistil incompatibility2*）的花粉管常迷失到达珠孔终点的生长方向，对该突变体的研究发现 γ-氨基丁酸（gamma-amino butyric，GABA）对花粉管的导引起着重要作用。通常，沿着花粉管所经历的路径，即从柱头经花柱到隔膜最后至胚珠珠被，GABA 的浓度一路升高。*POP2* 基因编码的酶可以降解GABA，由于该酶基因的突变而导致突变体 *pop2* 中 GABA 降解的失效，引起非正常的GABA 分布，也误导了花粉管的生长方向（Palanivelu et al.，2003）。

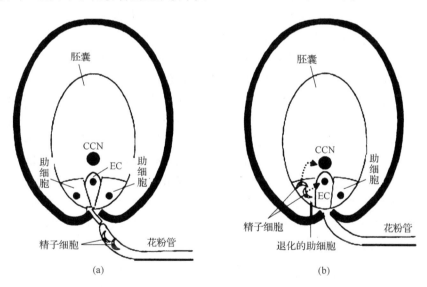

图 6-15　花粉管进入胚囊和双受精的导引（Ma and Sundaresan，2010）
(a) 由胚囊中的助细胞分泌吸引信号导引着含两个精子细胞的花粉管的生长方向；(b) 花粉管由珠孔进入一个助细胞，随之花粉管开裂并释放其中的两个精子细胞。如图中的线段箭头所示，两个精细胞分别与卵细胞和中央细胞发生受精作用。EC(egg cell)：卵细胞；CCN(central cell nucleus)：中央细胞核

双受精时，精子表面蛋白可能在精子与配子融合时被导引和识别中发挥重要作用。生殖细胞特异基因 *GCS1*（*GENERATIVE CELL-SPECIFIC 1*）是通过差异显示的方法从百合雄性生殖细胞中分离的基因，与拟南芥 *HAP2* 基因同源。*GCS1* 所编码的蛋白质是花粉管的导引和受精作用所要求的配子表面蛋白（von Besser et al.，2006）。最近也从

一种绿藻(*Chlamydomonas reinhardtii*)和啮齿类的疟原虫(*Plasmodium berghei*)中分离了 *GCS1* 同源基因,它们都是受精所要求的基因(Hirai et al.,2008;Liu et al.,2008)。在各种有机体中(如 *Chlamydomonas reinhardtii* 和 *Plasmodium berghei*)*GCS1* 基因也是膜融合所要求的基因,这与它在有花植物受精过程中所起的作用相似。有几个在雄配子中表达并与膜结合的其他基因也在拟南芥基因组中被鉴定,如 *GEX1-3* (*GAMETE EXPRESSED 1 to 3*)(Alandete-Saez et al.,2008;Engel et al.,2005)。根据预测,在 GEX1 和 GEX2 中可能各有 3~6 个跨膜区域,而 GEX3 仅有一个跨膜区域。通过与荧光蛋白相融合的研究证实,这三个蛋白都与质膜结合。在雄配子体中,*GEX1* 在精子细胞中特异表达,而 *GEX2* 可在生殖细胞和精子细胞中表达,*GEX3* 则在营养细胞和精子细胞中表达。此外,*GEX1* 也可在有些孢子体组织中表达(Engel et al.,2005),*GEX2* 和 *GEX3* 在雌配子体的卵子细胞中也有低水平的表达。有关 GEX1 和 GEX2 的功能尚不清楚,而对 *GEX3* 基因敲除和过量表达的分析发现,在这些基因修饰的株系中,可引起雌性缺陷而导致结实率减少(Alandete-Saez et al.,2008)。在花粉管的导引和受精过程中发现的不同配子的表面蛋白,具有信号传导的潜在作用,这暗示在雌、雄配子体不同细胞之间存在着复杂的细胞通讯(Borg et al.,2009)。

　　成熟的雌配子体可为受精作用提供基本的功能:花粉管生长方向的导引和从花粉管中释放精子(雄配子)。当花粉管接近到达雌配子体时,助细胞在导引和接受花粉管方面起着关键的作用(Rotman et al.,2003;Sandaklie-Nikolova et al.,2007)。在助细胞中具有特征性的向内生长的细胞壁结构称为丝状器(filiform apparatus)并位于花粉管进入的位置(Huang and Russell,1992)。在玉米中,已发现在卵器(卵和助细胞)中合成的一个 EA1(*Zea mays* EGG APPARATUS1)小蛋白是导引花粉管进入珠孔所要求的蛋白质(Marton et al.,2005)。在拟南芥中,助细胞特异性的转录因子 MYB98 可能对一套编码这些小蛋白的基因起调节作用,尽管它们尚未被证实有对花粉管吸引的功能(Kasahara et al.,2005;Punwani et al.,2008)。最近已在 *Torenia fournieri* 植物中发现一个称为 LUREs 的富含半胱氨酸的小肽,可在助细胞中合成并发挥吸引花粉管的功能(Okuda et al.,2009)。花粉管进入助细胞后,花粉管的接受和雄配子的释放过程都需要质膜受体激酶 FER(FERONIA)和 LORELEI(葡糖基磷脂酰肌醇膜锚定蛋白)的作用,其中 FERONIA 在物种的识别上发挥作用(Capron et al.,2008)。花粉管被成功地接受还需要过氧化物酶体蛋白的表达,该酶在雄配子和雌配子体中都是由 *AMC*(*ABSTINENCE BY MUTUAL CONSENT*)基因所编码,这一结果说明,雄配子体也在其自身的释放中发挥积极的作用(Boisson-Dernier et al.,2008)。拟南芥突变体 *fer*(*feronia*)和 *lorelei* 的雌配子显半不稳性(female semi-sterile),它们的花粉管在助细胞中不能开裂和释放精细胞(Huck et al.,2003;Capron et al.,2008)。由 *FER* 编码的类受体蛋白激酶定位于丝状体器中,可在助细胞中表达,这和该蛋白与花粉管发生信号通讯的作用相符(Escobar-Restrepo et al.,2007)。因为 FER 是类受体激酶,这就意味着助细胞需要接受一个来自花粉管的信号,以便叫停花粉管的生长和释放精子细胞。鉴定这种来自花粉管并为 FER 所接受的信号分子属性,以及揭示这一信号传导与也在助细胞中表达 *LORELEI* 的这一葡糖基磷脂酰肌醇膜锚定蛋白的关系将有助于认识这过程的分子机制(Capron et al.,

2008)。

　　FER 是类受体激酶基因类中的一个小进化支的一个成员,其中与其关系密切的两个共生同源基因是在花粉中表达的 *ANX1* 和 *ANX2* 基因,不同的是 *FER* 在助细胞中表达(Boisson-Dernier et al.，2009；Miyazaki et al.，2009)。单突变体 *anx1* 和 *anx2* 显示正常的表型,但其双突变体的花粉不能正常开裂,这暗示,*ANX1/2* 的功能是阻止花粉管的过早开裂。另外一个与花粉发育相关的基因是 *GCS1/HAP2*。*GCS1* 基因是从百合花粉的生殖细胞中鉴定的膜蛋白;其等位基因突变体 *gcs1*（*generative cell-specific 1*）/*hap2*（*hapless2*）所产生的花粉管不能抵达胚珠,因此不能与雌配子受精,由此可见,GCS1/HAP2 膜蛋白也在受精前的细胞相互作用具有重要作用(Mori et al.，2006；von Besser et al.，2006)。双受精的过程中要求精子细胞与中央细胞融合,中央细胞有无吸引或导引花粉管的作用? 这也是需要了解的问题。有证据表明,拟南芥 *CCG*（*CENTRAL CELL GUIDANCE*）基因仅在中央细胞中表达,可能对花粉管的生长有着导引作用,该基因发生突变将导致花粉管向珠孔方向的生长失败。*CCG* 编码的蛋白质含转录因子所具有的一个锌-β带区域,因此,*CCG* 可能对花粉管信号传导所要求的基因的表达起调控作用。除了 *CCG* 和在助细胞中表达的基因外,在卵细胞中表达的膜蛋白 GEX3 可使导引拟南芥花粉管抵达珠孔的作用失效,这表明,卵细胞与助细胞之间的信号传导机制对于花粉管的导引过程也具有重要作用(Alandete-Saez et al.，2008；Chen et al.，2007)。今后,发现和鉴定在成功双受精的细胞信号传导途径中的所有成员及其相互作用将对了解有花植物中双受精过程的机制十分重要。

6.4　被子植物配子体中的小 RNA 活性及其功能

　　自从非编码小 RNA(small non-coding RNA)被发现和鉴定以来,其已成为植物基因表达转录后调节的关键因子。研究表明,小 RNA 在动物生殖细胞系发育中起着非常重要的作用(Klattenhoff and Theurkauf，2008)。在植物中,有关小 RNA(small RNA)的存在及其活性的研究主要的是在其孢子体中进行的,而对于它们在配子体的作用研究仍然非常有限(Le Trionnair et al.，2011)。

　　非编码小 RNA 可以根据它们的来源粗略地分为两个类型:一类称为微小 RNA(microRNA，miRNA)。它们是源于一个单链的 RNA,其碱基对形成发夹状。而另一类称为短干扰 RNA(short interfering RNA，siRNA)[siRNA 有时也称小干扰 RNA(small interfering RNA)或沉默 RNA(silencing RNA)],是由长段双链 RNA 加工而成。对 miRNA 作用途径已有较多的了解,它们通过调节各种特异性的转录物而在植物生命周期中发挥发育的调控作用。在植物细胞中存在着各种 siRNA 作用途径,有些是对特异的转录物进行调节,有些是作为基因组特异位点上的 DNA 甲基化导引信号,即 RNA 导引的 DNA 甲基化,或简称为 RdDM(RNA-directed DNA methylation),这些被甲基化的部位通常都富含重复序列或转座元件(TE)。以下所述的主要是拟南芥的孢子发生和配子体(花粉发育)有关的研究资料(Le Trionnair et al.，2011)。

　　植物基因组中有许多 RNA 聚合酶 II(Pol II)转录位点,其中多数位点是互无联系的各自在本身启动子控制下的基因转录位点(图 6-16)。转录开始时产生了一个单链 RNA (ssRNA)并形成不同的发夹结构 (Brodersen and Voinnet，2009)。在细胞核内这些微小

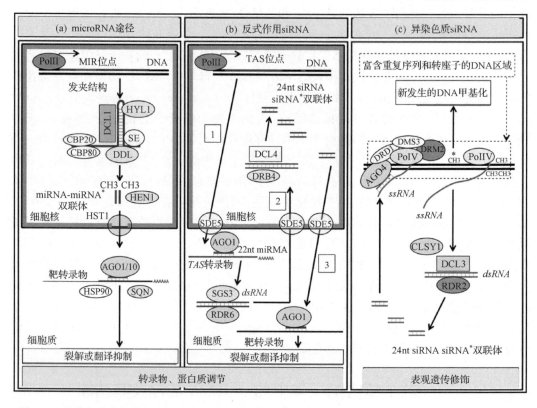

图 6-16 植物细胞中的微小 RNA(microRNA)和不同类型 siRNA 的生源途径(Le Trionnaire et al.，2011)
(a) microRNA 途径。MIR(microRNA)基因在依赖于 DNA 的 RNA 聚和酶 PolⅡ作用下开始转录成回折的发夹状结构的单链 RNA(初级转录物)，也称为原初微小 RNA(pri-miRNA)，这一单链 RNA 与 RNA 结合蛋白 DDL (DAWDLE)结合后显得更加稳定，然后在细胞核剪切体(dicing body)内进一步的剪接和加工；这一过程中包括 HYL1/DRB1 (DRB HYPONASTIC LEAVES 1/DRB1)、乙烯锌指蛋白 SE(C2H2 Zn-finger protein SERRATE)、 CBP20 和 CBP80 的相互激活功能。这些原初微小 RNA 和前体微小 RNA(pre-miRNA)一般在其与发夹相对的游离端由 DCL1 酶的切割加工而成为单个或多个阶段性的 miRNA:miRNA* 双联体(phased miRNA:miRNA* du-plexes)，随后它们在 HEN1 的作用下进行甲基化，并通过依赖于 HASTY 的输出系统运到细胞质中，在与 AGO 蛋白结合中，miRNA 指导链(guide strand)被选择、整合，使结构更稳定以指导 mRNA 裂解和靶转录物翻译的抑制。由 miRNA 指导的 AGO1 的功能可为 SQN 和 HSP90 蛋白所促进。(b) 反式作用 siRNA 途径(trans-acting siRNA pathway, TAS pathway)。非编码反式作用 siRNA 基因(non-coding TAS gene)在 PolⅡ的作用下首先被转录，然后借自 SDE5 的作用被运进细胞质中，并在细胞质中通过依赖于 AGRO1 的方式为专一性的 22nt microRNA 所裂解(步骤 1)，所产生的 RNA 片段在 SGS3 同源二聚体的作用下变成稳定的结构，随后在依赖于 RNA 的 RNA 多聚酶 RDR6 作用下成为双链 RNA 结构；这些双链 RNA 借助 SDE5 被运回细胞核内，并经 DCL4 及 DRB4 联合切割被加工成阶段性的 21ntRNA 双联体(phased 21ntRNA duplexes)(步骤 2)；它们在 SDE5 的作用下重新被运回细胞质中，此时，每一个 siRNA 都可对几个靶基因起调节作用(步骤 3)。(c) 异染色质 siRNA 的生源途径。基因组中所富含的反转录元件、重复 DNA 和甲基化 DNA 区域的序列可通过多聚酶 PolⅡ进行转录，然后在 RDR2 的作用下被加工成双链 RNA(dsRNA)，随即为 DCL3 降解成 23～25nt siRNA。CLSY1 (CLASSY1)是一个含 SNF2 区域的蛋白质，对这些过程起促进作用。所产生的 siRNA 通过与非编码支架转录物(scaffold transcript)的结合指导 AGO4 与靶 DNA 作用，这些非编码支架转录物是在 PolⅣ和 PolⅤ作用下合成的。重新合成(de novo)的甲基转移酶 DRM2、染色质重构 SWI2-SNF2 蛋白家族的成员 DRD1 和染色体维持蛋白(SMC)DMS 都可引发那些在特异序列位置上的胞嘧啶的甲基化，从而实现靶物的表观遗传修饰

RNA 的前体分子,即原初 miRNA(pri-miRNA)为由一种称为 HYL1 的双链 RNA 结合蛋白所识别,然后先被转变为前体 miRNA(pre-miRNA 的中间体,最后通过一个类似于RNAseⅢ的核酸酶,即 DCL1 的作用下转变为含 20～22 个核苷酸单位(nt)的 miRNA/miRNA* 的双联体(带 * 符号的为功能冗余链)。该双联体的 3′ 端在 HEN1 的作用下被甲基化并在 HASTY(一种输送蛋白,exportin protein)的作用下被输送到细胞质中。这个双联体的一条链可与阿格蛋白 1(ARGONAUTE1,AGO1)结合[AGO1 蛋白是 RNA-诱导沉默复合物(RISC)的一个成员],而另一条冗余的 miRNA* 链则常被降解。AGO1与 miRNA 的结合可促进 miRNA 与靶 mRNA 结合的功能(碱基配对的原则),被结合的这一靶 mRNA 将以核酸内切的方式(endonucleolytic cleavage)被裂解,或形成 mRNA/miRNA 杂种,在 RISC 作用下 mRNA 的翻译被抑制。大多数 miRNA 裂解的产物将被降解,转录物被迅速除去。这种翻译抑制现象在植物细胞中广泛存在(Brodersen et al.,2008;Lanet et al.,2009)。AGO1 具有双重功能,既可抑制翻译,也具有沉默子(slicer)的裂解活性,但是 miRNA 还可以通过 AGO10 发挥作用。AGO10 也称为 PINHEAD 和ZWILLE,与普遍存在的 AGO1 相比,它的表达模式有更严格的限制(Lynn et al.,1999)。AGO10 并不利用 miRNA 以启动所结合的转录物的裂解,但可通过翻译抑制的方式行使降解转录物的功能(Brodersen et al.,2008)。

研究表明,miRNA 在被子植物孢子体发育中起着重要的调控作用,可调节植物激素的生物合成及其信号传导、发育的阶段转换、图式形成和形态发生(Chen,2009)。同时,miRNA 也调控细胞对逆境的反应(Sunkar,2010)。在拟南芥的基因组中目前已鉴定了213 个不同的 miRNA (Chen,2009)。

6.4.1　植物孢子体中不同类型的 siRNA

短干扰 RNA (short interfeening RNA,siRNA)通常可通过长段 RNA 的一系列裂解形成 18～25nt 的小 RNA。用于 siRNA 生源(biogenesis)的长段 RNA 具有不寻常的结构特点,如双链区域的形成及其通过植物特异性的新 PolⅣ 而转录的生源机制。在这些众多类型的 siRNA 中,已鉴定出几个 siRNA 的亚类,有些与编码区连接;而另一些则与富含重复序列或转座子的非编码基因组区域连接。与编码区连接的 siRNA 包括反式作用 siRNA(*trans*-acting siRNA,tasiRNA)和天然的反义 siRNA(natural antisense siR-NA,natsiRNA)。tasiRNA 的生源途径是完全依赖于 miRNA 途径,因为这一过程中包含着一个在 miRNA 导引下的特异性非编码转录物裂解的启动,而这个被降解的转录物是 tasiRNA(*TAS*)基因的衍生物[图 6-16(b)]。典型的 *TAS* 转录物具有两个不依赖于miRNA 的结合部位。被裂解的转录物不会被降解而保留以作进一步的加工标记。RDR6 是一种 RNA 依赖性的 RNA 聚合酶,它将被裂解的 *TASRNA* 进行复制以形成一个双链 RNA(dsRNA),然后与一种缠绕式蛋白 SGS3 结合变得更加稳定。随后这一dsRNA 被 DICER-LIKE 酶(通常是 DCL4 酶)反复切割成一系列含 21nt 的小 RNA,称为tasiRNA,然后,这些 tasiRNA 可与其靶转录物特异性结合,通过裂解或翻译后抑制的方式在转录后水平上调节靶物的表达。拟南芥基因组中所含的 *TAS* 基因比较少,目前只鉴定了 *TAS1*、*TAS2*、*TAS3* 和 *TAS4* 的 4 个 *TAS* 基因:由 *TAS1* 和 *TAS2* 产生的

tasiRNA以 PPR（pentatricopeptide repeat）蛋白基因为靶物；由 *TAS3*（也称 *Tasi-ARF*）形成的 siRNA 可调节不同的生长素反应因子（auxin response factor，ARF），从 *TAS4* 形成的 siRNA 可调节某些 MYB 因子转录物（Allen and Howell，2010），但是目前对通过何种 miRNA 裂解 *TAS* 转录物而进入 siRNA 的生源的机制仍然是个不解之谜，因为多数通过 miRNA 而裂解的转录物是直接进入 RNA 降解途径的，并没有产生 dsRNA 和次生的 siRNA。最近发现从 *TAS* 转录物（tasiRNA）产生的次生 siRNA 以及从 miRNA 裂解的可编码蛋白质的转录物仅可作为已与 AGO1 结合的 22nt miRNA 变异体的起始靶物（Cuperus et al.，2010）。与常规的 21nt miRNA 相比，这个 22nt miRNA 是原初地从具有回折而带位置特异性不对称凸起的前体分子中产生的，因此，AGO1 分别可与 21nt miRNA 和 22nt miRNA 结合并具有不同的功能，当 AGO1 与 22nt miRNA 结合时，dsRNA的合成将在 RNA 依赖性的 RNA 聚合酶的作用下被激活，随即产生 siRNA（Chen et al.，2010；Cuperus et al.，2010）。另外一个类型的 siRNA 是从形成配对的顺式天然的反义转录物（*cis*-NAT）的基因座中产生的。这是真核基因组中产生这类 siRNA 的常见方式（约占 9% 的拟南芥基因）。这些成对转录物的表达水平可被 *cis*-nat-siRNA 调控（Jin et al.，2008）。

　　miRNA、tasiRNA 和 natsiRNA 的基本作用是对编码的转录物起转录后的调节作用，而在基因组中 siRNA 的主要作用（或许是进化的推动力之一）是对那些自在的（selfish）或侵染的序列（如病毒 RNA、转座子和转化的基因）进行表观遗传控制，以及对存在于染色体着丝粒、着丝粒周围（pericentrometric）和端粒区域的重复序列进行表观遗传的调节[图 6-16(c)]。即使是通过常规的 Pol II 转录的转录物也能进入 siRNA 生源途径，这可通过畸变，如形成 RNA 指导的 DNA 甲基化（dsRNA）区域或失去适当 5′ 端的帽结构和多聚腺苷化作用的信号的方式而实现（Gregory et al.，2008）；但植物也能使用两个新合成（*de novo*）的依赖于 DNA 的聚合酶复合物（Pol IV 和 Pol V），以特异性的核定位途径产生 siRNA（Law and Jacobsen，2010）。Pol IV 被认为是转录长段单链 RNA（ssR-NA）的一种聚合酶复合物，它可从无数的基因区域（包括非编码区和重复序列）中转录长段ssRNA。这些 ssRNA 随之被 RDR2 加工成为 dsRNA，然后在 Dicer 类的内切核酸酶（一般是在 DCL3 酶）作用下被切成 24nt 的 siRNA，它们再与 AGO（一般是 AGO4）结合以发挥引导染色质重构和对同源基因组序列进行依赖于 RNA 的 DNA 的甲基化。Pol V 聚合酶复合物是一个活性的多聚酶，它在利用特异性的非编码区的序列转录成 ssRNA 时起着更专一的作用；由该酶产生的 ssRNA 可在靶位点上指导 AGO4 与 24nt siRNA 结合。这种基于形成 24nt siRNA 复合物的途径不但可以指导新形成的（*de novo*）DNA 甲基化和染色质的改变，也可以持续发挥强化现有基因组沉默的作用模式。由此可知，不同类别 siRNA 在植物发育中可起着不同的重要作用，因为它们可在转录或翻译水平上直接参与特异性基因表达的调控，也可通过特异性区域的 DNA 甲基化而保护基因组的完整性。目前人们正在致力于发现和鉴定植物孢子体的新类型小分子的同时，也开始对雌、雄配子体中，特别是对拟南芥中的小 RNA 进行研究，已发现它们除了起着孢子体所起的相同作用外，在配子体中也起着令人难于意料的作用（Le Trionnaire et al.，2011）。

6.4.2　在被子植物配子体中存在的小 RNA 作用途径的成员

有关这方面的资料主要是来自于对拟南芥的研究。当拟南芥花粉发育时,可以检测到许多涉及不同小 RNA 的转录物,包括 *AGO1*、*AGO10*、*DCL1*、*RDR6* 和 *DCL3* 这些涉及 miRNA 和 siRNA 生源及其作用的转录物。一般来说,这些基因的大多数都在花粉发育的早期阶段表达(Grant-Downton et al.,2009a),但是,许多转录物仍在成熟的花粉中并可被翻译成蛋白质,这说明,相应的小 RNA 途径在雄配子体发育过程中发挥着控制基因表达的作用。值得的注意的是,这些小 RNA 转录物也包括 RdDM(RNA 指导的 DNA 甲基化)和表观遗传调节的转录物,这显示雄配子体的发育与表观遗传调控状态密切相关。

现已发现,有些小 RNA 作用途径调节的转录物比较富集在精子细胞中,它们包括从不同进化支(clade)而来的 AGO5 和 AGO9 这两个阿格蛋白(ARGONAUTE)家族成员(Vaucheret,2008)。AGO5 与 AGO1/AGO10(miRNA 途径)高度同源,而 AGO9 则与 AGO4/6(siRNA 途径)高度同源。尽管 AGO1/AGO10 和 AGO5 有很强的同源性,但它们可能与不同类别的小 RNA 结合。AGO5 主要与基因内 siRNA(57%)和重复连结的 siRNA(22%)结合而相互作用,仅有非常少数的 miRNA 可与 AGO5 结合(Mi et al.,2008)。有趣的是,水稻 MEL1(MEIOSIS ARRESTED AT LEPTOTENE1)是 AGO5 直向同源物,它被限制在减数分裂的前体细胞和性母细胞中表达,如果 MEL1 发生突变,早期的减数分裂将停止(Nonomura et al.,2007)。这些在精子和性母细胞中存在的分别与 MEL1 和 AGO5 结合的小 RNA 的种类仍有待鉴定。另外,AGO9 偏向于与来自转座子元件的 24nt 的 siRNA 相互作用,它是沉默雌性配子体中存在的转座子所必需的蛋白质。拟南芥 AGO9 在包裹雌性配子体的孢子体组织中(而不在配子体中)表达,并阻止大孢子母细胞的异位分化(Olmedo-Monfil et al.,2010)。AGO9 是否在雄性生殖细胞系有同样的沉默作用,是否 AGO5 和(或)AGO9 也对雄配子的特化发挥作用将是有待揭示的问题(Le Trionnaire et al.,2011)。

有几个研究证明(Grant-Downton,2010)小 RNA 作用途径的各个成员都存在于雌配子体中。激光显微分离技术(laser micro-dissection)是对雌配子体中各类细胞(卵子、助细胞和中央细胞)的有效分离技术,在该技术的基础上对拟南芥雌配子体中的各类细胞的基因转录表达谱进行分析,结果表明不同 AGO 的转录物(AGO1、AGO2 和 AGO5)及 DCL1 转录物都存在于卵细胞中,小 RNA 作用途径在雌配子及生殖细胞系中都很活跃(Wuest et al.,2010)。

6.4.3　miRNA 在配子体世代中的分布模式及其功能分析

最近的研究结果表明,拟南芥雄配子中存在小 RNA 合成途径各个环节的产物,包括 miRNA 合成的原初 miRNA 和前体 miRNA 以及加工成成熟的 miRNA(Grant-Downton et al.,2009a)。

采用 Illumina 技术对花粉发育 4 个阶段的小 RNA 序列测定分析发现,在雄配子体发育整个过程中存在 100 多个已知的 miRNA,有 50 个可能是新的 miRNA,多数在小孢子发育阶段高度表达,这暗示它们可能在减数分裂或在花粉发育的早期阶段中起作用,这些研究结果使雄配子体中小 RNA 的数量增加了 30%(Slotkin et al.，2009)。

微阵(microarray)技术鉴定显示，拟南芥成熟花粉的 miRNA 中已知的 miRNA 有 37 个，但新类型只有 8 个(有的是配子体特异性的 miRNA)。利用 454 测序技术也在拟南芥成熟花粉中鉴定了 33 个已知的 miRNA 家族，表达水平最高的是 miRNA156 、miR-NA158、miRNA161 和 miRNA159；miRNA156 抑制开花促进基因的表达；miRNA158 和 miRNA161 以 PPR 蛋白为靶物；miRNA159 也在孢子体组织中高度表达，抑制许多 MYB 转录因子(Grant-Downton et al.，2009b)。

以定量 RT-PCR 方法测定拟南芥花粉中各类 miRNA 家族的相对水平的结果显示，与孢子体组织(叶)中的相比，在配子体中所富集的是 miRNA157 和 miRNA773，已知 miRNA157 的靶物是 SPL 转录物，而 miRNA773 控制 DNA 甲基转移酶 MET2 基因的表达(Grant-Downton et al.，2009b)。这种表达的比较研究也证实 miRNA2939 是雄配子体中富含的小 RNA，其预测的靶物是在精子中富含的 F-box 亚家族的转录物(已知这个转录物是 miRNA774 的靶物)，从这两个 miRNA 结合位点所裂解产物的检测中发现，一个转录物可成为两个不同 miRNA 的靶物，这是从未报道的现象(Chambers and Shuai，2009)。

当雌、雄配子体中的小 RNA 途径的成员被鉴定后，挑战性的工作是揭示它们的功能。上述基于测序的方法还难以揭示各类小 RNA 及其靶物的实际功能。目前研究它们功能的方法主要有两类：第一，使 miRNA 结合部位产生沉默突变，然后观察其靶转录物对抗 miRNA 过量表达的形成(Liu et al.，2007；Martin et al.，2010)。这一方法曾经在孢子体的研究上采用过，但仍有两个难于克服的缺点：其一，这一分析是基于转录物与转录物的结合作用，而许多 miRNA 可和多个靶转录物作用；其二转录物必须人为地过量表达，即使在转录物不发生裂解的情况下都可能发生翻译后的抑制。第二，通过一种可以结合和螯合 miRNA 的人工模拟推定的转录靶物的表达，调节内源孢子体 miRNA 活性而导致表型改变的方法(Todesco et al.，2010)。在这个方法中，使用配子体特异性的启动子可以对配子体各类细胞特异性 miRNA 的表达进行下调。人造 miRNA(artificial miR-NA)可被设计成特异性下调一个或多个靶转录物，从而可对单个组织和细胞中的目的转录物进行失能(loss-function)分析(Schwab et al.，2006)，在该方法用于分析拟南芥花粉基因功能时，已发现采用一个直接对抗 *AGP6* 和 *AGP11* 转录物的人造 miRNA，可引起花粉退化及其结构毁坏(Coimbra et al.，2009)。此外，还可采用在营养性组织表达(LAT52)的启动子和生殖细胞系特异性表达(MGH3)的启动子控制下，分别构建人造 miRNA-GFP 表达载体(amiGFP)，在这一类研究的转基因拟南芥株系中已发现了一个以 GFP 转录物为靶物的人造 miRNA 表达；在 LAT52 启动子驱动下的 amiGFP(Pro-LAT52-amiGFP)的表达足以降低营养组织中 GFP 的表达，同样在 *MGH3* 启动子驱动下也足以降低生殖细胞中 GFP 的表达。这就证实了营养细胞和生殖细胞都可加工和利用人造的 miRNA 而实现基因表达的调控(Slotkin et al.，2009)。

6.4.4 小 RNA 在调节精子成熟和保护生殖细胞系基因组中的功能

最近研究表明，在花粉中有各种小 RNA(包括 microRNA、tasiRNA 和 siRNA)的表达。这些表达的基因还包括这些小 RNA 生源途径上的基因。在花粉中检测到的各种 micro RNA 的功能可能是使存在于成熟花粉的靶基因失活(Chambers and Shuai，2009；Grant-Downton et al.，2009a；2009b)。抑制转座子的活性对保护花粉雄性细胞系的基因组显得非常重要。因为在花粉中已发现有大量表达的并与转座子结合的 siRNA。但是,那些转座子编码基因可以在营养细胞(其基因组是不能遗传给下一世代)中表达和转座,因此认为,在营养细胞中产生的 siRNA 可以转移到精子中并起着沉默其中的转座子以防止突变发生的作用(Slotkin et al.，2009)。

6.4.5　反式作用和天然的反义 siRNA 在被子植物花粉中的功能研究

如上所述,对花粉发育 4 个阶段的小 RNA 序列分析证实,在整个雄配子发育阶段中存在从 *TAS1*、*TAS2* 和 *TAS3* 转录物途径而产生的 ta-siRNA(Le Trionnaire et al.，2011)。在成熟花粉中检测到的 miRNA 包括 miRNA173,它以非编码的 *TAS1* 和 *TAS2* 转录物为靶物启动 tasiRNA 的生源(biogenesis)(Grant-Downton et al.，2009b)。研究已表明,雄配子体可通过 RDR6-SGS3-DCL 途径产生次生 siRNA(如 tas-siRNA)。同时,影响 siRNA 生源的突变体(如三重突变体 *dcl2 dcl3 dcl4*)呈现原配子阶段(progamic phase)的发育缺陷。nat-siRNA 生源途径已被证明在雄配子体的发育中起着根本的作用(图 6-17)。最近发现,拟南芥体精子细胞中特异性配对的 *cis*-natRNA 的失调可导致受精作用失常;而在野生型花粉发育时,拟南芥雄配子体突变体 *kpl*(*kokopelli*)常出现单受精的表型,如果缺失 *KPL* 基因,精子细胞中的反转录基因 *ARI14*(*ARIADNE14*)RNA 水平升高,受精作用发生异常;此外,在 siRNA 生源途径上的几个生源途径突变体(biogenesis pathway mutant)中可累积 *ARI14* 转录物,在精子细胞中过量表达 *ARI14* 可模拟在突变体所观察到的减少结实的表型。对突变体 *kpl* 的分析也证实,在花粉中过量表达 *ARI14* 转录物与花粉受精失常相关,这种失常的受精作用包括导致种子败育的卵子或中央细胞的单受精;基因 *KPL* 和基因 *ARI14* 编码的蛋白质都是一个推定的泛素 E3 连接酶(putative ubiquitin E3 ligase)并可产生精子细胞特异性的一对 nat-siRNA(Ron et al.，2010)。这些研究结果强烈表明,*KPL*/*ARI14* nat-siRNA 是仅从精子所产生的 nat-siRNA,并对 *ARI14* 的下调产生响应。目前尚不清楚 *KPL* 编码的蛋白质的功能,研究表明,ARI14 是失活的推定的泛素蛋白-E3 连接酶,可能常与功能性的泛素 E3 连接酶竞争作用底物。利用小 RNA 序列数据的生物信息分析去寻找 siRNA 与一些已在拟南芥基因组报道过的或预测的其他天然的反义基因对的匹配序列,将有助于认识这一小 RNA 在雄配子体调节模式的广泛意义(Jin et al.，2008)。

6.4.6　siRNA 对被子植物雄配子体和雌配子体中转座元件的沉默作用

在动物中,可检测到有一类比较长(26～31nt)的生殖细胞系特异性小 RNA,在果蝇中发现的称为 piRNA,因为它们特异性地与 Argonaute 家族 PIWI 蛋白结合(相当于哺乳动物的 MIWI 蛋白)。它们的生源机制(mechanism of biogenesis)及其作用模式都比较独特(Klattenhoff and Theurkauf，2008),可直接沉默精细胞中的转座子和移动元件,因而保持配子体基因组的完整性,防止活性元件的有害效应传入下一代(Kim et al.，

2009)。尽管较长的 siRNA(30～40nt)已在植物中有所报道,但它们是以完全不同的方式产生,也在不同的生物化学途径上起作用(Katiyar-Agarwal et al.,2007)。因为植物中缺少 AGO 蛋白的 PIWI 亚家族成员,因此,piRNA 这一类体系对生殖发育中的自在元件(selfish element)的控制作用只限于动物。植物与动物的一个重要不同是,植物只在发育较晚时期才形成其生殖细胞系,而动物是在发育最早期就完成了生殖细胞系形成(Dickinson and Grant-Downton,2009)。在植物的生殖细胞系形成时,可发生诸如转座事件等体细胞变异,并可将这一变异传到下一代。最近的研究表明,在生殖发育的关键时期,植物也存在控制自在元件活性的机制。对拟南芥花粉小 RNA 的研究发现,在精子细胞中存在的转座元件 Athila 是 21nt siRNA 的特异靶物(Slotkin et al.,2009)。令人奇怪的是,在配子体中的那些 21nt siRNA(源于转座元件)比孢子体中的 24ntsiRNA(与转座元件密切相关)更丰富。出现这一现象是因为这些 21nt siRNA 对精细胞 RNA 指导的 DNA 甲基化(RdDM)起着强化作用,而对其相应的自在元件发挥着沉默作用。与此相反,某些类别的转座元件是可被激活并可转座到营养性的珠心组织中,这一现象与异染色质重构酶 DDM1 基因表达的下调相吻合,也可能在花粉中不存在相应的转座元件所衍生的 siRNA。研究表明,在 LAT52 启动子(主要在营养细胞中表现活性)控制下表达人工小 RNA 的表达载体(ProGEX2-H2B：GFP)的转基因株系中,其精细胞中 GFP 表达可部分降低(Twell,1992)。这些研究结果暗示,营养细胞极有可能可作为生殖细胞系的伴随细胞,并在伴随过程中将营养核来源的转座元件所衍生的-siRNA 转座入精子细胞中,以调节配子体转座元件的活性(图 6-17)。

在植物发育时,小 RNA 可以在细胞间移动的设想已被几个不同研究者所认同(Chuck and O'Connor,2010)。然而经仔细研究后发现,LAT52 启动子也在拟南芥的小孢子阶段具有活性,因此,小孢子产生的 miRNA 或 siRNA 可以遗传到生殖细胞系中,并与其靶物 GFP 转录物结合;另外 siRNA 可能可从营养细胞移向精子细胞,但这一推测需要进一步的实验证实。最近的一个相关研究表明,为了沉默雌配子中的转座元件需要 AGO9 蛋白的活性(Olmedo-Monfil et al.,2010)。AGO9 可在包裹雌配子体的孢子体组织中表达,但不在雌配子细胞谱系中表达,同时偏向与转座元件所衍生的 24nt siRNA 相互作用。这些研究结果提示,在雄配子体和雌配子体特异性细胞中被激活的转座元件可促进生殖细胞系中转座子的 siRNA 靶结合的沉默。这种沉默机制与动物中 piRNA 所起的转座子沉默的机制相似(Mosher and Melnyk,2010)。以上例子都说明小 RNA 作用途径在促进被子植物配子体基因组完整性上所起的作用。

转录组学和深入的测序研究证实有多种小 RNA 作用途径在被子植物的雌、雄配子体中发挥作用。研究已证实,非编码的小 RNA 参加了植物生命周期中的雄配子体阶段(包括其基因组完整性的控制等)多个方面的作用。相比之下,对于雌配子中小 RNA 的多样性及其功能的认识却非常有限。尽管 siRNA 途径影响雌孢子体细胞的特化,并以雌配子体中的转座元件为作用靶而将它们的活性抑制。随着激光显微分离技术和细胞分离技术的发展及其在拟南芥、玉米和水稻等植物中的成功应用,将更有效地进行配子体中小 RNA 的比较研究,揭示配子及配子体发育过程中小 RNA 的种类及其功能。

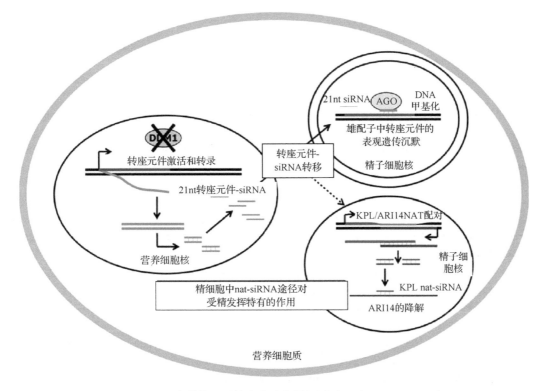

图 6-17　siRNA 在拟南芥雄配子体中的功能设想图示(Le Trionnaire et al.，2011)

siRNA 作用途径在沉默生殖细胞中的转座元件中起关键作用。在营养细胞中的转座元件被激活后可作为合成 21nt 转座元件-siRNA 的模板;这些 siRNA 作为一种信号在精子细胞核中互补的位点上指导 DNA 的甲基化。*cis*-nat-siRNA 在花粉中发挥发育调控的作用。KPL/ARI14 NAT 的配对催生了 KPL *cis*-nat-siRNA，由此启动 ARI14 的降解，由这一 siRNA 作用途径所控制的 ARI14 是拟南芥的受精作用所特别要求的蛋白质，因为突变体 *kpl*(不能形成 siRNA)不能完成正常的受精作用(Ron et al.，2010)。这两种不同的 siRNA 作用途径(21nt 转座元件-siRNA 和 *cis*-nat-siRNA 作用途径)都在精子细胞中起作用

参 考 文 献

胡适宜．1982. 被子植物胚胎学．北京:高等教育出版社．

石晶,梁婉琪,张大兵．2007. 植物花粉壁的发育．植物生理学通讯，43:588-592.

吴豪,等．2007. 植物细胞质雄性不育及其育性恢复的分子基础. 植物学通报,24:399-413.

杨克珍,叶德．2007. 植物雄配子体发生和发育的遗传调控．植物学通报,24:293-301.

Aarts M G M，et al. 1995. Molecular characterization of the *CER1* gene of Arabidopsis involved in epicuticular wax biosynthesis and pollen fertility．Plant Cell，7:2115-2127

Abad A R，Mehrtens B J，Mackenzie S A．1995. Specific expression in reproductive tissues and fate of a mitochondrial sterility-associated protein in cytoplasmic male-sterile bean. Plant Cell，7:271-285.

Alandete-Saez M，Ron M，McCormick S．2008. GEX3，expressed in the male gametophyte and in the egg cell of *Arabidopsis thaliana*，is essential for micropylar pollen tube guidance and plays a role during early embryogenesis．Mol Plant,1:586-598.

Albrecht C，et al. 2005. The *Arabidopsis thaliana* SOMATIC EMBRYOGENESIS RECEPTORLIKE KINASES1 and 2 control male sporogenesis．Plant Cell,17:3337-3349.

Allen E, Howell M D. 2010. MiRNAs in the biogenesis of trans-acting siRNAs in higher plants. Sem Cell Dev Biol, 21:798-804.

Alves-Ferreira M, et al. 2007. Global expression profiling applied to the analysis of Arabidopsis stamen development. Plant Physiol, 145:747 762.

Ariizumi T, et al. 2003. A novel male-sterile mutant of *Arabidopsis thaliana*, *faceless pollen-1*, produces pollen with a smooth surface and an acetolysis-sensitive exine. Plant Mol Biol, 53:107-116.

Ariizumi T, et al. 2005. The HKM gene, which is identical to the MS1 gene of *Arabidopsis thaliana*, is essential for primexine formation and exine pattern formation. Sexual Plant Reprod, 18:1-7.

Ariizumi T, et al. 2008. Ultrastructural characterization of exine development of the transient defective exine 1 mutant suggests the existence of a factor involved in constructing reticulate exine architecture from sporopollenin aggregates. Plant Cell Physiol, 49:58-67.

Azumi Y, et al. 2002. Homolog interaction during meiotic prophase I in Arabidopsis requires the SOLO DANCERS gene encoding a novel cyclin-like protein. EMBO J, 21:3081-3095.

Bartels C, et al. 2003. Mutagenesis suggests several roles of Snu114p in pre-mRNA splicing. J Biol Chem, 278: 28324-28334.

Baumbusch L O, et al. 2001. The *Arabidopsis thaliana* genome contains at least 29 active genes encoding SET domain proteins that can be assigned to four evolutionarily conserved classes. Nucleic Acids Res, 29:4319-4333.

Bentolila S, et al. 2002. A pentatricopeptide repeat-containing gene restores fertility to cytoplasmic male-sterile plants. PNAS, 99: 10887-10892.

Boisson-Dernier A, et al. 2008. The peroxin loss-of-function mutation abstinence by mutual consent disrupts male-female gametophyte recognition. Curr Biol, 18:63-68.

Boisson-Dernier A, et al. 2009. Disruption of the pollen-expressed *FERONIA* homologs *ANXUR1* and *ANXUR2* triggers pollen tube discharge. Development, 136: 3279-3288.

Bonhomme S, et al. 1998. T-DNA mediated disruption of essential gametophytic genes in *Arabidopsis* is unexpectedly rare and cannot be inferred from segregation distortion alone. Mol Gen Genet, 260: 444-452.

Book A J, et al. 2009. The RPN5 subunit of the 26s proteasome is essential for gametogenesis, sporophyte development, and complex assembly in *Arabidopsis*. Plant Cell, 21: 460-478.

Borg M, Brownfield L, Twell D. 2009. Male gametophyte development: a molecular perspective. J Exp Bot, 60: 1465-1478.

Brodersen P, et al. 2008. Widespread translational inhibition by plant miRNAs and siRNAs. Science, 320:1185-1190.

Brodersen P, Voinnet O. 2009. Revisiting the principles of microRNA target recognition and mode of action. Nature Rev Mol Cell Biol,10:141-148.

Brownfield L, et al. 2009a. A plant germline-specific integrator of sperm specification and cell cycle progression. PLoS Genet, 5:e1000430.

Brownfield L, et al. 2009b. Arabidopsis DUO POLLEN3 is a key regulator of male germline development and embryogenesis. Plant Cell, 21:1940-1956.

Cai G, Cresti M. 2006. The microtubular cytoskeleton in pollen tubes: structure and role in organelle trafficking. Plant Cell Monographs, 3:157.

Canales C, et al. 2002. EXS, a putative LRR receptor kinase, regulates male germline cell number and tapetal identity and promotes seed development in *Arabidopsis*. Curr Biol, 12:1718-1727.

Capron A, et al. 2008. Maternal control of male-gamete delivery in Arabidopsis involves a putative GPI-anchored protein encoded by the LORELEI gene. Plant Cell, 20:3038-3049.

Cardozo T, Pagano M. 2004. The SCF ubiquitin ligase: insights into a molecular machine. Nature Rev Mol Cell Biol, 5:739-751.

Cecchetti V, et al. 2008. Auxin regulates Arabidopsis anther dehiscence, pollen maturation, and filament elongation.

Plant Cell, 20: 1760-1774.

Chambers C, Shuai B. 2009. Profiling microRNA expression in *Arabidopsis* pollen using microRNA array and real-time PCR. BMC Plant Biol, 9: 87-97.

Chang L, Ma H, Xue H. 2009. Functional conservation of the meiotic genes SDS and RCK for male meiosis in the monocot rice. Cell Res, 19: 768-782.

Cheng Y, Dai X, Zhao Y. 2006. Auxin biosynthesis by the YUCCA flavin monooxygenases controls the formation of floral organs and vascular tissues in Arabidopsis. Genes Dev, 20:1790-1799.

Chen H M, et al. 2010. 22-Nucleotide RNAs trigger secondary siRNA biogenesis in plants. PNAS, 107: 15269-15274.

Chen X. 2009. Small RNAs and their roles in plant development. Annu Rev Cell Dev Biol, 25: 21-44.

Chen Y H, et al. 2007. The central cell plays a critical role in pollen tube guidance in Arabidopsis. Plant Cell, 19: 3563-3577.

Chen Y, McCormick S. 1996. Sidecar pollen, an *Arabidopsis thaliana* male gametophytic mutant with aberrant cell divisions during pollen development. Development, 122: 3243-3253.

Chen Z, et al. 2008. Chromatin assembly Factor 1 regulates the cell cycle but not cell fate during male gametogenesis in *Arabidopsis thaliana*. Development, 135:65-73.

Chen Z, et al. 2009. Proliferation and cell fate establishment during *Arabidopsis* male gametogenesis depends on the Retinoblastoma protein. PNAS, 106:7257-7262.

Christensen C A, et al. 1997. Megagametogenesis in Arabidopsis wild type and the Gf mutant. Sex Plant Reprod, 10: 49-64.

Chuck G, O'Connor D. 2010. Small RNAs going the distance during plant development. Curr Opin Plant Biol, 13: 40-45.

Coimbra S, et al. 2009. Pollen grain development is compromised in Arabidopsis *agp6 agp11* null mutants. J Exp Bot, 60:3133-3142.

Coury D A, et al. 2007. Segregation distortion in Arabidopsis gametophytic factor1 (gfa1) mutants is caused by a deficiency of an essential splicing factor. Sex Plant Reprod, 20:87-97.

Cui X, Wise R P, Schnable P S. 1996. The rf2 nuclear restorer gene of malesterile T-cytoplasm maize. Science, 272: 1334-1336.

Cuperus J T, et al. 2010. Unique unctionality of 22-Nt miRNAs in triggering RDR6-dependent siRNA biogenesis from target transcripts in *Arabidopsis*. Nature Structural and Molecular Biology, 17:997-1003.

Devoto A, et al. 2002. COI1 links jasmonate signalling and fertility to the SCF ubiquitin-ligase complex in *Arabidopsis*. Plant J, 32: 457-466.

Dewey R E, Timothy D H, Levings C S. 1987. A mitochondrial protein associated with cytoplasmic male sterility in the T cytoplasm of maize. PNAS, 84: 5374-5378.

DeYoung B J, et al. 2006. The CLAVATA-1-related BAM1, BAM2 and BAM3 receptor kinase-like proteins are required for meristem function in *Arabidopsis*, Plant J, 45: 1-16.

Diboll A, Larson D. 1996. An electron microscopic study of the mature megagametophyte in Zea mays. Am J Bot, 53:391-402.

Dickinson H G, Grant-Downton R. 2009. Bridging the generation gap: flowering plant gametophytes and animal germlines reveal unexpected similarities. Biological Reviews, 84:589-615.

Doelling J H, et al. 2007. The ubiquitin-specific protease subfamily UBP3/ UBP4 is essential for pollen development and transmission in *Arabidopsis*. Plant Physiol, 145:801-813.

Dong X, et al. 2005. Callose synthase (CalS5) is required for exine formation during microgametogenesis and for pollen viability in *Arabidopsis*. Plant J, 42:315-328.

Dumas C, et al. 1998. Gametes, fertilization and early embryogenesis in flowering plants. Advances in Botanical Research, 28: 232-261.

Durbarry A, Vizir I, Twell D. 2005. Male germ line development in *Arabidopsis*: duo pollen mutants reveal gameto-phytic regulators of generative cell cycle progression. Plant Physiol, 137:297-307.

Eady C, Lindsey K, Twell D. 1995. The significance of microspore division and division symmetry for vegetative cell-specific transcription and generative cell differentiation. Plant Cell, 7:65-74.

Ebel C, Mariconti L, Gruissem, W. 2004. Plant retinoblastoma homologues control nuclear proliferation in the female gametophyte. Nature, 429: 776-780.

Eckardt N A. 2006. Cytoplasmic male sterility and fertility restoration. Plant Cell, 18:515-517.

Engel M L, Holmes-Davis R, McCormick S. 2005. Green sperm. Identification of male gamete promoters in *Arabidopsis*. Plant Physiol, 138:2124-2133.

Escobar-Restrepo J M, et al. 2007. The FERONIA receptor-like kinase mediates male-female interactions during pollen tube reception. Science, 317: 656-660.

Evans M M. 2007. The indeterminate gametophyte1 gene of maize encodes a LOB domain protein required for embryo Sac and leaf development. Plant Cell, 19: 46-62.

Frank A C, Johnson M A. 2009. Expressing the diphtheria toxin A subunit from the HAP2(GCS1) promoter blocks sperm maturation and produces single sperm-like cells capable of fertilization. Plant Physiol, 151:1390-1400.

Friedman W E, Madrid E N, Williams J H. 2008. Origin of the fittest and survival of the fittest: relating female gametophyte development to endosperm genetics. Int J Plant Sci, 169:79-92.

Furness C A, Rudall P J, Sampson F B. 2002. Evolution of microsporogenesis in angiosperms. Int J Plant Sci, 163: 235-260

Gallois J L, Guyon-Debast A, Lecureuil A. 2009. The Arabidopsis proteasome RPT5 subunits are essential for gametophyte development and show accession-dependent redundancy. Plant Cell, 21:442-459.

Gils M, et al. 2008. A novel hybrid seed system for plants. Plant Biotech J, 6: 226-235.

Gocal G F, et al. 2001. GAMYB-like genes, flowering, and gibberellin signalling in Arabidopsis, Plant Physiol, 127: 1682-1693.

Grant-Downton R, et al. 2009a. MicroRNA and tasiRNA diversity in mature pollen of *Arabidopsis thaliana*. BMC Genomics, 10: 643.

Grant-Downton R, et al. 2009b. Small RNA pathways are present and functional in the angiosperm male gametophyte. Mol Plant, 2: 500-512.

Grant-Downton R T. 2010. Through a generation darkly: small RNAs in the gametophyte. Biochem Soc Trans, 38: 617-621.

Gregory B D, et al. 2008. A link between RNA metabolism and silencing affecting *Arabidopsis* development. Dev Cell, 14:854-866.

Gross-Hardt R, et al. 2007. LACHESIS restricts gametic cell fate in the female gametophyte of *Arabidopsis*. PLoS Biol, 5:e47.

Grossniklaus U, Schneitz K. 1998. The molecular and genetic basis of ovule and megagametophyte development. Semin Cell Dev Biol, 9: 227-238.

Gubler F, et al. 1995. Gibberellinregulated expression of a myb gene in barley aleurone cells: evidence for Myb trans-activation of a high-pI alpha-amylase gene promoter. Plant Cell, 7:1879-1891.

Guo F, et al. 2004. Fertilization in maize indeterminate gametophyte1 mutant. Protoplasma, 223:111-120.

Haerizadeh F, Singh M B, Bhalla P L. 2006. Transcriptional repression distinguishes somatic from germ cell lineages in a plant. Science, 313: 496-499.

Hannoufa A, Menevin J, Lemieux B. 1993. Epicuticular waxes of eceriferum mutant of *Arabidopsis thaliana*. Phytochemistry, 33:851-855

He S, Abad A R, Gelvin S B. 1996. A cytoplasmic male sterility associated mitochondrial protein causeses pollen disruption in transgenic tobacco. PNAS，93；11763-11768.

Higginson T，Li S F，Parish R W. 2003. AtMYB103 regulates tapetum and trichomedevelopment in *Arabidopsis thaliana*. Plant J,35；177-192.

Hirai M，Arai M，Mori T. 2008. Male fertility of malaria parasites is determined by GCS1，a plant-type reproduction factor. Curt Biol，18；607-613.

Hird D L，et al. 1993. The anther-specific protein encoded by the *Brassica napus* and *Arabidopsis thaliana* A6 gene displays similarity to b-1,3-glucanases. Plant J，4；1023-1033

Honys D，Twell D. 2003. Comparative analysis of the *Arabidopsis* pollen transcriptome. Plant Physiol，132；640-652.

Hord C L H，et al. 2006. The BAM1/ BAM2 receptor-like kinases are important regulators of early *Arabidopsis* anther development. Plant Cell，18；1667-1680.

Hord C L H，et al. 2008. Regulation of *Arabidopsis* early anther development by the mitogen-activated protein kinases，MPK3 and MPK6，and the ERECTA and related receptor-like kinases. Mol Plant,1；645-658.

Huang B Q，Russell S. 1992. Female germ unit；organization，isolation，and function. Int Rev Cytol，140；233-291.

Huang B Q,Sheridan W F. 1994. Female gametophyte development in maize；microtubular organization and embryo sac polarity. Plant Cell，6；845-861.

Huck N，et al. 2003. The Arabidopsis mutant *feronia* disrupts the female gametophytic control of pollen tube reception. Development，130；2149-2159.

Ingouff M，et al. 2007. Distinct dynamics of HISTONE3 variants between the two fertilization products in plants. Curr Biol，17；1032-1037.

Ishiguro S，et al. 2001. The *DEFECTIVE IN ANTHER DEHISCIENCE* gene encodes a novel phospholipase A1 catalysing the initial step of jasmonic acid biosynthesis，which synchronizes pollen maturation，anther dehiscence，and flower opening in *Arabidopsis*. Plant Cell，13；2191-2209.

Ito T，et al. 2004 The homeotic protein AGAMOUS controls microsporogenesis by regulation of SPOROCYTELESS. Nature，430；356-360.

Ito T，et al. 2007a. *Arabidopsis MALE STERILITY*1 encodes a PHD-type transcription factor and regulates pollen and tapetum development. Plant Cell，19；3549-3562.

Ito T，et al. 2007b. The homeotic protein AGAMOUS controls late stamen development by regulating a jasmonate biosynthetic gene in *Arabidopsis*. Plant Cell，19；3516-3529.

Iwakawa H，Shinmyo A，Sekine M. 2006. *Arabidopsis* CDKA；1，a cdc2 homologue，controls proliferation of generative cells in male gametogenesis. Plant J，45；819-831.

Jenks M A，et al. 1995. Leaf epicuticular waxes of the eceriferum mutants in *Arabidopsis*. Plant Physiol，108；369-377.

Jia G，et al. 2008. Signaling of cell fate determination by the TPD1 small protein and EMS1 receptor kinase，PNAS，105；2220-2225.

Jin H，et al. 2008. Small RNAs and the regulation of cis-natural antisense transcripts in *Arabidopsis*. BMC Mol Bio，9；6.

Johnston A J，et al. 2007. Genetic subtraction profiling identifies genes essential for *Arabidopsis* reproduction and reveals interaction between the female gametophyte and the maternal sporophyte. Genome Biol，8；R204.

Johnston A J，et al. 2008. A dynamic reciprocal RBR-PRC2 regulatory circuit controls *Arabidopsis* gametophyte development. Curr Biol，18；1680-1686.

Jones-Rhoades M W，Borevitz J O，Preuss D. 2007. Genome-wide expression profiling of the *Arabidopsis* female gametophyte identifies families of small，secreted proteins. PLoS Genet，3；1848-1861.

Jung K H，et al. 2005. Rice undeveloped tapetum1 is a major regulator of early tapetum development. Plant Cell，17；2705-2722.

Jung K H, et al. 2006. Wax-deficient anther1 is involved in cuticle and wax production in rice anther walls and is required for pollen development. Plant Cell, 18:3015-3032.

Kaneko M, et al. 2004. Loss-offunction mutations of the rice *GAMYB* gene impair alpha-amylase expression in aleurone and flower development. Plant Cell, 16:33-44.

Kasahara R D, et al. 2005. MYB98 is required for pollen tube guidance and synergid cell differentiation in *Arabidopsis*. Plant Cell, 17:2981-2992.

Katiyar-Agarwal S, et al. 2007. A novel class of acteria-induced small RNAs in *Arabidopsis*. Genes and Dev, 21: 3123-3134.

Kawanabe T, et al. 2006. Abolition of the tapetum suicide program ruins microsporogenesis. Plant Cell Physio, 47: 784-787.

Kim H J. 2008. Control of plant germline proliferation by SCF (FBL17. degradation of cell cycle inhibitors. Nature, 455: 1134-1137.

Kim V, Han J, Siomi M. 2009. Biogenesis of small RNAs in animals. Nature Rev Mol Cell Bio,10:126-139.

Klattenhoff C,Theurkauf W. 2008. Biogenesis and germline functions of piRNAs. Development, 135: 3-9.

Komori T, et al. 2004. Map-based cloning of a fertility restorer gene Rf-1,in rice(*Oryza sativa* L.). Plant J, 37:315-325.

Kotchoni S O, et al. 2010. A new and unified nomenclature for male fertility restorer (RF) proteins in higher plants. PLoS ONE, 5:e15906

Lalanne E, et al. 2004. Analysis of transposon insertion mutants highlights the diversity of mechanisms underlying male progamic development in *Arabidopsis*. Genetics, 167:1975-1986.

Lalanne E, Twell D. 2002. Genetic control of male germ unit organization in *Arabidopsis*. Plant Physiol, 129: 865-875.

Lanet E,et al. 2009. Biochemical evidence for translationalrepression by *Arabidopsis* microRNAs. Plant Cell, 21: 1762-1768.

Latrasse D, et al. 2008. The MYST histone acetyltransferases are essential for gametophyte development in *Arabidopsis*. BMC Plant Biol, 8:121.

Law J A,Jacobsen S E. 2010. Establishing, maintaining and modifying DNA methylation patterns in plants and animals. Nature Rev Genet, 11:204-220.

Lechner E, et al. 2006. F-box proteins everywhere. Curr Opin Plant Biol, 9:631-638.

Lee S, et al. 2004. Isolation and characterizationof a rice cysteine protease gene, *OsCP1* , using T-DNA genetrap system. Plant Mol Biol,54:755-765.

Lee YRJ, Li Y, Liu B. 2007. Two *Arabidopsis* phragmopla stassociated kinesins play a critical role in cytokinesis during male gametogenesis. Plant Cell, 19:2595-2605.

Le Q, et al. 2005. Construction and screening of subtracted cDNA libraries from limited populations of plant cells: a comparative analysis of gene expression between maize egg cells and central cells. Plant J, 44:167-178.

Le Trionnaire G L, et al. 2011. Small RNA activity and function in angiosperm gametophytes. J Exp Bot, 62: 1601-1610.

Levings C S,Pring D R. 1976. Restriction endonuclease analysis of mitochondrial DNA from normal and Texas cytoplasmic male-sterile maize. Science, 193:158-160.

Lewis J. 2008. From signals to patterns: space, time, and mathematics in developmental biology. Science, 322:399-403.

Li J, et al. 2002. BAK1, an *Arabidopsis* LRR receptor-like protein kinase, interacts with BRI1 and modulates brassinosteroid signaling. Cell, 110:213-222.

Li N, et al. 2006. The rice tapetum degeneration retardation gene is required for tapetum degradation and anther development, Plant Cell, 18: 2999-3014.

Liu F，et al. 2001. Mitochondrial aldehyde dehydrogenase activity is required for male fertility in maize. Plant Cell，13：1063-1078.

Liu J，et al. 2008. Targeted degradation of the cyclindependent kinase inhibitor ICK4/KRP6 by RING-type E3 ligases is essential for mitotic cell cycle progression during *Arabidopsis* gametogenesis. Plant Cell，20：1538-1554.

Liu P P，et al. 2007. Repression of *AUXIN RESPONSE FACTOR10* by microRNA160 is critical for seed germination and post-germination stages. Plant J，52：133-146.

Lum L，Beachy P A. 2004. The Hedgehog response network：sensors，switches，and routers. Science，304：1755-1759.

Lurin C，et al. 2004. Genome-Wide analysis of Arabidopsis Pentatricopeptidl repeat proteins reveals Heir essentialrole in orgamelle biogenesis. Plant cell，16：2089-2103.

Lynn K，et al. 1999. The *PINHEAD/ZWILLE* gene acts pleiotropically in Arabidopsis development and has overlapping functions with the *ARGONAUTE1* gene. Development，126：469-481.

Maeda E，Miyake H. 1997. Ultrastructure of antipodal cells of rice (*Oryza sativa*) before anthesis with special reference to concentric configuration of endoplasmic reticula. J Crop Sci，66：488-496.

Maheshwari P. 1950. An Introduction to Embryology of Angiosperms. New York：McGray-Hill.

Ma H，Sundaresan V. 2010. Development of flower plant gametophytes. *In*：Immermans M. Plant Current Topics in Developmental Biology. v91. Academic Press，Elsevier Inc：379-411.

Mandaokar A，Browse J. 2009. MYB108 Acts together with MYB24 to regulate jasmonate-mediated stamen maturation in *Arabidopsis*. Plant Physiol，149：851-862.

Mandaokar A，et al. 2006. Transcriptional regulators of stamen evelopment in *Arabidopsis* by transcriptional profiling. Plant J，46：984-1008.

Martin R C，et al. 2010. The regulation of post-germinative transition from the cotyledon-to vegetative-leaf stages by microRNA targeted SQUAMOSA PROMOTER-BINDING PROTEIN LIKE13 in *Arabidopsis*. Seed Science Research，20：89-96.

Marton M L，et al. 2005. Micropylar pollen tube guidance by egg apparatus 1 of maize. Science，307：573-576.

Millar A A，Gubler F. 2005. The Arabidopsis *GAMYB-Like* genes，*MYB33* and *MYB65*，are microRNA-regulated genes that redundantly facilitate anther development. Plant Cell，17：705-721.

Mi S，et al. 2008. Sorting of small RNAs into Arabidopsis argonaute complexes is directed by the 5' terminalnucleotide. Cell，133：116-127.

Miyazaki S，et al. 2009. *ANXUR1* and 2，sister genes to *FERONIA/SIRENE*，are male factors for coordinated fertilization. Curr Biol，19：1327-1331.

Mizuno S，et al. 2007. Receptor-like protein kinase 2 (RPK 2) is a novel factor controlling anther development in *Arabidopsis thaliana*. Plant J，50：751-766.

Moll C，et al. 2008. CLO/GFA1 and ATO are novel regulators of gametic cell fate in plants. Plant J，56：913-921.

Mori T，et al. 2006. GENERATIVE CELL SPECIFIC 1 is essential for angiosperm fertilization. Nature Cell Biol，8：64-71.

Mosher R A，Melnyk C W. 2010. SiRNAs and DNA methylation：seedy epigenetics. Trends Plant Sci，15：204-210.

Muyt A D，et al. 2009. Meiotic recombination and crossovers in plants. Genome Dyn，5：14-25.

Nagpal P，et al. 2005. Auxin response factors ARF6 and ARF8 promote jasmonic acid production and flower maturation. Development，132：4107-4118.

Nakajima Y，et al. 2001. A novel orf B-related gene of carrot mitochondrial genomes that is associated with homeotic cytoplasmic male sterility(CMS). Plant Mol Biol，46：99-107.

Nam K H，Li J. 2002. BRI1/BAK1，a receptor kinase pair mediating brassinosteroid signaling. Cell，110：203-212.

Nishikawa S，et al. 2005. Callose (beta-1，3 glucan) is essential for Arabidopsis pollen wall patterning，but not tube growth. BMC Plant Biolo，5：22.

Nonomura K, et al. 2003. The *MSP1* gene is necessary to restrict the number of cells entering into male and female sporogenesis and to initiate anther wall formation in rice. Plant Cell, 15:1728-1739.

Nonomura K, et al. 2007. A germ cell specific gene of the ARGONAUTE family is essential for the progression of premeiotic mitosis and meiosis during sporogenesis in rice. Plant Cell, 19:2583-2594.

Nowack M K, et al. 2006. A positive signal from the fertilization of the egg cell sets off endosperm proliferation in angiosperm embryogenesis. Nature Genetics, 38: 63-67.

Oh S A, et al. 2005. A divergent cellular role for the FUSED kinase family in the plant-specific cytokinetic phragmoplast. Curr Biol, 15:2107-2111.

Okada T, et al. 2005. Analysis of the histone H3 gene family in Arabidopsis and identification of the male-gamete-specific variant AtMGH3. Plant J, 44:557-568.

Okuda S, et al. 2009. Defensin-like polypeptide LUREs are pollen tube attractants secreted from synergid cells. Nature, 458:357-361.

Olmedo-Monfil V, et al. 2010. Control of female gamete formation by a small RNA pathway in *Arabidopsis*. Nature, 464:628-632.

Pacini E. 1990. Tapetum and Microspore Function. *In*: Blackmore S, Knox R B. Microspores: Evolution and Ontogeny. London: Academic Press:213-237.

Pagnussat G C, et al. 2005. Genetic and molecular identification of genes required for female gametophyte development and function in *Arabidopsis*. Development, 132: 603-614.

Pagnussat G C, et al. 2009. Auxin-dependent patterning and gamete specification in the *Arabidopsis* female gametophyte. Science, 324: 1684-1689.

Pagnussat G C, Yu H J, Sundaresan V. 2007. Cell-fate switch of synergid to egg cell in Arabidopsis eostre mutant embryo sacs arises from misexpression of the BEL1-like homeodomain gene BLH1. Plant Cell, 19: 3578-3592.

Palanivelu R, et al. 2003. Pollen tube growth and guidance is regulated by *POP2*, an *Arabidopsis* gene that controls GABA levels. Cell, 114:47-59.

Papini A, Mosti S, Brighigna L. 1999. Programmed-cell-death events during tapetum development of angiosperms. Protoplasma, 207: 213-221.

Parish R W, Li S F. 2010. Death of a tapetum: A programme of developmental altruism. Plan Sci, 178:73-89.

Park S K, Howden R, Twell D. 1998. The *Arabidopsis thaliana* gametophytic mutation gemini pollen1 disrupts microspore polarity, division asymmetry and pollen cell fate. Development, 125: 3789-3799.

Park S K, Twell D. 2001. Novel patterns of ectopic cell plate growth and lipid body distribution in the *Arabidopsis gemini pollen* 1 mutant. Plant Physiol, 126:899-909.

Paxson-Sowders D M, et al. 2001. DEX1, a novel plant protein, is required for exine pattern formation during pollen development in *Arabidopsis*. Plant Physiol, 127:1739-1749.

Pelletier G, Budar F. 2007. The molecular biology of cytoplasmically inherited male sterility and prospects for its engineering. Curr Opin Biotechnol, 18:121-125.

Petroski M D, Deshaies R J. 2005. Function and regulation of cullin-RING ubiquitin ligases. Nature Rev Mol Cell Biol, 6: 9-20.

Piffanelli P, Ross J H E, Murphy D J. 1998. Biogenesis and function of the lipidic structures of pollen grains. Sexual Plant Reprod, 11:65-80.

Preston J, et al. 2004. AtMYB32 is required for normal pollen development in *Arabidopsis thaliana*. Plant J, 40:979-995.

Pring D R, Lonsdale M. 1989. Cytoplasmic male sterility and maternal inheritance of disease susceptibility in maize. Annu Rev Phytopathol, 47: 483-502.

Punwani J A, et al. 2008. The MYB98 subcircuit of the synergid gene regulatory network includes genes directly and indirectly regulated by MYB98. Plant J, 55:406-414.

Raghavan V. 1989. mRNA and a cloned histone gene are differentially expressed during anther and pollen development in rice(*Oryza sativa* L.). J Cell Sci, 92:217-229.

Raghavan V. 2000. Developmental Biology of Flowering Plants. Cambridge: Cambridge University Press, Springer-Verlag.

Ramachandran C,Raghavan V. 1992. Apomixis in distant hybridization. *In*: Kalloo G,Chowdhury J B. Distant Hybridization In Crop Plant. Berlin:Springer-Verlag:106-121.

Reddy T V, et al. 2003. The DUET gene is necessary for chromosome organization and progression during male meiosis in *Arabidopsis* and encodes a PHD finger protein. Development, 130:5975-5987.

Reznickova S A,Willemse M T M. 1980. Formation of pollen in the anther of Lilium. II. The function of the surrounding tissues in the formation of pollen and pollen wall. Acta Bot Neerl, 29: 141-156.

Rhoads D M, Levings O S, Siedow J N. 1995. URF13, a ligandgated, poreforming receptor for T-toxin in the inner membrane of cms-T mitochondria. J Bioenerg Biomembr, 27:437-445.

Rogers L A,et al. 2005. Comparison of lignin deposition in three ectopic lignification mutants. New Phytologist, 168: 123-140.

Ron M, et al. 2010. Proper regulation of a sperm-specific cis-Nat-siRNA is essential for double fertilization in *Arabidopsis*. Genes Dev, 24:1010-1021.

Rotman N, et al. 2003. Female control of male gamete delivery during fertilization in *Arabidopsis thaliana*. Curr Biol, 13:432-436.

Rotman N, et al. 2005. A novel class of MYB factors controls sperm-cell formation in plants. Curr Biol, 15:244-248.

Ru P. et al. 2006. Plant fertility defects induced by the enhanced expression of microRNA167. Cell Res, 16:457-465.

Sandaklie-Nikolova L, et al. 2007. Synergid cell death in Arabidopsis is triggered following direct interaction with the pollen tube. Plant Physiol, 144: 1753-1762.

Sanders P M, et al. 1999. Anther developmental defects in *Arabidopsis thaliana* male-sterile mutants, Sex Plant Reprod, 11:297-322.

Schiefthaler U, et al. 1999. Molecular analysis of *NOZZLE*, a gene involved in pattern formation and early sporogenesis during sex organ development in *Arabidopsis thaliana*. PNAS, 96:11664-11669.

Schnable P S,Wise R P. 1998. The molecular basis of cytoplasmic male sterility. Trends Plant Sci, 3: 175-180.

Schwab R, et al. 2006. Highly specific gene silencing by artificial microRNAs in Arabidopsis. Plant Cell, 18: 1121-1133.

Schwacke R, et al. 1999. LeProT1, a transporter for proline, glycine betaine, and Gamma-amino butyric acid in tomato pollen. Plant Cell, 11:377-392.

Scott R J, Spielman M, Dickinson H G. 2004. Stamen structure and function. Plant Cell,16: S46-S60.

Sheridan W F, et al. 1999. The *mac1* mutation alters the developmental fate of the hypodermal cells and their cellular progeny in the maize anther. Genetics, 153:933-941.

Shi S, et al. 2010. A comparative light and electron microscopic analysis of microspore and tapetum development in fertile and cytoplasmic male sterile radish. Protoplasma, 241: 37-49.

Sieburth L E,Meyerowitz E M. 1997. Molecular dissection of the AGAMOUS control region shows that cis elements for spatial regulation are located intragenically. Plant Cell, 2:355-365.

Singh M, et al. 2003. Isolation and characterization of a flowering plant male gametic cell-specific promoter. FEBS Letters, 542:47-52.

Slotkin R K, et al. 2009. Epigenetic reprogramming and small RNA silencing of transposable elements in pollen. Cell, 136:461-472.

Smalle J, Vierstra R D. 2004. The ubiquitin 26S proteasome proteolytic pathway. Ann Rev Plant Biol, 55:555-590.

Small I D,Peeters N. 2000. The PPR motif a TPR-related motif prevalent in plant organellar proteins. Trends Biochem Sci, 25:46-47.

Smyth D R, Bowman J L, Meyerowitz E M. 1990. Early flower development in *Arabidopsis*. Plant Cell, 2:755-767.

Sorensen A M, et al. 2003. The *Arabidopsis ABORTED MICROSPORES* (*AMS*) gene encodes a MYC class transcription factor. Plant J, 33:413-423.

Sprunck S, et al. 2005. The transcript composition of egg cells changes significantly following fertilization in wheat (*Triticum aestivum* L). Plant J, 41: 660-672.

Srilunchang K O, Krohn N G, Dresselhaus T. 2010. DiSUMO-like DSUL is required for nuclei positioning, cell specification and viability during female gametophyte maturation in maize. Development, 137: 333-345.

Steer M W. 1977. Differentiation of the tapetum in *Avena*. I. The cell surface. J Cell Sci, 25:125-138.

Steffen J G, et al. 2007. Identification of genes expressed in the Arabidopsis female gametophyte. Plant J, 51: 281-292.

Strome S, Lehmann R. 2007. Germ versus soma decisions: lessons from flies and worms. Science, 316:392-393.

Sunkar R. 2010. MicroRNAs with macro effects on plant stress responses. Sem. Cell Dev Bio, 21:805-811.

Sun Y-J, et al. 2007. Regulation of Arabidopsis development by putative cell-cell signalling molecules and transcription factors. Journal of Integrative Plant Biology, 49: 60-68.

Takeda T, et al. 2006. RNA interference of the Arabidopsis putative transcription factor *TCP16* gene results in abortion of early pollen development. Plant Mol Biol, 61:165-177.

Thorstensen T, et al. 2008. The Arabidopsis SET-domain protein ASHR3 is involved in stamen development and interacts with the bHLH transcription factor ABORTED MICROSPORES (AMS). Plant Mol Biol, 66:47-59.

Todesco M, et al. 2010. A collection of target mimics for comprehensive analysis of microRNA function in *Arabidopsis thaliana*. PLoS Genetics, 6: e1001031.

Twell D. 1992. Use of a nuclear-targeted *b*-glucuronidase fusion protein to demonstrate vegetative cell-specific gene expression in developing pollen. Plant J, 2: 887-892.

Twell D, et al. 2002. MOR1/GEM1 plays an essential role in the plant-specific cytokinetic phragmoplast. Nature Cell Bio, 4:711.

Ullstruap J. 1972. The impacts of the southern corn leaf blight epidemics of 19701971. Annu Rev Phytopath, 10: 37-50.

Ulmasov T, et al. 1997. Aux/IAA proteins repress expression of reporter genes containing natural and highly active synthetic auxin response elements. Plant Cell, 9:1963-1971.

Vaucheret H. 2008. Plant ARGONAUTES. Trends Plant Sci, 13:350-358.

Vizcay-Barrena G, Wilson Z A. 2006. Altered tapetal PCD and pollen wall development in the *Arabidopsis* ms1 mutant. J Exp Bot, 57:2709-2717.

von Besser K, et al. 2006. Arabidopsis HAP2 (*GCS1*) is a sperm-specific gene required for pollen tube guidance and fertilization. Development, 133: 4761-4769.

Wang A, et al. 2003. The classical Ubisch bodies carry a sporophytically produced structural protein (RATIN. that is essential for pollen development. PNAS, 100:14487-14492.

Wang G, et al. 2004. Genome-wide analysis of cyclin family in Arabidopsis and comparative phylogenetic analysis of plant cyclin-like proteins. Plant Physiol, 135:1084-1099.

Wang H, et al. 2007. Stomatal development and patterning are regulated by environmentally responsive mitogen-activated protein kinases in *Arabidopsis*. Plant Cell, 19:63-73.

Wang Q X, et al. 2007. Transcription factor AtMYB103 is required for anther development by regulating tapetum development, callose dissolution and exine formation in *Arabidopsis*. Plant J, 52:528-538.

Wang Z, et al. 2006. Cytoplasmic male mterility of rice with Boro II cytoplasm is caused by a cytotoxic peptide and is restored by two related PPR motif genes via distinct modes of mRNA silencing. Plant Cell, 18:676-687.

Wan J, et al. 2008. A lectin receptor-like kinase is required for pollen development in *Arabidopsis*. Plant Mol Biol, 67: 469-482.

Warmke H E,Lee S L J. 1978. Pollen abortion in T-cytoplasmic male sterile corn anther. J Hered, 68:561-563.

Webb M C,Gunning E S. 1994. Embryo sac development in *Arabidopsis thaliana*. Sex Plant Reprod, 7:153-163.

Whittington A T, et al. 2001. MOR1 is essential for organizing cortical microtubules in plants. Nature, 411:610-613.

Wijeratne A J, et al. 2007. Differential gene expression in *Arabidopsis* wild-type and mutant anthers: insights into anther cell differentiation and regulatory networks. Plant J, 52:14-29.

Williams B, Dickman M. 2008. Plant programmed cell death: can't live with it; can't live without it. Molecular Plant Pathology, 9: 531-544.

Wilson Z A,Zhang D B. 2009. From *Arabidopsis* to rice: pathways in pollen development. J Exp Bot, 60:1479-1492.

Wise R P, Dill C L, Schnable P S. 1996. Mutator-induced mutations of the *rf1* nuclear fertility restorer of T-cytoplasm maize alters the accumulation of T-urf13 mitochondrial transcripts. Genetics, 143:1383-1394.

Wise R P, et al. 1987. Urf13-T of T cytoplasm maize mitochondria encodes a 13 kDa polypeptide. Plant Mol Biol, 9: 121-126.

Worrall D, et al. 1992. Premature dissolution of the microsporocyte callose wall causes male sterility in transgenic tobacco. Plant Cell, 4:759-771.

Wuest S E, et al. 2010. *Arabidopsis* female gametophyte gene expression map reveals similarities between plant and animal gametes. Curr Biol, 20: 506-512.

Wu M F, Tian Q, Reed J W. 2006. *Arabidopsis* microRNA167 controls patterns of *ARF6* and *ARF8* expression, and regulates both female and male reproduction. Development, 133:4211-4218.

Wu S S, et al. 1997. Isolation and characterization of neutral-lipid-containing organelles and globuli-filled plastids from *Brassica napus* tapetum. PNAS, 94:12711-12716.

Wysocka J, et al. 2006. A PHD finger of NURF coupleshistone H3 lysine 4 trimethylation with chromatin remodelling, Nature, 442: 86-90.

Xing S, Zachgo S. 2008. *ROXY1* and *ROXY2*, two *Arabidopsis* glutaredoxin genes, are required for anther development. Plant J, 53: 790-801.

Xu J,et al. 2010. The ABORTED MICROSPORES regulatory network is required for postmeiotic male reproductive development in *Arabidopsis thaliana*. Plant Cell, 22:91-107.

Yamaguchi T, et al. 2006. Functional diversification of the two C-class MADS box genes *OSMADS3* and *OSMADS58* in *Oryza sativa*. Plant Cell, 18:15-28.

Yang C Y, et al. 2007a. MALE STERILITY1 is required for tapetal development and pollen wall biosynthesis. Plant Cell, 19: 3530-3548.

Yang C Y, et al. 2007b. The *Arabidopsis MYB26/MS35* gene regulates secondary thickening in the endothecium and is essential for anther dehiscence. Plant Cell, 19: 534-548.

Yang J H, et al. 2006a. Evidence of an auxin signal pathway, microRNA167-ARF8-GH3, and its response to exogenous auxin in cultured rice cells. Nucleic Acids Res, 34:1892-1899.

Yang S L, et al. 2003. *TAPETUM DETERMINANT 1* is required for cell specialization in the *Arabidopsis* anther. Plant Cell, 15: 2792-2804.

Yang S L, et al. 2005. Overexpression of *TAPETUM DETERMINANT1* alters the cell fates in the *Arabidopsis* carpel and tapetum via genetic interaction with *EXCESS MICROSPOROCYTES1/EXTRA SPOROGENOUS CELLS*. Plant Physiol, 139:186-191.

Yang W C, et al. 1999. The SPOROCYTELESS gene of *Arabidopsis* is required for initiation of sporogenesis and encodes a novel nuclear protein. Genes Dev, 13: 2108-2117.

Yang W C, Shi D Q, Chen Y H. 2010. Female gametophyte development in flowering plants. Annu Rev Plant Biol, 61:89-108.

Yang X, et al. 2006b. The *Arabidopsis* SKP1 homolog ASK1 controls meiotic chromosome remodeling and release of chromatin from the nuclear membrane and nucleolus. J Cell Sci, 119: 3754-3763.

Yang X Y, et al. 2007c. Overexpression of a flower-specific transcription factor gene *AtMYB24* causes aberrant anther development. Plant Cell Reporter, 26:219-228.

Ye Q, et al. 2010. Brassinosteroids control male fertility by regulating the expression of key genes involved in *Arabidopsis* anther and pollen development. PNAS, 107:6100-6105.

Yu H J, Hogan P, Sundaresan V. 2005. Analysis of the female gametophyte transcriptome of *Arabidopsis* by comparative expression profiling. Plant Physiol, 139:1853-1869.

Zhang D S, et al. 2008. Tapetum degeneration retardation is critical for aliphatic metabolism and gene regulation during rice pollendevelopment. Mol Plant, 1:599-610.

Zhang W, et al. 2006a. Regulation of *Arabidopsis* tapetum development and function by *DYSFUNCTIONAL TAPETUM* (*DYT1*). encoding a putative bHLH transcription factor. Development, 133: 3085-3095.

Zhang Z B, et al. 2006b. ASK1, a SKP1 homolog, is required for nuclear reorganization, presynaptic homolog juxtaposition and the proper distribution of cohesin during meiosis in *Arabidopsis*. Plant Mol Biol, 62:99-110.

Zhang Z B, et al. 2007. Transcription factor AtMYB103 is required for anther development by regulating tapetum development, callose dissolution and exine formation in *Arabidopsis*. Plant J, 52:528-538.

Zhao D, et al. 2006. ASK1, a SKP1 homolog, is required for nuclear reorganization, presynaptic homolog juxtaposition and the proper distribution of cohesin during meiosis in *Arabidopsis*. Plant Mol Biol, 62:99-110.

Zhao D Z, et al. 2002. The *EXCESS MICROSPOROCYTES1* gene encodes a putative leucine-rich repeat receptor protein kinase that controls somatic and reproductive cell fates in the *Arabidopsis* anther. Genes Dev, 16: 2021-2031.

Zhao X, et al. 2008. OsTDL1A binds to the LRR domain of rice receptor kinase MSP1, and is required to limit sporocyte numbers. Plant J, 54:375-387.

Zhao Y, et al. 2001. A role for flavin monooxygenase-like enzymes in auxin biosynthesis. Science, 291:306-309.

Zhu J, et al. 2008. Defective in tapetal development and function 1 is essential for anther development and tapetal function for microspore maturation in *Arabidopsis*, Plant J, 55: 266-277.

第7章 花的发育及其调控

7.1 幼龄期向成年期的转变

植物一生在对外界环境因素和内在因素反应中会经历一系列发育转变,当这些转变成为显著的变化时,该过程就被称为阶段转变(phase transition)。高等植物的发育转变可经历 4 个阶段:胚胎发育阶段、幼龄期或称童期营养发育(juvenile vegetative)阶段、成年营养发育(adult vegetative)阶段和生殖发育(reproductive)阶段(Poethig, 1990)。在胚胎发育阶段只完成了植物体的雏形发育,形成了苗与根的分生组织;在幼龄期(juvenile phase)发育阶段,由苗端分生组织发育出茎、叶和侧芽,此时植物体形态比较简单,不具有生殖结构;在成年营养发育阶段,苗端分生组织增大,形成更复杂的叶,并获得对开花诱导的感受能力(competency);到了生殖发育阶段,随着生殖结构的形成,苗端发生明显变化。对于大多数有花植物,花的发育意味着营养生长的结束和生殖发育的开始。但对于多年生植物,开花所引起一系列的生殖发育只发生在植物某一区域之中,而其他区域的营养生长却持续进行。成花转变(flowering transition)发生在苗端分生组织中,当苗端接受到适当的环境信号和发育信号时,它将重编发育程序以形成花序或花器官而不是营养器官。因此,从发育生物的角度看,在苗端的成花转变中实际形成花序还是花是由于苗端分生组织程序重编的结果。植物在开花之前往往也伴随着从幼龄态(juvenile state)向成年态(adult state)的转变,并具有一定的甚至是特异性的形态学和生理学特征。

7.1.1 幼龄期向成年期转变的形态学和生理学特征

幼龄期向成年期转变是指在苗端中发生的对生殖发育感受能力的变化,但也伴随着具有种属特异性的各种营养生长性状改变的标志出现,包括叶形、叶的解剖结构、根的产生能力、对病害的抗性和一些次生代谢物的生物合成等。

成花引发(floral evocation)只有在顶端分生组织由营养性转变成生殖性后才成为可能。这种变化不仅使其形成花,而且也发生非生殖结构特性改变,如生根能力、叶形和叶序等的改变。多年生木本植物,在它经过幼龄期到成年状态的转变之后仍保留着幼龄期的组织和分生组织,尽管这类幼龄期的芽会休眠,但其休眠被打破时便会产生带有幼龄态特征的结构。

木本植物在种子萌发后直到开花前都可认为是幼龄期,只是其幼龄态的程度不同而已。生长迅速是幼龄期的生理特点之一,此时,进行果树等木本植物的无性繁殖比较容易成功(插条易生根成活)。幼龄期的长短因植物的种类而异,如山毛榉、橡树可以保持幼龄期特征达 60 年。植物进入成年阶段后,生长速率下降,无性繁殖能力下降。

幼龄期在形态上有何特征?能否改变幼态程度?如何改?研究这些问题将在园艺理

论和实践上均有很重要的意义。例如,果木的栽培往往要到开花结果时才能看到它们的
经济价值,但这时果木已进入成年状态,难以进行无性繁殖以保持其所观察的优良性状。
在实践上往往通过微体繁殖(micropropagation)将成年的枝条恢复幼态,以满足无性繁殖
生根的要求。微体繁殖技术与传统的培土压条方法不同,它先将取自成年的枝条在组织
培养条件下嫁接于以种子萌发的幼苗为砧木上,在组织培养的条件下使其成活后,将这一
嫁接成活的苗再次嫁接于以种子萌发的幼苗为砧木上,如此反复的继代培养,可使成年期
外植体恢复幼态,成为幼态的组织(rejuvenated tissue),增加形成不定根的能力。北美红
杉(*Sequoia sempervirens*)就是按这一方法成功地进行了成年枝条的快速繁殖(Huang et
al.,1992)。苹果树的成年外植体生根困难,难以进行无性繁殖,如果进行 9 次上述微体
繁殖培养后可使 90%的微体繁殖苗生根;金帅苹果(golden delicious)品种若经过 31 次微
体繁殖可使其苗生根率达 79%。通过微体繁殖培养不但可以使成年接穗恢复幼态,增加
其生活力,而且还可以使其植株提早开花,如竹子(*Bambusa arnudinacea* Willd 和 *Den-
drocalmus brandissii* Kurtz)组织培养小苗,经 6 个月微体繁殖的继代培养可开花,而它
在自然条件下则要生长约 30 年才能开花(Nadgauda et al.,1990)。

图 7-1　木本植物发育状态
示意图(Leopold,1975)
基部是幼龄态的,中间为过渡态,顶端则为成年态

植物生长具有极性特征,茎上的不同发育
阶段不但反映发育时间,而且沿着其茎轴也记
录着不同位置的发育信息。植物基部是早期发
育结构,离顶端分生组织越近的部位是越后发
育的结构。在同一个阶段发育的不同结构,如
叶、芽、节及其节间仍保留着该发育阶段相同的
属性,尽管顶端分生组织已进入另一个新的发
育阶段。因此,木本植物的一个顶端分生组织
的幼龄程度与它与茎杆和地表的接合点到该分
生组织的距离成反比。从基部至顶端经历着从
幼龄期至成年期的梯度变化(图 7-1),即基部的
幼龄程度最大,中间为过渡型,顶端的成年程度
最大。因此,无性繁殖时,从植株的基部切取枝条扦插,发育出的新株具有幼态的叶型、茎
型及幼态的刺,并易生根。

多数植物都呈现这种发育梯度。沿着茎轴向苗端方向幼龄器官首先形成,占据着茎
的基部位置。植物生长到一定时间后,即出现成年期的特征,顶端分生组织形成成年态的
结构,此后有花植物才具有生殖能力,处于成年阶段的植株既具有营养性结构又具有生殖
性结构。这种发育状态,最易觉察的形态特点表现在叶上。例如,松柏类成年叶为 2~5
片细长针状的簇生叶,而幼龄叶片则是短针状轮生叶,这种叶形至少可持续 3 年之久。侧
柏保持锥状幼龄叶达 8 年之久,然后转变为扁平的鳞片叶。被子植物的幼龄叶通常为单
叶而成年叶为复叶,如菜豆、柑橘等。豌豆的第一对幼龄叶退化为鳞片状,而裂叶数量的
增加常与成年状态相联系。在棉花发育过程中,幼龄叶是完整的单叶,当植株成年时,逐
渐产生掌状裂叶,结实后又恢复到完整单叶状态(图 7-2)。单叶型是否是幼龄叶生长迅
速的结果,有待进一步验证。表 7-1 和表 7-2 为幼龄期和成年期常春藤(*Hedera helix*

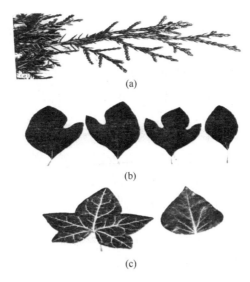

图 7-2 幼龄和成年期叶形的形态学比较(Leopold，1975)

(a) 叉子圆柏的幼龄针状叶变为成年期的鳞状叶;(b) 檫木的三种幼龄叶转变为卵形的成年期叶;(c) 洋常春藤幼龄期裂叶转变为全缘的成年期叶

L.)及玉米的主要特征。

表 7-1 幼龄和成年期常春藤的一些特征(Lyndon，1990)

幼龄	成年
爬蔓性树干	直立和平行于地面
无花	开花
在茎上可形成不定根	在茎上无不定根的形成
插条易生根	插条极难生根
有花青素	极少花青素
裂状叶	全缘叶
出叶的间隔期为 2 天、4 天	出叶的间隔期为 2 天、3 天
1/2 叶序	2/5 叶序
茎尖宽度为 $140\mu m$	茎尖宽度为 $200\mu m$
其顶端和愈伤组织的细胞较大	其顶端和愈伤组织的细胞较小
愈伤组织生长速率较快	愈伤组织生长速率较慢
节间生长速率快	节间生长速率慢

表 7-2 玉米幼龄期和成年期的形态差别(Lyndon，1990)

结构特点	幼龄期	成年期
节	短,带不定根	长,不带不定根
先出叶	有(小)	变大
叶	狭窄无毛,覆盖蜡质	披毛,无蜡质

　　在多种木本植物中,显鞭状分枝(whiplike branch)形态特征的是幼龄植株,如苹果茎,幼龄段的分枝多为钝角,而成年段的枝条与茎轴的交角为锐角。幼龄期的柑橘和刺槐的茎上都长刺,而成年期的茎及枝条则不长刺。因此,植株上长不长刺可反映个体发育的幼龄到成年期变化的顺序。球芽甘蓝的幼龄茎细长,顶端细小,11周后变为成年状的植株,不但顶端变阔而圆钝,茎叶的比值也随着年龄增加而增大。冬季树木的落叶情况也反映上述从幼龄到成年期发育层次。山毛榉(beach)较下部为幼龄枝条,落叶较少,而近顶端为成年期枝条,落叶较多(Leopold,1975)。

　　拟南芥(*Arabidopsis thaliana*)由幼龄期向成年期转变的形态区别不如玉米、常春藤那样明显,其幼龄期发育阶段的特异性主要表现在叶形状及其叶片上的表皮毛(trichomes),叶形的变化是逐渐的,最先发育的两片叶的叶形比后发育出叶片的叶形近圆形,随后发育出的叶逐渐变长,叶缘刻裂(见第3章图3-30)。在先发育的几片莲座式叶的向轴面产生表皮毛,而后发育的莲座式叶的向轴、背轴面都产生了表皮毛。在生殖发育阶段,花序上叶(苞片)的背轴面都发育出表皮毛,但在花序顶端上发育的苞片背轴面上却少有或几乎没有表皮毛,其花序茎上的表皮将逐步减少,在花器官上几乎无表皮毛(Telfer et al.,1997;Yu et al.,2010)(见7.1.2第1节及图7-3、图7-4)。

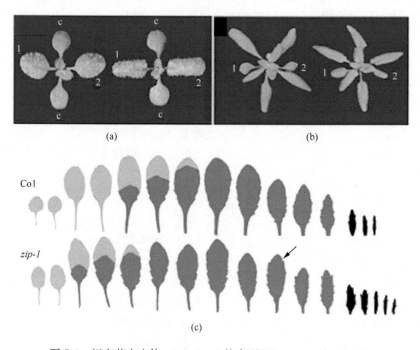

图 7-3　拟南芥突变体 *zip*(*zippy*)的表型(Hunter et al.,2003)

(a) 10天龄的野生型(拟南芥,Columbia background)(左)和 *zip-1* 的表型(右)。子叶标为 c,头两片叶形态分别标为1、2。(b) 18天苗龄的形态,野生型(左),*zip*(右),图中所标数字与(a)同。(c) 由左至右为叶发育顺序,*zip* 与野生型(Col.)相比,其成年态叶出现早,浅灰色叶为无表皮毛(幼龄特征的叶),深黑色代表具有背轴面叶表皮毛(成年态特征的叶),箭头所示是苞片

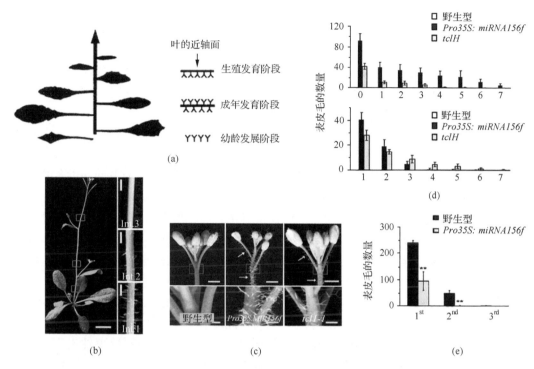

图 7-4　拟南芥由幼龄期向成年期转变时叶形态的变化及其表皮毛的发育特点图示(Telfer et al.，
　　1997)和 miRNA156 以 *SPL* 为靶基因调节花序轴上表皮毛的发育(Yu et al.，2010)
(a) 拟南芥由幼龄期向成年期转变时叶形态的变化(左)及其表皮毛的发育特点(右)。(b) 表皮毛在拟南芥地上部
分的空间分布,"Int"表示向苗端方向计数的茎节(第 1 节、第 2 节和第 3 节);(c) 与野生型花序轴上的表皮发育状
态(左)相比,过量表达 *miRNA156* 基因(*Pro35S*;*miRNA156f*)花序轴的表皮毛发育(中)和突变体 *tcl1-1*
(*trichomeless1*)(右)花序轴上表皮毛发育明显增加。箭头所示的是在花序主轴和花梗上发育出的表皮毛。(b)、
(c)中的方框代表被放大图的相应部位[(b)右、(c)下]。(d) 野生型、*Pro35S*;*miRNA156f* 转基因植株和突变体
tcl1-1 的花序轴节上表皮毛的发育密度。上图:第一朵花梗以下花序轴的节标为 0,其上部的节分别标为 1～7;下
图:从下往上数头 7 个花梗(1～7)。(e) 野生型和表达 miRNA156 的拟态靶(mimicry target of miRNA156)的转基
因植株(*Pro35S*;*miRNA156*)的表皮毛发育密度。1st～3rd代表由下往上数的茎节节位数($n>15$)。数据经 *t* 检
验** $P \leqslant 0.01$,极显著

7.1.2　幼龄向成年期转变的遗传调控

在被子植物经历三个主要的胚后发育时期(幼年期、成年期和生殖期)中,由于从成年
期向生殖期的转变(成花转变)表型的变化非常明显,所以研究较多。相比之下,对幼年期
向成年期的转变研究较少,早期研究主要在木本植物中。有关这方面的遗传调控作用主
要集中在对玉米和拟南芥的研究(Poethig,1990;Bäurle and Dean,2006),特别是有关小
RNA 和微小 RNA(microRNA)在这些过程的作用已成为目前研究的一个热点(Chuck et
al.，2009)。

1. 幼龄向成年期转变的突变体及其相关基因

从叶片表皮及其他的形态特点可明显区分玉米的幼龄和成年期(表 7-2)。目前至少在玉米和拟南芥中已鉴定出两类与此转变相关的突变体:一类是幼龄向成年期转变推迟的突变体,它们保持较长时期的幼龄期特征;另一类是幼龄期短,较快进入成年期的早熟突变体。在拟南芥中已鉴定的大部分突变体是早熟的突变体。

(1) 幼龄向成年期转变推迟的突变体:玉米是由一定数量的重复发育的单元(phytomore)构成的植株,而每一个重复发育的单元由叶、叶腋芽、节间,以及在叶和节间形成的叶状结构的先出叶(prophyll)组成。野生型植株幼龄期的特征表现为节间短并能产生不定根(支柱根),有小的先出叶,叶片狭窄,无毛,叶表面覆盖蜡质;成年体特征是叶产生表皮毛,营养发育在其穗节出现时停止;在原形成侧芽的位置形成雌穗分生组织,但不出现先出叶而节间逐渐变短,叶变小;顶端分生组织活性随雄穗生殖结构的形成而停止。玉米突变体 $Tp1$-3($Teopod1$-3)和 Cg($corngrass$)都是幼龄期延长的显性获能突变体(dominant gain-of-function mutation)。它们保留着大量幼龄形态,产生额外的很短节间,并有不定根,其叶小、狭窄、覆盖着蜡,产生许多分蘖。这些突变体由幼龄形态向成年体形态的转变推迟,即延长了幼龄发育阶段的形态,但不影响成年发育阶段的性状发育,因此它们被称为异时性突变(heterochronic mutant)。异时性突变体是影响发育事件出现时间的突变,在某些情况下,某些植物激素(特别是赤霉素)可使成年态的形体逆转为幼态,但在玉米中有一类缺少赤霉素的矮化突变体[如 $d1$($dwarf1$)、$d3$、$d5$ 和 $an1$($anfher\ earl$)]是保持较长时期幼龄期特征的隐性失能突变体(recessive loss-of-function mutation)(这些突变体对玉米性别决定的影响见第 5 章 5.3.2 第 2 节),其幼龄期向成年期的转变以及由营养生长阶段向生殖阶段的转变都被推迟。这些突变体叶片上覆盖蜡质和形成表皮毛的时间都比野生型的迟。突变体 $vp8$($viviparous8$)也属于这类突变。$vp8$ 是因为它的胎萌表型而被鉴定出来的。$vp8$ 比野生型的植株矮小并有更多的幼龄期重复发育单元,叶片狭小,叶发育的速度比野生型快,有一半 $vp8$ 的幼苗移栽 2 周后死亡。赤霉素可以部分抑制 Tp 的表型,说明赤霉素可以与其他因子一起共同作用,促进营养和生殖状态的转换。赤霉素这种作用也在拟南芥中得到证实,拟南芥在赤霉素生物合成途径不同阶段的基因突变所产生的矮化突变体(如 $ga1$-3、$ga4$-1 和 $ga5$-1)及其对赤霉素不敏感的突变体[如 gai($gibberellic\ acid$-$insensitive$)]都明显地推迟了向轴面表皮毛的这一幼龄形态的发育,最典型的是 $ga1$-3 突变体(缺失赤霉素最严重的突变体),其所有的莲座状叶及苞片上的近轴面都不发育表皮毛。外用赤霉素处理可以补偿它们的突变表型,使之发育出近轴面表皮毛(Telfer et al.,1997)。

(2) 幼龄期短,较快进入成年期的早熟突变体:玉米突变体 $gll5$($glossy15$)植株过早停止幼龄态叶的发育,并提早出现成年态的叶(披毛、无蜡质),这种变化一般开始于第 2 叶或第 3 叶,而野生型开始于第 6 叶或第 7 叶。$gll5$ 突变只影响叶表皮细胞的状态转变,而其他形态不受影响。对 $gll5$ 和 $Tp1$ 或 $Tp2$ 双突变体的分析表明,基因 $Gll5$ 是 $Tp1$ 或 $Tp2$ 保持幼龄叶表皮毛所要求的基因,而与 $Tp1$ 或 $Tp2$ 的其他表型无关。$Gll5$ 的功能是使叶的表皮维持幼龄形态而抑制其成年形态,并在 Tp 基因的下游起作用。已证实玉米幼龄态的转变是由 *Gl15* 基因控制。基因 *Gl15* 属于 *APETALA2* 类基因。通过转基因使玉米过量表达 *Gl15*，不仅增加处于幼龄态的叶片数，也推迟了生殖的发育。*Gl15* 基因在保持幼龄期叶形态中起着根本的作用。在苗的发育过程中，一种微小 RNA（miRNA172）不断累积，并控制着 *Gl15* 基因的降解。因此，*Gl15* 基因与 miRNA172 在幼龄期向成年期的转变中起相反作用，体内 *APETALA2* 类基因与 miRNA172 活性的相对平衡可能是调节这一发育状态转换的基本机制（Lauter et al.，2005）。

在拟南芥中也分离鉴定了几个早熟突变体。例如，*SQN*（*SQUINT*）基因的失能突变体，幼龄叶数减少。突变体 *hst*（*hasty*）是一个早熟、早开花的突变体，其表型特点是成年期叶的形成被促进，也加速了叶向轴面表皮毛（苞片性状）的消失、叶片总数减少。突变体 *zip*（*zippy*）最显著的表型特征是在野生型植株头两片幼龄叶上出现成年期的性状，叶子变长，叶片背轴面的表皮毛提早出现（图 7-3）。突变体 *serrate* 幼龄早期阶段的发育消失，因此，基因 *SERRATE* 是拟南芥完成叶幼龄早期阶段形态发育所需的基因，同时也促进叶完成幼龄晚期形态的发育，但对叶成年期的形态和花序发育有抑制作用（Hunter et al.，2003）。

拟南芥叶或花序上表皮毛的发育反映出其发育阶段的转变（Telfer et al.，1997）。已证明基因 *SPL*（*SQUAMOSA PROMOTER BINDING PROTEIN LIKE*）控制着表皮毛分布的时间，该基因也是一个确定内源开花途径的基因，且是一个微小 RNA（miRNA156）的靶基因。过量表达 miRNA156 基因的转基因（*p35S：MIR156f*）拟南芥植株的茎上和花器官发育出异位表皮毛（ectopic trichom）（图 7-4）；反之如果使植株的 *SPL* 表达水平提高，则其表皮毛数量减少甚至光滑无毛（Yu et al.，2010）。细胞分裂素和赤霉素可诱导拟南芥茎和花序上表皮毛的形成，它们是通过乙烯转录因子 GIS 和 GIS2 促进 GL1（*GLABROUS1*）基因表达而发挥这一作用的。研究发现，基因 *TCL1*（*TRICHOMELESS1*）的失能突变可诱导花序主轴和花梗上表皮毛的发育；TCL1 蛋白序列与其他单一重复 R3MYB 蛋白（如 TRY、CPC、ETC1、2 和 3）高度相同，是 GL1 转录的负调节因子（Wang et al.，2007）（有关 GL 类基因对根毛发育的控制见第 4 章 4.5.1 第 2 节）。*SPL* 类基因（*SPL9*）可通过与 *TCL1* 和 *TRY* 基因的启动子结合而直接激活这两个基因的表达，但其不依赖 GL1 的作用。这些结果表明，是受 miRNA156 所调节的 *SPL* 类基因（如 *SPL9*）成为连接发育程序与表皮毛形成的桥梁（Yu et al.，2010）。SPL 家族的大部分成员是 microRNA156 的靶基因，它们在植物进入生殖生长期的时相转换过程中起关键的调控作用。这一例子展示出 RNA 沉默机制对植物发育有着非常重要的调控的作用（见下节）。

2. 幼龄期向成年期发育阶段的转变与 RNA 沉默途径

最近研究表明，幼龄期向成年期发育阶段的转变与 RNA 沉默（RNA silencing）途径密切相关。RAN 沉默是普遍存在于植物、动物和真菌等真核生物细胞中的一种抵抗外源遗传因子、病毒、转座子或转基因及调控基因表达的防御机制，可特异而高效地降解靶 mRNA，以保持生物体自身基因组的完整和稳定。RNA 沉默在植物的生长与发育、激素的信号传导、抗病毒以及环境胁迫反应等过程中发挥重要作用。目前已知参与植物 RNA

沉默的酶及蛋白质主要包括 RNA 依赖的 RNA 聚合酶(RNA dependent RNA polyme-
rase,RDR)、DCL(dicer-like)内切核酸酶和阿格蛋白(Agronaute)。植物 RNA 沉默途径
分别由几种 miRNA 和小干扰 RNA[small interfering(tasi)RNA,siRNA]介导[siRNA
有时也称短干扰 RNA[short interfering RNA 或沉默 RNA(silencing RNA)],包括反式
作用小干扰 RNA(tasiRNA)、天然反义 siRNA(natural antisense siRNA,natsiRNA)和
异染色质 siRNA(hcsiRNA),其中转录后基因沉默(PTGS)是启动细胞质内靶 mRNA 特
异性降解机制。以上所述的与拟南芥突变体相关的基因都已被克隆。幼龄期向成年期发
育阶段的转变与 RNA 沉默途径有密切的联系,这主要表现在以下几个方面。

(1)前文所述的幼龄期短,较快进入成年期的早熟突变中所鉴定的有关基因(幼龄期
发育所需要的基因),如 ZIP(ZIP/ARGONAUTE7)、SQN(SQUINT)、HST 和 SER-
RATE 所编码的蛋白质都是 RNA 沉默途径的蛋白质。ZIP 基因编码 AGO7(ARGO-
NAUTE7)蛋白,属拟南芥 ARGONAUTE 蛋白家族的一个成员,是参与植物 RNA 沉默
途径的酶及蛋白质。SQN(SQUINT)编码与拟南芥同源的亲环素 40(cyclophilin 40),在
很多物种中亲环素 40 能和分子伴侣 Hsp90 结合(Berardini et al.,2001)。HST 所编码
的核输出蛋白受体(exportin 5),可将 miRNA 输出到胞质。因此,在营养生长期转变中,
HST 可能是加工 miRNA 所必需的基因;SERRATE 基因编码一个锌指蛋白质,是产生
miRNA 所需要的蛋白质(Bäurle and Dean,2006)。

(2)在筛选拟南芥早熟突变体过程中已鉴定了两个直接与转录后基因沉默途径有关
的基因:DCL4-2(DICER-LIKE4-2)基因、SGS3(SUPPRESSOR OF GENE SILENC-
ING 3)基因和 SGS2/SDE1(SILENCING DEFECTIVE1)/RNA 依赖的 RNA 聚合酶
6 基因(RNA-DEPENDENT POLYMERASE6,RDR6)。DCL4 基因是小干扰 RNA
[small interfering RNA,siRNA(tasiRNA)]最基本的加工者(processor),siRNA 依赖于
RDR6 的内源反式作用。SGS3 编码一个新的植物特异性蛋白质,而 SGS2/SDE1/RDR6
则编码一个 RNA 依赖性 RNA 聚合酶,这是沉默 ssRNA(单链 RNA)所需要的酶(Perag-
ine et al.,2004)。

DCL4-2 突变体是较快进入成年期的早熟突变体,其纯合子植株的表型与前文所述
的突变体 hasty 和下述的 rdr6 表型相似,具体表现在原先圆形莲座叶变成较伸长的叶,
叶面向下弯曲,早期发育的莲座叶的叶宽与叶长比例明显比野生型相应的叶大。此外,在
这些叶中过早发育出背轴面的表皮毛。SGS3、SGS2/SDE1/RDR6 基因的失能突变体的
表型与 Argonaute 基因、ZIPPY 和 DCL4-2 基因突变的突变体相似。基因功能上位分析
表明,基因 HST 是 miRNA 拟输出受体(the putative miRNA export receptor)基因,它与
ZIP、SGS3 和 SGS2/SDE1/RDR6 都在相同的途径上起作用。

(3)对快速到达成年期的拟南芥失能突变体遗传分析表明,一些基因的功能是促进
幼龄化。tasiRNA 被认为是幼龄化的信号,是从非编码基因中产生的内源小 RNA,它与
其他基因座上产生的 mRNA 互补,使其降解或断裂。tasiRNA 前体被 miRNA 标记后,
随即被 AGO1 裂解。断裂的产物可被修饰为 dsRNA(双链 RNA),在 RDR6 和 SGS3 的
参与下,被 DCL4 加工成 tasiRNA(图 7-5)。突变体 zip 的早熟表型说明 ZIP 功能与促
进或维持幼龄状态有关,ZIP 参与对 tasiRNA 的加工过程。hst 突变体营养生长期加速、

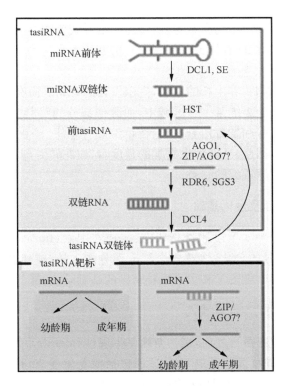

图 7-5 幼龄化信号 tasiRNA 调节营养发育阶段转变的图示（Bäurle and Dean，2006）

在 *DCL1* 和 *SERRATE* 基因的作用下，从 miRNA 的前体中形成了一个 miRNA 双联体，它在 HST（HASTY）蛋白的作用下将这个双联体 miRNA 运输进细胞质中，与其作用靶物前 tasiRNA（pre-tasiRNA）裂解产物结合并将它们裂解，这个裂解过程依赖于 AGO1 的存在，其中一个裂解物被降解，而其他的裂解物被转变为双链 RNA，但这种转变依赖于 *RDR6* 和 *SGS3* 的作用；此后，*DCL4* 裂解这一双链 RNA 生成 tasiRNA。因此 miRNA 双联体的形成控制着 tasiRNA 的生成；被 tasiRNA 诱导所降解的靶 mRNA 可能是促进成年态发育或抑制幼龄态发育的 mRNA。因此，当 tasiRNA 的产生被抑制时，幼龄期被缩短，植物就出现过早成熟发育状态。但是目前对 tasiRNA 及其作用靶基因的属性尚不清楚

早熟。*HST* 编码与哺乳动物同源的核输出蛋白受体，可将 miRNA 输送到细胞质中，因此，在发育期转变中，它可能是加工 miRNA 所必需的，而 miRNA 是 tasiRNA 的前体（Bäurle and Dean，2006）。

目前我们对 tasiRNA 的特性及其靶基因都缺乏了解，它们是促进成年化还是抑制幼龄化？tasiRNA 如何阻遏靶 mRNA 的积累或促进它们的积累？揭示这些基因的功能及其信号传导通路，将有利于回答这些问题和认识控制幼龄到成年期转变的分子机制。

7.2 成 花 转 变

成花转变（flowering transition）是营养生长向生殖生长的转变。了解成花转变的调控机制不但涉及发育生物学的基本问题，也在花卉及农业实践上有重要意义。在营养生长阶段幼苗从幼龄期进入成年期，这是一个渐变过程，而由成年期转向生殖阶段的成花转

换常是突发的过程。所有的发育转换都是由环境信息(如有效营养、日长、光强、光质和合适的温度)及内部因子(如由植物激素等)所传递的信号调节的。一般,成花转变包括两个过程:营养性苗端分生组织向花序分生组织发育的转变和花序分生组织向花分生组织的转变。

成花转变意味着植物营养生长的结束,生殖发育的开始。而在多年生植物中,生殖发育只发生在植物茎端分生组织某一个区域中,而其他部分的营养生长却持续进行。当苗端接受到适当的环境信号和发育信号时,它将重编发育程序,停止营养器官的发育,启动花序或花器官的发育。因此,从发育生物学的角度看,成花转变与实际形成花序还是花均是由于苗端分生组织程序重编的结果。

7.2.1　成花转变的生理及生化基础

一般将植物开花分为 4 个阶段进行研究:①成花引发(floral evocation)和花原基分化;②花的各个组成部分的分化;③花各个组成部分的生长、成年及其造孢组织的分化;④花的开放与授粉。其中阶段①和②是成花转换的基础阶段。

1. 成花引发和苗端的成花感受态

花分生组织分化成花器官之前,植物苗端基本属性(identity)须从营养发育变为生殖发育,这个过程称为成花引发。成花引发过程包括成花感受态(floral competence)的获得、成花诱导(floral induction)和成花决定(floral determination),此后便开始花芽的发育。成花感受态是植物发育至成年足以达到具有被诱导开花能力的发育状态。例如,植物的叶已具备感知光周期信号而对开花产生响应时,该植物可认为已具有成花的感受态。末具成花感受态的植物其明显的特征则是处于幼龄态。具有开花感受态的植物,必须进一步实现成花决定,此后苗端结构可固定其发育程序。开花的诱导刺激首先由叶片感知,但这些被叶片感知的信息是否输送到苗端之后才使苗端处于开花感受态,还是苗端开花感受态原来就已形成,或是来自叶感知的信息使顶端开花的感受状态转为成花的决定状态? 因此成花的感受状可有下列几种情况。

(1) 叶已处于开花的感受态,并输出其已感受的开花信息。但苗端的发育并未达到对该信息的感知状态,即苗端分生组织还处于幼龄状态,在这种情况下,即使将其嫁接于成年植株的砧木上,其苗端分生组织仍然保持幼龄特征不能成花。

(2) 叶末达到感受态,不能提供开花的感知信息,但苗端分生组织已可感知来自叶中输出的开花信息,并对之作出响应。例如,落地生根(*Bryophllum*)类植物,幼龄的苗端就已具有开花的感知能力,它的开花只与叶片的发育程度有关。因此将它的苗端嫁接于成年植株的砧木上,接穗便能成花。

(3) 叶和苗端都未达到成花的感受态。例如,有些植物开花要求一种特定的光周期刺激之后还需要一个春化过程(vernalization),在春化过程中,起反应的只是苗端分生组织,而不是叶,二年生的天仙子(hyoscyamus)、甜菜及其他需要低温处理的二年生植物、冬性作物,它们经过长日照后仍要求进行春化处理才能成花。

(4) 叶和苗端都已处于开花的感受态,经过(开花)信息诱导后便能成花。对光周期有特定要求才能开花的植物,可能是上述 4 种情况之一。

对单一个光周期就起反应的植物开花可能基于苗端已处于开花感受态,而只等待来自叶片的信号便进入开花决定状态。例如,矮牵牛植物只有首先在其暗期进行一段时间照光(10min 红光)使它达到足够的感受态后才能开花;当落地生根成年时,其开花既要求长日照又要求短日照,其中的长日照可被 GA 代替。这可以解释为 GA 使叶处于开花感受态以便对短日照起反应。像这种对日照要求的植物以及重复光照循环的植物,与要求春化作用的植物不同,其开花感受态必须在苗端。

另外一些植物,在它们的开花决定被诱导之前,要达到开花感受态需要较长时间的环境刺激。例如,一种麦瓶草(*Silence coelirosa*),为诱导其开花需要 4 次或更多的长日照诱导,最初的三次长日照诱导很重要,尽管仅三次长日照诱导不足以诱导其开花,但它可以使苗端的感受态改变,这样叶内已存在的物质或新合成的物质就可以激发苗端的成花决定。成花感受态的改变须先于成花决定,但若成花感受态和成花决定都感受于相同的外界刺激,则这两者均可成为苗端定向开花过程的同一部分。

成花决定状态是指植物经过一定营养生长达到成花感受态后,在叶中感知外界的成花刺激信号(如温度、光周期变化等)并产生成花刺激物[或称开花素(florigen),见 7.3.2 第 7 节],成花刺激物被运输到茎尖发生一定的诱导反应,随之即进入一个相对稳定的状态,即为成花决定状态。已进入成花决定态的植物只要外界条件适宜就可以引发花的发生并具备了分化花序和花的能力,花序原基的形成就不再需要成花的诱导条件,但植物是否能形成完整的花还受花发育条件限制。因此植物的成花决定状态也可以是植物在成花诱导后,具备分化花芽能力但未开始花芽分化的时期(Lyndon,1990)。

2. 成花引发的发育调节

成花引发由环境和植物发育本身的信息调节。许多植物经历一定时期的光周期后诱导开花,但这也只有在花芽达到一定大小后才能实现这一诱导。例如,许多玉米品种,只有它们达到 16 个或 17 个营养节时才会开花(Irish and Nelson,1988)。这说明发育年龄对成花引发的重要性,对玉米开花要求这一发育特征至少有两种解释。①在成年的叶中可能合成一种开花诱导物并传递到营养性的顶端。此外,只有当叶中到达苗端的开花诱导物的数量足够时才发生花的诱导,因此必须有足够量的叶片才能保证合成足够的这种物质,即要达到一定的营养生长以保证叶片的数量。②苗端的分生组织实际上可能已经被决定了,按发育所编程序,要在完成了额定的营养生长之后,成花的引发才能开始。对此,曾将不同发育年龄的玉米顶端分生组织(约 0.25mm 高度的茎尖,带 1 个或 2 个叶原基)进行组织培养,并观察开花之时所发育出的茎节(node)数,结果发现,不管分生组织的年龄大小,只要再生植株达到与对照植株相近叶数或节数时,植株就可开花。以年龄大的茎尖为外植体(如带有 4~6 个叶原基)培养后再生的植株开花时所需发育的叶数比年龄小(如带有 1 个或 2 个叶原基)的茎尖少。因此,玉米顶端分生组织在未获取转变为成年的发育信号之前是未决定的分生组织,只有达到开花所要求的营养发育(一定的叶数或节数)后才能实现成花决定(Irish and Jegla,1997;Raghavan,2000)。

7.2.2　花序和花分生组织的发育

被子植物有两类不同的生殖发育模式,一类是从非决定的整个营养性分生组织直接转变为一个决定的花分生组织(floral meristem);另一类是其营养分生组织先转变为花序分生组织(inflorescence meristem),然后该组织再产生花分生组织。成花转变通常包括花序和花器官的转变。成花转变也包括时间和结构转变,即开花时间和组织结构的转变。这两个转变在遗传上有明显的区别。花序可分为有限(determinate)花序和无限(nondeterminate)花序。具有限花序的植物,其花序分生组织形成一个顶花,该花的形成使花序不再进一步生长。具无限花序的植物,其花在花序的侧枝中形成,不会形成顶花花芽。

1. 花序和花分生组织的结构特征

通常,花分生组织是有限生长的结构,它们产生花器官形成种子后就结束了发育使命,而花序是无限生长的结构,因为它们可以从侧生器官的腋分生组织中启动新的分生组织,如花苞分生组织。因此,花序分生组织的特征及活性均有别于花及营养性分生组织,这些差别不但包括由它分化的器官类型,而且也包括叶序类型(phyllotactic pattern)及其节的生长特征,这三种分生组织的结构特点可从金鱼草中明显反映出来(表7-3)。

表 7-3　金鱼草分生组织的形态特征

形态特征	营养性分生组织	花序分生组织	花分生组织
叶序	交互对生	螺旋形	轮生
节间	长	短	极短
生长类型	无限	无限	有限

随着野生型金鱼草(*Antirrhinum majus*)的发育,可出现三种类型的叶序;在营养生长的早期,主茎节上(当发育出第一朵花时,可发育出 50～60 个节)以交互对生的方式(decussate phyllotaxy)着生两片叶。当植株进入生殖阶段时,其叶序成为螺旋叶序(spiral phyllotaxy),即以螺旋方式在每个茎节上产生一个花苞(bract),随后在每个花苞与茎相交处的腋上产生一朵花,以轮生方式发育出 5 个萼片、5 个花瓣、5 个雄蕊和两枚心皮。已知 *FLO*(*FLORICAULA*)和 *SQUAMOSA*(*SQUA*)这两个分生组织属性基因控制着它们的发育。突变体 *flo*(*floricaula*)的花序分生组织向花分生组织的发育不能完成,而在发育成花的腋处发育出无限生长的苗(indeterminate shoot)(Carpenter et al.,1995)。

花序分生组织并不形成花器官,也不产生叶,而是产生带有花分生组织的花苞(bracts with floral meristem),在苞轴上有时产生和花序分生组织混合的结构。花苞在某种程度上像叶,但典型的花苞要比叶小得多。拟南芥和金鱼草是单轴分枝植物,可产生称为总状花序的花序(raceme),它们的苗端分生组织是无限生长组织,其侧生分生组织发育为花。那些合轴分枝的植物,其顶端发育为一朵花,而腋分生组织却可以连续发育为花序,其花序就形成聚伞形结构。向日葵等菊科(Compositae)植物所产生的花序是头状花序,它不是一个单花,而是由数百朵花组成的花序,这些花特称为小花(florlet),它们均在苞轴上着生。某些常见的花序构造特点如图 7-6 所示。

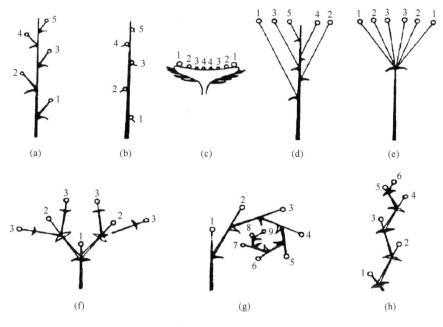

图 7-6 花序构造图示(Kinet et al.,1985)

(a) 总状花序;(b) 穗状花序;(c) 头状花序;(d) 伞房花序;(e) 伞形花序;(f) 二歧聚伞花序;(g) 单歧聚伞蝎尾状花序;(h) 单歧螺旋花序

　　许多植物的花序分生组织形成后很快转变为花分生组织;但拟南芥中花序分生组织在启动许多花的分生组织后,却在整个生殖发育阶段一直保持着花序分生组织的属性。野生型拟南芥营养性顶端分生组织可以形成约 12 个带短小节间的重复性发育单位(phytomer)。在种子萌发约 25 天后的植株基部产生莲座式叶时,营养性分生组织便转变为花序分生组织。由花序分生组织形成的前三个侧芽将重复初生花序分生组织的发育模式。花序分生组织在着生茎生叶(cauline leaf)的轴的部位上形成侧芽,并发育第二级花序,在这些花序上形成顶生花分生组织。随后发育出的侧芽,缺少茎生叶,形成决定性的花序,它们仅形成花器官。茎生叶比营养性叶小,在结构上与苞片相似(拟南芥的花无苞片)[图 7-7(a)、图 7-8(a)]。

　　玉米和水稻等单子叶植物花序及其花分生组织的发育更为复杂(图 7-7),如玉米花序分生组织可分为位于茎顶端的雄穗(雄花序)(tassel)和叶腋中的雌穗(雌花序)(ear)[图 7-7(c)、(d)],其花序分生组织结构的发育包括分枝分生组织(branch meristem)、小穗对分生组织(spikelet-pair meristem)和小穗分生组织(spikelet meristem)的发育。当植株从营养生长向生殖转换时顶端分生组织将定向发育成为雄穗,由这一花序分生组织进一步产生的侧生分生组织称为分枝分生组织。在雄穗的基部发育出它的主要分枝,这些分枝按二列模式(distichous pattern)发育出小穗对分生组织,每一个小穗对分生组产生一个短的分枝,并从中形成一对小穗分生组织,由这一分生组织产生颖片(成为识别这一分生组织的标志),最后发育出两个花分生组织[图 7-7(c)、(d)](Vollbrecht and Schmidt,2009)。

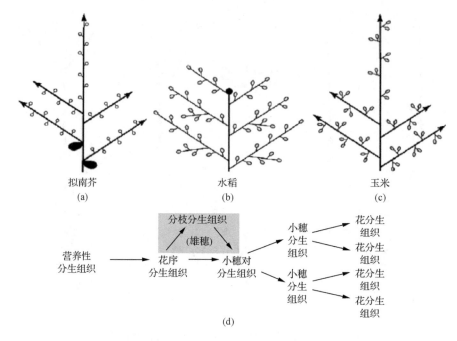

图 7-7　拟南芥、水稻和玉米花序结构示意图（Barazesh and McSteen，2008；Vollbrecht and Schmidt，2009）

（a）拟南芥花序产生无限生长的分枝，在茎的主轴和花序分枝上只形成单个花。（b）水稻圆锥花序所含有限生长的主穗状花序上带有初生与次生的花序分枝，每个初生或次生花序分枝产生一个小穗，并以一个小穗结束顶端；每个小穗开一朵小花。（c）玉米雄穗所含主穗上长出若干长分枝，该分枝上发育出许多短分枝的小穗对，每个小穗开出一对小花（Barazesh and McSteen，2008）。（d）玉米花序发育进程图示（Vollbrecht and Schmidt，2009）。♀拟南芥花；↑无限生长轴；↓有限生长轴；♀水稻小穗（每小穗含单朵花）；♈玉米小穗对（每小穗含两朵花）

2. 拟南芥花序分生组织发育的遗传控制

　　拟南芥花序的形成，也称抽薹（bolting）。从营养性苗端转向花序发育的相关突变体已在拟南芥中做了大量研究。拟南芥的花序分生组织在解剖上与营养分生组织有所不同。花序分生组织更显圆顶形，其肋状分生组织（rib meristem）更大。

　　目前的研究表明，具有代表性的影响拟南芥营养性分生组织向花序分生组织发育的突变体主要有两类：*emf1-2*（*embryonic flower1-2*）和 *tfl*（*terminal flower*）。*emf1* 是失能突变，提早成花是其表型特点，尚带有子叶的 20 天苗龄的幼苗即发育出含有叶状花的花序梗，此时莲座叶还未产生。这说明，*EMF* 基因丧失功能时，拟南芥可以从幼苗阶段迅速成花，其营养生长完全被省略而直接产生花序。因此该类基因通过促进营养发育，抑制了花序的形成。EMF1 是植物特异性蛋白质。EMF1 与 EMF2 抑制成花转换的作用方式相同。EMF2 蛋白是一个复合物，其核心蛋白包含 CLF（CURLY LEAF）蛋白、FIE（FERTILIZATION INDEPENDENT ENDOSPERM）和 IRA1（MSI1）蛋白的 MULTICOPY SUPPRESSOR（多拷贝抑制因子）组分，该复合物涉及表观遗传控制。在营养生长期，EMF1 与 EMF2 复合物共同作用保持着对开花同源异型基因 *AG*（*AGAMOUS*）的抑制。此时,EMF2 复合物的作用与果蝇中的 PRC2(polycomb-repressive complex 2)相当,而 EMF1 起着 PRC1-类蛋白的作用(Calonje et al. ,2008)。在动物中已发现 PcG (polycomb group)蛋白复合物(如 PRC1 和 PRC2)参与基因沉默的调节。通过 PcG 复合物所调节的基因沉默抑制可遗传的目的基因是一种通常采取的发育策略。

从 EMS(ethylmethane sulfonate)所诱变的哥伦比亚生态型拟南芥(Columbia ecotype)突变体中,已鉴定了一批隐性突变的早开花突变体(如 *tfl* 等)。与野生型的无限花序不同,其中的强突变体(如 *tfl2*)的花序都成为有限花序,随后花原基"侵占"到分生组织的最顶端,使花序停止进一步生长。在主茎的顶端分生组织中常发育出几朵带花柄的花后再产生几朵无花柄的花而结束发育,但在次级分枝的顶端分生组织通常只发育出一朵带花柄的顶花。*tfl* 突变体的植株比较矮小,同时发育更多的莲座花序[图 7-8(b)](Alvarez et al. , 1992)。*TFL2* 基因所编码的蛋白质与异染色质蛋白 1(heterochromatin protein 1,HP1)同源,它对控制开花时间的基因[如 FT (*FLOWERING LOCUS T*)]和几个成花同源异型基因(如 *APETALA3*、*PISTILLATA*、*AG* 和 *SEPALLATA3*)的表达起着抑制作用(见 7.3.2 第 6 节),因此,*TFL2* 基因在拟南芥中可能起着相当于动物中 *HP1* 基因的作用(Kotake et al. ,2003)。

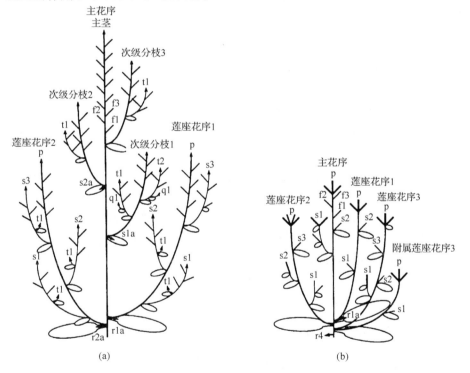

图 7-8　野生型拟南芥兰兹贝格生态型(Landsberg erectaecotype)(a)及突变体 *tfl-2* 花序
(b)生长 30 天的结构示意图(Alvarez et al. , 1992)

所有的茎生叶都被标明,但只画出从莲座叶腋中发育出的花序(莲座花序)。通常具有花柄的花用斜线表示,而无花柄的花(顶生花)用粗线表示(B),箭头表示无限生长的组织。图中缩写 p:主茎;s:次级分枝;t:第 3 级分枝;q:第四级分枝;r:莲座花序;a:花序的附属分枝;f:花。其中的花、分枝、莲座花序按它们出现的次序在图中标出,如 r2a、r1a、s1a、s2a、t1、t2 等

通过转基因方法使 *TFL1* 基因在拟南芥中过量表达可使其花序分枝增多。在水稻中过量表达 *TFL1* 的同源基因 *RCN1* 和 *RCN2* 也会使水稻花序分枝增加,这说明 *TFL1* 基因及其同源基因在花序结构发育上的功能相同。

3. 玉米花序分生组织发育的遗传控制

影响玉米花序发育的突变体约有 107 个(Vollbrecht and Schmidt,2009),其中基因已被克隆的直接影响花序发育的迟花突变体有 *ra*(*ramaosa*)、*id1*(*indeterminate1*)、*zfl1-2*(*zea floricula/leafy1-2*)和 *dlf1*(*delayed flowering*)(见第 5 章 5.3.2 第 1 节)。

突变体 *ra1*、*ra2* 和 *ra3* 的雄穗和雌穗的分枝增多,其典型的表型是小穗对被带多个小穗的长花序所取代。基因 *ra1* 编码一个拟转录因子——锌指蛋白,在小穗对的基部表达;*ra2* 所编码的 LOB(LATERAL ORGAN BOUNDARY)蛋白也是一个转录因子,它在侧生器官的干细胞中表达,它的瞬时表达部位意味着该部位将是花序中腋分生组织形成的地方;对各种突变体背景下的表达分析证明 *ra2* 位于其他调节分枝基因的上游。*ra2* 的表达模式在水稻、大麦、高粱和玉米中都相似,这说明该基因在启动禾本科植物花序的结构发育中起着重要作用;*ra3* 编码的是一个带有重叠表达域(overlapping expression domain)的海藻糖-P 磷酸酶。在这三个 *ra* 基因中最早表达的是 *ra2*。在 *ra2* 和 *ra3* 双突变体中 *ra1* 表达水平降低,说明 *ra2* 和 *ra3* 可以调节 *ra1* 的表达。由于小穗对的发育是玉米及其他须芒草(*Andropogoneae*)花序所特有的结构(在水稻中无此花序结构,也无 *ra1*)。因此,*ra2* 所编码的产物 LOB 对小穗对的特化功能可能归于玉米特有 *ra1* 所起的作用(Bortiri et al.,2006)。*id1* 突变体的雄穗异常,植株带有许多处于营养发育状态的侧枝,但不能发育出雌穗。*id1* 是禾本科植物特有的突变体,在双子叶植物中尚未发现其直向同系物。*id1* 基因编码一个拟转录因子——锌指蛋白,并在幼叶原基中表达。*Zfl1* 和 *Zfl2* 基因在调节成花转变和花序的构造上有相同的作用,同时还对花分生组织属性和器官发育起着特化的作用,它们的这些功能预示着这些基因最少有一部分序列是与双子叶植物中的同源基因 *LEAFY* 的相应序列是相同而保守的。此外,迟花突变体 *dlf1* 也影响其花序的发育,其表型除迟花外,所产生的叶也比野生型植株的多,顶端的雄穗和叶腋雌穗发育出过多的分枝,以及雄穗带有雌性化的外形。*dlf1* 基因所编码的蛋白质属于DNA-结合的亮氨酸拉链蛋白家族成员,它与拟南芥中的 *FD*(*FLOWERING LOCUS D*)是同源基因。在成花转变前期与后期,该基因在茎尖中表达,并在成花转换时表达水平最高(Vollbrecht and Schmidt,2009)。

4. 拟南芥花分生组织发育的遗传控制

拟南芥的花是由花序(花梗)上的花分生组织所产生的[图 7-7(a)],由花序向花分生组织的转变包括分生组织的花器官属性(identify)的特化、叶序发育和决定的变化。有关拟南芥花分生组织中属性特化的研究较多。花序和花分生组织的作用不同,花序分生组织产生侧花序(paraclade 或 coinflorescence),而花分生组织则产生花器官。

在拟南芥和金鱼草中已分离了三类影响花分化的突变体,即影响花序、花的对称性(symmetry)和花器官发育的突变体。影响花序的突变是通过初生花序分生组织影响花分生组织的启动,如金鱼草的突变体 *flo*,其花序不形成花,但发育出更多的花序分生组织代替苞轴上的花分生组织,*FLO*(*FLORICAULA*)基因所编码的产物控制着花分生组织形成的决定步骤,在拟南芥中,基因 *FLO* 与 *LFY*(*LEAFY*)起着相同的作用。拟南芥纯合子突变体 *leafy* 的初生花序分生组织上形成了次生的花序分生组织,以代替野生型中的花分生组织(图 7-9)。拟南芥突变体 *leafy* 的表型特点是其花序向花分生组织的转换部分失效。原先在野生型中形成花的侧生分生组织发育成花序的侧枝(图 7-9),这种花序侧枝可发育出少数只具有花瓣和心皮的不正常的花,特别是早期的花,常发育成具有螺旋叶序特点的花序。*LFY* 编码的是植物特异性转录因子,定位于细胞核中,但是 LFY:GFP 融合蛋白也在细胞质和胞间连丝孔中累积。LFY 可以通过胞间连丝在细胞间移动,这种移动的功能重要性尚待确定。LFY 蛋白可与 AP1 和 AG 中的调节序列中的顺式作用元件结合。由于组成性表达 *LFY* 的植物在短日照下要比在长日照下迟开花,所以,*LFY* 的功能被认为是受日照长短调控的,但光周期是怎样影响 LFY 的仍然有待阐明(Schultz and Haughn,1991)。

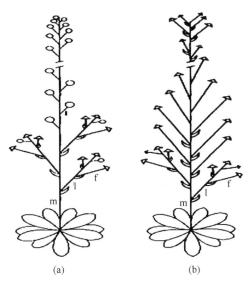

图 7-9　拟南芥野生型植株[(a)]及其 *leafy* 突变体[(b)]图示(Schultz and Haughn,1991)

▰表示莲座叶;✔表示花苞;✿表花序。M:主茎轴及其花序;l:次级侧枝;t:三级侧枝。在 *leafy* 突变体植株中箭头的长度表示花序状的复杂性,箭头的长度越长,其结构越复杂。为简单起见,仅将少数三级枝条画出

如前文所述,拟南芥突变体 *tfl1* 是早开花突变。与之相比,野生型的拟南芥在分枝侧花序中着生花,而在 *tfl1* 中其侧生花序成为带端花的花柄,这种顶生花的发育使顶端分生组织中的花序生长停止。因此 *TFL1* 被认为可抑制那些促进成花转变基因(如 *LFY* 和 *AP1*/*AP2*)的表达。因此,在 *tfl1* 的突变体中,当其花序发育时 *LFY*、*AP1*/*AP2* 基因表达是不被抑制的,突变体提前开花,并常在花序中产生单一的顶花。在 *tfl1* 突变体的花序分生组织中累积着高水平的 *AP1* 和 *LFY* 的 RNA。拟南芥的 *TFL1* 已被克隆,它的RNA 主要在花芽分生组织中圆顶部下面的组织中表达,虽经测序但难以从中推测其功能,它与蛋白质复合物相结合的蛋白质——磷脂酸乙酸胺-结合蛋白相似(phosphatidylethanolamine-binding protein)。同时,由花序分生组织向花分生组织转变的时间对决定花序的结构特点起着重要作用。

突变体 *cycloidea* 是影响金鱼草花对称性突变体,金鱼草花通常两侧对称(bilateral symmetry),即如通过花的中心划一条线将花分为两半(对称面),则每一半彼此互为对映体,具有这样两侧对称的花称为两侧对称花(zygomorphic flower)。如果花存在多个对称面则称为辐射对称花(actinomorphic flower)。突变体 *cycloidea* 可形成辐射对称花,这种花常在花序侧枝上形成。

第三类是影响花器官属性的同源异型突变(homeotic mutant),这类突变引起花器官属性的改变,因此称为同源异型突变(见本章7.4.1节)。

按目前的研究资料,花序分生组织向花分生组织转变主要由两个基因控制,即 *LFY* 和 *TFL1*。*LEY* 促进花分生组织属性发育,而 *TFL1* 则促进花序分生组织的无限生长,这两个基因也决定禾本科植物花序结构的发育。采用 RNA 干扰敲除技术将水稻的 *RFL*(*LFY* 同源基因)敲除,水稻的圆锥花序分枝显著地减少,同样,在玉米中,*LFY* 同源基因 *Zfl1* 和 *Zfl2* 基因的双突变,引起它们顶端雄穗分枝的减少,*Zfl1* 和 *Zfl2* 基因也是促进玉米花器官和叶序属性正常发育所需的基因(Thompson and Hake,2009)

从花序分生组织向花分生组织转变还需要其他基因的作用,如 *CAL*(*CAULIFLOW-ER*)和无花瓣突变体 *AP1*(*APETALA1*)等。拟南芥双突变体 *cal ap1* 出现许多高度有序的花序分生组织,形成密集的有如花椰菜头状花分生组织。*ap1* 突变体与 *lfy* 突变体相似,都抑制花序向成花转换。*AP1*、*CAL* 和 *LFY* 已被克隆,它们编码的蛋白质均为转录因子。*LFY* 含有与其他转录因子相似的一个酸性区域(acidic domain),*AP1* 和 *CAL* 是具有 MADS-box 的转录因子,这些转录因子都是与成花有关的同源异型家族的基因产物(见7.4.1节)。*AP1* 和 *LFY* 是大量冗余的基因,彼此对花发育所起的功能有所不同,*AP1* 将花序的梗特化成花茎(floral stem),而 *LFY* 则抑制花苞的形成。*AP1* 的 RNA 在花分生组织中累积,但不在花序分生组织中累积,它们这种表达方式受基因 *TFL1* 的调节。

7.3 开花时间的遗传调控

植物开花时间受许多因素的影响,包括环境因素和内部因素,其中光照(光质、光强和日照长度)和温度是主要的外部因素,还有胁迫条件(如干旱、营养缺乏、病害、高温和低温逆境等);内部因素主要包括自主途径(autonomous pathway)因子和植物激素,如赤霉素(GA)等。开花时间的调控是植物长期进化所形成的一种适应内在生理条件和外界环境条件变化的优势选择(图7-11)(Jung and Müller,2009)。

有关开花时间的控制,研究较多的是模式植物拟南芥。拟南芥开花习性由它的生态类型、光周期和春化条件相互作用决定的。拟南芥可以分为冬性一年生(winter annual)和单季一年生(single season annual)。前者种子在秋季萌发,以莲座叶过冬,于春季开花,是属于天然迟开花的品种,春化作用促进其开花,后者种子萌发和开花都在冬季或秋季一个季节完成,生命周期短。拟南芥是一种不完全稳定的长日照植物(facultative)。长日照条件可促进其早开花,但长日照并非其开花所绝对必需的环境条件。在恒定的光周期及温度条件下,拟南芥的开花时间是可变的,其中早开花及迟开花的突变体已被分离。但是完全不开花的突变体尚未发现。这表明,在开花调控的过程中存在着大量的遗传冗余(genetic redundancy)信息。

7.3.1　影响开花时间的突变体及其相关基因

利用诱变剂等技术在实验室鉴定开花时间突变体对揭示开花时间的遗传调控途径、鉴定相关功能基因是非常重要的基础性工作。目前在拟南芥、小麦和黑麦等植物中已发现涉及主要开花途径的基因位座和基因至少有 47 个(Cockram et al.,2007)。在拟南芥中已发现的开花时间突变体主要是早开花和迟开花的突变体。

1. 迟开花突变体

Rédei(1962)首先从哥伦比亚生态型(Columbia ecotype)的拟南芥鉴定了迟开花突变体 co(constans)、gi1-2(gigantea1-2)和 ld(luminidependens),与野生型可见花所需的天数(约 17 天)相比,co 的可见花的时间推迟了 17 天、ld 推迟了 14 天、gi1 推迟了 14 天、gi2 推迟了 41 天。随后,Koornneef 等于 1991 年用化学诱变剂从兰兹贝格生态型(Landsberg erecta ecotype)的拟南芥,在长日照的情况下,鉴定了 42 个单基因突变的迟开花突变,涉及 11 个基因座,这些突变体多数为隐性突变(Koornneef et al.,1991)。根据迟开花突变体的生理特点,它们可以分为两类:第一类包括 fca(flowering ca)、fld(flowering locus d)、fpa、fve、fy 和 ld(luminidependens),它们对日照长度和春化处理反应敏感,并被认为是组成性开花促进途径上(the constitutive floral promotion pathway)的突变体。第二类包括 co、gi、fd、fe、fha、ft 和 fwa,它们对环境因子变化的反应不那么敏感,它们被认为是长日照开花促进途径上的突变(Koornneef et al.,1998;2004)。

2. 早开花突变体

目前分离到的早开花突变体数远比迟开花突变体少。表型最明显的早开花突变体是 emf1 和 emf2(embryonic flower1-2),该突变体在种子萌发后,几乎没有营养生长就进入生殖生长,但花器官常发育不良。

有几个早开花突变涉及光的接收和光信号传导途径突变体。拟南芥有 5 个经典的光形态突变体:hy1-hy5。它们的表型在光照下胚轴比野生型的长,因此称为长胚轴突变体(long hypocotyl),其中 hy1 和 hy2 与光敏色素生色团的缺陷有关,hy3 即是 phyB(phytochrome B)与光敏色素 B 的生色团合成途径的缺失有关,它们都是日长敏感的突变体,通过基因转化使 PHYB(光敏色素 B 基因)过量表达可引起早开花。突变体 pef1(phytochrome-signaling early-flowering1)与 hy1 和 hy2 的表型相似,但它的表型不为光敏色素生色团前体胆色素(biliverdin)所挽救,而却能挽救 hy1 和 hy2 的表型。phyB 与 Pef2 和 pef3 相似,这些突变都与光的接收和光信号传导途径有关。突变体 sun2(sucrose-uncoupled2)除有早开花表型外,胚轴也长,育性降低。它的表型提示该突变与开花过程中碳水化合物代谢的抑制以及与光信号的相互作用有关(Koornneef et al.，1998)。

如前文所述，*tfl1* 是影响花序分生组织向花分生组织转变的突变体，也是早开花的突变体，它的次级花序发育成花，顶端分生组织成为有限生长的分生组织。*tfl1* 的表型与通过基因转化过量表达 *LEY* 和 *AP1* 基因的转基因植株表型相似。因此，该突变体可能是由于对 *LEY* 和 *AP1* 基因的负调控失效，从而促进其早开花，呈现带有顶生花的早开花的表型。还有一些早开花的突变与昼夜节律(circadian rhythm)或生物钟(circadian clock)有关，如 *elf3*(*early flower3*)对昼夜节律反应不正常，是对光周期不敏感的突变体，在长日和短日条件下都提前开花，胚轴也比野生型长(在蓝光和绿光下特别明显)。此外，突变体 *det1* 和 *cop1* 在短日条件下显示早开花表型。

7.3.2　开花时间控制的遗传途径

如上所述，通过对拟南芥大量不同花期(迟开花和早开花)突变体的分离鉴定、双突变分析和上位遗传分析发现，在拟南芥中存在着开花时间调控的 4 种比较肯定的遗传途径，即环境因子调节的光周期和春化作用途径、不依赖于外源信号的自主促进以及两种具体功能尚未完全确定的 GA 途径和光质途径 (Jung and Müller，2009；Amasino and Michaels，2010)。

1. 光周期途径

如前文所述，拟南芥是对日照长度显兼性(facultative)的植物。长日照条件可促进其早开花或成花转换。在光周期途径(photoperiod pathway)上已鉴定出一些突变体，如 *co*、*gi*、*fd*、*fe*、*fha*、*ft* 和 *fwa*，它们与野生型拟南芥相比，对日照的要求反应低；在短日照条件下开花时间与野生型相似，但在长日照条件下延迟开花。春化处理不能挽救它们迟开花的特性。其中 *fwa* 是由于 DNA 局部甲基化缺失所引起的与表观遗传控制有关的突变体。

FHA/*CRY2*(隐花色素基因)编码光受体蛋白，GI 蛋白是具有 6 个跨膜域的核蛋白，GI 与光信号输入的生物钟有关。*FWA* 编码一个具有同源异型域(homeodomain)的转录因子。在 *fwa* 突变体中，*FWA* 编码区的核酸序列并没有发生变化，造成功能获得性突变的原因是 *FWA* 启动子上两个正向重复序列的甲基化水平下降。一些控制 DNA 甲基化的突变体，如 *ddm1*(*decreased DNA methylation 1*)和 *ddm2* 均可使 *FWA* 启动子上的 DNA 甲基化丢失，造成 *FWA* 过量表达，出现迟开花的表型。

CO 基因所编码的蛋白质具有两个 B-bo 类型的锌 GATA 转录因子，其 C 端有 CCT 域。通过转基因技术使该基因过量表达将引起转基因植株提早开花，这说明 *CO* 基因是促进开花的基因。*CO* mRNA 水平随生物钟的昼夜节律而变化，照光可使 CO 蛋白稳定。

FT 与 *TFL1* 是同源基因，其蛋白质是一个 Raf-类激酶抑制蛋白，是开花信号的整合因子(见 7.3.2 第 6 节，图 7-11)。*FT* 受 *CO* 调节并促进开花，在开花时间的光质调控途径中也是通过调节 *FT* 的表达而控制开花时间(见 7.3.2 第 6 节)。*FWA* 和 *FT* 位于 *CO* 的下游，而 *GI* 和 *FHA*/*CRY2* 位于 *CO* 的上游，光周期途径中多数基因的表达都受生物钟的调控。

　　光对开花时间的调节一般是通过下列过程实现的：不同波长的光被其受体接收后，由光信号传导分子将光信号传递到内源控时器——生物钟，通过信号输出途径，生物钟将所检测的日照长度信号传输给主要信号分子 CO，进而诱导其靶基因 FT 表达，从而实现了日照长度对开花时间的调控。CO 位于生物钟输出途径，在生物钟和开花时间之间起着纽带作用，在此过程中，任何影响光信号检测（如光受体）、生物钟的组分、光信号输入与输出和生物钟途径的突变都会影响拟南芥的开花时间。

　　生物钟蛋白 LHY（LATE ELONGATED HYPOCOTYL）和 CCA1（CIRCADIAN CLOCK-ASSOCIATED1）不但抑制短日照和长日照条件下的成花转变，也可通过促进 FT 的表达促进在连续光照下生长的植物开花。LHY 和 CCA1 这种促进在连续光照下（LL）生长的植物开花的作用途径不依赖于规范光周期途径中的 GI 和 CO 蛋白。双突变体 lhy cca1 在连续光照条件下迟开花的表型可因 SVP（SHORT VEGETATIVE PHASE）基因突变而受到抑制；SVP 基因是带 MADS-box 的一个转录因子。酵母双杂交实验表明，SVP 可与 FLC（FLOWERING LOCUS C）相互作用，这两个蛋白质可部分作为抑制开花时间的冗余抑制因子。SVP 蛋白可在连续的光照条件下在双突变体（lhy cca1）植株中累积。因此，LHY 和 CCA 蛋白加速在连续光照下的植株开花的作用，可能是通过降低 SVP 蛋白的丰度从而拮抗 SVP 蛋白对连续光照下 FT 基因表达的抑制作用。（Fujiwara et al.，2008）（见 7.3.2 第 6 节图 7-11）。

　　在水稻、马铃薯、烟草和牵牛花等短日照植物中也发现了一些拟南芥开花基因的同源基因，它们通过与拟南芥类似或截然不同的方式调控开花时间。水稻的 OsGI、Hd1（Se1）和 Hd3a 基因分别为拟南芥 GI、CO 和 FT 的同源基因。在短日照和长日照条件下水稻的 Hd1 能分别促进和抑制 Hd3a 的转录，从而控制开花，这与拟南芥的 CO 基因在长日照条件下促进 FT 的表达相反。水稻 OsGI 激活 Hd1（Se1）的机制与拟南芥很相似，但在长日照条件下 Hd1（Se1）抑制 Hd3a 的表达，导致水稻延迟开花。小麦中也发现了三个与拟南芥 CO 的同源基因：TaHd1、TaHd2 和 TaHd3，其中 TaHd1-1 能互补水稻 Hd1 的功能（张素芝和左建儒，2006；Amasino and Michaels，2010）。

2. 自主途径

　　在自主途径（autonomous pathway）上基因突变的突变体呈现迟开花的表型。它们在非诱导条件下（短日照）的开花时间被推迟，如 fca、fld、fpa、fve、fy、ld 和 flK（flowering locus K homology）。FLK 基因突变的突变体 flK 迟开花现象与其对光周期效应和春化反应无关。

　　由于这些突变体比处于短日照或长日照条件下的野生型拟南芥都迟开花，即这些突变体的开花不受日照长度的影响，因此，这些基因及其产物对开花的影响并不涉及环境条件的作用，而是内部发育信号的自主作用。同时在该途径上的上游基因的突变可用春化作用加以补偿，这说明春化作用可以将这些基因的作用省略或这些基因可起春化作用相同的作用，即这些基因起着春化作用冗余作用。例如，突变体 ld 在长日照条件下迟开花，春化作用可以挽救该突变。春化作用可促进天然迟开花冬性一年生拟南芥的开花，使其迟开花的表型消除，对春化处理产生反应的效果取决于基因 FLC（FLOWERING LO-

CUS C)和 FRI(FRIGIDA)的相互作用。研究证实,FRI、FLC 及其同源基因是开花抑制基因,这些基因及其激活因子对开花起抑制作用,FRI 可激活 FLC 的表达。自主途径上的基因都能抑制 FLC 的表达,因此它们突变体中 FLC mRNA 的水平比野生型和长日照途径及 GA 途径的迟开花突变体的高,从而导致这些突变体迟开花的表型。通过双突变体分析发现,自主途径的这些基因通过彼此独立的相互平行的途径调控 FLC 的表达,但其具体机制有待进一步研究。

目前,自主途径上已克隆的基因包括 FCA、FLD、FPA、FVE、FY、LD 和 FLK[flowering cus K homology(KH)domain]。FCA 和 FPA 分别含两个和三个类似 RNA 识别基序(RNA recognition motif,RRM)的 RNA-结合区,FLK 带三个 K 同源区(K homology domain),在进化上,各种有机体的 K 同源区都是保守的,在这些同源区序列的中部带有一个共有序列(V/IIGXXGXXI/V)。FY 所编码的蛋白质在 RNA 转录物的 3′端的加工中起作用,FCA 和 FY 在物理上可以相互作用控制 FCA 转录物的 3′端的选择。因此,FCA、FPA、FLK 和 FY 被认为具有 RNA 相关的活性,这些蛋白质可在 FLC 的转录后进行调控。研究还表明,FPA 蛋白位于 FLC 基因的染色质中,而 FCA 和 FPA 是在其他基因座进行 RNA 介导的染色质沉默共同作用的基因。因此,FCA、FLK、FPA 和 FY 抑制 FLC 的转录,可能是通过染色质结构的修饰来实现的。FVE 带有 6 个 WD 重复序列与哺乳动物的成视网膜细胞瘤结合的蛋白质相似。该蛋白是涉及染色质装备和修饰的复合物中一个成分。FLD 编码的蛋白质与人类赖氨酸特异性的脱甲基酶 1(LYSINE-SPECIFIC DEMETHYLASE 1,LSD1)蛋白同源,该蛋白质起着组蛋白脱甲基酶的作用。LD 基因编码一个带同源异型域(homeodomain,HD)转录因子。LD 的 mRNA 累积不受日照长度影响。该基因主要在苗端与根端分生组织的细胞增殖区和叶原基中表达,双突变体(ap1 cal)和三突变体(ld ap1 cal)分析表明,LD 的功能之一是参与 LFY 基因的表达调控。自主途径的基因极少产生失能突变体,FY 是例外,它的弱等位突变导致迟开花,但其无效突变导致胚致死(Veley and Michaels, 2008)。

3. 春化途径

除日照长度外,较长时期的寒冷也是保证植物在春季开花的重要因素,这一开花所需的低温过程称为春化作用(vernalization),其涉及开花时间调控的途径称为春化途径(vernalization pathway)。由苗端分生组织接受春化作用信号。如前文所述,生长在寒冷冬季地区的拟南芥适应性地形成了所谓冬季一年生的生命周期。在夏天,种子萌发进行营养生长过冬,只有经过较长时间的春季低温(低温处理约 3 个月)才能开花。与此相反,种子萌发和开花都在夏天的快速生长的一年生拟南芥品种的开花不需要春化过程。将这两种植物杂交,从它们的后代中发现了两个显性的等位基因:FLC 和 FRI。在所有这类快速生长的拟南芥一年生品种中,其 FRI 和 FLC 的编码区都发生了相关的突变,导致它们表达量减少。因此,这两个基因的协同作用赋予植物开花时对春化作用的需要。

春化途径上的基因突变将使春化处理促进开花的作用失效;这些基因包括 VIN3(VERNALIZATION INDEPENDENT3)、VRN1(VERNALIZATION1)和 VRN2(VERNALI-ZATION2)。其中 VIN3 的启动与 FLC 表达的抑制作用有关,而 VRN1 和

VRN2 是在植物对春化要求时维持抑制 *FLC* 表达所要求的基因。因此,在分子水平上,在自主和春化途径上的基因都有抑制 *FLC* 表达的冗余功能。*VRN2* 编码位于细胞核内的锌-指蛋白,与果蝇的 polycomb(PcG)类蛋白 *SU(z)12* 相似,这类 PcG 蛋白是一类抑制基因表达的复合物的组分之一,该复合物抑制基因表达的作用是使染色质一直处于与转录不匹配的状态。因此,*VRN2* 可能通过类似 PcG 蛋白的机制抑制 *FLC* 表达。*VRN1* 编码一个带有 B3 DNA 结合区的蛋白,也可能在染色质修饰复合物中起作用。它们可能在表观遗传的机制上参与开花调控,使 *FLC* 的染色质在转录时失活(Putterill et al.,2004;Amasino and Michaels,2010)。

4. 赤霉素途径

在不经光周期诱导和低温处理的情况下,外用 GA 可促进拟南芥和许多长日照植物开花(虽然多数短日植物的开花并不受 GA 的影响)。因此,曾把 GA 看成为一种开花素(florigen,见 7.3.2 第 7 节)。那些涉及 GA 生物合成的开花时间调控的途径称为赤霉素途径(GA pathway)。GA 生物合成途径缺陷突变体如 *ga1*、*ga4*、*ga5*,矮化及迟开花突变体 *ddf1*(*dwarf and delayed-flowering1*)和 GA 响应缺陷突变体 *sly1*(*sleepy1*)都表现出迟开花;而加速 GA 信号传导的突变体 *rga*(*repressor of ga1-3*)、*gai*(*gibberellic acid insensitive*)和 *spy* 却可提早开花,这说明 GA 在开花时间的控制上有重要功能。突变体 *ga4* 是由于 GA 合成途径中 3β-羟化酶的缺陷引起的突变,*ga5* 是 GA20-氧化酶(GA20ox)缺陷所引起的突变,*ddf1* 中 GA 水平的降低可能与 GA20-氧化酶催化的 GA 合成步骤受阻有关(Fleet and Sun,2005)。GA20ox 活性由环境和生理变化所调控,它是 GA 生物合成的一个关键步骤。当将植物由短日照转入长日照时(开花诱导),该酶基因的表达增强。该基因的转化可使转基因植物的 GA20-氧化酶水平提高,开花时间(无论是在长日照或短日照)比野生型植物开花要早。涉及 GA 信号传导的基因如 *RGA*、*RGLK1*(*GRA-LIKE*)、*GAI* 和 *SPY*,在功能上有交叉作用。这些基因的序列较相似,如 *GAI* 与 *RGA* 和 *RGLK1* 分别有 71% 和 61% 的序列相同。这些基因所编码的蛋白质都属于植物特异性 GRAS 调节的蛋白家族。此外,*GAI*、*RGA* 和 *RGLK* 在 N 端都含有 DELLA 序列[其中 *RGLK* 中的丙氨酸(alanine)为缬氨酸(valine)所取代成为 DELLV],DELLA 蛋白可抑制植物对 GA 的反应,而 GA 可以解除这些蛋白质的抑制作用。DELLA 这种抑制蛋白质降解的作用依赖于 GA,DELLA 的降解诱导了 GA 生物合成基因及其信号传导途径成员基因表达的改变,使 GA 生物合成减少及细胞对 GA 的敏感性降低(由于 GA 受体表达降低),而这些基因表达改变的综合结果又可反过来影响 DELLA 的降解强度,使 DELLA 重新达到稳定状态。这种转录的反馈调控是调节 GA 信号传导体内稳态(homeostasis)的一种重要手段(Schwechheimer,2008)。*SPY* 所编码的蛋白质也是一个影响开花时间的 GA 反应(response)的负调节因子,该基因突变可部分缓解 GA 水平降低所引起的生理作用。因此 *spy* 呈现早开花的表型。拟南芥的 *SPY* 及其大麦中同源基因 *HvSPY* 的序列分析表明,SPY 蛋白与鼠和人的丝氨酸/苏氨酸连结 N-乙酰葡萄胺转移酶(Ser/Thr O-linked N-acetylglucosamine transferase)序列高度相似。该基因可能在 *GAI* 上游起作用,且是 *GAI* 和 *RGA* 具有活性所要求的基因。

最近的研究表明,GA可以促进*LFY*的表达,GA的这一作用可能是借助于拟南芥GAMYB(AtGAMYB)。GAMYB蛋白质存在于谷物糊粉层细胞中的一个转录因子,是参与GA信号传导的一个成员,同时也在开花发育中起着重要作用。过量表达microR-NA *miR159*可使AtGAMYB的转录物降解,也使转microRNA *miR159*植株在短日条件下推迟开花。GA可诱导在*LFY*上游起作用的*SOC1*的表达,并涉及开花时间的长日照、春化、自主和GA遗传途径的整合(Fleet and Sun,2005;Jung and Müller,2009)(见7.3.2第6节)。

5. 光质途径

有关开花时的光质调控途径称为光质途径(light quality pathway)。光是一个复杂的环境信号,光质、光强和光周期分别通过不同机制影响不同植物的发育过程。一般来说,植物先通过光受体感受光信号(包括光质、光量、光周期),然后作用于生物钟的周期节律。因此,光质途径对开花时间的调控与光周期途径的调控虽有联系,但又是不完全相同的调控途径(图7-10)。研究表明,隐花色素(cryptochrome)可以感受蓝光和紫外光A;光敏色素(phytochrome)可以感受红光和远红外光,感受紫外光-B的受体尚未明了。目前已发现5种光敏色素(PHYA、PHYB、PHYC、PHYD和PHYE)和两种隐花色素(CRY1和CRY2)。光敏色素可以吸收红光或远红外光,在钝化态Pr和活化态Pfr之间转化,从而使光信号在不同发育时期和器官的不同细胞中调节着不同的反应。*PHYA*对光不稳定,它主要调控对光的反应,但不是以钝化态Pr和活化态Pfr之间转化来控制对光脉冲的反应,而是利用Pr和Pfr状态的转化调控对光脉冲的反应。

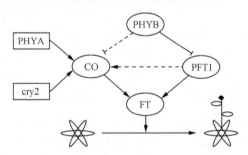

图7-10　在控制开花时间的光质途径上的相关基因及其作用图示(Cerdan and Chory,2003)
图中箭头表示促进,"⊥"表示抑制,但并不表示直接的相互调节作用(除CO是直接调节FT外),*PHYA*和*CRY2*可能通过光的直接效应影响CO的活性

*hy1*和*hy2*这两个有关光敏色素合成的突变体在照光的条件下,胚轴比野生型的长,非常明显地提早开花,但与光周期无关。这表明在拟南芥中光敏色素也参与开花时间的控制,其通常的功能是抑制开花。突变体*phyA*呈现迟开花的表型,特别是在富含远红光的短日照条件下,这一表型更明显。这意味着远红光促进开花的正作用主要是通过*PHYA*来起作用的。突变体*phyB*呈现早开花的表型,红光对开花的抑制作用主要借助于*PHYB*的作用。突变体*phyD*和*phy E*并不表现早开花的表型,但这两个基因的突变却能促进*phyB*早开花。因此,*PHYD*和*PHYE*可能作为*PHYB*的冗余基因,也起着

开花抑制的功能,突变体 *phyC* 在短日条件下提早开花,在长日条件下开花时间与野生型相同。这些说明 *PHYC* 对开花的作用是一种光周期反应,而不是在光质的途径上起作用。但 *PHYC* 的作用依赖于 *PHYB*,因为双突变体 *phyC phyB* 其提早开花的行为与 *phyB* 一样。

　　拟南芥突变体 *cry2(cryptochrome2)* 在不同光周期的条件下都呈现迟开花的表型,双突变体 *cry1 cry2* 要比 *cry2* 植物更迟开花。*CRY2* 编码隐花色素(cryptochrome)这一蓝光/UV-A 光受体,是一种黄素蛋白。CRY1 蛋白介导蓝光信号调节的生物钟节律,而 CRY2 蛋白调节去黄化反应(de-etiolation)并控制开花时间。蓝光对早开花的作用主要是通过 *CRY2* 的作用,*CRY1* 是 *CRY2* 的冗余基因。远红光与蓝光对早开花的促进作用分别通过远红光受体 *PHYA* 和蓝光受体 *CRY1* 和 *CRY2* 而起作用。通过对光受体基因与 GFP 融合基因的表达分析发现,*CRY1* 在细胞核中显组成性的表达,而 *CRY2* 只在黑暗条件下才在细胞核中表达;*PHYA* 和 *PHYB* 在黑暗条件下在细胞质中表达,但在红光条件下,就移到细胞核中表达;与之相反,*PHYC*、*PHYD* 和 *PHYE* 在各种光照下均在细胞核中表达。*PHYB* 已被证明在避阴反应的过程中起重要作用。在非常密的树冠下或在强光下生长的植物所接受的光中其红光与远红光的比率降低。这一光质变化成为植物竞争的警示,将激活一系列称为避阴反应综合征(shade-avoidance syndrome)的选择性反应。在避阴反应的过程中,以茎的伸长代替叶的扩展,开花提前。如前文所述,*PHYA* 和 *PHYB* 对开花的作用是相反的,即无论在长日还是在短日条件下,*PHYB* 都起着推迟拟南芥开花的作用,而 *PHYA* 起着刺激开花的作用(在长日条件下)。研究已表明,由 PHYA 和 CRY2 接受的光信息产生的信号传导要求 CO (CONSTANS),以便激活 FT 这一控制开花时间的关键基因(图 7-10)。拟南芥的显性突变体 *pft1 (phytochrome and flowering time)* 在长日照条件下呈现迟开花的表型,同时还发现 *PFT1* 对野生型或光敏色素突变体(如 *phyA* 和 *phyB*)的开花光周期诱导作用影响非常小,这表明 *PFT1* 对开花的作用不是通过光周期途径起作用。比较突变体 *pft1*、*phyB*、*phyA*,双突变 *pft1 phyB*、*pft1 phyA*、*phyA phyB* 和三突变 *pft1 phyA phyB* 的开花时间,发现无论在长日还是在短日条件下,*PFT1* 的突变可完全消除突变体 *phyB* 早开花的表型。这说明 *PFT1* 在 *PHYB* 对开花时间的调控机制上起着重要作用。经检测发现,在突变体 *pft1* 叶中 PHYA 和 PHYB 的含量与野生型的相同,因此,PFT1 在光信号传导中的功能应在 PHYA 和 PHYB 的下游起作用(图 7-11)。进一步的研究表明,PFT1 是在 phyB 的下游调控着 *FT(FLOWERING LOCUS T)* 的表达。这为开花时间的遗传调控存在一个有别与光质调控途径提供了证据(Cerdan and Chory,2003)。

　　6. 开花时间遗传调控途径的整合

　　如上所述,根据拟南芥对春化作用和长日照的反应以及对于整个开花时间突变体的遗传分析,有关开花时间范围的调控可由多种遗传途径组成:由环境因子调节的光周期/光质途径和春化途径、不依赖于外源信号的自主途径和 GA 途径。目前研究比较充分的是光周期途径、春化作用途径、自主途径和 GA 途径。这些途径中的大部分相关基因已被克隆,对这些基因的结构与功能的深入分析,为我们提供了这些基因是怎么彼此联结及相关蛋白质是怎样发挥功能等问题的大量信息。目前已发现带有植物特异性 CCT 区域的转录因子 CO 和 *FLC* 基因在促进开花时间级联反应的下游起着关键作用。其中 *CO* 基因可能是最下游的参与因子,特别是在光周期途径中。光和内在的生物钟都精确地调节 CO 蛋白的累积。对日照长度显兼性(facultative)的拟南芥在长日照条件下开花时,在转录水平上,*CO* 表达受控于属于生物钟的 *GI*(*GIGANTEA*)和 *CDF1*(*CYCLING DOF-FACTOR1*)基因;而光受体(光敏色素和隐花色素)在蛋白质水平上调节 CO 稳定性(稳定或去稳定)(Turck et al.,2008)。光受体至少在三个不同水平上起作用:参与生物钟机制,抑制 *PFT1* 的表达(图 7-10)和可能调节 GA 的生物合成。

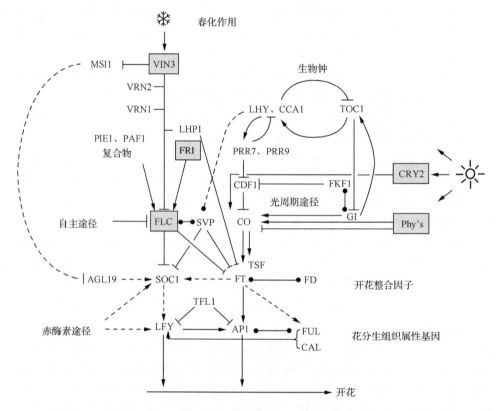

图 7-11　拟南芥控制开花时间途径的关联及其整合(Jung and Müller,2009)

图中,低温和光信号分别以雪花图和太阳光图表示;分别以"↑"和"⊥"表示开花正、负调控。"⋯⋯"表示各途径或基因之间的推测性关系,虚线端带实心圆点的线段表示调节作用,但目前 *LHY* 和 *CCA1* 基因对 SVP 蛋白的累积作用知之甚少(Fujiwara et al.,2008);实线两端带实心圆点的线段表示蛋白质与蛋白质的相互作用,方块表示基因对开花时间的各种作用

　　FLC 基因是自主途径和春化作用途径的汇合点(图 7-11)。通过 *CO* 和 *FLC*,最终,开花信号诱导了一组特化花分生组织属性基因(floral meristem identity gene)的表达,并且导致苗端分生组织周边区发育命运的改变;这组基因包括 *LFY*、*AP1*(*APETALA1*)和 *CAL*(*CAULIFLOWER*),它们在开花早期阶段表达并决定花的发育命运。因此,基因 *LFY*、*FT*、*FLC* 和 *SOC1/AGL20*(*SUPPRESSOR OF OVEREXPRESSION OF CON-STANS1/AGAMOUS like 20*)在不同开花时间的信号传导级联反应基因和花分生组织

属性基因中起着连结的作用。因为这些基因可以整合并平衡来源于不同遗传途径的开花刺激因子的作用,也可以使异源途径输入的信息最终转变成花分生组织属性基因表达的诱导因子,从而启动花分生组织的形成,所以这些基因被称为开花途径整合基因(floral pathway integrator)(Jung and Müller,2009;Amasino and Michaels,2010)。FLC 编码 MADS-box 转录因子,该蛋白质可使生长发育中的苗端分生组织维持在营养生长发育状态,实际上 FLC 基因连同它的激活因子是开花的抑制因子。有许多基因座可以影响 FLC 活性的调节,它的激活因子主要是 FRI(FRIGIDA)。它们通过抑制开花促进因子 FT 基因而抑制或推迟开花。春化作用和自主途径是通过抑制 FLC 的作用而促进开花。

　　SOC1/AGL20 编码 MADS-box 转录因子。突变体 soc1 并不是通过标准遗传筛选方法在迟花突变体中分离到的,而是分别应用反向遗传学方法及在 FRI 与 FLC 背景条件下采用激活标签筛选技术(activation tagging screen)抑制 CO 的过量表达而得到的突变体。在长日照和短日照中,突变体 soc1 均延迟开花。SOC1 基因在叶和苗顶端表达量最高,并随时间而增加,特别在成花转变时,更是急剧增加;SOC1 在花分生组织发育第一阶段不表达,但是在较成年花分生组织的中心可再次表达(Parcy,2005)。

　　FT 是属于光周期途径的基因。FT 与 FWA 和 FD 共同构成了光周期途径的分支。FT 编码的蛋白质与动物中的磷脂酰乙醇胺结合蛋白(phosphatidylethanolamine binding protein,PEBP)和 Raf 激酶抑制蛋白(Rafkinase inhibitor protein,RKIP)相似,目前 FT 蛋白被认为开花素(florigen/floral stimulus)(见下节)。

　　LFY 基因在花发育过程中起着关键的作用,是开花时间基因和分生组织属性基因(见 7.4 节)。LFY 基因在成花转变前就有表达,在幼叶原基中可首先检测到 LFY 基因的 RNA 和启动子的活性,而在幼花分生组织中其活性达到最大值。LFY 基因拷贝数增加或组成型表达的植株可提早开花。相反,如前文所述,突变体 lfy 只产生叶片和相关的芽,而不开花。LFY 在幼花分生组织中持续表达,抑制了苗端分生组织属性的特化,促进了幼花芽特化。LFY 促进花序向花分生组织的转变在很大程度上是由于激活了 AP1 (APETALA1)基因,但随后当花器官发育时就不再依赖 AP1,而是 LFY 本身起着中心作用。LFY 编码植物所特有的一种转录因子,LFY 蛋白被初步定位于细胞核中,但是 LFY:GFP 融合蛋白也在细胞质和胞间连丝孔中累积。LFY 可以通过胞间连丝在细胞之间移动,这种移动的功能尚待确定。LFY 蛋白与 AP1 和 AG 中的调节序列的顺式作用元件结合(Parcy,2005)。由于组成性表达 LFY 的植物在短日照下要比在长日照下迟开花,所以 LFY 的功能被认为是受日照长短调控的,但是仍然未知光周期是怎样影响 LFY 表达的。

　　从图 7-11 可知,在促进开花的途径上,是 FT、SOC1 和 LFY 这三个整合基因成为各途径中的联结点。例如,在光周期途径中通过最下游 CO 的作用而促进开花,FLC 对开花起抑制作用,在春化作用和自主途径中,刺激开花是通过抑止 FLC 的作用。GA 途径的作用也是促进开花。FLC 自身也被认为是整合基因(Jung and Müller,2009)。

　　7. 开花素与 FT 蛋白的作用

　　为了揭示开花时间调控的奥妙,研究者分别从生理、生化和分子与遗传控制的角度展开了大量的研究。早在 1934 年 Knott 就提出存在远距离传送的开花信息的概念，他发现菠菜只要叶处在长日照的条件下，哪怕茎尖处于短日条件下，植株也能开花，由此得出结论，在菠菜叶中，促进生殖发育的光周期效应的部分作用可能是产生了某些刺激物，并将该物质运输到苗端生长点上发挥作用。1937 年俄国学者 Chailakhyan 也提出，可能存在一种称为开花素（florigen）的激素，对植物开花具有通用而专一性作用。传统的生理学实验已经证明，温带植物对环境信息的反应，如光周期、温度、雨水和植物本身的发育阶段的信号是因季节而变化的。这些环境因子是成花转变的重要调节因子。植物以不同器官接受这些环境信息，如成年的叶感知光周期并作出反应，而茎尖感知寒冬并作出反应。在苗端分生组织成花转变时出现的开花信号（开花素或开花刺激物）（floral stimulus）是在感知光周期的叶中产生，并被输送到苗端分生组织中，使发育叶的程序转变为花芽的发育程序。在这一成花转变过程中可分为发生在叶中的诱导（induction）阶段和发生在苗端分生组织中的成花引发阶段。嫁接实验已非常清楚地证实，在叶中的诱导反应过程中产生了开花素的物质。如果将已被光周期诱导的紫苏（*Perilla frutescens*）单片叶嫁接到未经诱导的苗中，就足以诱导该苗开花。这种现象也分别在百合、矮牵牛（*Pharbitis nil*）和苍耳（*Xanthium strumarium*）中发现。经测定，其中的开花素的移动速率及其移动模式与光合作用同化物的移动速率和模式非常相似，这就意味着开花素可能是在韧皮部中运输的，并通过输导组织运输到茎尖而刺激并启动顶端分生组织的成花转变。这一事实已通过大量嫁接及其相关研究得到证实。有些还原性糖类、次生代谢物及植物激素（如 GA 和细胞分裂素）都可通过这种方式对开花起作用，但这些研究结果大多是一种因果相关性的证据，而对鉴定具有普遍意义的开花素的研究在未发现 FT 蛋白可从输导组织中向苗端移动而刺激开花的事实之前，一直未取得突破性的进展（Zeevaart，2008）。

　　为了揭示开花时间的分子遗传调控，从拟南芥中分离了许多迟开花和早开花的突变体（见 7.3.1 节），从中鉴定了 *CO* 基因和 *FT* 基因。研究发现，在长日照条件下 *CO* 的表达被促进（上调），从而诱导 *FT* 的表达。*FT* 是将遗传控制开花时间的光周期途径、自主途径和春化途径整合在一起的基因（图 7-11）。*CO* 基因和 *FT* 基因都不在苗端表达，而是在叶的韧皮部伴胞（companion cell）中表达。通过基因转化使 *CO* 异位表达可引起植物开花提早，但在分生组织特异性启动子控制下的 *CO* 异位表达不促进开花，这说明 *CO* 基因促进提早开花的作用不是直接作用于苗端分生组织。在短日条件下通过转基因的方法使 *FT* 基因在苗端分生组织中过量表达，转基因植株可提早开花。因此，*FT* 基因是 *CO* 基因的直接作用靶基因，而 *FT* 基因是在苗端分生组织中刺激开花的基因。这一事实说明这种可移动的信号可能是 *FT* 的 mRNA 或蛋白质，它可从叶移向苗端分生组织。最初认为是 *FT* 的 mRNA 充当这一角色，因为许多 mRNA 都可通过韧皮部进行长距离运输。特别是 Huang 等（2005）报道，用热诱导的启动子与 *FT* 构建成融合基因表达载体（*Hsp*：*FT*），将它转入拟南芥突变体 *ft-7* 植株中，结果发现，在短日照条件下生长（非开花光周期诱导条件下）的这些转基因植株能被刺激开花，同时在单一叶中有大量 *FT*（*Hsp*：*FT*）的表达，在苗端分生组织中也检测到 *FT*mRNA。因此认为 *FT*mRNA 是可在韧皮部移动的开花刺激物，但是后来的研究者分别在拟南芥、番茄、水稻和南瓜（cucumbita）等中采用各种不同研究方法，都未能得出 *FT*mRNA 可在韧皮部移动的结论。Huang 等（2005）

在 *Science* 杂志发表的论文也被撤回(Huang et al.，2005)。最近研究结果表明 FT 蛋白符合开花素的定义(图 7-12)。FT 蛋白是一个小分子质量的蛋白质(23kDa)，低于被质膜输送的分子大小的下限，这样小的分子完全可以在植物组织中自由移动。它可以从光周期诱导的叶中移动到苗端。嫁接试验也表明，它可以通过嫁接的结合点从供体转入受体植株，并促进其开花(Bohlenius et al.，2007)。

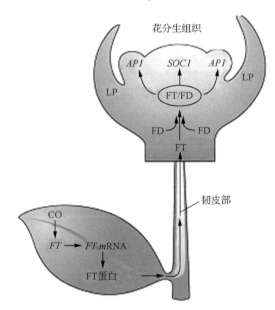

图 7-12 FT 蛋白是一个可被运输的开花素(Zeevaart，2008)

在长日照条件下，CO 蛋白在叶中累积，诱导位于韧皮部伴胞(phloem companion cell)的 *FT* 表达，FT 蛋白通过筛管运到苗端并与 FD 形成异源二聚体，这一 FD/FT 复合物可激活 *SOC1* 和 *AP1* 的表达，从而导致花发育的启动。图中 LP 表示叶原基

作为开花素的 FT 蛋白，尚有些问题需要进一步弄清楚：是否只由该蛋白就完全担当起通用的开花素的角色？ 当它在韧皮部中移动到达苗端时是否还要求分子伴侣类的蛋白质的协助以防蛋白酶解？ 这些问题都有待进一步实验结果的证实(Zeevaart，2008)。

7.4 花器官的发育

花是变态的枝条，花器官(花萼、花瓣和雄蕊等)则是变态的叶。花器官是植物生殖过程重要的功能器官，它的变异或败育对植物繁衍及种群扩散和农业生产都有重大的影响。因而花器官的发育在成花机理中一直为生物学家所关注。由于分子生物学研究手段的发展和介入，有关花器官发育的特异性基因研究已取得了突破性的进展。这些结果主要反映在拟南芥、金鱼草、玉米、矮牵牛和豌豆等模式植物上。

花器官的形成经历一系列连续发育步骤：第一，通过激活花分生组织属性基因(floral meristem identity gene)特化花分生组织发育命运；第二，通过激活花器官属性基因(floral organ identity gene)使花器官按图式形成的发育方式成为各轮花器官原基；第三，花器官属性基因激活特化各种花器官所组成的细胞和组织类型的下游辅助因子。这些步骤都是受基因严格控制的发育过程。各个步骤都包含精心设计的正、负调节因子的网络，以便在各级水平上将花的形态发育调控联结起来。

拟南芥的花是典型十字花科的花，是属下位花。依其大小，可将花分生组织与营养分生组织明显地区别开来。在分生组织的中心部分，随着营养性生长向花发育的转变，其细胞分裂活性的频率明显地增加。在营养性分生组织的中心部分有些细胞作为顶端起始细胞（apical initial）或称干细胞。随着花的发育，从花分生组织中发育出 4 种不同的花器官，按启动的先后次序分别为花萼、花瓣、雄蕊和心皮。每一种花器官以一轮形式出现，当出现心皮时，花分生组织即分化完毕，花芽分生组织的表面由这些器官原基占据。野生型拟南芥的花器官共有 4 轮：第一轮由 4 个萼片组成，当其发育成年时转为绿色；第二轮由4 个花瓣组成，成年时为白色；第三轮由 6 个雄蕊组成，其中 2 个比其他 4 个短；第四轮是一个复合器官——心皮/雌蕊，它包括子房（含二个融合心皮，每一个心皮含有数个胚珠）及较短的花柱柱头（图 7-13）（Bowman，1994）。与之相应的单子叶植物（如水稻）的第一轮花器官则是内稃、外稃，第二轮是浆片，第三轮与第四轮分别是雄蕊和心皮，其他单子叶植物如百合的花器官示意图（见 7.4.3 节图 7-17）。

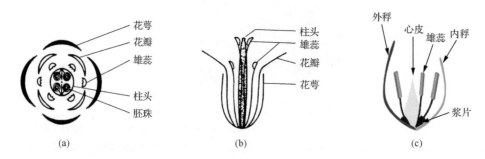

图 7-13　拟南芥[(a)、(b)]和水稻(c)花器官示意图(Bowman，1994)
(a) 横切面；(b)、(c) 纵切面

7.4.1　拟南芥花器官发育的突变体——同源异型突变体

现已知有许多突变体影响花序、花器官的发育。在远古的希腊人就已用这些突变培养出十分美丽的玫瑰供观赏。野生型的玫瑰有 5 个萼片和 5 个花瓣以及许多雄蕊。在许多栽培玫瑰变种中，其中几轮雄蕊被外部的几轮花瓣代替。这些野生型花结构的变化是由同时出现的同源异型突变（homeotic mutation）所致。同源异型突变是指突变改变了有机体特定的部分属性，使之转变成其他部分的拷贝。影响花器官属性的同源异型突变引起花器官属性的改变，对花器官的同源异型突变的系统研究揭开了花的决定及花器官分化的分子机制，其中对金鱼草和拟南芥的研究最多。已知有三种花器官的同源异型突变（表 7-4）（Bowman et al.，1991）。每一种突变影响一对不同的花轮。

表 7-4　拟南芥和金鱼草中的同源异型突变体

突变类型	拟南芥中	金鱼草中
A 类	*ap1*(*apetala1*)、*ap2*(*apetala2*)	*sqa*(*squamosa*)
B 类	*aq3*(*apetala3*)、*pi*(*pistfllata*)	*def*(*deficiens*)
C 类	*ag*(*agamous*)	*ple*(*plena*)

　　类型 A 突变影响第一轮和第二轮花器官。它们形成花萼的第一轮变成心皮,而在第二轮形成花瓣的地方形成雄蕊。拟南芥的 *ap2*(*apetala2*)突变就是类型 A 的例子,它使花萼变成了心皮,使花瓣变成雄蕊[图 7-14(b)]。

　　类型 B 突变影响第二轮和第三轮花器官。该突变使第二轮花器官由花瓣变成为花萼,第三轮原为雄蕊的变为心皮。拟南芥突变体 *ap3*(*apetala3*)和 *pi*(*pistillata*)[图 7-14(c)]即为类型 B 突变的例子。

　　类型 C 突变影响第三轮和第四轮花器官。它使第三轮的雄蕊变成为花瓣,第四轮的心皮则形成花萼。拟南芥的突变体 *ag*(*agamous*)就属于此类型突变[图 7-14(d)]。

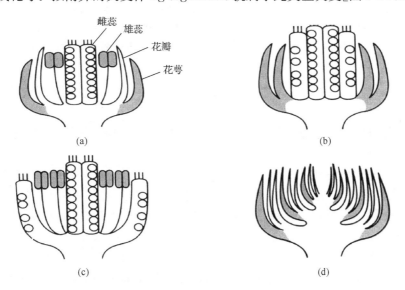

图 7-14　拟南芥花器官三类同源异型突变体示意图(根据 Bowman et al. ,1991 修改)
(a) 野生型;(b) 类型 A 突变;(c) 类型 B 突变;(d) 类型 C 突变

　　相似的同源突变体也在金鱼草中发现,金鱼草中的 *def*(*deficiens*)基因相当于拟南芥中的 *apetala3* 基因。

7.4.2　花器官的发育与 ABC→ABCDE 基因调控模式

　　通过对上述拟南芥和金鱼草花同源异型突变体的研究,由 Coen 和 Meyerowizt (1991)提出了决定花器官特征的 ABC 基因调控模式。该模式认为从花分生组织到花器官的形成主要由 A、B 和 C 三类基因控制。每一类基因均在相邻的两轮花器官中起作用(图 7-15)。

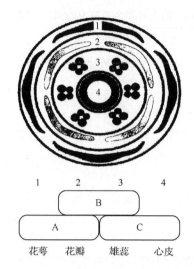

图 7-15　野生型的拟南芥花式图(上)及其控制

这些花器发育 A、B、C 三类基因的相互作用图示(下)(Howell,1998)

拟南芥花器官由第一轮(1)的萼片、第二轮(2)的花瓣、第三轮(3)的雄蕊和第四轮(4)的雌蕊所组成。A 类基因单独
控制着花萼的发育,而花瓣的发育受 A 类与 B 类基因共同控制,由 B 类与 C 类基因控制雄蕊的发育,雌蕊的发育由 C
类基因单独控制

A 类基因:如 *AP2* 基因参与萼片和花瓣的形成(突变体 *ap2* 的花瓣变成雄蕊,花萼变
成了心皮)。

B 类基因:如 *AP3/PI* 基因参与花瓣和雄蕊的形成(在突变体 *ap3* 中,花瓣变成为花
萼,在 *pi* 中雄蕊的变为心皮)。

C 类基因:如 *AG* 基因在雄蕊和雌蕊的发育中起作用(在突变体 *ag* 中,雄蕊变成为花
瓣,心皮形成花萼)。研究已证明,在第一轮花器官中,A 类基因单独控制萼片的形成,A
和 B 共同决定第二轮器官(花瓣)的分化,B 和 C 决定雄蕊的形成,而 C 类基因则单独控
制心皮的发育(图 7-15)。这样花的 4 轮结构:花萼、花瓣、雄蕊和心皮,分别由 A 组、AB
组、BC 组和 C 组基因决定。另外,A 组、C 组基因是相互抑制的,C 组基因可在 A 组基因
突变的花中表达,即 C 组基因不能在 A 组基因控制的花器官内表达,A 将抑制 C 在第一
轮、第二轮花器官中的表达;反之亦然。因此,B 组、A 组、C 组基因表达是独立的。这一
决定花器官属性的 ABC 基因控制模式也适用于郁金香、矮牵牛(*Petunia*)、报春花
(*Primrose*)甚至单子叶的水稻和玉米的花器官发育控制,尽管在有些细节上有所不同
(Krizek and Fletcher,2005)。

D 类基因:在 ABC 基因调控模式的基础上,在矮牵牛中发现了 D 类基因,即 *FBP7*
和 *FBP11* 基因(*FLORAL BINDING PROTEIN*),它们是胚珠属性的基因(ovule iden-
tity gene)(Colombo et al.,1995)。如果这两个基因都被抑制将使胚珠发育成心皮样的
结构,而通过基因转化使花萼和花瓣上组成性表达 *FBP11* 可诱导产生异位发育的胚珠
(ectopic ovule formation)。拟南芥胚珠的发育是由进化上密切相关的 4 个基因 *AG*、
STK(*SEED STICK*)、*SHP1*(*SHATTERPROOF1*)和 *SHP2* 控制的。三重突变体 *stk*
shp1 shp2 的胚珠有时也会变成叶状或心皮样的器官,而通过转化使 *SHP1* 或 *SHP2* 异

位表达可诱导花萼产生同源异型转变,发育成心皮样的器官(Theiβen,2001)。

　　E 类基因:在研究基因冗余功能时发现了 E 类同源异型基因 *SEP*(*SEPALLATA*)。*SEP* 编码的蛋白质是花瓣、雄蕊、心皮特化发育所要求的冗余蛋白,因为三重突变体 *sep1 sep 2 sep3* 的花只发育出花萼。研究表明,*SEP4* 又是 *SEP1*、*SEP2* 和 *SEP3* 特化萼片时所要求的冗余基因,同时也对其他花器官(花瓣、雄蕊和心皮)发育起作用。四重突变体 *sep sep sep sep* 的所有花器官都发育成具有心皮特点的叶状结构,与三重突变体 *ap2 ap3 ag* 相似。在其他植物中也分离鉴定了 *SEP* 的直向同源物(orthologue),如矮牵牛的 *FBP2* 和 *FBP5* 是 *SEP* 的直向同源基因的冗余基因,它们特化花瓣、雄蕊和心皮的发育,而 *FBP2* 相当于拟南芥中 *SEP3* 起 E 类基因的功能(Theiβen,2001)。*SEP* 也参与胚珠发育的调控,因为三重突变体 *sep1 $^{-1+}$ sep2 sep3* 胚珠的发育受到了明显的影响,其表型与三重突变体 *stk shp1 shp2* 相似,胚珠会变成叶状或心皮样的器官。遗传实验也证实,*STK* 和 *SHP* 在特化心皮发育中的作用可不依赖 *AG* 的功能(Krizek and Fletcher,2005)。花器官发育的 ABCDE 基因调控模式如图 7-16 所示。由于 D 类基因的主要功能是作为 ABC 类基因的冗余基因,因此也有人称为 ABCE 基因调控模式(Theiβen,2001)。

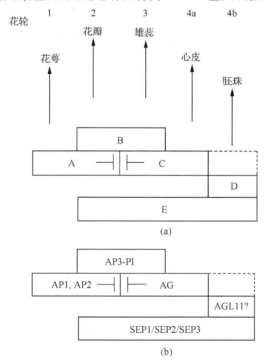

图 7-16　拟南芥花器官发育的 ABCE 或 ABCDE 基因调控模式图示(Theiβen, 2001)

(a) 在这一模式中 A、B 和 C 的功能与原先提出的 ABC 模式相同(图 7-15)。D 类基因功能是特化胚珠的属性,E 类基因的功能是特化花瓣、雄蕊和心皮的属性,也参与胚珠属性发育的调控。C 类基因对胚珠发育的功能尚不清楚,因此用虚线表示。(b) 已揭示的 ABC 基因所编码的相应蛋白质在拟南芥中开花中所起的同源异型功能;所加问号"?"是基于从矮牵牛的 D 类基因功能与 *AGL11* 在系统发生上密切相关性及其有相似的表达模式而提出的对 AGL11 蛋白功能的推定;SEP1 和(或)SEP2 与(或)SEP3 起着 E 类基因的蛋白功能,由于处于发育中胚珠的 *SEP1* 转录物水平很高,因此,推定 E 类基因(如 *SEP* 基因)也参与胚珠的发育调控。"⊥"线表示基因间的拮抗作用。基因之间"—"表示异源二聚体的形成,","表示两者相关性有待确定

7.4.3　单子叶植物的花器官发育与 ABCDE 基因调控模式

上述的 ABC 及其 ABCDE 基因的花器官发育的调控模式主要是在双子叶植物中创立的。单子叶植物的花器官结构也有雄蕊和心皮,但其外轮的花器官则有所不同。百合科(Liliaceae)花的最外面两轮器官为花瓣状的被片(petal-like tepal),而禾本科花的外稃(lemma)、内稃(palea)和浆片(lodicule)是在相当于拟南芥的萼片和花瓣的部位发育出来的。针对单子叶植物花器官结构的这些变化,已提出一个修改的 ABC 基因模式(图 7-17)。与拟南芥的 ABC 基因模式(图 7-15)相比,不同之处的是 B 类基因控制着最外面 3 轮花器官(被片/雄蕊)的发育。支持这一观点的实验结果是在郁金香花中 B 类基因如 AP3/DEF 类似基因(DEFICIENS-like)或(和)PI(PISTILLATA)/GLO 类似基因(GLOBOSA-like)都在其外三轮的花器官中表达,而在具有明显的萼片和花瓣的其他单子叶植物花的最外一轮花器官中,AP3/DEF-类似基因是不表达或低量表达。如鸭跖草(Commelina communis)和紫露草(Tradescantia refleza)中都是在外三轮花器官可发育出明显的萼片和花瓣的单子叶植物,AP3/DEF 类似基因在这三轮的花器官中是不表达的。对玉米和小麦花器官发育的研究表明,尽管已鉴定出 A 类基因,即 APETALA 1 或 SQUAMOSA 类似(SQUAMOSA-like)基因,但其功能有待确定(Krizek and Fletcher,2005)。

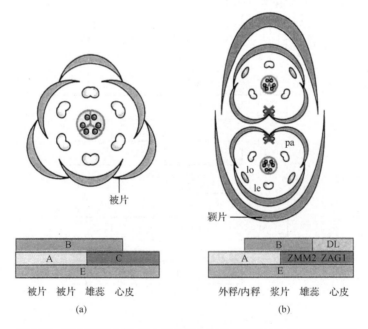

图 7-17　百合科[(a)]和禾本科植物[(b)]花器官结构及其发育调控
的 ABC 基因模式(Krizek and Fletcher,2005)

B 类基因也在水稻等禾本科植物中鉴定分离出来,其所起的作用与在拟南芥花器官中的作用相似,如玉米的 SI1(SILKY1)和水稻中的 SPW1(SUPERWOMAN1)都是 AP3 的同源基因,它们的突变使雄蕊变成心皮,而浆片则变成外稃状器官。如果缺失单

个 *AP3/DEF*-类似基因(B 类基因)将导致外稃和内稃或外稃状器官(第一轮花器官)的发育取代浆片(第二轮花器官)的发育,而雄蕊的发育将被心皮的发育所取代。这种花器官的同源异型转换(homeotic transformation)与拟南芥和金鱼草的 B 类基因突变体的表型相似。这说明,外稃和内稃与萼片同源,而浆片与花瓣同源。此外,在水稻中还克隆出两个 B 类基因(*PI* 的同源基因),即对第二轮花器官浆片的发育很重要的 *OsMADS2* 和对第三轮花器官雄蕊的发育很重要的 *OsMADS4*。因为 *OsMADS2* 的 RNA 在浆片中转录,而 *OsMADS4* 的 RNA 在雄蕊中转录,采用 RNA 干扰技术敲除 *OsMADS2* 的表达,受影响的是浆片,而不影响雄蕊的发育。

研究表明,禾本科植物带有双份的 C 类基因,因此显示出两种功能,如图 7-18 中颜色程度不同所示的那样,从水稻中分离的两个与拟南芥 *AG* 的同源基因:*OsMADS3* 和 *OsMADS58*。*OsMADS3* 的突变将使雄蕊变成了浆片,而采用 RNA 干扰技术敲除 *OsMADS58* 的表达时,花器官属性的发育受影响小,而对花分生组织属性的发育影响大。因此 *OsMADS3* 在水稻花器官属性发育中起主要作用,而 *OsMADS58* 主要对花分生组织的属性发育起作用。因此,一类基因(C 类基因)起两种功能的作用。研究还发现,即使降低水稻的 C 类基因(*AG/PLE* 类似基因,*MADS3*)的表达其心皮照样产生,这说明禾本科的心皮发育除 C 类基因外还需要其他因子的作用。目前已知,属于 *YABBY* 基因家族的 *DL*(*DROOPING LEAF*)基因就是这种因子之一,因为 *DL* 的突变将使心皮完全变成了雄蕊。在玉米中,*ZAG1*(*Zea mays AGAMOUS1*)和 *ZMM2*(*Zea mays MADS2*)这两种基因属于 C 类基因,如拟南芥的 *AG/PLE*-类似基因(*AGAMOUS* 或 *PLENA-like*)。由于基因的冗余性难以确定它们的确切功能。已知,*ZAG1* 基因的突变不影响花器官的属性(Thompson and Hake, 2009)。

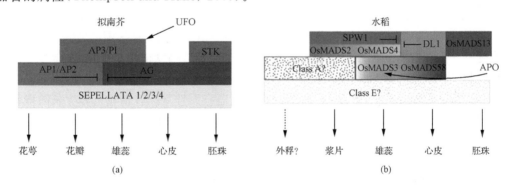

图 7-18 ABCDE 基因调控模式与拟南芥[(a)]和水稻[(b)]的花器官发育
(Thompson and Hake, 2009)(另见彩图)

在图中,绿色代表 A 类基因作用范围;红色代表 B 类基因作用范围;蓝色代表 C 类基因作用范围;紫色代表 D 类基因作用范围;黄色代表 E 类基因作用范围;(这类基因起基因冗余作用),它们是 A、B 和 C 类基因作用的辅助因子。均匀色代表有数据支持的功能,带斑点的颜色是根据表达模式和系统树分析而设想的功能。颜色程度(水稻)代表具有双份基因所起的亚功能区(subfunctionalization)。花分为 5 轮器官,第一轮分别为花萼或外稃和内稃(水稻);第二轮为花瓣或浆片;第三轮为雄蕊;第四轮为心皮。这 4 轮花器官的发育是由 ABC 基因模式所控制,如图 7-15所示。第五轮是胚珠为 E 类基因所控制

在水稻中也鉴定了两个拟 D 类基因(putative class D gene):*OsMADS13* 和 *Os-*

MADS21。突变体 *osmads21* 无突变的表型，但在 *osmads13* 中其胚珠（第五轮花器官）变成了心皮状的结构，出现多心皮的表型。这说明，在双子叶和单子叶植物中 D 类基因只是部分保守。水稻的同源异型突变体 *lhs1*（*leafy hull sterile1*），其雄蕊发育比较少，变成了外稃和内稃，在发育浆片的部位发育成了叶状结构。这是目前在禾本科中发现的 E 类基因的突变，该基因属于 *SEP-* 类基因（拟南芥中的 E 类基因）称为 *OsMADS1*。采用 RNA 干扰技术敲除 *OsMADS1* 后植株出现了明显的表型，其所有的 4 轮花器官都变成了叶状结构。

7.4.4　花器官属性基因的表达调控

有多种机制调控花器官属性基因的表达。在早期研究中主要集中在这类基因的转录激活或抑制的相关因子上，而对这些基因转录后的调控机制研究较少。研究表明，*AP2* 和 *LIP1/2* 编码的蛋白质是植物所特有的 AP2/ERF（ETHYLENE-RESPONSIVE EL-EMENT BIDING FACTOR）转录因子家族中的成员。因此，除 *AP2* 外，上述拟南芥 ABC 基因所编码的蛋白质都是 MIKC 成员，属于 MADS-box 蛋白，是同源异型基因所编码的一类转录因子。它们的结构与来自酵母中的微染色体保持因子（minichromosome maintenance factor，MCML）、拟南芥的 *AGAMOUS* 和金鱼草的 *DEFA*（*DEFICIENS*）所编码的蛋白质以及与哺乳动物中的血清效应转录因子（serum response transcrip factor，SRF）相似。因此，称之为 MADS-box 蛋白转基因拟南芥中异位表达花器官属性基因的实验结果证实了上述 ABCE 基因模式的设想。这些基因的组合足以赋予花器官的属性。

在植物营养发育的早期，这些花器官属性基因是被抑制的。这种抑制作用是通过如 *EMF1*（*EMBRYONIC FLOWER 1*）、*EMF2*（*EMBRYONIC FLOWER 2*）和 *FIE*（*FERTILIZATION-INDEPENDENT ENDOSPERM*）基因的作用而实现的；这些基因突变可导致花器官属性基因的提早表达，在种子萌发后植株便提早成花，产生花状的结构物。另外一些基因，如 *CLF*（*CURLY LEAF*）、*ICU2*（*INCURVATA 2*）和 *MSI1*（*MULTICOPY SUPRESSOR OF IRA1*）也使花器官属性基因在植物营养生长阶段保持处于被抑制的状态。FIE、EMF2 和 CLF 蛋白相互作用后可形成 Polycomb group（PcG）复合物，它与动物中的 Polycomb 阻抑复合物 2（POLYCOMB REPRESSIVE COMPLEX 2，PRC2）相似，而 PRC2 可通过组蛋白甲基转移酶活性修饰染色质的结构。目前尚不清楚花器官属性基因是否处于这类复合物调节网络的控制（Krizek and Fletcher，2005）。

在多数情况下，A 类、B 类和 C 类基因的 RNA 转录物的表达只局限于它们所作用的花器官中的部位。首次检测到 B 类和 C 类基因的 mRNA 表达是在花萼原基启动时的花发育阶段 3，随后其表达一直维持在花器官原基发生及至其成熟。E 类基因的表达模式有所不同，如 *SEP1* 和 *SEP2* 可在 4 轮花器官的各轮中表达，但 *SEP3* 和 *SEP4* 表达空间有所限制，*SEP3* 只在第二轮或第三轮花器官中表达，而 *SEP4* 只在第四轮花器官中表达。在花处于发育阶段 3 的花萼中也有低水平的表达。

尽管 LFY 是拟南芥花分生组织属性基因，它在幼花分生组织中表达，但它可激活各种不同表达模式的花器官属性基因。*LFY* 与 *UFO*（*UNUSUAL FLORAL ORGAN*）和

AP1 一起作用可激活在第二轮和第三轮的 B 类基因 *AP3* 的表达,*LFY* 与苗端分生组织属性基因 *WUS* 共同作用可在第二轮和第三轮花器官中启动 *AG* 的表达。这可能是因为 *LFY* 与 *WUS* 可直接与 *AG* 增强子元件位点结合所致,因为这些结合位点的突变可导致 *AG* 表达水平降低。

研究表明,要在开花早期维持花器官属性基因高水平的表达需要 *ATX1* 基因的参与。*ATX1* 有时也称为 *TRX1*(*TRITHORAX-LIKE PROTEIN 1*),它是果蝇的组蛋白甲基转移酶基因 *tritho-rax 50* 的同源物。在开花后期,植物激素 GA 通过拮抗 DELLA 蛋白家族的作用而促进花器官属性基因的表达(DELLA 蛋白家族功能之一是抑制 GA 的信息传导)。

研究发现,花器官属性基因所作用的下游的第一个靶基因是 *NAP*(*NAC-LIKE*、*ACTIVATED BY AP3/PI*),该基因直接受 B 类基因 *AP3* 和 *P1* 调控。*NAP* 编码的蛋白质是植物特有的属于 *NAC* 转录因子家族的成员。在花瓣和雄蕊中 *NAP* 控制着细胞由分裂到伸长的过程。在 *AP3*、*PI* 和 *AG* 的共同作用下,*SUP*(*SUPERMAN*)可持续在雄蕊和心皮的交界面上表达。*SUP* 编码的是一个锌指蛋白,它的功能被认为是调节第三轮和第四轮花器官(雄蕊和心皮)细胞增殖的平衡。*SUP* 的突变引起 *AP3* 基因表达区的扩大,并在心皮产生的地方发育出额外的雄蕊。大规模的基因微列阵(large-scale microarray)分析发现,在花瓣、雄蕊和这两种组织中有 47 个基因是 *AP3* 和 *PI* 的下游靶基因,其中 11 个是主要或只在花中表达的基因。在生殖器官中表达的 *SPL*(*SPOROCYTELESS*),也称 *NOZZLE* 基因是 *AG* 的直接作用靶基因。*SPL* 基因编码的转录因子蛋白调节胚珠和小孢子发生的早期发育(见第 6 章)。*AG* 与 *SPL* 3′端上的 CArG box 的序列结合而控制 *SPL* 的表达(Krizek and Fletcher,2005)。

7.4.5　花器官属性基因的生物化学作用机制——四重奏模式

根据上述的 ABCDE 或 ABCE 基因控制模式,通过基因操作,可产生出拟南芥 4 轮花器官中任何一轮中的任何一种花器官。MADS-box 蛋白的生物化学研究表明,这些蛋白质可以通过与它们的靶物 DNA 中的 CArG[CC(A/T)$_6$GG]框{CArG[CC(A/T6GG) box]}形成二聚体。B 类基因编码的蛋白质 AP3、DEF 和 PI/GLO 与 DNA 的结合仅形成异二聚体。这些蛋白质都要求一个自我调节的反馈回路以保持他们本身启动子控制下的转录。在进行酵母双杂交分析时发现,DEF、GLO 和 SQUA(AP1 直向同源物之一)可形成三元复合物,这些复合物强烈地促进 DEF-GLO 异源二聚体或 SQUA-SQUA 同源二聚体与 DNA 结合的活性。这些发现,即花的 MADS-box 蛋白可结合高程度的复合物,催生了花器官调控的四重奏模式(quartet model)(图 7-19)。

花的 MADS-box 蛋白相互结合形成高度聚合的复合物是它们控制花器官特化的一种基本作用模式。激活 B 类和 C 类基因的表达不需要 E 类基因 SEP 蛋白的参与,因为在 *sep* 的三重突变体中,这两类基因都能正常表达。SEP 蛋白的作用是作为一种辅助因子与这些基因的产物形成复合物,并赋予这些基因参与花器官特化的特异性的活性。在共免疫沉淀的试验中,B 类基因蛋白 AP3-PI 二聚体可与 A 类基因蛋白 AP1 及 E 类基因蛋白直接结合,并通过 SEP3 为支架间接地与 AG 结合。这种 B 类基因的蛋白与 E 类基

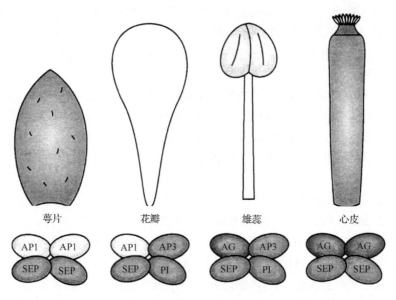

图 7-19　MADS-box 蛋白可能形成调节复合物的四重奏模式(Krizek and Fletcher，2005)

在每一轮花器官中都假定 MADS-box 蛋白与它们的靶基因启动子中的结合位点 CArG(CC(A/T6GG)框结合。这些结合位点可能是在 DNA 中彼此相邻近距离或相隔远距离的位点。在 MADS-box 蛋白二聚体之间可通过蛋白质与蛋白质相互作用而形成四聚体复合物，从而在两个 CArG-box 结合位点上与靶 DNA 结合。在四轮花器官中这一四聚体中可预测的组成将是：在第一轮中这一四聚体是由 AP1-AP1-SEP-SEP 组成，负责花萼的特化；在第二轮中这一四聚体是由 AP1-SEP-AP3-PI 组成，负责花瓣的特化；在第三轮中这一四聚体是由 AG-SEP-AP3-PI 组成，负责雄蕊的特化；在第四轮中这一四聚体是由 AG-AG-SEP-SEP 组成，负责心皮的特化。AG：AGAMOUS；AP1：APETALA1；AP3：APETALA3；PI：PISTILLA；TA；SEP：SEP；ALLATA

因的蛋白相互结合的现象也在矮牵牛的实验中得到验证。在拟南芥的酵母双杂交试验中也证实，C 类基因蛋白 AG 可与 E 基因 SEP1、SEP2 和 SEP3 相互作用，而 A 类基因蛋白 AP1 也可与 SEP3 相互作用。这些 MADS-box 蛋白相互结合的模式也在植物体内(*in vivo*)做过较全面的研究。这些蛋白质的三元复合物的形成对于它们对花器官模式作用的活性显得非常重要，由于这些 MADS-box 蛋白激活靶基因的能力各不相同，这种复合物的形成有利于发挥各自的功能。例如，B 类基因的蛋白质 AP3-PI 异源二聚体可与 *AP3*(A 类基因)启动子的 CArG-box 序列结合，但不激活该基因的转录，而当 AP3-PI-AP1 和 AP3-PI-SEP3 形成三元复合物就足以激活 *AP3* 的启动子使之进行转录。这表明，在形成三元复合物的情况下，无论是 AP1 或 SEP3 都可以激活 AP3-PI 二元复合物的转录(Krizek and Fletcher，2005)。

花的发育还涉及花的品质(颜色、香味、花器官的大小)和性别决定等的调控(见第 5 章)，本章未述及。大规模基因组的研究揭示：在花序及其花器官形态发育的基因控制模式上，尽管在形态上具有完全不同于拟南芥的花序和花器官结构的其他植物(如玉米、水稻)，但都显示有相似的基因控制模式。

开花过程是一个受植物体内、体外影响因子严格调控的复杂过程，遗传与表观遗传、转录与转录后及基因沉默等各个水平上基因表达和信号传导相互作用的网络所控制。拟南芥、水稻和玉米等越来越多的植物全基因组测序的完成，将使我们对花发育的各个水平上的生物化学、分子与遗传调控机制的认识不断深入。

参 考 文 献

张素芝,左建儒. 2006. 拟南芥开花时间调控的研究进展. 生物化学与生物物理进展,33:301-309.

Alvarez J, et al. 1992. Terminal flower: a gene affecting inflorescence development in *Arabidopsis thaliana*. Plant J, 2:103-116.

Amasino R M, Michaels S D. 2010. The timing of flowering. Plant Physiol, 154: 516-520.

Barazesh S, McSteen P. 2008. Hormonal control of grass inflorescence development. Trends Plant Sci, 13:656-662.

Berardini T Z, et al. 2001. Regulation of vegetative phase change in *Arabidopsis thaliana* by cyclophilin 40. Science, 291:2405-2407.

Bohlenius H, et al. 2007. Retraction. Science, 316:367.

Bortiri E, et al. 2006. *ramosa*2 encodes a LATERAL ORGAN BOUNDARY domain protein that determines the fate of stem cells in branch meristems of maize. Plant Cell, 18:574-585.

Bowman J L. 1994. *Arabidopsis*: An Altas of Morphology and Developmen. New York:Springer-Verlag: 205.

Bowman J L, Smyth D R, Meyerowitz E M. 1991. Genetic interactions among floral homeotic genes of *Arbidopsis*. Development, 112:1-20.

Bäurle I, Dean C. 2006. The timing of development transitions in plant . Cell, 125: 655-664.

Calonje M, et al. 2008. EMBRYONIC FLOWER1 Participates in polycomb group-mediated AG gene silencing in *Arbidopsis*. Plant Cell,20: 277-291.

Carpenter R, et al. 1995. Control of flower development and phyllotaxy by meristem identity genes in *Antirrhinum*. Plant Cell, 7:2001-2011.

Cerdan P D, Chory J. 2003. Regulation of flowering time by light quality. Nature, 423: 881-885.

Chuck G, Candela H, Hake S. 2009. Big impacts by small RNAs in plant development. Currt Opin Plant Biol, 12:81-86

Cockram J, et al. 2007. Control of flowering time in temperate cereals: genes, domestication and sustainable productivity. J Ex Bot, 58:1231-1244.

Coen E S, Meyerowizt E M. 1991. The war of the whorls: genetic interactions controlling flower development. Nature,353:31-37.

Colombo L, et al. 1995. The petunia MADS box gene *FBP77* determines ovule identity. Plant Cell, 7:1859-1868.

Fleet C M,Sun T P. 2005. A DELLAcate balance: the role of gibberellin in plant morphogenesis. Curr Opin Plant Biol, 8:77-85

Fujiwara S, et al. 2008. Circadian clock proteins LHY and CCA1regulate SVP protein accumulation to control flowering in Arabidopsis. Plant Cell, 20:2960-2971.

Howell S H. 1998. Molecular Genetic of Plant Development. London:Cambridge university Press.

Huang L C, et al. 1992. Rejuvenation of *Sequoia sempervirens* by repeated grafting of shoot tips onto juvenile rootstocks *in vitro*. Plant Physiol, 98:166-173

Huang T, et al. 2005. The mRNA of the Arabidopsis gene FT moves from leaf to shoot apex and induces flowering. Science 309:1694-1696, Retraction. 2007. Science, 316:367.

Hunter C, Sun H, Poethig R S. 2003. The Arabidopsis heterochronic gene ZIPPY is an ARGONAUTE framily member. Curr Biol, 13: 1734-1739.

Irish E and Jegla D. 1997. Regulation of extent of vegetative development of the maize shoot meristem. Plart J,11: 63-71.

Irish E, Nelson T M. 1988. Development of maize plants from cultured cells. Planta, 175:9-12.

Jung C, Müller A E. 2009. Flowering time control and applications in plant breeding. Trends Plant Sci, 14:563-573.

Kinet J-M, Sachs R M, Bernier G. 1985. The Physiology of Flowering, Vol. III, Development of Flowers. New York:CRC Press:4-5.

Koornneef M, et al. 1998. Genetic control of flowering time in *Arabidopsis*. Annu Rev Plant Physiol, 49:345-70.

Koornneef M, et al. 2004. Naturally occurring genetic variation in *Arabidopsis thaliana*. Annu Rev Plant Biol, 55: 141-172.

Koornneef M, Hanhart C J, Van der Veen J H. 1991. A genetic and physiological analysis of late flowering mutants in *Arabidopsis thaliana*. Mol Gen Genet, 229:57-66.

Kotake T, et al. 2003. Arabidopsis *TERMINAL FLOWER* 2 gene encodes a heterochromatin protein 1 homolog and represses both *FLOWERING LOCUS T* to regulate flowering time andseveral floral homeotic genes. Plant Cell Physiol, 44: 555-564.

Krizek B A, Fletcher J C. 2005. Molecular mechanisms of flower development: an armchair guide. Nature Rev Genet, 6:688-698.

Lauter N, et al. 2005. MicroRNA172 down-regulates glossy15 to promote vegetative phase change in maize. PNAS, 102:9412-9417.

Leopold A C. 1975. Plant Growth and Development, New York:McGraw-Hill Press:250-269.

Lyndon R F. 1990. Plant development: the cellular basis. *In*: Black M, Champman J. Topic in Plant Physiology. Vol. 3. London: Univin Hyyman Press.

Nadgauda R S, Parasharami V A, Mascarenhas A F. 1990. Precocious flowering and seeding behaviour in tissue-cultured bamboos. Nature, 344:335-336.

Parcy F. 2005. Flowering: a time for integration. Int J Dev Biol, 49: 585-593 .

Peragine A, et al. 2004. SGS3 and SGS2/SDE1/RDR6 are required for juvenile development and the production of trans-acting siRNAs in *Arabidopsis*. Genes Dev, 18:2368-2379.

Poethig R S. 1990. Phase change and the regulation of shoot morphogenesis in plants. Science, 250:923-930.

Putterill J, Laurie R,Macknight R. 2004. It's time to flower: the genetic control of flowering time. BioEssays, 26: 363-373.

Raghavan V. 2000. Developmental Biology of Flowering Plants. Cambridge:Cambridge University Press:147.

Rédei G P. 1962. Supervital mutants of *Arabidopsis*. Genetics, 47:443-460.

Schultz E A, Haughn G W. 1991. Leaf: a homeotic gene that regulates inflorescence development in *Arabidopsis*. Plant Cell, 3:771-781.

Schwechheimer C. 2008. Understanding gibberellic acid signaling—are we there yet? Curr Opin Plant Biol, 11:9-15.

Telfer A, Bollman K M, Poethig R S. 1997. Phase change and the regulation of trichome distribution in *Arabidopsis thaliana*. Development, 124:645-654

Theißen G. 2001. Development of floral organ identity: stories from the MADS house. Curr Opin Plant Biol, 4: 75-85.

Thompson B E, Hake S. 2009. Translational biology:from Arabidopsis flowers to grass inflorescence architecture. Plant Physiol, 149:38-45.

Tsukaya H. 2002. Leaf development. *In*:Somerville C R, Meyerowitz E M. The *Arabidopsis* Book 1. Rockville M D: American Society of Plant Biologists. http://www. bioone. org/doi/full/10. 1199/tab. 0072.

Turck F, Fornara F,Coupland G. 2008. Regulation and identity of florigen: FLOWERING LOCUS T moves center stage. Ann Rev Plant Biol, 59:573-594.

Veley K M, Michaels S D. 2008. Functional redundancy and new roles for genes of the autonomous floral-promotion pathway. Plant Physiol, 147: 682-695.

Vollbrecht E, Schmidt R J. 2009. Development of the Inflorescence. *In*: Bennetzen J L, Hake S C. Handbook of

Maize：Its Bilogy. New York：Springer：13-39 （DoI：10. 1007/978-0-387-79418-2）.

Wang S. et al. 2007. TRICHOMELESS1 regulates trichome patterning by suppressing GLABRA1 in *Arabidopsis*. Development，134：3873-3882.

Yu N，et al. 2010. Temporal control of trichome distribution by microRNA156-targeted *SPL* genes in *Arabidopsis thaliana*. Plant Cell，22：2322-2335.

Zeevaart J A D. 2008. Leaf-produced floral signals. Curr Opin in Plant Biol，11：541-547.

第8章 果实的发育及其调控

8.1 肉质果的发育

胚珠受精后子房开始膨大。花瓣脱落,胚珠发育成种子。在许多情况下子房与花的其他部分一起发育成含种子的结构,这种结构称为果实。在形态学上,真正的果实,即所谓的真果(genuine fruit)是像柿子和番茄那样的果实,由雌蕊的子房发育而成。由子房连同花萼、花托等形成的果实称为假果(spurious fruit, false fruit),如无花果即是连花托一起膨大而形成的假果。因此,种子是成熟的胚珠,而果实是含有种子的子房或心皮的成熟组织。含多个种子的果实发育程度与受精胚珠的数量成比例。果实的发育一直维持到种子成熟。从子房壁发育成的果实"壁"称为果皮(pericarp),果皮常分化成 2 层或 3 层,最外一层称为外果皮(exocarp),中间一层称为中果皮(mesocarp),最里一层称为内果皮(endocarp)。

禾本科的果实和种子在实践上是同义词,因为种子几乎占了果实(颖果)的全部空间,难于从子房壁中分开。许多果实比其中的种子有更大的商品价值。例如,桃、葡萄和番茄等果实是作为食物而进行大规模的生产。有些果实用于调味,如蛇麻子、香子兰豆、红辣椒等;有的可作为染料和制蜡,如青靛蓝;有的专门用于观赏,如冬麦属植物和美洲南蛇藤的果实。从植物本身来说,产生种子(胚珠)是主要的,而果实的发育是从属的,但许多园艺的种植目的(如果树)是以利用果实为主。因此,子房、花托等的生长发育比胚珠的发育更加受到重视。

尽管多数果实属于干果(dry fruit),但有关果实发育的研究主要还是集中于肉质果类,这与人们日常吃食的需求有关。对果实发育及其后熟的分子和遗传方面的研究更是集中于以番茄为模式的研究体系中。在花器官的分子和遗传调控、心皮特征及其发育与成熟等相关基因的鉴定及其功能分析领域,对拟南芥的干果模式体系研究较多。因此,本章以介绍这两种模式植物果实的研究结果为主。

果实可分为肉质果(flesh fruit)和干果(Coombe, 1976)。干果成熟后,由于果壁内薄壁组织的细胞大部分水分消失,最后死亡,因此,果实非常干燥。干果又可分为如豌豆和拟南芥果实那样的开裂干果(dehiscent dry fruit)和如谷物果实(颖果)那样的不裂干果(indehiscent dry fruit)。

如柿子和番茄那样的肉质果,果壁内有大量肉质化的薄壁组织,内含大量的水分和丰富的营养物质。有些肉质果的胎座特别发达,也是果实肉质化的部分。肉质果常可依其后熟时呼吸代谢的特征,分为呼吸跃变型果实(climacteric fruit)和非呼吸跃变型果实(non-climacteric fruit)。呼吸跃变型果实,如番茄、香蕉、鳄梨(avocado)和苹果等发育到成熟(maturation)阶段结束时,其呼吸峰也随之降低,但当果实后熟(repining)时又再次升高,同时还伴随着大量的乙烯合成。非呼吸跃变型的果实,如草莓、葡萄和柑橘后熟时,并无明显的呼吸峰及乙烯峰出现(Giovannoni,2001)。但是这种区分也不是绝对的,香瓜类的果实,有的可归为非呼吸跃变型果实,有的可归为呼吸跃变型果实,如一种香瓜(*Cucumis melo var cantalupensis*)具有典型呼吸跃变型果实的生理特点,后熟快,货架时间短,产生大量的乙烯;另一种香瓜(*C. melon var inodorus*)是非呼吸跃变型果实,不产生可自我催化的乙烯,后熟慢,其货价时间长(Pech et al. ,2008)。

肉质果个体发育的结构特征比较复杂,其可食用部分可发育自花的各个部分,如柑橘的可食部分发育自子房组织,其周边层组织都与心皮组织同源,可食部分是内果皮及其充满液汁的腺毛细胞,其非食用部分的内果皮(如柚子)和中心果实轴构成了全部维管体系。在苹果中,可供食用部分是发育自花托的外果片以及部分外心皮组织。

单性结实(parthenocarpic fruit)也是肉质果的发育特点之一。一般认为胚珠不经受精而形成果实的现象为单性结实(Gttstafson,1939),这样可与单性生殖区别(单性生殖是指不经受精而形成胚)。植物单性结实的种类按其原因可分为:①遗传性单性结实,如甜橙、柠檬和葡萄等植物,引起这类单性结实的基因控制着果实发育早期的激素水平,使之在花药开裂之时及之后保持较高激素水平。②环境因素所引起的单性结实,它可由于授粉条件引起,如某些品种的黄瓜,不予授粉时,可形成无子果实,也可以由光照条件,如在限量的光照下,葡萄、黄瓜即使授了粉也会得到无子果实,而在正常光照下一般产生正常的有子果实;温度条件的变化也可引起单性结实,如有些梨品种的雌蕊和柱头受到霜冻使子房受伤害时,子房会发育成果实。③人工单性结实,最常用的方法是使用生长调节物质进行诱导,如使用 GA3 可使葡萄和蚕豆单性结实,使用生长素喷洒可诱导番茄、辣椒、瓜、茄子、南瓜和烟草进行无子结实(Nitsch,1970)。一般来说,种子数目少的植物难以进行单性结实,种子数目多的植物则比较容易进行单性结实,其中胚珠的发育对此起着很大的作用。

8.1.1　肉质果发育的主要阶段

一般将肉质果的发育分为座果期(fruit set)、果实的生长的(细胞快速分裂期、细胞扩大期)和成熟(maturation)/后熟(ripening)期。果实发育启动后,经历生长、成熟(maturation)、生理成熟(physiological maturity)、后熟、衰老(senescence)及死亡(death)的生理过程(Goldschmidt,1986)(图 8-1)。在生理上,果实的成熟可分为可采成熟、生理成熟(maturation)、食用成熟或后熟。成熟是指果实发育已达到生理学和园艺学的成熟程度;生理成熟是指果实和种子发育一致,果实成熟时种子发育也完成并具有完全发芽能力;食用成熟是指果肉可以食用;可采成熟是指可以采摘的果实。在一些作物中,可采成熟、生理成熟是一致的,如香瓜、甜瓜等;在一些作物中,可采成熟和食用成熟是一致的;在另一些作物中,采摘后的果实因需经一定时间的后熟方可适合食用,如青柿子。

1. 座果期

花成功受精后,子房开始急剧生长和发育,与此同时,花瓣及雄蕊常出现凋谢与脱落,花转变为幼果,此过程称为座果。座果可分为始座果和终座果(产生成熟的果实)。始座

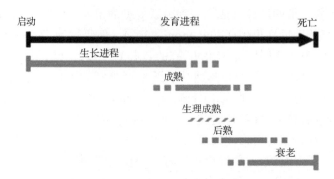

图 8-1 果实发育过程示意图

果是指子房膨大的开始。始座果能力常取决于雌性器官对花粉的接受能力,并决定着子房是败育还是进行果实发育。始座果也取决于授粉,因为授粉过程产生激发果实发育的正向信号,如果无此信号,花将脱落,GA 被认为是其中信号之一。落花后,花柱和子房中产生大量的生长素,外用生长素也可诱导单性结实,因此认为 GA 在座果中的作用是通过诱导生长素的产生所致。但是,番茄缺失 GA 的大部分突变体也可发育果实,同时,对生长素不敏感突变体的果实生长也正常。这说明座果及其果实发育的诱导机制是多种多样的。谷物 70% 以上的小花可以座果。落叶果树的座果率一般为 5%～50%。有些植物开花数量很大,只要一小部分花座果便可获得丰收。例如,鳄梨可开百万杂花,而单个芒果花序的花就约有 5000 朵(Singh,1960)。座果率常与开花密度成反比,花与花之间、花与其他器官之间存在着营养供给的竞争作用。

座果后,果实的持续发育常依赖于种子的发育。胚败育或除去种子将导致果实发育的停止,外施生长素可恢复果实的发育(Varga and Bruinsma,1976)。例如,将草莓的种子除去,其花托就不能发育成果实,但若在除去种子部位外加生长素,果实又可照常发育。无子果实(如香蕉)在子房中的生长素或 GA 在定性、定量上都与其有子果实有明显的差异。

2. 果实的生长

果实生长取决于细胞分裂与细胞增大。果实有两个生长中心:一个是子房壁组织的增大;另一个是胚和胚乳的发育。首先进行的是前一个中心的生长,继而出现后一个中心的生长。果实生长的初期主要靠细胞分裂,一定时间后则靠细胞增大。各种果实有不同的生长类型和生长速率,番茄果实的增大几乎全靠细胞增大。梨果(如苹果和梨)在紧接受精后的 4～6 周进行大量的细胞分裂和细胞增大,随后便依靠细胞增大而生长;鳄梨中的细胞分裂活动可一直维持到收获期。植物的果实生长有很大差别,有些果实基本上不增大,有些果实的体积则增大几千倍。果实生长期的长短也各不相同,有的为 1～2 周,有的则需几年,但一般都需几个月,这是由遗传因子决定的(Coombe,1976)。果实的生长主要反映在如下两个方面。

(1)果实发育的快速细胞分裂期:当肉质果座果后,其快速细胞分裂期往往发生在授粉的头几周(但也有例外的情况,如鳄梨,其果实发育的整个阶段都保持着细胞分裂活性)

此时,果实的各部分都发生快速的细胞分裂。苹果在花开期,约为 200 万个细胞,到收获时,其细胞可达到约 4000 万个。为了完成这些细胞数量,在花开期之前细胞必须经历 21 次的翻倍;在花开期之后,只需 4.5 次翻倍。细胞的数量和细胞体积(大小)决定着果实发育所能达到最终大小。对杏果实发育的研究表明,细胞数量是决定果实发育最终大小的重要因素。发育中的种子对果实发育的快速细胞分裂期起着重要的调控作用。授精胚珠的数量与果实的细胞分裂速率及其果实的大小呈正比。此外,种子在果实中不对称的分布也导致果实在外形上的不对称。发育中胚的细胞分裂素水平与胚周围组织中的细胞分裂也存在一种相关性,但尚无直接证据证明胚中这种细胞分裂素参与果实细胞分裂的调节。

果实发育时,其快速细胞分裂期所经历的时间长短因果实种类及其果实中的不同组织而异。由许多小细胞组成的成熟果实的组织将持续细胞分裂较长时间。番茄果实发育的细胞快速分裂期为 1～10 天,而细胞扩大期可达 6～7 周。在成熟肉果中,其细胞长度为 150～700μm,有些甚至超过 1mm,包裹石榴果种子的组织细胞长度可超过 2mm。

(2) 果实发育的细胞增大期:细胞分裂后随之进入细胞增大期,细胞扩大引起果实体积的增大,常可使果实增大 100 多倍,赤霉素与细胞增大有关。细胞增大的程度受细胞壁的行为影响,如细胞壁的可塑性、壁物质的沉积、次生壁发育的程度、细胞壁内外的渗透压差和水分的进入等(Coombe,1976)。细胞分裂与细胞增大所决定的细胞数量和细胞体积与果实发育的最终大小密切相关,细胞的密度(cell density)也对此有影响。成熟的肉果细胞中累积着大量的有机物质,它们的浓度随果实发育时间的增加而增加。果实是一种有限器官,其细胞增大时期较短,其最后的大小是受多种遗传因子控制的。果实生长发育时对同化物存在着许多竞争源,如果实之间;生长的分生组织之间;根、新叶及枝条之间;在需要贮存物质的多年生器官之间。苹果是温带地区的夏果,柑橘是亚热带地区的冬果。因此前者果实生长期比后者短 100～200 天。它们活跃的细胞分裂时期约占果实生长期的 15%,苹果生长期为 5～6 个月,细胞分裂期为 21～24 天;柑橘从开花到果实成熟需 8～11个月,细胞分裂期为 30～50 天。

在果实迅速增大时,大多数果实累积蔗糖和淀粉,果实成为重要的累积贮藏代谢物代谢库。番茄果皮尚有光合作用活性以及叶组织的其他形态特性。绿色番茄含叶绿体,此时果皮的结构与叶肉中的栅栏层相似,但它的光合作用能力不足于支持果实的发育。果实的最终大小,有的与细胞的大小成正比,如樱桃;有的与细胞的数量正比,如苹果;其果实的增大借助于果实发育后期细胞间隙的发育。以果实的重量(克)和以体积(ml)为单位的生长曲线是不一样的。葡萄的情况则与苹果相反,到生长结束时,重量的增大比体积增大对果实大小的贡献大。这是由于葡萄并不大量增加细胞间隙而是大量贮藏物质的缘故。

果实生长是通过测定果实的体积,直径,周边线和干、鲜重增加的累积曲线来表示。果实生长曲线常显 S 形。这反映果实生长开始不受限制,随后生长速率逐步降低是由于同化产物供给的限制,同时也因越来越多叶与衰老所致。番茄和梨果的生长曲线都呈 S 型,即开始生长速率放慢,随之生长稳速增加,到成熟后生长速率下降。果实还可以出现双 S 形的生长曲线,如石果类、甘橄、葡萄和无花果等果实的生长呈双 S 形生长曲线,这种生长曲线可能和果实与种子生长竞争有关。在早熟的樱桃品种中，其种子(幼胚)在缓慢的生长期就已退化，果实生长不呈双 S 形生长曲线，而晚熟品种果实生长则呈双 S 曲线。从生长曲线我们可以了解各类果实在果实发育期间的生长速率(Coombe,1976)。

3. 果实成熟及其后熟

果实进入成熟发育阶段意味着果实的发育由防护功能转入果实的散布功能。果实成熟与种子与胚的成熟是同步完成的。肉果类成熟后的后熟能吸引动物食其果实而将种子传播。肉果的后熟包括果实的软化,甜味和液汁的增加,果色的改变。对果实成熟及其后熟调控研究最多是番茄。有关肉质果实成熟(后熟)及其调控将在 8.2 节中专门讨论。

上述对果实发育时期的划分不是绝对的,可因研究对象而异。以番茄为例,果实的发育可分为三个阶段,包括开花期(anthesis,a)、成熟绿(mature green,MG)、发白(breaker,BR)和红熟(red ripe,RR)期(图 8-2)。阶段 I 为花期阶段,此时包括子房发育、受精和座果;阶段 II 含果实发育中细胞分裂,种子和胚开始发育;阶段 III 包括果实细胞增大和胚成熟,果实发育后便开始果实后熟,此时果实颜色加深、果肉软化。在番茄果发育的早期阶段(阶段 II),果皮和胚座出现大量的细胞分裂,种子着床于胎座中。细胞分裂的程度及速率受种子发育的影响。在细胞分裂阶段,果实生长速率与发育的种子数相关。在果实发育的后期阶段有一个明显的果实增大过程(阶段 III),此时细胞分裂停止,果实增大全靠细胞增大。此后胚胎生长极快,完成它的成熟过程(Giovannoni,2004)。

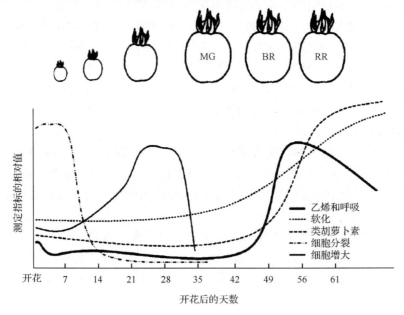

图 8-2　番茄发育阶段及其相关的细胞分裂、细胞增大、呼吸作用、乙烯的生物合成、
细胞软化与类胡萝卜素累积的变化(Giovannoni,2004)
发育阶段可分为开花期、成熟绿(MG)、发白期(BR)和红熟期(RR)。果实发育到成熟绿阶段时,果实最终大小发育完成,但未成熟,种子已成熟;到 BR 期,果实开始可见有类胡萝卜素的累积,从细胞分裂的发育阶段将逐步进入果实发育的细胞增大阶段。细胞分裂的速率和持续的时间因果实种类及其果实内组织的不同而不同。dpa:授粉后的天数(day after anthesis)

8.1.2　果实大小发育的遗传控制

　　果实的大小、重量(干重)百分数是重要的商品特性。果实的重量由许多基因调控。番茄由 5～20 个基因控制着它的重量,对番茄果实中的数量与品质基因座的作用进行了较多的研究,在此,以番茄果实的大小的发育控制为例。

　　在分类学上,植物有许多种类的果实都属于肉果,它们共同的特点是已驯化的种类所结的果实都比其祖先野生种的果实大。例如,番茄属(*Lycopersicon*)有 9 个种,只有番茄(*L. esculentum*)才是栽培种并呈现多样的果形和大小,其余的 8 个野生种所结的果实都小而圆,只有几克重,栽培种的最大果实可达 1kg。同时尽管番茄栽培种的果形与大小变化多样,但在基因组水平上的遗传变异却相对稳定,而野生种的情况则相反(图 8-3)。根据 DNA 标记的估算,在整个基因组水平上,栽培种的基因多样性与野生种相比不足后者的 5%。大量的基因定位研究发现,有关番茄果实形状和大小遗传调控的基因座分布在 7 条染色体上,共有 30 个数量性状基因座(quantitative trait locus,QTL),而与栽培番茄品种果实形状和大小性状相关的基因座不足 10 个(Tanksley,2004)。

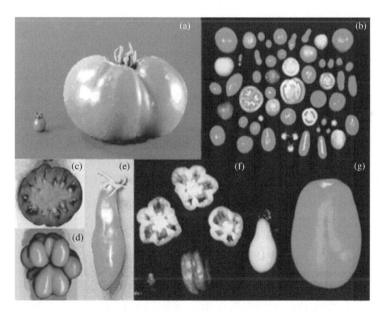

图 8-3　番茄果实大小及其形状的各种变化(Tanksley,2004)

(a) 最大的番茄品种(Giant Heirloom common)(右)及与其相关的代表性的野生品种(*L. pimpinellifolium*)果实(左)。(b) 各种大小和形状的番茄果实。(c) 由 *fasciated* 发生突变形成的多子房果实的横切面。(d) 另一种与 *fasciated* 等位基因相关的果实,呈现心皮不融合。(e) 栽培品种'Long John'(*Lycopersion esculentum* ev. Long John) *sun* 和 *ovate* 都发生突变的纯合子植株所结的果实。(f) 由栽培品种'Yellow Stuffer'(*Lycopersionesculentum* cv Yellow Stuffer)所产生的钟状辣椒形的果实。(g) *ovate* 发生突变的两个栽培品种纯合子植株的果实。图左的品种:由 *ovate* 突变引起果实伸长,同时在果柄处收缩,形成梨形的果实[而方形(square shape)果实的形成是由 *f8.1* 决定];图右的品种:由 *ovate* 突变引起果实伸长,果柄处收缩的程度大为减少

1. *fw1.1*、*fw2.2*、*fw3.1* 和 *fw4.1* 基因座的功能

番茄野生小果品种与大果栽培品种的杂交种的 QTL 鉴定发现,至少有 4 个基因座,即 *fw1.1*、*fw2.2*、*fw3.1* 和 *fw4.1* 是控制番茄果实大小的关键基因。经多重作图(multiple mapping)和等基因系研究的进一步核实,这些等位基因的变异(如 *fw2.2* 基因)对果实大小有重要的影响,对果实的最后重量改变可达 30% 以上,而对果实的形状影响不大。*fw2.2* 基因的突变位于 2 号染色体上,在果实发育早期阶段就影响果实的大小,该基因编码的蛋白质含有两个跨膜区(transmembrane-spanning domain),是一个细胞分裂的负抑制因子(a negative repressor of cell division),其功能可能与细胞分裂时细胞之间的通讯及其协调有关,它的作用局限于果实发育早期的细胞分裂期。*fw2.2* 的突变只影响果实的大小,由小果变大果。已证明这种突变发生在启动子区而不是在编码基因的密码子上。因此,该基因的功能是在基因调节水平上,而不是在蛋白质功能水平上。此外,尽管基因座 *fw2.2* 对果实发育有明显的影响,但该基因的表达水平却不高,表达的时间也不长(Cong et al.,2002)。

2. *faciated* 基因座和 *locule-number* 基因座的功能

番茄野生种和许多栽培种的雌蕊一般含有 2~4 个心皮,授粉后每个心皮发育成一个子房室(locule),而有些变种则有多个子房室[图 8-3(c)],所发育出的果实也比较大。已发现位于 2 号染色体的 *locule-number* 基因座和位于 11 号染色体的 *faciated* 基因座与此有关,其中,*faciated* 基因座的突变不但引起多子房室的产生(其所产生的子房室可超过 15 个),而且也引起心皮间的不融合。大多数市售的多子房室的番茄品种都带有 *faciated* 基因座的突变。一般能结出超过 500g 以上果实的品种不但具有 *faciated* 基因座的突变,也有 *locule-number* 基因座的突变。遗传学研究表明,心皮数量的增加与 *faciated* 的隐性突变方式相关,是一种失能突变(a loss of function mutant),而 *locule-number* 突变可能是 *locule-number* 基因座上功能改变的突变,实质上是调节性的改变而不是结构上的改变。

8.1.3　果形发育的遗传控制

研究表明,目前番茄的大少和果形是由小而圆形的野生种进化而来。实际上要完全区分控制果实大小的基因座与控制果实形状的基因座是比较困难的。如上述的 *faciated* 和 *locule-number* 既影响果实的大小也影响果实的形状。在番茄中,目前已鉴定出三个基因座与果实形状相关,而与果实大小关系不大。它们分别是位于 3 号染色体的 *ovate*,位于 8 号染色体的 *sun* 和 *fs8.1*。

1. *ovate* 基因的功能

ovate 的变异表型不止一个,在一定遗传背景下 *ovate* 的变异可使果形变长成为梨形[图 8-3(g)];而在另一种遗传背景下颈状收缩生长消失,果形伸长的程度不那么明显。这说明 *ovate* 可与另外的基因座相互作用控制果形的发育。*ovate* 在开花两周后,即在授

粉 10 天内就在花发育的早期阶段表达(图 8-4)。*ovate* 基因编码一个新型的植物亲水蛋白,带有双组分推定的核定位信号、Von Willebrand 因子 C 型结构域(Von Willebrand factor type C domain)和一个含 70 个氨基酸 C 端,该 C 端序列在番茄、拟南芥和水稻中都是保守的(Liu et al.,2002)。在 *ovate* 基因座上的翻译过程中,一个单突变,导致第二个外显子上提前形成一个终止密码子而使其过早地结束蛋白质的翻译,使这个蛋白质 C 端序列消失,引起番茄果形从圆形变为梨形,这可能是一种失能突变。通过转化使 *ovate* 基因过量表达,转基因番茄的花器官和小叶都不同程度地减少,说明该蛋白在植物发育中起着负调节作用。

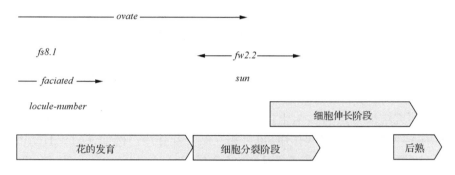

图 8-4　番茄果实发育阶段与控制果实形态和大小的基因表达(Tanksley,2004)

2. *sun* 基因的功能

sun 基因座(*sun locus*)是首先从番茄'Sun 1642'品种中鉴定出来而得名的。QTL 作图表明 *sun* 基因座位于 7 号染色体上。尽管 *ovate* 和 *sun* 的变异都产生长形果,但它们在遗传、形态和发育方面有重要区别。第一,*sun* 变异形成的长形果,在纵切方向的伸长是均匀的,这样的果实可保持双侧对称;而 *ovate* 变异形成的长形果的双侧是不对称的,在靠近苗端的果实部分比近花一侧的果实部分较突出,从不产生颈形或梨形果实。第二,与 *sun* 相关的果形变化是从授粉后果实发育的细胞分裂阶段就开始发育,而 *ovate* 的作用更早,在花发育时便发挥作用(图 8-4)。

通过比较长果形番茄'Sun 1642'品种及其圆果形'LA 1589'品种有关序列发现,在'Sun 1642'品种中,相应于'LA 1589'品种的 *DEFL1* 基因上插入一段双复制的 24.7kb 片段,而'LA 1589'品种中则只有这一片段的一份复制,这一段序列的差别意味着'Sun 1642'品种果形伸长的分子基础与这一片段相关。通过定位克隆,在番茄'Sun 1642'品种的 *sun* 基因座已鉴定出一个反转录转座子 *Rider* 和 5 个基因,分别称为 *IQD12*、*SDL1* 类基因、假定基因(*hypothetical gene*)*HYP1* 与 *HYP2* 和 *DEFL1* 基因。*DEFL1* 是因反转录转座子插入而断裂的基因。其中 *IQD12* 所编码的是带 IQ67 结构域蛋白质家族成员蛋白质,*SDL1* 类基因与拟南芥和烟草中的 *SDL1* 基因高度相似,*HYP1* 和 *HYP2* 所编码的蛋白质与 CUC1 蛋白和一个马铃薯蛋白(AY737314)高度相似;基因 *DEFL1* 编码一个推定的分泌防御蛋白(BT012682);反转录转座子 *Rider* 含单一的阅读框并编码一个带 1307 个氨基酸的高分子质量蛋白质,该蛋白质包括整合酶和反转录酶。通过基因转化发现，*IQD12* 基因转入圆果形的野生型番茄时，长出的果形变成了极其狭长的果实；而当长果形番茄品种敲除该基因时，结出的果实变成像野生型一样的圆果。这说明只要增加或减少 *IQD12* 的表达就可直接影响番茄果形，因此，*IQD12* 基因是 *sun* 基因座的功能基因，特称为 *SUN* 基因，它编码的 IQD12 与拟南芥的 AtIQD1 同属一个蛋白质家族成员，AtIQD1 可以增加拟南芥中芥子油苷的含量（Xiao et al.，2008）。

3. *fs8.1* 基因座的功能

培育番茄方形果（称为 square 番茄）是为了更便于番茄的机械收获。*fs8.1* 基因座控制着该果实的果形，它有两个显著的特点：果实不再显圆形而稍显长形，各个心皮发育出更多的室隔，使果形显块状或方形，这种果形更适合机械收获［图 8-3(g)］。*fs8.1* 与 *ovate*、*fasciated* 和 *locule number* 一样，都是在果实发育的早期，即在花和心皮发育时就对果形发挥作用（图 8-4）。它的果实在花期的心皮即带有成熟果形的特点，显示方-长形。

就目前研究结果而言，至少有上述的 9 个基因座的突变是决定果实大小和果形最重要的控制因子，它们不但各自起作用，也可相互结合起作用。例如，Giant Heirloom 的果实可达到 1kg 重［图 8-3(f)］，是 *fw1.1*、*fw2.2*、*fw3.1*、*locule-number* 和 *fasciated* 共同作用的结果（Tanksley，2004）。

8.2　果实的后熟及其调控

这里主要叙述肉质果的后熟及其发育控制。果实发育到达生理学和园艺学成熟就进入后熟阶段。后熟是果实生长进入最后阶段而发育处于衰老早期阶段的发育进程。果实的后熟是高度有序的遗传编程，是一个不可逆过程，并涉及一系列生理、生化和器官水平上的变化（表 8-1），如呼吸作用和乙烯短暂水平增加、叶绿素降解，合成类胡萝卜素、花青素类、精油、香气和香味物质，细胞壁降解酶活性增加，使果实发育成为软化的可供食用的水果等。这些变化也吸引果实的享用者以利种子的扩散和传播。有些果实，如鳄梨在果树上是不能完全后熟的，采收后经过适当的处理以促进它的后熟。如果肉质果实缺乏采后保鲜措施，会腐烂变质，导致严重的经济损失。例如，柑橘果实在贮藏时会出枯小或粒化。因此，相对于果实的催熟技术就必须有保鲜技术。果、蔬采后生理学（postharvest physiology）是专门研究采收后果、蔬生理特征和周围环境对这些特性的影响，以此为理论基础的应用分支便是果、蔬贮运学。

表 8-1　果实后熟时发生多糖解聚（　）和不解聚（×）的果实（Goulao and Oliveira，2008）

果实种类	果胶的解聚	半纤维素
苹果	×	×
鳄梨	√a	√
无花果	√	√
葡萄	√	√a

续表

果实种类	果胶的解聚	半纤维素
猕猴桃	√	√
芒果	√	
香瓜	√	√
木瓜	√	√c/ ×d
桃	√b	√
梨	√	√
柿子		√
草莓	×	√
番茄	√a	√

注：a. 未后熟到中熟；b. 中熟到全熟；c. 由 Paull 等 1999 年报道；d. 由 Manrique 和 Lajolo 2004 年报道。

果实后熟时的颜色变化是由于原先存在的叶绿素降解、光合作用器的解离和合成各种花青色素所致，同时还因为累积了 β-胡萝卜素、叶黄素类及其酯类和番茄红素等。香气和香味是由于一些挥发性复合成分如罗勒烯和香叶烯的产生，以及一些苦味物质、类黄酮（flavanoid）、单宁及其相关物质的降解等。果味的发育一般是由于葡萄糖异生作用，多糖的水解，特别是淀粉的水解、酸度的降低以及糖和有机酸的累积达到一个糖与酸的理想调和状态。在代谢上的主要变化是作为后熟激素的乙烯生物合成增加和通过线粒体酶体系，特别是氧化酶和重新合成的酶催化后熟专一性代谢变化。细胞结构的变化包括细胞壁的薄化、细胞壁的水解、质膜透性增加、结构细胞完整性的减少和细胞间室的增大等。细胞壁结构及其成分的改变，如果胶和纤维素等细胞壁多糖部分或完全可溶，淀粉和其他贮藏多糖的水解都可以使果实质体（果肉）变软（Goulao and Oliveira，2008）。

果实后熟期间，基因表达也发生大量的变化，其中有果实后熟特异性表达的 mRNA、tRNA、rRNA、poly A＋RNA、蛋白质和消失的 mRNA 等，但是也有些 mRNA 是保持不变，这些基因表达的变化是由植物激素激活，它们的表达调控也可分为乙烯依赖性调控和非乙烯依赖性调控（见 8.4.4 节）。

8.2.1　果实软化与细胞壁的修饰

根据果实种类，在后熟过程中果实质地软化速度和程度有较大差别，如芒果、木瓜、鳄梨、山榄和香蕉发育到"软果肉"阶段，果实的质地经历了非常大的变化；像苹果，柑橘类果实，其质地却变化不大。果实质地的软化受各种因素影响，如初生细胞壁和中胶层的结构完整性，贮藏多糖累积程度和细胞内的渗透作用引起的膨压。柑橘类果实的软化主要与细胞的膨压改变，采收后脱水和干物质损失有关。芒果和香蕉质地软化和甜度的增加是由于这类果实中淀粉是主要的多糖，它的水解使果实变甜。

果实后熟过程中引起果实软化的细胞壁成分改变的主要是果胶、纤维素和半纤维素。在初生细胞壁中可含 35％果胶、25％纤维素和 20％半纤维素。通过这些细胞壁成分的修饰和重组，如进行可溶性化（solubilisation）、脱脂化和解聚作用（deploymerisation）使细胞壁物质降解,中胶层解离,初生壁纤维丝网逐步脱落等。研究表明,在果实软化时,是否发生细胞壁多糖的解聚可因果实的种类而异(表 8-1),根据参与细胞壁修饰酶底物专一性的特点,将参与其中的酶分为果胶溶酶(pectoylic enzyme)和非果胶溶酶(nonpectoylic enzyme)。果胶溶酶包括果胶酶(polygalacturonase,PG)、果胶甲基化脂酶(pectin methylesterase,PME;pectin pectylhydrolase,EC 3.1.1.11)、β-半乳糖苷酶(β-galactosisdase)、L-阿拉伯呋喃糖苷酶(L-arabinofuranosidases,EC 3.2.1.11)等。非果胶溶酶主要负责半纤维素的修饰,这些酶包括内切-1,4-β-葡聚糖酶(endo-1,4-β-glucanase,EGase,EC 3.21.4)、内切-1,4-β-木聚糖酶(endo-1,4-β-xylanase,EC 3.2.1.4)、β-木聚糖酶(β-xylanase,EC3.2.1.55)、木葡聚糖内切转糖基酶/水解酶(XTH,EC2.4.1.207)和扩展蛋白(Eriksson et al.,2004)。果胶含量是影响细胞初生壁机械强度及其植物结构的关键因素。果胶有各种多糖成分,包括一部分甲基化的半乳糖醛酸残基、甲基酯化的果胶、去酯化果胶酸及其盐类和中性多糖。根据果胶与其他细胞壁成分的分子作用及其被提取的性质,将果胶分为 5 个类型,即 S-、A-、B-、C-和 P-型果胶。果实软化时对果胶进行修饰主要有两个过程,即可溶性化和解聚作用。可溶性化是细胞壁富含果胶的中胶层的溶解、果胶侧链的中性糖和半乳糖残基减少(Goulao and Oliveira,2008)、果胶衬质黏合性损失、果胶分子之间脱交联(uncross-linking),其中涉及的酶有 PG 和 PME 等。根据 PG 的作用模式,其可分为内切-多聚半乳糖醛酸酶[endo-poly(1,4-α-D-galacturonide)-galacturonohydrolase,EC 3.2.1.15]和外切-多聚半乳糖醛酸酶[exo-poly(1,4-α-D-galacturonide)galacturonohydrolase,EC 3.2.2.67]。外切 PG 可从已脱脂的半乳糖醛酸聚糖的非还原端开始水解果胶,其主要产物为半乳糖醛酸,该酶还参与激发乙烯的产生;而内切 PG 可随机水解果胶的果胶酸,导致果肉黏性迅速下降,因此认为其直接参与果实的后熟过程(Goulao and Oliveira,2008)。

　　一般认为 PG 主要负责溶解细胞壁中胶层。分别已从香蕉、草莓、梨和桃等果实中分离了 PG 的同工酶。在番茄中曾发现 PG 有两种形式:PG1 和 PG2。PG1 是 PG2 的二聚体,都显示内切酶的活性,后来还发现 PG 有 β-亚单位,PG1 实际上是 PG2 和 β-亚单位的结合物。它们都是糖基化的酶。PG2 有两个同工酶,即 PG2A 和 PG2B,已鉴定。它们是蛋白质翻译后糖基化的产物,这两个同工酶多肽相同,只是糖基化程度不同。所有的 PG 同工酶都来自同一个基因。番茄果实中有生理活性的 PG 是 PG1,它的活性足以担负对番茄果胶的溶解和解聚的双重功能。番茄的 *PG* 基因已被克隆,其反义基因的成功转化使番茄硬度增加及其货架时间延长(见 8.2.6 节)。

　　PME 负责水解果胶甲酯基团,特别是半乳糖醛酸酯(galacturonide ester),该酶的作用是从甲基化的果胶分子中通过亲核攻击移去甲氧基团,有利于 PG 的进一步作用。在番茄中,PME 活性随着果实的成熟到完全后熟的各种着色阶段不断升高。基因工程研究证明,仅仅 PME 酶不足以决定果实软化,但通过反义技术抑制该酶的活性可明显增加可溶性固体物。

　　研究表明,在肉果实软化过程中,上述酶的活性可因果实种类不同而异,甚至同一品种不同栽培种也不同。例如,在番茄、欧洲梨、鳄梨果实软化时,内切-和外切-PG 酶活性增加,而热带水果(如香蕉、木瓜、芒果和杨桃)果实软化时则仅需外切-PG 酶活性增加;只需 PG 就足于溶解苹果细胞壁的中胶层,但是要溶解梨细胞壁的中胶层则需要 PG 和纤维素酶的结合。草莓可根据其后熟时果实的软化程度加以区分,最易软化的草莓果实品种,其中的 PG 和 PME 活性比较硬的草莓果实品种的要高。目前的研究表明,没有一个酶是在果实软化中起绝对作用的(Goulao and Oliveira,2008)。

8.2.2　呼吸跃变型果实后熟与乙烯产生

如前文所述(本章 8.1 节),呼吸跃变型果实后熟时将出现呼吸高峰,其最明显的特征是 CO_2 释放及乙烯产生的大量增加,而且常在呼吸峰出现之前出现乙烯释放高峰。因此一般认为乙烯的启动促进呼吸跃变。外源乙烯处理常常使这类果实提早后熟,而抑制或减少乙烯形成则可阻止它们的后熟。因此,乙烯被认为是果实后熟激素。

香蕉果实后熟过程由果肉和果皮的后熟组成,其后熟过程一般是按从果肉(内)向果皮(外)顺序进行。因此,果实后熟先于果皮后熟(转黄),在果皮还显青绿时,果肉已可供食用。一般果肉后熟与呼吸高峰出现及乙烯的自我催化的生理过程相关。果肉内持续的乙烯生成是控制果皮转黄的主要因素。0.1ppm[①] 乙烯处理可诱导香蕉的跃变期,实践上使用的乙烯处理浓度为 $100 \sim 1000$ ppm。

在香蕉发育过程中只有在后熟的时候才能检测出乙烯。果实收获后,呼吸高峰出现前果实中的 ACC 和乙烯水平较低,一旦后熟开始,乙烯和 ACC 水平迅速升高,并在呼吸峰到来之前乙烯先达到一个高峰。若用乙烯抑制剂处理香蕉,可使跃变前期延长(Lopez-Gomez et al.,1997)。

1. 乙烯生物合成及其调节

目前植物组织中的乙烯生物合成途径已经比较清楚,乙烯是由甲硫氨酸(methionine)通过三个主要步骤进行生物合成(图 8-5):①由甲硫氨酸在腺苷甲硫氨酸(SAM)合成酶[S-adenosyl methionine(SAM)synthase]的作用下,合成 ACC 的前体 SAM;②SAM 在 ACC 合成酶(ACC synthase,ACS)的作用下合成 1-氨基环丙烷-1-羧酸(1-aminocyclopropane-1-carboxylic acid,ACC);③由 ACC 在 ACC 氧化酶(ACC oxidase,ACO)的作用下形成乙烯;根据环境和发育的要求,ACC 也可转化为可贮存的丙二酰 ACC(malonyl-ACC)(Bradford,2008)。ACS 和 ACO 是催化甲硫氨酸形成乙烯的关键酶,ACO 也曾称为乙烯形成酶(ethene forming enzyme,EFE)。诸多因素调控着植物组织的乙烯形成及其生理作用,其中包括对其信号传导途径上的各种成员调控因素。生理学上,常用乙烯受体抑制剂为 1-甲基环丙烯[(1-methylcyclopropene,1-MCP)一种乙烯信号接长抑制剂]、NBD(2、5-norbornadiene,降冰二烯)和银离子,如 $AgNO_3$ 和 STS(图 8-5)(Abeles et al.,1992)。

在植物中已发现有两个乙烯生成体系:体系 Ⅰ 是基础性和创伤诱导乙烯的产生体系,在植物的正常生长、发育及其处于逆境条件下发挥作用,该体系中乙烯有自我抑制(autoinhibitory)的特点,即体内乙烯的生物合成可被乙烯抑制;体系 Ⅱ 则是在花的衰老

---

① 　1ppm$=1 \times 10^{-6}$,后同。

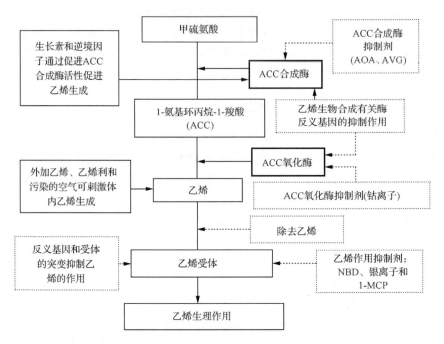

图 8-5　植物组织乙烯的产生及其生理作用示意图(Abeles et al.,1992)

除外加乙烯或乙烯利外,乙烯的产生及其作用可通过促进或抑制乙烯的生物合成、除去已产生的乙烯,以及促进乙烯的产生或乙烯的作用实现乙烯生理作用的调节。图中虚线表示抑制;实线表示促进

和果实后熟中起作用,在这一体系中,乙烯可促进乙烯的合成,因此,具有自我催化(auto-catalytic)的特点(Lelièvre et al.,1998)。在番茄果实的发育与后熟中,这两个乙烯生成体系是由 *ACS* 和 *ACO* 基因家族的不同成员发挥作用的(图 8-6)。外源乙烯可对未成熟的呼吸跃变型果实,如无花果和香蕉的乙烯生成起反馈性的负调控作用(体系 Ⅰ),乙烯作用的拮抗剂可促进未成熟番茄中的乙烯生成。在非呼吸跃变型的果实中,如创伤柑橘的外果皮中可发生乙烯生成的自我抑制。与此相反,在成熟的呼吸跃变型的果实中,可发生乙烯的自我促进(体系 Ⅱ),如 $0.01\sim0.05\mu l^{-1}$ 的乙烯就可以分别激发芒果和香蕉的后熟过程;在这一体系中,乙烯作用的抑制剂可完全阻止乙烯的形成和果实后熟。通过乙烯生物合成及其反应敏感性相关基因转化和有关突变体分析证明,体系 Ⅱ 中乙烯的自我催化是通过提高 ACS 及 ACO 酶水平实现的(Lelièvre et al.,1998;Cara and Giovannoni,2008)。

2. ACC 合成酶与果实的后熟

目前已从多种植物组织中分离出 ACC 合成酶(ACS),其中包括苹果、番茄、香蕉、拟南芥、水稻、芥菜等植物组织。ACS 是一个多基因家族酶,可在不同植物和不同组织中被逆境和创伤诱导,在果实成熟过程中被激活。ACS 均以磷酸吡哆醛(PLP)为辅酶,这些酶的氨基酸顺序的差别主要发生在 C 端。目前已知该酶与辅酶相结合的活性部位及其相应的氨基酸,它是通过 194 位的天冬酰胺、222 位的天冬氨酸、225 位的酪氨酸、255 位

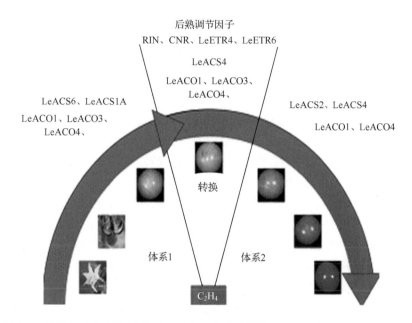

图 8-6　番茄果实发育和后熟时乙烯生物合成的调节（Cara and Giovannoni，2008）

乙烯生成体系 Ⅰ 在果实后熟前的发育阶段中发挥作用，具有乙烯合成水平低和自我抑制的特点，其 ACS 为 LeACS1A 和 LeACS6，ACO 为 LeACO1、LeACO3 和 LeACO4。在果实后熟的转换期，后熟调节因子是乙烯受体［如 RIN、CNR、LeETR4 和 LeETR6（图 8-10）］起着重要的作用，此时 LeACS4 被诱导，生成大量具有自我催化能力的乙烯，引起体系 Ⅰ 的乙烯形成负反馈调节机制。进入果实后熟期，乙烯形成主要发生在体系 Ⅱ 中，通过 LeACS2、LeACS4、LeACO1 和 LeACO4 酶的活性形成大量乙烯

的丝氨酸、258 位的赖氨酸、266 位的精氨酸分别与 PLP 结合，具有相应的催化活性，如转氨、脱羧、消旋和消除反应等（Zarembinski and Theologis，1994）。

在番茄果实中，已克隆了 9 个 ACS 基因（LeACS1A、LeACS1B 和 LeACS 2～8）。如果将果实发育分为三个阶段（图 8-6），即花期到仍保持绿色果实（产生体系 Ⅰ 的乙烯）阶段、由绿色果实向着色果实发育的过渡期阶段和后熟期阶段（产生体系 Ⅱ 的乙烯），则这些 ACS 基因可分别从果实的不同发育阶段表达。其中 LeACS1A 和 LeACS6 是在从花期到仍保持绿色果实时负责产生低水平和具有自我抑制的体系 Ⅰ 中乙烯的 ACS，而 LeACS6 起主要作用；在过渡期，LeACS4 被诱导，LeACS2 也表达，开始产生大量的具有自我催化特点的体系 Ⅱ 中的乙烯，当番茄果实后熟时，LeACS2、LeACS4 可通过体系 Ⅱ 产生大量的乙烯（呼吸跃变期的乙烯），这种乙烯的产生可通过 LeACS2 表达而自我催化，高水平的乙烯形成将导致体系 Ⅰ 中乙烯产生的反馈性的负调控，导致 LeACS1A 和 LeACS6 表达的下降（Cara and Giovannoni，2008）。

3. ACC 氧化酶与果实后熟

ACC 氧化酶（ACO）的活性要求以维生素 C 和 O_2 为辅助物，以 Fe^{++} 和 CO_2 作为辅助因素，它是 Fe(11) 依赖型脱氧化酶家族中的一个成员。尽管该酶在体内的特点很早就被认识，但在体外无细胞体系内分离 ACO 却非常困难，ACO 首先被鉴定的是其 cDNA 而

不是酶本身。然后用这一 cDNA 信息去证实该酶的活性，并且分离植物组织中的酶蛋白。英国 Nottingham 大学(University of Nottingham)Donald Grierson 教授的研究小组首先从番茄分离了称为 *PTOM13* 的 cDNA，当时他们并不清楚这一克隆编码的多肽功能，因此构建了该 cDNA 的反义基因表达载体转化番茄，结果发现转基因植株的乙烯生成量大大降低，他们推测 *PTOM13* 应为 ACO 的基因，直到 *PTOM13* 全序列测序后，才知道 *PTOM13* cDNA 并非完整的序列，在 5′端尚有 20 个氨基酸残基，在克隆时其相应的 cDNA 序列被丢失了，经补充后的 PTOM13 则表现出 ACO 的活性 (Hamilton et al.，1990)。目前已从番茄果实中克隆了 5 个 ACO(*LeACO1~5*)，其中 *LeACO1* 和 *LeACO4* 在不成熟的绿果阶段表达，在果实进入呼吸跃变期后它们的表达迅速增加。*LeACO3* 在果实发育到发白期(breaker stage)时被诱导表达，而 *LeACO1* 和 *LeACO4* 的表达可持续到后熟阶段(Cara and Giovannoni,2008)。由于这两个基因的转录可被 1-MCP 明显抑制，因此这两个基因的表达是受乙烯调控的。根据对从苹果、番茄及南瓜等植物克隆的 *ACO* 氨基酸序列分析，它们完全相同的序列有 43%、相似的有 83%，有 7 个保守区域，其中第 5 个保守区域为活性中心(Zarembinski and Theologis,1994)。

在正常的成熟条件下，香蕉果肉中的 ACO 活性是控制乙烯形成的关键因素。香蕉后熟过程是由果肉中乙烯形成所调控的。在跃变前期，少量的内源乙烯起着诱导 ACO 活性并逐步提高其表达水平的作用。果肉中的乙烯对果皮中的乙烯生成及果皮的脱绿作用起着重要作用。呼吸峰出现的前期，果肉中的乙烯水平比果皮中的要高。研究发现，呼吸峰出现后经乙烯处理后的果实中，果肉中分布的 *ACO* 转录物要比果皮中的多，并且主要分布于果皮与果肉的交界面上(Lopez-Gomez et al.，1997)。

8.2.3　非呼吸跃变型果实后熟与乙烯产生

非呼吸跃变型果实后熟起初认为不依赖于乙烯，对乙烯在这类果实后熟的作用机制也研究的很少。随着高灵敏度乙烯测定技术[如激光光声光谱法(laser photoacoustic spectroscopy)]的开发，一些非呼吸跃变型果实，如草莓、葡萄和柑橘等后熟过程中乙烯产生的规律及其与后熟的关系被进一步研究。在草莓变红后熟时，其乙烯产生及呼吸作用均增加，但与番茄的有不同，在番茄后熟启动时乙烯就增加，当乙烯被抑制时其后熟也被明显抑制，而草莓乙烯的增加发生在果实后熟开始后 24h，此时草莓已达到完全的红色。同时，当草莓成熟时，乙烯受体同源物，特别是类似于番茄乙烯受体基因 *LeETR4* 和 *FaETR2* 的表达也增加，已知该受体的表达与番茄后熟密切相关。当葡萄(grape berry)开始后熟时，可见有少量而起重要作用的乙烯含量增加，用 1-MCP 处理后熟刚开始的葡萄，可抑制其花青素的累积。这说明，此时花青素的累积及其果实膨大是需要乙烯的。同时有关花青素合成相关酶的基因转录也为乙烯处理所促进(Pech et al.，2008)。

柑橘类果实也属于非呼吸跃变型果实。研究表明，与后熟相关的外果皮颜色变化受内源乙烯的调节。乙烯处理可以促进其叶绿素的降解和类胡萝卜素的累积。然而成熟的柑橘类果实在其后熟时，乙烯并无增加；而未成熟的果实，在采后乙烯却可大量增加，并被乙烯或丙烯的处理进一步促进，说明这种乙烯是具有可自我催化特点的体系 Ⅱ 所生产的，与呼吸跃变型果实乙烯生成相比，只是开始产生这种乙烯的时间不同，这与草莓果实后熟时所产生的乙烯相似。为了保证果实进一步的发育,柑橘需要不断地或有选择性的落果,因此,这种未成熟柑橘可产生体系 II 乙烯的现象可能是一种与果实脱落有关的逆境反应,这种现象已在柿子的果实中得到证实(Pech et al.,2008)。

最近的研究表明,番茄突变体 *rin* 编码的 MADS-box 类转录因子调控着呼吸跃变型和非呼吸跃变型果实的后熟过程,可能在上游起着呼吸跃变的开关式的调控作用(Pech et al.,2008)。

8.2.4　果实后熟与依赖于和不依赖于乙烯调节的基因表达

虽然根据果实的成熟和后熟过程中乙烯生成的体系及乙烯水平可以将果实归类,实际上,果实的成熟或后熟过程涉及许多生理和生物化学过程,包括许多基因表达。它们对果实成熟和后熟的调控都起着重要作用,其中有的基因表达依赖于乙烯(ethylene dependent),有的则不依赖于乙烯(ethylene independent)(图 8-7)。首先,果实后熟时呼吸跃变的启动是依赖于乙烯的过程。在乙烯合成被抑制的转基因香瓜(呼吸跃变型香瓜,无乙烯的产生)中,其呼吸跃变峰消失,但是,其果实中 ACC 累积及 ACS 活性开始增加的时间却与对照果实的相同。这说明启动呼吸跃变及乙烯的增加并不受乙烯的控制(图 8-7)。在转反义 *ACO* 基因的果实中有大量的 ACC 累积,这是因为 *ACO* 活性被反义基因的转化而抑制,因此,ACC 没有被转变为乙烯而累积下来。

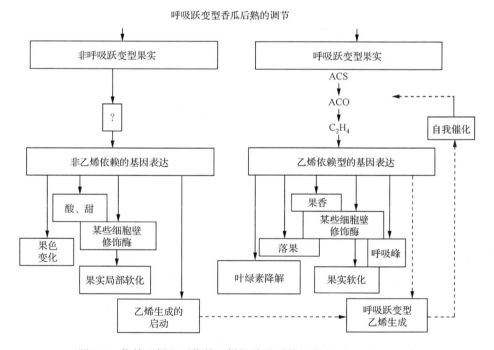

图 8-7　依赖乙烯和不依赖乙烯的香瓜后熟过程(Pech et al.,2008)

在香瓜的后熟过程中,果肉的着色,糖分的累积和酸度的降低都是不依赖于乙烯的过程,但果皮的着色、果肉的软化、花梗离层区的形成、果实的香味和跃变呼吸都是完全或部分地依赖于乙烯才能完成。与之相似,在低氧浓度和高二氧化碳浓度的条件下,番茄果实的乙烯生成水平及其组织对乙烯的敏感性都将降低,此时,果实仍进行糖类和有机酸的代谢,这两个过程被证明是不依赖于乙烯的过程。同样,通过基因工程可以将番茄果实后熟时的97%乙烯生成抑制,果实的着色发育、酸度的减少和糖类的累积均被推迟,但果实的软化速度却不变。香蕉果实后熟时,果皮脱色及果香味的产生都依赖于乙烯,但其糖分累积却不依赖于乙烯。果实软化是果实品质和货架时间的主要决定因子,转反义 ACO 基因的香瓜,其乙烯生成水平大为降低,果实软化明显受阻,但仍有相当程度的软化。在转反义 ACO 基因的番茄中也观察到同样的现象,其果实软化也未因为乙烯生成的减少受到抑制,只要3%余留的乙烯就足以激活细胞壁的降解过程。这说明在果实软化的控制中存在不依赖乙烯作用的其他机制。研究表明,果实经过 1-MCP 处理可解除依赖于乙烯的果实软化机制,而不依赖于乙烯的果实软化机制可因果实种类不同而异。如上文所述,与果实软化有关的细胞壁修饰酶或与降解相关的酶如 PG、木聚葡萄糖、内切转葡糖基酶、水解酶、扩展蛋白(expansin)和半乳糖苷酶等,根据它们的基因家族对乙烯作用的特异性可分为完全依赖于乙烯、不依赖于乙烯和部分依赖于乙烯的类型。这些基因家族编码的酶蛋白将负责细胞壁不同成分的修饰和降解,因此,那些受乙烯调节的酶基因所贡献的细胞壁修饰而引起的果实软化是依赖于乙烯的果实软化,同理,其果实软化则是不依赖于乙烯的果实软化(Pech et al.,2008)。番茄中的 PG 是否依赖于乙烯作用曾作过许多研究。起初,由于转反义 ACS 基因的番茄果实其乙烯生成被抑制的程度不太高,因此,PG 被认为是不依赖于乙烯的酶,但后来的研究证实这种转基因果实余留的乙烯就足以刺激 PG 的基因表达,因为该酶对乙烯有较高的敏感性,因此,它的作用是依赖于乙烯的(Pech et al.,2008)。

与果实香味挥发物相关基因的表达也存在依赖于和不依赖于乙烯的调节机制。例如,在乙烯被抑制的苹果中,其酯和乙醇的生成明显减少,而醛类和醇类的生成则不受影响;有关合成芳香物的酶基因,如乙醇酰基转移酶活性及其基因表达明显减少,但乙醇脱氢酶活性却不受影响(Pech et al.,2008)。

8.2.5　果实后熟过程中乙烯作用的分子机制

乙烯生物合成是乙烯作用的上游部分,它所发挥的生物学功能是在下游部分,即乙烯的生物学效应要通过乙烯信号传导途径得以实现的(图 8-5、图 8-8)。

果实发育表型改变取决于对乙烯效应的三个步骤,即对乙烯的感受(perception)、通过基因表达的控制而实现的信号传导和对乙烯信号接受敏感的基因表达及其蛋白质的合成。这些过程在拟南芥中已研究得比较充分。目前已知,乙烯信号传导体系是近乎线性信号传导体系,以含铜离子的蛋白质家族为乙烯信号受体,依次通过 MAP 激酶级联、代谢性运输载体和一系列转录因子组成的一个信号传导体系:乙烯→乙烯受体蛋白 ETR 家族→组成性三重反应蛋白 CTR 家族→乙烯不敏感 3 蛋白 EIN3/EIL(EIN3-like)→乙烯反应因子蛋白 ERF→乙烯反应相关基因的表达(图 8-8)。

乙烯受体是整个乙烯信号传导途径的最上游元件,它们在内质网膜上感知乙烯信号。在拟南芥中已知有 5 个乙烯信号的受体蛋白,即 ETR1(ethylene receptor1)、ETR2、ERS1(ethylene response sensor)、ERS2 和 EIN4(ethylene insensitive 4),它们是一个蛋

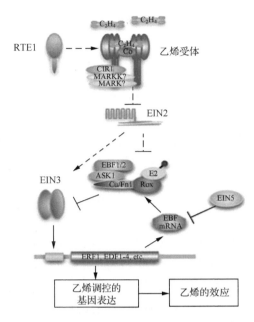

图 8-8　拟南芥乙烯信号传导途径示意图(Li and Guo,2007)

位于内质网上的乙烯受体 CTR1 在未被乙烯结合时具有活性,被结合后失活。在膜上移动的 RTE1 蛋白可能对 CTR1 功能有特异性的促进作用。已失活的受体无法将负调控因子 CTR1 征集到膜上,因而 CTR1 也不起作用 (失活)。随之,EIN2 也脱离了 CTR1 的抑制而游离出来,同时 EIN3 也免受了被转换的命运而聚集在核内,这一过程借助于 SCF 复合物的作用(包含 F-box 蛋白质 EBF1/2 在内)。EIN2 可能通过两种方式使 EIN3 稳定而免除被转换的命运,即 EIN2 可能产生一个信号直接调节 EIN3 的稳定状态,或间接通过抑制 SCFEBF 复合物而起作用。*EBF2* 是 *EBF* 基因之一,可被乙烯诱导,同时这一诱导作用依赖于 EIN3 的作用。因此在 EBF2 和 EIN3 之间就形成了一个负反馈调节循环。EIN5 是一个外切核糖核酸酶,可下调(降低)*EBF1 mRNA* 和 *EBF2 mRNA*的水平,而不影响它们的半衰期,在核内累积的 EIN3 可诱导大量基因表达,最终激发了乙烯的各种生理反应。箭头和"⊥"形线分别代表正、负调节作用。实线箭头和实线"⊥"形线分别表示直接的相互作用,而虚线箭头和虚线"⊥"形线表示在上、下游成员之间有待鉴定的成员

白质家族。这些基因是通过研究乙烯不敏感或抗乙烯的突变体,如 *etr1*(*ethylene receptor1/ethylene resistant1*)、*etr2*、*ein2*(*ethylene insensitive2*)、*ein3 ~ 6* 及 *ctr*(*constitutive triple response*)和 *erf*(*ethylene response factor*)等相关突变体所鉴定的基因。其中 *ERS* 是与 *ETR* 交叉杂交所鉴定的受体基因。这些受体蛋白都是以二硫键连接的二聚体,与细菌的"双组分系统"的组成相似,由三个功能域组成,即传感器(sensor)、激酶、反应调节子[也称收集域(receiver)]。在拟南芥中鉴定的 RTE1(REVERSION-TO-ETHYLENE SENSITIVITY1)(Resnick et al.,2006)和番茄中鉴定的 GR(GREE-RIPE)是乙烯反应的负调节因子。

乙烯信号被上述受体蛋白感知后,与下游的 *CTR1* 作用。CTR1 蛋白的 C 端与 Raf 的丝/苏蛋白激酶类似,被认为是一类似 MAPKKK 或 MAP3K 的激酶。遗传分析表明受体与乙烯结合能使其失活,而在无乙烯的情况下活化的受体激活下游的 CTR1,这暗示 CTR1 可能作为 MAPKKK 而起作用并以 MAP 激酶级联方式参与乙烯信号传导过程,而且可能作为乙烯信号途径的负调控因子。在 CTR1 的下游是 EIN2 及其下游的 EIN3/

EIL，它们负责正调控乙烯反应。当CTR1失活时，MKK9/MPK3/6被激活，进而通过调控EIN3的磷酸化实现乙烯信号传导。

　　EIN3/EIL是位于细胞核内的乙烯信号传导元件，它们是一类植物特有的核蛋白，其编码基因属于一个小的转录因子基因家族。EIN3/EIL可以识别其靶基因 *ERF1*（*ETH-YLENE- RESPONSE FACTOR1*），并与之结合。ERF1是乙烯信号传导途径中最下游元件，属于乙烯响应元件结合蛋白 EREBPs（ETHYLENE-RESPOSNSE-ELEMENT-BINDING-PROTAINS）的转录因子家族。它们按图8-8所示途径将乙烯的信号传导下去，直至出现相应的生理反应（Li and Guo，2007）。

　　番茄果实后熟时涉及的乙烯信号传导途径与拟南芥中的类似（图8-9）。目前研究表明，所有已被分析过的拟南芥乙烯信号传导的成员在番茄中都是保守的，只是两者相应基因家族的大小及其表达模式不同。在番茄果实中已发现6个乙烯受体基因（*LeETR1～LeETR6*），其中 *LeETR1* 和 *LeETR2* 在发育的各阶段的各种组织中进行组成性地表达。*LeETR3*，即 *NR*（*NEVER RIPE*）、*LeETR4*、*LeETR5* 和 *LeETR6* 在生殖组织（花与果）中高度表达。番茄果实中的乙烯受体蛋白与其相应的基因表达模式相反，即 NR、LeETR4 和 LeETR6 的表达水平在果实成熟、衰老进程中趋于增强，然而对应的蛋白质水平则呈现为下降趋势。蛋白质含量与转录物的丰度比值在未成熟的绿色果实中最高，

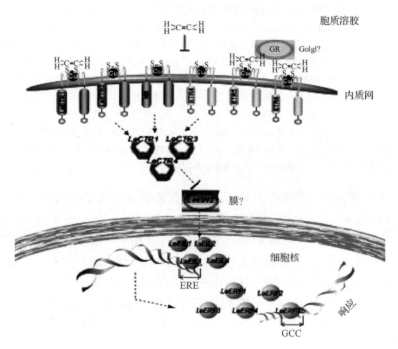

图8-9　番茄的乙烯信号传导途径（Cara and Giovannoni，2008）

一旦乙烯信号被位于内质网膜上的铜离子结合的受体（LeETR1,2,4～6和Nr）所接受，在GR（第二受体）参与下（相当于拟南芥中的ETR1）其信号传导途径即被阻断，在其下游LeCTR1、LeCTR3和LeCTR4起着类似于拟南芥CTR1类蛋白的作用，成为信号传导的负调控因子。LeEIN2类似于拟南芥EIN2类蛋白，是信号传导的正调控因子，控制着信号传导及其反应。当信号进入细胞核时，似于拟南芥EIL1-4的Le EIL1-4类蛋白，通过识别衰老和后熟基因启动子区的ERF（LeERF1-4和LeERF3b）进而与乙烯反应基因启动子的GCC区结合，引起生理效应

而在果实破白、转色阶段显著下降。同时,乙烯处理可显著诱导受体基因(*NR*、*LeETR4*和 *LeETR6*)的表达水平,而受体蛋白含量则明显下降。根据乙烯受体的负反馈调控理论,推测受体蛋白地降解激活了乙烯信号传导途径,由此参与果实成熟进程(Kevany et al.,2007)。

迄今从番茄果实中共分离得到 4 个 *CTR1* 基因家族成员,即 *LeCTR1*、*TCTR2*(*LeCTR2*)、*LeCTR3* 和 *LeCTR4*,其中 *TCTR2* 为组成性的表达,与拟南芥的 *CTR1* 类似,*LeCTR1* 随果实成熟、衰老而表达增强并对外源乙烯敏感,*LeCTR3* 和 *LeCTR4* 在叶片中表达较强,但它们对乙烯处理不敏感。在拟南芥突变体 *ctr1-8* 中过量表达番茄的 *LeCTR3* 和 *LeCTR4*(*CTR1* 同源基因),其 *CTR1* 的功能可被补偿。

在番茄果实中也鉴定了 4 个 *EIN3* 同源基因,即 *LeEIL1*～*LeEIL4*。它们在果实成熟、衰老进程中的表达水平基本稳定。通过转基因手段抑制 *LeEILs* 表达,可以显著影响番茄植株的乙烯反应,因此,通过调节 *LeEILs* 的 mRNA 水平可实现对果实成熟衰老的调控;番茄 *EIL* 基因家族成员之间可能具有功能的冗余性。

在番茄果实中还鉴定了 5 个 *ERF* 同源基因(*LeERF1*～*LeERF4* 和 *LeERF3b*)。*LeERF2* 在果实后熟时被诱导表达。*LeERF2* 和 *LeERF3b* 转录的累积可有效地延缓番茄果实的成熟进程。在果实成熟突变体 *nr*(*never-ripe*)、*rin*(*ripening inhibitor*)和 *nor*(*non-ripening*)中(见 8.2.5 节)无 *LeERF2* 的转录。这表明 ERF 在果实成熟衰老进程中具有重要的调控作用。最近采用图位克隆方法鉴定了一个与番茄后熟直接相关的 *Green-Ripe*(*GR*)基因(见 8.2.5 节)。它是拟南芥 *RTE1*(*REVERSION TO ETHYLENE SENSITIVITY*)的同源基因。*RTE1* 是在筛选拟南芥 *ETR1* 受体突变体的第二抑制基因座时克隆的。对乙烯不敏感的获能突变体表型(如 *etr1* 和 *etr2*)可被 *RTE1* 的突变所挽救,这说明 *RTE1* 可以补偿 *ETR* 的功能。结合其他的研究结果表明,RTE1 和 GR 是在膜上的蛋白质,有与铜离子结合的活性,它们可能在乙烯受体与铜离子相互作用的过程中起作用(Barry and Giovannoni,2007;Cara and Giovannoni,2008)。

8.2.6　果实后熟的遗传调控

这里主要介绍番茄果实后熟的遗传调控及其相关的突变体,因为它的突变体的表型易于区分,因此已收集了大量的种质资源,包括其果实后熟表型有明显变化的单基因突变体 (http://www.tgrc.ucdavis.edu/,http://www.zamir.sgn.cornell.edu/mutants/)。已发现 7 个突变体与果实后熟密切相关,即 *hp1/hp1*(*high-pigment1*)、*hp2/hp2*(*high-pigment2*)、*nr/nr*(*never-ripe*)、*gr/gr*(*gree-ripe*)、*rin*、*cnr/cnr*(*colorless non-ripening*)和 *nor*(*non-ripening*)。野生型果实('Ailsa Craig'栽培种)一般在白果期 10 天后就后熟。*rin* 和 *cnr* 分别是隐性和显性突变体。这两个基因座的突变有效地阻止了果实后熟的过程,导致果实失去产生大量乙烯的能力,使外源乙烯催熟的效果也消失。后熟抑制突变体 *rin* 和无后熟的突变体 *nor*,其果实后熟时不具呼吸高峰,乙烯产生量很低,番茄素和 PG 酶含量也很低。与野生型的果实所含 PG 酶相比,*rin* 的 PG 酶多肽水平及其 mRNA 水平降低了近 100 倍,而突变体 *nor* 的果实中则完全检测不到 PG 酶的活性。因此,这些果实可以贮藏很长时间,其细胞壁不变软,用外源乙烯也难以催熟这些果实,它们贮藏时间可超过一年。当它们贮藏 6 个月左右，果实内的种子可提早萌发，可见破果而出的幼苗（Gray et al.，1994）。*rin* 在种质上非常有价值，因为杂种 *rin/rin* 是目前生产后熟速度慢、货架期长，新鲜上市番茄的种质基础。*cnr* 是番茄果实一个多效的显性突变，其表型为带白色的果皮，因其细胞壁结构的改变，胞壁变薄，果实的细胞间隙变大，细胞之间比较松散。与野生型的成熟果实相比，硬度较大、软化程度低，其细胞壁与钙离子交联的程度降低，也改变了果胶多糖的结构。

从绿色变为红色是番茄果实后熟典型的颜色变化，这是由于叶绿体向有色质体的发育转变。随着光合作用膜的降解，叶绿素被代谢，类胡萝卜素〔包括 β-胡萝卜素和番茄红素（lycopene）〕被合成和累积。突变体 *hp-1* 在其果实发育时其番茄红素和 β-胡萝卜素都比野生型的有所增加，*hp-1* 纯合子幼苗（*hp-1/hp-1*）显示极强的去黄化效应，胚轴伸长受抑制、花青素量多，即 *hp-1* 植株具有极强的光反应性。在光下生长的这类突变体可产生高水平的花青素，体形比野生型的矮小，颜色显黑，未成熟的果实显墨绿色，这是由于叶绿素过度产生所致。该幼苗的去黄化能力是一种光敏素的红光效应，它也可被蓝光所促进。同时在番茄中如果过量表达光敏素 A 基因，可使这种植株的表型与 *hp-1* 相似。这表明 *hp-1* 可能影响光敏素和蓝光受体的作用及其信号传导。*hp-2* 与 *hp-1* 的表型相似，*hp-2* 与 *hp-1* 是非等位基因。*HP* 基因编码的蛋白质是光敏色素信号传导的负调节因子。在番茄中 *HP-2* 基因编码的是一个与拟南芥 DEETIOLATED1（DET1）的同源蛋白。已知 *DET1* 的突变将导致在黑暗中生长的植株丧失去黄化作用。这些结果说明光敏色素信号传导参于了番茄果实的后熟（图 8-10）（Seymour et al.，2008）。

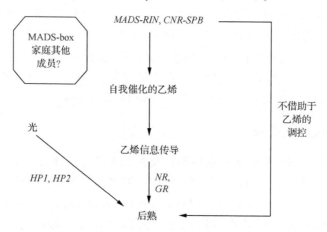

图 8-10　控制果实后熟的相关基因的作用图示（Seymour et al.，2008）

正如通过 *rin* 和 *cnr* 的研究揭示后熟特异性转录因子（如 *MDDS-RIN* 和 *CNR-SPB*）是诱导依赖于和不依赖于乙烯的后熟调控所必需的转录因子一样，NR 和 GR 作为乙烯的受体参与后熟过程中乙烯的信号传导，番茄的 *HP1* 和 *HP2* 与拟南芥光信号传导基因 *DDBP1* 和 *DET1* 是同源基因，也参与番茄果实的后熟

cnr 和 *rin* 基因座编码的都是拟转录因子。它们可能在转录水平上控制果实的后熟，*rin* 编码的蛋白质是属于部分缺失的 SEPELATTA 的一个进化分支，也是 MDDS-box 蛋白家族的一员。已知 *cnr* 基因座位于 2 号染色体的长臂上。*cnr* 是由于番茄的 SPL-CNR（*Le SPL-CNR*）基因的启动子的沉默所引起的突变体，该基因的改变发生在简称

SBP 的 *SQUAMOSA* 启动子的结合蛋白(*SQUAMOSA promoter Binding Protein*)基因的甲基化作用上的改变。因此,这一突变体是由于甲基化水平增加的表观遗传引起的突变,它可被稳定地遗传。*TDR4* 启动子可能是 *LeSPL-CNR* 基因产物的作用靶,*TDR4* 是 *SQUAMOSA* 家族的一个 *MADS-box* 基因,在突变体 *cnr* 中它的表达被抑制。*SBP-box* 基因及它们的靶物 *MADS-box* 基因启动子可能控制着单子叶、双子叶植物果实组织的发育(图 8-10)。

8.2.7　基因工程与果实后熟的控制

综上所述,在果实后熟和衰老过程中 PG 酶等是细胞壁修饰与降解的特异性酶。ACS 和 ACO 是决定乙烯形成的关键酶,采用生理和生化手段,如使用相关的抑制剂抑制这些酶的活性,可以阻止果实、叶菜或鲜花的后熟和衰老,但这些化合物往往有负作用并有一定毒性,大量使用会污染环境。因此实践上常通过降低温度,调节果、蔬贮藏的气体成分,如 CO_2、O_2 和乙烯浓度等保鲜技术进行果实的采后保鲜。这需要设备和大量资金。

从 20 世纪 90 年代初起,人们就试图通过对乙烯生成及其响应基因的操作控制番茄、苹果等后熟的研究,其中对下调 *ACS* 和 *ACO* 表达的反义技术的使用较多。所谓反义基因及反义基因技术是基于核酸的反义链(antisense strand)的概念。DNA(基因)是由双链 DNA 分子以碱基配对的双螺旋形式存在的。其中一股称为正义链(sense strand),另一股称为反义链(antisense strand),在转录过程中起模板作用。它被转录为 mRNA。另一条正义 DNA 链曾被认为不起生物学功能的作用。目前已证明这一条转录为反义 RNA 的正义 DNA 链也有重要的生物学功能,特称之为反义基因。这一反义基因的作用在原核生物中已经比较清楚,它所产生的反义 RNA 可与 mRNA 互补起着基因表达的负调节作用。因此,利用已知的基因序列,通过人工构建反义基因或反义 RNA,导入体内定向地进行基因表达的调节,这一技术被称为反义技术。

向番茄导入 PG 酶反义基因是第一个应用反义基因技术进行果实保鲜的成功例子。该工作在 1988 年由 Calgene 公司的 Shechy 等完成。在转 PG 酶反义基因果实中 90% PG 酶的活性被抑制,但是后熟的其他有关因子,如乙烯生物合成、番茄红素以及其他的细胞壁修饰酶则不受影响。转反义 PG 酶基因的番茄,在贮藏期间硬度明显比对照大,抗病能力也增强,特别是对白地霉(*Geotrichum candidum*)和匍枝根霉(*Rhizopus stoloni-fer*)这些常见的采后出现的霉菌病的抗性,延长挂果期。这种转入反义 PG 酶基因的番茄,1994 年由 Calgenu 公司命名为‘Flavar StavaTM’,在美国超市上市。此外,1990 年 Simith 等将正义的 PG 酶基因转入番茄,转基因植株中的 PG 酶活性也被有效抑制。这就是后来被称为基因表达的共抑制或协同抑制现象(CO-suppression),或称正抑制,它是指所转入的基因与体内同源基因或两个同源的转基因座的协同沉默。在 1996 年,这种转正义 PG 酶基因而延长保鲜期的番茄,命名为‘purée’也在英国的 Sainsbury 和 Sateway 两个超市作为商品出售过(Grierson,1998)。

通过转化乙烯合成的 *ACS* 和 *ACO* 反义基因,通常可完全抑制其活性,减少乙烯生成,从而抑制番茄果实熟化时的颜色和果实的肉质变化,若外加乙烯处理,则可逆转上述抑制作用。*ACO* 反义基因的转化可使番茄的该酶活性被抑制 95%,这样的果实可推迟数周采收,此外其叶片的衰老也被推迟7～10天。当果实处于成熟的绿果被采摘后,外加乙烯可刺激其颜色的发育,但不发生过度的后熟和劣变,这在商业上非常有价值(Gray et al.,1994)。甜瓜(*Cantaloup charentais*)味道极佳,但难于贮存,转ACC氧化酶反义基因的甜瓜,可延长在植株上的挂果期,而且果实的发育及其颜色与对照的完全相同。经25℃贮存10天后,转基因果实仍可保持正常的外观及品质,而对照的果实则出皱皮、色黄,已有霉菌感染,经乙烯处理,转基因果实则可转黄。Agritope公司和Monsanto公司通过转化ACC脱氨酶和SAM水解酶基因,使它们在转基因植株中过渡表达,从而降低了ACC水平、也降低了乙烯水平,同样达到果实保鲜的目的。转化*ACO*反义基因可使香瓜和甜瓜的后熟(包括外观着色度和果实软化)都受到抑制,果柄离层也不发育,因此,发育成熟(maturity)的果实不能脱落,果实中的糖累积也有所促进;但产生香气的挥发性酯类却受到明显的抑制。在转入反义基因降低乙烯含量的苹果中,其果实硬度较大,货价时间较长,糖和有机酸累积的模式也有所不同。伴随着乙醇乙酰辅酶A转移酶活性的降低(该酶的活性依赖于乙烯),挥发性酯类的形成也减少(Defilippi et al.,2005)。

8.3 干果的发育

干果可分为开裂干果(dehiscent dry fruit)与不裂干果(indehiscent dry fruit)。这里主要以拟南芥开裂干果的果实发育为例说明干果的发育。成熟的拟南芥果实称为长角果(silique),它是由两个融合的心皮组成的雌蕊直接发育而成的果实,它是3000多种十字花科(Brassicaceae)果实发育的典型代表。

8.3.1 拟南芥果实发育

拟南芥从开花到种子成熟可分为20个发育阶段(表8-2),其中在授粉前的13个阶段是花的发育,而授粉后7个阶段(13～20)主要是果实(子房/心皮)的发育(图8-11)。果实在授粉后迅速发育。成熟的长角果在结构上可区分出胎座框(replum),其子房由胎座框隔成两个裂片(valve)。其横切面可见外果皮(exocarp)、中果皮(mesocarp)和两层内果皮(endocarp:en*a*、en*b*),内果皮以内是由一隔膜所分的两个室,每室含两个胚珠将来发育成种子(图8-12)。

表8-2 拟南芥花发育阶段的划分与其干果的发育(Ferrándiz et al.,1999)

发育阶段	形态标志	发育
1	从花序中产生花分生组织的小突起,但未开始分化	
2	花原基已从花序分生组织中进行独立的发育	
3	萼片原基形成	
4	萼片包裹着花原基	
5	花瓣和雄蕊原基形成	
6	萼片包裹着花芽	雌蕊原基形成
7	雄蕊原基的基部伸长	雌蕊原基伸长并发育成带有开口端的柱形

续表

发育阶段	形态标志	发育
8	在长形的雄蕊中出现分室	胎座出现,主维管束分化
9	花瓣原基的基部伸长	出现胚珠原基,心皮壁分化出外果皮、中果皮和内果皮,侧维管束出现
10	矮的雄蕊已与花瓣齐高	雌蕊的上端开口闭合,隔膜形成
11	柱头上出现乳头状突起	花柱的表皮与子房可区分,内果皮进一步分化出两层,在雌蕊的顶部出现主维管束的分支。每个胚珠发育出珠柄
12	高的雄蕊已与花瓣齐高	组织结构处于一般的生长,引导组织(transmitting tract)分化
13	开花期	进行授粉
14	长的花药伸在柱头之上	授精,可以觉察雌蕊隔膜两侧的结构变化
15	柱头在长的花药之上	木质部木质化
16	花瓣和萼片在凋谢	雌蕊增大
17A	除长角果外所有花器官脱落	离层形成,外果皮发育,外层角质化,内果皮 b 层(en*b* 层)发育成厚壁组织(sclerenchyma)
17B	长角果发育到其最终大小	en*b* 层和离层细胞开始木质化
18	长角果变黄	内果皮分出 en*a* 层和 en*b* 层,完全木质化,中果皮变干
19	干燥的长角果的裂爿开裂	
20	种子脱落	

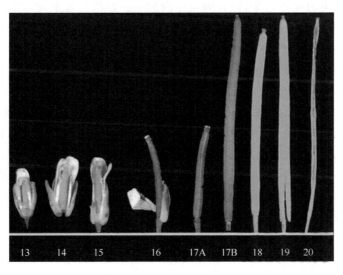

图 8-11　授粉后拟南芥果实发育阶段(从阶段 13 开始)的
划分及其相应的形态特征(Ferrándiz et al.,1999)

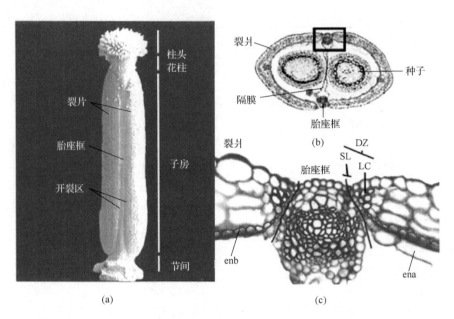

图 8-12　拟南芥果实电镜扫描图及其组织结构[(b)、(c)](Ferrándiz,2002)(另见彩图)

(a) 处于发育阶段 14 的拟南芥果实传粉不久的电镜扫描图;(b) 处于发育阶段 17B 的成熟果实子房横切片;
(c) 图 b 方框图部分的放大。粉红色表示木质化的细胞壁;蓝色表示离层的裂口处。在这个发育阶段,左裂爿的内
果皮 b(enb)已清晰可见。DZ(dehiscence zone)是开裂区,LC 表示裂爿的中果皮边缘木质化的细胞

在发育阶段 14(表 8-2、图 8-11)常被定义为花开后的零时(zero hour after flowering,
0HAF),此时代表长角果和种子发育的开始。由于外果皮连续进行垂周分裂,使胎座框
和果爿在纵向方向上不断增大,同时也在其他方向进行生长。此时中果皮也发生细胞分
裂和增大,其中伴有许多叶绿体的发育,但与裂爿交界面上的中果皮的细胞分裂和增大频
率较少,叶绿体的发育也不发生,而在内果皮内的 ena 层可在各个方向发生细胞分裂和增
大,呈现为大而圆和肿胀的细胞,但 enb 层只沿纵向分裂和生长,成为长而薄的细胞。到
发育阶段 16,长角果的长度已是发育阶段 13 的雌蕊的 2 倍,花瓣和萼片凋落,长角果继
续增大。根据长角果开裂区(dehiscence zone,DZ)的发育,发育阶段 17 可再分为 17A 和
17B,在阶段 17A 中,由于内切多聚半乳糖醛酶的作用,在沿着胎座框与裂爿交界面的分
离层(separation layer,SL)开裂区中开始发生中层(middle-lamella)的降解。致使裂爿与
胎座框沿其纵轴方向分离。约在授粉的 96h 后,17A 的发育阶段结束。此时,长角果已
发育至其最终的大小。随后便开始 17B 阶段的发育,其时,在邻近分离层的裂爿小细胞
发育出厚壁与外果皮与内果皮的 enb 层相联结。随后这些细胞和 enb 层细胞木质化。到
了发育阶段 18,长角果按从顶至基部的顺序变黄,enb 层细胞进一步木质化,而 ena 层则
脱离,同时中果皮变干。这样的结构变化有利于种子的弹出。在阶段 19,裂爿干燥由于
分离层的产生脱离果荚,弹出种子(Ferrándiz,2002)。

此外,拟南芥雌蕊的属性发育一旦完成后,在相应基因的控制下同时进行果实轴性与
极性的发育,如内-外极性(outer-inner axis)、按柱头-花柱-子房发育的顶-基极性(apical-

basal polarity)和沿裂爿壁-胎座框-隔膜-胎座顺序发育的边缘-中间极性(lateral-medial polarity)。

8.3.2　拟南芥果实发育的遗传控制

拟南芥开花后,在雌蕊的形态上可明显地区分出顶部的花柱和心皮。已知有几个比较专一性影响心皮发育的突变体,如 *ag*(*agamous*)、*ful*(*fruitfull*)和 *spt*(*spatula*),但也有一些突变体具有多效的表型(pleiotropic phenotype),其中包括出现雌蕊发育的异常,如 *crc*(*crabs claw*)、*ett*(*ettin*)等(Ferrándiz et al.,1999;Ferrándiz,2002)。

突变体 *ag* 是失能突变体,其花的表型完全失去心皮和雄蕊,只有花瓣和花萼,这是因为位于第三轮的雄蕊发育被花瓣发育所代替,而位于第四轮的心皮/雌蕊的发育则被萼片发育所代替[见图 7-40(d)]。因此,*AG* 基因功能是特化雄蕊和心皮发育所需要的基因,也阻止花分生组织的无限生长。*AG* 基因是拟南芥 MADS-box 基因家族成员之一。在雌蕊发育的阶段 12(表 8-1),*AG* 基因可在胚珠和柱头的乳状突出物中强烈表达。

突变体 *ful* 出现短果荚,其内种子小而排列紧密。这是由于授粉后裂爿的增大停止影响了角果的伸长,但胎座框和离层的伸长生长却不受影响,因此,在果实发育的后期出现锯齿形生长。突变体 *ful* 雌蕊的正常发育可保持到发育阶段 11,但内果皮的 ena 细胞要比野生型的小,而且细胞数多 2 倍。成熟的 *ful* 角果不能正常开裂。*Ful* 与 MADS-box 基因家族成员之一的 *AG18*(*AGMOUS-LIKE18*)基因类似。

突变体 *shp1*(*shatterproof1*)/ *shp2*(*shatterproof2*),也曾称为 *agl1*/*agl5*(*agmous-like*)。*agl5* 是通过同源重组方法将 *AGL5* 基因座目的基因敲除所得到的突变体;*agl1* 是通过 T-DNA 插入诱变的一个群体中所鉴定的无义突变体,但它们的表型与野生型的无异。在授粉前双突变体 *agl1 agl5* 的花和雌蕊与野生型相同,经扫描电镜细致观察发现,该突变体长角果的开裂区(dehiscence zone,DZ)与野生型的有所不同,没有细胞分化。这说明相应的两个基因 *AGL1*/*AGL5* 与角果开裂区的形成有关,而开裂区与种子的弹出密切相关。因此,也将 *AGL1*/*AGL5* 重新命名为 *SHP1*/*SHP2*(*SHATTERPROOF1*/ *SHATTERPROOF2*)。*SHP1* 和 *SHP2* 在结构和表达水平上都显示高度的功能的冗余性。基因转化实验(35S:SHP1 35S:SHP2)表明,过量表达这两个基因的转基因植株的某些特性与 *ful* 表型相似,其裂爿的内层和外层表皮细胞出现缺陷,出现异位的木质化。在种子未发育成熟之前,裂爿就裂开了。另外,转基因(35S:FUL)的获能株系的表型与双突变体 *shp1 shp2* 的表型相似。实际上,从 35S:FUL 株系果实的整个外形看起来就像裂爿,这表明,双突变体 *shp1 shp2* 和 35S:FUL 的获能株系一样,使两个裂爿的交界面和胎座框组织属性被特化成裂爿组织,同时裂爿交界面的木质化也消失,从而使果荚不能开裂。这些结果说明,在控制形成正常的裂爿交界面组织的过程中,*SHP* 和 *FUL* 这两个 MADS-box 基因家族成员在功能上是相互拮抗的。*FUL* 基因除了在裂爿中抑制 *SHP* 表达外,还可能对裂爿的正常发育和果实的伸长起最直接的控制作用(图 8-13,"⊥")(Robles and Pelaz,2005)。

突变体 *alc*(*alcatraz*)和 *ind*(*indehiscent*)是影响角果开裂区(DZ)形成的突变体。*alc* 植株的果实不能开裂,种子一直留在果荚中。尽管双突变体 *shp1 shp2* 和 *alc* 的果实

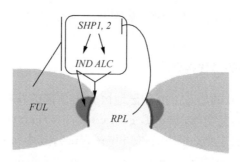

图 8-13　拟南芥果实模式发育的基因调控网络（Dinneny and Yanofsky，2005）（另见彩图）
图中可见裂爿（绿色），开裂区由裂爿木质化的边缘（棕色）和离层（蓝色）、胎座框（黄色）组成。
SHP1,2 和 *IND* 是开裂区分化完整所要求的基因。而 *ALC* 基因的主要作用是使离层发育的特化。
"⊥"表示抑制作用，箭头表示促进作用

都是不能开裂的果实。但 *alc* 果实与双突变体 *shp1 shp2* 的果实不同，*alc* 在果实外观上和角果开裂区木质化的模式上都不受基因突变的影响，而是在果实离层形成出现缺陷。在野生型果实中，离层位于胎座框和裂爿边缘的木质化细胞界面上（图 8-6），这层组织是由非木质化的小细胞组成的，从而在成熟果实上形成弹出种子的裂口；而在 *alc* 的果实中，这一离层组织是由大的细胞组成的，它们呈现破裂而不是完整的解离，在这类大细胞中生产不该发生的异位木质化，并将裂爿、胎座框联结在一起，这种不能开裂的果实，通过外力打断这一异位木质化的联结，也可使种子脱落。*ALC* 基因编码一个螺旋-环-螺旋的碱性蛋白（bHLH），是属于带有与 DNA 结合和螺旋-环-螺旋结构域的转录因子家族的成员，当果实开裂时该蛋白在裂爿边缘和开裂区表达（图 8-13，蓝色部位）。

　　突变体 *rpl*（*replumless*）影响胎座框的发育。与植物株形正常的突变体 *ful*、*shp1 shp2* 和 *ind* 相比，*rpl* 植株的整个形态都发生了变化，在野生型胎座框的部位上，*rpl* 果实中发育成一列狭窄的细胞，它们在形态上和分子水平上都类似于裂爿边缘的细胞。双突变体 *rpl ful* 的果实外部为类似于裂爿边缘的小细胞所包裹，在三突变体中（如 *rpl shp1 shp2* 和 *rpl ful shp1*）其胎座框的发育可以恢复，这说明 *RPL* 基因并不是对胎座框的发育起着直接的作用。*SHP* 基因的异位表达可使胎座框细胞的发育变成裂爿边缘细胞，而 *RPL* 基因的作用是抑制在胎座框中 *SHP* 基因的表达（负调节）（图 8-7，"⊥"），因而胎座框细胞避免了成为裂爿边缘细胞的分化命运。胎座框中 *RPL* 基因与裂爿中的 *FUL* 基因起着相同的作用，都是限制 *SHP* 基因在一狭小细胞系列中表达，以便使裂爿正常发育，保证果实的开裂。

参 考 文 献

Abeles F B，Morgan P W，Saltveit Jr M E. 1992. Ethylene in Plant Biology. 2nd ed. New York：Academic Press：265.

Barry C S，Giovannoni J J. 2007. Ethylene and fruit ripening. J Plant Growth Regul Regul，26：143-159.

Bradford K J. 2008. Shang Fa Yang：pioneer in plant ethylene biochemistry. Plant Sci，175：2-7.

Cara B，Giovannoni J J. 2008. Molecular biology of ethylene during tomato fruit development and maturation. Plant Sci，
　　175：106-113.

Cong B,Liu J,Tanksley S D. 2002. Natural alleles at a tomato fruit size quantitative trait locus differ by heterochronic regulatory mutations. PNAS,99:13606-13611.

Coombe B G. 1976. The development of flesh fruits. Ann Rev Plant Physiol,27:207-228.

Defilippi B G,Kader A A,Dandekar A M. 2005. Apple aroma:alcohol acyltransferase,a rate limiting step for ester biosynthesis,is regulated by ethylene. Plant Sci,168:1199-1210.

Dinneny J R, Yanofsky M F. 2005. Drawing lines and borders: how the dehiscent fruit of *Arabidopsis* is patterned. Bioessays,27:42-49.

Eriksson E M,et al. 2004. Effect of the colorless non-ripening mutation on cell wall biochemistry and gene expression during tomato fruit development and ripening. Plant Physiol,136: 4184-4197.

Ferrándiz C. 2002. Regulation of fruit dehiscence in *Arabidopsis*. J Exp Bot,53:2031-2038.

Ferrándiz C,Pelaz S,Yanofsky M F. 1999. Control of carpel and fruit development in *Arabidopsis*. Ann Rev Biochem, 68:321-354.

Giovannoni J J. 2001. Molecular biology of fruit maturation and ripening. Annu Rev Plant Physiol Plant Mol Biol,52: 725-749.

Giovannoni J J. 2004. Genetic regulation of fruit development and ripening. Plant Cell,16:S170-S180.

Goldschmidt E E. 1986. Maturation,ripening,senescence,and their control:a comparision between fruit and leaves. *In*: Monselise S P. CRC Handbook of Fruit Set and Development. Boca Rato:CRC Press:483-498.

Goulao L F,Oliveira C M. 2008. Cell wall modifications during fruit ripening:when a fruit is not the fruit. Trends Food Sci Technol,19:4-25.

Gray J E,et al. 1994. The use of transgenic and naturall occurring mutant to understand and manipulate tomato fruit ripening. Plant Cell Environ,17:557-571.

Grierson D. 1998. GCR1/Bewley lecture:Applications of molecular biology and genetic manupilation to understand and improve quality of fruits and vegetables. *In*: Cockshull K E,Gray D,Seymour C B,et al. Genetic and Environmental Manipulation of Horticultural Crops. New York:CABI:31-39.

Gttstafson F G. 1939. The cause of natural parthenocarpy. Amer J Bot,26: 135138.

Hamilton A J,Lycett G W,Grierson D. 1990. Antisense gene that inhibits synthesis of the hormone ethylene in transgenic plants. Nature,346: 284-287

Kevany B M,et al. 2007. Ethylene receptor degradation controls the timing of ripening in tomato fruit,Plant J,51:458-467.

Lelièvre J M,et al. 1998. Ethylene and fruit ripening. Physiol Plant,101:727-739.

Li H,Guo H. 2007. Molecular basis of the ethylene signaling and response pathway in *Arabidopsis*. J Plant Growth Regul,26:106-117.

Liu J, et al. 2002. A new class of regulatory genes underlying the cause of pear-shaped tomato fruit. PNAS, 99: 13302-13306.

Lopez-Gomez R,et al. 1997. Ethylene biosynthesis in banana fruit:isolation of a genomic clone to ACC oxidase and expression studies. Plant Sci,129:123-131.

Nitsch J P. 1970. Hormonal factors in growth and development. *In*: Hulme A C. The Biochemistry of Fruits and Their Products. London,New York: Academic Press:427-472.

Pech J C,Bouzayen M,Latche A. 2008. Climacteric fruit ripening:ethylene-dependent and independent regulation of ripening pathways in melon fruit. Plant Sci,175:114-120.

Resnick J S,et al. 2006. *REVERSION-TO-ETHYLENE SENSITIVITY1*,a conserved gene that regulates ethylene receptor function in *Arabidopsis*. PNAS,103:7917-7922.

Robles P,Pelaz S. 2005. Flower and fruit development in *Arabidopsis thaliana*. Int J Dev Biol,49: 633-643.

Seymour G,et al. 2008. Genetics and epigenetics of fruit development and ripening. Curr Opin Plant Biol,11:58-63.

Singh L B. 1960. The Mango:Botany,Cultivation and Uses. London:Leonard Hill.

Tanksley S D. 2004. The genetic, developmental, and molecular bases of fruit size and shape variation in tomato. Plant Cell, 16:181-188.

Varga A, Bruinsma J. 1976. Role of seeds and auxin in tomato fruit growth. Z Planzenphysiol. , 80:95-104.

Xiao H, et al. 2008. A Retrotransposon-mediated gene duplication underlies morphological variation of tomato fruit. Science, 319: 1527-1530.

Zarembinski T I, Theologis A. 1994. Ethylene biosynthesis and action: a case of conservation. Plant Mol Biol, 26: 1579-1597.

中英文名词索引

有关突变体索引